面向新工科专业建设

普·通·高·等·教·育·规·划

化工传递原理教程

任永胜　李爱蓉　孙永刚　主编

化学工业出版社

·北京·

内 容 简 介

《化工传递原理教程》从研究动量传递、热量传递和质量传递三种传递过程的机理入手，阐明传递过程的基本规律、基本概念、基本物理现象、处理问题的基本方法及三种传递过程的类似律。内容包括传递过程微分方程，传递过程微分方程在动量传递、热量传递和质量传递中的应用与求解，传递现象类似律。各章小结精练地概括了学习重点，每章均附有例题、思考题和习题，并通过课堂/课外讨论题目帮助读者深入了解传递过程相关内容。

本书可作为高等学校化工、能源、石油、冶金、热能、食品、环境、材料等专业本科生、研究生的教材或教学参考书，也可作为上述专业的研究人员和高校教师的参考书。

图书在版编目（CIP）数据

化工传递原理教程/任永胜，李爱蓉，孙永刚主编. —北京：化学工业出版社，2021.11
普通高等教育规划教材
ISBN 978-7-122-39702-7

Ⅰ.①化… Ⅱ.①任…②李…③孙… Ⅲ.①化工过程-传递-高等学校-教材 Ⅳ.①TQ02

中国版本图书馆 CIP 数据核字（2021）第 159762 号

责任编辑：旷英姿　提　岩　　　　文字编辑：曹　敏　向　东
责任校对：宋　夏　　　　　　　　装帧设计：王晓宇

出版发行：化学工业出版社（北京市东城区青年湖南街 13 号　邮政编码 100011）
印　　装：三河市延风印装有限公司
787mm×1092mm　1/16　印张 24½　字数 626 千字　　2022 年 1 月北京第 1 版第 1 次印刷

购书咨询：010-64518888　　　　售后服务：010-64518899
网　　址：http://www.cip.com.cn
凡购买本书，如有缺损质量问题，本社销售中心负责调换。

定　　价：68.00 元

前 言

化工传递过程原理将化工单元操作问题一般化，讨论的是化工单元操作的共性科学问题，所以本课程是抽象的。但既然是共性科学规律，不仅可以帮助理解已有单元操作的过程细节，还可以指导人们认识新的技术单元的基本规律。一名合格的化学工程师要对传递过程具有深刻的认识并能熟练求解相关问题，因此，本门课程已成为化工类专业的重要课程之一。动量传递、热量传递和质量传递的主要内容分别来自于流体力学、传热学和传质学，三种传递现象在许多过程中同时发生，并且存在类似的规律，化工传递过程原理作为一门独立的课程，应该有自己的体系和结构，即与单独的流体力学、传热学或传质学在体系和结构方面应有所区别。化工传递过程原理，把动量传递、热量传递和质量传递统一起来，也把动态、稳态、多维的问题统一起来，学习化工传递过程原理的一种境界是，能够用超越动量传递、热量传递和质量传递的一般化视角看待化工；对于具体的复杂化工问题，又能具体去假设简化分析，根据传递过程原理，去建立模型。我们既要学知识，更要学方法。尤其是大学，学习的是一种解决问题的能力和方法。学会了方法，就知道怎么去思考解决前人没有解决的问题，或者提出更好的方法。

本书从传递过程机理着手，建立一个比较严密且完整的体系，并努力阐明传递过程的基本规律、基本概念、基本物理现象以及处理问题的基本方法。全书内容共分 5 篇：第 1 篇在介绍基本概念的基础上，建立传递过程变化方程组，即微分质量衡算方程（连续性方程、质量传递微分方程）、微分动量衡算方程和微分能量衡算方程。本篇是传递过程原理最基础的内容，第 2、3、4 篇内容实际上就是求解本篇所建立的变化方程组。第 2 篇求解层流和湍流流动变化方程组的连续性方程和微分动量衡算方程，获得速度分布及摩擦因子，并讨论本书也是本门课程的两个核心理论——边界层理论和湍流理论。第 3 篇讨论传递微分方程在热量传递中的应用，联立连续性方程、微分动量衡算方程、能量方程求解温度分布及传热速率，需要指出的是由于热量传递中热辐射的特殊性，其内容单独讨论。第 4 篇讨论传递微分方程在质量传递中的应用，质量传递是最具化工特色的传递过程。本篇联立连续性方程、微分动量衡算方程、质量传递微分方程求解浓度分布及传质速率；三种传递过程在传递的机理、过程、模型、边界条件、求解方法和求解结果等方面十分相似，在一定条件下，存在定量相关，即具有类似性。第 5 篇就讨论传递现象类似律，是本书的精华。利用相似和类比，可以使某些极其复杂的湍流问题得以解决。

本书除内容上的特色外，在形式上也有一定的特色，通过对每章内容进行总结归纳，应用举例，并配以课堂或课外讨论题目、思考题及习题，以便读者更好地理解、掌握课程内容。

需要说明的是，传递课程需要数学语言。对一个传递过程的求解，其过程是：对特定传递过程进行物理分析、建立微分方程、给定边界条件、简化数学模型、进行数学运算、求解，可见方程的建立和求解在传递中至关重要。但是，数学推导是手段，它服务于三种传递过程的理解和应用，教学中应强调物理概念、方程的物理解释以及所得结果在物理上的合理性，培养学生的数学思想和意识。

参加本书编写的有宁夏大学省部共建煤炭高效利用与绿色化工国家重点实验室/化学化工学院任永胜（第 1 篇、第 2 篇和第 5 篇），宁夏大学省部共建煤炭高效利用与绿色化工国家重点实验室孙永刚（第 3 篇），西南石油大学化学化工学院李爱蓉（第 4 篇），宁夏大学化学化工学院段潇潇（附录），全书由任永胜统稿和整理。

在本书编写过程中，得到了宁夏大学化学化工学院、省部共建煤炭高效利用与绿色化工国家重点实验室、化学国家基础实验教学示范中心（宁夏大学）和化学工业出版社等单位的支持与帮助，在此表示感谢。

另外，在本书编写过程中参考了许多同类书籍资料，一并列在书末对各位编著者表示衷心的感谢。

由于笔者学识有限，书中难免有不妥之处，恳请读者批评指正，以便再版时修正。

编者

2021 年 3 月

目　录

第 1 篇　传递过程微分衡算方程

第 2 篇　传递微分方程在动量传递中的应用

第9章 对流传质 …… 309

第10章 相际传质 …… 326

第5篇 传递现象相似

第11章 传递现象类似律 …… 342

第1篇

传递过程微分衡算方程

第 1 章 传递过程控制方程的建立

一切客观存在的事物都是互相联系的，而且具有自己特殊的规律性。动量传递、热量传递和质量传递过程都是物理过程，它们均遵循自然界中关于物质运动的普遍规律，如质量守恒定律、动量守恒定律、能量守恒定律等。

1.1 基本概念

1.1.1 连续介质假定

流体是由运动的分子组成的，分子之间有着相当大的空隙，大量分子做随机运动，因而导致流体的质量在空间和时间上的分布是不连续的，而且具有随机性。但在流体力学中研究流体的运动规律时，考察的是大量分子所组成的流体质点的宏观运动规律，不着眼于个别分子的微观运动状况；注重的是整个设备或流场范围内的变化，而不是分子平均自由程那样微小距离上的差异。于是采用一种简化的物理模型——流体是连续介质来代替流体的真实结构。将流体视为由无数微团或质点组成的密集而无间隙的连续介质。所谓微团或质点，是由大量分子组成的集合，其宏观尺寸很小，但包含了足够多的分子，其微观尺寸又远大于分子运动的平均自由程。

以密度为例阐明连续介质假定的含义。密度是单位体积物体的质量，通过测定已知体积的物体质量或已知质量所具有的体积来确定。但在某些过程中，密度可能随位置变化。比较精确的定义，需要考虑体积微元 ΔV 和它具有的质量 Δm，取极限来定义给定点的密度ρ

$$\rho=\lim_{\Delta V\to 0}\frac{\Delta m}{\Delta V}=\frac{\mathrm{d}m}{\mathrm{d}V} \tag{1-1}$$

另外，如果密度ρ是位置的函数$\rho=\rho(x,y,z)$，那么，包含在指定体积中的质量就是密度在该体积上的积分

$$m=\int_V \rho(x,y,z)\mathrm{d}V=\iiint \rho(x,y,z)\mathrm{d}x\mathrm{d}y\mathrm{d}z \tag{1-2}$$

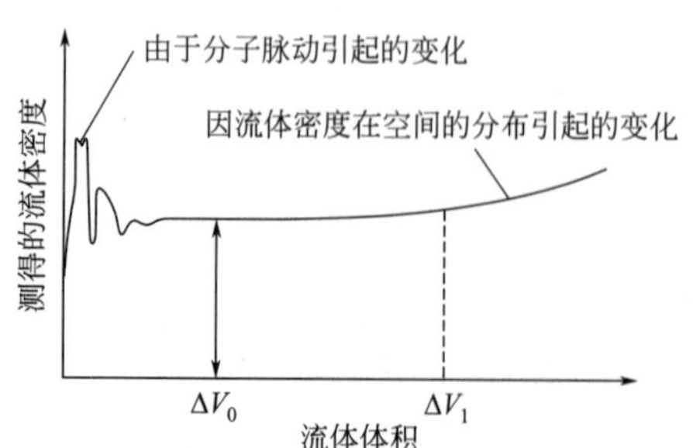

图 1-1 流体体积大小对所测密度的影响

式(1-1) 和式(1-2) 都包含了连续介质假定，因为这里认为密度这一概念，对于任何体积，不管它多么微小，都具有确定的数值。显然，这只有 ΔV 足够大时，才是正确的。如果所取体积是分子尺度，则随尺寸的不同，密度将有悬殊的差异，这取决于所考察的体积接近分子尺度的程度。如图 1-1 所示，当 ΔV 在宏观意义上（与流动空间的尺寸相比）是微小的，而在微观意义上是足够大时，即在 ΔV_0 至 ΔV_1 的区间内，密度值是常数；而 ΔV 小于某值 ΔV_0 向零趋近时，由于分子脉动，ΔV 中的分子数不时地随机增加或减

少，致使密度急剧变化。因此，式(1-1) 定义的密度也将发生随机的变化。有了连续介质假定，则可认为体积趋于零这一数学极限，是在尺寸远大于分子尺度时已经达到。也就是说，根据假定，某一点的密度是指相当于图 1-1 中 ΔV_0 处的密度，而不是真正趋于零时的密度。

引用连续介质假定之后，位于任一点的流体及其运动的各种特性，如密度、速度、温度等都有了确定的定义，这就能大大简化对于流体平衡及其运动的研究，并可利用基于连续介质的数学工具。应用这一假定所导出的方程及其计算结果，与实验结果是相吻合的，从而表明连续介质在大多数情况下是合理的。连续介质假定具有相对性，其适用条件是流体分子的平均自由程远小于所研究问题的特征尺度。当然，连续介质假定并不是在任何情况下都适用，如高真空下的气体就不能再视为连续介质，又如在研究流体的某些性质如黏性、扩散性等时，也需要从分子微观运动的观点来阐明其产生的原因。

1.1.2　描述流体运动的方法及随体导数

在研究传递现象及建立传递微分方程时，首先要解决的问题是用什么方法来描述流体的运动。描述流体的运动就是描述各个流体质点在各个不同时刻所占有的空间位置、速度和加速度等。通常采用流体力学中描述流体运动的两种观点，即拉格朗日观点和欧拉观点。但应指出，无论采用哪一种分析方法，最终都可以得到一致的正确的结果。

(1) 拉格朗日观点　拉格朗日观点，着眼于流体质点或微团。在运动的流体中，取任一固定质量的流体微团，并追随此取定的流体微团，观察它在空间运动过程中各个物理量的变化情况。这种从分析固定质量的流体微团入手，通过对各个流体微团的研究从而获得整个流体运动、传热或传质规律的方法，称为拉格朗日法，或称拉格朗日观点。

通常利用初始时刻流体质点的坐标作为区分不同质点的标志，设初始时刻 $\theta=\theta_0$ 时，流体质点的坐标是 a,b,c，它可以是曲线坐标，也可以是直角坐标 x_0,y_0,z_0，重要的是给流体质点以标号，而不是采取什么具体的形式。采用 a,b,c 三个数的组合来区别流体质点，不同的 a,b,c 代表不同的质点。于是流体质点的运动规律数学上可表示为下列矢量形式：

$$\boldsymbol{r}=r(a,b,c,\theta) \tag{1-3}$$

其中 $\boldsymbol{r}$ 是流体质点的位置矢量，在直角坐标系中，有

$$\begin{cases}x=x(a,b,c,\theta)\\ y=y(a,b,c,\theta)\\ z=z(a,b,c,\theta)\end{cases} \tag{1-4}$$

变量 a,b,c,θ 称为拉格朗日变量。在式(1-4) 中，如果固定 a,b,c 而令 θ 改变，则得到某一流体质点的运动规律，如果固定 θ 而令 a,b,c 改变，则得同一时刻不同流体质点的位置分布。应该指出，在拉格朗日观点中，矢量函数 $\boldsymbol{r}$ 的定义域不是场，因为它不是空间坐标函数，而是质点标号的函数。

假设由式(1-4) 确定的函数具有二阶连续偏导数。速度和加速度是对同一质点而言的单位时间内位移变化率及速度变化率。设 $\boldsymbol{u}$，$\boldsymbol{a}$ 分别表示速度矢量和加速度矢量，则

$$\begin{cases}\boldsymbol{u}=\dfrac{\partial r(a,b,c,\theta)}{\partial\theta}\\ \boldsymbol{a}=\dfrac{\partial^2 r(a,b,c,\theta)}{\partial\theta^2}\end{cases} \tag{1-5}$$

既然对同一质点而言，a,b,c 不变，因此，式(1-5) 计算的是对时间 θ 的偏导数。在直角坐标系中，速度和加速度的表达式是

$$\begin{cases} u_x=\dfrac{\partial x(a,b,c,\theta)}{\partial\theta} \\ u_y=\dfrac{\partial y(a,b,c,\theta)}{\partial\theta} \\ u_z=\dfrac{\partial z(a,b,c,\theta)}{\partial\theta} \end{cases} \tag{1-6}$$

及

$$\begin{cases} a_x=\dfrac{\partial^2 x(a,b,c,\theta)}{\partial\theta^2} \\ b_y=\dfrac{\partial^2 y(a,b,c,\theta)}{\partial\theta^2} \\ c_z=\dfrac{\partial^2 z(a,b,c,\theta)}{\partial\theta^2} \end{cases} \tag{1-7}$$

(2) 欧拉观点 设法在被流体充满的空间中的每一个点上，描述出流体运动随时间变化的状况，如果获得了每一空间点上的流体运动状况，则也就获得了整个流体的运动状况。那么应该用什么物理量来表现空间点上流体运动变化的情况呢？因为不同时刻将有不同的流体质点经过空间某固定点，所以站在固定点上就无法观察和记录掠过的流体质点前后运动的详细情况，即无法像拉格朗日观点那样直接测量出每个质点的位置随时间的变化。虽然如此，但不同时刻经过固定点的流体质点的速度是可以测出的，这样采用速度矢量来描述固定点上流体运动的变化就十分自然了。如上分析，欧拉观点中流体质点的运动规律在数学上可表达为下列矢量形式

$$\boldsymbol{u}=u(r,\theta) \tag{1-8}$$

在直角坐标系中有：

$$\begin{cases} u_x=u_x(x,y,z,\theta) \\ u_y=u_y(x,y,z,\theta) \\ u_z=u_z(x,y,z,\theta) \end{cases} \tag{1-9}$$

要完全描述运动流体的状况还需要给定状态函数，例如压力 p、密度 ρ、温度 t 等。即

$$p=p(x,y,z,\theta)$$
$$\rho=\rho(x,y,z,\theta)$$
$$t=t(x,y,z,\theta)$$

变量 x,y,z,θ，称为欧拉变量。以后除了个别的线、面以外，都假设速度矢量 $\boldsymbol{u}$ 具有连续的一阶偏导数。当 x,y,z 固定、θ 改变时，式(1-9) 中的函数代表空间中某固定点上速度随时间的变化规律；当 θ 固定、x,y,z 改变时，它代表的是某一时刻速度在空间中的分布规律。应该指出，由式(1-9) 确定的速度函数是定义在空间点上的，它们是空间坐标 x，y,z 的函数。所以研究的是场，如速度场、压力场、密度场等。因此当采用欧拉观点描述运动时，就可以广泛地利用场论的知识。若场内函数不依赖于矢径 r 则称为均匀场（即若同一时刻，场内各点函数的值都相等），反之称为不均匀场。如果场内函数值不依赖于时间，即不随时间 θ 改变，则称此场为稳定场，反之则称为不稳定场。

假定速度函数式(1-9) 具有一阶连续偏导数，现由该式出发求质点的加速度$\dfrac{\mathrm{d}u}{\mathrm{d}\theta}$。设某质点在场内运动，如图 1-2 所示，其质点轨迹为 L，在 θ 时刻，该质点位于 M 点，速度为

$u(M,\theta)$，过了 $\Delta\theta$ 时刻后，该质点运动至 M' 点，速度为 $u(M',\theta+\Delta\theta)$，根据定义，加速度的表达式为

$$\frac{\mathrm{d}u}{\mathrm{d}\theta}=\lim_{\Delta\theta\to 0}\frac{u(M',\theta+\Delta\theta)-u(M,\theta)}{\Delta\theta} \tag{1-10}$$

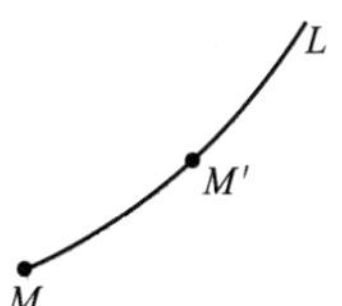

图 1-2　质点在场内的运动

从上式可知，速度的变化亦即加速度的获得主要由以下两个原因引起的。当质点在 $\Delta\theta$ 时间内从 M 点运动至 M' 点时，一方面，由于场的不稳定性引起速度变化；另一方面，由于场的不均匀性亦将引起速度变化。据此，可将式(1-10) 右侧分成两部分：

$$\begin{aligned}\frac{\mathrm{d}u}{\mathrm{d}\theta}&=\lim_{\Delta\theta\to 0}\frac{u(M',\theta+\Delta\theta)-u(M',\theta)}{\Delta\theta}+\lim_{\Delta\theta\to 0}\frac{u(M',\theta)-u(M,\theta)}{\Delta\theta}\\&=\lim_{\Delta\theta\to 0}\frac{u(M',\theta+\Delta\theta)-u(M',\theta)}{\Delta\theta}+\lim_{\Delta\theta\to 0}\frac{MM'}{\Delta\theta}\lim_{MM'\to 0}\frac{u(M',\theta)-u(M,\theta)}{MM'}\end{aligned}$$

右侧第一项当 $\Delta\theta\to 0$ 时，$M'\to M$，因此简化为 $\frac{\partial u(M,\theta)}{\partial\theta}$，这一项代表由于场内不稳定性引起的速度变化，称为局部导数；右侧第二项是 $l\,\frac{\partial u(M,\theta)}{\partial s}$，它代表由于场内不均匀性引起的速度变化，称为对流导数或位移导数。其中 $\frac{\partial u}{\partial s}$ 代表沿 s 方向移动单位长度引起的速度变化，而此时在单位时间内移动了 l 的距离，因此 s 方向上的速度变化是 $l\,\frac{\partial u}{\partial s}$。这样总的速度变化（即加速度）就是局部导数和对流导数之和，称为随体导数，也称为拉格朗日导数，于是有：

$$\frac{\mathrm{d}u}{\mathrm{d}\theta}=\frac{\partial u}{\partial\theta}+l\,\frac{\partial u}{\partial s}$$

从场论知识知：

$$\frac{\partial u}{\partial s}=(\boldsymbol{s}_0\cdot\nabla)u$$

其中 $\boldsymbol{s}_0$ 是曲线 L 上的单位切向矢量；∇ 是哈米尔顿算子，或 Nabla 算子。考虑到 $l\cdot s_0=u$，得：

$$\frac{\mathrm{d}\boldsymbol{u}}{\mathrm{d}\theta}=\frac{\partial\boldsymbol{u}}{\partial\theta}+(\boldsymbol{u}\cdot\nabla)\boldsymbol{u} \tag{1-11}$$

式(1-11) 就是矢量形式的加速度的表达式。

在直角坐标系中式(1-11) 可表达为：

$$\begin{cases}\dfrac{\mathrm{d}u_x}{\mathrm{d}\theta}=\dfrac{\partial u_x}{\partial\theta}+u_x\,\dfrac{\partial u_x}{\partial x}+u_y\,\dfrac{\partial u_x}{\partial y}+u_z\,\dfrac{\partial u_x}{\partial z}\\[2ex]\dfrac{\mathrm{d}u_y}{\mathrm{d}\theta}=\dfrac{\partial u_y}{\partial\theta}+u_x\,\dfrac{\partial u_y}{\partial x}+u_y\,\dfrac{\partial u_y}{\partial y}+u_z\,\dfrac{\partial u_y}{\partial z}\\[2ex]\dfrac{\mathrm{d}u_z}{\mathrm{d}\theta}=\dfrac{\partial u_z}{\partial\theta}+u_x\,\dfrac{\partial u_z}{\partial x}+u_y\,\dfrac{\partial u_z}{\partial y}+u_z\,\dfrac{\partial u_z}{\partial z}\end{cases} \tag{1-12}$$

式(1-12) 也可以通过直接微分的方式得到。设与轨迹 L 相对应的运动方程是：

$$r=r(\theta)$$

或

$$x=x(\theta),y=y(\theta),z=z(\theta)$$

于是速度函数可写成

$$u=u[x(\theta),y(\theta),z(\theta),\theta] \tag{1-13}$$

对 u 作复合函数微分，并考虑到

$$\frac{\mathrm{d}r}{\mathrm{d}\theta}=u$$

即

$$\frac{\mathrm{d}x}{\mathrm{d}\theta}=u_x,\ \frac{\mathrm{d}y}{\mathrm{d}\theta}=u_y,\ \frac{\mathrm{d}z}{\mathrm{d}\theta}=u_z$$

于是得到

$$\begin{aligned}\frac{\mathrm{d}u}{\mathrm{d}\theta}&=\frac{\partial u}{\partial\theta}+\frac{\partial u}{\partial x}\frac{\partial x}{\partial\theta}+\frac{\partial u}{\partial y}\frac{\partial y}{\partial\theta}+\frac{\partial u}{\partial z}\frac{\partial z}{\partial\theta}\\&=\frac{\partial u}{\partial\theta}+u_x\frac{\partial u}{\partial x}+u_y\frac{\partial u}{\partial y}+u_z\frac{\partial u}{\partial z}\\&=\frac{\partial u}{\partial\theta}+(u\cdot\nabla)u\end{aligned}$$

上述将随体导数分解为局部导数和对流导数之和的方法，对于任何矢量 $\boldsymbol{v}$ 和任何标量 φ 都是成立的，此时有：

$$\frac{\mathrm{d}\nu}{\mathrm{d}\theta}=\frac{\partial\nu}{\partial\theta}+(u\cdot\nabla)\boldsymbol{v} \tag{1-14}$$

$$\frac{\mathrm{d}\varphi}{\mathrm{d}\theta}=\frac{\partial\varphi}{\partial\theta}+u\cdot\mathrm{grad}\,\varphi \tag{1-15}$$

(3) 两种方法的应用 拉格朗日法是质点动力学方法的扩展，物理概念清晰。尽管其对流体运动描述得比较全面，从理论上讲，可以求出每个运动流体质点的轨迹。但是，由于流体质点的运动轨迹，除较简单的射流运动、波浪运动等以外，一般是极其复杂的，应用这种方法分析流体运动，在数学上将会遇到很多困难。从实际上讲，往往只要求了解流体空间上各运动要素的数值及其变化规律，而在实用上无需了解质点运动的全过程。因此，除少数情况外，在流体力学中大都不采用这种方法。

欧拉法研究的是流场中每一固定空间点上的流动参数的分布及随时间的变化规律。欧拉法研究一般给不出流体个别质点的运动轨迹，看不出每个流体质点的过去和未来。然而，欧拉法给出了某瞬时流场的运动参数分布，因而可以用连续函数理论对流场进行有效的理论分析和计算。实际上，在大多数的工程实际问题中，通常并不需要知道每个流体质点自始至终的运动过程，而只需要知道流体质点在通过空间任意固定点时运动要素随时间的变化状况，以及某一时刻流场中各空间固定点上流体质点的运动要素，然后就可以用数学方法对整个流场进行求解计算。

由于用拉格朗日法移动测试仪器来跟踪测量每个流体质点的运动要素，实际上是很难实现的，而用欧拉法将测试点固定在流场中一些指定的空间点上则很容易做到。因此，在大多数流体力学理论研究和工程实际问题的研究中，都采用欧拉法。本书中微分动量衡算方程（运动方程）、微分能量衡算方程（能量方程）采用拉格朗日法推导，微分质量衡算方程（连续性方程及传质微分方程）采用欧拉法推导。

(4) 随体导数 为了从物理意义上区别随体导数和全导数，常用算符 $\mathrm{D}/\mathrm{D}\theta$ 表示函数的随体导数。

$$\frac{\mathrm{D}}{\mathrm{D}\theta}=\frac{\partial}{\partial\theta}+u_x\frac{\partial}{\partial x}+u_y\frac{\partial}{\partial y}+u_z\frac{\partial}{\partial z} \tag{1-16}$$

如上所述，在求一个量的全微分时，可以选用三种不同的方法。例如如果要计算大气压力 p 的变化，那么用直角坐标系表示的全微分为：

$$\mathrm{d}p=\frac{\partial p}{\partial\theta}\mathrm{d}\theta+\frac{\partial p}{\partial x}\mathrm{d}x+\frac{\partial p}{\partial y}\mathrm{d}y+\frac{\partial p}{\partial z}\mathrm{d}z \tag{1-17}$$

上式两端同时除以 $\mathrm{d}\theta$，便可求得压力的变化率，其方程为

$$\frac{\mathrm{d}p}{\mathrm{d}\theta}=\frac{\partial p}{\partial\theta}+\frac{\mathrm{d}x}{\mathrm{d}\theta}\frac{\partial p}{\partial x}+\frac{\mathrm{d}y}{\mathrm{d}\theta}\frac{\partial p}{\partial y}+\frac{\mathrm{d}z}{\mathrm{d}\theta}\frac{\partial p}{\partial z} \tag{1-18}$$

① 用于气象站内气压表。由于气象站是建在地面的，因此$\frac{\mathrm{d}x}{\mathrm{d}\theta},\frac{\mathrm{d}y}{\mathrm{d}\theta},\frac{\mathrm{d}z}{\mathrm{d}\theta}$均为零。对于固定的气象监测点来说，全导数 $\mathrm{d}p/\mathrm{d}\theta$ 等于压力对时间的偏导数$\partial p/\partial\theta$。

② 用于飞机机舱内的气压表。按照飞行员的意图，飞机可以上升、下降或者在 x,y,z 方向上作任意飞行。此时，$\frac{\mathrm{d}x}{\mathrm{d}\theta},\frac{\mathrm{d}y}{\mathrm{d}\theta},\frac{\mathrm{d}z}{\mathrm{d}\theta}$就分别是飞机在 x,y,z 方向上的速度，而这些速度可以随意选择。

③ 用于探空气球的气压表。气球悬浮在空气中，受到气流的作用而上升、下降和移动。在此种情况下$\frac{\mathrm{d}x}{\mathrm{d}\theta},\frac{\mathrm{d}y}{\mathrm{d}\theta},\frac{\mathrm{d}z}{\mathrm{d}\theta}$是气流速度，也可分别写成 u_x，u_y，u_z，这种情况与随体导数对应，上述算式中所含各项的意义为：

$$\frac{\mathrm{d}p}{\mathrm{d}\theta}=\frac{\mathrm{D}p}{\mathrm{D}\theta}=\underbrace{\frac{\partial p}{\partial\theta}}_{\text{压力的局部变化率——局部导数}}+\underbrace{u_x\frac{\partial}{\partial x}+u_y\frac{\partial}{\partial y}+u_z\frac{\partial}{\partial z}}_{\text{由于运动引起的压力变化率——对流导数}}$$

因为拉格朗日观点和欧拉观点从两种不同观点描绘同一流体的运动，所以它们之间可以互相转换。

设拉格朗日观点中的运动规律 $r=r(a,b,c,\theta)$ 为已知，则速度函数是

$$u=\frac{\partial r(a,b,c,\theta)}{\partial\theta} \tag{1-5}$$

由式 $r=r(a,\ b,\ c,\ \theta)$ 代表的三个标量方程得

$$a=a(r,\theta),b=b(r,\theta),c=c(r,\theta)$$

代入式(1-5) 得

$$u=u[a(r,\theta),b(r,\theta),c(r,\theta),\theta]=u(r,\theta)$$

这就是欧拉变量中的速度函数。

设欧拉观点中的速度函数

$$u=u(r,\theta)$$

为已知，将其写成

$$\frac{\mathrm{d}r}{\mathrm{d}\theta}=u(r,\theta) \tag{1-19}$$

这是一个由三个方程组成的确定 $r(\theta)$ 的常微分方程组，其通解为：

$$q=r(C_1,C_2,C_3,\theta) \tag{1-20}$$

其中 C_1,C_2,C_3 是三个积分常数，由 $\theta=0$ 和 $r=r_0$ 的初始条件确定。于是

$$C_1=C_1(r_0), C_2=C_2(r_0), C_3=C_3(r_0)$$

将其代入式(1-3)，并注意到 r_0 的三个坐标 x_0, y_0, z_0 就是拉格朗日变量 a, b, c，因此有

$$r=r(a, b, c, \theta)$$

这就是用拉格朗日变量表示的运动规律。

1.1.3 迹线与流线

在流体力学中为直观形象地分析流体运动，需要讨论流体运动的几何表示。前面已经提出了在拉格朗日观点中，通过描述不同流体质点运动规律的途径来描写整个流体运动。数学上流体质点的运动规律可由式(1-3) 表达

$$r=r(a, b, c, \theta)$$

流体质点运动规律的几何表示，亦即函数式(1-3) 的几何表示就是轨迹（即迹线）。所谓迹线就是流体质点在空间运动时所描绘出来的曲线，它给出同一质点在不同时刻的速度方向。从式(1-3) 消去 θ 后即得到迹线的方程。

如流体运动是以欧拉函数形式给出的，即

$$u=u(r, \theta) \tag{1-8}$$

此时，要得到轨迹方程，可将欧拉函数转变到拉格朗日函数，亦需解下列微分方程组：

$$\frac{\mathrm{d}x}{\mathrm{d}\theta}=u_x(x, y, z, \theta)$$

$$\frac{\mathrm{d}y}{\mathrm{d}\theta}=u_y(x, y, z, \theta)$$

$$\frac{\mathrm{d}z}{\mathrm{d}\theta}=u_z(x, y, z, \theta)$$

或

$$\mathrm{d}\theta=\frac{\mathrm{d}x}{u_x(x, y, z, \theta)}=\frac{\mathrm{d}y}{u_y(x, y, z, \theta)}=\frac{\mathrm{d}z}{u_z(x, y, z, \theta)}$$

即

$$\frac{\mathrm{d}x}{u_x(x, y, z, \theta)}=\frac{\mathrm{d}y}{u_y(x, y, z, \theta)}=\frac{\mathrm{d}z}{u_z(x, y, z, \theta)} \tag{1-21}$$

其中 θ 是自变量，x, y, z 是 θ 的函数。积分后在所得的表达式中消去 θ 后即得轨迹方程。给出欧拉观点下速度函数后，也可以采用下述几何直观方法作出流体质点的轨迹。如图 1-3(a) 所示，设 $\theta=\theta_1$ 时，质点位于 M_1 点，速度 u_1；过了很短的时间间隔 $\Delta\theta$ 后，流体质点沿 u_1 方向移动到 M_2 点，M_2 点在 $\theta_1+\Delta\theta$ 时刻的速度为 u_2；再经过很短的时间间隔 $\Delta\theta$ 后，流体质点将沿 u_2 的方向移至 M_3 点，如此作下去得到一折线 $M_1M_2M_3\cdots$。令 $\Delta\theta\to0$，则折线 $M_1M_2M_3\cdots$趋近于迹线。

这样，迹线的概念是和拉格朗日观点相联系的，它是同一流体质点运动规律的几何表示。

从欧拉观点出发，以速度场来描述流体的运动，此时 $\boldsymbol{u}=u(r, \theta)$，速度场是矢量场，从场论的知识中得知，可以利用矢量线的概念几何地表示一个矢量场。在这个情况下矢量线就是流线。所谓流线就是这样的一条曲线，对于某一定时刻，曲线上任一点的切线方向与该点的速度方向相重合。应该特别指出，流线是同一时刻不同质点所组成的曲线，它给出同一时刻不同流体质点的运动方向。现在来确定流线方程，设 $\mathrm{d}r$ 是流线上的一段微元长度，则根据流线的定义有

$$\mathrm{d}r \times u = 0$$

或

$$\frac{\mathrm{d}x}{u_x(x,y,z,\theta)} = \frac{\mathrm{d}y}{u_y(x,y,z,\theta)} = \frac{\mathrm{d}z}{u_z(x,y,z,\theta)} \tag{1-22}$$

此式即为流线应满足的微分方程，它是由两个方程组成的方程组，其中 θ 在积分时当作常数处理。

流线也可以采用几何直观的方法作出，如图 1-3(a) 所示。考虑某一固定时刻的速度场在场内取一点 M_1，M_1 点的速度矢量 u_1，在 u_1 上取一与 M_1 相邻的点 M_2，作 M_2 点上速度矢量 u_2；在 u_2 上取一点与 M_2 邻边的点 M_3，如此继续下去就得到一条折线 $M_1M_2M_3\cdots$，令折线节点间的距离趋于零即得流线。在任一瞬间 θ 通过流场中任何一个空间点都有一条流线，所以流场中的流线是曲线簇。知道了每一时刻的流线簇后，速度方向可由流线的切线方向给出，大小由流线的疏密度给出。流线密的地方速度大，流线疏的地方速度小，同一瞬间通过流场中任一空间点，只能有一条流线。如果通过流场中某一空间点在同一瞬间有两条流线时，则在该点处该两条流线都各自有一条切线，这就是说在该点处流体质点的速度有两个方向，这显然是不可能的，由此可知流线不能相交，也就是说，流体不能穿越流线而流动。

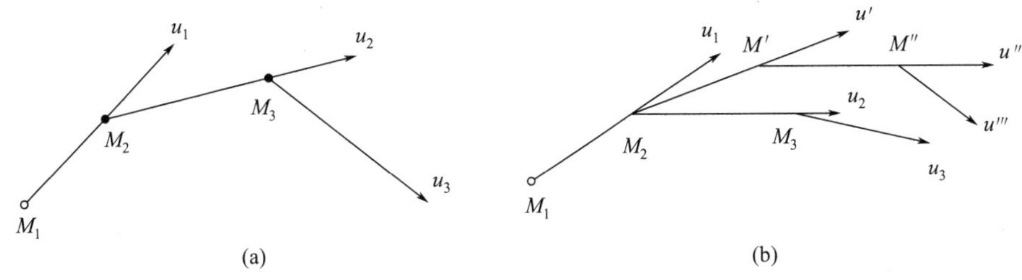

图 1-3　迹线和流线示意图

综上所述，流线是与欧拉观点相联系的概念，它是速度场的几何表示。

迹线和流线是两条具有不同内容和意义的曲线。迹线是同一质点在不同时刻形成的曲线，它与拉格朗日观点相联系；而流线则是同一时刻不同质点形成的曲线，它是与欧拉观点相联系的。因此这两种曲线的物理内容是截然不同的，当流体作不稳定流动时，流线和迹线一般来说是不重合的，但在稳定流动时，两者必然重合。上述论点，可用下面的几何方法加以证明。

设通过 M_1 点作出 $\theta=\theta_1$ 时的流线 $M_1M_2M_3\cdots$［图 1-3(b) 所示］。现在作通过 M_1 点的轨迹，处于 M_1 点的质点经过 $\Delta\theta$ 时刻后运动至 M_2 点，如果流动是不稳定的，则 $\theta=\theta_1+\Delta\theta$ 时刻在 M_2 点上的速度 u 一般来说不同于 $\theta=\theta_1$ 时刻的速度 u_1，于是流体质点在下一个时刻将沿 u' 方向运动，这样得到迹线 $M_1M_2M'M''\cdots$，显然它的形状与流线 $M_1M_2M_3\cdots$ 不同。如果流体的流动是稳定的，则 $\theta=\theta_1+\Delta\theta$ 时刻在 M_2 点上的速度 u' 将和 $\theta=\theta_1$ 时刻在 M_2 点上的速度相同，于是质点将沿流线在 M_2 点上的方向以速度 u_2 运动，如此持续下去，可以得到稳定流动的流线与迹线是重合的。

1.1.4　系统与控制体

对于科学研究而言，研究对象的确定至关重要。在通常情况下，人们总是选择特定的物质集团作为研究对象，把它作为关注的焦点，称为系统（或体系），而将该物质集团以外的视为环境。例如图 1-4 所示，将活塞内的气体选为研究对象是最为方便的。

但流体力学有其自身的特殊性，即物质集团总是不停地流动着。此时再沿用上面的方法在很多情况下并不方便，因此，人们改变思路，将研究对象从固定的物质集团转移到固定的空间区域，研究该空间区域内物理参数的变化。例如，当人们研究一段弯管的受力时，往往并不在意弯管内到底是哪些具体的物质在流过，而是关心弯管区域流体的流速、压力等物理参数。因此在流体力学中，多采用控制体的概念，它表示研究对象为某一固定的空间区域。以图 1-5 的喷管装置为例，喷管内的流体随时都在变化，因此，简便的分析方法是选择以虚线为界的区域作为控制体。需要说明的是，由于牛顿第二定律、热力学定律等多建立在前面所说的系统概念的基础上，因此，在流体力学使用这些定律时，往往需要将它们从系统变换到控制体。

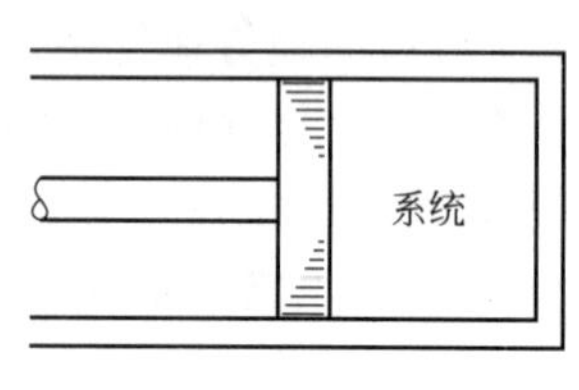

图 1-4　系统示意图

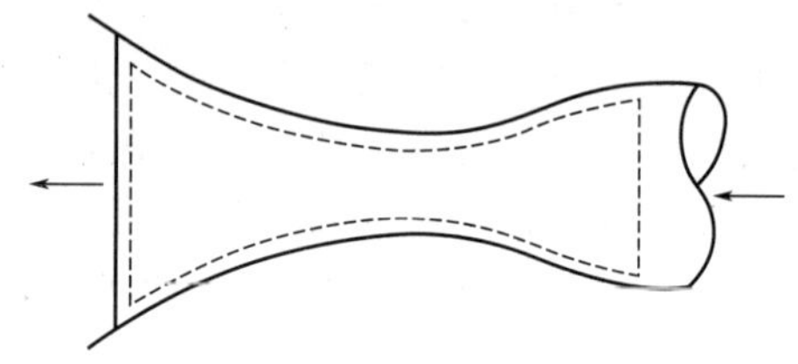

图 1-5　控制体示意图

这样，当有了连续介质的假定，采用欧拉观点或拉格朗日观点描述流体运动，应用最基本的物理定律，就可以对一个控制体进行质量（或动量，或能量）衡算，从而建立“传递现象”基本方程组。

如上所述，欧拉观点和拉格朗日观点是从不同角度着手研究流体运动的。因此当应用基本物理定律，从系统方法换到控制体方法时，控制体的选择，既可以是有限的，也可以是无限小的；既可以是固定不动，也可以是运动的。下面的传递过程基本方程，就是使用无限小的微元控制体，应用基本物理定律推导出来的。

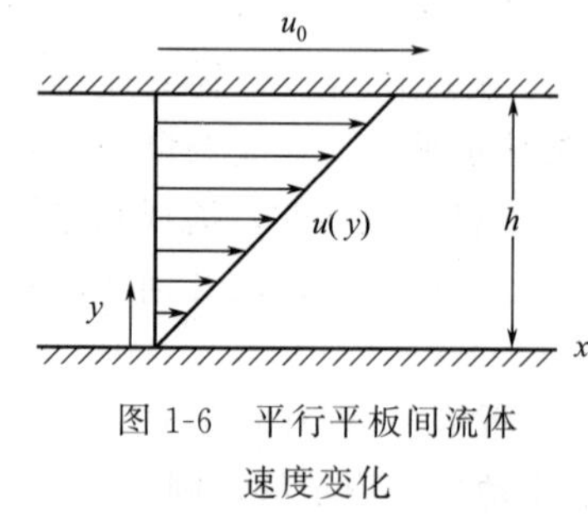

图 1-6　平行平板间流体速度变化

1.1.5　现象方程及其相似性

（1）牛顿黏性定律　设两块面积很大且相距很近的平行平板，平板间的距离为 h，其间充满某种静止的黏性流体，如图 1-6 所示。若将下板固定不动，对上板施加一恒定的平行于平板的外力 F 使上板以速度 u_0 做匀速运动。紧邻壁面的流体由于与壁面间的作用力，将不做相对于该壁面的运动。因此，紧贴于运动板下方的流体层也将以同一速度 u_0 流动，而紧贴于固定板上方的流体层则静止不动。当流速不太大时，两板间的流体将呈薄层流动，各层流体速度变化是线性的，可表示为：

$$u(y)=\frac{y}{h}u_0 \tag{1-23}$$

显然，$\frac{u_0}{h}$可写成

$$\frac{u_0}{h}=\frac{\mathrm{d}u}{\mathrm{d}y} \tag{1-24}$$

为了实现上述的切向变形，必须在上平板与运动相同的方向上，加上一个切向力（内摩擦力）以抵消流体抗拒变形所产生的切向阻力。实验结果表明，此力和上平板的运动速度 u_0 成正比，而与两平板间的距离 h 成反比。单位面积上受到的力表示为

$$\tau=\mu\frac{u_0}{h} \tag{1-25}$$

写成更普遍的形式

$$\tau=\mu\frac{\mathrm{d}u}{\mathrm{d}y} \tag{1-26}$$

式中，τ 是剪应力；$\mathrm{d}u/\mathrm{d}y$ 是剪切变形速度；比例系数μ是流体的一个物理常数，是流体抗拒变形的内摩擦的量度，称为动力黏度，简称黏度，其单位为 Pa·s。式(1-26) 称为牛顿黏性定律，它表明剪应力和剪切变形速度之间的关系。凡服从牛顿黏性定律的流体称为牛顿型流体。所有的气体和大多数的低分子量液体均属牛顿型流体。

黏度还可以运动黏度 ν 表示，即动力黏度μ与密度ρ的比值：

$$\nu=\frac{\mu}{\rho} \tag{1-27}$$

ν 又可称为运动扩散系数，单位为 $\mathrm{m^2/s}$。

根据应力的定义，剪应力的单位：

$$[\tau]=\left[\frac{F}{A}\right]=\frac{\mathrm{N}}{\mathrm{m^2}}=\frac{\mathrm{kg(m/s^2)}}{\mathrm{m^2}}=\frac{\mathrm{kg(m/s)}}{\mathrm{m^2\cdot s}}$$

因此，剪应力从力的角度出发，它可理解为单位面积上所受到的切向力。同时，从动量传递的角度出发，它相当于单位时间内通过单位面积的动量，也即 τ 亦可理解为动量通量 F。

剪应力与动量通量之间的联系以及它们所表达的不同的物理意义，可通过图 1-7 进行分析。观察存在着速度梯度 $\mathrm{d}u/\mathrm{d}y$ 的两相邻流体层 1—1 和 2—2。该两流体层的宏观速度分别为 u_{x1} 和 u_{x2}，如图 1-7(b)。由于分子的不规则运动，速度较快的流体层中的分子会有一些进入较慢的流体层中，与较慢流体层的分子相互碰撞而使其加速。即当具有质量为 m 的分子，由 2—2 流体层进入到 1—1 流体层时，与 1—1 流体层的分子相互碰撞，动量由 mu_{x2}减少到 mu_{x1}，同时使 1—1 层的分子加速。同样，较慢流体层的分子作用于较快流体层的分子，也会使较快流体层的分子减速。由于方向 y 无宏观运动，故两流体层之间交换的分子数应相等，2—2 流体层传递给 1—1 流体层的净动量必等于 1—1 流体层从 2—2 流体层接受的净动量，这种由于分子的不规则运动使得在速度梯度方向上产生动量传递，如图 1-7(a)。

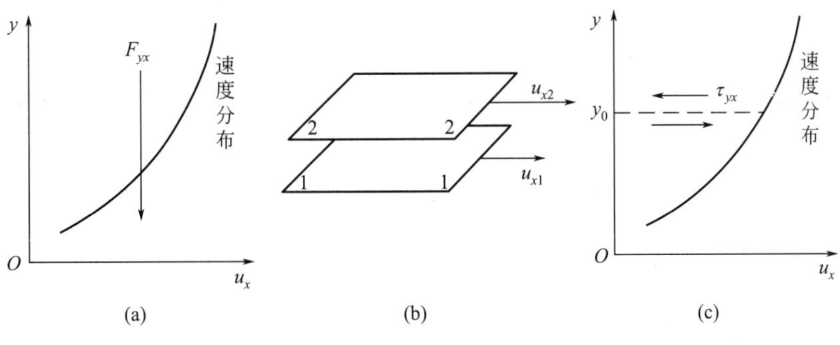

图 1-7　分子动量传递

从宏观来看，速度较慢的流体层受到速度较快的流体层向前拉的曳力，而速度较快的流体层则受到速度较慢的流体层向后拖的阻力，这就是动量传递所形成的两流体层界面上的剪应力。显然两相邻流体层界面上的这种剪应力大小相等，方向相反，如图 1-7(c)。

由式(1-26) 计算剪应力方向时可写成 $\tau=\pm\mu(\mathrm{d}u/\mathrm{d}y)$，式中正、负号的确定与坐标系的选定有关。当 u 随 y 的增加而增加时用正号，反之则用负号。

对于不可压缩的均质流体，其密度ρ为常数，在 x 方向上作一维流动时，式(1-26) 可表达为

$$\tau=\mu\frac{\mathrm{d}u}{\mathrm{d}y}=\nu\frac{\mathrm{d}(\rho u)}{\mathrm{d}y}$$

式中，ρu 为单位体积流体所具有的动量，$(\mathrm{kg/m^3})\cdot(\mathrm{m/s})$ 即 $\mathrm{kg/(m^2\cdot s)}$，即动量浓度；$\mathrm{d}(\rho u)/\mathrm{d}y$ 则为单位体积流体的动量在 y 方向的梯度，或理解为 y 方向上的动量浓度梯度，$(\mathrm{kg/m^3})\cdot(\mathrm{m/s})/\mathrm{m}$ 即 $\mathrm{kg/(m^3\cdot s)}$；τ 的单位为 $\mathrm{kg(m/s)/(m^2\cdot s)}$ 即 $\mathrm{kg/(m\cdot s^2)}$，表示 x 方向上的动量在 y 方向上的通量；ν 为动量扩散系数，表示在 x 方向的流动，由于在 y 方向上存在着动量浓度梯度而引起的动量传递时的扩散系数。为了在上式的基础上，说明前述的动量传递的方向，需在右侧加上负号，表示动量朝着动量浓度降低的方向传递。即

$$\tau=-\nu\frac{\mathrm{d}(\rho u)}{\mathrm{d}y} \tag{1-28}$$

整个式子表达的物理意义为：

[x 方向上的动量在 y 方向上的通量]=－[动量扩散系数]×[y 方向上的动量浓度梯度]

为阐明上述的物理意义，式(1-28) 可写成：

$$\tau_{yx}=-\nu\frac{\mathrm{d}(\rho u_x)}{\mathrm{d}y} \tag{1-29}$$

式中，τ_{yx}，$\mathrm{kg(m/s)/(m^2\cdot s)}$ 即 $\mathrm{kg/(m\cdot s^2)}$，当它表示动量通量时，第一个下标 y 表示动量的传递方向，第二个下标 x 表示动量的方向；当它表示剪应力时，$\mathrm{N/m^2}$，第一个下标 y 表示剪应力作用面外法线方向，第二个下标 x 表示剪应力的作用方向。显然，动量的传递方向，即动量通量的方向与剪应力的作用方向相互垂直，u_x 则表示流体在 x 方向的速度，m/s。

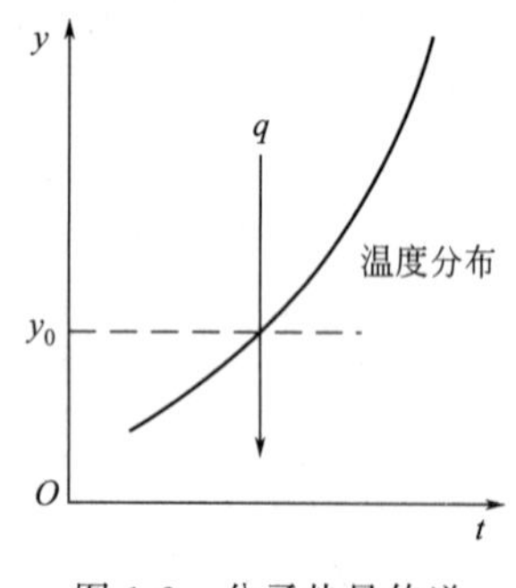

图 1-8　分子热量传递

(2) 傅里叶定律　1822 年由法国数学-物理学家傅里叶首先提出，通过导热方式传递的热量通量为：

$$q=-k\frac{\mathrm{d}t}{\mathrm{d}y} \tag{1-30}$$

式中，q 表示由于温度梯度所引起 y 方向上的热量通量，$\mathrm{J/(m^2\cdot s)}$；k 为传热介质的热导率，$\mathrm{W/(m\cdot K)}$；$\frac{\mathrm{d}t}{\mathrm{d}y}$为热量通量 y 方向上的温度梯度，K/m。式中负号表示热传导服从热力学第二定律，即如图 1-8 的坐标系所示，热量必沿着温度降低的方向传递。式(1-30) 称为傅里叶定律。

对于具有恒定密度和比热容的流体，式(1-30) 可写成：

$$q=-k\frac{\mathrm{d}t}{\mathrm{d}y}=-\frac{k}{\rho C_p}\frac{\mathrm{d}(\rho C_p t)}{\mathrm{d}y} \tag{1-31}$$

上式中令 $\alpha=\frac{k}{\rho C_p}$，其单位为：

$$\left[\frac{k}{\rho C_p}\right]=\frac{\mathrm{W/(m\cdot K)}}{\mathrm{(kg/m^3)[J/(kg\cdot K)]}}=\frac{\mathrm{m^2}}{\mathrm{s}}$$

α 与动量扩散系数有相同的单位，称为热扩散系数（或导温系数）。式中 $\mathrm{d}(\rho C_p t)/\mathrm{d}y$ 的单位为：

$$\left[\frac{\mathrm{d}(\rho C_p t)}{\mathrm{d}y}\right]=\frac{\mathrm{(kg/m^3)[J/(kg\cdot K)](K)}}{\mathrm{m}}=\frac{\mathrm{J}}{\mathrm{m^3\cdot m}}$$

表示单位体积的流体所具有的能量（热量）在其传递 y 方向上的梯度，也即能量（热量）浓度梯度。

因此上式可表达为：

$$q=-\alpha\frac{\mathrm{d}(\rho C_p t)}{\mathrm{d}y} \tag{1-32}$$

整个式子表达的物理意义为：

[由于温度梯度引起 y 方向上的热量通量]=−[热量扩散系数]×[y 方向上的热量浓度梯度]

上式中负号表示热量通量的方向与热量浓度梯度的方向相反，即热量朝着温度降低的方向传递。

(3) 菲克定律　1855 年由菲克首先提出了质量分子扩散的基本关系式为：

$$j_{\mathrm{A}y}=-D_{\mathrm{AB}}\frac{\mathrm{d}\rho_{\mathrm{A}}}{\mathrm{d}y} \tag{1-33}$$

式中　$j_{\mathrm{A}y}$——由于浓度梯度所引起的组分 A 在其浓度梯度 y 方向上的质量通量，$\mathrm{kg/(m^2\cdot s)}$；

D_{AB}——组分 A 在双组分混合物 A、B 中的质量扩散系数，$\mathrm{m^2/s}$；

$\mathrm{d}\rho_{\mathrm{A}}/\mathrm{d}y$——组分 A 在其质量通量方向（$z$）上的质量浓度梯度，$\mathrm{kg/(m^3\cdot m)}$。

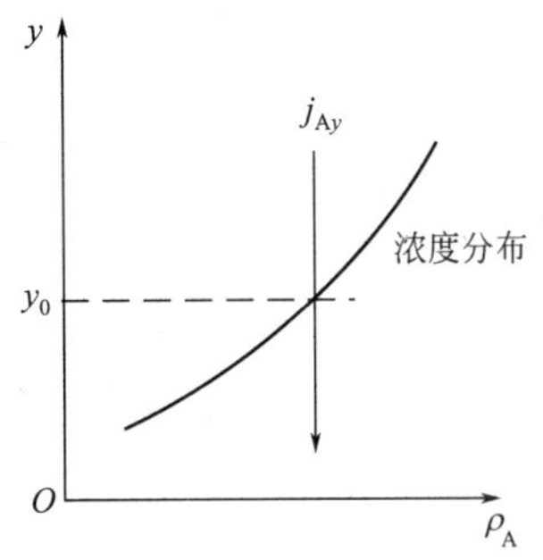

图 1-9　分子扩散传递

式(1-33) 称为菲克定律，整个式子表达的物理意义为：

[由于浓度梯度引起组分 A 在 y 方向上的质量通量]=−[质量扩散系数]×[y 方向上组分 A 的质量浓度梯度]

上式中负号表示质量通量的方向与质量浓度梯度的方向相反，即质量朝着其浓度降低的方向传递（见图 1-9）。

通过对上述三种传递现象的讨论，可以看到动量、热量和质量虽然是在三个完全不同领域中的物理量，但它们的通量却具有非常相似的数学表达式

$$\begin{bmatrix}\text{动量}\\\text{热量}\\\text{质量}\end{bmatrix}\text{通量}=-\begin{bmatrix}\text{动量}\\\text{热量}\\\text{质量}\end{bmatrix}\text{扩散系数}\times\begin{bmatrix}\text{动量}\\\text{热量}\\\text{质量}\end{bmatrix}\text{浓度梯度} \tag{1-34}$$

由此可见，动量、热量和质量通量具有类似的表达形式，即通量分别和各自的扩散系数和浓度梯度成正比；负号则表示通量的方向；三个方程的扩散系数 ν、α 和 D_{AB} 单位均为 $\mathrm{m^2/s}$；浓度梯度虽然具有不同的单位，但它们所表达的物理量的传递方向都是从高浓度区域向低浓度区域。浓度梯度单位不同的原因是因为三种传递现象的推动力不同，速度差是动量传递的推动力，温度差是热量传递的推动力，而物质的浓度差则是质量传递的推动力。

通常，将通量等于扩散系数乘以浓度梯度的方程称为现象方程，它代表一种关联所观察现象的经验方法，见表 1-1。

表 1-1　现象方程

扩散量	扩散过程	能量方程	扩散系数	通量方程中各项的单位	物理规律
动量	黏性剪切流	$\tau_{yx}=-\nu\dfrac{d(\rho u_x)}{dy}$	$\nu=\dfrac{\mu}{\rho}$	$\dfrac{kg\cdot m/s}{m^2\cdot s}=-\left(\dfrac{m^2}{s}\right)\left(\dfrac{kg\cdot m/s}{m^3}\right)/m$	牛顿黏性定律
热量	热传导	$q=-\alpha\dfrac{d(\rho C_p t)}{dy}$	$\alpha=\dfrac{k}{\rho C_p}$	$\dfrac{J}{m^2\cdot s}=-\left(\dfrac{m^2}{s}\right)\left(\dfrac{J}{m^3}\right)/m$	傅里叶定律
质量（组分 A）	组分混合物中扩散	$j_{Ay}=-D_{AB}\dfrac{d\rho_A}{dy}$	D_{AB}	$\dfrac{kg}{m^2\cdot s}=-\left(\dfrac{m^2}{s}\right)\left(\dfrac{kg}{m^3}\right)/m$	菲克定律

另外，从对上述的动量、热量、质量传递机理的分析可知，它们都是分子无规则运动的结果。这种由于分子无规则运动所引起的动量、热量和质量在其浓度梯度方向上的扩散传递，称为分子传递。因此，分子传递不仅发生在存在着热量（或质量）浓度梯度的静止流体或固体中；同时也如同分子的动量扩散传递一样，发生在垂直于热量（或质量）浓度梯度方向上作层流流动的流体中。因此分子的动量扩散传递在宏观上表现黏性现象，分子的能量扩散传递表现为传导现象，质量的分子扩散传递则表现为质量的扩散现象。在今后的学习中，将会看到动量、热量、质量的传递方式可以单独依靠分子扩散的方式进行，也可以依靠它和涡流扩散传递相结合的方式进行，在这种场合涡流扩散传递的效果较分子扩散的传递大得多。

最后应指出的是，上述类似只适用于一维系统，因为质量、能量是标量，它的通量是矢量，在直角坐标系中有三个方向的分量；而动量是矢量，它的通量是张量，有九个分量。另一个不同点是质量传递是物质的移动需要占有空间；而动量、能量的传递不占有空间。热量可以通过间壁传递，而质量不能通过间壁传递。

对三种传递现象类似性的研究和它们各自特点的探讨将是本课程学习的一个重点。

1.2　单组分体系微分质量衡算方程——连续性方程

1.2.1　连续性方程的推导

无数生产实践和科学实验都证明，质量既不能产生也不能消失，无论经过什么形式的运动，机械的、物理的、化学的，物质的总质量总是不变的，这个普遍规律叫做质量守恒定律。当然，质量守恒定律也有局限性。当物体的运动速度接近光速和在微观的原子核反应中，质量和能量互相转化，质量不再守恒。由于传递过程研究宏观运动而且其速度和光速是不可比拟的，所以质量守恒定律完全成立。就控制体而言，质量守恒定律可以简述为：

[输出控制体的质量速率]－[输入控制体的质量速率]＋[控制体内的质量累积速率]＝0　(1-35)

在流场中取直角坐标系中由空间点组成的固定不动的平行六面体，其棱边 dx，dy，dz 分别平行于坐标轴（图 1-10）的微分体积作为衡算的微元控制体。现用欧拉观点对此微元控制体推导连续性方程。

ρ 为流体的密度，kg/m^3，在流动过程中，它随压力、温度的变化而变化，因此它是时间和位置的连续函数。即

$$\rho=f(x,y,z,\theta)$$

$\boldsymbol{u}$ 为流体速度，m/s，是一个矢量。在直角坐标系中，可分解成三个坐标轴方向的分量

u_x, u_y, u_z。

在流场中某一点的ρ与 u 相乘，ρu 的单位为 $\frac{\mathrm{kg}}{\mathrm{m}^3} \cdot \frac{\mathrm{m}}{\mathrm{s}} = \frac{\mathrm{kg}}{\mathrm{m}^2 \cdot \mathrm{s}}$。其物理意义为质量通量，是一个矢量，它也可以分解为三个坐标轴方向的分量 ρu_x，ρu_y，ρu_z。

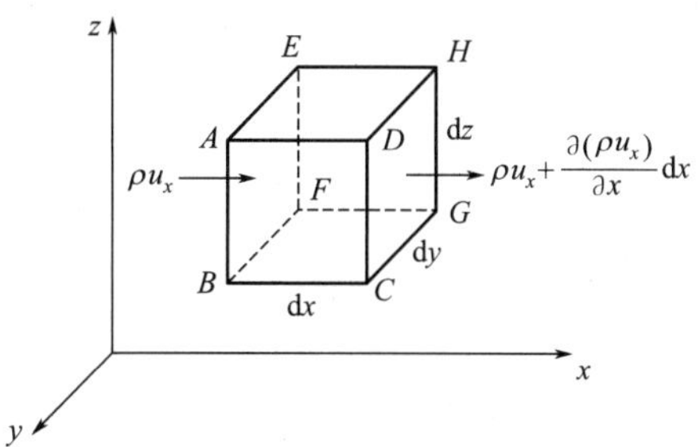

图 1-10　直角坐标系内微元体的质量衡算

在 x 轴方向，单位时间内通过 $ABFE$ 面流入微元控制体的质量（即质量速率）为：

$$\rho u_x \mathrm{d}y \mathrm{d}z$$

由于 $\mathrm{d}y\mathrm{d}z$ 甚小，可将其微元面积上每一处的质量通量近似地看作不变。而通过 $CDHG$ 面流出微元控制体的质量速率为：

$$\left[\rho u_x + \frac{\partial(\rho u_x)}{\partial x}\mathrm{d}x\right]\mathrm{d}y\mathrm{d}z$$

于是得到 x 方向输出与输入微元控制体的质量速率之差为：

$$\left[\rho u_x + \frac{\partial(\rho u_x)}{\partial x}\mathrm{d}x\right]\mathrm{d}y\mathrm{d}z - \rho u_x \mathrm{d}y\mathrm{d}z = \frac{\partial(\rho u_x)}{\partial x}\mathrm{d}x\mathrm{d}y\mathrm{d}z$$

同理，可得到 y 方向与 z 方向输出与输入微元控制体的质量速率之差为；

$$\frac{\partial(\rho u_y)}{\partial y}\mathrm{d}x\mathrm{d}y\mathrm{d}z ; \quad \frac{\partial(\rho u_z)}{\partial z}\mathrm{d}x\mathrm{d}y\mathrm{d}z$$

将此三式相加得到整个微元控制体输出与输入的质量速率之差

$$\left[\frac{\partial(\rho u_x)}{\partial x} + \frac{\partial(\rho u_y)}{\partial y} + \frac{\partial(\rho u_z)}{\partial z}\right]\mathrm{d}x\mathrm{d}y\mathrm{d}z$$

此微元控制体的质量累积速率可通过以下运算得到：

设某一瞬间微元控制体内的质量为：$\rho\mathrm{d}x\mathrm{d}y\mathrm{d}z$，由于$\rho = f(x, y, z, \theta)$，则经过 $\mathrm{d}\theta$ 时间以后，微元控制体内的质量为：$\left(\rho + \frac{\partial\rho}{\partial\theta}\mathrm{d}\theta\right)\mathrm{d}x\mathrm{d}y\mathrm{d}z$，所以在 $\mathrm{d}\theta$ 时间内，此微元控制体的质量累积速率为：

$$\frac{\left(\rho + \frac{\partial\rho}{\partial\theta}\mathrm{d}\theta\right)\mathrm{d}x\mathrm{d}y\mathrm{d}z - \rho\mathrm{d}x\mathrm{d}y\mathrm{d}z}{\mathrm{d}\theta} = \frac{\partial\rho}{\partial\theta}\mathrm{d}x\mathrm{d}y\mathrm{d}z$$

故质量守恒定律的数学表达式为：

$$\left[\frac{\partial(\rho u_x)}{\partial x} + \frac{\partial(\rho u_y)}{\partial y} + \frac{\partial(\rho u_z)}{\partial x}\right]\mathrm{d}x\mathrm{d}y\mathrm{d}z + \frac{\partial\rho}{\partial\theta}\mathrm{d}x\mathrm{d}y\mathrm{d}z = 0$$

即得

$$\frac{\partial\rho}{\partial\theta} + \frac{\partial(\rho u_x)}{\partial x} + \frac{\partial(\rho u_y)}{\partial y} + \frac{\partial(\rho u_z)}{\partial z} = 0 \tag{1-36}$$

这就是用欧拉观点推导的直角坐标系内的连续性方程，其矢量形式为：

$$\frac{\partial\rho}{\partial\theta} + \nabla \cdot (\rho \boldsymbol{u}) = 0 \tag{1-37}$$

若对式(1-37) 展开可得：

$$\frac{\partial\rho}{\partial\theta} + u_x\frac{\partial\rho}{\partial x} + u_y\frac{\partial\rho}{\partial y} + u_z\frac{\partial\rho}{\partial z} + \left(\frac{\partial u_x}{\partial x} + \frac{\partial u_y}{\partial y} + \frac{\partial u_z}{\partial z}\right) = 0 \tag{1-38}$$

可以看出，上式的前四项为密度的随体导数，因此，上式可写成

$$\frac{D\rho}{D\theta}+\rho\nabla\cdot u=0 \tag{1-39}$$

式(1-39) 称为连续性方程的随体导数表达式，此式也可从拉格朗日观点来推得。

密度对时间的随体导数$\frac{D\rho}{D\theta}$由两部分组成：一个为密度随时间的局部导数$\frac{\partial\rho}{\partial\theta}$，表示密度在空间的一个固定点处随时间的变化；另一个为密度的对流导数$u_x\frac{\partial\rho}{\partial x}+u_y\frac{\partial\rho}{\partial y}+u_z\frac{\partial\rho}{\partial z}$，表示密度由一点移动到另一点时所发生的变化。因此，$\frac{D\rho}{D\theta}$的物理意义为：流体质点在 $d\theta$ 时间内由空间的一点 (x,y,z) 移动到另一点 $(x+dx,y+dy,z+dz)$ 时流体密度对时间的变化率。

由于

$$\rho v=1 \tag{1-40}$$

式中，v 为流体的比体积。将上式对时间求随体导数，即

$$\rho\frac{Dv}{D\theta}+v\frac{D\rho}{D\theta}=0$$

或改写为

$$\frac{1}{v}\frac{Dv}{D\theta}+\frac{1}{\rho}\frac{D\rho}{D\theta}=0 \tag{1-41}$$

将式(1-41) 代入式(1-39) 得到

$$\frac{1}{v}\frac{Dv}{D\theta}=\nabla\cdot u \tag{1-42}$$

式(1-42) 左侧的$\frac{1}{v}\frac{Dv}{D\theta}$表示流体微元的体积膨胀速率或体积形变速率，右侧的$\nabla\cdot u=\frac{\partial u_x}{\partial x}+\frac{\partial u_y}{\partial y}+\frac{\partial u_z}{\partial z}$则表示速度向量的散度，它是流体微元在 3 个坐标方向的线性形变速率之和。

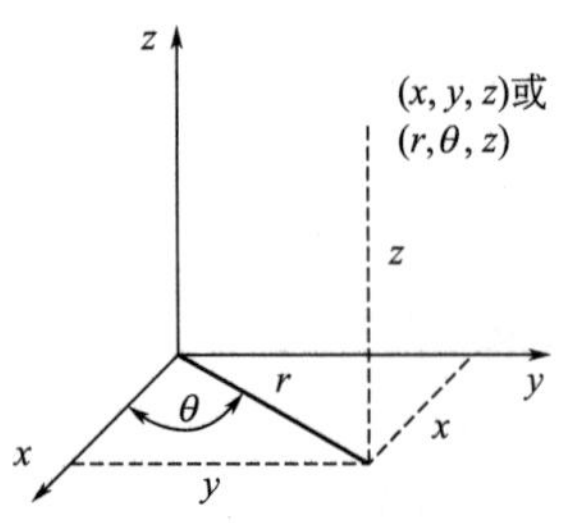

图 1-11　柱坐标系中的微元体

式(1-37)、式(1-39)、式(1-42) 为连续性方程的三种形式。在连续方程推导过程中，未作任何假定，故它适用于稳态或非稳态的流动过程、理想流体或实际流体、牛顿型流体或非牛顿型流体、可压缩流体或不可压缩流体。连续性方程是研究传动、传热和传质过程的最基本和最重要的微分方程之一。

上面导出的连续性方程是直角坐标系中的表达式，但在某些场合应用柱坐标系或球坐标系来表达连续性方程或其它微分方程要比用直角坐标系简便。在研究圆管内流体流动时，流体环绕管轴是对称的，在相同的半径上，所有各点具有相等的速度和其它物理量，这时采用柱坐标系（如图 1-11）表达连续性方程较为方便。又如流体在球面或球面的一部分流动时，往往采用球坐标系。

柱坐标系 (r,θ,z) 的表示法：

r——矢径 $0\leqslant r<\infty$；

θ——方位角 $0\leqslant\theta\leqslant 2\pi$；

z——轴 $-\infty<z<+\infty$。

与直角坐标系的关系

$x=r\cos\theta$，$y=r\sin\theta$，$z=z$

球坐标系（r,θ,ϕ）的表示法（见图 1-12）：

r——矢径 $0\leqslant r<\infty$；

θ——余纬度 $0\leqslant\theta\leqslant\pi$；

ϕ——方位角 $0\leqslant\theta\leqslant2\pi$。

与直角坐标系的关系

$x=r\sin\theta\cos\phi$，$y=r\sin\theta\sin\phi$，$z=r\cos\theta$

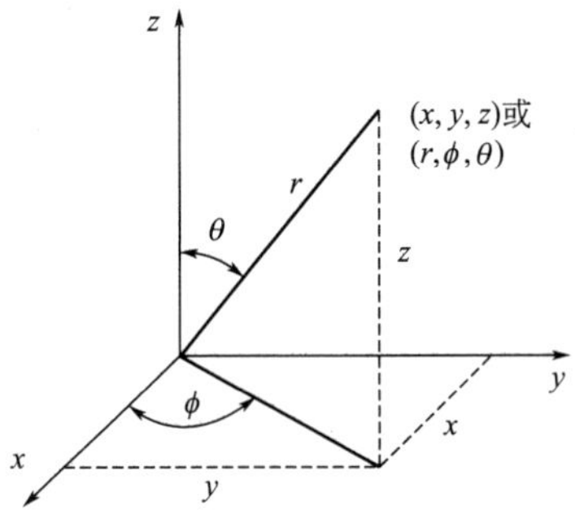

图 1-12　球坐标系中的微元体

有了这些关系，通过运算即可将连续性方程从直角坐标系中的表达式换算到柱坐标系或球坐标系的表达式，同样也可以用直角坐标系中推导连续性方程的方法，应用质量守恒定律，在柱坐标系或球坐标系中推导出相应的连续性方程。

连续性方程在柱坐标系中的表达形式为

$$\frac{\partial\rho}{\partial\theta'}+\frac{1}{r}\frac{\partial}{\partial r}(\rho r u_y)+\frac{1}{r}\frac{\partial}{\partial\theta}(\rho u_\theta)+\frac{\partial}{\partial z}(\rho u_z)=0 \tag{1-43}$$

式中，θ'表示时间。为避免与方位混淆，在柱坐标系和球坐标系中时间用θ'表示。$u_\theta\neq\frac{\mathrm{d}\theta}{\mathrm{d}\theta'}$，即 u_θ 不表示角速度而表示线速度，即 $u_\theta=r\frac{\mathrm{d}\theta}{\mathrm{d}\theta'}$。

连续性方程在球坐标系中的表达形式为

$$\frac{\partial\rho}{\partial\theta'}+\frac{1}{r^2}\frac{\partial}{\partial r}(\rho r^2 u_r)+\frac{1}{r\sin\theta}\frac{\partial}{\partial\theta}(\rho u_\theta\sin\theta)+\frac{1}{r\sin\theta}\frac{\partial}{\partial\phi}(\rho u_\phi)=0 \tag{1-44}$$

式中，u_θ，u_ϕ 都表示线速度。

把连续性方程式的几种表达式列于表 1-2。

表 1-2　连续性方程式的各种表达式

方程式	一般情况表达式	稳定流动表达式	不可压缩流体流动表达式
向量式	$\frac{\partial\rho}{\partial\theta}+\nabla\cdot(\rho u)=0$	$\nabla\cdot(\rho u)=0$	$\nabla\cdot u=0$
随体导数式	$\nabla\cdot u+\frac{1}{\rho}\frac{D\rho}{D\theta}=0$	与时间无关，无随体导数式	
直角坐标系表达式	$\frac{\partial\rho}{\partial\theta}+\frac{\partial(\rho u_x)}{\partial x}+\frac{\partial(\rho u_y)}{\partial y}+\frac{\partial(\rho u_z)}{\partial z}=0$	$\frac{\partial(\rho u_x)}{\partial x}+\frac{\partial(\rho u_y)}{\partial y}+\frac{\partial(\rho u_z)}{\partial z}=0$	$\frac{\partial u_x}{\partial x}+\frac{\partial u_y}{\partial y}+\frac{\partial u_z}{\partial z}=0$
柱坐标系表达式	$\frac{\partial\rho}{\partial\theta'}+\frac{1}{r}\frac{\partial}{\partial r}(\rho r u_y)+\frac{1}{r}\frac{\partial}{\partial\theta}(\rho u_\theta)+\frac{\partial}{\partial z}(\rho u_z)=0$	$\frac{1}{r}\frac{\partial}{\partial r}(\rho r u_y)+\frac{1}{r}\frac{\partial}{\partial\theta}(\rho u_\theta)+\frac{\partial}{\partial z}(\rho u_z)=0$	$\frac{\partial u_r}{\partial r}+\frac{u_r}{r}+\frac{1}{r}\frac{u_\theta}{\partial\theta}+\frac{\partial u_z}{\partial z}=0$
球坐标系表达式	$\frac{\partial\rho}{\partial\theta'}+\frac{1}{r^2}\frac{\partial}{\partial r}(\rho r^2 u_r)+\frac{1}{r\sin\theta}\frac{\partial}{\partial\theta}(\rho u_\theta\sin\theta)+\frac{1}{r\sin\theta}\frac{\partial}{\partial\phi}(\rho u_\phi)=0$	$\frac{1}{r^2}\frac{\partial}{\partial r}(\rho r^2 u_r)+\frac{1}{r\sin\theta}\frac{\partial}{\partial\theta}(\rho u_\theta\sin\theta)+\frac{1}{r\sin\theta}\frac{\partial}{\partial\phi}(\rho u_\phi)=0$	$r\frac{\partial u_r}{\partial r}+2u_r+\frac{u_\theta}{\tan\theta}+\frac{\partial u_\theta}{\partial\theta}+\frac{1}{\sin\theta}\frac{\partial u_\phi}{\partial\phi}=0$

1.2.2　连续性方程的简化

现推导几种特殊情形下的连续性方程。

对稳定流动，$\frac{\partial \rho}{\partial \theta}=0$，于是连续性方程(1-37）简化成：

$$\nabla \cdot (\rho u)=0$$

或
$$\frac{\partial(\rho u_x)}{\partial x}+\frac{\partial(\rho u_y)}{\partial y}+\frac{\partial(\rho u_z)}{\partial z}=0 \tag{1-45}$$

此式说明稳态流动时单位体积流入和流出的质量应相等。

对不可压缩流体，$\mathrm{D}\rho/\mathrm{D}\theta=0$，于是由式(1-39）得到不可压缩流体的连续性方程为：

$$\nabla \cdot u=0$$

或
$$\frac{\partial u_x}{\partial x}+\frac{\partial u_y}{\partial y}+\frac{\partial u_z}{\partial z}=0 \tag{1-46}$$

当流体为不可压缩时，流体微团的密度、质量在运动中都不变。另外，从数学上，散度表示场中一点处的通量对体积的变化率，也就是在该点处对一个单位体积所流出的通量，称为该点处源的强度。当散度等于零时，就表示在该点处无源，称散度等于零的场为无源场，因此由式(1-46)说明，不可压缩流体的速度场是无源场。

1.3 多组分体系微分质量衡算方程——质量传递微分方程

1.3.1 描述质量分子扩散现象的数学表达式

(1）混合物的浓度 对于由A，B两种组分构成的均相流体混合物，单位体积内所含A，B组分的量，分别称为A，B组分的浓度。通常浓度用质量浓度，即单位体积内含某组分的质量ρ_A，ρ_B(kg/m^3)；或摩尔浓度，即单位体积内含某组分的物质的量c_A、c_B(kmol/m^3)来表示。同样它们的组成也可用质量分数w_A，w_B或摩尔分数x_A，x_B来表示。对于双组分体系有$\rho_A+\rho_B=\rho$，或$c_A+c_B=c$（无脚标的表示混合物的数值)。混合物的质量浓度或摩尔浓度变化不大时，用w_A，w_B或x_A，x_B比较方便。

(2）速度 各组分的分子移动是因浓度梯度所引起的分子扩散（微观运动，即使整个体系静止，它仍然会发生）和整个流体的流动（宏观运动）的组合运动。流体运动的速度与所选择的参考基准有关，因而需要考虑相对速度的概念。在扩散中，流体混合物内各组分由于扩散作用而具有不同的速度，所以常用各组分速度的平均值来定义流体的平均速度。如果组分A相当于静止坐标系的统计平均速度为u_A（即u_A不是指组分A单个分子的速度，而是指微元流体内组分A的所有分子速度的总和除以组分A的分子总数)，则组分A通过垂直于静止平面单位面积的质量速度（亦即通过垂直于静止平面的质量通量）为$\rho_A u_A$，所以，对组分混合物的质量平均速度即可定义为：

$$u=\frac{1}{\rho}(u_A\rho_A+u_B\rho_B) \tag{1-47}$$

质量平均速度u，就是能够观察到的混合物的流动速度。相应的，双组分混合物的摩尔平均速度可定义为：

$$u_M=\frac{1}{c}(u_A c_A+u_B c_B) \tag{1-48}$$

所以，流动系统中组分A的速度可以用三种参考基准表示：u_A——相对于静止坐标系的速度；u_A-u——相对于质量平均速度的速度；u_A-u_M——相对于摩尔平均速度的速度。

由此可知，扩散速度亦可表示组分 A 相对于流体运动的速度。

(3) 扩散通量　扩散通量，即单位时间内，某组分通过与速度方向相垂直的单位面积的物质量。根据浓度和速度的定义，扩散通量应为浓度和速度的乘积。其单位由相应的浓度和速度的单位决定，可以是质量通量 $kg/(m^2 \cdot s)$，也可以是摩尔通量 $kmol/(m^2 \cdot s)$，扩散通量的方向与速度方向一致。当速度以静止坐标为基准时，则相对于静止坐标的质量通量是 $n_A(n_A=\rho_A u_A)$，摩尔通量是 $N_A(N_A=c_A u_A)$，当速度以相对速度（u_A-u）表示时，则相对于质量平均速度的质量通量是 $j_A[j_A=\rho_A(u_A-u)]$，当速度以相对速度（u_A-u_M）表示时，则相对于摩尔平均速度的摩尔通量是 $J_A[J_A=c_A(u_A-u_M)]$。正如在开始时指出的，各组分的移动是分子扩散和宏观流动两者的合运动，若从体系外部的一点（静止坐标系）来看，看到的是两者的叠加移动速度。然而在流动的体系内观察（动坐标系），整体是静止的，看到的仅仅是分子的扩散运动。

扩散过程中浓度、速度及扩散通量的表示法，列于表 1-3 中。

表 1-3　双组分混合物的浓度、速度及扩散通量表示法

项目		质量基准	摩尔基准
浓度	定义式	ρ_A、ρ_B，组分的质量浓度，kg/m^3 $\rho=\rho_A+\rho_B$，总质量浓度，kg/m^3 $w_A=\rho_A/\rho$，组分 A 的质量分数	c_A、c_B，组分的摩尔浓度，$kmol/m^3$ $c=c_A+c_B$，总摩尔浓度，$kmol/m^3$ $x_A=c_A/c$，组分 A 的摩尔分数
	关系式	$M=\rho/c$ 混合物的平均摩尔质量，$kg/kmol$；$\rho_A=c_A M_A$	
		$w_A+w_B=1$ $w_A=\dfrac{x_A M_A}{x_A M_A+x_B M_B}$ $dw_A=\dfrac{M_A M_B dx_A}{(x_A M_A+x_B M_B)^2}$	$x_A+x_B=1$ $x_A=\dfrac{w_A M_A}{w_A M_A+w_B M_B}$ $dx_A=\dfrac{dw_A}{w_A w_B(w_A/M_A+w_B M_B)^2}$
速度	定义式	u_A 相对于静止坐标的组分 A 的扩散速度 u_A-u 相对于质量平均速度 u 的组分 A 的扩散速度 u_A-u_M 相对于摩尔平均速度 u_M 的组分 A 的扩散速度 $u=\dfrac{1}{\rho}(\rho_A u_A+\rho_B u_B)=w_A u_A+w_B u_B$，质量平均速度 $u_M=\dfrac{1}{c}(c_A u_A+c_B u_B)=x_A u_A+x_B u_B$，摩尔平均速度	
		质量通量/$[kg/(m^2 \cdot s)]$	摩尔通量/$[kmol/(m^2 \cdot s)]$
扩散通量	定义式	相对于静止坐标　$n_A=\rho_A u_A$ 相对于质量平均速度 u　$j_A=\rho_A(u_A-u)$ 相对于摩尔平均速度 u_M	$N_A=c_A u_A$ $J_A=c_A(u_A-u_M)$
	关系式	总的扩散通量　$n_A+n_B=n=\rho u$ $j_A+j_B=0$ $n_A=N_A M_A$ $n_A=j_A+\rho_A u$ $j_A=n_A-w_A(n_A+n_B)$	$N_A+N_B=N=c u_M$ $J_A+J_B=0$ $N_A=n_A/M_A$ $N_A=J_A+c_A u_M$ $J_A=N_A-x_A(N_A+N_B)$

(4) 质量分子扩散现象的数学表达式　如前所述，给定组分的质量（或摩尔）通量是一个矢量，它表示给定的时间间隔内通过与这个矢量相垂直的单位面积的组分量，这个组分或以质量或以物质的量表示。这个通量可以相对于固定坐标系确定，也可以相对于以质量平均速度运动的动坐标系确定，还可以相对于以摩尔平均速度运动的动坐标系确定。

表 1-3 中所列出的分子扩散的基本关系，表达了摩尔通量 J_A 与摩尔平均速度之间的关系。菲克第一定律的摩尔通量的经验公式，描述了组分 A 在等温、等压体系中的扩散情况。如果扩散只在 y 方向进行，则菲克通量方程为：

$$J_{Ay}=-D_{AB}\frac{dc_A}{dy} \tag{1-49}$$

式中，J_{Ay} 表示在 y 方向上相对于摩尔平均速度的摩尔通量；dc_A/dy 表示在 y 方向上的摩尔浓度梯度。

格鲁特提出了一个不受等温、等压限制的更为通用的关系式：

$$J_{Ay}=-cD_{AB}\frac{dy_A}{dy}$$

或

$$J_{Ay}=-cD_{AB}\frac{dx_A}{dy} \tag{1-50}$$

式中，$y_A=\frac{c_A}{c}$（气体）；$x_A=\frac{c_A}{c}$（液体和固体）。由于总浓度 c 只是在等温、等压条件下才是一个常数，所以方程式(1-50) 只是通用关系式(1-49) 的特殊形式。在 y 方向上相对于质量平均速度的质量通量，即 j_{Ay} 的当量表达式为：

$$j_{Ay}=-\rho D_{AB}\frac{dw_A}{dy} \tag{1-51}$$

式中，dw_A/dy 是以质量分数表示的浓度梯度。当密度是常数时，这个关系式可简化为式(1-33)：

$$j_{Ay}=-D_{AB}\frac{d\rho_A}{dy}$$

对于一个二元体系，y 方向上的摩尔通量还可写成下述形式：

$$J_{AB}=c_A(u_{Ay}-u_{My}) \tag{1-52}$$

由于式(1-50) 和式(1-52) 相等，于是：

$$J_{Ay}=c_A(u_{Ay}-u_{My})=-cD_{AB}\frac{dy_A}{dy}$$

即

$$c_Au_{Ay}=-cD_{AB}\frac{dy_A}{dy}+c_Au_{My} \tag{1-53}$$

对于二元体系，由式(1-48)

$$u_{My}=\frac{1}{c}(c_Au_{Ay}+c_Bu_{By})$$

或

$$c_Au_{My}=y_A(c_Au_{Ay}+c_Bu_{By})$$

代入式(1-53) 中，便可得到

$$c_Au_{Ay}=-cD_{AB}\frac{dy_A}{dy}+y_A(c_Au_{Ay}+c_Bu_{By}) \tag{1-54}$$

因为 u_{Ay}、u_{By} 是相对于固定坐标 y 轴的速度，所以 c_Au_{Ay}，c_Bu_{By} 就是组分 A 和 B 相对于固定坐标轴 y 的通量，即：

$$N_{Ay}=c_Au_{Ay},N_{By}=c_Bu_{By}$$

代入式(1-54) 即得：

$$N_{Ay}=-cD_{AB}\frac{dy_A}{dy}+y_A(N_{Ay}+N_{By}) \tag{1-55}$$

这个式子可以推广为矢量形式，即：

$$N_A=-cD_{AB}\nabla y_A+y_A(N_A+N_B) \tag{1-56}$$

由上式可知，摩尔通量 N_A 是两个矢量之和：$-cD_{AB}\nabla y_A$ 这是由于浓度梯度引起的相对于摩尔平均速度的通量 J_A，通常把它视为浓度梯度的贡献。$y_A(N_A+N_B)=y_AN=c_Au_{My}$ 这是由于组分 A 在流体整体流动中被携带走而产生的摩尔通量。这一项可视为主体运动的贡献。这两个矢量，可能是其中任何一个，也可能两个都是构成总摩尔通量 N_A 的重要部分。

如果组分 A 在多组分的混合物中进行扩散，那么式(1-56) 的当量表达式为：

$$N_A=-cD_{AM}\nabla y_A+y_A\sum_{i=1}^{n}N_i \tag{1-57}$$

对于一个二元体系，相对于固定坐标系的质量通量 n_A 可根据质量密度和质量分数，定义如下：

$$n_A=-\rho D_{AB}\nabla w_A+w_A(n_A+n_B) \tag{1-58}$$

式中：

$$n_A=\rho_Au_A，n_B=\rho_Bu_B$$

此式亦可写成：

$$n_A=j_A+w_An$$

由 $w_A=\rho_A/\rho$，$n=\rho u$ 代入上式，得

$$n_A=j_A+\rho_Au$$

同样

$$n_B=j_B+\rho_Bu$$

二式相加

$$\begin{aligned}n_A+n_B&=j_A+j_B+(\rho_A+\rho_B)u\\&=j_A+j_B+\rho u\\&=j_A+j_B+n\end{aligned}$$

即可得到：

$$j_A+j_B=0$$

由于 $w_A+w_B=1$，所以 $dw_A=-dw_B$ 则：

$$j_B=-\rho D_{BA}\nabla w_B=\rho D_{BA}\nabla w_A$$

式中，D_{BA}表示组分 B 通过组分 A 的扩散系数。

由于 $j_A+j_B=0$，即

$$-D_{BA}\rho\nabla w_B+D_{BA}\rho\nabla w_A=0 \tag{1-59}$$

则：

$$D_{AB}=D_{BA}$$

同样由式(1-57) 经过上述的推导亦可得到

$$j_A+j_B=0 \tag{1-60}$$

扩散通量的相互关系可见表 1-3。在等温等压条件下，式(1-58) 可简化成

$$n_A=-D_{AB}\nabla\rho_A+w_A(n_A+n_B) \tag{1-61}$$

上面所定义的 J_A，j_A，N_A 和 n_A 四个通量方程，都是菲克定律的等价表达式。扩散系数 D_{BA}对所有的方程都是相同的。虽然，这些方程中的任何一个都可以用来描述质量的分子扩散过程。正如前面我们所指出的那样，对于不同的情况使用不同的方程将是方便的。对于需要用纳维-斯托克斯方程描述的过程，可应用质量通量 n_A 和 j_A。因为化学反应是用

反应物的物质的量来描述的，所以摩尔通量 N_A、J_A 可用于描述包括化学反应的质量传递。相对于空间内固定坐标系的通量 n_A 和 N_A，通常用于描述工艺设备内的工程运算。通量 J_A 和 j_A 则用于描述测量扩散系数的扩散问题研究中。

需要指出的是上述各式中，扩散的推动力都是以浓度梯度表示的。根据热力学第二定律，一个不平衡的系统将随时间的增加而逐渐趋向平衡。由热力学知，这些推动力都可以用化学势梯度表示。对非理想系统，质量传递推动力用化学势梯度表示，如同动量传递中推动力用速度梯度表示一样，当流体中速度梯度很小时，剪应力（动量通量）几乎为零。亦如同热量传递中推动力用温度梯度表示一样，当系统中两部分温度趋于相同时，系统达到平衡 $(q=0)$。对质量传递系统，当组分 A 的化学势梯度很小时，系统中组分 A 趋于平衡 $(J_A=0)$。所以在化学势梯度的作用下，组分 A 在 y 方向上的扩散通量为：

$$J_{Ay}=-D'_{AB}\frac{\mathrm{d}\mu_A}{\mathrm{d}y} \tag{1-62}$$

式中，D'_{AB}为比例系数，相当于扩散系数。

对于实际溶液，组分 A 的化学势可以写为

$$\mu_A=\mu_A^0+RT\ln a_A=\mu_A^0+RT\ln(\gamma_A x_A) \tag{1-63}$$

式中，μ_A 为组分 A 的化学势，J/kmol；μ_A^0 为组分 A 在标准状态下的化学势，J/kmol；R 为气体常数；a_A 为溶液中 A 的活度，$a_A=\gamma_A x_A$；γ_A 为组分 A 的活度系数。

由式(1-63) 可得：

$$\frac{\mathrm{d}\mu_A}{\mathrm{d}y}=RT\frac{\mathrm{d}\ln a_A}{\mathrm{d}y}=RT\left(\frac{\mathrm{d}\ln\gamma_A}{\mathrm{d}y}+\frac{\mathrm{d}\ln x_A}{\mathrm{d}y}\right)$$

所以

$$\frac{\mathrm{d}\mu_A}{\mathrm{d}y}=\frac{RT}{x_A}\left(\frac{\mathrm{d}\ln\gamma_A}{\mathrm{d}y}+1\right)\frac{\mathrm{d}x_A}{\mathrm{d}y}$$

即

$$J_{Ay}=-\frac{D'_{AB}RT}{x_A}\left(x_A\frac{\mathrm{d}\ln\gamma_A}{\mathrm{d}x_A}+1\right)\frac{\mathrm{d}x_A}{\mathrm{d}y} \tag{1-64}$$

对于实际溶液，式(1-64) 中括号内的值，可以由一定温度和一定压力下的组成与活度系数的关系求得。

对于理想溶液，$\gamma_A=1$，$\dfrac{\mathrm{d}\ln\gamma_A}{\mathrm{d}y}=0$，所以式(1-64) 可以写成：

$$J_{Ay}=-\frac{D'_{AB}RT}{x_A}\frac{\mathrm{d}x_A}{\mathrm{d}y}$$

与式(1-50) 比较，即：

$$D'_{AB}=\frac{D_{AB}c_A}{RT} \tag{1-65}$$

由式(1-65) 可知，比例常数 D'_{AB}与组分 A 的浓度 c_A 成正比。但是，理论和实验都证明，理想溶液的 D_{AB}与浓度无关。所以对于理想溶液，使用 D_{AB}比使用 D'_{AB}好。然而在非理想系统的液体及固体中，扩散系数是随浓度变化的。

除了浓度差之外，还有其它一些物理条件，也能够产生化学势梯度，如温度差、压力差以及由重力场、磁场、电场等外部力场的作用所产生的力差等。例如，若将温度梯度加在静止的流体混合物上，则在混合物内也将产生浓度梯度，这种传递现象称热扩散。虽然，在一般情况下，它与其它的扩散效应相比是比较小的，但它却能成功地用于同位素分离。使用离

心机，根据压力扩散可以对液体混合物中的组分进行分离。混合物受外力场的作用而产生的质量传递，在我们的生活和工程中还有许多例子：重力作用下的沉降分离，静止电场作用的电解沉淀和磁场作用的矿物磁分离等。虽然上述这些传质现象都很重要，但是，它们都是一些非常特殊的过程。

1.3.2　质量传递微分方程的推导及简化

微分质量衡算方程可以在多组分体系中对组分 A 导出。由于多组分体系的质量传递过程或化学反应过程，扩散的影响很重要，因此微分质量衡算中要考虑这一影响。为使问题简化，这里仅考虑有扩散的双组分（A、B 组分）体系的微分质量衡算，同时考虑有化学反应存在的情况。

在上述条件下，若采用欧拉观点，在流场中取一固定体积和位置的微元控制体，此时引起 A 组分质量变化的有以下几方面：

① 由于流体（双组分混合物）的流动而带动组分 A 流入和流出微元控制体引起 A 的传递，这种流动称为主体流动或整体流动；

② 由于组分 A 在双组分混合物中以各种形式的扩散引起的传递；

③ 在微元控制体内部由于化学反应而引起组分 A 的生成或消耗；

④ 微元控制体内组分 A 的累积。

考虑上述因素后，质量守恒定律可表达为

［输出微元控制体组分 A 的质量速率］－［输入微元控制体组分 A 的质量速率］－
［化学反应生成组分 A 的质量速率］－［微元控制体内组分 A 的累积速率］＝0

双组分体系的微分质量衡算方程，仍可在图 1-10 上导出。

对组分 A 来说，由于流动输入微元控制体的质量通量为$\rho_A u$，三个方向的分量分别为：$\rho_A u_x$，$\rho_A u_y$，$\rho_A u_z$。

若 j_A 表示 A 的扩散通量，则三个方向的分量为：j_{Ax}，j_{Ay}，j_{Az}。其量纲同质量通量一样。

对于 x 方向，组分 A 沿 x 方向输入微元控制体的总质量速率为：

$$(\rho_A u_x + j_{Ax})\mathrm{d}y\mathrm{d}z$$

而输出的总质量速率为：

$$\left[(\rho_A u_x + j_{Ax}) + \frac{\partial(\rho_A u_x + j_{Ax})}{\partial x}\mathrm{d}x\right]\mathrm{d}y\mathrm{d}z$$

于是，组分 A 沿 x,y,z 方向输出与输入微元控制体的质量速率之差分别为

$$\left[\frac{\partial(\rho_A u_x)}{\partial x} + \frac{\partial j_{Ax}}{\partial x}\right]\mathrm{d}x\mathrm{d}y\mathrm{d}z$$

$$\left[\frac{\partial(\rho_A u_y)}{\partial y} + \frac{\partial j_{Ay}}{\partial y}\right]\mathrm{d}x\mathrm{d}y\mathrm{d}z$$

$$\left[\frac{\partial(\rho_A u_z)}{\partial z} + \frac{\partial j_{Az}}{\partial z}\right]\mathrm{d}x\mathrm{d}y\mathrm{d}z$$

而组分 A 在微元控制体内的质量累积速率为

$$\frac{\partial \rho_A}{\partial \theta}\mathrm{d}x\mathrm{d}y\mathrm{d}z$$

另外，由于化学反应的发生，组分 A 或为生成物，或为反应物。若单位体积中生成组

分 A 的质量速率为 r_A。当 A 为生成物时，r_A 为正；当 A 为反应物时，r_A 为负，因此，微元控制体内由于化学反应的存在，生成组分 A 的质量速率为：$r_A \mathrm{d}x\mathrm{d}y\mathrm{d}z$。

将上述各项均代入微分质量衡算式，可得：

$$\frac{\partial(\rho_A u_x)}{\partial x}+\frac{\partial(\rho_A u_y)}{\partial y}+\frac{\partial(\rho_A u_z)}{\partial z}+\frac{\partial \rho_A}{\partial \theta}+\frac{\partial j_{Ax}}{\partial x}+\frac{\partial j_{Ay}}{\partial y}+\frac{\partial j_{Az}}{\partial z}-r_A=0$$

向量形式为

$$\rho_A \nabla \cdot u+\frac{\mathrm{D}\rho_A}{\mathrm{D}\theta}+\nabla \cdot j_A-r_A=0 \tag{1-66}$$

与式(1-39) $\frac{\mathrm{D}\rho_A}{\mathrm{D}\theta}+\rho_A\nabla \cdot u=0$ 比较，式(1-66) 多出了 $(\nabla \cdot j_A-r_A)$ 项，这是由于在微元控制体内对双组分体系中组分 A 进行微分质量衡算时，比单组分体系的物理现象增加了扩散现象，且存在化学反应所引起的。因此只需把扩散通量 j_A 看作是流体主体流动所引起的质量传递的附加量，并考虑化学反应引起的组分 A 的生成率，即可直接从式(1-39) 得到式(1-66)。

以上各式中扩散通量 j_A，表示组分 A 在双组分混合物中由于存在扩散现象所引起的质量传递。扩散的形式是多种多样的，如分子扩散、热扩散、压力扩散、离子扩散等。如果仅考虑分子扩散传递，对于双组分体系中组分 A 的质量分子扩散，可由菲克定律描述：

$$j_A=-D_{AB}\nabla\rho_A$$

则式(1-66) 可改写为

$$\rho_A \nabla \cdot u+\frac{\mathrm{D}\rho_A}{\mathrm{D}\theta}-D_{AB}\nabla^2\rho_A-r_A=0 \tag{1-67}$$

对于另一组分 B，也可以写出类似的方程

$$\rho_B \nabla \cdot u+\frac{\mathrm{D}\rho_B}{\mathrm{D}\theta}-D_{BA}\nabla^2\rho_B-r_B=0 \tag{1-68}$$

式(1-67) 和式(1-68) 即为双组分系统微分质量衡算方程。

接下来，推导几种特殊情况下的表达式。

对不可压缩流体，$\frac{\mathrm{D}\rho}{\mathrm{D}\theta}=0(\rho=\rho_A+\rho_B)$。可应用式(1-39) 得 $\nabla \cdot u=0$ 的条件，代入式(1-67)：

$$\frac{\mathrm{D}\rho_A}{\mathrm{D}\theta}=D_{AB}\nabla^2\rho_A+r_A \tag{1-69}$$

在无化学反应时

$$\frac{\mathrm{D}\rho_A}{\mathrm{D}\theta}=D_{AB}\nabla^2\rho_A \tag{1-70}$$

稳定流动时，$\rho_A\neq f(\theta)$，则上式随体导数项中 $\partial\rho_A/\partial\theta=0$，得：

$$u_x\frac{\partial\rho_A}{\partial x}+u_y\frac{\partial\rho_A}{\partial y}+u_z\frac{\partial\rho_A}{\partial z}=D_{AB}\left(\frac{\partial^2\rho_A}{\partial x^2}+\frac{\partial^2\rho_A}{\partial y^2}+\frac{\partial^2\rho_A}{\partial z^2}\right) \tag{1-71}$$

如果流体静止，即 $u=0$，又无化学反应，而且密度和扩散系数也都不变，那么方程(1-71) 可简化为：

$$\frac{\partial\rho_A}{\partial\theta}=D_{AB}\nabla^2\rho_A \tag{1-72}$$

通常把方程(1-72)称为菲克第二定律。由于假设流体静止，所以这个式子只限于描述固体、静止液体以及由气体或液体组成的二元体系内的扩散。若稳态扩散过程，即$\frac{\partial \rho_A}{\partial \theta}=0$，式(1-72)可写成：

$$\nabla^2 \rho_A=0 \tag{1-73}$$

方程(1-73)是以质量浓度表示的拉普拉斯方程。

伴有化学反应在固体或静止流体内作稳态扩散时，式(1-67)可写成

$$D_{AB}\nabla^2 \rho_A + r_A = 0$$

即

$$\nabla^2 \rho_A = -\frac{r_A}{D_{AB}} \tag{1-74}$$

该式在数学上称为泊松方程。

微分质量衡算方程在多组分体系中对组分A若改用摩尔平均速度u_M和摩尔通量进行推导时，可得组分A、B混合物总浓度c为常数时（即等温等压时c为常数）的微分质量衡算方程，即：

$$\frac{\partial c_A}{\partial \theta}+u_{Mx}\frac{\partial c_A}{\partial x}+u_{My}\frac{\partial c_A}{\partial y}+u_{Mz}\frac{\partial c_A}{\partial z}=D_{AB}\left(\frac{\partial^2 c_A}{\partial x^2}+\frac{\partial^2 c_A}{\partial y^2}+\frac{\partial^2 c_A}{\partial z^2}\right)+R_A$$

或

$$\frac{\partial c_A}{\partial \theta}+u_M \cdot \nabla c_A = D_{AB}\nabla^2 c_A + R_A \tag{1-75}$$

式中，c_A为组分A的摩尔浓度，kmol/m^3；u_{Mx}，u_{My}，u_{Mz}为摩尔平均速度u_M在x，y，z三个方向上的分量；R_A为化学反应存在情况下单位体积中生成组分A的摩尔速率，kmol/(m^3·s)。上式也可写成：

$$\frac{\mathrm{D}c_A}{\mathrm{D}\theta}=D_{AB}\nabla^2 c_A + R_A \tag{1-76}$$

如果流体没有运动，即$u_M=0$，无化学反应，即反应项$R_A=0$，那么上式可简化为：

$$\frac{\partial c_A}{\partial \theta}=D_{AB}\nabla^2 c_A \tag{1-77}$$

上式为用摩尔浓度表示的菲克第二定律。由于假设无流体的主体流动存在，所以这个方程式只限于描述固体、静止液体以及由气体或液体所组成的二元体系内的扩散。

当把过程限定为稳定，即$\frac{\partial c_A}{\partial \theta}=0$时，方程(1-75)还可以进一步简化，若密度和扩散系数为常数，则方程

$$u_M \cdot \nabla c_A = D_{AB}\nabla^2 c_A + R_A \tag{1-78}$$

若不仅密度和扩散系数为常数，而且无反应项，即$R_A=0$，则

$$u_M \cdot \nabla c_A = D_{AB}\nabla^2 c_A \tag{1-79}$$

如果再假设$u_M=0$，那么方程就变成：

$$\nabla^2 c_A = 0 \tag{1-80}$$

方程(1-80)是以摩尔浓度表示的拉普拉斯方程。

由于上述各式中的每一项均以矢量形式给出，因此在任何正交坐标中都可以应用。只需按适当的形式写出拉普拉斯算子∇^2，就可以把方程转换到任何正交的坐标系中。菲克第二定律在直角坐标系中的形式为：

$$\frac{\partial c_A}{\partial \theta}=D_{AB}\left(\frac{\partial^2 c_A}{\partial x^2}+\frac{\partial^2 c_A}{\partial y^2}+\frac{\partial^2 c_A}{\partial z^2}\right) \tag{1-81}$$

在柱坐标系中的形式为：

$$\frac{\partial c_A}{\partial \theta'}=D_{AB}\left[\frac{\partial^2 c_A}{\partial r^2}+\frac{1}{r}\frac{\partial^2 c_A}{\partial r}+\frac{1}{r^2}\frac{\partial^2 c_A}{\partial \theta^2}+\frac{\partial^2 c_A}{\partial z^2}\right] \tag{1-82}$$

在球坐标系中的形式为：

$$\frac{\partial c_A}{\partial \theta'}=D_{AB}\left[\frac{1}{r^2}\frac{\partial}{\partial r}\left(r^2\frac{\partial c_A}{\partial r}\right)+\frac{1}{r^2\sin\theta}\frac{\partial}{\partial \theta}\left(\sin\theta\frac{\partial c_A}{\partial \theta}\right)+\frac{1}{r^2\sin\theta}\frac{\partial^2 c_A}{\partial \phi^2}\right] \tag{1-83}$$

组分 A 一般形式的传质微分方程，在直角坐标系中的形式为：

$$\frac{\partial c_A}{\partial \theta}+\left(\frac{\partial N_{Ax}}{\partial y}+\frac{\partial N_{Ay}}{\partial y}+\frac{\partial N_{Az}}{\partial y}\right)=R_A \tag{1-84}$$

在柱坐标系中的形式为：

$$\frac{\partial c_A}{\partial \theta'}+\left[\frac{1}{r}\frac{\partial}{\partial r}(rN_{Ar})+\frac{1}{r}\frac{\partial N_{A\theta}}{\partial \theta}+\frac{\partial N_{Az}}{\partial z}\right]=R_A \tag{1-85}$$

在球坐标系中的形式为：

$$\frac{\partial c_A}{\partial \theta'}=D_{AB}\left[\frac{1}{r^2}\frac{\partial}{\partial r}(r^2N_{Ar})+\frac{1}{r\sin\theta}\frac{\partial}{\partial \theta}(N_{A\theta}\sin\theta)+\frac{1}{r\sin\theta}\frac{\partial N_{A\phi}}{\partial \phi}\right]=R_A \tag{1-86}$$

1.4 微分动量衡算方程

微分动量衡算遵循动量定律。运动流体的动量随时间的变化率应等于作用在流体上外力之和，即：

$$F=\frac{\mathrm{d}(M\boldsymbol{u})}{\mathrm{d}\theta} \tag{1-87}$$

式中，F 为作用于运动流体上诸外力的矢量和；M 为运动流体的质量；$\boldsymbol{u}$ 为运动流体的速度矢量。

1.4.1 以应力表示的微分动量衡算方程

对于质量一定的运动流体来说，上式可表达为：

$$F=M\frac{\mathrm{D}u}{\mathrm{D}\theta} \tag{1-88}$$

该式用于具有一定质量且运动的微元流体（微元控制体）时，在直角坐标系下写成：

$$\mathrm{d}F=\rho\,\mathrm{d}x\,\mathrm{d}y\,\mathrm{d}z\frac{\mathrm{D}u}{\mathrm{D}\theta} \tag{1-89}$$

即

$$\mathrm{d}F_x=\rho\,\mathrm{d}x\,\mathrm{d}y\,\mathrm{d}z\frac{\mathrm{D}u_x}{\mathrm{D}\theta}$$

$$\mathrm{d}F_y=\rho\,\mathrm{d}x\,\mathrm{d}y\,\mathrm{d}z\frac{\mathrm{D}u_y}{\mathrm{D}\theta}$$

$$\mathrm{d}F_z=\rho\,\mathrm{d}x\,\mathrm{d}y\,\mathrm{d}z\frac{\mathrm{D}u_z}{\mathrm{D}\theta}$$

式中，$\mathrm{d}F_x$、$\mathrm{d}F_y$、$\mathrm{d}F_z$ 分别为 x,y,z 方向上作用于微元控制体的合力的三个分量。合力的每一个分量在流体流动过程中，一般由两种类型的外力组成；一种是作用在整个流体微元上的外力，称为质量力（或体积力），记为 F_B；另一种是作用在流体微元诸表面上的外力，称为表面力（或机械力），记为 F_s，表面力可分为法向力和剪应力。

(1) 质量力　质量力是指作用在研究对象中每一个质点上的外力。在流体力学中只考虑重力，它作用于所考察的微元控制体中每一个流体质点。

对微元控制体而言，在 x 方向上质量力分量 dF_{Bx}，可用下式表示：

$$dF_{Bx}=X\rho\,dx\,dy\,dz \tag{1-90}$$

式中，X 为 x 方向上单位质量流体的质量力，其单位为：

$$\frac{kg\cdot(m/s^2)}{kg}=\frac{m}{s^2}$$

同样，y，z 方向的质量力分别为

$$dF_{By}=Y\rho\,dx\,dy\,dz \tag{1-91}$$

$$dF_{Bz}=Z\rho\,dx\,dy\,dz \tag{1-92}$$

当假设 α,β,γ 分别表示 x,y,z 方向与重力方向 g 的夹角时，则：

$$X=g\cos\alpha$$

$$Y=g\cos\beta$$

$$Z=g\cos\gamma \tag{1-93}$$

(2) 表面力　表面力是指流动着的流体表面所受到的外力。这些外力是由与该控制体毗邻的这部分流体所产生的，所以又称为机械力、接触力，对单位表面积而言，则称为机械应力或表面应力，用符号 τ 表示。作用于微元流体表面上的表面应力也可以分解为平行于坐标轴的三个方向的分量。表面应力 τ，应该有两个下标：τ_{ab}，第一个下标 a 表示与应力分量作用面相垂直的坐标轴，即表面应力作用面的外法线方向；第二个下标 b 表示应力分量的作用方向。这样，具有相同下标的应力分量表示法向应力，如 $\tau_{xx},\tau_{yy},\tau_{zz}$。具有混合下标的应力分量表示剪应力分量，如 τ_{xy}、τ_{yx}、τ_{xz}、…；同时习惯上规定外法向应力为正，压应力为负。

在黏性流体中，一个流动着的流体微元受到与其相邻的外部流体的作用产生表面应力，每一个这样的表面应力在直角坐标系上都可以分解成平行于 x,y,z 三个坐标轴的应力分量。图 1-13 表示了 6 个 y 方向上的这种应力分量。则 x,y,z 三个方向即有 18 个这样的分量，由图可见，所考察的微元控制体在 y 方向的 6 个表面应力分量中，独立的表面应力分量只有 3 个，即 $\tau_{yy},\tau_{xy},\tau_{zy}$。这样在流场中任何一个微元控制体所承受的表面应力状态，三个方向上只要 9 个表面应力分量（3 个法向应力分量和 6 个剪应力分量）即可完全表述。

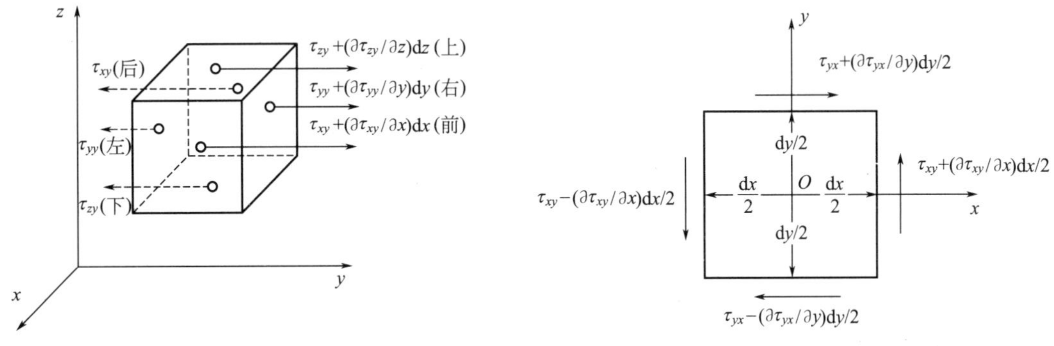

图 1-13　流体微元所受的表面力

图 1-14　剪应力对于旋转轴的力矩图

可以证明在上面 6 个剪应力中只有 3 个剪应力是独立的。这一点可参考图 1-14 来证明。

图中表示微元体在 z 平面上的一个横截面，且 z 轴通过该截面中心 O 点。根据刚体转动原理，作用在该微元控制体上的力对 z 轴的力矩的代数和，应等于微元控制体的质量与该微元控制体绕 z 轴旋转的回转半径的平方以及角加速度的乘积（因法向力和重力均通过中心 O，故其力矩为零）。

$$\left(\tau_{xy}+\frac{\partial \tau_{xy}}{\partial x}\frac{\mathrm{d}x}{2}+\tau_{xy}-\frac{\partial \tau_{xy}}{\partial x}\frac{\mathrm{d}x}{2}\right)\mathrm{d}y\,\mathrm{d}z\,\frac{\mathrm{d}x}{2}-\left(\tau_{yx}+\frac{\partial \tau_{yx}}{\partial y}\frac{\mathrm{d}y}{2}+\tau_{yx}-\frac{\partial \tau_{yx}}{\partial y}\frac{\mathrm{d}y}{2}\right)\mathrm{d}x\,\mathrm{d}z\,\frac{\mathrm{d}y}{2}$$

$$=\rho\,\mathrm{d}x\,\mathrm{d}y\,\mathrm{d}z\ (\text{回转半径})^2(\text{角加速度})$$

即

$$\tau_{xy}-\tau_{yx}=\rho(\text{回转半径})^2(\text{角加速度})$$

当考察的微元控制体的体积趋近于零时，上式中的回转半径必然相应地趋近于零，即使角加速度仍为一定值，上式的右侧必趋近于零。可得如下关系式：

$$\tau_{xy}=\tau_{yx} \tag{1-94}$$

同理有：

$$\tau_{xz}=\tau_{zx} \tag{1-95}$$

$$\tau_{yz}=\tau_{zy} \tag{1-96}$$

因此，在流场中任何一个微元控制体受力状态，可以用 9 个独立的分量完全表达（3 个质量力，6 个表面力分量）。如图 1-14，考察作用于微元控制体表面上净表面力。首先分析 y 方向的净表面力分量 $\mathrm{d}F_{sy}$，显然：

$$\mathrm{d}F_{sy}=\left[\left(\tau_{yy}+\frac{\partial \tau_{yy}}{\partial y}\mathrm{d}y\right)\mathrm{d}x\,\mathrm{d}z-\tau_{yy}\,\mathrm{d}x\,\mathrm{d}z\right]+\left[\left(\tau_{xy}+\frac{\partial \tau_{xy}}{\partial x}\mathrm{d}x\right)\mathrm{d}y\,\mathrm{d}z-\tau_{xy}\,\mathrm{d}y\,\mathrm{d}z\right]+$$

$$\left[\left(\tau_{zy}+\frac{\partial \tau_{zy}}{\partial z}\mathrm{d}z\right)\mathrm{d}x\,\mathrm{d}y-\tau_{zy}\,\mathrm{d}x\,\mathrm{d}y\right]=\left(\frac{\partial \tau_{xy}}{\partial x}+\frac{\partial \tau_{yy}}{\partial y}+\frac{\partial \tau_{zy}}{\partial z}\right)\mathrm{d}x\,\mathrm{d}y\,\mathrm{d}z \tag{1-97}$$

在 y 方向上，作用于微元控制体的外力为该方向上的质量力分量和机械力分量之和，即：

$$\mathrm{d}F_y=\mathrm{d}F_{By}+\mathrm{d}F_{sy} \tag{1-98}$$

将式(1-90)～式(1-97) 代入式(1-98) 得：

$$\rho\,\mathrm{d}x\,\mathrm{d}y\,\mathrm{d}z\,\frac{\mathrm{D}u_y}{\mathrm{D}\theta}=Y\rho\,\mathrm{d}x\,\mathrm{d}y\,\mathrm{d}z+\left(\frac{\partial \tau_{xy}}{\partial x}+\frac{\partial \tau_{yy}}{\partial y}+\frac{\partial \tau_{zy}}{\partial z}\right)\mathrm{d}x\,\mathrm{d}y\,\mathrm{d}z$$

即

$$\rho\frac{\mathrm{D}u_y}{\mathrm{D}\theta}=\rho Y+\frac{\partial \tau_{xy}}{\partial x}+\frac{\partial \tau_{yy}}{\partial y}+\frac{\partial \tau_{zy}}{\partial z} \tag{1-99}$$

同理可得：

$$\rho\frac{\mathrm{D}u_x}{\mathrm{D}\theta}=\rho X+\frac{\partial \tau_{xx}}{\partial x}+\frac{\partial \tau_{yx}}{\partial y}+\frac{\partial \tau_{zx}}{\partial z} \tag{1-100}$$

$$\rho\frac{\mathrm{D}u_z}{\mathrm{D}\theta}=\rho Z+\frac{\partial \tau_{xz}}{\partial x}+\frac{\partial \tau_{yz}}{\partial y}+\frac{\partial \tau_{zz}}{\partial z} \tag{1-101}$$

式(1-99)～式(1～101) 即为以应力表示的动量衡算微分方程，每一项的单位均为：

$$\frac{\mathrm{N}}{\mathrm{m}^3}=\frac{\mathrm{kg}\,\dfrac{\mathrm{m}}{\mathrm{s}^2}}{\mathrm{m}^3}=\frac{\mathrm{kg}\,\dfrac{\mathrm{m}}{\mathrm{s}}/(\mathrm{m}^2\cdot\mathrm{s})}{\mathrm{m}}$$

其物理意义为动量通量梯度。

式(1-99)～式(1-101) 称为用应力表示的黏性流体运动微分方程式。在这三个方程中，只有 3 个已知量，即 x, y, z，而独立的变量却有 10 个，即 $\rho, u_x, u_y, u_z, \tau_{xx}, \tau_{yy}, \tau_{zz}, \tau_{xy}$

(τ_{yx}), τ_{yz}(τ_{zy}), τ_{xz}(τ_{zx})。采用三个微分方程解 10 个未知量是不可能的，设法找出上述这些未知量之间、未知量与已知量之间的关系，以减少独立变量的数目，是求解这些方程必不可少的过程，必要时还要补充若干个关系式，使未知量的数目与关系式数目相等。

真实流体在运动过程中，由于有黏性，当流层间发生相对运动时，它与流体的形变之间存在着一定的关系，如果通过某些合理的假设，进行一定的数学推导，就可以通过黏度表达出牛顿型流体应力与应变速率之间的关系，从而进一步导出在黏性流体力学中具有重要意义的纳维（Navier）-斯托克斯（Stokes）方程（N-S 方程），即运动方程。

(3) 应力与应变的关系　对于三维流动系统，各种应力与应变之间的关系十分复杂，特别要明确法向应力的作用很不容易。下面为了使问题简化，将固体力学中应力与应变之间的关系用于黏性流体的微元控制体上，以便最终推导出纳维-斯托克斯方程。

① 剪应力　对于牛顿型流体，剪应力与应变速率成正比，对于一维流动的牛顿型流体，可写出：

$$\tau_{yx}=\mu\frac{\mathrm{d}u_x}{\mathrm{d}y}$$

如前所述，在流场中任一个微元控制体所承受的表面应力有 6 个，对这种复杂的情况，设法寻找其它形式来表达应变速率。从以下的推导可知，如将应变速率表示成平面前倾角 Φ 的变化速率的形式更为方便。

从一维流动问题开始分析：对于一维流动的问题，如图 1-15 所示，假设微元流体 θ 时刻在 x-y 平面上原为矩形。此微元流体流动过程中，由于剪应力的作用，此矩形平面必然发生形变，经微分时间 $\mathrm{d}\theta$ 之后，此矩形平面形变后的形状如图 1-15 右图所示，形成了一个平行四边形。这是由于当黏性流体流动时，因黏滞力的作用，必然会使平行于 x 轴的两相对平面产生相对运动，图中 $\frac{\partial u_x}{\partial y}\mathrm{d}y$ 表示黏性流体由于黏滞力的影响使上层流体对下层流体产生的相对速度，则 $\frac{\partial u_x}{\partial y}\mathrm{d}y\mathrm{d}\theta$ 表示上层流体相对于下层流体 $\mathrm{d}\theta$ 时间内多走的路程。从图中可知：

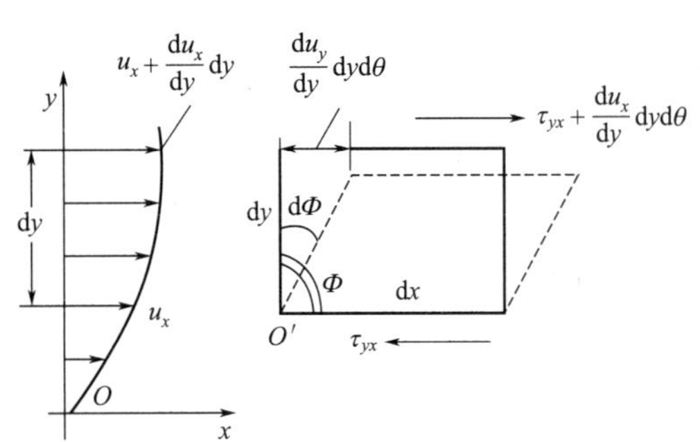

图 1-15　一维流动时，剪应力使矩形平面产生形变

$$\tan\mathrm{d}\Phi=-\left(\frac{\partial u_x}{\partial y}\mathrm{d}y\mathrm{d}\theta\right)/\mathrm{d}y \tag{1-102}$$

式中，负号表示随着流动距离 $\frac{\partial u_x}{\partial y}\mathrm{d}y\mathrm{d}\theta$ 的增加，$\mathrm{d}y$ 将减少。

由于 $\mathrm{d}\Phi$ 很小，则 $\tan\mathrm{d}\Phi\approx\mathrm{d}\Phi$ 即

$$\mathrm{d}\Phi=-\left(\frac{\partial u_x}{\partial y}\mathrm{d}y\mathrm{d}\theta\right)/\mathrm{d}y$$

$$\frac{\mathrm{d}\Phi}{\mathrm{d}\theta}=-\frac{\partial u_x}{\partial y}$$

上式中左侧为角应变速率，可理解为微分长度 $\mathrm{d}y$ 以 O 为圆心旋转时的角速度。对于一维流

动的情况其右侧可写成全导数的形式：

$$\frac{\mathrm{d}\Phi}{\mathrm{d}\theta}=-\frac{\mathrm{d}u_x}{\mathrm{d}y} \tag{1-103}$$

即对 x 方向的一维流动，切向应力 τ_{yx} 与角应变速率的关系

$$\tau_{yx}=\mu\frac{\mathrm{d}u_x}{\mathrm{d}y}=-\mu\frac{\mathrm{d}\Phi}{\mathrm{d}\theta} \tag{1-104}$$

现利用式(1-104) 来分析体积为 $\mathrm{d}x\mathrm{d}y\mathrm{d}z$ 的微元控制体在三维流场中的变形情况。显然，黏性流体在流动过程中，会产生体积变形，即原来为长方体的微元控制体变为一微分平行六面体。为清晰起见，首先分析一下 x-y 平面上所受的剪应力分量与应变速率之间的关系，如图 1-16 所示。

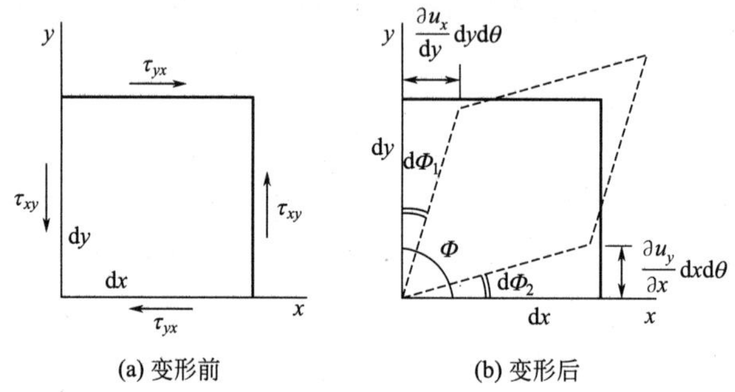

图 1-16　剪应力使平面产生形变的示意图

由于

$$\mathrm{d}\Phi_1=-\left(\frac{\partial u_x}{\partial y}\mathrm{d}y\,\mathrm{d}\theta\right)/\mathrm{d}y \qquad \mathrm{d}\Phi_2=-\left(\frac{\partial u_y}{\partial x}\mathrm{d}x\,\mathrm{d}\theta\right)/\mathrm{d}x$$

则：

$$\mathrm{d}\Phi=\mathrm{d}\Phi_1+\mathrm{d}\Phi_2=-\left(\frac{\partial u_x}{\partial y}+\frac{\partial u_y}{\partial x}\right)\mathrm{d}\theta$$

对于牛顿型流体，剪应力与角应变速率成正比。即：

$$\tau_{xy}=\tau_{yx}=-\mu\frac{\mathrm{d}\Phi}{\mathrm{d}\theta}=\mu\left(\frac{\partial u_x}{\partial y}+\frac{\partial u_y}{\partial x}\right) \tag{1-105}$$

同理：

$$\tau_{yz}=\tau_{zy}=\mu\left(\frac{\partial u_y}{\partial z}+\frac{\partial u_z}{\partial y}\right) \tag{1-106}$$

$$\tau_{xz}=\tau_{zx}=\mu\left(\frac{\partial u_x}{\partial z}+\frac{\partial u_z}{\partial x}\right) \tag{1-107}$$

② 法向应力　对运动着的真实流体，法向应力由压强和黏性应力提供。压强使微元控制体发生体积形变，黏性应力使微元控制体在法线方向产生线性形变。

$$\begin{cases}\tau_{xx}=-p+\sigma_{xx}\\ \tau_{yy}=-p+\sigma_{yy}\\ \tau_{zz}=-p+\sigma_{zz}\end{cases} \tag{1-108}$$

式中，σ_{xx}、σ_{yy}、σ_{zz} 为法向黏性应力；p 为压强，由于法向应力以拉伸为正，故压强为负。

对于静止流体或者流动着的理想流体有：

$$\tau_{xx}=\tau_{yy}=\tau_{zz}=-p$$

对于流动着的真实流体，当剪应力存在时，一个点的法向应力分量在各个方向上可能是不等的，然而压强还是等于法向应力的平均值。

由式(1-108) 可得：

$$\sigma_{xx}=\tau_{xx}+p=\tau_{xx}-\frac{1}{3}(\tau_{xx}+\tau_{yy}+\tau_{zz})=\frac{2}{3}\tau_{xx}-\frac{1}{3}(\tau_{yy}+\tau_{zz}) \tag{1-109}$$

$$=\frac{2}{3}\ (\tau_{xx}-\tau_{yy})\ -\frac{1}{3}\ (\tau_{zz}+\tau_{xx})$$

即：

$$\tau_{xx}=-p+\sigma_{xx}=-p+\frac{1}{3}(\tau_{xx}-\tau_{yy})-\frac{1}{3}(\tau_{zz}-\tau_{xx}) \tag{1-110}$$

(a) (b) (c)

同理可得：

$$\tau_{yy}=-p+\frac{1}{3}(\tau_{xx}-\tau_{yy})-\frac{1}{3}(\tau_{yy}-\tau_{zz}) \tag{1-111}$$

(a) (b) (d)

$$\tau_{zz}=-p+\frac{1}{3}(\tau_{zz}-\tau_{xx})-\frac{1}{3}(\tau_{yy}-\tau_{zz}) \tag{1-112}$$

(a) (c) (d)

由于 x,y,z 三个方向的法向应力相互影响，所以联系起来分析，为方便起见，式中各项分别以 (a)、(b)、(c)、(d) 表示。下面针对 x 方向上法向应力 τ_{xx} 进行讨论。

τ_{xx} 的作用是使微元控制体在 x 方向上发生形变，令其形变速率为 $\partial u_x/\partial x$：

$$\tau_{xx}=-p+\frac{1}{3}(\tau_{xx}-\tau_{yy})-\frac{1}{3}(\tau_{zz}-\tau_{xx})$$

(a) (b) (c)

↓ ↓ ↓

$$\frac{\partial u_x}{\partial x}=\left(\frac{\partial u_x}{\partial x}\right)_a+\left(\frac{\partial u_x}{\partial x}\right)_b+\left(\frac{\partial u_x}{\partial x}\right)_c+\left(\frac{\partial u_x}{\partial x}\right)_d \tag{1-113}$$

式中，$\left(\frac{\partial u_x}{\partial x}\right)_a$，$\left(\frac{\partial u_x}{\partial x}\right)_b$，$\left(\frac{\partial u_x}{\partial x}\right)_c$ 分别表示 (a)、(b)、(c) 三项对形变速率的影响；$\left(\frac{\partial u_x}{\partial x}\right)_d$ 表示 (d) 项对形变速率 $\frac{\partial u_x}{\partial x}$ 的影响。从上式可知，(d) 项对 $\frac{\partial u_x}{\partial x}$ 无影响，但作为通式应记上，可取其值为零。对各项讨论如下：

(a) 项：即压力项 p 对形变速率的影响，用 $\left(\frac{\partial u_x}{\partial x}\right)_a$ 表示。压力项的作用是使微元控制体受压，产生体积形变。对于单组分体系的连续性方程，其随体导数表达式为 $\nabla\cdot u+\frac{1}{\rho}\frac{D\rho}{D\theta}=0$，若考察一个运动着的单位质量流体，则

$$\rho v=1$$

对其随体导数

$$\rho\frac{\mathrm{D}v}{\mathrm{D}\theta}+v\frac{\mathrm{D}\rho}{\mathrm{D}\theta}=0$$

由连续性方程

$$\nabla\cdot u+\frac{1}{\rho}\frac{\mathrm{D}\rho}{\mathrm{D}\theta}=0$$

得

$$\frac{1}{\rho}\frac{\mathrm{D}\rho}{\mathrm{D}\theta}=-\nabla\cdot u$$

则

$$\rho\frac{\mathrm{D}v}{\mathrm{D}\theta}-\nabla\cdot u=0$$

$$\nabla\cdot u=\rho\frac{\mathrm{D}\rho}{\mathrm{D}\theta}=\frac{1}{v}\frac{\mathrm{D}v}{\mathrm{D}\theta} \tag{1-114}$$

其右侧$\frac{1}{v}\frac{\mathrm{D}v}{\mathrm{D}\theta}$表示单位质量流体体积变化的体形变速率，左侧为速度向量的散度，即单位质量流体在流动过程中，它的体形变速率等于速度向量的散度。

由于 p 在三个方向上的作用都是相等的，所以它在 x 方向上对形变速率的影响，只有其值的 1/3，即

$$\left(\frac{\partial u_x}{\partial x}\right)_{\mathrm{a}}=\frac{1}{3}\frac{1}{v}\frac{\mathrm{D}v}{\mathrm{D}\theta}=\frac{1}{3}\nabla\cdot u \tag{1-115}$$

(b) 项：即 $\tau_{\mathrm{b}}=\frac{1}{3}(\tau_{xx}-\tau_{yy})$ 对形变速率的影响，由于 τ_{b} 的作用，使微元控制体在 y 方向受压、x 方向受拉。(b) 项对形变速率的影响用$\left(\frac{\partial u_x}{\partial x}\right)_{\mathrm{b}}$表示。

观察在 x-y 平面上边长为 $\mathrm{d}x=\mathrm{d}y$（z 方向为单位长度）的一微元控制体，如图 1-17 所示。当分析微元控制体在 x,y 方向上受到法向应力作用时，相当于这个微元控制体在 x-y 平面上旋转了$\frac{\pi}{4}$弧度之后，它的四个面上受到纯剪应力的作用，其值即为 τ_{b}，作了这样的转换后，即可应用前述的应变速率的概念$\left(\tau_{yx}=-\mu\frac{\mathrm{d}\Phi}{\mathrm{d}\theta}\right)$对图 1-17 进行分析。从 $\tau_{\mathrm{b}}=-\mu\frac{\mathrm{d}\Phi}{\mathrm{d}\theta}$出发，如果能得到$\frac{\mathrm{d}\Phi}{\mathrm{d}\theta}$与$\left(\frac{\partial u_x}{\partial x}\right)_{\mathrm{b}}$的关系，即可求得 τ_{b} 对$\frac{\partial u_x}{\partial x}$的影响$\left(\frac{\partial u_x}{\partial x}\right)_{\mathrm{b}}$。

设旋转后的正方形边长为 h，半对角线长度为 λ_x,λ_y，由于在该平面上没有任何法向应力的作用，所以当微元控制体发生形变时，边长 h 的长度不会发生任何变化，即

$$h^2=\lambda_x^2+\lambda_y^2=\text{常数}$$

对上式微分

$$2\lambda_x\mathrm{d}\lambda_x+2\lambda_y\mathrm{d}\lambda_y=0$$

$$\lambda_x\mathrm{d}\lambda_x=-\lambda_y\mathrm{d}\lambda_y$$

又

$$\tan\frac{\Phi}{2}=\frac{\lambda_y}{\lambda_x}$$

对上式微分

$$\frac{1}{2}\sec^2\frac{\Phi}{2}\mathrm{d}\Phi=\frac{\lambda_x\mathrm{d}\lambda_y-\lambda_y\mathrm{d}\lambda_x}{\lambda_x^2}$$

由于 $\lambda_x=\lambda_y$，$\lambda_x\mathrm{d}\lambda_y=-\lambda_y\mathrm{d}\lambda_x$

即

$$\frac{1}{2}\sec^2\frac{\Phi}{2}\mathrm{d}\Phi=\frac{-2\mathrm{d}\lambda_x}{\lambda_x}$$

将 $\Phi=\dfrac{\pi}{2}$ 这一实际数值代入$\sec^2\dfrac{\Phi}{2}$，其值为 2，得：

$$\mathrm{d}\Phi=-\frac{2\mathrm{d}\lambda_x}{\lambda_x}$$

两侧若同除以 $\mathrm{d}\theta$，则得

$$\frac{\mathrm{d}\Phi}{\mathrm{d}\theta}=-\frac{2\mathrm{d}\lambda_x}{\lambda_x\mathrm{d}\theta}$$

由图 1-17 可知，式中 $\mathrm{d}\lambda_x$ 为在 $\mathrm{d}\theta$ 时间内，由于（b）项的作用，使微元控制体在 x 方向产生拉伸形式的线性形变。

$$\mathrm{d}\lambda_x=\left(\frac{\partial u_x}{\partial x}\right)_{\mathrm{b}}\lambda_x\mathrm{d}\theta$$

$$\frac{\mathrm{d}\lambda_x}{\mathrm{d}\theta}=\left(\frac{\partial u_x}{\partial x}\right)_{\mathrm{b}}\lambda_x$$

比较$\dfrac{\mathrm{d}\Phi}{\mathrm{d}\theta}=-\dfrac{2\mathrm{d}\lambda_x}{\lambda_x\mathrm{d}\theta}$可得：

$$\frac{\mathrm{d}\Phi}{\mathrm{d}\theta}=-\frac{2\mathrm{d}\lambda_x}{\lambda_x\mathrm{d}\theta}=\frac{2}{\lambda_x}\left(\frac{\partial u_x}{\partial x}\right)_{\mathrm{b}}\lambda_x=-2\left(\frac{\partial u_x}{\partial x}\right)_{\mathrm{b}}$$

又

$$\tau_{\mathrm{b}}=-\mu\frac{\mathrm{d}\Phi}{\mathrm{d}\theta}=-\mu\left[-2\left(\frac{\partial u_x}{\partial x}\right)_{\mathrm{b}}\right]=2\mu\left(\frac{\partial u_x}{\partial x}\right)_{\mathrm{b}}$$

即

$$\left(\frac{\partial u_x}{\partial x}\right)_{\mathrm{b}}=\frac{\tau_{\mathrm{b}}}{2\mu}=\frac{1}{2\mu}\frac{\tau_{xx}-\tau_{yy}}{3}\tag{1-116}$$

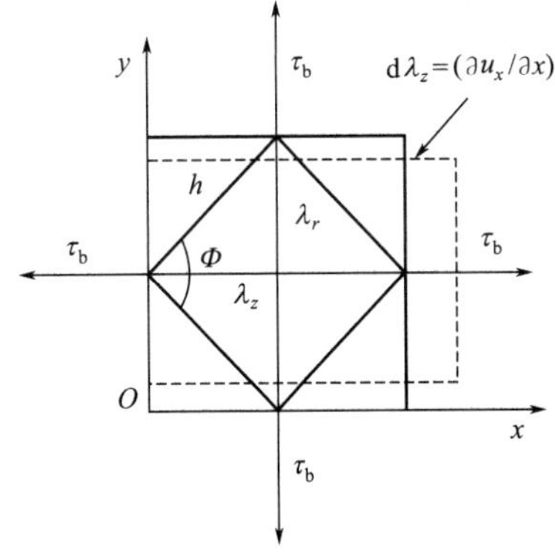

图 1-17　法向应力的推导（一）

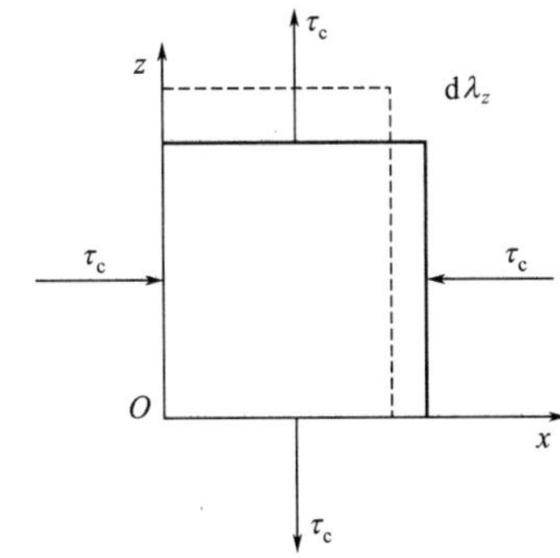

图 1-18　法向应力的推导（二）

（c）项：即 $\tau_{\mathrm{c}}=\dfrac{1}{3}(\tau_{zz}-\tau_{xx})$ 对形变速率的影响，可由（b）项的结论引用过来。由图 1-18 可见，当把纵坐标由图 1-17 的 y 改成 z 以后，τ_{c} 与 τ_{b} 仅在符号上有差异。

因为

$$\left(\frac{\partial u_x}{\partial x}\right)_{\mathrm{b}}=\frac{\tau_{\mathrm{b}}}{2\mu}=\frac{1}{2\mu}\frac{\tau_{xx}-\tau_{yy}}{3}$$

则

$$\left(\frac{\partial u_x}{\partial x}\right)_{\mathrm{c}}=-\frac{\tau_{\mathrm{c}}}{2\mu}=-\frac{1}{2\mu}\frac{\tau_{zz}-\tau_{xx}}{3}\tag{1-117}$$

（d）项：即 $\tau_d=\frac{1}{3}(\tau_{yy}-\tau_{zz})$ 不会使微元控制体在 x 方向发生形变，则：

$$\left(\frac{\partial u_x}{\partial x}\right)_d=0 \tag{1-118}$$

将式(1-115)～式(1-118) 代入式(1-113) 得：

$$\begin{aligned}\frac{\partial u_x}{\partial x}&=\left(\frac{\partial u_x}{\partial x}\right)_a+\left(\frac{\partial u_x}{\partial x}\right)_b+\left(\frac{\partial u_x}{\partial x}\right)_c+\left(\frac{\partial u_x}{\partial x}\right)_d\\&=\frac{1}{3}\nabla\cdot u+\frac{1}{2\mu}\frac{\tau_{xx}-\tau_{yy}}{3}-\frac{1}{2\mu}\frac{\tau_{zz}-\tau_{xx}}{3}+0\\&=\frac{1}{3}\nabla\cdot u+\frac{\tau_{xx}}{2\mu}-\frac{1}{2\mu}\frac{\tau_{xx}+\tau_{yy}+\tau_{zz}}{3}\\&=\frac{1}{3}\nabla\cdot u+\frac{\tau_{xx}}{2\mu}+\frac{p}{2\mu}\end{aligned}$$

即

$$\tau_{xx}=-p+2\mu\frac{\partial u_x}{\partial x}-\frac{2\mu}{3}(\nabla\cdot u) \tag{1-119}$$

同理

$$\tau_{yy}=-p+2\mu\frac{\partial u_y}{\partial y}-\frac{2\mu}{3}(\nabla\cdot u) \tag{1-120}$$

$$\tau_{zz}=-p+2\mu\frac{\partial u_z}{\partial z}-\frac{2\mu}{3}(\nabla\cdot u) \tag{1-121}$$

这样牛顿型流体应力与应变的关系式可表达为：

$$\tau_{ji}=-\left(p+\frac{2}{3}\mu\frac{\partial u_i}{\partial x_i}\right)\delta_{ij}+\mu\left(\frac{\partial u_i}{\partial x_j}+\frac{\partial u_j}{\partial x_i}\right) \tag{1-122}$$

式中：$\delta_{ij}=\begin{cases}0，当\ i\neq j\ 时\\1，当\ i=j\ 时\end{cases}$

从式(1-119)～式(1-122) 可以看出，法向应力虽然与压强有着密切的关系，但两者有着不同的概念，只有当流体处于静止状态，或为理想流体的流动时，上述法向应力分量 τ_{xx}、τ_{yy}、τ_{zz} 在数值上才彼此相等，并等于压强 $-p$。

1.4.2 黏性流体的运动微分方程——纳维-斯托克斯方程

前面式(1-99)～式(1-101) 为用应力表示的黏性流体运动微分方程。式中的各项是以应力形式表达的。同时也指出了该式使用上的困难及解决这一困难的途径，即寻找未知量之间的关系或增加方程式的数目，当把这些应力项用速度项表达时，这一困难有可能得到解决。考察 x 方向的式子：

$$\rho\frac{\mathrm{D}u_x}{\mathrm{D}\theta}=\rho X+\frac{\partial\tau_{xx}}{\partial x}+\frac{\partial\tau_{yx}}{\partial y}+\frac{\partial\tau_{zx}}{\partial z}$$

现将式(1-105)～式(1-107) 及式(1-119)～式(1-122) 代入上式：

$$\rho\frac{\mathrm{D}u_x}{\mathrm{D}\theta}=\rho X-\frac{\partial p}{\partial x}+2\mu\frac{\partial^2u_x}{\partial x^2}+\frac{2}{3}\mu\left(\frac{\partial^2u_x}{\partial x^2}+\frac{\partial^2u_y}{\partial x\,\partial y}+\frac{\partial^2u_z}{\partial x\,\partial z}\right)+\mu\left(\frac{\partial^2u_x}{\partial y^2}+\frac{\partial^2u_y}{\partial x\,\partial y}\right)+\mu\left(\frac{\partial^2u_x}{\partial y^2}+\frac{\partial^2u_z}{\partial x\,\partial z}\right)$$

经整理后，得：

$$\rho\frac{\mathrm{D}u_x}{\mathrm{D}\theta}=\rho X-\frac{\partial p}{\partial x}+\mu\nabla^2u_x+\frac{\mu}{3}\frac{\partial}{\partial x}(\nabla\cdot u) \tag{1-123}$$

同理

$$\rho\frac{\mathrm{D}u_y}{\mathrm{D}\theta}=\rho Y-\frac{\partial p}{\partial y}+\mu\nabla^2 u_y+\frac{\mu}{3}\frac{\partial}{\partial y}(\nabla\cdot u) \tag{1-124}$$

$$\rho\frac{\mathrm{D}u_z}{\mathrm{D}\theta}=\rho Z-\frac{\partial p}{\partial z}+\mu\nabla^2 u_z+\frac{\mu}{3}\frac{\partial}{\partial z}(\nabla\cdot u) \tag{1-125}$$

式(1-123)～式(1-125) 是以质量力、黏度、流体流动状况表达的运动微分方程。由于此式是纳维（Claude Louis Navier）在 1827 年和斯托克斯（George Gabriel Stokes）1831 年，各自推导而来，通常称为纳维-斯托克斯方程，即 N-S 方程，又称为运动方程。

此式也可用矢量形式表达：

$$\rho\frac{\mathrm{D}u}{\mathrm{D}\theta}=\rho f_{\mathrm{B}}-\nabla p+\frac{\mu}{3}\nabla(\nabla\cdot u)+\mu\nabla^2 u \tag{1-126}$$

N-S 方程是流体力学中最重要的方程。

N-S 方程中有 5 个未知数，即 u_x、u_y、u_z、ρ、p。加上连续性方程、状态方程，共有 5 个方程。所以理论上 N-S 方程可以应用数学方法求解。但由于方程的非线性特性，使得在解方程时碰到很大的困难。在该方程的推导过程中因未对流体的可压缩性作过任何假设，所以这个方程对可压缩和不可压缩流体均通用。对于不可压缩流体，由连续性方程 $\nabla\cdot u=0$，所以式(1-126) 为：

$$\rho\frac{\mathrm{D}u}{\mathrm{D}\theta}=\rho f_{\mathrm{B}}-\nabla p+\mu\nabla^2 u \tag{1-127}$$

即

$$\begin{cases}\dfrac{\mathrm{D}u_x}{\mathrm{D}\theta}=X-\dfrac{1}{\rho}\dfrac{\partial p}{\partial x}+v\nabla^2 u_x\\[2ex]\dfrac{\mathrm{D}u_y}{\mathrm{D}\theta}=Y-\dfrac{1}{\rho}\dfrac{\partial p}{\partial y}+v\nabla^2 u_y\\[2ex]\dfrac{\mathrm{D}u_z}{\mathrm{D}\theta}=Z-\dfrac{1}{\rho}\dfrac{\partial p}{\partial z}+v\nabla^2 u_z\end{cases} \tag{1-128}$$

式(1-127) 中，左侧为单位体积流体所受的惯性力；右侧第一项为单位体积流体的质量力，右侧第二项为作用在单位体积流体表面上的净压力，右侧第三项表示作用在单位体积流体表面上的净黏滞力。因此 N-S 方程可以看作是一个力的衡算式。

由于推导过程中引入了牛顿黏性定律，并将 μ 作为常数处理，因此，严格来讲，N-S 方程仅适用于黏度为常数的牛顿型流体的层流流动。

与讨论连续性方程的情况一样，在某些场合，使用柱坐标系或球坐标系比直角坐标系更方便。对于不可压缩流体的 N-S 方程在柱坐标系和球坐标系中的表达形式为：

(1) 柱坐标系

r 分量：

$$\frac{\partial u_r}{\partial\theta'}+u_r\frac{\partial u_r}{\partial r}+\frac{u_\theta}{r}\frac{\partial u_r}{\partial\theta}-\frac{u_\theta^2}{r}+u_z\frac{\partial u_r}{\partial z}=X_r-\frac{1}{\rho}\frac{\partial p}{\partial r}+v\left\{\frac{\partial}{\partial r}\left[\frac{1}{r}\frac{\partial}{\partial r}(ru_r)\right]+\frac{1}{r^2}\frac{\partial^2 u_r}{\partial\theta^2}-\frac{2}{r^2}\frac{\partial u_\theta}{\partial\theta}+\frac{\partial^2 u_r}{\partial z^2}\right\} \tag{1-129}$$

θ 分量：

$$\frac{\partial u_\theta}{\partial\theta'}+u_r\frac{\partial u_\theta}{\partial r}+\frac{u_\theta}{r}\frac{\partial u_\theta}{\partial\theta}-\frac{u_r u_\theta}{r}+u_z\frac{\partial u_\theta}{\partial z}=X_\theta-\frac{1}{\rho}\frac{1}{r}\frac{\partial p}{\partial\theta}+v\left\{\frac{\partial}{\partial r}\left[\frac{1}{r}\frac{\partial}{\partial r}(ru_\theta)\right]+\frac{1}{r^2}\frac{\partial^2 u_\theta}{\partial\theta^2}+\frac{2}{r^2}\frac{\partial u_r}{\partial\theta}+\frac{\partial^2 u_\theta}{\partial z^2}\right\} \tag{1-130}$$

z 方向：

$$\frac{\partial u_z}{\partial \theta'}+u_r\frac{\partial u_z}{\partial r}+\frac{u_\theta}{r}\frac{\partial u_z}{\partial \theta}+\frac{\partial^2 u_z}{\partial z}=X_z-\frac{1}{\rho}\frac{\partial p}{\partial z}+v\left\{\frac{1}{r}\frac{\partial}{\partial r}\left(r\frac{\partial u_z}{\partial r}\right)+\frac{1}{r^2}\frac{\partial^2 u_z}{\partial \theta^2}+\frac{\partial^2 u_z}{\partial z^2}\right\} \tag{1-131}$$

式中，x_r, x_θ, x_z 分别为矢径方向 r、方位角方向 θ、轴向 z 上单位质量流体的质量力。在柱坐标系中，剪应力与剪切速率的关系如下：

$$\begin{cases}\tau_{rr}=-\mu\left\{2\frac{\partial u_r}{\partial \theta}-\frac{2}{3}\left[\frac{1}{r}\frac{\partial}{\partial r}(ru_r)+\frac{1}{r}\frac{\partial u_\theta}{\partial \theta}+\frac{\partial u_z}{\partial z}\right]\right\}\\ \tau_{\theta\theta}=-\mu\left\{2\left(\frac{1}{r}\frac{\partial u_\theta}{\partial \theta}+\frac{u_r}{r}\right)-\frac{2}{3}\left[\frac{1}{r}\frac{\partial}{\partial r}(ru_r)+\frac{1}{r}\frac{\partial u_\theta}{\partial \theta}+\frac{\partial u_z}{\partial z}\right]\right\}\\ \tau_{zz}=-\mu\left\{2\frac{\partial u_z}{\partial \theta}-\frac{2}{3}\left[\frac{1}{r}\frac{\partial}{\partial r}(ru_r)+\frac{1}{r}\frac{\partial u_\theta}{\partial \theta}+\frac{\partial u_z}{\partial z}\right]\right\}\\ \tau_{r\theta}=\tau_{\theta r}=-\mu\left[r\frac{\partial}{\partial r}\left(\frac{u_\theta}{r}\right)+\frac{1}{r}\frac{\partial u_r}{\partial \theta}\right]\\ \tau_{\theta z}=\tau_{z\theta}=-\mu\left(\frac{\partial u_\theta}{\partial z}+\frac{1}{r}\frac{\partial u_z}{\partial \theta}\right)\\ \tau_{zr}=\tau_{rz}=-\mu\left(\frac{\partial u_z}{\partial r}+\frac{\partial u_r}{\partial z}\right)\end{cases} \tag{1-132}$$

(2) 球坐标系

r 分量：

$$\begin{aligned}&\frac{\partial u_r}{\partial \theta'}+u_r\frac{\partial u_r}{\partial r}+\frac{u_\theta}{r}\frac{\partial u_r}{\partial \theta}+\frac{u_\phi}{r\sin\theta}\frac{\partial u_r}{\partial \phi}-\frac{u_\theta^2-u_\phi^2}{r}\\ &=X_r-\frac{1}{\rho}\frac{\partial p}{\partial r}+v\left[\frac{1}{r^2}\frac{\partial}{\partial r}\left(r^2\frac{\partial u_r}{\partial r}\right)+\frac{1}{r^2\sin\theta}\frac{\partial}{\partial \theta}\left(\sin\theta\frac{\partial u_r}{\partial \theta}\right)+\right.\\ &\left.\frac{1}{r^2\sin^2\theta}\frac{\partial^2 u_r}{\partial \phi^2}-\frac{2}{r^2}u_r-\frac{2}{r^2}\frac{\partial u_\theta}{\partial \theta}-\frac{2}{r^2}u_\theta\cot\theta-\frac{1}{r^2\sin\theta}\frac{\partial u_\phi}{\partial \phi}\right]\end{aligned} \tag{1-133}$$

θ 分量：

$$\begin{aligned}&\frac{\partial u_\theta}{\partial \theta'}+u_r\frac{\partial u_\theta}{\partial \theta}+\frac{u_\theta}{r}\frac{\partial u_\theta}{\partial \theta}+\frac{u_\phi}{r\sin\theta}\frac{\partial u_\theta}{\partial \phi}+\frac{u_r u_\theta}{r}-\frac{u_\phi^2\cot\theta}{r}\\ &=X_\theta-\frac{1}{\rho}\frac{1}{r}\frac{\partial p}{\partial \theta}+v\left[\frac{1}{r^2}\frac{\partial}{\partial r}\left(r^2\frac{\partial u_\theta}{\partial r}\right)+\frac{1}{r^2\sin\theta}\frac{\partial}{\partial \theta}\left(\sin\theta\frac{\partial u_\theta}{\partial \theta}\right)+\right.\\ &\left.\frac{1}{r^2\sin^2\theta}\frac{\partial^2 u_\theta}{\partial \phi^2}+\frac{2}{r^2}\frac{\partial u_r}{\partial \theta}-\frac{2\cos\theta}{r^2\sin^2\theta}\frac{\partial u_\phi}{\partial \phi}\right]\end{aligned} \tag{1-134}$$

ϕ 分量：

$$\begin{aligned}&\frac{\partial u_\phi}{\partial \theta'}+u_r\frac{\partial u_\phi}{\partial \theta}+\frac{u_\theta}{r}\frac{\partial u_\phi}{\partial \theta}+\frac{u_\phi}{r\sin\theta}\frac{\partial u_\phi}{\partial \phi}+\frac{u_\phi u_r}{r}+\frac{u_\phi u_\phi}{r}\cot\theta\\ &=X_\phi-\frac{1}{\rho}\frac{1}{r\sin\theta}\frac{\partial p}{\partial \phi}+v\left[\frac{1}{r^2}\frac{2}{\partial r}\left(r^2\frac{\partial u_\phi}{\partial r}\right)+\frac{1}{r^2\sin\theta}\frac{\partial}{\partial \theta}\left(\sin\theta\frac{\partial u_\phi}{\partial \theta}\right)+\right.\\ &\left.\frac{1}{r^2\sin^2\theta}\frac{\partial^2 u_\phi}{\partial \phi^2}-\frac{u_\phi}{r^2\sin^2\theta}+\frac{2}{r^2\sin^2\theta}\frac{\partial u_r}{\partial \phi}+\frac{2\cos\theta}{r^2\sin^2\theta}\frac{\partial u_\theta}{\partial \phi}\right]\end{aligned} \tag{1-135}$$

式中 X_r, X_θ, X_ϕ 分别为矢径方向 r、余纬度方向 θ、方位角方向 ϕ 上单位质量流体的质量力。

在球坐标系中，剪应力与剪切速率的关系如下：

$$\begin{cases}\tau_{rr}=-p+2\mu\dfrac{\partial u_r}{\partial r}\\ \tau_{r\theta}=\mu\left(\dfrac{1}{r}\dfrac{\partial u_r}{\partial\theta}+\dfrac{1}{r}\dfrac{\partial u_\theta}{\partial r}-\dfrac{u_\theta}{r}\right)\\ \tau_{r\phi}=\mu\left(\dfrac{\partial u_\phi}{\partial r}+\dfrac{1}{r\sin\theta}\dfrac{\partial u_r}{\partial\phi}-\dfrac{u_\phi}{r}\right)\end{cases} \tag{1-136}$$

不同坐标系中的 N-S 方程列于表 1-4 中。

表 1-4 不同坐标系中的 N-S 方程

方程形式	直角坐标系(x,y,z)	柱坐标系(r,θ,z)	球坐标系(r,θ,ϕ)
向量形式	$\rho\dfrac{\mathrm{D}u}{\mathrm{D}\theta}=\rho f_{\mathrm{B}}-\nabla p+\dfrac{\mu}{3}\nabla(\nabla\cdot u)+\mu\nabla^2 u$	$\rho\dfrac{\mathrm{D}u}{\mathrm{D}\theta'}=\rho f_{\mathrm{B}}-\nabla p+\dfrac{\mu}{3}\nabla(\nabla\cdot u)+\mu\nabla^2 u$	$\rho\dfrac{\mathrm{D}u}{\mathrm{D}\theta'}=\rho f_{\mathrm{B}}-\nabla p+\dfrac{\mu}{3}\nabla(\nabla\cdot u)+\mu\nabla^2 u$
完全展开式	x 方向：$\rho\left(\dfrac{\partial u_x}{\partial\theta}+u_x\dfrac{\partial u_x}{\partial x}+u_y\dfrac{\partial u_x}{\partial y}+u_z\dfrac{\partial u_x}{\partial z}\right)=X\rho-\dfrac{\partial p}{\partial x}+\mu\left(\dfrac{\partial^2 u_x}{\partial x^2}+\dfrac{\partial^2 u_x}{\partial y^2}+\dfrac{\partial^2 u_x}{\partial z^2}\right)+\dfrac{1}{3}\mu\dfrac{\partial}{\partial x}\left(\dfrac{\partial u_x}{\partial x}+\dfrac{\partial u_y}{\partial y}+\dfrac{\partial u_z}{\partial z}\right)$	r 方向：式(1-129)	r 方向：式(1-133)
	y 方向：$\rho\left(\dfrac{\partial u_y}{\partial\theta}+u_x\dfrac{\partial u_y}{\partial x}+u_y\dfrac{\partial u_y}{\partial y}+u_z\dfrac{\partial u_y}{\partial z}\right)=Y\rho-\dfrac{\partial p}{\partial y}+\mu\left(\dfrac{\partial^2 u_y}{\partial x^2}+\dfrac{\partial^2 u_y}{\partial y^2}+\dfrac{\partial^2 u_y}{\partial z^2}\right)+\dfrac{1}{3}\mu\dfrac{\partial}{\partial y}\left(\dfrac{\partial u_x}{\partial x}+\dfrac{\partial u_y}{\partial y}+\dfrac{\partial u_z}{\partial z}\right)$	θ 方向：式(1-130)	θ 方向：式(1-134)
	z 方向：$\rho\left(\dfrac{\partial u_z}{\partial\theta}+u_x\dfrac{\partial u_z}{\partial x}+u_y\dfrac{\partial u_z}{\partial y}+u_z\dfrac{\partial u_z}{\partial z}\right)=Z\rho-\dfrac{\partial p}{\partial z}+\mu\left(\dfrac{\partial^2 u_z}{\partial x^2}+\dfrac{\partial^2 u_z}{\partial y^2}+\dfrac{\partial^2 u_z}{\partial z^2}\right)+\dfrac{1}{3}\mu\dfrac{\partial}{\partial z}\left(\dfrac{\partial u_x}{\partial x}+\dfrac{\partial u_y}{\partial y}+\dfrac{\partial u_z}{\partial z}\right)$	z 方向：式(1-131)	ϕ 方向：式(1-135)

对于 N-S 方程的应用及其进一步的讨论，将在下面的章节中作专门介绍。

1.5 微分能量衡算方程

与处理动量传递相类似，本节将根据热力学第一定律来推导微元控制体的基本方程。热力学第一定律可表示成在某过程中体系所吸收的热和所做的功之差，等于该体系在过程前后的能量变化。用数学式表达为：

$$\Delta E=Q-W \tag{1-137}$$

式中，Q 表示每千克质量流体从周围环境吸收的热量；W 表示每千克质量流体对环境所做的功；ΔE 表示每千克质量流体总能量之和。

在工程领域中，常涉及的能量为内能 U、动能$\frac{u^2}{2}$和位能 gz，故每千克质量流体所具有的能量 E 等于

$$E=U+\frac{u^2}{2}+gz \tag{1-138}$$

式中各项都表示每千克质量流体所具有的能量，式(1-137)、式(1-138) 中各项的单位均为 J/kg。

对于任一流动过程，均需要考虑流动的因素，下面分别采用欧拉法与拉格朗日法推导微分能量衡算方程。

1.5.1 采用欧拉观点推导微分能量衡算方程

采用欧拉的观点，在流场中固定微元控制体的体积 $\mathrm{d}x\mathrm{d}y\mathrm{d}z$ 和位置，分析流动着的流体功与能量的变化及其相互转换关系。由于控制体有流体的流动，控制体内便有能量的输入、输出和累积，因此控制体内的总能量衡算为：

［能量的累积速率］=［流动输入的能量速率］-［流动输出的能量速率］+
［从环境输入的热流速率］-［对环境做功的速率］

下面详细讨论以上各项：

① 总能量　内能 U、动能$\frac{u^2}{2}$和位能 E_p 之和，表示单位质量流体所具有的总能量$\left(E=U+\frac{u^2}{2}+E_\mathrm{p}\right)$。通过 $\mathrm{d}y\mathrm{d}z$ 平面，在 x 方向单位时间内流入微元控制体的质量为$\rho u_x\mathrm{d}y\mathrm{d}z$，带入的总能量为：

$$E\rho u_x\mathrm{d}y\mathrm{d}z$$

由 $x+\mathrm{d}x$ 处的平面 $\mathrm{d}y\mathrm{d}z$ 流出的总能量的近似值为：

$$\left[E\rho u_x+\frac{\partial(E\rho u_x)}{\partial x}\mathrm{d}x\right]\mathrm{d}y\mathrm{d}z$$

则微元控制体在 x 方向进入的净总能量是二者之差：

$$-\frac{\partial(E\rho u_x)}{\partial x}\mathrm{d}x\mathrm{d}y\mathrm{d}z$$

同样，在 y、z 方向进入的净总能量为：

$$-\frac{\partial(E\rho u_y)}{\partial y}\mathrm{d}x\mathrm{d}y\mathrm{d}z$$

$$-\frac{\partial(E\rho u_z)}{\partial z}\mathrm{d}x\mathrm{d}y\mathrm{d}z$$

除以 $\mathrm{d}x\mathrm{d}y\mathrm{d}z$，则流入控制体中每单位体积流体净的总能量速率用矢量表示就是：

$$-\nabla\cdot(E\rho\boldsymbol{u}) \tag{1-139}$$

② 黏性力所做的功　表面力 τ_{ji} 单位时间内做的功为 $\tau_{ji}u_i$，若对微元控制体的做功作衡算，则进入微元控制体的功率为：

$$\frac{\partial}{\partial x}(\tau_{xx}u_x+\tau_{yy}u_y+\tau_{zz}u_z)\mathrm{d}x\mathrm{d}y\mathrm{d}z$$

$$\frac{\partial}{\partial x}(\tau_{yx}u_x+\tau_{yy}u_y+\tau_{yz}u_z)\mathrm{d}y\mathrm{d}x\mathrm{d}z$$

$$\frac{\partial}{\partial z}(\tau_{zx}u_x+\tau_{zy}u_y+\tau_{zz}u_z)\mathrm{d}z\mathrm{d}x\mathrm{d}y$$

如用矢量表示，则黏性力对单位体积流体所做的功率为：

$$\nabla\cdot(\tau\cdot u) \tag{1-140}$$

式中，τ 为应力张量。

③ 借助于热传导传递的热量　设单位时间、单位面积所传递的热量，即热通量为 q，进入微元控制体的净热量速率为：

$$-\frac{\partial q_x}{\partial x}\mathrm{d}x\mathrm{d}y\mathrm{d}z$$

$$-\frac{\partial q_y}{\partial y}\mathrm{d}x\mathrm{d}y\mathrm{d}z$$

$$-\frac{\partial q_z}{\partial z}\mathrm{d}x\mathrm{d}y\mathrm{d}z$$

除以 $\mathrm{d}x\mathrm{d}y\mathrm{d}z$，则得单位体积流体所吸收的热流速率。如果认为微元控制体的表面与周围流体进行的热传导只是分子扩散传递所引起的热传导，当然辐射热也有可能存在，但一般情况下，可以忽略不计。那么这部分热量为：

$$\frac{\partial\left(k_x\dfrac{\partial t}{\partial x}\right)}{\partial x}+\frac{\partial\left(k_y\dfrac{\partial t}{\partial y}\right)}{\partial y}+\frac{\partial\left(k_z\dfrac{\partial t}{\partial z}\right)}{\partial z}$$

当 $k_x=k_y=k_z=k=$常数时，上式为：

$$k\left(\frac{\partial^2 t}{\partial x^2}+\frac{\partial^2 t}{\partial y^2}+\frac{\partial^2 t}{\partial z^2}\right)$$

用矢量表示，则为：

$$\nabla\cdot(k\nabla t)=k\nabla^2 t \tag{1-141}$$

④ 由于内热源的存在所产生的能量　设单位体积流体生成能量的速率为：

$$\dot{q}\,[\mathrm{J/(m^3\cdot s)}] \tag{1-142}$$

下面推导上述各能量间的守恒方程。总能量 E 在单位时间、单位体积内的累积速率：

$$\frac{\partial}{\partial\theta}(\rho E) \tag{1-143}$$

由于它等于上述各能量的净流入量，所以

$$\frac{\partial(\rho E)}{\partial\theta}=-\nabla\cdot(E\rho u)-\nabla\cdot(\vec{\tau}\cdot u)+k\nabla^2 t+\dot{q} \tag{1-144}$$

用分量表示，则为：

$$\frac{\partial(\rho E)}{\partial\theta}=-\frac{\partial(E\rho u_i)}{\partial x_i}+\frac{\partial(\tau_{ji}u_i)}{\partial x_j}+k\frac{\partial\left(\dfrac{\partial t}{\partial x_j}\right)}{\partial x_j}+\dot{q} \tag{1-145}$$

此式即为能量守恒方程。

为了进一步讨论，用以下关系式：

$$\frac{\partial(\rho E)}{\partial\theta}+\frac{\partial(E\rho u_i)}{\partial x_i}=\rho\frac{\partial E}{\partial\theta}+E\frac{\partial\rho}{\partial\theta}+E\frac{\partial(\rho u_i)}{\partial x_i}+(\rho u_i)\frac{\partial E}{\partial x_i}=\rho\left(\frac{\partial E}{\partial\theta}+u_i\frac{\partial E}{\partial x_i}\right)+E\left[\frac{\partial\rho}{\partial\theta}+\frac{\partial(\rho u_i)}{\partial x_i}\right]$$

$$=\rho\frac{\mathrm{D}E}{\mathrm{D}\theta}=\rho\left[\frac{\mathrm{D}U}{\mathrm{D}\theta}+u_i\frac{\mathrm{D}u_i}{\mathrm{D}\theta}+\frac{\mathrm{D}(gz)}{\mathrm{D}\theta}\right] \tag{1-146}$$

上式中应用了连续性方程$\frac{\partial \rho}{\partial \theta}+\frac{\partial(\rho u_i)}{\partial x_i}=0$及$E=U+\frac{u^2}{2}+E_{\mathrm{p}}$。

当外力仅为重力时，则：$\partial E_{\mathrm{p}}/\partial \theta=0$，即

$$\frac{\partial(\rho E)}{\partial\theta}+\frac{\partial(E\rho u_i)}{\partial x_i}=\rho\left(\frac{\mathrm{D}U}{\mathrm{D}\theta}+u_i\frac{\mathrm{D}u_i}{\mathrm{D}\theta}+u_i\frac{\partial E_{\mathrm{p}}}{\partial x_i}\right) \tag{1-147}$$

同时式(1-145) 右边第二项为：

$$\frac{\partial(\tau_{ji}u_i)}{\partial x_j}=u_i\frac{\partial\tau_{ji}}{\partial x_j}+\tau_{ji}\frac{\partial u_i}{\partial x_i} \tag{1-148}$$

如果把 N-S 方程中单位体积的质量力用$-\frac{\partial E_{\mathrm{p}}}{\partial x_i}$表示，则：

$$\rho\frac{\mathrm{D}u_i}{\mathrm{D}\theta}=-\rho\frac{\partial E_{\mathrm{p}}}{\partial x_i}+\frac{\partial\tau_{ji}}{\partial x_j} \tag{1-149}$$

对于牛顿型流体，应力与应变的关系为：

$$\tau_{ji}=-\left(p+\frac{2}{3}\mu\frac{\partial u_i}{\partial x_i}\right)\delta_{ij}+\mu\left(\frac{\partial u_i}{\partial x_j}+\frac{\partial u_j}{\partial x_i}\right) \tag{1-150}$$

将式(1-149)、式(1-150) 代入式(1-148) 可得：

$$\frac{\partial(\tau_{ji}u_i)}{\partial x_j}=\rho u_i\left[\frac{\mathrm{D}u_i}{\mathrm{D}\theta}+\frac{\partial(gz)}{\partial x_i}\right]+\tau'_{ji}\frac{\partial u_i}{\partial x_j}-p\frac{\partial u_i}{\partial x_j} \tag{1-151}$$

式中：$\tau'_{ji}=-\frac{2}{3}\mu\frac{\partial u_i}{\partial x_j}\delta_{ij}+\mu\left(\frac{\partial u_i}{\partial x_j}+\frac{\partial u'_j}{\partial x_i}\right)$

$\tau'_{ji}\frac{\partial u_i}{\partial x_j}$表示由于流体的黏性，在单位体积内逸散能量的速率用$\Phi$表示，称散逸热。

把式(1-147)、式(1-151) 代入式(1-144) 则得：

$$\rho\left(\frac{\mathrm{D}U}{\mathrm{D}\theta}+u_i\frac{\mathrm{D}u_i}{\mathrm{D}\theta}+u_i\frac{\partial E_{\mathrm{p}}}{\partial x_i}\right)=\rho u_i\left(\frac{\mathrm{D}u_i}{\mathrm{D}\theta}+\frac{\partial E_{\mathrm{p}}}{\partial x_i}\right)+\Phi-p\frac{\partial u_i}{\partial x_i}+k\nabla^2 t+\dot{q}$$

所以

$$\rho\frac{\mathrm{D}U}{\mathrm{D}\theta}=\Phi-p\frac{\partial u_i}{\partial x_i}+k\nabla^2 t+\dot{q} \tag{1-152a}$$

由$\nabla\cdot u=\frac{1}{v}\frac{\mathrm{D}v}{\mathrm{D}\theta}$，式(1-152a) 即为：

$$\rho\left(\frac{\mathrm{D}U}{\mathrm{D}\theta}+p\frac{\mathrm{D}v}{\mathrm{D}\theta}\right)=\Phi+k\nabla^2 t+\dot{q} \tag{1-152b}$$

用流体的温度t和比热容C_v表示内能U便于工程上的处理，因此若设内能是比容v和温度t的函数，则其全微分为：

$$\mathrm{d}U=\left(\frac{\partial U}{\partial v}\right)_T\mathrm{d}v+\left(\frac{\partial U}{\partial t}\right)_v\mathrm{d}t$$

根据热力学原理：

$$\left(\frac{\partial U}{\partial v}\right)_T=-p+t\left(\frac{\partial p}{\partial t}\right)_v$$

$$\left(\frac{\partial U}{\partial t}\right)_p=C_v$$

故

$$dU=\left[-p+t\left(\frac{\partial p}{\partial t}\right)_v\right]dv+C_v dt$$

因此

$$\rho\frac{DU}{D\theta}=\rho\left[-p+t\left(\frac{\partial p}{\partial t}\right)_v\right]\frac{Dv}{D\theta}+\rho C_v\frac{Dt}{D\theta}$$

此式代入式(1-152b)，并用$\nabla\cdot u=\frac{1}{v}\frac{Dv}{D\theta}$的关系，得

$$\rho C_v\frac{Dt}{D\theta}=-t\left(\frac{\partial p}{\partial t}\right)_v(\nabla\cdot u)+k\nabla^2 t+\dot{q}+\Phi \tag{1-153}$$

对于理想气体，根据状态方程可知$\left(\frac{\partial p}{\partial t}\right)_v=\frac{p}{t}$，所以

$$\rho C_v\frac{Dt}{D\theta}=\rho\nabla\cdot u+k\nabla^2 t+\dot{q}+\Phi \tag{1-154}$$

如果用 $H=U+pv$ 的关系，则

$$\frac{DU}{D\theta}=\frac{DH}{D\theta}-\rho v\nabla\cdot u-v\frac{Dp}{D\theta} \tag{1-155}$$

即式(1-152）为

$$\rho\frac{DH}{D\theta}=\frac{Dp}{D\theta}+\Phi+k\nabla^2 t+\dot{q} \tag{1-156}$$

上式即为微分能量衡算方程的一般形式。

1.5.2 采用拉格朗日观点推导微分能量衡算方程

拉格朗日观点的特点是考察一个运动流体的固定质量的微元控制体来进行能量衡算。也即此时观察者追随微元控制体，置身于微元控制体之上而又与微元控制体一起随流体运动。

在这样的条件下，微元控制体中的质量是固定的，它没有流体质量的流入与流出，只有体积与密度的变化，即只有微元控制体的膨胀和收缩的问题；同时在这种情况下，微元控制体的表面与周围流体间进行的能量传递，不考虑辐射热的影响时，可以认为仅仅是由于分子扩散传递所引起的热传导。另外，由于观察者是追随微元控制体，所以微元控制体没有位能的变化，同时它与观察者之间没有相对运动，其动能的变化为零。

按拉格朗日观点，对于微元控制体，热力学第一定律可表达为：

$$\nabla U=Q-W' \tag{1-157}$$

［内能的变化］=［以热传导方式输入的净热量］-［对周围流体所做的有用功］

流体如果做功

$$W'=\int_{v_1}^{v_2}p\,dv-l_w \tag{1-158}$$

式中，v_1，v_2 为比容；$\int_{v_1}^{v_2}p\,dv$ 为可逆膨胀功；l_w 为摩擦功。代入式(1-157）得：

$$\Delta U=Q-\left(\int_{v_1}^{v_2}p\,dv-l_w\right) \tag{1-159}$$

用随体导数的形式表达为

$$\frac{DU}{D\theta}=\frac{DQ}{D\theta}-p\frac{Dv}{D\theta}+\frac{Dl_w}{D\theta} \tag{1-160}$$

式中，左侧$\frac{DU}{D\theta}$表示每千克运动流体内能的变化速率；右侧第一项$\frac{DQ}{D\theta}$表示每千克运动流体从周围流动流体以传导方式从表面传入的热流速率，第二项 $p\frac{Dv}{D\theta}$表示每千克运动流体做的体积膨胀功的功率，第三项$\frac{Dl_w}{D\theta}$表示每千克运动流体由于摩擦而损耗的功率。以上各项的单位均为 J/(kg·s)。

仍取微元六面体作为微元控制体来进行研究，其体积为 $dx dy dz$，质量为$\rho dx dy dz$，由于这里采用了拉格朗日观点，所以其质量不变，而ρ与 $dx dy dz$ 在流体运动过程中可以改变。

式(1-160) 各项均乘以$\rho dx dy dz$，得：

$$\rho\frac{DU}{D\theta}dx dy dz=\frac{DQ}{D\theta}\rho dx dy dz-p\rho\frac{Dv}{D\theta}dx dy dz+\frac{Dl_w}{D\theta}\rho dx dy dz \tag{1-161}$$

上式各项单位为 J/s。右侧第一项$\frac{DQ}{D\theta}\rho dx dy dz$，由于不考虑辐射传热，只有周围流体对微元控制体的热传导，则进入微元控制体净热流速率为

$$-\left[\frac{\partial q_x}{\partial x}+\frac{\partial q_y}{\partial y}+\frac{\partial q_z}{\partial z}\right]dx dy dz$$

表示单位体积流体所吸收热量速率。即为：

$$k\nabla^2 t \tag{1-162}$$

对于式 (1-161) 右侧第三项可令$\rho\frac{Dl_w}{D\theta}=\Phi$，表示单位体积流体所消耗的功率。

将以上两项代入式(1-161) 即得：

$$\rho\frac{DU}{D\theta}+p\rho\frac{Dv}{D\theta}=k\nabla^2 t+\Phi \tag{1-163}$$

对上式左侧引进焓 $H=U+pv$，对其取随体导数并乘以ρ

$$\rho\frac{DH}{D\theta}=\rho\frac{DU}{D\theta}+p\rho\frac{Dv}{D\theta}+v\rho\frac{Dp}{D\theta}$$

即

$$\rho\frac{DU}{D\theta}+p\rho\frac{Dv}{D\theta}=\rho\frac{DH}{D\theta}-v\rho\frac{Dp}{D\theta} \tag{1-164}$$

代入式(1-163)，即得

$$\rho\frac{DH}{D\theta}-\frac{Dp}{D\theta}=k\nabla^2 t+\Phi$$

若考虑内热源的存在，并设单位体积流体所产生能量的速率为 $\dot{q}$ 。由上述各项即得能量方程式(1-156)：

$$\rho\frac{DH}{D\theta}=\frac{Dp}{D\theta}+\Phi+k\nabla^2 t+\dot{q}$$

1.5.3 能量方程的简化

能量方程中 Φ，表示由于流体的黏性单位体积流体“摩擦热”而消耗的功率。实际上它是作为改变微元体的形状而损失的功率，其值与流体的 u、μ 有关，叫散逸热。除高黏度或

高速运动的流体外，一般其值都很小，在能量方程中可忽略，即 $\Phi\approx0$，能量方程简化为：

$$\rho\frac{DH}{D\theta}=\frac{Dp}{D\theta}+k\ \nabla^2t+\dot{q} \tag{1-165}$$

(1) 不可压缩流体　对于不可压缩流体，$\frac{D\rho}{D\theta}=0$，式(1-164) 中$\frac{Dv}{D\theta}=0$，则

$$\rho\frac{DH}{D\theta}-\frac{Dp}{D\theta}=\rho\frac{DU}{D\theta}$$

又因为对不可压缩流体 $\Delta U=C_v\Delta t\approx C_p\Delta t$，则

$$\rho\frac{DH}{D\theta}-\frac{Dp}{D\theta}=\rho C_p\ \frac{Dt}{D\theta}$$

代入式(1-165) 得：

$$\rho C_p\ \frac{Dt}{D\theta}=k\ \nabla^2t+q \tag{1-166}$$

当无内热源时

$$\frac{Dt}{D\theta}=\frac{k}{\rho C_p}\nabla^2t=\alpha\ \nabla^2t \tag{1-167}$$

与$\frac{D\rho_A}{D\theta}=D_{AB}\nabla^2\rho_A$ 有相同的形式。

能量方程在柱坐标系和球坐标系中，与$\frac{Dt}{D\theta}=\alpha\nabla^2t$ 相对应的表达式为：

柱坐标系 (r,θ,z)：

$$\frac{\partial t}{\partial\theta'}+u_r\ \frac{\partial t}{\partial r}+\frac{u_\theta}{r}\frac{\partial t}{\partial\theta}+u_z\ \frac{\partial t}{\partial z}=\alpha\left[\frac{1}{r}\frac{\partial}{\partial r}\left(r\ \frac{\partial t}{\partial r}\right)+\frac{1}{r^2}\frac{\partial^2t}{\partial\theta^2}+\frac{\partial^2t}{\partial z^2}\right] \tag{1-168}$$

球坐标系 (r,θ,ϕ)：

$$\frac{\partial t}{\partial\theta'}+u_r\ \frac{\partial t}{\partial r}+\frac{u_\theta}{r}\frac{\partial t}{\partial\theta}+\frac{u_\phi}{r\sin\theta}\frac{\partial t}{\partial\phi}=\alpha\left[\frac{1}{r^2}\frac{\partial}{\partial r}\left(r^2\ \frac{\partial t}{\partial r}\right)+\frac{1}{r^2\sin\theta}\frac{\partial}{\partial\theta}\left(\sin\theta\ \frac{\partial t}{\partial\theta}\right)+\frac{1}{r^2\sin\theta}\frac{\partial^2t}{\partial\phi^2}\right] \tag{1-169}$$

(2) 固体或静止流体　在固体或静止流体内热传导，则 $u=0$，随体导数中对流导数为零。

对于非稳定导热：

$$\frac{\partial t}{\partial\theta}=\alpha\ \nabla^2t \tag{1-170}$$

即为传导方程。与$\frac{\partial\rho_A}{\partial\theta}=D_{AB}\nabla^2\rho_A$ 有相同的形式。

稳态导热时，$\frac{\partial t}{\partial\theta}=0$，则

$$\nabla^2t=0 \tag{1-171}$$

即为拉普拉斯方程。与$\nabla^2\rho_A=0$ 有相同的形式。

(3) 具有均匀内热源　对有均匀发热源 $(\dot{q})$ 的情况，由式(1-166) 得

$$\rho C_p\ \frac{Dt}{D\theta}=k\ \nabla^2t+\dot{q} \tag{1-172}$$

在固体或静止流体内作稳态导热时：

$$\alpha\nabla^2 t+\frac{\dot{q}}{\rho C_p}=0$$

即

$$\nabla^2 t=-\frac{\dot{q}}{k} \tag{1-173}$$

即为泊松方程。与$\nabla^2\rho_A=-\frac{r_A}{D_{AB}}$有相同的形式。

1.6 定解条件

所有的传递现象都要满足上述的传递微分方程，但均未涉及过程的具体特点。如果要了解某一具体的传递过程，则还必须认识此具体过程的特殊性，即从无数可能的传递过程中能唯一确定该具体过程所必须具备的定解条件。通用的传递微分方程加上相应的定解条件就构成了描述具体传递过程的完整的数学模型。

定解条件可分为初始条件（时间条件）和边界条件（位置条件）。

1.6.1 初始条件

初始条件就是当初始时刻 $\theta=\theta_0$ 时，传递现象应该满足的初始状态，即 $\theta=\theta_0$ 时

$$\begin{cases}u(r,\theta_0)=u_1(r)\\ p(r,\theta_0)=p_1(r)\\ \rho(r,\theta_0)=\rho_1(r)\\ t(r,\theta_0)=t_1(r)\end{cases} \tag{1-174}$$

右边函数都是给定的已知函数，即 u、p、ρ、t 等在 $\theta=\theta_0$ 时的值。但若是稳态过程，则无需给出初始条件。

1.6.2 边界条件

边界条件指的是边界上基本方程组的解应该满足的条件，它的形式是多种多样的，需要对各种场合进行具体分析，下面写出常用的几种。

（1）无穷远处的边界条件 无穷远处的边界条件可写为：

$$\begin{cases}u|_{r\to\infty}=u_\infty\\ p|_{r\to\infty}=p_\infty\\ \rho|_{r\to\infty}=\rho_\infty\\ t|_{r\to\infty}=t_\infty\end{cases} \tag{1-175}$$

（2）两介质界面处的边界条件 两介质的界面可以是气、液、固三相中任两相的界面，也可以是同一相不同组分的界面。例如物体在空气中运动，物体的表面就是气-固两介质的界面，海洋中的水面就是水（液）-气两相的界面，河流中的清水和浊水的界面就是同一液相而不同组分的界面等。

若界面处两介质互不渗透，而且在运动过程中，两介质界面的边界在 $\theta\geqslant\theta_0$ 时刻永远是两介质的界面，即满足不发生界面分离的连续条件，则在介质界面处速度的法向分量应连续，如图 1-19 所示，即

$$u_{n1}=u_{n2} \tag{1-176}$$

式中，下标 1 代表介质 1；下标 2 代表介质 2。如果 $u_{n1}<u_{n2}$，则介质 2 将穿入介质 1，与界面处两介质互不渗透的条件相矛盾。同样，如果 $u_{n1}>u_{n2}$，介质 1 与介质 2 在界面处发生分离，与连续条件矛盾。

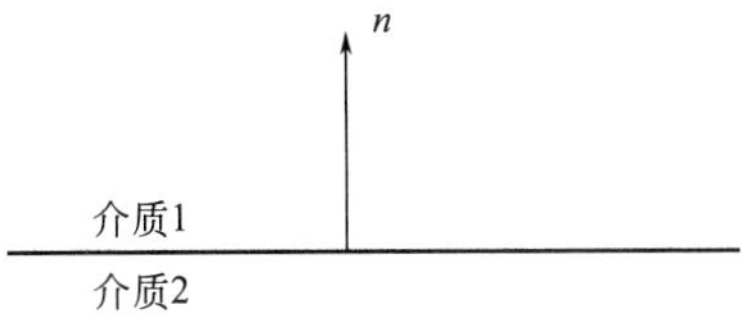

图 1-19　相界面上法向速度分量

现讨论两介质界面处切向速度分量 u_s 和温度 t 应该满足的条件。如果两介质在力学上处于静止状态，在热力学上处于平衡状态，则界面上各点处的 u_s、t 应相等，否则必然会破坏静止和平衡状态。如果两介质在力学上处于运动状态，在热力学上处于不平衡状态，那么此时界面处的 u_s 和 t 应满足什么关系呢？设想两介质的 u_s、t 在界面处不等，即发生了切向速度间断和温度间断，则在界面的法向产生了极大的切向速度梯度和温度梯度。由于真实流体的黏滞性和热传导性，伴随着极大的切向速度梯度和温度梯度产生极大的黏性剪应力和热流，它们力图抹平两介质界面处在切向速度和温度间的差别，而且间断愈强，这种抹平的趋势也愈加强烈，从分子运动论的观点来看，通过两介质界面间分子的运动交换着动量和能量，使速度和温度趋于均匀。因此不难想象过了一段时间后 u_s、t 将变成连续。根据上述讨论很自然地假设在真实流体的两介质界面处，切向速度分量 u_s 和温度 t 是连续的，考虑到 $u_{n1}=u_{n2}$，则

$$\begin{cases} u_1=u_2 \\ t_1=t_2 \end{cases} \tag{1-177}$$

现有的事实证实在通常的条件下，式(1-177) 是成立的。必须指出，分界面上的条件式(1-177) 仅仅是假设，因此并不排斥在个别特殊情况下，u 与 t 在界面上可以是间断的。如理想流体即忽略分子的扩散传递，那么在通常条件下，u_s 和 t 可以是间断的，因为这时不存在抹平间断的机理。

不同于速度和温度，密度在两介质界面上一般是间断的，由式(1-176) 知，介质 1 与介质 2 不相混，即如果：

$$\rho_1 \neq \rho_2$$

或

$$c_1 \neq c_2 \tag{1-178}$$

式中，c 为介质的摩尔浓度，$kmol/m^3$。那么在两介质界面处，密度（浓度）必须是间断的，两间断点之间的关系，将在接下来的章节中讨论。

两介质界面处另一个边界条件为，当两介质之间存在着温度梯度时，除了在界面处温度连续外，且通过界面的热流量相等，于是：

$$\left(k\frac{\partial t}{\partial n}\right)_1=\left(k\frac{\partial t}{\partial n}\right)_2 \tag{1-179}$$

(3) 固体壁面处的边界条件　固体壁面处边界条件是两介质界面处边界条件的重要特例，此时两介质中有一相是固体，另一相是流体。

固体壁面上流体的速度应等于固体壁面在该点的速度，即：

$$u_w=v_s$$

同样

$$t_w=t_s \tag{1-180}$$

$$\left(k\frac{\partial t}{\partial n}\right)_w=\left(k\frac{\partial t}{\partial n}\right)_s$$

式中，u_w、t_w、$\left(k\dfrac{\partial t}{\partial n}\right)_w$ 分别为流体质点的速度、温度、热流量在固体壁面上的值；v_s、t_s、$\left(k\dfrac{\partial t}{\partial n}\right)_s$ 分别为固体壁面在该点的速度、温度、热流量的值。

若固体壁静止时：

$$\begin{cases} u_w=0 \\ t_w=t_s \\ \left(k\dfrac{\partial t}{\partial n}\right)_w=\left(k\dfrac{\partial t}{\partial n}\right)_s \end{cases} \tag{1-181}$$

$u_w=v_s$，或 $u_w=0$ 称为黏附条件或无滑脱条件。这是黏性流体重要假设之一。黏附条件正确性的重要根据是在连续介质假设成立的条件下，大量理论结果和实验观测的一致。

(4) 自由表面处的边界条件 另一个重要的特例是正常条件下气-液界面处的边界条件。在液体和气体的界面处的剪应力是连续的，所以：

$$\mu_{液}\frac{\partial u_x}{\partial y}=\mu_{气}\frac{\partial u_x}{\partial y}$$

可以认为$\mu_{气}/\mu_{液}\approx 0$，故$\partial u_x/\partial y=0$，故在自由表面上$\mu_{液}\dfrac{\partial u_x}{\partial y}=0$，$\tau=0$。

1.7 本章小结与应用

1.7.1 本章小结

本章的教学目的是掌握本门课程微分衡算方程的推导，亦即如何获得微分质量衡算方程、微分动量衡算方程和微分能量衡算方程。主要内容如下：

① 介绍了化工传递过程原理课程相关的基本概念，首先给出了连续介质假定，并介绍了描述流体运动的两种方法，即欧拉法和拉格朗日法，并在此基础上给出了迹线、流线以及系统和控制体的概念。

② 本章的重点内容是采用微分衡算推导出传递课程的微分方程组，即从质量守恒定律出发推导了微分质量衡算方程——连续性方程和传质微分方程，从牛顿第二定律出发推导了微分动量衡算方程——运动方程（N-S 方程），从热力学第一定律出发推导了微分能量衡算方程——能量方程，并分析了各方程在特定条件下的简化形式。直角坐标系的传递过程微分方程及其简化形式如表 1-5 所示。

表 1-5 传递过程微分方程

形式	微分质量衡算方程		微分动量衡算方程（纳维-斯托克斯方程/运动方程/N-S 方程）	微分能量衡算方程（能量方程）
	连续性方程（单组分流体流动系统或无组分浓度变化的多组分流体流动系统）	传质微分方程（组分浓度变化的多组分流体流动系统中某一组分进行微分质量衡算）		
随体导数形式	$\dfrac{\partial\rho}{\partial\theta}+\nabla\cdot(\rho u)=0$ $\dfrac{D\rho}{D\theta}+\rho\nabla\cdot u=0$ $\dfrac{1}{\nu}\dfrac{D\nu}{D\theta}=\nabla\cdot u$	$\rho_A\nabla\cdot u+\dfrac{D\rho_A}{D\theta}-D_{AB}\nabla^2\rho_A-r_A=0$	$\rho\dfrac{Du}{D\theta}=\rho f_B-\nabla p+\dfrac{\mu}{3}\nabla(\nabla\cdot u)+\mu\nabla^2 u$	$\rho\dfrac{DH}{D\theta}=\dfrac{Dp}{D\theta}+\Phi+k\nabla^2 t+\dot{q}$ $\rho\dfrac{DU}{D\theta}+p\nabla\cdot u=\Phi+k\nabla^2 t+\dot{q}$

续表

形式	微分质量衡算方程		微分动量衡算方程（纳维-斯托克斯方程/运动方程/N-S 方程）	微分能量衡算方程（能量方程）
	连续性方程（单组分流体流动系统或无组分浓度变化的多组分流体流动系统）	传质微分方程（组分浓度变化的多组分流体流动系统中某一组分进行微分质量衡算）		
不可压缩流体	$\nabla \cdot u=0$	$\dfrac{\mathrm{D}\rho_A}{\mathrm{D}\theta}=D_{AB}\nabla^2\rho_A+r_A$	$\rho\dfrac{\mathrm{D}u}{\mathrm{D}\theta}=\rho f_B-\nabla p+\mu\nabla^2 u$	$\rho\dfrac{\mathrm{D}U}{\mathrm{D}\theta}=\Phi+k\nabla^2 t+\dot{q}$ $\dfrac{\mathrm{D}t}{\mathrm{D}\theta}=\alpha\nabla^2 t$ （无内热源，忽略辐射传热）
其它形式	-	$\dfrac{\partial\rho_A}{\partial\theta}=D_{AB}\nabla^2\rho_A$ （无化学反应的分子传质微分方程，菲克第二定律） $\nabla^2\rho_A=-\dfrac{r_A}{D_{AB}}$ （在固体或静止流体内稳态扩散，泊松方程） $\nabla^2\rho_A=0$ （无化学反应稳态扩散过程，拉普拉斯方程）	$\rho f_B=\nabla p$ （静止流体的 N-S 方程） $\rho\dfrac{\mathrm{D}u}{\mathrm{D}\theta}=\rho f_B-\nabla p$ （理想流体的 N-S 方程） $\dfrac{\mathrm{D}u}{\mathrm{D}\theta}=-\dfrac{1}{\rho}\nabla p_d+\nu\nabla^2 u$ （以动压梯度表示的 N-S 方程）	$\dfrac{1}{\alpha}\dfrac{\partial t}{\partial\theta}=\nabla^2 t+\dfrac{\dot{q}}{k}$ （有内热源导热微分方程） $\dfrac{1}{\alpha}\dfrac{\partial t}{\partial\theta}=\nabla^2 t$ （无内热源导热微分方程，傅里叶第二定律） $\nabla^2 t=-\dfrac{\dot{q}}{k}$ （有内热源稳态导热微分方程，泊松方程） $\nabla^2 t=0$ （无内热源稳态导热微分方程，拉普拉斯方程）

1.7.2　本章应用举例

【例 1-1】 导出球坐标系中的连续性方程。

解

分析：在图 1-20 的球坐标系（r,ϕ,θ）中，取一微元六面体。根据质量守恒定律，作此微元六面体（微元控制体）的质量衡算，得

[输出控制体的质量速率]－[输入控制体的质量速率]＋[控制体内的质量累积速率]＝0

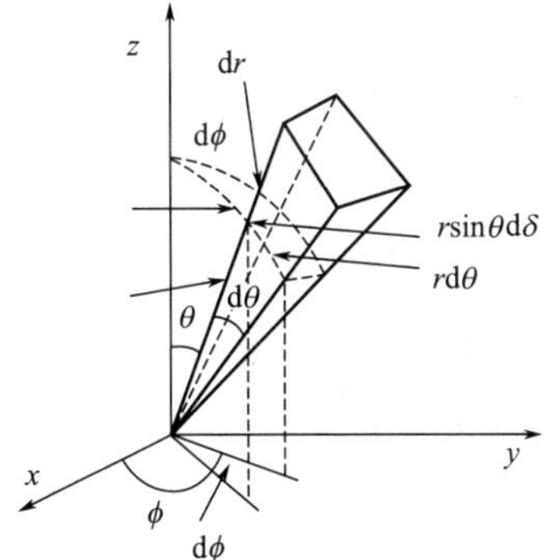

图 1-20　球坐标系连续性方程推导

推导过程：分别找出沿 r、θ 和 ϕ 各方向流出与流入微元控制体的质量速率之差。

沿 r 方向流入微元控制体的质量速率为：

$$\rho u_r r\sin\theta\mathrm{d}\phi r\mathrm{d}\theta$$

而流出的质量速率为：

$$\rho u_r r\sin\theta\mathrm{d}\phi r\mathrm{d}\theta+\frac{\partial}{\partial r}(\rho u_r r\sin\theta\mathrm{d}\phi r\mathrm{d}\theta)\mathrm{d}r$$

故沿 r 方向流出与流入微元控制体的质量速率之差为：

$$\frac{\partial}{\partial r}(\rho u_r r\sin\theta\mathrm{d}\phi r\mathrm{d}\theta)\mathrm{d}r=\frac{\partial}{\partial r}(\rho u_r r^2)\sin\theta\mathrm{d}r\mathrm{d}\theta\mathrm{d}\phi$$

沿 θ 方向流入微元控制体的质量速率为：

$$\rho u_\theta\mathrm{d}rr\sin\theta\mathrm{d}\phi$$

而流出的质量速率为

$$\rho u_\theta \mathrm{d}r r\sin\theta \mathrm{d}\phi + \frac{\partial}{\partial\theta}(\rho u_\theta \mathrm{d}r r\sin\theta \mathrm{d}\phi)\mathrm{d}\theta$$

故沿 θ 方向流出与流入微元控制体的质量速率之差为

$$\frac{\partial}{\partial\theta}(\rho u_\theta \mathrm{d}r r\sin\theta \mathrm{d}\phi)\mathrm{d}\theta = \frac{\partial}{\partial\theta}(\rho u_\theta \sin\theta) r \mathrm{d}r \mathrm{d}\theta \mathrm{d}\phi$$

沿 ϕ 方向流入微元控制体的质量速率为；

$$\rho u_\phi \mathrm{d}r r \mathrm{d}\theta$$

而流出的质量速率为

$$\rho u_\phi \mathrm{d}r r \mathrm{d}\theta + \frac{\partial}{\partial\phi}(\rho u_\phi \mathrm{d}r r \mathrm{d}\theta)\mathrm{d}\theta$$

故沿 ϕ 方向流出与流入微元控制体的质量速率之差为：

$$\frac{\partial}{\partial\phi}(\rho u_\phi \mathrm{d}r r \mathrm{d}\theta)\mathrm{d}\phi = \frac{\partial}{\partial\phi}(\rho u_\phi) r \mathrm{d}r \mathrm{d}\theta \mathrm{d}\phi$$

于是，输出与输入微元控制体的质量速率之差为

$$\left[\frac{\partial}{\partial r}(\rho u_r r^2)\sin\theta + \frac{\partial}{\partial\theta}(\rho u_\theta \sin\theta) r + \frac{\partial}{\partial\phi}(\rho u_\phi) r\right]\mathrm{d}r \mathrm{d}\theta \mathrm{d}\phi$$

同时，在微元控制体内的质量累积速率为：

$$\frac{\partial\rho}{\partial\theta'}\mathrm{d}r r\sin\theta \mathrm{d}\phi r \mathrm{d}\theta = \frac{\partial\rho}{\partial\theta'} r^2 \sin\theta \mathrm{d}r \mathrm{d}\theta \mathrm{d}\phi$$

由质量衡算可知：

$$\left[\frac{\partial}{\partial r}(\rho u_r r^2)\sin\theta + \frac{\partial}{\partial\theta}(\rho u_\theta \sin\theta) r + \frac{\partial}{\partial\phi}(\rho u_\phi) r\right]\mathrm{d}r \mathrm{d}\theta \mathrm{d}\phi + \frac{\partial\rho}{\partial\theta'} r^2 \sin\theta \mathrm{d}r \mathrm{d}\theta \mathrm{d}\phi = 0$$

上式化简即得球坐标系中的连续性方程为：

$$\frac{\partial\rho}{\partial\theta'} + \frac{1}{r^2}\frac{\partial}{\partial r}(\rho u_r r^2) + \frac{1}{\sin\theta}\frac{\partial}{\partial\theta}(\rho u_\theta \sin\theta) + \frac{1}{\sin\theta}\frac{\partial}{\partial\phi}(\rho u_\phi) = 0$$

【例 1-2】 导出流体中有悬浮固体粒子条件下直角坐标系中的连续性方程。

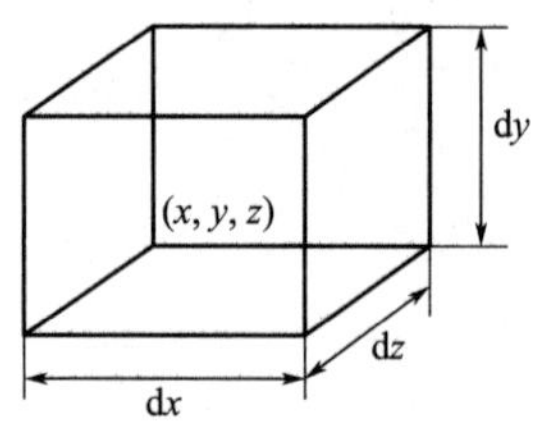

图 1-21　固定空间位置的微元体

解

推导：取固定空间位置，边长分别为 dx，dy，dz 的微元体（图 1-21）。设ρ_f，ρ_s 分别为流体和固体的密度；ε 为固体的体积分率；u_{fx}，u_{fy}，u_{fz} 为流体在 x，y，z 方向上的速度分量；u_{sx}，u_{sy}，u_{sz} 为固体粒子在 x，y，z 方向上的速度分量。

采用欧拉法对微元体进行微分质量衡算

x 方向输入的质量速率$=[\varepsilon\rho_s u_{s,x} + (1-\varepsilon)\rho_f u_{f,x}]\mathrm{d}y\mathrm{d}z$

x 方向输出的质量速率$=[\varepsilon\rho_s u_{s,x} + (1-\varepsilon)\rho_f u_{f,x}]\mathrm{d}y\mathrm{d}z + \frac{\partial}{\partial x}[\varepsilon\rho_s u_{s,x} + (1-\varepsilon)\rho_f u_{f,x}]\mathrm{d}x\mathrm{d}y\mathrm{d}z$

x 方向输出与输入的质量速率之差$=\frac{\partial}{\partial x}[\varepsilon\rho_s u_{s,x} + (1-\varepsilon)\rho_f u_{f,x}]\mathrm{d}x\mathrm{d}y\mathrm{d}z$

同理，y、z 方向输出与输入的质量速率之差分别为

$$\frac{\partial}{\partial y}[\varepsilon\rho_s u_{s,y} + (1-\varepsilon)\rho_f u_{f,y}]\mathrm{d}x\mathrm{d}y\mathrm{d}z$$

$$\frac{\partial}{\partial z}[\varepsilon\rho_s u_{s,z}+(1-\varepsilon)\rho_f u_{f,z}]\mathrm{d}x\mathrm{d}y\mathrm{d}z$$

微元体内的质量累积速率$=\frac{\partial}{\partial\theta}[\varepsilon\rho_s+(1-\varepsilon)\rho_f]\mathrm{d}x\mathrm{d}y\mathrm{d}z$

即 $\frac{\partial}{\partial x}[\varepsilon\rho_s u_{s,x}+(1-\varepsilon)\rho_f u_{f,x}]+\frac{\partial}{\partial y}[\varepsilon\rho_s u_{s,y}+(1-\varepsilon)\rho_f u_{f,y}]+\frac{\partial}{\partial z}[\varepsilon\rho_s u_{s,z}+$

$$(1-\varepsilon)\rho_f u_{f,z}]+\frac{\partial}{\partial\theta}[\varepsilon\rho_s+(1-\varepsilon)\rho_f]=0$$

写成向量形式：

$$\frac{\partial}{\partial\theta}[\varepsilon\rho_s+(1-\varepsilon)\rho_f]+\nabla[\varepsilon\rho_s u_s+(1-\varepsilon)\rho_f u_f]=0$$

【例 1-3】 速度场 $u=(2x+\cos y)i+(\sin x-2y)j-4k$ 是否可用来描述一个不可压缩流体的流动？

解　不可压缩流体的流动必须满足不可压缩流体的连续性方程式$\nabla\cdot u=0$。

$$u_x=2x+\cos y,u_y=\sin x-2y,u_z=-4$$

$$\nabla\cdot u=\frac{\partial u_x}{\partial x}+\frac{\partial u_y}{\partial y}+\frac{\partial u_z}{\partial z}=2-2+0$$

结论：速度场 $u=(2x+\cos y)i+(\sin x-2y)j-4k$ 可用来描述一个不可压缩流体的流动。

【例 1-4】 不可压缩流体绕一圆柱体作二维流动，其流场可用下式表示

$$u_r=\left(\frac{C}{r^2}-D\right)\cos\theta;u_\theta=\left(\frac{C}{r^2}+D\right)\sin\theta$$

其中 C，D 为常数，说明此时是否满足连续性方程。

解

分析：柱坐标下的连续性方程一般表达式为

$$\frac{\partial\rho}{\partial t}+\frac{1}{r}\frac{\partial(\rho r u_r)}{\partial r}+\frac{1}{r}\frac{\partial(\rho u_\theta)}{\partial\theta}+\frac{\partial}{\partial z}(\rho u_z)=0$$

求出各项代入上式，若等于 0，即流场满足连续性方程；如不等于 0，则不满足连续性方程。

求解：不可压缩流体，$\frac{\partial\rho}{\partial t}=0$ 则上式后三项可去除密度ρ

二维流动：$$\frac{\partial}{\partial z}(\rho u_z)=0$$

则连续性方程简化为：$$\frac{1}{r}\frac{\partial(r u_r)}{\partial r}+\frac{1}{r}\frac{\partial u_\theta}{\partial\theta}=0$$

$$\frac{1}{r}\frac{\partial(r u_r)}{\partial r}=\frac{1}{r}\frac{\partial}{\partial r}\left[r\left(\frac{C}{r^2}-D\right)\cos\theta\right]=\frac{1}{r}\left(-\frac{C}{r^2}-D\right)\cos\theta$$

$$\frac{1}{r}\frac{\partial u_\theta}{\partial\theta}=\frac{1}{r}\frac{\partial}{\partial\theta}\left[\left(\frac{C}{r^2}+D\right)\sin\theta\right]=\frac{1}{r}\left(\frac{C}{r^2}+D\right)\cos\theta$$

故：

$$\frac{1}{r}\frac{\partial(r u_r)}{\partial r}+\frac{1}{r}\frac{\partial(u_\theta)}{\partial\theta}=\frac{1}{r}\left(-\frac{C}{r^2}-D\right)\cos\theta+\frac{1}{r}\left(\frac{C}{r^2}+D\right)\cos\theta=0$$

由题意，显然此流动满足连续性方程。

【例 1-5】 证明描述二维不可压缩流体的速度分布是可能存在的，并计算点（0.8，0.5）处的流速。

$$u_x=x^2y-2x-\frac{y^2}{3}\quad u_y=\frac{x^3}{3}+2y-xy^2$$

解

分析：二维不可压缩流体的速度分布需满足$\frac{\partial u_x}{\partial x}+\frac{\partial u_y}{\partial y}=0$。

求解：$\frac{\partial u_x}{\partial x}=2xy-2,\frac{\partial u_y}{\partial y}=2-2xy$

$$\frac{\partial u_x}{\partial x}+\frac{\partial u_y}{\partial y}=2xy-2+2-2xy=0$$

故该速度分布满足连续性方程，是可能存在的。

在点（0.8，0.5）处，由速度分布式可得：

$$u_x=x^2y-2x-\frac{y^2}{3}=-1.363\text{m/s}$$

$$u_y=\frac{x^3}{3}+2y-xy^2=0.971\text{m/s}$$

该点速度为：$u=\sqrt{u_x^2+u_y^2}=\sqrt{(-1.363)^2+0.971^2}=1.674$（m/s）

【例 1-6】 流体在半径为 R 的圆管中流动，其速度为 $u_z=z\left(1-\frac{r^2}{R^2}\right)\cos(\omega\theta')$，圆管内放置加热和冷却部件，使密度$\rho$仅随时间和半径变化。在 $\theta'=\frac{\pi}{\omega}$时（$\omega$ 为频率），$\rho=\rho_0$，导出密度变化的表达式。

解 对管内流动，选用柱坐标形式的连续性方程，$\frac{\partial\rho}{\partial\theta'}+\frac{1}{r}\frac{\partial}{\partial r}(\rho ru_y)+\frac{1}{r}\frac{\partial}{\partial\theta}(\rho u_\theta)+\frac{\partial}{\partial z}(\rho u_z)=0$

按已知条件，$u_r=0$，且速度、密度对 θ 的导数均为 0，简化连续性方程得：

$$\frac{\partial\rho}{\partial\theta'}+\frac{\partial}{\partial z}(\rho u_z)=0$$

即，$\frac{\partial\rho}{\partial\theta'}+\rho\frac{\partial u_z}{\partial z}+u_z\frac{\partial\rho}{\partial z}=0$

因ρ不随 z 变化，故上式左边最后一项为零。将所给速度表达式对 z 求导后代入上式，可求得密度变化的方程式

$$\frac{1}{\rho}\frac{\partial\rho}{\partial\theta'}=\left(\frac{r^2}{R^2}-1\right)\cos(\omega\theta')$$

对 θ'积分一次，得

$$\ln\rho=\frac{1}{\omega}\left(\frac{r^2}{R^2}-1\right)\sin(\omega\theta')+C$$

由已知条件 $\theta'=\frac{\pi}{\omega}$时$\rho=\rho_0$，求得 $C=\ln\rho_0$，

所以
$$\ln\rho=\frac{1}{\omega}\left(\frac{r^2}{R^2}-1\right)\sin(\omega\theta')+\ln\rho_0$$

得密度变化的表达式为

$$\rho=\rho_0\exp\left[\frac{1}{\omega}\left(\frac{r^2}{R^2}-1\right)\sin(\omega\theta')\right]$$

1.7.3　课堂/课外讨论

1-1　从以应力表示的运动微分方程推导 N-S 方程时，条件之一是流体黏度μ为常数，若流体黏度μ为变量，试推导运动方程。

1-2　试从理想流体的运动方程出发推导伯努利方程。

1-3　对比三传微分衡算方程（运动方程、能量方程、传质微分方程），找出方程的相同点与差异。

1-4　查阅资料，归纳与总结传递基本性质ν、α、D_{AB}的测量方法。

1.7.4　思考题

1-1　简述连续介质假定的要点及其意义。

1-2　拉格朗日法与欧拉法的特点是什么？传递过程微分方程的推导分别采用的是哪种方法？

1-3　试述$\frac{\partial t}{\partial\theta}$、$\frac{\mathrm{d}t}{\mathrm{d}\theta}$、$\frac{\mathrm{D}t}{\mathrm{D}\theta}$的物理意义。

1-4　在流动流体中，当$\frac{\mathrm{D}\rho_A}{\mathrm{D}\theta}$不等于 0 时，$\frac{\partial\rho_A}{\partial\theta}$可能等于 0 么？当$\frac{\partial\rho_A}{\partial\theta}$等于 0 时，$\frac{\mathrm{D}\rho_A}{\mathrm{D}\theta}$可能不等于 0 么？为什么？

1-5　查阅资料，简述流体力学的发展过程。

1-6　简述 N-S 方程中各项的物理意义，其与理想流体欧拉方程的区别是什么？

1-7　试说明“单位时间、单位面积的动量”与“单位面积的力”具有相同的量纲。

1-8　实际流体与理想流体在能量方程上有什么区别？

1-9　试写出傅里叶导热定律的一般形式，并说明其中各个符号的意义。

1-10　冬天在同样的气温条件下，为什么有风时比无风时感觉寒冷？

1-11　试述导热微分方程的物理意义。

1-12　试述考虑化学反应的分子扩散微分方程推导的过程。

1-13　浓度有哪些表示方法，各用于什么场合？

1-14　质量浓度与质量分数、摩尔浓度与摩尔分数有何不同，它们之间的关系如何？

1-15　分子传质（扩散）与分子传热（导热）有何异同。

习　题

1-1　针对二维不可压缩流体，判别流动是否连续。

(1) $\begin{cases}u_x=A\sin(xy)\\u_y=-A\sin(xy)\end{cases}$（$A$ 为常数）；(2) $\begin{cases}u_x=-\dfrac{Ax}{y}\\u_y=A\ln(xy)\end{cases}$（$A$ 为常数）

1-2　试判断以下平面流场 $u_r=2r\sin\theta\cos\theta$，$u_\theta=2r\cos^2\theta$ 是否连续？

1-3　不可压缩流体绕一圆柱体作二维流动，其流场可用下式表示

$$u_r=\left(\frac{C}{r^2}-D\right)\cos\theta;\quad u_\theta=\left(\frac{C}{r^2}+D\right)\sin\theta$$

其中C，D为常数，说明此时是否满足连续性方程。

1-4　某一流场速度分布为$u(x,y,z,\theta)=xyzi+yj-3ztk$，试求点（2,1,2,1）的加速度向量。

1-5　温度场方程在柱坐标系的表达式是

$$\frac{\partial t}{\partial\theta'}=\alpha\left(\frac{\partial^2 t}{\partial r^2}+\frac{1}{r}\frac{\partial t}{\partial r}+\frac{1}{r^2}\frac{\partial^2 t}{\partial\theta^2}+\frac{\partial^2 t}{\partial z^2}\right)$$

（1）对于稳态径向传热，试简化上述方程。

（2）对边界条件：$\begin{cases}r=r_1,\ t=t_1\\ r=r_2,\ t=t_2\end{cases}$，从第一问所得的结果方程出发，求温度分布。

（3）根据第二问的结果求出传热速率表达式。

1-6　由O_2（组分A）和CO_2（组分B）构成的二元系统中发生一维稳态扩散。已知$c_A=0.0207\text{kmol/m}^3$，$c_B=0.0622\text{kmol/m}^3$，$u_A=0.0017\text{m/s}$，$u_B=0.0003\text{m/s}$，试计算：（1）$u$，$u_m$；（2）$N_A$，$N_B$，$N$；（3）$n_A$，$n_B$，$n$。

1-7　天然气中各物质的摩尔分数为：$y_{CH_4}=94.90\%$，$y_{C_2H_6}=4.00\%$，$y_{C_3H_8}=0.60\%$，$y_{CO_2}=0.50\%$，试计算：（1）甲烷（CH_4）的质量分数；（2）该天然气的平均分子量；（3）CH_4的分压力，该气体的总压为$1.013\times10^5\text{Pa}$。

1-8　在$1.01325\times10^5\text{Pa}$、298K条件下，某混合气体各组分的摩尔分数：$CO_2$为8%；$O_2$为3.5%；$H_2O$为16%；$N_2$为72.5%。各组分在$z$方向的绝对速度分别为2.44m/s、3.66m/s、5.49m/s、3.96m/s。试计算：（1）混合气体的质量平均速度u；（2）混合气体的摩尔平均速度u_m；（3）组分CO_2的质量通量j_{CO_2}；（4）组分CO_2的摩尔通量J_{CO_2}。

1-9　空气被装在一个30m^3的容器里，其温度为700K，压力为$1.01325\times10^5\text{Pa}$，试确定空气的下列参数：（1）氧的摩尔分数；（2）氧的体积分数；（3）空气的质量；（4）氧气的质量密度；（5）氮气的质量密度；（6）空气的质量密度；（7）空气的摩尔密度；（8）空气的平均分子量；（9）氮气的分压。

1-10　对于A、B组成的二元混合物，试证明质量分数w_A与摩尔分数x_A的关系是：

$$w_A=\frac{x_AM_A}{x_AM_A+x_BM_B}$$

1-11　试证明A和B组成的两组分混合物系统中下列关系式成立：

（1）$\mathrm{d}w_A=\dfrac{M_AM_B\mathrm{d}x_A}{(x_AM_A+x_BM_B)^2}$；（2）$\mathrm{d}x_A=\dfrac{\mathrm{d}w_A}{M_AM_B\left(\dfrac{w_A}{M_A}+\dfrac{w_B}{M_B}\right)^2}$

1-12　根据菲克第一定律证明：组分A在静止组分B中无化学反应的三维非稳态扩散方程为：

$$\frac{\partial\rho_A}{\partial\theta}=D_{AB}\left(\frac{\partial^2\rho_A}{\partial x^2}+\frac{\partial^2\rho_A}{\partial y^2}+\frac{\partial^2\rho_A}{\partial z^2}\right)$$

第2篇

传递微分方程在动量传递中的应用

第 2 章 运动方程的解

在第 1 篇中，对单组分流体流动系统或无组分变化的多组分流体流动系统某一组分微元控制体，采用欧拉观点进行微分质量衡算得到连续性方程，对微元控制体采用拉格朗日观点进行动量衡算分别得到了用应力表示的运动方程及 N-S 方程。传递微分方程在动量传递中，对于等温流体流动系统，基本传递微分方程包括连续性方程和运动方程；对于非等温流体流动系统，还需要考虑能量方程。有了这些方程，就可结合相应的初始条件及边界条件确定系统中速度随位置及时间的变化关系。

直角坐标系下的动量传递微分方程组如下：

$$
\begin{cases}
\dfrac{\partial\rho}{\partial\theta}+u_x\dfrac{\partial\rho}{\partial x}+u_y\dfrac{\partial\rho}{\partial y}+u_z\dfrac{\partial\rho}{\partial z}+\left(\dfrac{\partial u_x}{\partial x}+\dfrac{\partial u_y}{\partial y}+\dfrac{\partial u_z}{\partial z}\right)=0\\
\rho\left(\dfrac{\partial u_x}{\partial\theta}+u_x\dfrac{\partial u_x}{\partial x}+u_y\dfrac{\partial u_x}{\partial y}+u_z\dfrac{\partial u_x}{\partial z}\right)=X\rho-\dfrac{\partial p}{\partial x}+\mu\left(\dfrac{\partial^2 u_x}{\partial x^2}+\dfrac{\partial^2 u_x}{\partial y^2}+\dfrac{\partial^2 u_x}{\partial z^2}\right)+\dfrac{1}{3}\mu\dfrac{\partial}{\partial x}\left(\dfrac{\partial u_x}{\partial x}+\dfrac{\partial u_y}{\partial y}+\dfrac{\partial u_z}{\partial z}\right)\\
\rho\left(\dfrac{\partial u_y}{\partial\theta}+u_x\dfrac{\partial u_y}{\partial x}+u_y\dfrac{\partial u_y}{\partial y}+u_z\dfrac{\partial u_y}{\partial z}\right)=Y\rho-\dfrac{\partial p}{\partial y}+\mu\left(\dfrac{\partial^2 u_y}{\partial x^2}+\dfrac{\partial^2 u_y}{\partial y^2}+\dfrac{\partial^2 u_y}{\partial z^2}\right)+\dfrac{1}{3}\mu\dfrac{\partial}{\partial y}\left(\dfrac{\partial u_x}{\partial x}+\dfrac{\partial u_y}{\partial y}+\dfrac{\partial u_z}{\partial z}\right)\\
\rho\left(\dfrac{\partial u_z}{\partial\theta}+u_x\dfrac{\partial u_z}{\partial x}+u_y\dfrac{\partial u_z}{\partial y}+u_z\dfrac{\partial u_z}{\partial z}\right)=Z\rho-\dfrac{\partial p}{\partial z}+\mu\left(\dfrac{\partial^2 u_z}{\partial x^2}+\dfrac{\partial^2 u_z}{\partial y^2}+\dfrac{\partial^2 u_z}{\partial z^2}\right)+\dfrac{1}{3}\mu\dfrac{\partial}{\partial z}\left(\dfrac{\partial u_x}{\partial x}+\dfrac{\partial u_y}{\partial y}+\dfrac{\partial u_z}{\partial z}\right)
\end{cases}
$$

上述微分方程组中有四个未知数（速度分量 u_x，u_y，u_z 和压力 p），它们是独立变量 x,y,z,θ 以及参数如 ρ，μ，g 等的函数。对于不可压缩流体及黏度为常数的流体，体积力仅有重力，则四个未知数有四个方程，问题是可解的。但由于方程组中包含未知数的乘积，如 $u_x\dfrac{\partial u_x}{\partial x}$，因而方程是非线性的。求它的一般解，在数学上有极大的困难，因此，只能在若干特定情况下求解。求解运动方程有以下三种方法：

（1）精确解/解析解 这组方程自 1845 年建立以来，已经得到约 80 个精确解。从求解情况看，绝大多数是忽略非线性项而求得的线性解。涉及的流动类型及流场几何形状，有库特流、管流、旋转流等。求解运动方程组的精确解是本章的重点。

（2）近似解 对于绕有限物体的运动，上述方程组不能得到精确解，而只能做近似处理，或者用精确方程求数值解，或简化方程用解析法/数值法求解。但是无论采用哪一种方式，首先应该考虑雷诺数的大小，这是因为雷诺数代表了运动流体中黏性力和惯性力的相对大小，决定着流体的基本特征。对于雷诺数很小和很大的两种极限情况，可以做简化处理。对 N-S 方程最为重要的近似处理是依照雷诺数的大小，分成低雷诺数（$Re<1$）近似和高雷诺数（$Re\gg1$）近似。

雷诺数很小（$Re<1$），相当于物体尺度很小，流体黏度很大，或速度很小的情况，称为斯托克斯流。这时壁面附近惯性力可以忽略，可以认为：流体在相互平衡的压力和黏性力作用下运动，得到了著名的斯托克斯解。雷诺数很大（$Re\gg1$）时，相当于大尺度物体、低黏度流体以较大速度运动。在这种情况下，惯性力是主要的，流体黏性的影响可以认为仅限

于固体壁附近的薄层，即边界层。由于微小颗粒、液滴、气泡在流体中的运动，多孔介质、固定床中的流动等化工常见的流动现象，均可归入低雷诺数流动。本章讨论低雷诺数的求解，高雷诺数的求解将在第 3 章和第 4 章讨论。

(3) 数值解　对于工程上更有实际意义的装置中的流动，不仅无法求得精确解，即使做某些简化处理，也往往难以求解。20 世纪 60 年代伴随着计算机科学的迅速崛起，可以寻求这类问题的数值解，这就是计算流体力学。计算流体力学采用数值模拟来研究流体运动规律，具有耗费少、时间短、重复性好等特点。它比实验研究更自由、更灵活，很容易模拟物理现象中的真实条件，并能给出许多实验难以测量的流场参数信息，获得优异的设计性能。

经过 70 多年的发展，计算流体力学作为一门独立学科，其本身的内容已非常丰富，该部分内容本书不做介绍，有兴趣的读者可参看计算流体力学专著。

本章讨论的流体，均为不可压缩牛顿型流体层流流动，应用连续性方程：$\nabla \cdot \boldsymbol{u}=0$ 与运动方程：$\rho \frac{\mathrm{D}\boldsymbol{u}}{\mathrm{D}\theta}=\rho \boldsymbol{g}-\nabla p+\mu \nabla^2 \boldsymbol{u}$，及对应的初始条件、边界条件来解析某流体的运动方程。

2.1　流体在两平板间作等温稳态层流

如图 2-1 所示，设两平行板的间距等于 $2b$，即平板间中心轴线为 x 轴，y 轴垂直于板面，则 z 轴过原点 o 而垂直于纸面，对运动方程进行简化：

① 流体沿 x 方向流动，在稳态层流条件下，y，z 方向的速度分量为零，即 $u_y=u_z=0$。

② z 方向无限大，流体在该方向无流动（$u_z=0$），且各物理量在 z 方向都是均匀的，即可认为上述流动为二维问题（x,y），若设 A 为任意物理量，则 $\frac{\partial A}{\partial z}=0$。

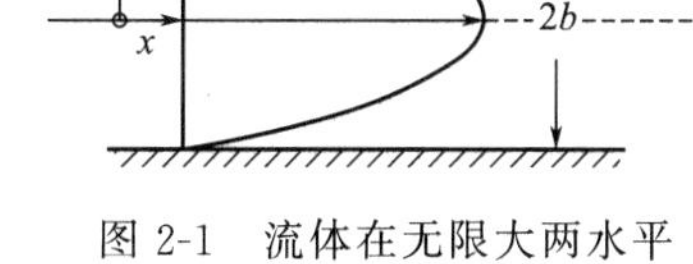

图 2-1　流体在无限大两水平平板间稳态层流时的速度分布

③ 流体作稳态流动，即流场中任何一点的任何物理量 A 均不随时间变化，则 $\frac{\partial A}{\partial \theta}=0$。

④ 不可压缩流体，作等温流动，则 ρ，μ 均为常数。

⑤ x,z 是水平方向的坐标轴，则 $X=Z=0$。

⑥ 板间距 $2b$ 比 x,z 小得多，此时重力场对流体的影响可以忽略，即 $Y\approx 0$。

⑦ 所考察的位置是远离流道进、出口的区域，即流型为充分发展的层流。由 $\nabla \cdot \boldsymbol{u}=0$，即

$$\frac{\partial u_x}{\partial x}+\frac{\partial u_y}{\partial y}+\frac{\partial u_z}{\partial z}=0$$

由于 $u_y=u_z=0$，即 $\frac{\partial u_y}{\partial y}=\frac{\partial u_z}{\partial z}=0$，因此得到

$$\frac{\partial u_x}{\partial x}=0 \tag{2-1}$$

即流动方向的速度，在流型充分发展以后与该方向的位置无关。

x 方向运动方程为：

$$\frac{\partial u_x}{\partial \theta}+u_x\frac{\partial u_x}{\partial x}+u_y\frac{\partial u_y}{\partial y}+u_z\frac{\partial u_z}{\partial z}=X-\frac{1}{\rho}\frac{\partial p}{\partial x}+\nu\left(\frac{\partial^2 u_x}{\partial x^2}+\frac{\partial^2 u_y}{\partial y^2}+\frac{\partial^2 u_z}{\partial z^2}\right)$$

$\because \frac{\partial A}{\partial \theta}=0$，$\frac{\partial u_x}{\partial x}=0$，$u_y=0$，$u_z=0$，$X=0$，$\frac{\partial A}{\partial z}=0$

$\therefore$

$$\frac{1}{\rho}\frac{\partial p}{\partial x}=\nu\frac{\partial^2 u_x}{\partial y^2}$$

即

$$\frac{\partial p}{\partial x}=\mu\frac{\partial^2 u_x}{\partial y^2} \tag{2-2}$$

对 z 方向：由于$\frac{\partial A}{\partial z}=0$，故$\frac{\partial p}{\partial z}=0$

对 y 方向：

$$\frac{\partial u_y}{\partial \theta}+u_x\frac{\partial u_y}{\partial x}+u_y\frac{\partial u_y}{\partial y}+u_z\frac{\partial u_y}{\partial z}=Y-\frac{1}{\rho}\frac{\partial p}{\partial y}+\nu\left(\frac{\partial^2 u_y}{\partial x^2}+\frac{\partial^2 u_y}{\partial y^2}+\frac{\partial^2 u_y}{\partial z^2}\right)$$

由于稳态流动，且$\frac{\partial A}{\partial \theta}=0$，$u_y=0$，$u_z=0$，$\frac{\partial A}{\partial z}=0$，$Y\approx 0$

即

$$\frac{\partial p}{\partial y}=0 \tag{2-3}$$

x,y,z 三个方向的运动方程，经化简后为：

$$\begin{cases}\frac{\partial p}{\partial x}=\mu\frac{\partial^2 u_x}{\partial y^2}\\ \frac{\partial p}{\partial y}=0\\ \frac{\partial p}{\partial z}=0\end{cases}$$

根据已知条件，上述方程组可由偏微分方程变为常微分方程，即

$$\frac{\mathrm{d}p}{\mathrm{d}x}=\mu\frac{\mathrm{d}^2 u_x}{\mathrm{d}y^2} \tag{2-4}$$

式(2-4) 的左侧 p 仅为 x 的函效，而右侧 u_x 仅为 y 的函数，应用数学物理方程的基本知识，只有两侧为同一常数时才成立。即

$$\frac{\mathrm{d}^2 u_x}{\mathrm{d}y^2}=\frac{1}{\mu}\frac{\mathrm{d}p}{\mathrm{d}x}=常数 \tag{2-5}$$

这样，运动方程的非线性项便为零。对该常微分方程求解，即可求得不可压缩流体在平行板间作等温稳态层流时的解。

(1) 速度分布方程

① 通解　由$\frac{\mathrm{d}^2 u_x}{\mathrm{d}y^2}=\frac{1}{\mu}\left(\frac{\mathrm{d}p}{\mathrm{d}x}\right)=常数$，可得到速度分布的通解为：

$$u_x=\frac{1}{2\mu}\frac{\mathrm{d}p}{\mathrm{d}x}y^2+C_1 y+C_2 \tag{2-6}$$

② 特解　根据边界条件确定积分常数，代入通解中即可求得速度分布的特解。

边界条件 1

上、下平板静止不动（该流动称为泊肃叶流），即 $u_x|_{y=b}=0$，$u_x|_{y=-b}=0$，代入通解，求得特解为

$$u_x=\frac{1}{2\mu}\frac{\mathrm{d}p_{\mathrm{d}}}{\mathrm{d}x}(y^2-b^2)=-\frac{1}{2\mu}\frac{\mathrm{d}p_{\mathrm{d}}}{\mathrm{d}x}(b^2-y^2) \tag{2-7}$$

式(2-7) 说明，对于在平行平板间作等温稳定层流的不可压缩流体，在远离进、出口处的速度分布呈抛物线分布。

边界条件 2

下板静止不动，上板以恒定速度 u_0 向右移动（称为库特流），即 $u_x|_{y=b}=u_0$，$u_x|_{y=-b}=0$，代入通解，求得特解为

$$u_x=\frac{1}{2\mu}\frac{\mathrm{d}p_{\mathrm{d}}}{\mathrm{d}x}(y^2-b^2)+\frac{u_0}{2}\left(\frac{y}{b}+1\right) \tag{2-8}$$

所得速度分布是两种运动叠加的结果，上板运动给出线性分布项，压力梯度给出抛物线分布项。

其它边界条件，如边界条件 3 下板静止不动、上板以恒定速度 u_0 向左移动，边界条件 4 上板静止不动、下板以恒定速度 u_0 向右移动或向左移动，边界条件 5 上板以恒定速度 u_1 向右移动、下板以恒定速度 u_2 向左移动等，请读者自行求解。

(2) 瞬时速度 u_x，平均速度 u_{b} 与最大速度 $u_{\max}$ 的关系　对于泊肃叶流，当 $y=0$ 时，$u_x=u_{x,\max}$，将此条件代入式(2-7)，即得

$$u_{x,\max}=u_x|_{y=0}=-\frac{1}{2\mu}\frac{\mathrm{d}p}{\mathrm{d}x}b^2 \tag{2-9}$$

即

$$\frac{u_x}{u_{x,\max}}=\frac{b^2-y^2}{b^2}=1-\left(\frac{y}{b}\right)^2$$

或

$$u_x=u_{x,\max}\left[1-\left(\frac{y}{b}\right)^2\right] \tag{2-10}$$

为推导 u_{b}-$u_{\max}$ 的关系，分析图 2-2 所示两平行平板间厚度为 $\mathrm{d}y$、宽度为单位长度的薄层流体的流动，其体积流量为 q_V，则：

$$q_V=2\int_0^b u\,\mathrm{d}y \tag{2-11}$$

即

$$q_V=2\int_0^b -\frac{1}{2\mu}\frac{\mathrm{d}p}{\mathrm{d}x}(b^2-y^2)\mathrm{d}y=-\frac{2}{3\mu}\frac{\mathrm{d}p}{\mathrm{d}x}b^3$$

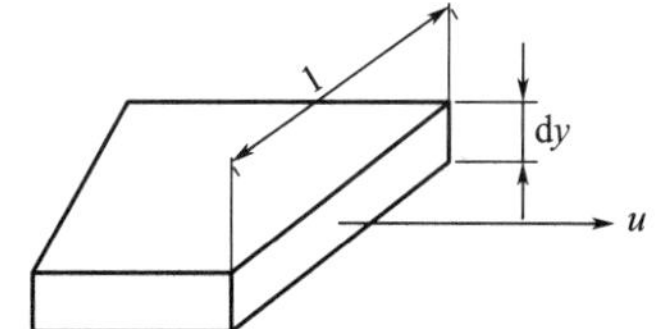

图 2-2　两平板间厚度为 dy，宽度为单位长度的薄层流体的流动

因此平均速度

$$u_{\mathrm{b}}=\frac{q_V}{2b\times 1}=-\frac{2}{3\mu}\frac{\mathrm{d}p}{\mathrm{d}x}b^3/(2b)=-\frac{1}{3\mu}\frac{\mathrm{d}p}{\mathrm{d}x}b^2 \tag{2-12}$$

则

$$\frac{u_{\mathrm{b}}}{u_{x,\max}}=\frac{-\frac{1}{3\mu}\frac{\mathrm{d}p}{\mathrm{d}x}b^2}{-\frac{1}{2\mu}\frac{\mathrm{d}p}{\mathrm{d}x}b^2}=\frac{2}{3} \tag{2-13}$$

由式(2-12) 得：

$$\frac{\mathrm{d}p}{\mathrm{d}x}=-\frac{3\mu u_{\mathrm{b}}}{b^2} \tag{2-14}$$

现对 $Y\approx 0$ 的近似性作一些分析：运动方程中的压强 p 实际上是由两部分组成的，即

$$p = p_{st} + p_d \tag{2-15}$$

式中，p_{st}是流体在静止时呈现的压强，称为静止压强；p_d 是流体流动的动压强，它的梯度是流体流动的推动力。由此流体在 x、y、z 三个方向的压力梯度亦可分别写为

$$\begin{cases} \dfrac{\partial p}{\partial x} = \dfrac{\partial p_{st}}{\partial x} + \dfrac{\partial p_d}{\partial x} \\ \dfrac{\partial p}{\partial y} = \dfrac{\partial p_{st}}{\partial y} + \dfrac{\partial p_d}{\partial y} \\ \dfrac{\partial p}{\partial z} = \dfrac{\partial p_{st}}{\partial z} + \dfrac{\partial p_d}{\partial z} \end{cases} \tag{2-16}$$

当流体静止时，$\dfrac{\partial p_{st}}{\partial x} = \rho X, \dfrac{\partial p_{st}}{\partial y} = \rho Y, \dfrac{\partial p_{st}}{\partial z} = \rho Z$

即

$$\begin{cases} \dfrac{\partial p}{\partial x} = \rho X + \dfrac{\partial p_d}{\partial x} \\ \dfrac{\partial p}{\partial y} = \rho Y + \dfrac{\partial p_d}{\partial y} \\ \dfrac{\partial p}{\partial z} = \rho Z + \dfrac{\partial p_d}{\partial z} \end{cases} \tag{2-17}$$

移项后可得：

$$\begin{cases} -\dfrac{1}{\rho}\dfrac{\partial p_d}{\partial x} = X - \dfrac{1}{\rho}\dfrac{\partial p}{\partial x} \\ -\dfrac{1}{\rho}\dfrac{\partial p_d}{\partial y} = Y - \dfrac{1}{\rho}\dfrac{\partial p}{\partial y} \\ -\dfrac{1}{\rho}\dfrac{\partial p_d}{\partial z} = Z - \dfrac{1}{\rho}\dfrac{\partial p}{\partial z} \end{cases} \tag{2-18}$$

若把上述压强的概念引入运动方程，则可把方程中压力项用动压强代替去掉质量力项，而其它项即可保持不变。应用这个概念来讨论 y 方向的运动方程，由于流体在 y 方向没有流动，所以此方向上动压强梯度为零，即

$$-\frac{1}{\rho}\frac{\partial p_d}{\partial y} = Y - \frac{1}{\rho}\frac{\partial p}{\partial y} = 0 \tag{2-19}$$

则$\dfrac{\partial p_d}{\partial y} = 0$ 为精确解。

当设 $y \approx 0$ 时，$\dfrac{\partial p}{\partial y} = 0$ 为近似解。同样式(2-5) 应写成：

$$\frac{d^2 u_x}{dy^2} = \frac{1}{\mu}\frac{dp_d}{dx} = 常数 \tag{2-20}$$

2.2 流体在圆管与套管环隙中作等温稳态层流

2.2.1 流体在圆管内流动

如图 2-3 所示，r_i 为管壁处半径。在圆管中不可压缩流体作等温稳态层流流动，考虑在

远离进、出口的位置（流动已充分发展），流体在圆管中作稳定轴向层流时，该流动对 z 轴是对称的，$u_r=0$，$u_\theta=0$。

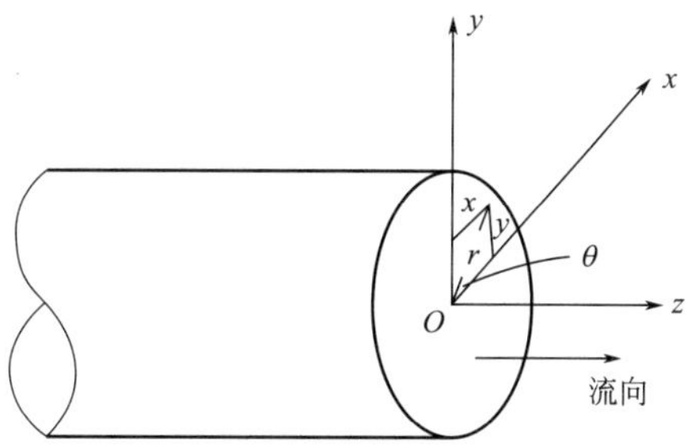

图 2-3　圆管内的稳态层流

由柱坐标系的连续性方程
$$\frac{\partial u_r}{\partial r}+\frac{u_r}{r}+\frac{1}{r}\frac{\partial u_\theta}{\partial \theta}+\frac{\partial u_z}{\partial z}=0 \tag{2-21}$$

得
$$\frac{\partial u_z}{\partial z}=0 \tag{2-22}$$

由运动方程的 z 方向分量：
$$\frac{\partial u_z}{\partial \theta'}+u_r\frac{\partial u_z}{\partial z}+\frac{u_\theta}{r}\frac{\partial u_z}{\partial \theta}+u_z\frac{\partial u_z}{\partial z}=X_2-\frac{1}{\rho}\frac{\partial p}{\partial z}+\nu\left(\frac{1}{r}\frac{\partial}{\partial r}\frac{\partial u_z}{\partial z}+\frac{1}{r^2}\frac{\partial^2 u_z}{\partial \theta^2}+\frac{\partial^2 u_z}{\partial z^2}\right)$$

并且 $u_r=0$，$u_\theta=0$，$u_z\neq f(\theta)$，$\frac{\partial u_z}{\partial \theta}=0$，$\frac{\partial u_z}{\partial z}=0$

得
$$\frac{1}{\rho}\frac{\partial p}{\partial z}=\nu\left[\frac{1}{r}\frac{\partial}{\partial r}\left(r\frac{\partial u_z}{\partial r}\right)\right] \tag{2-23}$$

展开式(2-23)：
$$\frac{1}{\mu}\frac{\partial p}{\partial z}=\frac{1}{r}\left(r\frac{\partial^2 u_z}{\partial r^2}+\frac{\partial u_z}{\partial r}\right)=\frac{\partial^2 u_z}{\partial r^2}+\frac{1}{r}\frac{\partial u_z}{\partial r} \tag{2-24}$$

式(2-24) 右侧，$u_z=f(r)$，而$\frac{\partial u_z}{\partial z}=\frac{\partial u_z}{\partial r}=0$，即 $u_z=f(\theta,z)$。左侧 $p=f(z)$，对 r、$\dot{\theta}$ 方向的运动方程进行分析，也可得$\frac{\partial p}{\partial r}=0$、$\frac{\partial p}{\partial \theta}=0$（这是近似解，其精确解应为$\frac{\partial p_d}{\partial r}=0$、$\frac{\partial p_d}{\partial \theta}=0$。这是由于在 r、θ 方向没有流体的流动，也就是说没有动压强梯度），即 $p\neq f(r,\theta)$。所以方程两侧均可写成常导数的形式，即
$$\frac{1}{\mu}\frac{\mathrm{d}p}{\mathrm{d}z}=\frac{\mathrm{d}^2 u_z}{\mathrm{d}r^2}+\frac{1}{r}\frac{\mathrm{d}u_z}{\mathrm{d}r} \tag{2-25}$$

因此，方程两侧应等于同一个常数。令 $u=u_z$，则
$$\frac{1}{r}\frac{\mathrm{d}}{\mathrm{d}r}\left(r\frac{\mathrm{d}u}{\mathrm{d}r}\right)=\frac{1}{\mu}\frac{\mathrm{d}p}{\mathrm{d}z}=\text{常数} \tag{2-26}$$

（1）速度分布　对式(2-26) 两侧进行积分
$$\int \mathrm{d}\left(r\frac{\mathrm{d}u}{\mathrm{d}r}\right)=\frac{1}{\mu}\frac{\mathrm{d}p}{\mathrm{d}z}\int r\,\mathrm{d}r$$
$$r\frac{\mathrm{d}u}{\mathrm{d}r}=\frac{1}{\mu}\frac{\mathrm{d}p}{\mathrm{d}z}\frac{r^2}{2}+C$$

由边界条件

$$r=0 \text{ 时}, \frac{du}{dr}=0, \text{ 则 } C=0$$

即

$$r\frac{du}{dr}=\frac{1}{\mu}\frac{dp}{dz}\frac{r^2}{2}$$

$$\int_0^u du=\frac{1}{2\mu}\frac{dp}{dz}\int_{r_i}^r r\,dr$$

式中，r_i 为管壁处半径，$u|_{r=r_i}=0$。即

$$u=\frac{1}{2\mu}\frac{dp}{dz}\frac{r^2-r_i^2}{2}=-\frac{1}{4\mu}\frac{dp}{dz}(r_i^2-r^2) \tag{2-27}$$

(2) u、u_b 与 u_{max} 的关系

$$u|_{r=0}=u_{max}=-\frac{1}{4\mu}\frac{dp}{dz}r_i^2 \tag{2-28}$$

$$\frac{u}{u_{max}}=1-\left(\frac{r}{r_i}\right)^2$$

即

$$u=u_{max}\left[1-\left(\frac{r}{r_i}\right)^2\right] \tag{2-29}$$

通过圆管截面的体积流量 q_V

$$q_V=2\pi\int_0^{r_i}ur\,dr=2\pi\int_0^{r_i}\left[-\frac{1}{4\mu}\frac{dp}{dz}(r_i^2-r^2)\right]r\,dr=-\frac{\pi r_i^4}{8\mu}\frac{dp}{dz} \tag{2-30}$$

式(2-30）为圆管中体积流量表达式，被称为哈根-泊肃叶公式。

由体积流量公式可得到平均速度

$$u_b=\frac{q}{\pi r_i^2}=-\frac{1}{8\mu}\frac{dp}{dz}r_i^2 \tag{2-31}$$

比较式(2-28）得：

$$u_b=\frac{1}{2}u_{max} \tag{2-32}$$

若定义 f（范宁摩擦因子）为

$$\tau_s=\frac{f}{2}\rho u_b^2 \tag{2-33}$$

式中，τ_s 为壁面上的摩擦阻力。由牛顿黏性定律

$$\tau=-\mu\frac{\partial u}{\partial r}=\mu\left(-\frac{1}{u}\frac{dp}{dz}\frac{r}{2}\right)=-\frac{dp}{dz}\frac{r}{2}$$

得到壁面摩擦阻力

$$\tau_s=\tau|_{r=r_i}=-\frac{dp}{dz}\frac{r_i}{2} \tag{2-34}$$

得

$$f=\frac{|\tau_s|}{\frac{1}{2}\rho u_b^2}=\frac{8\mu}{\rho u_b r}=\frac{16}{Re} \tag{2-35}$$

上述理论结果，无论在速度分布，还是流量和阻力系数等方面都和实验结果十分符合。在实际应用方面可以利用黏性不可压缩流体在圆管中流动的流量公式(2-30）来测定流体的动力黏度μ。由式(2-30）可得

$$\frac{\mathrm{d}p}{\mathrm{d}z}=-\frac{8\mu u_{\mathrm{b}}}{r_{\mathrm{i}}^2} \tag{2-36}$$

2.2.2　套管环隙内的轴向流动

在化工生产中，套管换热器是典型的间壁式换热器，即流体在两根同心套管环隙空间沿轴向的流动对物料进行加热或冷却。如图 2-4 所示，两根同心套管，内管的外半径为 r_1，外管的内半径为 r_2，不可压缩流体在两管环隙间沿 z 轴轴向稳态流动。设所考察的区域远离进、出口，求解套管环隙内的速度分布、平均速度及压力梯度。

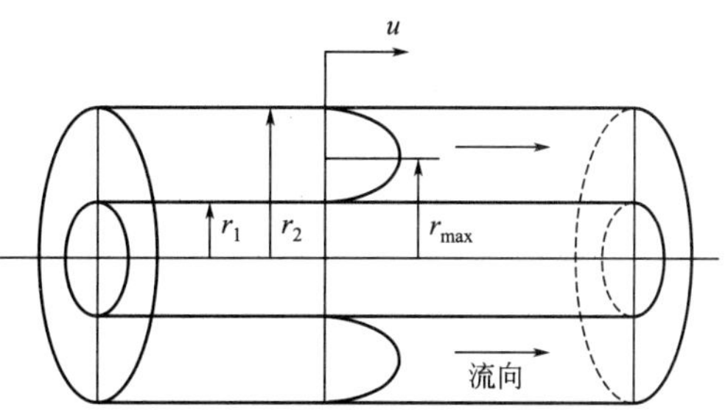

图 2-4　套管环隙中的稳态层流

由
$$r\frac{\mathrm{d}u}{\mathrm{d}r}=\frac{1}{\mu}\frac{\mathrm{d}p}{\mathrm{d}z}\frac{r^2}{2}+C$$

及边界条件 $r=r_{\max}$（对应 $u_{\max}$处的 r）处，$\frac{\mathrm{d}u}{\mathrm{d}r}=0$，得

$$C=-\frac{1}{\mu}\frac{\mathrm{d}p}{\mathrm{d}z}\frac{r_{\max}^2}{2}$$

即
$$r\frac{\mathrm{d}u}{\mathrm{d}r}=\frac{1}{2\mu}\frac{\mathrm{d}p}{\mathrm{d}z}(r^2-r_{\max}^2)$$

对上式积分

$$\int_0^u \mathrm{d}u=\frac{1}{2\mu}\frac{\mathrm{d}p}{\mathrm{d}z}\int_{r_1}^r\frac{r^2-r_{\max}^2}{r}\mathrm{d}r$$

$$u=\frac{1}{2\mu}\frac{\mathrm{d}p}{\mathrm{d}z}\left(\frac{r^2-r_1^2}{2}-r_{\max}^2\ln\frac{r}{r_1}\right) \tag{2-37}$$

上述也可由积分

$$\int_0^u \mathrm{d}u=\frac{1}{2\mu}\frac{\mathrm{d}p}{\mathrm{d}z}\int_{r_2}^r\frac{r^2-r_{\max}^2}{r}\mathrm{d}r$$

得
$$u=\frac{1}{2\mu}\frac{\mathrm{d}p}{\mathrm{d}z}\left(\frac{r^2-r_2^2}{2}-r_{\max}^2\ln\frac{r}{r_2}\right) \tag{2-38}$$

根据管内平均速度的定义可得

$$u_{\mathrm{b}}=\frac{q_V}{A}=\frac{\int_{r_1}^{r_2}u(2\pi r)\mathrm{d}r}{\pi(r_2^2-r_1^2)}=-\frac{1}{8\mu}\frac{\mathrm{d}p}{\mathrm{d}z}(r_2^2+r_1^2-2r_{\max}^2) \tag{2-39}$$

当 $r_1=0$ 时，式(2-37)、式(2-38)、式(2-39) 即为圆管内稳定层流时的速度分布和平均速度式。

剪应力：
$$\tau_{zr}=-\mu\frac{\mathrm{d}u}{\mathrm{d}r}=-\frac{\mu}{4\mu}\frac{\mathrm{d}p}{\mathrm{d}z}\left[2r-r_2^2\frac{1-\left(\frac{r_1}{r}\right)^2}{\ln\frac{r_2}{r_1}}\frac{1}{r}\right]=\frac{1}{2}\frac{\mathrm{d}p}{\mathrm{d}z}\left[r-\frac{1-\left(\frac{r_1}{r_2}\right)^2}{2\ln\frac{r_2}{r_1}}\frac{r_2^2}{r}\right] \tag{2-40}$$

在 $u=u_{\max}$处，$\frac{\mathrm{d}u}{\mathrm{d}r}=0$，剪应力为零，式(2-40) 中$\frac{\mathrm{d}p}{\mathrm{d}z}$不为零，括号内的数值必为零。

由此可确定速度为最大值时的半径 r_{max} 即：

$$r_{max}-\frac{1-\left(\frac{r_1}{r_2}\right)^2}{2\ln\frac{r_2}{r_1}}\frac{r_2^2}{r_{max}}=0 \tag{2-41}$$

得
$$r_{max}=\sqrt{\frac{r_2^2-r_1^2}{2\ln\frac{r_2}{r_1}}} \tag{2-42}$$

$\frac{dp}{dz}$值可由式(2-39) 求得，即

$$\frac{dp}{dz}=-8\mu u_b\frac{1}{r_2^2+r_1^2-2r_{max}^2} \tag{2-43}$$

图 2-5 表示套管环隙内层流流动的剪应力和速度分布。

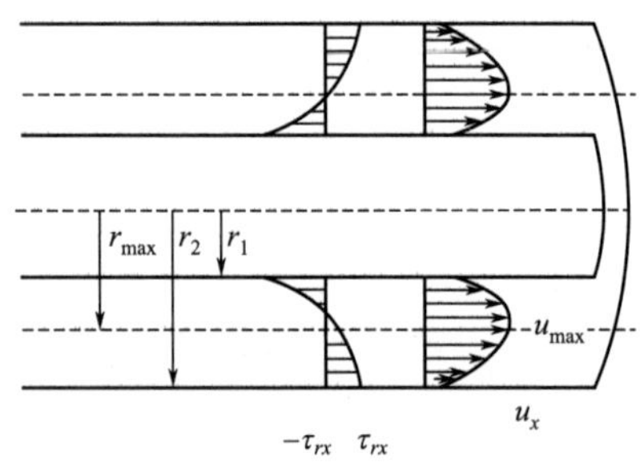

图 2-5　套管环隙内层流流动的剪应力和速度分布

现取 z 方向上长为 L 的环隙内全部流体进行动量衡算，由于稳态流动，流体不被加速，故转化为力的衡算，即作用于此划定体积流体的外力之和为零，即：

$$\pi(r_2^2-r_1^2)(p_1-p_2)+F_{r_1}+F_{r_2}=0 \tag{2-44}$$

即在两壁上的总剪应力必定等于环隙截面上的压力。从上式可求出 L 长度上的有效压力降：

$$p_1-p_2=\frac{-(F_{r_1}+F_{r_2})}{\pi(r_2^2-r_1^2)} \tag{2-45}$$

式中，F_{r_1}、F_{r_2} 分别为作用在环隙内、外表面上的剪应力。而

$$F_{r_1}=-2\pi r_1 L\tau_{rz,r_1} \tag{2-46}$$

式中，τ_{rz,r_1} 为 $r=r_1$ 处剪应力。将式(2-40) 代入，式中$\frac{dp}{dz}$可用$\frac{p_1-p_2}{L}$代替。

故
$$F_{r_1}=-\pi r_1(p_1-p_2)\left[r_1-\frac{1-\left(\frac{r_1}{r_2}\right)^2}{2\ln\frac{r_2}{r_1}}\frac{r_2^2}{r_1}\right]$$

$$F_{r_2}=-2\pi r_2 L\tau_{rz,r_2}=-\pi r_2(p_1-p_2)\left[r_2-\frac{1-\left(\frac{r_1}{r_2}\right)^2}{2\ln\frac{r_2}{r_1}}\frac{r_2^2}{r_1}\right]$$

内、外壁上力的比值为：

$$\frac{F_{r_1}}{F_{r_2}}=\frac{-r_1\tau_{rz,r_1}}{r_2\tau_{rz,r_2}}=\frac{\frac{(r_2^2/r_1^2)-1}{2\ln(r_2/r_1)}-1}{(r_2^2/r_1^2)-\frac{(r_2^2/r_1^2)-1}{2\ln(r_2/r_1)}} \tag{2-47}$$

此关系示于图 2-6。可见在 $r_2^2/r_1^2\to1$ 的极限情况下，两力趋于相等。作用在内筒壁上的力与总力的比值为：

$$\frac{F_{r_1}}{F_{r_1}+F_{r_2}}=\frac{-r_1L\tau_{rz,r_1}}{-r_1L\tau_{rz,r_1}+r_2L\tau_{rz,r_2}}=\frac{1}{2\ln(r_2/r_1)}-\frac{1}{(r_2/r_1)^2-1} \tag{2-48}$$

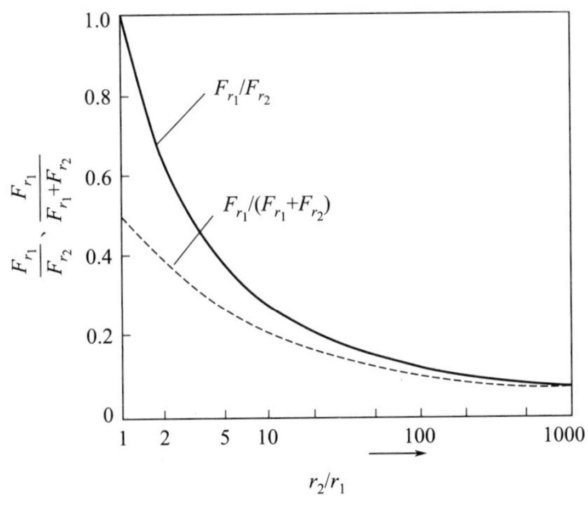

图 2-6 $\frac{F_{r_1}}{F_{r_2}}$、$\frac{F_{r_1}}{F_{r_1}+F_{r_2}}$关系曲线

这一关系也可由图 2-6 表示。如外筒表面与内筒表面之比为 5∶1，则仍有总力的 27%作用在内筒表面上，这种关系在塑料管成型的挤出工艺方面有重要应用。

2.2.3 套管环隙内的周向稳态流动

设有图 2-7 所示的旋转着的同轴线双层圆筒间充满不可压缩的牛顿型流体，当内筒以角速度 ω_1、外筒以角速度 ω_2 旋转时，由于外筒转动引起环隙内流体按切线方向作稳定的层流流动。若圆筒足够长，端效应可以忽略。取柱坐标系，速度的三个分量分别为 u_r，u_θ，u_z。

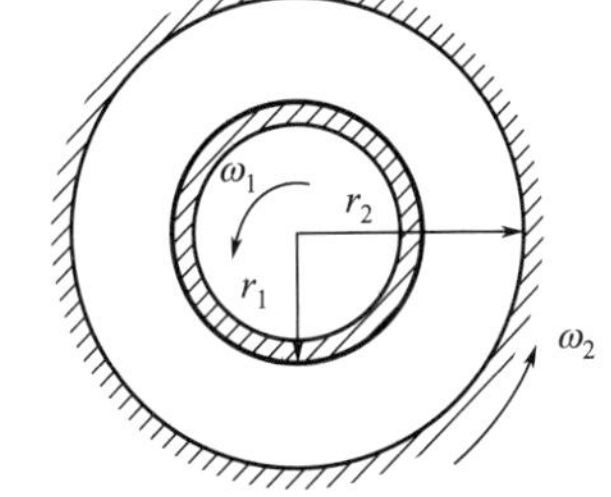

图 2-7 两同心套管环隙间流体的周向流动

由于流动沿 z 轴对称，流体在 r 方向没有流动，即 $u_r=0$，且 z 方向也没有流动，$u_z=0$，则连续性方程可简化为：

$$\frac{1}{r}\frac{\partial u_\theta}{\partial \theta}=0 \tag{2-49}$$

运动方程可简化为：

r 分量：
$$-\frac{u_\theta^2}{r}=-\frac{1}{\rho}\frac{\partial p}{\partial r}-\frac{2\nu}{r^2}\frac{\partial u_\theta}{\partial \theta} \tag{2-50}$$

θ 分量：
$$\frac{u_\theta}{r}\frac{\partial u_\theta}{\partial \theta}=-\frac{1}{\rho r}\frac{\partial p}{\partial \theta}+\nu\left[\frac{\partial^2 u_\theta}{\partial r^2}+\frac{1}{r}\frac{\partial u_\theta}{\partial r}+\frac{1}{r^2}\frac{\partial^2 u_\theta}{\partial \theta^2}+\frac{\partial^2 u_\theta}{\partial z^2}-\frac{u_\theta}{r^2}\right] \tag{2-51}$$

z 分量：
$$0=\frac{1}{\rho}\frac{\partial p}{\partial z} \tag{2-52}$$

将式(2-49) 代入式(2-50) 得

$$\frac{u_\theta^2}{r}=\frac{1}{\rho}\frac{\partial p}{\partial r} \tag{2-53}$$

即离心力与径向压力梯度平衡。

式(2-53) 两边对 z 求偏导数，并结合式(2-52)，

$$\frac{\partial u_\theta}{\partial z}=0 \tag{2-54}$$

由 $u_z=0$，式(2-52) 及式(2-54) 可以看出流体作平面运动。由式(2-53) 及式(2-54) 可知：

$$u_\theta=f(r) \tag{2-55}$$

代入式(2-51)，得

$$\frac{\partial p}{\partial \theta}=\mu r\left(\frac{\partial^2 u_\theta}{\partial r^2}+\frac{1}{r}\frac{\partial u_\theta}{\partial r}-\frac{u_\theta}{r^2}\right) \tag{2-56}$$

式(2-56) 右边只是 r 的函数，故左边也应该是 r 的函数，于是设：

$$p=\theta f(r)+g(r) \tag{2-57}$$

因 p 必须是单值函数而 θ 为多值，故 $f(r)=0$。于是压力仅仅是径向距离 r 的函数，即

$$\frac{\partial p}{\partial \theta}=0 \tag{2-58}$$

将式(2-58) 代入式(2-57) 得常微分方程：

$$\frac{\mathrm{d}^2 u_\theta}{\mathrm{d}r^2}+\frac{1}{r}\frac{\mathrm{d}u_\theta}{\mathrm{d}r}-\frac{u_\theta}{r^2}=0 \tag{2-59}$$

式(2-59) 的解是

$$u_\theta=C_1 r+\frac{C_2}{r} \tag{2-60}$$

C_1、C_2 为待定常数。

将式(2-60) 代入式(2-53)，对 r 积分得

$$p=\rho\left(\frac{C_1^2}{2}r^2+\frac{C_2^2}{2r^2}+2C_1C_2\ln r\right)+C \tag{2-61}$$

设两圆筒的内、外半径分别为 r_1 及 r_2，旋转角速度为 ω_1 和 ω_2，即边界条件为

$$\begin{cases} r=r_1 \text{ 时}, u_\theta=\omega_1 r_1 \\ r=r_2 \text{ 时}, u_\theta=\omega_2 r_2 \end{cases} \tag{2-62}$$

将式(2-62) 代入式(2-60)，得到常数 C_1、C_2

$$C_1=\frac{\omega_2 r_2^2-\omega_1 r_1^2}{r_2^2-r_1^2}, C_2=\frac{(\omega_1-\omega_2)r_1^2 r_2^2}{r_2^2-r_1^2} \tag{2-63}$$

于是

$$u_\theta=\frac{1}{r_2^2-r_1^2}\left[r(\omega_2 r_2^2-\omega_1 r_1^2)-\frac{r_1^2 r_2^2}{r}(\omega_2-\omega_1)\right] \tag{2-64}$$

将式(2-63) 代入式(2-61) 得：

$$p=\frac{\rho}{(r_2^2-r_1^2)^2}\left[(\omega_2 r_2^2-\omega_1 r_1^2)^2\frac{r^2}{2}+2r_1^2 r_2^2(\omega_2-\omega_1)(\omega_2 r_2^2-\omega_1 r_1^2)\ln r-\frac{1}{2r^2}(\omega_2-\omega_1)^2 r_1^4 r_2^4\right]+C \tag{2-65}$$

其中 C 由特定点的压力确定。

下面计算摩擦力矩，首先由于流动的对称性，可知圆柱体所受合力为零，但受流体的摩擦力矩却不一定等于零。

由

$$\tau_{r\theta}=-\mu\left(r\frac{\partial}{\partial r}\frac{u_\theta}{r}+\frac{1}{r}\frac{\partial u_r}{\partial \theta}\right)$$

式中 $u_r=0$。即

$$\tau_{r\theta}=-\mu\frac{\partial u_\theta}{\partial r}+\frac{u_\theta}{r}=-2\mu\frac{\omega_1-\omega_2}{r_2^2-r_1^2}r_1^2r_2^2 \tag{2-66}$$

半径 r（$r_1\leqslant r\leqslant r_2$），单位高度（$\Delta z=1$）的假想圆柱内表面上所受总摩擦力矩为：

$$M=\int_0^{2\pi}\tau_{r\theta}r^2\mathrm{d}\theta=-4\pi\mu\frac{\omega_1-\omega_2}{r_2^2-r_1^2}r_1^2r_2^2 \tag{2-67}$$

从式(2-67) 可知 M 与 r 无关。

考虑两种特殊情况：第一种情况，外圆筒静止，内圆筒以 ω_1 的角速度旋转；第二种情况，内圆筒静止，外圆筒以 ω_2 角速度旋转，令：

$$L=r_1/r_2, s=r_2-r_1, l=r/r_2$$

则这两种情况的无量纲速度分别为：

$$\frac{u_\theta}{u_{\theta_1}}=\frac{L}{1-L^2}\frac{1-L^2}{l}\qquad \text{内转外静} \tag{2-68}$$

$$\frac{u_\theta}{u_{\theta_2}}=\frac{L}{1-L^2}\left(\frac{l}{L}-\frac{L}{l}\right)\qquad \text{外转内静} \tag{2-69}$$

其中 $u_{\theta_1}=\omega_1r_1$，$u_{\theta_2}=\omega_2r_2$ 分别对应内圆筒和外圆筒的周向速度。图 2-8 以 $l'/s=(r-r_1)/s$ 为自变量给出了上述两种情况的速度分布。

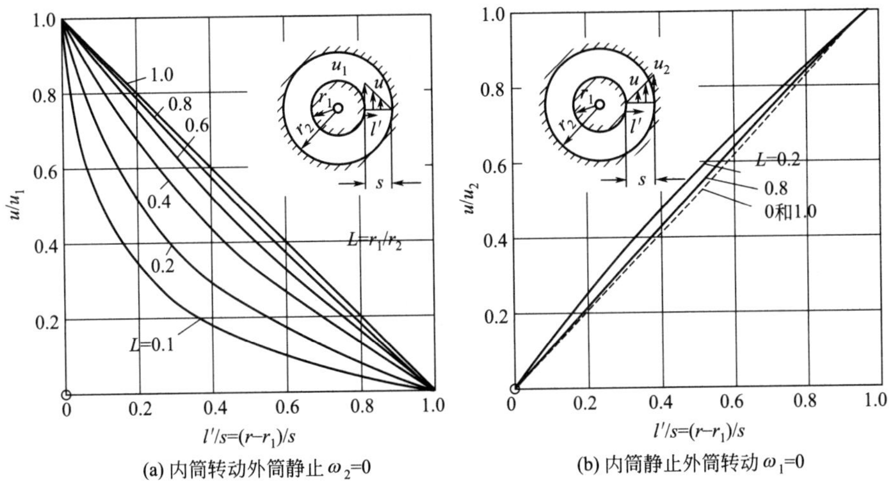

图 2-8　流体在旋转的同轴双层圆筒之间的速度分布

值得指出的是，第一种情况的速度分布强烈依赖于半径比 L，而第二种情况则很少随 L 改变。当 $L\to1$ 时，两种情形都趋于两平板间库特流的线性分布。在第二种情况中令 $r_1=0$，$L=0$ 得圆柱 $r=r_2$ 内充满着黏性不可压缩流体的情况，当圆柱以 ω_2 角速度旋转时，由式(2-53)：$u_\theta=\omega_2r$，$M=0$，此时圆柱体内流体像刚体一样地旋转，速度是线性分布。而且为了维持柱内黏性流体的运动不需要外力，由此可以看到当 $L=0$ 或 1 时，速度都是线性分布。这可能就是为什么 $0<L<1$ 时，速度分布很少偏离直线的原因。

力矩公式(2-67) 可以用来测定流体的黏度，当内圆筒静止不动时，只要测出作用在内圆柱上的力矩值 M 以及 r_1，r_2，ω_2，按式(2-67) 就可以确定流体的动力黏度μ，这就是旋转黏度计测量黏度的原理。

2.3 降膜流动

在过程工业（化学工业、冶金工业等）中，经常遇到流体在平壁或平板上呈膜状向下流动的现象，称为降膜流动。降膜流动涉及多种传热、传质过程，如膜状冷凝、升膜/降膜蒸发、湿壁塔吸收以及产品涂层等。物理模型如图 2-9 所示，一个垂直放置的固体壁面，液体在重力作用下呈膜状沿壁面向下流动。液膜内流动速度很慢，呈稳态层流流动。液膜的一侧紧贴壁面，另一侧为自由表面。

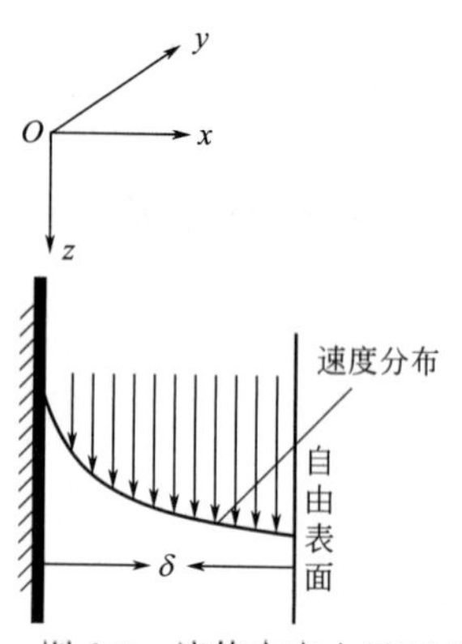

图 2-9　流体在自由界面上的稳态流动

在建立物理模型的基础上，通过求解动量传递方程组，求解液膜内的速度分布、平均速度和液膜厚度。由于降落液膜为沿 z 方向的一维流动，$u_x=0$，$u_y=0$，于是不可压缩流体连续性方程可简化为

$$\frac{\partial u_z}{\partial z}=0 \tag{2-70}$$

不可压缩流体在 z 方向上的运动方程为

$$\frac{\partial u_z}{\partial \theta}+u_x\frac{\partial u_z}{\partial x}+u_y\frac{\partial u_z}{\partial y}+u_z\frac{\partial u_z}{\partial z}=Z-\frac{1}{\rho}\frac{\partial p}{\partial z}+\mu\left(\frac{\partial^2 u_z}{\partial x^2}+\frac{\partial^2 u_z}{\partial y^2}+\frac{\partial^2 u_z}{\partial z^2}\right) \tag{2-71}$$

流动过程为稳态，$\frac{\partial u_z}{\partial \theta}=0$；液膜外为自由表面，外界压力一定，于是$\frac{\partial p}{\partial z}=0$；固体壁面无限宽，$u_z$ 不随 x 而变，则$\frac{\partial u_z}{\partial x}=0$；液膜受重力作用下落，故应考虑重力的影响。由于 z 轴与重力方向相同，故 $Z=g$。将上述条件以及 $u_x=0$，$u_y=0$ 和式(2-70) 代入式(2-71) 得

$$\mu\frac{\partial^2 u_z}{\partial y^2}+\rho g=0 \tag{2-72}$$

由于$\frac{\partial u_z}{\partial z}=0$，$\frac{\partial u_z}{\partial x}=0$，故上式中的偏导数$\frac{\partial^2 u_z}{\partial y^2}$可写成常导数$\frac{\mathrm{d}^2 u_z}{\mathrm{d}y^2}$，于是可化为常微分方程：

$$\mu\frac{\mathrm{d}^2 u_z}{\mathrm{d}y^2}+\rho g=0 \tag{2-73}$$

边界条件为：

① $x=0$，$u_z=0$

② $x=\delta$，$\frac{\mathrm{d}u_z}{\mathrm{d}x}=0$

代入边界条件积分式(2-73) 可得液膜内速度分布方程为

$$u_z=\frac{\rho g}{2\mu}(2x\delta-x^2) \tag{2-74}$$

最大速度为

$$u_{\max}=\frac{\rho g\delta^2}{2\mu} \tag{2-75}$$

在 y 方向上取一单位宽度计算平均流速

$$u_b=\iint_A u_z \mathrm{d}A=\frac{1}{\delta\times 1}\int_0^{\delta} u_z \mathrm{d}x=\frac{1}{\delta}\int_0^{\delta} u_z \mathrm{d}x=\frac{\rho g}{2\delta\mu}\int_0^{\delta}(2x\delta-x^2)\mathrm{d}x=\frac{\rho g}{\delta\mu}\left(\frac{\delta^3}{2}-\frac{\delta^3}{6}\right)=\frac{\rho g\delta^2}{3\mu} \tag{2-76}$$

平均流速与最大速度的关系为：

$$u_b=\frac{2}{3}u_{max} \tag{2-77}$$

由平均速度可得液膜厚度 δ 为：

$$\delta=\left(\frac{3\mu u_b}{\rho g}\right)^{1/2} \tag{2-78}$$

2.4 爬流

能够得到运动方程的精确解的情况是极少的，原因在于数学处理上的困难，通常为了求解黏性流体流动问题，总要根据流动的特点做某种近似。

爬流是指流体在非常低的 Re 下的流动（一般认为 $Re<1$）。例如细粒子在流体中的沉降问题，气溶胶粒子的运动，某些润滑问题，环境工程中的气悬浮体，生物工程中的显微流体现象，土木工程中的泥沙沉淀、渗流等都是爬流问题的研究范畴。

当流体作 $Re<1$ 的极慢运动时，流体在流动过程中黏滞力的作用远远超过惯性力的作用，所以在运动方程求解时，作忽略惯性力的近似，因为斯托克斯最先使用这种近似法计算无限流场中单向流动时球体所受的阻力，所以又叫作斯托克斯近似。

不可压缩流体流动的运动方程为：

$$\rho\frac{\mathrm{D}u}{\mathrm{D}\theta}=\rho g-\nabla p+\mu\nabla^2 u$$

式中，$\rho\frac{\mathrm{D}u}{\mathrm{D}\theta}$项可化为$\rho u\frac{\mathrm{D}u}{\mathrm{D}L}$代表惯性力；$\mu\nabla^2 u$ 项代表黏性力。u、$\frac{\mathrm{D}u}{\mathrm{D}L}$、$\frac{\mathrm{D}^2 u}{\mathrm{D}L^2}$的量阶分别是 u_∞，$\frac{u_\infty}{L}$，$\frac{u_\infty}{L^2}$。所谓量阶是指能代表该物理量在整个区域内平均数值的量。于是

$$\frac{\text{惯性力}}{\text{黏性力}}=\frac{\rho\frac{\mathrm{D}u}{\mathrm{D}L}}{\mu\frac{\mathrm{D}^2 u}{\mathrm{D}L^2}}\sim\frac{\frac{\rho u_\infty^2}{L}}{\mu\frac{u_\infty}{L^2}}=\frac{\rho u_\infty L}{\mu}=\frac{u_\infty L}{\nu}=Re \tag{2-79}$$

由此可见，雷诺数表示了所研究流场中惯性力和黏性力之比。

当 $Re<1$ 时，流体在流动过程中的黏性力的作用远远超过惯性力的作用，此时对不可压缩流体的运动方程简化可得：

$$\nabla p=\mu\nabla^2 u \tag{2-80}$$

式(2-80) 与不可压缩流体的连续性方程$\nabla\cdot u=0$ 联立，组成描述不可压缩流体爬流流动的基本微分方程组。

对于计算在无限流场中单向流动的球体所受的阻力（流体以极慢的速度绕流流过球体时，球体所受的曳力），采用球坐标系进行求解。连续性方程为：

$$r\frac{\partial u_r}{\partial r}+2u_r+\frac{u_\theta}{\tan\theta}+\frac{\partial u_\theta}{\partial\theta}+\frac{1}{\sin\theta}\frac{\partial u_\theta}{\partial\phi}=0 \tag{2-81}$$

由于流动具有轴对称性，可知流动与 ϕ 无关，式(2-81) 可简化为：

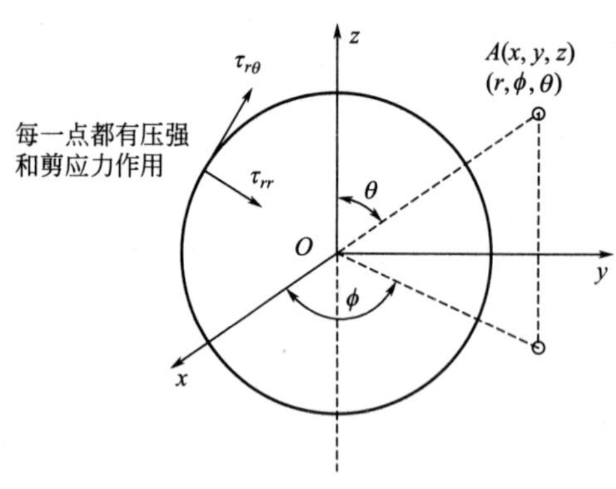

图 2-10　球形粒子在不可压缩流体中的缓慢运动

$$r\frac{\partial u_r}{\partial r}+2u_r+\frac{u_\theta}{\tan\theta}+\frac{\partial u_\theta}{\partial\theta}=0 \tag{2-82}$$

对运动方程可作类似简化。

图 2-10 所示为不可压缩流体以极慢的流速沿 z 轴由下而上绕过一个球形粒子流动。设球体的半径为 r_0。流体具有恒定的黏度 μ 和密度 ρ，并以均匀的流速 u_∞ 流向球形粒子。u_∞ 可视为远离球形粒子的流体平行流流速，或球形粒子通过静止流体下降的速度。

应用上述条件采用分离变量法可得到流场中的速度分布和压力分布：

$$\begin{cases}u_r=u_\infty\cos\theta\left[1-\dfrac{3}{2}\dfrac{r_0}{r}+\dfrac{1}{2}\left(\dfrac{r_0}{r}\right)^3\right]\\[2ex] u_\theta=-u_\infty\sin\theta\left[1-\dfrac{3}{4}\dfrac{r_0}{r}+\dfrac{1}{4}\left(\dfrac{r_0}{r}\right)^3\right]\\[2ex] p=-u_\infty\cos\theta\dfrac{3}{2}\dfrac{\mu}{r_0}\left(\dfrac{r_0}{r}\right)^2\end{cases} \tag{2-83}$$

接下来求解球形粒子所受的力，特别是球形粒子所受的阻力。由应力与形变关系可知不可压缩黏性流体作用于球形粒子上的应力分量具有如下形式：

$$\begin{cases}\tau_{rr}=-p+2\mu\dfrac{\partial u_r}{\partial r}\\[2ex] \tau_{r\theta}=\mu\left(\dfrac{1}{r}\dfrac{\partial u_r}{\partial\theta}+\dfrac{\partial u_\theta}{\partial r}-\dfrac{u_\theta}{r}\right)\\[2ex] \tau_{r\phi}=\mu\left(\dfrac{\partial u_\phi}{\partial r}+\dfrac{1}{r\sin\theta}\dfrac{\partial u_r}{\partial\phi}-\dfrac{u_\phi}{r}\right)\end{cases} \tag{2-84}$$

由对称性 $u_\phi=0$，$\dfrac{\partial A}{\partial\phi}=0$ 得 $\tau_{r\phi}=0$。由黏性流体在球面上的黏附条件 $u_{r0}=u_{\theta0}=0$ 可推出在球面上有 $\dfrac{\partial u_r}{\partial\theta}=0$，$\dfrac{\partial u_\theta}{\partial\theta}=0$。将这些条件及式(2-83)代入式(2-84) 可求得在球形粒子表面上的应力分布

$$\begin{cases}\tau_{rr}=-p=\dfrac{3}{2}\dfrac{\mu u_\infty}{r_0}\cos\theta-p_0\\[2ex] \tau_{r\theta}=\mu\dfrac{\partial u_\theta}{\partial r}=-\dfrac{3\mu u_\infty}{2r_0}\sin\theta\\[2ex] \tau_{r\phi}=0\end{cases} \tag{2-85}$$

因为整个流动对 z 轴是对称的，因此与 z 轴垂直方向的合力为零。如图 2-11 所示，作用在球形粒子上的作用力全部沿 z 轴方向，因此合力即球形粒子流体的阻力（或流体对球形粒子的曳力），可按下式求出

$$F_{\mathrm{d}}=\int_A(\tau_{rr}\cos\theta-\tau_{r\theta}\sin\theta)\mathrm{d}A \tag{2-86}$$

式中 A 表示整个球面，对式(2-86) 积分：

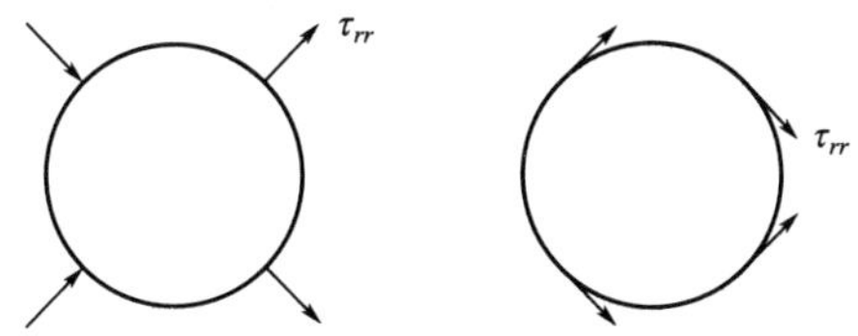

图 2-11　流体对球形粒子的曳力

$$
\begin{aligned}
F_d &= \int_0^{\pi} (\tau_{rr}\cos\theta - \tau_{r\theta}\sin\theta) 2\pi r_0^2 \sin\theta \mathrm{d}\theta \\
&= 2\pi r_0^2 \int_0^{\pi} \left(\frac{3\mu u_\infty}{2r_0}\cos^2\theta + \frac{3\mu u_\infty}{2r_0}\sin^2\theta\right)\sin\theta \mathrm{d}\theta - 2\pi r_0^2 p_\infty \int_0^{\pi} \cos\theta \sin\theta \mathrm{d}\theta \\
&= 3\pi\mu u_\infty r_0 \int_0^{\pi} \sin\theta \mathrm{d}\theta \\
&= 6\pi\mu u_\infty r_0
\end{aligned} \tag{2-87}
$$

由此可见，球形粒子所受的曳力和来流的速度 u_∞ 成正比，和球形粒子的半径 r_0、动力黏度 μ 也成正比。此式首先在 1851 年由斯托克斯得出，故称为斯托克斯阻力公式。

上述积分亦可：

$$
\begin{aligned}
F_d &= \int_s \tau_{rr}\cos\theta \mathrm{d}s + \int_s \tau_{r\theta}\sin\theta \mathrm{d}s \\
&= 2\pi\mu r_0 u_\infty + 4\pi\mu r_0 u_\infty \\
&= 6\pi\mu r_0 u_\infty
\end{aligned}
$$

式中，$2\pi\mu r_0 u_\infty$ 是由法向应力 τ_{rr} 在 z 方向上的分量之和，称为形体曳力（F_{df}）；$4\pi\mu r_0 u_\infty$ 是由切向应力 $\tau_{r\theta}$ 在 z 方向上的分量之和，称为摩擦曳力（F_{ds}）。从上述分析可知，流体在绕过球形粒子作爬流流动时，流体对球体所施加的总曳力中，摩擦曳力占 2/3 为主要部分，而形体曳力占 1/3。

根据式(2-87) 可计算出球形粒子的阻力系数：

$$
f = \frac{F_d}{\frac{1}{2}\rho u_\infty^2 \pi r_0^2} = \frac{12\nu}{r_0 u_\infty} = \frac{24}{Re} \tag{2-88}
$$

式(2-88) 说明阻力系数和雷诺数成反比。

从斯托克斯公式，可以看出它具有如下特点：

① ρ 的影响消失，即密度的大小对流体的运动不起作用。ρ 的作用仅仅体现在 $Re<1$ 的要求之中，因为 $Re=\frac{\rho u_\infty L}{\mu}$。斯托克斯阻力公式计算结果与实验结果比较列于表 2-1。

表 2-1　阻力系数的计算值与实验值

Re	阻力系数计算值	阻力系数实验值	Re	阻力系数计算值	阻力系数实验值
0.0531	451.2	475.6	0.7277	32.96	38.82
0.2437	98.5	109.6	1.493	16.07	19.40

② 方程中 $\frac{\partial}{\partial \theta'}$ 项消失，故运动具有“稳定性”。如流体的运动与时间有关，只体现在可能与 θ' 有关的边界条件中，故运动状态只跟该瞬间的边界条件有关，而与流动的历史无关。

③ 在上面的推导中，将惯性力项全部略去，而得到式(2-83)。为了说明在什么区域内

惯性力项可忽略是合理的，什么区域内惯性力项略去是不合适的，下面可估计一下惯性力项和黏性力项的量阶。为了方便起见，在对称轴 $\theta=0$ 上估阶。此外，因黏性力项的表达式较复杂，可用其同阶的压力项代替，于是：

$$\left(\frac{\mathrm{D}u}{\mathrm{D}\theta'}\right)_{\theta=0}=\left(u_r\frac{\partial u_r}{\partial r}\right)_{\theta=0}=u_\infty^2\left(1-\frac{3}{2}\frac{r_0}{r}+\frac{1}{2}\frac{r_0^3}{r^3}\right)\left(\frac{3}{2}\frac{r_0}{r^3}-\frac{3}{2}\frac{r_0^3}{r^4}\right)=\frac{3}{2}\frac{u_\infty^2 r_0}{r^2}\left(1-\frac{r_0^2}{r^2}\right)\left(1-\frac{3}{2}\frac{r_0}{r}+\frac{1}{2}\frac{r_0^3}{r^3}\right)$$

即

$$\frac{1}{\rho}\left(\frac{\partial p}{\partial\theta}\right)_{\theta=0}=\frac{3\nu u_\infty r_0}{r^3}$$

两者之比：

$$\frac{\text{惯性力项}}{\text{压力项}}=\frac{u_\infty r}{2\nu}\left(1-\frac{r_0^2}{r^2}\right)\left(1-\frac{3}{2}\frac{r_0}{r}+\frac{1}{2}\frac{r_0^3}{r^3}\right)$$

可以看出，在球体附近，即当 r 接近 r_0 时，惯性力项较压力项小得多，是可以忽略的。但当 r 较大时，二项之比近似为$\frac{u_\infty r}{2\nu}$。即惯性力项比起压力项来说不能忽略，此时忽略惯性力项就显然不合理了。因此斯托克斯阻力公式在 $Re<1$ 时适用，这也就是说流体的黏度系数要很大或者物体的尺寸要很小，运动得很慢。为了具体地说明物体尺寸及速度大小，考虑一球形水滴在空气中下落的问题。在小水滴上作用有重力、浮力和空气阻力。设空气阻力可按斯托克斯公式计算，且重力与浮力和阻力抵消，水滴在空气中以等速 u 下降，于是

$$\frac{4}{3}\pi r_0^3(\rho_1-\rho_2)g=6\pi\rho_2\nu u r_0$$

其中，r_0 是水滴半径；ρ_1 和ρ_2 分别是水及空气的密度。由于$\rho_1\gg\rho_2$，忽略等式左边的第二项，于是得：

$$u=\frac{2}{9}\frac{\rho_1}{\rho_2\nu}gr_0^2$$

引进雷诺数 $Re=\frac{ur_0}{\nu}$上式可改写成

$$r_0^3=\frac{9}{2}\frac{\nu^2}{g}\frac{\rho_2}{\rho_1}Re,\quad u^3=\frac{2}{9}g\nu Re^2\frac{\rho_1}{\rho_2}$$

将 $\nu=1.33\times10^{-6}\mathrm{m^2/s}$，$g=9.18\mathrm{m/s^2}$，$\rho_1/\rho_2=770$，$Re<1$ 代入得

$$r_0<0.005\mathrm{cm}\qquad u<28\mathrm{cm/s}$$

由此可见，水滴的半径要小于 0.005cm，相当于雾滴的大小。此外还可以应用斯托克斯公式测定流体的黏性系数。

2.5 无黏性流动

工程实际中的流体是有黏性的，并不存在无黏性流体，但很多情况下，流体剪应力的作用与其它力相比很小，可以忽略。这样，将使流体流动的研究大大简化，容易得到流体流动的基本规律，且这样做不仅对解决工程中的流体运动规律有普遍指导意义，而且对于解决某些可以忽略黏性的流体运动问题有实际意义。无黏性流动一般应用于绕流流动。

2.5.1 欧拉方程

如果流动是无黏性的（$\mu=0$），那么运动方程将简化成

$$\rho \frac{\mathrm{D}u}{\mathrm{D}\theta}=\rho g-\nabla p \tag{2-89}$$

该方程称为欧拉（Euler）方程，即理想流体运动方程。它的三个方向的分量为：

$$\begin{cases}\dfrac{\partial u_x}{\partial \theta}+u_x\dfrac{\partial u_x}{\partial x}+u_y\dfrac{\partial u_x}{\partial y}+u_z\dfrac{\partial u_x}{\partial z}=X-\dfrac{1}{\rho}\dfrac{\partial p}{\partial x}\\ \dfrac{\partial u_y}{\partial \theta}+u_x\dfrac{\partial u_y}{\partial x}+u_y\dfrac{\partial u_y}{\partial y}+u_z\dfrac{\partial u_y}{\partial z}=Y-\dfrac{1}{\rho}\dfrac{\partial p}{\partial y}\\ \dfrac{\partial u_z}{\partial \theta}+u_x\dfrac{\partial u_z}{\partial x}+u_y\dfrac{\partial u_z}{\partial y}+u_z\dfrac{\partial u_z}{\partial z}=Z-\dfrac{1}{\rho}\dfrac{\partial p}{\partial z}\end{cases} \tag{2-90}$$

式(2-90）对不可压缩流体和可压缩流体均适用。

2.5.2　流体的点旋度

分析图 2-12 所示在 x-y 平面上的流体微元。由于 x 方向上的流速不同，dy 线段所产生绕 z 轴旋转的角速度 $\omega_{z,1}$ 为：

$$\omega_{z,1}=\frac{u_y+\dfrac{\partial u_x}{\partial y}\mathrm{d}y-u_x}{\mathrm{d}y}=-\frac{\partial u_x}{\partial y} \tag{2-91}$$

式中负号表示 dy 顺时针方向旋转。

同样由于 y 方向的流速不同，dx 线段所产生的绕 z 轴旋转的角速度 $\omega_{z,2}$ 为：

$$\omega_{z,2}=\frac{u_y+\dfrac{\partial u_y}{\partial x}\mathrm{d}x-u_y}{\mathrm{d}x}=\frac{\partial u_y}{\partial x} \tag{2-92}$$

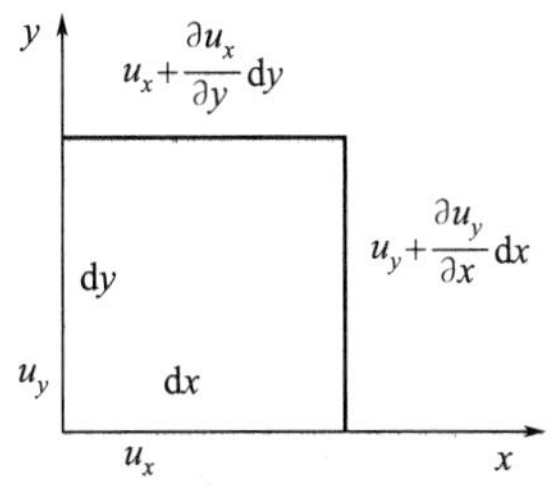

图 2-12　x-y 平面上流体微元由于速度梯度产生的旋转

流体微元绕 z 轴旋转的净角速度为：

$$\omega_z=\frac{1}{2}(\omega_{z,1}+\omega_{z,2})=\frac{1}{2}\left(\frac{\partial u_y}{\partial x}-\frac{\partial u_x}{\partial y}\right) \tag{2-93}$$

同样在 x-z 平面、y-z 平面内，在任一点处的旋转角速度为：

$$\omega_y=\frac{1}{2}\left(\frac{\partial u_x}{\partial y}-\frac{\partial u_z}{\partial x}\right) \tag{2-94}$$

$$\omega_x=\frac{1}{2}\left(\frac{\partial u_z}{\partial y}-\frac{\partial u_y}{\partial z}\right) \tag{2-95}$$

即整个流体微元的角速度为：

$$\omega=\frac{1}{2}\begin{vmatrix} i & j & k \\ \dfrac{\partial}{\partial x} & \dfrac{\partial}{\partial y} & \dfrac{\partial}{\partial z} \\ u_x & u_y & u_z \end{vmatrix}$$

即

$$\nabla\times u=2\omega \tag{2-96}$$

矢量 $\nabla\times u$ 为“旋度”。当一点处的旋转角速度为零，便把这种流动称为无旋流动。由式(2-96）可知，对于无旋流动 $\nabla\times u=0$。

2.5.3　流函数

为直观形象地分析流体运动，可根据某一瞬间 θ 流体流过空间各点处的速度矢量，作一条曲线与它们相切，这条曲线即为流线。显然，流体不能穿越流线而流动。同时，在同一瞬间，流场中各流线也不会相交。

式(1-21) 表示了一个三维流动系统的流线方程：

$$\frac{dx}{u_x(x,y,z,\theta)}=\frac{dy}{u_y(x,y,z,\theta)}=\frac{dz}{u_z(x,y,z,\theta)}$$

并指出了在流线方程中 θ 在积分时作为常数处理。

对于二维流动系统的流线方程可表达为：

$$\frac{dx}{u_x}=\frac{dy}{u_y}$$

或

$$u_x dy=u_y dx \tag{2-97}$$

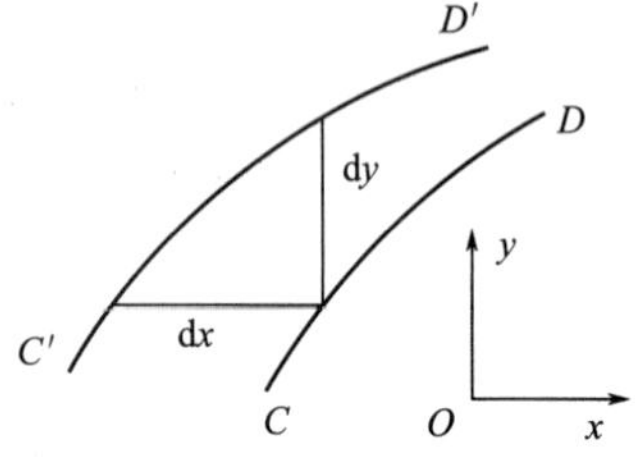

图 2-13　流线与体积流量

显然，u_x、u_y 都是平面位置（x，y）的函数。

如图 2-13 所示，在 CD 这条流线之上的微分距离处，另有一条流线 $C'D'$，由于流体不能穿越流线，则流体流动的流道是由上述两条流线以及垂直于纸面（z 方向）上一个单位距离构成的。设流过此流道的流量为 $d\psi$，从基准线 CD 上的 O 点向流线 $C'D'$ 上画一条水平线段 $-dx$ 和垂直线段 dy，$-dx$、dy 就是 CD 和 $C'D'$ 两条流线之间在 O 点处的水平距离和垂直距离。令 O 点处速度 u 在 x，y 方向上的速度分量分别为 u_x、u_y，即穿越（$dy\times1$）截面流体的体积流量为 $u_x dy$，穿越（$-dx\times1$）截面的流体的体积流量为 $-u_y dx$。假设流体是不可压缩的，则 $-u_y dx$ 与 $u_x dy$ 应该相等。于是在上述两条流线所组成的流道流进的体积流量应为

$$\begin{cases}d\psi=u_x dy\\ d\psi=-u_y dx\end{cases} \tag{2-98}$$

由于 ψ 同时是 x，y 的函数，所以可将式(2-98) 写成偏导数的形式

$$\begin{cases}u_x=\dfrac{\partial\psi(x,y)}{\partial y}\\ u_y=-\dfrac{\partial\psi(x,y)}{\partial x}\end{cases} \tag{2-99}$$

对于不可压缩流体的二维流动而言，式(2-99) 即为流函数的定义式，式中 ψ 即为流函数。

由上面的论述可知，流函数 ψ 的物理意义就是体积流量，即流体穿过由一基准流线和任一流线以及垂直纸面方向一个单位距离构成的流道间流动的体积流量。

为什么要定义一个流函数，也即流函数 ψ 在研究二维流动中有什么实际意义？先研究下流函数 ψ 在二维流动中的几个重要的性质：

① 流函数自动满足连续性方程。若对式(2-99) 作如下运算，由 $u_x=\frac{\partial\psi}{\partial y}$对 x 求偏导数：

$$\frac{\partial u_x}{\partial x}=\frac{\partial^2\psi}{\partial x\ \partial y}$$

由 $u_y=-\frac{\partial\psi}{\partial x}$对 y 求偏导数，得：

$$\frac{\partial u_y}{\partial y}=-\frac{\partial^2\psi}{\partial x\ \partial y}$$

二式相加：

$$\frac{\partial u_x}{\partial x}+\frac{\partial u_y}{\partial y}=0$$

上式与不可压缩流体作二维流动的连续性方程一致。因此，当应用了流函数以后，它已包括了连续性方程，这样当研究不可压缩流体平面流动时，需用两个方向的运动方程和一个连续性方程，如引进流函数的概念，可减少方程的数目。

② 流函数相等的诸点连接而成的曲线就是流线。在流场中任一点（x，y）都和一个 ψ 的数值相当，如果把具有相同的 ψ 值的点连接起来，得到一条曲线，这条曲线的方程可表达为：

$$\psi(x,y)=常数$$

或写成全微分的形式：

$$\mathrm{d}\psi=\frac{\partial \psi}{\partial x}\mathrm{d}x+\frac{\partial \psi}{\partial y}\mathrm{d}y \tag{2-100}$$

由于 $\psi(x,y)$ ＝常数，所以式(2-100) 等于 0。

由 $u_x=\dfrac{\partial \psi}{\partial y}$，$u_y=-\dfrac{\partial \psi}{\partial x}$ 得：$\mathrm{d}\psi=-u_y\mathrm{d}x+u_x\mathrm{d}y=0$

即得二维系统流线的微分方程：

$$\frac{\mathrm{d}x}{u_x}=\frac{\mathrm{d}y}{u_y} \tag{2-101}$$

因此流函数 ψ 值相等的诸点连接而成的曲线就是流线；反之，流线方程 $\mathrm{d}\psi=0$，表明同一条流线上的诸点，流函数 ψ 值相等。

③ 在两流线间，流体流过的体积流量是一个常数，其值恒等于两流线的流函数之差。

设在二维流场内，任取一条曲线 C_1，如图 2-14 所示。它的两个端点分别为 1 和 2，令曲线上的任一点 M 处的流体的流速为 u，u 在 x,y 方向上的分量为 u_x、u_y；在 M 点处由曲线 C_1 上截取微元曲线 $\mathrm{d}s$，$\mathrm{d}s$ 在 x，y 方向上的分量分别为 $\mathrm{d}x$、$\mathrm{d}y$。由上所述，由图 2-14 可知，流过微元曲线 $\mathrm{d}s$ 的流体的体积流量 $\mathrm{d}\psi$ 必为

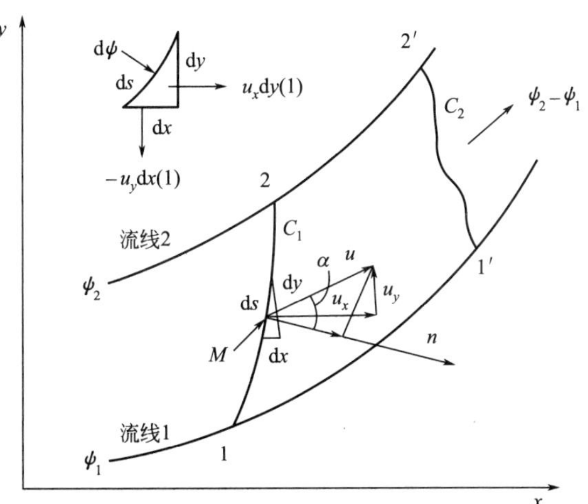

图 2-14 二维流场内流线与体积流量微元分析

$$\mathrm{d}\psi=u_x\mathrm{d}y-u_y\mathrm{d}x$$

通过整个曲线 C_1 的流体的体积流量应为：

$$\int_{C_1}\mathrm{d}\psi=\int_1^2\mathrm{d}\psi=\psi_2-\psi_1 \tag{2-102}$$

所以在二维的连续流场内，通过任一曲线 C_1 的流体的体积流量必等于该曲线 C_1 的两个端点 1 与 2 处的流函数 ψ 的差。

如图 2-14，通过流场中 1、2 两点作出的流线 1 和流线 2，在流线 1 上各点的流函数都

等于 ψ_1，在流线 2 上各点的流函数都等于 ψ_2，由此可知，由流线 1 上任一点和流线 2 上任一点的连接曲线上穿过的流体的体积流量都应该相等。例如，图 2-14 中的流线 1 和流线 2 之间，除曲线 C_1 外，又任意标绘了一条曲线 C_2，它的两端分别为 $1'$ 和 $2'$，由于 $\psi_1'=\psi_1$，$\psi_2'=\psi_2$，所以得：

$$\psi_2'-\psi_1'=\psi_2-\psi_1 \tag{2-103}$$

即在两流线间，流体流过的体积流量为一常数，其值恒等于两流线的流函数之差。

由上所述，也可推知流体穿过 C_1、C_2…曲线的质量流量也必为常数。例如，以 C_1 曲线为例，流体穿过 C_1 曲线的质量流速 W 可以表达为

$$W=\int_{C_1} u\rho\cos\alpha\,\mathrm{d}s \tag{2-104}$$

式中，s 为两流线间连线 C_1 的长度；α 为速度矢量 u 与 $\mathrm{d}s$ 线段的法线间的夹角。

流函数与质量流速 W 之间的关系为

$$W=(\psi_2-\psi_1)\rho \tag{2-105}$$

改写成微分形式为：

$$\mathrm{d}W=\rho\,\mathrm{d}\psi=u\rho\cos\alpha\,\mathrm{d}s$$

参照式(2-98) 的概念可知，不管曲线 C_1 的走向如何，$\rho\,\mathrm{d}\psi$ 的值均为一定值。

需要强调的是上述等 ψ 线与流线重合，或者说同一流线上各点 ψ 值相等。但必须注意，流线是按速度的方向定义的，在任何情况下都有流线存在。而流函数必须在满足不可压缩流体流动的连续性方程时才存在。所以流线与流函数的定义是互相独立的。

由式(2-93)，微元体绕 z 轴旋转的角速度为：

$$\omega_z=\frac{1}{2}\left(\frac{\partial u_y}{\partial x}-\frac{\partial u_x}{\partial y}\right)$$

对于不可压缩流体的稳态流动，如果速度分量 u_x，u_y 用流函数 ψ 来表示，则可得出

$$-2\omega_z=\frac{\partial^2\psi}{\partial x^2}+\frac{\partial^2\psi}{\partial y^2} \tag{2-106}$$

当流体无旋流动时，式(2-106) 即为拉普拉斯方程：

$$\nabla^2\psi=\frac{\partial^2\psi}{\partial x^2}+\frac{\partial^2\psi}{\partial y^2}=0 \tag{2-107}$$

2.5.4 圆柱稳态绕流

圆柱稳态绕流是平面绕流中最简单的问题之一，在实际中经常遇到。例如空气流绕过电线的流动，江水绕圆柱形桥墩的流动等。

在一均匀的、平行于 x 方向的流动中，放置一个半径为 r_0 的静止圆柱体，如图 2-15 所示。由于圆柱体的对称性，采用柱坐标系。方程(2-107) 变成：

$$\frac{\partial^2\psi}{\partial r^2}+\frac{1}{r}\frac{\partial\psi}{\partial r}+\frac{1}{r^2}\frac{\partial^2\psi}{\partial\theta^2}=0 \tag{2-108}$$

而速度分量 u_r 和 u_θ 分别为：

$$\begin{cases} u_r=\dfrac{1}{r}\dfrac{\partial\psi}{\partial\theta} \\ u_\theta=-\dfrac{\partial\psi}{\partial r} \end{cases} \tag{2-109}$$

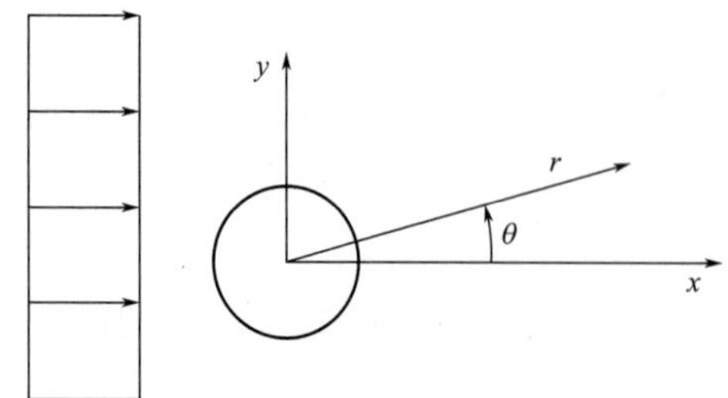

图 2-15 不可压缩流体圆柱稳态绕流

方程(2-108) 的边界条件为：

① $r=r_0$ 的圆必须是一条流线，由于垂直于流线方向的速度为零，所以

$$u_r\big|_{r=r_0}=0 \quad 或 \quad \frac{\partial \psi}{\partial \theta}\bigg|_{r=r_0}=0$$

② 由于圆柱体对称性，所以 $\theta=0$ 的线也是一条流线，即

$$u_\theta\big|_{\theta=0}=0 \quad 或 \quad \frac{\partial \psi}{\partial r}\bigg|_{\theta=0}=0$$

③ 当 $r\to\infty$时，速度必是一个有限值。

④ 当 $r\to\infty$时，u_∞是一个定值。

应用分离变量法，可以求出在这种情况下方程(2-108) 的解。设方程的解为

$$\psi(r,\theta)=F(r)G(\theta) \tag{2-110}$$

将其代入式(2-108) 中，得

$$r^2\frac{F''(r)}{F(r)}+r\frac{F'(r)}{F(r)}=-\frac{G''(\theta)}{G(\theta)} \tag{2-111}$$

由于方程(2-111) 的左侧是 r 的函数，右侧是 θ 的函数，因此两侧都必等于同一个常数。即

$$G''(\theta)+\lambda^2G(\theta)=0 \tag{2-112}$$

$$r^2F''(r)+rF'(r)-\lambda^2F(r)=0 \tag{2-113}$$

式中 λ^2 为分离常数。

方程(2-112) 的解为

$$G(\theta)=A\sin\lambda\theta+B\cos\lambda\theta \tag{2-114}$$

方程(2-113) 的解为：

$$F(r)=Cr^{\lambda}+Dr^{-\lambda} \tag{2-115}$$

方程中的常数由上面所列出的边界条件来确定。由边界条件①得到

$$\frac{\partial \psi}{\partial \theta}\bigg|_{r=r_0}=(Cr_0^{\lambda}+Dr_0^{-\lambda})\lambda(A\cos\lambda\theta-B\sin\lambda\theta)=0$$

由上式可求出：

$$D=-Cr_0^{2\lambda}$$

于是：

$$\psi(r,\theta)=(A'\sin\lambda\theta+B'\cos\lambda\theta)\left(r^{\lambda}-\frac{r_0^{2\lambda}}{r^{\lambda}}\right)$$

式中 $A'=AC$，$B'=BC$。

由边界条件②，在 $\theta=0$ 处，$\frac{\partial \psi}{\partial r}=0$，当 $\sin\theta=0$ 时，能满足此条件的唯一情况必须是 $B'=0$。于是得到；

$$\psi(r,\theta)=A'\sin\lambda\theta\left(r^{\lambda}-\frac{r_0^{2\lambda}}{r^{\lambda}}\right)$$

由边界条件③和④，要求满足 $u_r^2+u_\theta^2=u_\infty^2$。且由于：

$$\begin{aligned}u_r^2+u_\theta^2&=A'^2\frac{\lambda^2\cos^2\lambda\theta}{r^2}\left(r^{\lambda}-\frac{r_0^{2\lambda}}{r^{\lambda}}\right)^2+A'^2\lambda^2\sin^2\lambda\theta\left(r^{\lambda-1}+\frac{r_0^{\lambda}}{r^{\lambda+1}}\right)^2\\&=A'^2\lambda^2\left[\left(\cos^2\lambda\theta\right)\left(r^{\lambda-1}-\frac{r_0^{2\lambda}}{r^{\lambda+1}}\right)^2+\left(\sin^2\lambda\theta\right)\left(r^{\lambda-1}+\frac{r_0^{2\lambda}}{r^{\lambda+1}}\right)^2\right]\end{aligned}$$

当 $r\to\infty$时，速度为有限值的 λ 的唯一可取值是 1。当 $\lambda=1$ 时，要求 $A'=u_\infty$，这时流函数为

$$\psi(r,\theta)=u_{\infty}r\sin\theta\left(1-\frac{r_0^2}{r^2}\right) \tag{2-116}$$

由方程(2-109)可以求出速度分量：

$$\begin{cases}u_r=\dfrac{1}{r}\dfrac{\partial\psi}{\partial\theta}=u_{\infty}r\cos\theta\left(1-\dfrac{r_0^2}{r^2}\right)\\ u_{\theta}=-\dfrac{\partial\psi}{\partial r}=-u_{\infty}r\sin\theta\left(1+\dfrac{r_0^2}{r^2}\right)\end{cases} \tag{2-117}$$

圆柱表面处 $r=r_0$ 的速度分布为：

$$u_r\big|_{r=r_0}=0$$

$$u_{\theta}\big|_{r=r_0}=-2u_{\infty}\sin\theta$$

由于圆柱体表面为一流线，所以其径向速度为零。可以看出，在 $\theta=0°$ 和 $\theta=180°$ 处，沿圆柱体表面的流速为零。零速度所在的这些点被称为滞止点。图 2-15 中 $\theta=180°$ 的点为前滞止点，$\theta=0°$ 的点为后滞止点。

2.5.5 速度势函数

对于无旋流动，由于其速度的旋度或流体转动角速度为零，即：

$$\nabla\times\boldsymbol{u}=0$$

由场论知识可知，对于旋度为零的矢量 $\boldsymbol{u}$，必然可将其表示为一个标量函数的梯度，如果用 Φ 表示这个标量函数，对于二维平面流动，则有

$$\boldsymbol{u}=\nabla\Phi=\left(\frac{\partial\Phi}{\partial x}i+\frac{\partial\Phi}{\partial y}j\right) \tag{2-118}$$

该标量函数 Φ 称为速度势函数。速度势函数 Φ 与速度分量的关系为

$$\begin{cases}u_x=\dfrac{\partial\Phi(x,y)}{\partial x}\\ u_y=\dfrac{\partial\Phi(x,y)}{\partial y}\end{cases} \tag{2-119}$$

引入速度势函数的意义在于：如果流动是无旋流动，则求解两个速度分量 u_x、u_y 的问题便可转化为求解一个标量函数即速度势函数 Φ 的问题。只要求得速度势函数 Φ，即可按式(2-119)很容易地计算出相应速度分量。

速度有势是无旋流动的主要性质，即无旋必有势，有势必无旋，故无旋流动通常又称为有势流动，简称势流。由于速度势函数存在的唯一条件是流动无旋，因此对于可压缩的非稳态流体来说，也存在有速度势。速度势常用于可压缩流体的分析中，此外，在三维流体中，也有速度势函数存在，但不存在流函数。

2.5.6 流函数与速度势函数的关系

从速度分量与势函数、流函数之间的关系，可以得到势函数与流函数之间的关系，即柯西-黎曼条件。由式(2-119)可知，平面势流速度分量与势函数 Φ 和流函数 ψ 的关系分别为

$$\begin{cases}u_x=\dfrac{\partial\Phi(x,y)}{\partial x}=\dfrac{\partial\psi(x,y)}{\partial y}\\ u_y=\dfrac{\partial\Phi(x,y)}{\partial y}=-\dfrac{\partial\psi(x,y)}{\partial x}\end{cases} \tag{2-120}$$

式(2-120) 称为柯西-黎曼条件，据此，可由速度势函数求出流函数，反之亦然。柯西-黎曼条件显然是针对不可压缩平面势流而言的，因为速度势函数存在的条件是无旋流动（无论流动是二维还是三维），而流函数存在的条件是二维不可压缩流场（无论是否有旋）。

将式(2-118) 代入连续性方程：

$$\frac{\mathrm{D}\rho}{\mathrm{D}\theta}=-\rho(\nabla\cdot u)=-\rho(\nabla^2\Phi) \tag{2-121}$$

对不可压缩流体$\frac{\mathrm{D}\rho}{\mathrm{D}\theta}=0$（或$\nabla\cdot u=0$），则

$$\nabla^2\Phi=0 \tag{2-122}$$

式(2-122) 即为拉普拉斯方程，其中的因变量为 Φ。比较式(2-107) $\nabla^2\psi=0$，很明显 ψ 和 Φ 必定是相关联的，其相互关系可以用 ψ 和 Φ 的等值线来说明。ψ 的一条等值线当然是一条流线，沿此等值线有：

$$\mathrm{d}\psi=\frac{\partial\psi}{\partial x}\mathrm{d}x+\frac{\partial\psi}{\partial y}\mathrm{d}y$$

或

$$\left.\frac{\mathrm{d}x}{\mathrm{d}y}\right|_{\psi=\text{常数}}=\frac{u_y}{u_x}$$

及

$$\mathrm{d}\Phi=\frac{\partial\Phi}{\partial x}\mathrm{d}x+\frac{\partial\Phi}{\partial y}\mathrm{d}y$$

$$\left.\frac{\mathrm{d}y}{\mathrm{d}x}\right|_{\varphi=\text{常数}}=-\frac{u_x}{u_y}$$

因此

$$\left.\frac{\mathrm{d}y}{\mathrm{d}x}\right|_{\psi=\text{常数}}=-\left.\frac{1}{\mathrm{d}y/\mathrm{d}x}\right|_{\phi=\text{常数}}$$

由此可见，流线和等势线是正交的。流函数和速度势函数的这种正交性是一个有用的特性，尤其在用图解法解方程式(2-107)、式(2-122) 时，要用到这个特性。

图 2-16 示出了绕无限长圆柱体的无黏性、无旋的稳态不可压缩流动的流线和等势线。

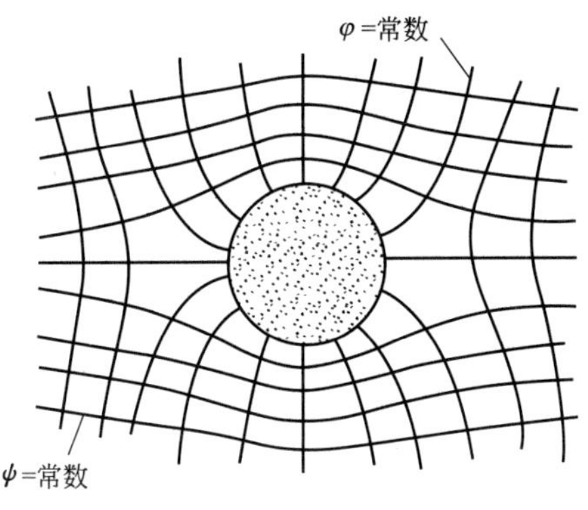

图 2-16　圆柱体表面的流线

2.6 非稳态流动

前面所研究的流动都是稳态流动，即流动不随时间而变化。本节将研究速度分布不仅随位置而且随时间变化的非稳态流动，即研究从开始流动到趋于稳定状态这一过程中的情况及到达稳定状态所需的时间。

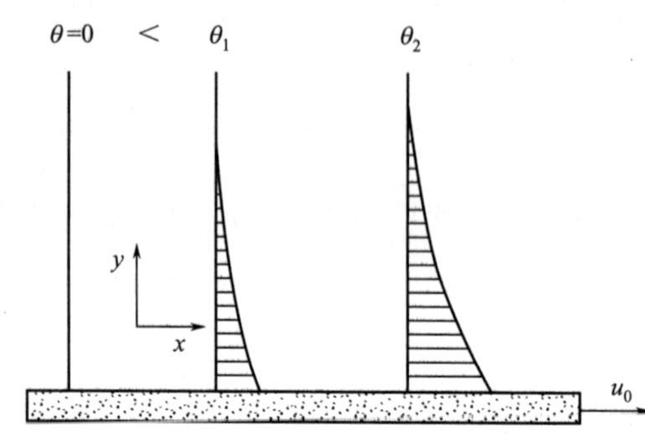

图 2-17 非稳态流动的速度分布

有一无限大平板，其上充满静止的、不可压缩牛顿型黏性流体，如图 2-17 所示：从 $\theta=0$ 开始，水平平板以恒定速度 u_0 沿 x 方向移动，在 $\theta=0$ 时，流体是静止的（$u_\infty=0$）；$\theta>0$ 时，在 y 方向上发生动量传递，导致流体中的速度分布不仅是 y 坐标的函数，也是时间的函数。在此情况下，运动方程可简化为：

$$\frac{\partial u_x}{\partial \theta}=\nu\frac{\partial^2 u_x}{\partial y^2} \tag{2-123}$$

初始条件为

$\theta=0$ 时，对所有的 y 值，$u_x=0$

边界条件为

① $\theta>0$ 时，$y=0$ 时，$u_x=u_0$

② $\theta>0$ 时，$y=\infty$时，$u_x=0$

为使偏微分方程(2-123) 变换成常微分方程，取变量 N 为描述非稳态流动的无量纲变量，其值为：

$$N=\frac{y}{\sqrt{4\nu\theta}}$$

将式(2-123) 逐项进行变换：

$$\frac{\partial u_x}{\partial \theta}=\frac{\partial u_x}{\partial N}\frac{\partial N}{\partial \theta}=\frac{y}{\sqrt{4\nu}}\left(-\frac{1}{2}\theta^{\frac{3}{2}}\right)\frac{\partial u_x}{\partial N}=-\frac{N}{2\theta}\frac{\partial u_x}{\partial N}$$

$$\frac{\partial u_x}{\partial y}=\frac{\partial u_x}{\partial N}\frac{\partial N}{\partial y}=\frac{y}{\sqrt{4\nu\theta}}\frac{\partial u_x}{\partial N}$$

$$\frac{\partial^2 u_x}{\partial y^2}=\frac{\partial}{\partial N}\left(\frac{1}{\sqrt{4\nu\theta}}\frac{\partial u_x}{\partial N}\right)\frac{\partial N}{\partial y}=\frac{1}{4\nu\theta}\frac{\partial^2 u_x}{\partial N^2}$$

代入式(2-123)：

$$-\frac{N}{2\theta}\frac{\partial u_x}{\partial y^2}=\frac{1}{4\nu\theta}\frac{\partial^2 u_x}{\partial N^2}$$

得

$$\frac{\partial^2 u_x}{\partial N^2}+2N\frac{\partial u_x}{\partial N}=0$$

方程中 u_x 仅仅是 N 的函数，可改写成常微分的形式：

$$\frac{\mathrm{d}^2 u_x}{\mathrm{d}N^2}+2N\frac{\mathrm{d}u_x}{\mathrm{d}N}=0 \tag{2-124}$$

对应于式(2-123) 的初始条件和边界条件也应作相应的改变。

初始条件：

$\theta=0$ 时，$y=0\rightarrow\infty$，即 $N=\infty$时 $u_x=0$

边界条件：

① $\theta>0$ 时，$y=0$ 时，即 $N=0$ 时，$u_x=u_0$

② $\theta>0$ 时，$y=\infty$时，即 $N=\infty$时，$u_x=0$

(1) 速度分布　求解式(2-124)，可得到受平板水平运动影响范围内流体的速度分布。常用的方法是使方程式降阶。

令 $p(N)=\dfrac{\mathrm{d}u_x}{\mathrm{d}N}$，则式(2-124) 就成为关于 $p(N)$ 的一阶齐次常微分方程：

$$\frac{\mathrm{d}p(N)}{\mathrm{d}N}+2Np(N)=0$$

即

$$\frac{\mathrm{d}p(N)}{\mathrm{d}N}=-2N\mathrm{d}N \tag{2-125}$$

积分得：

$$\ln p(N)=-N^2+C_1$$

$$p(N)=\mathrm{e}^{C_1}\mathrm{e}^{-N^2} \tag{2-126}$$

式(2-126) 中，e^{C_1}仍为常数，所以以下仍用 C_1 表示。

$$\frac{\mathrm{d}u_x}{\mathrm{d}N}=C_1\mathrm{e}^{-N^2} \tag{2-127}$$

积分式(2-127) 得：

$$u_x=C_1\int_0^N \mathrm{e}^{-N^2}\mathrm{d}N+C_2 \tag{2-128}$$

将边界条件①代入上式，得 $C_2=u_0$，将初始条件（与边界条件②一致）代入上式，并将 C_2 值代入，得：

$$0=C_1\int_0^\infty \mathrm{e}^{-N^2}\mathrm{d}N+u_0$$

由 $\int_0^\infty \mathrm{e}^{-N^2}\mathrm{d}N=\dfrac{\sqrt{\pi}}{2}$，上式为：$0=C_1\dfrac{\sqrt{\pi}}{2}+u_0$，得 $C_1=-\dfrac{2}{\sqrt{\pi}}u_0$。将 C_1、C_2 值代入式(2-128)，并整理得：

$$\frac{u_0-u_x}{u_0}=\frac{2}{\sqrt{\pi}}\int_0^\infty \mathrm{e}^{-N^2}\mathrm{d}N \tag{2-129}$$

上式右侧积分 $\dfrac{2}{\sqrt{\pi}}\int_0^\infty \mathrm{e}^{-N^2}\mathrm{d}N$ 称为高斯误差函数，在解微分方程中经常出现，可将它记为：

$$\frac{2}{\sqrt{\pi}}\int_0^\infty \mathrm{e}^{-N^2}\mathrm{d}N=\mathrm{erf}(N) \tag{2-130}$$

对于不同的 N 值，$\mathrm{erf}(N)$ 值可由附录 A 误差函数表查得。

由式(2-129)、式(2-130) 获得非稳态流动的速度分布为：

$$\frac{u_0-u_x}{u_0}=\mathrm{erf}(N) \tag{2-131}$$

即

$$\frac{u_x}{u_0}=1-\mathrm{erf}(N) \tag{2-132}$$

图 2-18 给出了式(2-132) 的速度分布曲线。

(2) 剪应力　任一瞬间，壁面上的剪应力可通过牛顿黏性定律得出，即

$$\tau_w=\left|\mu\frac{\partial u_x}{\partial y}\bigg|_{y=0}\right|=\left|\mu\frac{\partial u_x}{\partial N}\frac{\partial N}{\partial y}\bigg|_{y=0}\right|=\mu u_0\frac{2}{\sqrt{\pi}}e^{-\left(\frac{y}{\sqrt{4\nu\theta}}\right)^2}\frac{1}{\sqrt{4\nu\theta}}\bigg|_{y=0}=\frac{\mu u_0}{\sqrt{\pi\nu\theta}} \quad (2\text{-}133)$$

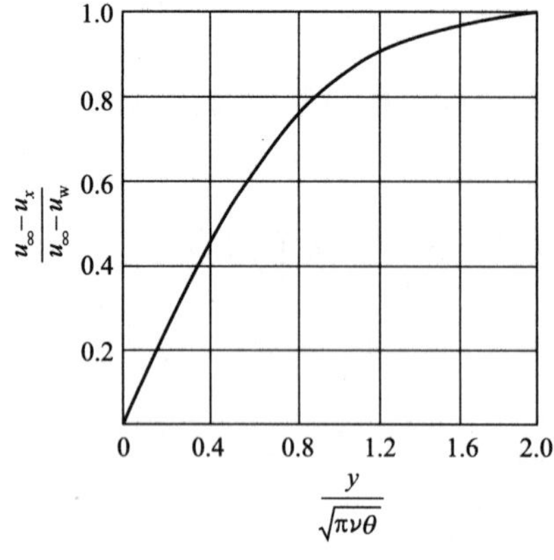

图 2-18　非稳态流动的速度分布

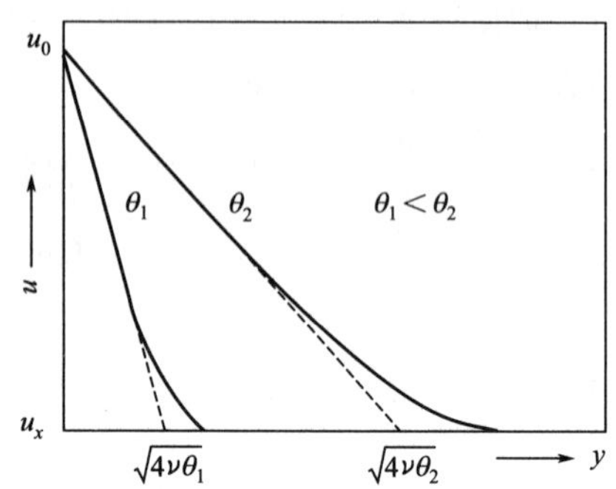

图 2-19　不同时刻非稳态流动的速度分布

(3) 动量渗透深度　由式(2-132) 可计算任意时刻的速度分布，不同时刻的速度分布如图 2-19 所示。

可见，当 θ 较小时，速度分布曲线可近似为直线，其斜率可由式(2-133) 得出，将其表示为

$$\frac{\partial u_x}{\partial y}\bigg|_{y=0}=-\frac{u_0}{\sqrt{\pi\nu\theta}}=\frac{0-u_0}{\sqrt{\pi\nu\theta}-0} \quad (2\text{-}134)$$

式(2-134) 表明在 $y=0$ 处，流体黏附在板面上，$u_x=u_0$；而在 $y=\sqrt{\pi\nu\theta}$ 处，$u_x=0$，表示任一瞬间，在离平板垂直距离 $y=\sqrt{\pi\nu\theta}$ 处的流体未被平板带动，或者说平板传递给流体的动能刚能渗透到 $y=\sqrt{\pi\nu\theta}$ 处。这一距离称为动量渗透深度，即

$$y=\sqrt{\pi\nu\theta} \quad (2\text{-}135)$$

应用动量渗透深度的概念，可近似估算管内层流达到充分发展时所经过的距离。当流体流入管内，从渗透深度等于管子半径处开始，速度分布不再沿流动方向改变，流动达到充分发展。流体所经过的这一段管长，称为管子进口段长度，以 L_{ent} 表示，其值可由下式估算：

$$R\approx\sqrt{\pi\nu\theta}=\sqrt{\frac{\pi\nu L_{ent}}{u_b}} \quad (2\text{-}136)$$

移项可得管子进口段长度

$$L_{ent}\approx\frac{u_b R^2}{\pi\nu}=\frac{q_V}{\pi^2\nu}\approx 0.101\frac{q_V}{\nu} \quad (2\text{-}137)$$

2.7　本章小结与应用

2.7.1　本章小结

本章的教学目的是：利用连续性方程与运动方程求解不可压缩牛顿型流体等温层流流动问题；应用流函数与势函数求解速度分布；理解动量渗透深度的概念并求解圆管进口段长度。主要内容如下：

① 联立连续性方程与运动方程求解流体在两无限大平板、圆管、套管环隙轴向与周向

流动、降膜流动、爬流流动问题，其结果列于表 2-2 中。

② 介绍了非稳态流动的求解，获得了速度分布 $\frac{u_x}{u_0}=1-\mathrm{erf}(N)$ 及剪应力 $\tau_w=\frac{\mu u_0}{\sqrt{\pi\nu\theta}}$，并给出了动量渗透深度 $y=\sqrt{\pi\nu\theta}$ 的概念，应用动量渗透深度可以估算管流进口段长度。

③ 介绍了另一种求解流场速度分布的方法——流函数与势函数。速度势函数存在的条件是无旋流动（无论流动是二维还是三维），而流函数存在的条件是二维不可压缩流场（无论是否有旋）。

表 2-2　运动方程的若干解

章节	采用的坐标系	化简后的运动方程	条件	速度分布	其它
两无限大水平平板间流动	直角坐标系	$\frac{\mathrm{d}^2u_x}{\mathrm{d}y^2}=\frac{1}{\mu}\frac{\mathrm{d}p}{\mathrm{d}x}$	不可压缩牛顿型流体稳态层流，两板静止	$u_x=-\frac{1}{2\mu}\frac{\mathrm{d}p_d}{\mathrm{d}x}(b^2-y^2)$ （泊肃叶流）	$u_{x,\max}=-\frac{1}{2\mu}\frac{\mathrm{d}p}{\mathrm{d}x}b^2$ $u_b=-\frac{1}{3\mu}\frac{\mathrm{d}p}{\mathrm{d}x}b^2$ $u_b=\frac{2}{3}u_{x,\max}$ $q_V=-\frac{2}{3\mu}\frac{\mathrm{d}p}{\mathrm{d}x}b^3$ $\frac{\mathrm{d}p}{\mathrm{d}x}=-\frac{3\mu u_b}{b^2}$
圆管内流动	柱坐标系	$\frac{1}{r}\frac{\mathrm{d}}{\mathrm{d}r}\left(r\frac{\mathrm{d}u}{\mathrm{d}r}\right)=\frac{1}{\mu}\frac{\mathrm{d}p}{\mathrm{d}z}$	不可压缩牛顿型流体稳态层流	$u=-\frac{1}{4\mu}\frac{\mathrm{d}p}{\mathrm{d}z}(r_i^2-r^2)$	$u_{\max}=-\frac{1}{4\mu}\frac{\mathrm{d}p}{\mathrm{d}z}r_i^2$ $u_b=-\frac{1}{8\mu}\frac{\mathrm{d}p}{\mathrm{d}z}r_i^2$ $u_b=\frac{1}{2}u_{\max}$ $q_V=-\frac{\pi r_i^4}{8\mu}\frac{\mathrm{d}p}{\mathrm{d}z}$ $\frac{\mathrm{d}p}{\mathrm{d}z}=-\frac{8\mu u_b}{r_i^2}$ $f=\frac{16}{Re}$
套管环隙内的轴向流动				$u=\frac{1}{2\mu}\frac{\mathrm{d}p}{\mathrm{d}z}\left(\frac{r^2-r_2^2}{2}-r_{\max}^2\ln\frac{r}{r_2}\right)$	$u_b=-\frac{1}{8\mu}\frac{\mathrm{d}p}{\mathrm{d}z}(r_2^2+r_1^2-2r_{\max}^2)$ $\tau_{zr}=\frac{1}{2}\frac{\mathrm{d}p}{\mathrm{d}z}\left\{r-\frac{1-\left(\frac{r_1}{r_2}\right)^2}{2\ln\frac{r_2}{r_1}}\frac{r_2^2}{r}\right\}$ $\frac{\mathrm{d}p}{\mathrm{d}z}=-8\mu u_b\left(\frac{1}{r_2^2+r_1^2-2r_{\max}^2}\right)$
套管环隙内的周向流动				$u_\theta=[r(\omega_2r_2^2-\omega_1r_1^2)-\frac{r_1^2r_2^2}{r}(\omega_2-\omega_1)]/(r_2^2-r_1^2)$	$\tau_{r\theta}=-2\mu\frac{\omega_1-\omega_2}{r_2^2-r_1^2}r_1^2r_2^2$ $M=-4\pi\mu\frac{\omega_1-\omega_2}{r_2^2-r_1^2}r_1^2r_2^2$
降膜流动	直角坐标系	$\mu\frac{\partial^2u_z}{\partial y^2}+\rho g=0$		$u_z=\frac{\rho g}{2\mu}(2x\delta-x^2)$	$u_{\max}=\frac{\rho g\delta^2}{2\mu}$ $u_b=\frac{\rho g\delta^2}{3\mu}$ $u_b=\frac{2}{3}u_{\max}$ $\delta=\left(\frac{3\mu u_b}{\rho g}\right)^{1/2}$

续表

章节	采用的坐标系	化简后的运动方程	条件	速度分布	其它
爬流	球坐标系	$\frac{\partial u_r}{\partial r}+\frac{1}{r}\frac{\partial u_\theta}{\partial \theta}+\frac{2u_r}{r}+\frac{u_\theta \cot\theta}{r}=0$ $\frac{1}{r}\frac{\partial p}{\partial \theta}=\mu\left(\frac{\partial^2 u_\theta}{\partial r^2}+\frac{1}{r^2}\frac{\partial^2 u_\theta}{\partial \theta^2}+\frac{2}{r}\frac{\partial u_\theta}{\partial r}+\frac{\cot\theta}{r^2}\frac{\partial u_\theta}{\partial \theta}+\frac{2}{r^2}\frac{\partial u_r}{\partial \theta}-\frac{u_\theta}{r^2 \sin^2\theta}\right)$ $\frac{\partial p}{\partial r}=\mu\left(\frac{\partial^2 u_r}{\partial r^2}+\frac{1}{r^2}\frac{\partial^2 u_r}{\partial \theta^2}+\frac{2}{r}\frac{\partial u_r}{\partial r}+\frac{\cot\theta}{r^2}\frac{\partial u_r}{\partial \theta}-\frac{2}{r^2}\frac{\partial u_\theta}{\partial \theta}-\frac{2u_r}{r^2}-\frac{2\cot\theta}{r^2}u_\theta\right)$	不可压缩牛顿型流体稳态层流	$u_r=u_\infty \cos\theta\left[1-\frac{3}{2}\frac{r_0}{r}+\frac{1}{2}\left(\frac{r_0}{r}\right)^3\right]$ $u_\theta=-u_\infty \sin\theta\left[1-\frac{3}{4}\frac{r_0}{r}-\frac{1}{4}\left(\frac{r_0}{r}\right)^3\right]$	$\tau_{rr}=\frac{3}{2}\frac{\mu u_\infty}{r_0}\cos\theta$ $\tau_{r\theta}=-\frac{3\mu u_\infty}{2r_0}\sin\theta$ $\tau_{r\phi}=0$ $p=-u_\infty\cos\theta\,\frac{3}{2}\frac{u}{r_0}\left(\frac{r_0}{r}\right)^2$ $f=\frac{24}{Re}$ $F_d=6\pi\mu r_0 u_\infty$ 摩擦曳力占 2/3 为主要部分，而形体曳力占 1/3

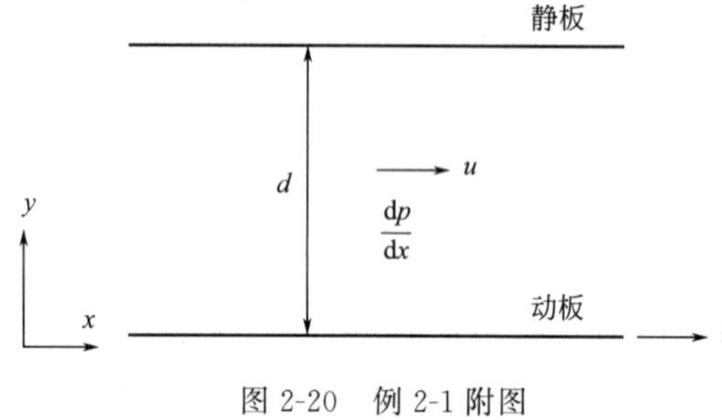

图 2-20　例 2-1 附图

2.7.2　应用举例

【例 2-1】 如图 2-20 所示的相距为 d 的无限大平板间充满不可压缩黏性流体。若上板静止不动，下板以恒定速度 u_0 沿 x 轴向右平移。试求：(1) 速度分布 u_x 表达式；(2) 板间剪应力以及单位宽度平均体积流量和平均速度的表达式；(3) 静板表面的剪应力为零时，压强梯度为多大？动板表面的剪应力为零时，压强梯度为多大？

解 (1) 对不可压缩流体，连续性方程为

$$\frac{\partial u_x}{\partial x}+\frac{\partial u_y}{\partial y}+\frac{\partial u_z}{\partial z}=0$$

由题意可知，x 方向一维流动，即 $u_y=0$；$u_z=0$

连续性方程可化简为

$$\frac{\partial u_x}{\partial x}=0$$

x 方向运动方程为

$$\rho\frac{\mathrm{D}u_x}{\mathrm{D}\theta}=\rho X-\frac{\partial p}{\partial x}+\mu\left(\frac{\partial^2 u_x}{\partial x^2}+\frac{\partial^2 u_x}{\partial y^2}+\frac{\partial^2 u_x}{\partial z^2}\right)+\frac{1}{3}\mu\frac{\partial}{\partial x}\left(\frac{\partial u_x}{\partial x}+\frac{\partial u_y}{\partial y}+\frac{\partial u_z}{\partial z}\right)$$

根据上述条件，该方程可简化为

$$\rho X-\frac{\partial p}{\partial x}+\mu\frac{\partial^2 u_x}{\partial y^2}=0$$

其中，对$\frac{\partial}{\partial z}$相关项的处理应用了 z 方向无限宽条件。其它 y，z 方向的运动方程简化为

$$\rho Y-\frac{\partial p}{\partial y}=0$$

$$\rho Z-\frac{\partial p}{\partial z}=0$$

又因为质量力与动压强梯度的关系为

$$X=\frac{1}{\rho}\frac{\partial p_{\mathrm{st}}}{\partial x} \qquad Y=\frac{1}{\rho}\frac{\partial p_{\mathrm{st}}}{\partial y} \qquad Z=\frac{1}{\rho}\frac{\partial p_{\mathrm{st}}}{\partial z}$$

由此运动方程可简化为描述本问题的常微分方程为

$$\frac{\mathrm{d}^2 u_x}{\mathrm{d}y^2}=\frac{1}{\mu}\frac{\mathrm{d}p_{\mathrm{d}}}{\mathrm{d}x}=\text{常数}$$

由题意，下板以一定速度运动，故边界条件为

① $y=0$，$u_x=u_0$；② $y=d$，$u_x=0$

对以上常微分方程积分两次得：

$$u_x=\frac{1}{2\mu}\frac{\mathrm{d}p_{\mathrm{d}}}{\mathrm{d}x}y^2+C_1 y+C_2$$

由边界条件①知 $C_2=u_0$。将边界条件②代入上式得

$$C_1=-\frac{1}{d}\left(u_{\mathrm{w}}+\frac{1}{2\mu}\frac{\mathrm{d}p_{\mathrm{d}}}{\mathrm{d}x}d^2\right)$$

进而可得速度分布表达式

$$u_x=\frac{1}{2\mu}\frac{\mathrm{d}p_{\mathrm{d}}}{\mathrm{d}x}\left(y^2-d^2\frac{y}{d}\right)+\left(1-\frac{y}{d}\right)u_0$$

(2) 由剪应力定义式 $\tau=-\mu\frac{\mathrm{d}u_x}{\mathrm{d}y}$，将速度分布代入得

$$\tau(y)=-\frac{1}{2}\frac{\mathrm{d}p_{\mathrm{d}}}{\mathrm{d}x}(2y-d)+\frac{\mu u_0}{d}$$

单位宽度平均体积流量为

$$q_V=\int_0^d u_x\,\mathrm{d}y=\int_0^d\left[\frac{1}{2\mu}\frac{\mathrm{d}p_{\mathrm{d}}}{\mathrm{d}x}\left(y^2-d^2\frac{y}{d}\right)+\left(1-\frac{y}{d}\right)u_0\right]\mathrm{d}y=-\frac{d^3}{12\mu}\frac{\mathrm{d}p_{\mathrm{d}}}{\mathrm{d}x}+\frac{du_0}{2}$$

所以平均速度为

$$u_{\mathrm{b}}=\frac{q_V}{d}=-\frac{d^2}{12\mu}\frac{\mathrm{d}p_{\mathrm{d}}}{\mathrm{d}x}+\frac{u_0}{2}$$

(3) 静板表面的剪应力为零时，对应 $y=d$，由推导剪应力公式得到此时压强梯度为

$$\tau(d)=-\frac{d}{2}\frac{\mathrm{d}p_{\mathrm{d}}}{\mathrm{d}x}+\frac{\mu u_0}{d}=0$$

即

$$\frac{\mathrm{d}p_{\mathrm{d}}}{\mathrm{d}x}=\frac{2\mu u_0}{d^2}$$

动板表面的剪应力为零时，对应 $y=0$，由推导剪应力公式得到此时压强梯度为

$$\tau(0)=\frac{d}{2}\frac{\mathrm{d}p_{\mathrm{d}}}{\mathrm{d}x}+\frac{\mu u_0}{d}$$

即
$$\frac{\mathrm{d}p_{\mathrm{d}}}{\mathrm{d}x}=-\frac{2\mu u_0}{d^2}$$

【例 2-2】 已知平面流动的速度分布 $u_x=x^2+2x-4y$，$u_y=-2xy-2y$。试求：(1) 此流动是否满足不可压缩流体的连续性方程；(2) 流动是否有旋；(3) 如存在流函数 Ψ，将其求出；(4) 如存在速度势函数 Φ，将其求出。

解 (1) 不可压缩流体平面流动的连续性方程为$\frac{\partial u_x}{\partial x}+\frac{\partial u_y}{\partial y}=0$

根据题意

$\frac{\partial u_x}{\partial x}=2x+2$，$\frac{\partial u_y}{\partial y}=-2x-2$

$\frac{\partial u_x}{\partial x}+\frac{\partial u_y}{\partial y}=2x+2-2x-2=0$，满足不可压缩流体的连续性方程。

(2) $\frac{\partial u_y}{\partial x}-\frac{\partial u_x}{\partial y}=-2y+4\neq 0$，流动有旋。

(3) 此流场为不可压缩流体的有旋运动，流函数 ψ 存在。

$$\frac{\partial \psi}{\partial y}=u_x=x^2+2x-4y$$

积分得
$$\psi=x^2y+2xy-2y^2+f(x)$$

因为
$$\frac{\partial \psi}{\partial x}=-u_y=2xy+2y$$

所以
$$2xy+2y+f'(x)=2xy+2y$$
$$f'(x)=0, f(x)=C$$

故有
$$\psi=x^2y+2xy-2y^2+C$$

(4) 流动有旋，速度势函数 Φ 不存在。

【例 2-3】 30℃，速度为 0.01m/s 的水在内径为 25mm 的圆形直管内流动。水的运动黏度 $\nu=0.805\times10^{-6}\,\mathrm{m^2/s}$。试求管子进口段长度 L_{ent} 和水自管子入口端至边界层在管中心汇合流动刚好达到充分发展时所经历的时间 θ。若流体改为甘油，其运动黏度 $\nu=634\times10^{-6}\,\mathrm{m^2/s}$，其余条件均不变，求进口段长度 L_{ent} 和甘油自管子入口端至流动达到充分发展时所需要的时间 θ。

解 根据式(2-137) 进行计算

(1) 流体为水

$$L_{\mathrm{ent}}=\frac{u_{\mathrm{b}}R^2}{\pi\nu}=\frac{0.01\times0.025^2}{3.14\times0.805\times10^{-6}}=2.47\ (\mathrm{m})$$

达到充分发展时所经历的时间

$$\theta=\frac{L_{\mathrm{ent}}}{u_{\mathrm{b}}}=\frac{2.47}{0.01}=247\ (\mathrm{s})$$

(2) 流体为甘油

$$L_{\mathrm{ent}}=\frac{u_{\mathrm{b}}R^2}{\pi\nu}=\frac{0.01\times0.025^2}{3.14\times634\times10^{-6}}=0.00314\ (\mathrm{m})$$

达到充分发展时所经历的时间

$$\theta=\frac{L_{\mathrm{ent}}}{u_{\mathrm{b}}}=\frac{0.00314}{0.01}=0.314\ (\mathrm{s})$$

显然，运动黏度越大，动量越易渗透，故进口段长度越短，流动达到充分发展所需的时间越短。

2.7.3　课堂/课外讨论

2-1　流体在两无限大水平平板间作等温稳态层流，通常情况下，平板水平运动给出线性速度分布，压力梯度给出抛物线速度分布，随着平板运动速度和压力梯度的不同，试讨论并画出各种情况不同特征的速度分布。

2-2　微小颗粒、液滴、气泡在流体中的运动，多孔介质、固定床中的流动等化工中常见的流动现象均可归纳为低雷诺数流动，即忽略惯性力，试通过查阅文献，归纳与总结低雷诺数流动相关阻力计算公式，并试图找出其中的差异。

2-3　以动压强梯度表示的运动方程的适用条件及其优势是什么？降膜流动是否可采用以动压梯度表示的运动方程？为什么？

2-4　试比较直接求解运动方程获得速度分布和采用流函数、势函数求解获得速度分布的优缺点。

2.7.4　思考题

2-1　举例说明化工实际生产中可以作为流体在两平板间作等温稳态层流处理的情况。

2-2　两无限大水平平板间稳态层流流动，动压强梯度$\frac{\mathrm{d}p_{\mathrm{d}}}{\mathrm{d}x}$为常数，那么两无限大垂直平板稳态层流，流动方向垂直向下以及倾斜一定角度的情况，压强梯度$\frac{\partial p}{\partial x}$是否也为常数？为什么？

2-3　推导降膜流动膜厚度公式时，做了哪些假设？

2-4　什么是爬流？其特点是什么？

2-5　简述斯托克斯公式的适用范围及其意义。

2-6　简述流函数的物理意义，并从数学上加以证明。

2-7　简述存在流函数与势函数的条件。

2-8　任何平面流场均存在流函数，流函数是否都满足拉普拉斯方程？

2-9　如何判别流体是否做无旋流动？无旋流动有哪些特点？

2-10　理想流体流动是否一定是无旋流动？

2-11　平面势流为何要求流体做不可压缩稳态流动？理想流体不可压缩三维稳态流动是否可能存在速度势函数？

2-12　何谓动量渗透深度？如何通过动量渗透深度和非稳态流动速度分布推导圆管内层流流动时的进口段长度？

习　题

2-1　液体沿一垂直无限宽的平板表面作层流流动。若忽略液体膜中的加速度，试求液体膜中的速度分布方程，液膜厚度δ与板上单位宽度上的流量q_V之间的关系。设此液膜内已达到稳定流动，且在流动方向忽略压力降。

2-2 某厚度一定的不可压缩流体沿着一块与水平面成 α 角的无限大平板流下，若流动达到稳定，试求流层中的压力分布和速度分布。(设大气压力为 p_0)

2-3 相距为 H 的两块平板之间，有两互不相溶的液体作同向层流。假定两流体在各自流道的一半区域流动，求剪应力分布，速度分布和各自的平均速度。

2-4 有一垂直管，液体从管内上升，然后从管顶溢出，沿外壁淌下。试求膜内的速度分布和体积流量。已知管子外径为 R，液膜厚度为 $(a-1)R$ $(a>1)$。

2-5 一块无限大的水平平板，浸没在液体中。液体的密度 $\rho=1000\text{kg/m}^3$，黏度 $\mu=0.1\text{N}\cdot\text{s/m}^2$，液层具有足够的深度。初始时平板和液体都处于静止状态。突然使平板以 1.0m/s 的速度沿 x 方向移动，试分别计算经过 25s，2500s 以后在平板之上 $y=0.1\text{m}$ 处的速度 u_x、动量渗透深度及壁面处的剪应力各为多少？

2-6 常压下，温度为 45℃的空气以 $10\text{m}^3/\text{h}$ 的体积流率流过水平套管环隙，套管的内管外径为 50mm、外管内径为 100mm，试求：(1) 空气最大流速处的径向距离；(2) 单位长度的压力降；(3) 内外管间中点处空气的流速；(4) 空气在环隙截面的最大流速；(5) $r=r_1$ 及 $r=r_2$ 处的剪应力。

2-7 在内半径为 r_2 的无限长的圆管内，有一外半径为 r_1 的圆管，两管之间流体沿轴向流动，两管同轴，轴线与地面平行。若内管以速度 u_1 运动，试求环隙中速度分布和体积流量。

2-8 如图 2-21 所示，垂直放置的同心圆管，流体由内管向上流动，由环形通道中向下流动，已知流量为 $0.05\text{m}^3/\text{s}$。试求内管与环隙中的最大速度之比。

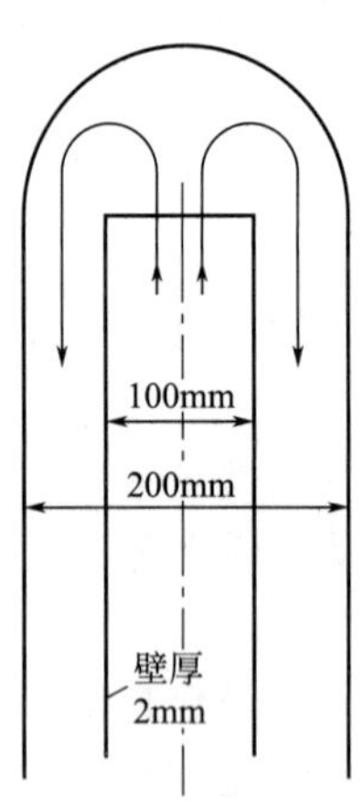

图 2-21 题 2-8 附图

2-9 有一球形固体颗粒，其直径为 0.1mm，在常压和 30℃的静止空气中沉降，已知沉降速度为 0.01m/s，试求：(1) 距颗粒中心 $r=0.3\text{mm}$、$\theta=\pi/4$ 处空气与球体之间的相对速度；(2) 颗粒表面出现最大剪应力处的 θ 值（弧度）和最大剪应力值；(3) 空气对球体施加的形体曳力、摩擦曳力和总曳力。已知 30℃空气的物性为：$\rho=1.165\text{g/m}^3$，$\mu=1.86\times10^{-5}\text{Pa}\cdot\text{s}$。

2-10 不可压缩稳态流场 $u_x=3\text{m/s}$，$u_y=5\text{m/s}$，试写出速度势函数和流函数。

2-11 已知不可压缩平面流场中，x 方向的速度分量为 $u_x=\dfrac{xy}{(x^2+y^2)^{\frac{3}{2}}}$，试利用连续

性方程确定 y 方向的速度分量 u_y，并试问此流场是否有旋？

2-12 已知速度场 $u_x=kx^2$，$u_y=-2kxy$，k 为常数，试求（1）此速度场是否满足连续性方程；（2）此流场是否有旋；（3）试写出流函数；（4）试写出速度势函数；（5）试写出流线方程。

2-13 稳态二维不可压缩流动，其流函数为：$\Phi=2x^2-2y^2$。问流场中流体的流动是否无旋？如果是的话，试求出势函数。

2-14 某不可压缩流体流动速度分量为 $u_x=2x$，$u_y=-2y$，试确定该流动的流函数及势函数。

2-15 对于不可压缩流体，下面哪一个流动满足连续性方程，哪一个流动无旋？

（1）$u(x,y)=x^3\sin yi+3x^2\cos yj$；（2）$u_x=\ln x, u_y=xy(1-\ln x)$；（3）$u_x=\ln(xy)+\sin(y\theta)$，$u_y=\cos(x\theta)-\dfrac{y}{x}$（$\theta$ 为时间）。

2-16 有一稳定的二维流动速度场 $u(x,y)=-2xi+(2y+2)j$，速度势函数存在否？若存在试求出。

2-17 对于一个二维不可压缩流体的流动，其速度场为：$u(x,y)=20xyi$。其流函数是否存在？若存在试求出。

2-18 某流动的流函数为 $\psi=5x^2+y$，试求该流动的速度势函数。

2-19 不可压缩二维流动，流函数定义为 $u_x=\dfrac{\partial\psi}{\partial y}$，$u_y=-\dfrac{\partial\psi}{\partial y}$；速度势函数定义为：$u_x=\dfrac{\partial\Phi}{\partial x}$，$u_y=-\dfrac{\partial\Phi}{\partial y}$；试求在柱坐标系中流函数 ψ，速度势函数 Φ 与流速 u_r，u_θ 的关系。

2-20 已知不可压缩理想流体流经无限长圆柱体表面时，其流函数 ψ 为：

$$\psi=-u_\infty\left(r-\frac{R^2}{r}\right)\sin\theta$$

式中，u_∞ 为远离柱体的流速；R 为柱体半径；r、θ 分别为柱坐标的矢径和方位角。试导出柱体表面处速度分量 u_r，u_θ 的表达式。

2-21 试证明不可压缩流体的二维无旋流动，其速度势函数 Φ 一定满足拉普拉斯方程：

$$\frac{\partial^2\Phi}{\partial x^2}+\frac{\partial^2\Phi}{\partial y^2}=0$$

并求出该方程在柱坐标系中的表达式。

2-22 给定非稳态运动速度场 $u_x=u_0\left(1-\dfrac{2}{\sqrt{\pi}}\displaystyle\int_0^\eta e^{-\eta^2}d\eta\right)$；$u_y=0$；其中 $\eta=\dfrac{y}{\sqrt{\nu\theta}}$，$u_0$ 为常数，试判断该流场是否有旋。

第 3 章 边界层理论

不可压缩牛顿型流体运动基本方程组的精确解至今只有 80 多个，而且绝大多数是忽略非线性项而求得的线性解，远不能满足复杂工程实际的需要。大量复杂的工程实际问题需要采用近似的方法，低雷诺数（爬流）的近似解也只能解决很小范围内的一部分实际问题。而在工程实际中，高雷诺数具有普遍意义，因为工程问题中普遍涉及的空气和水都具有较低的运动黏度 ν（分别为10^{-5}和10^{-6}数量级），即使在通常流速下都属于高雷诺数流动。实践表明，高雷诺数流动条件下，诸如流体流动阻力、流体与物体表面之间的传热传质阻力等问题都主要与物体边界表面附近很薄的流体层即边界层内的流动行为相关。

本章主要讨论高雷诺数情况下的流动问题，首先介绍普朗特边界层理论，该理论是化工传递原理的核心理论。自 1904 年普朗特提出边界层理论以来，由于它的应用范围极为广泛，发展非常迅速，已成为黏性流体力学的主要发展方向之一。

高雷诺数流动意味着大部分流动区域内，惯性力远大于黏性力，运动方程中的黏性项的作用可以忽略不计，即黏性的作用为零，这样又回到了理想流体欧拉方程，而欧拉方程一般来说不能满足固体表面上的黏附条件，即无法解决阻力问题。为了解决这一矛盾（称为达朗贝尔悖论），普朗特提出了著名的边界层理论。

在此基础上，重点求解平壁边界层流动问题的精确解与近似解以及边界层分离问题。

3.1 普朗特边界层理论

若沿流动方向 x 上放置一块极薄的平板，流体流动速度为 u_∞，如图 3-1 所示。从实验测得的速度分布发现，在垂直壁面的 y 方向上，明显地分成流动性质很不相同的两个区域。

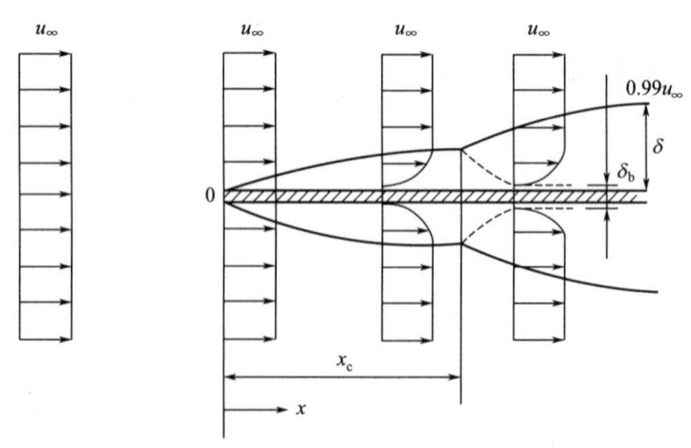

图 3-1　边界层及边界层厚度

一个是紧靠壁面处，存在着一厚度为 δ 的极薄流层，在该流层中，流体速度从壁面处为零起迅速增加到未受扰动的主体速度 u_∞。也就是说，在 $y<\delta$ 的这一薄层内存在着很大的

速度梯度，这一薄层的区域称为边界层。实验测出的速度分布表明，在边界层内 x 方向的速度分量 u_x 沿壁面的法向变化非常迅速，它比沿切向变化高一个数量级。这是因为，一方面流体必须黏附在固体壁面上，它在壁面上的速度等于零；另一方面，当流体离开壁面很短一段距离到达边界层外部边界时，速度立即为主体流动速度 u_∞。速度从相当高的主体流动速度 u_∞ 连续地降低到固体壁面上的零值是在非常薄的边界层内完成的，因此它的变化异常急剧，$\mathrm{d}u_x/\mathrm{d}y$ 很大。虽然在高 Re 情况下的流动，即使流体的黏度系数 μ 较小，但因 $\mathrm{d}u_x/\mathrm{d}y$ 很大，黏滞力 $\tau_{yx}=\mu\dfrac{\mathrm{d}u_x}{\mathrm{d}y}$ 仍然可以达到很高的数值。此时在这个区域内，黏滞力不像主体流动那样显著地小于惯性力，而是与惯性力有着相同的数量级，它所起的作用与惯性力同等重要，必须一起加以考虑。因此，在边界层内不能全部忽略黏性力。

另一个是边界层外（$y>\delta$）的主体流动区域，在这里固体壁面对其流动的影响大大地削弱，即在边界层外速度梯度 $\mathrm{d}u_x/\mathrm{d}y$ 极小，因此黏滞力 $\tau_{yx}=\mu\dfrac{\mathrm{d}u_x}{\mathrm{d}y}$ 在这一区域内，比惯性力小很多，以至于可以忽略，把流动近似地看成是理想的，而且因为考虑的是均匀来流，所以整个主体流动不仅理想，而且还是无旋的，从实验测出的速度分布亦可看出整个速度分布和理想流体绕物体的速度分布十分接近，在平板情形就是均匀来流速度 u_∞。

当真实流体以高 Re 平行流过固体壁面时，形成理想无旋的主体流动区域和边界层区域，这两个区域在边界层的边界上衔接起来，现在讨论边界层厚度问题。由于边界层内的流动趋近于外部主体流动是渐近的，而不是突变的，因此通常人为地约定与来流速度相差 1%（即 $u_x=0.99u_\infty$）处，定义为边界层外缘。

应该指出的是边界层的外缘线不是流线。因为流线是曲线上任一点的速度方向和曲线在该点的切线方向相重合的，而边界层的外缘线即是速度与来流速度相差 1% 的质点的连线，两者互不相关。实际上流线都和边界层外缘线相交，流体穿过它而进入边界层内区域。

虽然这种划分是人为的，但在数学处理上大为简便，且结果与实际符合得很好。同时根据边界层理论，对边界层外的主体流动区域，可应用成熟的理想流体理论，剩下的只要集中力量解决边界层内流体流动问题就可以了。

普朗特最初提出边界层概念时，未受到人们的重视。随着生产力的不断发展，特别是在湍流传递现象中的应用获得的成功，使该理论从 20 世纪 50 年代以来发展很快。许多比较复杂的传递现象用数学分析方法难以解决时，则可以通过边界层概念来处理。因而，边界层理论被认为是近代流体力学的奠基石。

3.2 流动边界层的形成和发展

为了说明边界层的形成，以流体平壁绕流为例。如图 3-2 所示。流体以均匀一致的流速 u_∞ 流过平板壁面，当它流过平壁前缘时，由于真实流体在壁面上流动时，只要它能够润滑壁面而不滑脱，毗邻壁面的流体就停滞不动，流速为零，从而在垂直于流动的方向上建立一个速度梯度。与此速度梯度相应的剪应力促使靠壁面的一层流体的流速减慢，开始形成边界层。随流体的向前移动，剪应力对其外层流体持续作用，促使更多的流体层速度减慢，从而构成边界层。

边界层随壁面上流体的向前运动逐渐加厚，即从平板前缘（$x=0$）处边界层厚度为零起逐渐增加，同时边界层内流体流动呈层流流动，称为层流边界层。但当流体沿平板流过一

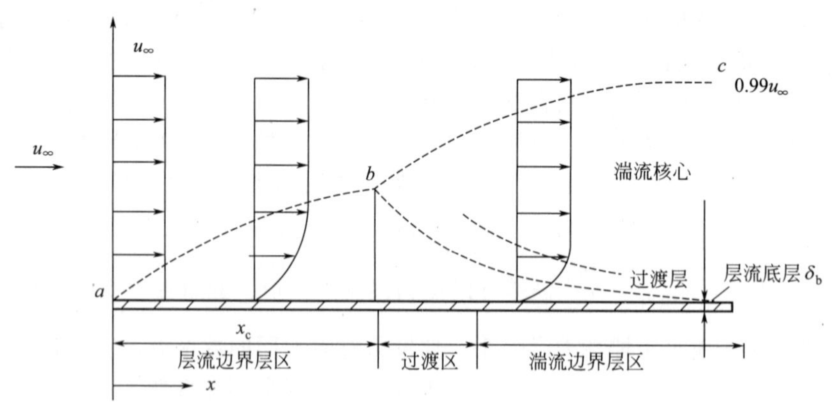

图 3-2　边界层内的流动形态

定距离 x 以后，边界层的流动变得不稳定起来，而且边界层的厚度随着 x 的增加迅速增加，再经过一段距离以后，边界层内的流体流动完全转变为湍流流动，称为湍流边界层。图 3-2 中给出了上面所述的置于平行于流线的一平板上流动边界层的形成和发展。图中虚线 ab 表示层流边界层的外缘，虚线 bc 表示湍流边界层的外缘。可以想象，边界层内的流动从层流到湍流的转变不可能是突然发生的。实验证实了在边界层内完全呈层流流动的区域和完全呈湍流流动区域之间，实际存在一小段这样的区域，即在其中的流动流型是极不稳定的，在壁面上剪应力与完全呈层流的边界层区域内的相比显著地增加，且其速度分布曲线在该区域各截面上显著变化，通常称为过渡边界层区域或称过渡区。

普朗特假定，即使在完全呈湍流流动边界层区域内，在非常靠近壁面处，还存在着一极薄的流体层，其黏滞力仍占优势，流动呈层流状态，这一极薄的流体层称为层流底层或黏性底层，用 δ_c 表示。

应指出：边界层与层流底层是两个不同的概念。层流底层是根据边界层流动中有无脉动现象来划分的，它是湍流边界层中紧靠壁面且没有速度脉动的极薄流层。而边界层是根据有无速度梯度的存在来划分的。所以边界层内的流动可以是呈层流流动的层流边界层，亦可以主要是湍流流动的湍流边界层。对于完全呈层流流动的边界层，则它与普朗特所假定的层流底层在其传递机理上是一致的，即它们都是分子扩散传递的形式。而对于湍流边界层区，除层流底层外，即在 $y>\delta_b$ 以外至边界层外缘，则是湍流边界层的湍流核心。还应该指出：与边界层过渡区的概念一样，在层流底层之外的流动不可能立即转变为湍流流动，所以在层流底层与湍流核心之间有一个过渡区，称为过渡层或缓冲层。至于边界层外的区域，如图 3-2 中所示的 abc 以外的区域，称为主体流动区，在该区域内，速度梯度 $\frac{\mathrm{d}u}{\mathrm{d}y}$ 可以忽略。

临界长度 x_c 的长短，与平壁前缘的形状、壁面的粗糙度、流体的性质和主体流动速度有关。例如，壁面愈粗糙，前缘愈尖锐，则 x_c 愈短。对于给定的平板，无论对何种流体，边界层内的流动从层流转变为湍流的位置，取决于临界雷诺数的数值。

$$Re_{x_c}=\frac{x_c u_\infty \rho}{\mu} \tag{3-1}$$

式中，Re_{x_c} 是以临界长度 x_c 为定性长度的平壁雷诺数；u_∞ 是主体流动速度，即边界层外不受干扰的流速。

对光滑平板而言，边界层内流动由层流转变为湍流的临界雷诺数的范围为：

$$2\times10^5<Re_{x_c}<3\times10^6$$

为方便起见，通常取$Re_{x_c}=5\times10^5$。

下面介绍圆管内的流动边界层的形成和发展过程。

流体匀速进入圆管以后，速度分布的变化情况如图 3-3 所示。流体进入圆管，而 1—1′的速度分布均匀（均为 u_∞），仅在紧靠管壁的附近，因黏附作用速度突然下降为零，开始形成边界层。

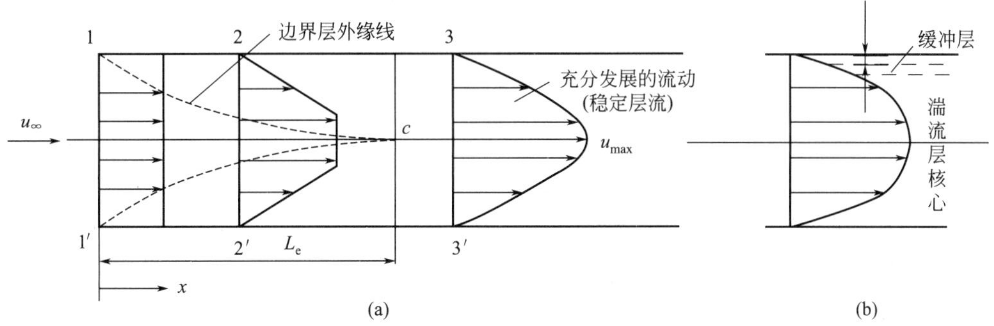

图 3-3　圆管内边界层的形成与发展

由于黏滞作用，随着流程的增加，边界层逐渐增厚，等径直管截面上的速度由管壁处的零逐渐增加到边界层外缘的速度。为保持流体流动的连续性，任一截面上的平均速度应该相等，所以边界层外流体的速度将逐渐由 u_∞ 增加，直至边界层发展到轴心而进入稳定的流动。即当流体离管子进口一定距离 L_e 以后，截面上的流速分布才达到稳定（图 3-3 中 3—3′截面）。此时边界层已扩展到轴心，即整个管内，故 c 点以后边界层也就失去了它原有的意义。此时流体流动特性可用 Re 来表示：

$$Re=\frac{du_b\rho}{\mu} \tag{3-2}$$

式中，u_b 为圆管内平均速度；d 为圆管直径。

此时也和流体流过平壁的情况一样，即使是湍流流动的条件下，在紧靠壁面极薄的一层流体中，仍维持着层流流动（即为层流底层）。其外为一层缓冲层，再往中心就是湍流层核心［如图 3-3(b)］。

当管内 $Re<2000$ 时，管内是稳定的层流，点 c 后的速度分布为旋转抛物面。进口段的长度 L_e 可由下式表达

$$\frac{L_e}{D}=0.0575Re \tag{3-3}$$

管内稳定湍流流动的进口段长度比层流流动时进口段长度要短，一般认为

$$L_e/D=50\sim100 \tag{3-4}$$

当流体进入圆管并流经距离 $x>L_e$ 后，速度分布曲线的形状不再变化，即 $u_x=f(r)$，流动稳定且 $u_x\neq f(x)$，称为流动充分发展了的区域。$x<L_e$ 的一段距离称为进口段（或入口段）。

当圆管内流动 $Re<2000$ 时，流动充分发展后成为稳定的层流。这时管进口的形状对入口段的影响不大，边界层内通常是层流，即使由于突然入口对来流的扰动，入口段内边界层中可能会产生暂时的局部湍动，但也会很快地平息，如图 3-4(a) 所示，称为完全层流边界层。当流动 Re 很大时，流动充分发展以后为稳定的湍流，管入口的形状就显著影响到入口

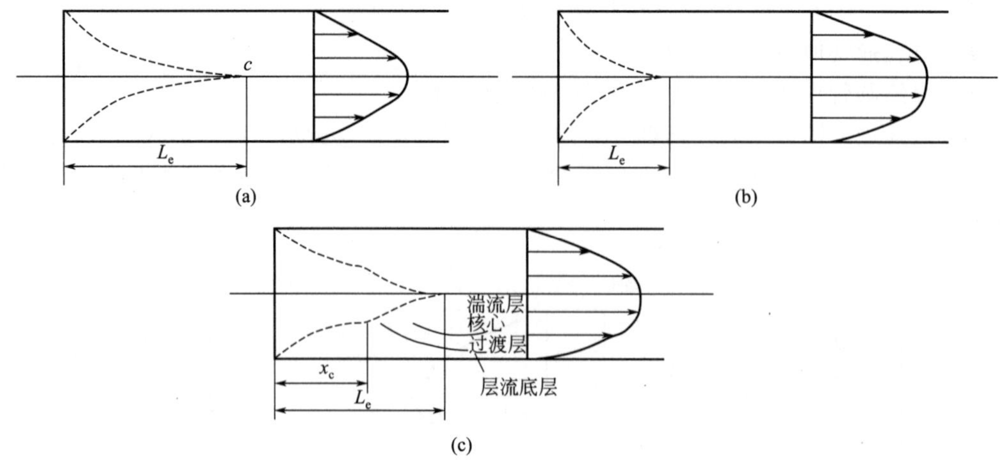

图 3-4　圆管内层流与湍流边界层

段的流动。如果是突然入口，入口段边界层内可能从开始就是湍流流动，而不可能出现层流边界层。如图 3-4(b) 所示，称为完全湍流边界层。但如果入口已修圆，如图 3-4(c) 所示，流动非常平滑地进入管内，则入口段边界层内开始可能是层流流动，当流过了一段距离 x_c 以后，层流边界层开始不稳定而逐步过渡到湍流边界层，称为部分层流、部分湍流边界层。按普朗特的假定，与平板相类似，在靠近壁面处存在着层流底层，其厚度为 δ_b，层流底层的外部存在着一过渡层（或缓冲层)，然后过渡到湍流边界层的湍流核心，统称为湍流边界层。

3.3　普朗特边界层方程

3.3.1　普朗特边界层动量微分方程

为简单起见，先推导流体在平板上流动时的二维边界层方程。取直角坐标系 xOy，x 轴与平板重合，y 轴垂直平板，此时，不可压缩流体作稳态层流时的基本方程组：

$$\begin{cases}\dfrac{\partial u_x}{\partial x}+\dfrac{\partial u_y}{\partial y}=0\\ u_x\dfrac{\partial u_x}{\partial x}+u_y\dfrac{\partial u_x}{\partial y}=-\dfrac{1}{\rho}\dfrac{\partial p}{\partial x}+\nu\left(\dfrac{\partial^2 u_x}{\partial x^2}+\dfrac{\partial^2 u_x}{\partial y^2}\right)\\ u_x\dfrac{\partial u_y}{\partial x}+u_y\dfrac{\partial u_y}{\partial y}=-\dfrac{1}{\rho}\dfrac{\partial p}{\partial y}+\nu\left(\dfrac{\partial^2 u_y}{\partial x^2}+\dfrac{\partial^2 u_y}{\partial y^2}\right)\end{cases}\tag{3-5}$$

式(3-5) 已去掉了 x、y 方向的运动方程中的质量力项，因此 $\dfrac{\partial p}{\partial x}$，$\dfrac{\partial p}{\partial y}$ 应视为动压强梯度。

当将不可压缩流体的运动方程应用于边界层的层流流动，边界层内的流动有如下特点：

① 边界层内黏性力与惯性力有相同的数量级。

② 当流体流动的 Re 较大时，边界层厚度 δ 较定性长度 L 小得多。

现把以上两点作为推导边界层方程的基本假定，对式(3-5) 中每一项进行数量级比较、分析，保留那些对流动有重要影响的项，忽略次要的高阶小项，从而使运动方程组(3-5) 得以简化。

在进行数量级分析之前，先对该方法作两点说明：

① 量级分析需要选取一个标准数量级，其它物理量的数量级都是相对标准数量级而言

的。在对边界层流动的分析中，选取如下两个标准数量级。a. 规定 x 为距离的标准数量级，符号 O 代表数量级，记为 $x=O(1)$；边界层厚度 δ 与 x 相比很小，即 $\delta \ll x$，规定它的数量级为 δ，即记为 $O(\delta)$，是一个很小的数量级。b. 规定边界层外流体的速度（主体流速）u_{∞} 为流速的标准数量级，亦记为 $O(1)$。

② 所谓数量级不是指该物理量的具体数值，而是指该量在整个区域内相对于标准数量级而言的平均水平。显然，标准数量级 $O(1)$ 与 $O(\delta)$ 不在同一数量级上，通常 $O(1)$ 是 $O(\delta)$ 的 1000 倍。

选定了标准数量级后，对方程组(3-5) 各项进行数量级分析。

u_x：在边界层内 x 方向的流速由零变化到 u_{∞}，所以它的数量级为 $O(1)$；

$\dfrac{\partial u_x}{\partial x}$：写成差分形式，$\dfrac{\partial u_x}{\partial x} \approx \dfrac{\Delta u_x}{\Delta x}=\dfrac{O(1)}{O(1)}=O(1)$；

$\dfrac{\partial u_y}{\partial y}$：要使方程 $\partial u_x/\partial x+\partial u_y/\partial y=0$ 成立，各项应具有相同的数量级，即 $\partial u_y/\partial y$ 项的数量级亦应为 $O(1)$；

由于边界层的厚度由零变化到 δ，所以 y 在边界层中的数量级为 $O(\delta)$，那么 u_y 的数量级亦应为 $O(\delta)$。

同理可得：

$\dfrac{\partial u_x}{\partial y}$ 的数量级为 $O\left(\dfrac{1}{\delta}\right)$；

$\dfrac{\partial^2 u_x}{\partial x^2}=\dfrac{\partial}{\partial x}\left(\dfrac{\partial u_x}{\partial x}\right)$ 的数量级为 $O(1)$；

$\dfrac{\partial^2 u_x}{\partial y^2}=\dfrac{\partial}{\partial y}\left(\dfrac{\partial u_x}{\partial y}\right)$ 的数量级为 $O\left(\dfrac{1}{\delta^2}\right)$，这是一个很大的数量级；

$\dfrac{\partial^2 u_y}{\partial y^2}=\dfrac{\partial}{\partial y}\left(\dfrac{\partial u_y}{\partial y}\right)$ 的数量级为 $O\left(\dfrac{1}{\delta}\right)$；

$\dfrac{\partial^2 u_y}{\partial x^2}=\dfrac{\partial}{\partial x}\left(\dfrac{\partial u_y}{\partial x}\right)$ 数量级为 $O(\delta)$。

根据上面的分析：可对式(3-5) 中运动方程 x 方向等式进行数量级比较。

$$u_x \frac{\partial u_x}{\partial x}+u_y \frac{\partial u_x}{\partial y}=-\frac{1}{\rho} \frac{\partial p}{\partial x}+\nu\left(\frac{\partial^2 u_x}{\partial x^2}+\frac{\partial^2 u_x}{\partial y^2}\right)$$

数量级　　$(1)\ (1)\ (\delta)\ \left(\dfrac{1}{\delta}\right)$　　$\left[\ (1)\quad \left(\dfrac{1}{\delta^2}\right)\right]$

当流体流动的 Re 较大时，边界层的厚度 δ 必然很小，所以上式右侧中括号内第一项和第二项相比可以忽略不计。因中括号内的第二项数量级为 $O(1/\delta^2)$，要使该式成立，ν 的数量级必为 $O(\delta^2)$ 才能保证整项的数量级为 $O(1)$。同理 $\dfrac{1}{\rho}\dfrac{\partial p}{\partial x}$ 的数量级亦应为 $O(1)$。从上述分析可知，式(3-5) 中 x 方向压强变化较大。

同样，也可以写出式(3-5) 中 y 方向的运动方程中各项的数量级。

$$u_x \frac{\partial u_y}{\partial x}+u_y \frac{\partial u_y}{\partial y}=-\frac{1}{\rho} \frac{\partial p}{\partial y}+\nu\left(\frac{\partial^2 u_y}{\partial x^2}+\frac{\partial^2 u_y}{\partial y^2}\right)$$

数量级　　$(1)\ (\delta)\ (\delta)\ (1)$　　$(\delta^2)\left[\ (\delta)\quad \left(\dfrac{1}{\delta}\right)\right]$

由上式可见，除$\frac{1}{\rho}\frac{\partial p}{\partial y}$一项外，其余各项的数量级均为$O(\delta)$，故$\frac{1}{\rho}\frac{\partial p}{\partial y}$项的数量级亦为$O(\delta)$。由于$\frac{1}{\rho}$为定值，所以在边界层内由壁面到边界层外缘的垂直方向上，压强几乎无变化。可以认为沿y方向，边界层内的压强近似地等于边界层外主体流体的压强，即$\frac{\partial p}{\partial y}=0$。

通过上述分析，可以得出如下结论：式(3-5) 中y方向的运动方程与x方向运动方程相比，整个方程可以略去。同时由于$\frac{\partial p}{\partial y}=0$，最后可把式(3-5) 中的运动方程简化为一个方程，称为普朗特边界层动量微分方程：

$$u_x\frac{\partial u_x}{\partial x}+u_y\frac{\partial u_x}{\partial y}=-\frac{1}{\rho}\frac{\partial p}{\partial x}+\nu\frac{\partial^2 u_x}{\partial y^2} \tag{3-6}$$

这样，便可将求解平板壁面上边界层中的二维稳定层流的问题转化为求解普朗特边界层方程和连续性方程，即：

$$\begin{cases}\dfrac{\partial u_x}{\partial x}+\dfrac{\partial u_y}{\partial y}=0\\[2mm] u_x\dfrac{\partial u_x}{\partial x}+u_y\dfrac{\partial u_x}{\partial y}=-\dfrac{1}{\rho}\dfrac{\partial p}{\partial x}+\nu\dfrac{\partial^2 u_x}{\partial y^2}\end{cases} \tag{3-7}$$

当固体壁面是弯曲表面时，也可使用这种形式的方程。但为了与流体在弯曲壁面上流动所产生的离心力相平衡，在y方向上必然有压力梯度，因而误差较大。当壁面上各点的曲率半径远大于边界层厚度时，壁面曲率的影响可以忽略。在平板上流动时，其误差为δ/x。

同时，在上述推导中，认为边界层内$\frac{\partial^2 u_y}{\partial x^2}\ll\frac{\partial^2 u_y}{\partial y^2}$，从而在$x$方向的运动方程中忽略前项，但在平板前缘此假设不成立，故在平板前缘附近边界层方程不适用。

在应用式(3-7) 求解边界层问题时，特别是式中$\mathrm{d}p/\mathrm{d}x$化成全导数以后，其值可由主流区的运动方程求得。由普朗特的边界层理论，把主流区流体的运动看成是理想流体的无旋运动，因此可采用欧拉方程（或伯努利方程）求解，这样式(3-7) 仅剩下两个未知数u_x，u_y，即可求解。

式(3-7) 的边界条件为：

① $y=0$处，$u_x=0$，$u_y=0$；② $y=\delta$处，$u_x=u_\infty$，亦可写成$y\to\infty$处，$u_y=u_\infty$。

应指出的是应用式(3-7) 的条件是：不可压缩流体在固体壁面上作稳态流动且边界层内是稳定的层流，同时流动Re较大。对此做进一步分析，用离平板前缘x表示的雷诺数$Re_x=xu_\infty/\nu$，就数量级而言，Re的数量级应为：

$$O\left(\frac{xu_\infty}{\nu}\right)=O\left(\frac{1\cdot 1}{\delta^2}\right)=O\left(\frac{1}{\delta^2}\right)$$

故得
$$\delta=O(1/Re_x^{1/2})$$

因为x的数量级为$O(1)$，故上式可写成

$$\frac{\delta}{x}=O\left(\frac{\frac{1}{Re_x^{1/2}}}{1}\right)=O\left(\frac{1}{Re_x^{1/2}}\right) \tag{3-8}$$

例如，293K 的水，其运动黏度$\nu=1\times10^{-6}\,\mathrm{m^2/s}$，主体流速$u_\infty=1\mathrm{m/s}$时，距平板前

缘 1m 处：

$$\frac{\delta}{x}=O\left(\frac{1}{Re_x^{1/2}}\right)=O\left[\frac{1}{\left(\frac{1\times1}{1\times10^{-6}}\right)^{1/2}}\right]=O\left(\frac{1}{10^3}\right)$$

即若 x 为 $O(1)$，则 δ 为 $O(10^{-3})$。由此可见，当 Re 较大时，δ 和 x 相比，是一个很小的量。但若 $Re_x\leqslant 100$，则 $\frac{\delta}{x}\leqslant O\left(\frac{1}{10}\right)$，$\delta$ 和 x 相比是不可忽略的，这就是在平板前缘附近，普朗特边界层方程不适用的一个例子。

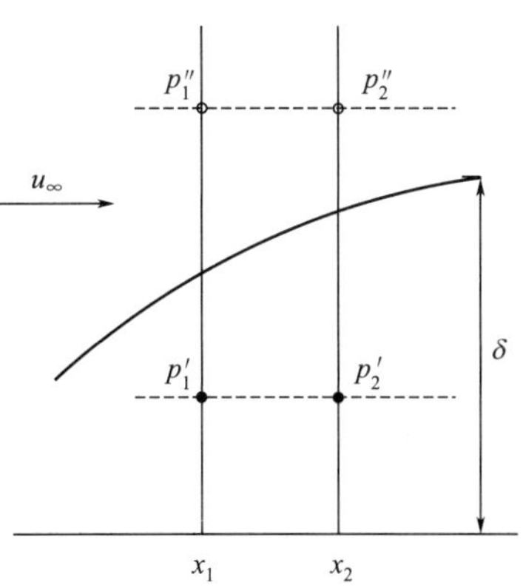

图 3-5 边界层内压强的变化

若流体流经平壁，式(3-7) 还可进一步简化，由于 $dp/dy=0$，即在边界层内 y 方向的动压强不变。因此可以认为边界层内任一点的压强 p 与它在同一 x 位置上主体流体中相对应的相等，即 $p_1'=p_1''$，$p_2'=p_2''$(图 3-5)。由于 p_1''、p_2''在主流体区，根据伯努利方程$\left(p+\frac{\partial u_\infty^2}{2}=\text{常数}\right)$可知，主体流中 u_∞ 及ρ 均为常数，故 p 亦为常数，$p_1''=p_2''$，即 $dy/dx=0$。因此流体流经平壁时，普朗特边界层方程可简化为：

$$u_x\frac{\partial u_x}{\partial x}+u_y\frac{\partial u_x}{\partial y}=\nu\frac{\partial^2 u_x}{\partial y^2} \tag{3-9}$$

3.3.2 平板层流边界层的精确解

普朗特边界层方程是非线性的偏微分方程，应将偏微分方程转变为常微分方程，然后利用边界条件求解常微分方程。

3.3.2.1 普朗特方程的量纲分析

层流边界层中，速度分量 u_x 取决于主体流速度 u_∞，该点的位置 x、y 和与流动有关的物性 ν，可表示为：

$$u_x=f(x,y,\nu,u_\infty) \tag{3-10}$$

这种函数关系也可以写成等式：

$$u_x=Au_\infty^a x^b y^c \nu^d \tag{3-11}$$

改写成量纲的形式

$$\left[\frac{L_x}{\theta}\right]=A\left[\frac{L_x}{\theta}\right]^a[L_x]^b[L_y]^c\left[\frac{L_y^2}{\theta}\right]^d \tag{3-12}$$

方程(3-12) 两侧量纲相等，

	左	右
L_x	1	$a+b$
L_y	0	$c+2d$
θ	-1	$-a-d$

把它转换成 c 的函数：

由 L_y 的表达式得：$d=-\frac{c}{2}$

由 θ 的表达式得：$a=1-d=1+\frac{c}{2}$

由 L_x 的表达式得：$b=1-a=-\frac{c}{2}$

即

$$u_x=Au_\infty^a x^b y^c \nu^d=Au_\infty^{1+\frac{c}{2}}x^{-\frac{c}{2}}y^c\nu^{-\frac{c}{2}}=Au_\infty\frac{u_\infty^{\frac{c}{2}}y^c}{x^{-\frac{c}{2}}\nu^{-\frac{c}{2}}}=Au_\infty\left(\frac{u_\infty^{-\frac{1}{2}}y}{x^{\frac{1}{2}}\nu^{\frac{1}{2}}}\right)^c=Au_\infty\left(\frac{y}{x}\sqrt{\frac{u_\infty x}{\nu}}\right)^c$$

则
$$\frac{u_x}{u_\infty}=f\left(\frac{y}{x}\sqrt{\frac{u_\infty x}{\nu}}\right) \tag{3-13}$$

方程的解可表示成两个无量纲量之间的函数关系：

$$F\left(\frac{u_x}{u_\infty},\frac{y}{x}\sqrt{\frac{u_\infty x}{\nu}}\right)=0 \tag{3-14}$$

引入中间变量 η
$$\eta=\frac{y}{x}\sqrt{\frac{u_\infty x}{\nu}}=\frac{y}{x}Re_x^{1/2} \tag{3-15}$$

式(3-15) 表明，边界层内速度分布为变量 η，也就是空间位置和 Re_x 的函数。引入中间变量的目的，是把边界层动量方程和连续性方程转换成常微分方程。

3.3.2.2 边界层方程的求解

由于中间变量 η 的引入，速度分布表示为：

$$\frac{u_x}{u_\infty}=f(\eta) \tag{3-16}$$

引入流函数 ψ

$$u_x=\frac{\partial\psi}{\partial y}\qquad u_y=-\frac{\partial\psi}{\partial x}$$

由于 u_x 为 η 的函数，且 ψ 与 u_x 有关，故可首先找出 ψ 与 η 的关系。

$$u_x=\frac{\partial\psi}{\partial y}=\frac{\partial\psi}{\partial\eta}\frac{\partial\eta}{\partial y}=\frac{\partial\psi}{\partial\eta}\left(\frac{u_\infty}{\nu x}\right)^{1/2}$$

或改为
$$u_\infty\frac{u_x}{u_\infty}=u_\infty f(\eta)=\frac{\partial\psi}{\partial\eta}\left(\frac{u_\infty}{\nu x}\right)^{1/2}$$

移项

$$\frac{\partial\psi}{\partial\eta}=\sqrt{x\nu u_\infty}\,f(\eta) \tag{3-17}$$

将式(3-17) 积分得：

$$\psi=\sqrt{x\nu u_\infty}\int f(\eta)\mathrm{d}\eta \tag{3-18}$$

令 $\int f(\eta)\mathrm{d}\eta=\xi(\eta)$，代入式(3-18)

即
$$\psi=\sqrt{x\nu u_\infty}\,\xi(\eta) \tag{3-19}$$

则
$$u_x=\frac{\partial\psi}{\partial y}=\sqrt{x\nu u_\infty}\frac{\partial\xi(\eta)}{\partial y}=\sqrt{x\nu u_\infty}\left[\sqrt{\frac{u_\infty}{x\nu}}\frac{\partial\xi(\eta)}{\partial\eta}\right]=u_\infty\xi'(\eta) \tag{3-20}$$

$$u_y=-\frac{\partial\psi}{\partial x}=-\frac{\partial\left[\sqrt{x\nu u_\infty}\,\xi(\eta)\right]}{\partial x}=-\left[\frac{1}{2}\sqrt{x\nu u_\infty}\,\xi(\eta)+\sqrt{x\nu u_\infty}\frac{\partial\xi(\eta)}{\partial y}\right]$$

$$=-\left\{\frac{1}{2}\sqrt{x\nu u_{\infty}}\,\xi(\eta)+\sqrt{x\nu u_{\infty}}\left[-\frac{\eta}{2x}\frac{\partial\xi(\eta)}{\partial y}\right]\right\}=-\frac{1}{2}\sqrt{x\nu u_{\infty}}\left[\xi(\eta)-\eta\xi'(\eta)\right] \tag{3-21}$$

$$\frac{\partial u_x}{\partial x}=u_{\infty}\frac{\eta\xi'(\eta)}{\partial x}=u_{\infty}\left[-\frac{\eta}{2x}\frac{\partial\xi'(\eta)}{\partial\eta}\right]=-u_{\infty}\frac{\eta}{2x}\xi''(\eta)$$

$$\frac{\partial u_x}{\partial y}=u_{\infty}\frac{\eta\xi'(\eta)}{\partial y}=u_{\infty}\left[\sqrt{\frac{u_{\infty}}{x\nu}}\frac{\partial\xi'(\eta)}{\partial\eta}\right]=u_{\infty}\sqrt{\frac{u_{\infty}}{x\nu}}\xi''(\eta)$$

$$\frac{\partial^2 u_x}{\partial y^2}=\frac{\partial}{\partial y}\left(\frac{\partial u_x}{\partial y}\right)u_{\infty}\frac{\eta\xi'(\eta)}{\partial y}=\frac{\partial}{\partial y}\left[u_{\infty}\sqrt{\frac{u_{\infty}}{x\nu}}\xi''(\eta)\right]=u_{\infty}\left(\sqrt{\frac{u_{\infty}}{x\nu}}\right)^2\xi'''(\eta)=\frac{u_{\infty}^2}{\nu x}\xi'''(\eta)$$

将 u_x，u_y，$\frac{\partial u_x}{\partial x}$，$\frac{\partial u_x}{\partial y}$，$\frac{\partial^2 u_x}{\partial y^2}$各项代入式(3-9) 即得：

$$\left[u_{\infty}\xi'(\eta)\right]\left[-u_{\infty}\frac{\eta}{2x}\xi''(\eta)\right]+\left\{-\frac{1}{2}\sqrt{\frac{u_{\infty}}{x\nu}}\left[\xi(\eta)-\eta\xi'(\eta)\right]\right\}\left[u_{\infty}\sqrt{\frac{u_{\infty}}{x\nu}}\xi''(\eta)\right]=\nu\left[\frac{u_{\infty}^2}{\nu x}\xi'''(\eta)\right]$$

消去$\frac{u_{\infty}^2}{x}$项并整理得：

$$\xi'''(\eta)+\frac{1}{2}\xi(\eta)\xi'(\eta)=0 \tag{3-22}$$

其对应的边界条件为：

① $y=0$，$u_x=0$，即$\eta_{y=0}=\frac{y}{x}\sqrt{\frac{u_{\infty}x}{\nu}}\Big|_{y=0}=0$；$\xi'(\eta)\big|_{y=0}=\frac{u_x}{u_{\infty}}\Big|_{y=0}=0$

② $y=0$，$u_y=0$，即 $u_y\big|_{y=0}=-\frac{1}{2}\sqrt{\frac{u_{\infty}\nu}{x}}\left[\xi(\eta)-\eta\xi'(\eta)\right]\big|_{y=0}=0$，$\xi(\eta)\big|_{y=0}=0$

③ $y=\infty$，$u_x=u_{\infty}$，$\eta=\infty$，$\xi'(\eta)=1$

通过变量变换，将普朗特边界层动量微分方程转化为一个三阶非线性常微分方程。该常微分方程虽然形式简单，但却无法求得分析解。1908 年，普朗特的学生布拉休斯首先采用级数衔接法近似地求出方程(3-20) 的解。为了求解，布拉休斯将 $\xi(\eta)$ 在$\eta=0$ 附近展开为泰勒级数的形式，并找出它在$\eta=\infty$附近的渐近解，然后将两个解衔接起来。但级数衔接法求出的结果比较粗糙，后来许多研究者采用数值法求出了准确度更高的数值结果，列于表 3-1 中。

表 3-1　普朗特边界层方程 $\xi(\eta)$，$\xi'(\eta)$，$\xi''(\eta)$ 值

$\eta=\frac{y}{x}Re_x^{1/2}$	$\xi(\eta)$	$\xi'(\eta)=\frac{u_x}{u_{\infty}}$	$\xi''(\eta)$	$\eta=\frac{y}{x}Re_x^{1/2}$	$\xi(\eta)$	$\xi'(\eta)=\frac{u_x}{u_{\infty}}$	$\xi''(\eta)$
0	0	0	0.33206	1.8	0.52952	0.57477	0.28293
0.2	0.06641	0.06641	0.33199	2.0	0.65003	0.62977	0.26675
0.4	0.2656	0.13277	0.33147	2.2	0.78120	0.68132	0.24835
0.6	0.05974	0.19894	0.33008	2.4	0.92230	0.72899	0.22809
0.8	0.10611	0.26471	0.32739	2.6	1.07252	0.77246	0.20646
1.0	0.16557	0.32979	0.32301	2.8	1.23099	0.81152	0.18401
1.2	0.23795	0.39578	0.31659	3.0	1.36982	0.84605	0.16136
1.4	0.32298	0.45627	0.30787	3.2	1.56911	0.87609	0.13913
1.6	0.42032	0.51676	0.29667	3.4	1.74696	0.90177	0.11788

续表

$\eta=\frac{y}{x}Re_x^{1/2}$	$\xi(\eta)$	$\xi'(\eta)=\frac{u_x}{u_\infty}$	$\xi''(\eta)$	$\eta=\frac{y}{x}Re_x^{1/2}$	$\xi(\eta)$	$\xi'(\eta)=\frac{u_x}{u_\infty}$	$\xi''(\eta)$
3.6	1.92954	0.92333	0.09809	6.4	4.67938	0.99961	0.00098
3.8	2.11605	0.94112	0.08013	6.6	4.87931	0.99977	0.00061
4.0	2.30576	0.95552	0.06424	6.8	5.07928	0.99987	0.00037
4.2	2.49806	0.96996	0.05052	7.0	5.27926	0.99992	0.00022
4.4	2.69238	0.97587	0.03897	7.2	5.47925	0.99996	0.00013
4.6	2.88826	0.98269	0.02948	7.4	5.67924	0.99998	0.00007
4.8	3.08534	0.98779	0.02187	7.6	5.87924	0.99999	0.00004
5.0	3.28329	0.99155	0.01591	7.8	6.07923	1.00000	0.00002
5.2	3.48189	0.99425	0.01134	8.0	6.27923	1.00000	0.00001
5.4	3.68094	0.99616	0.00793	8.2	6.47923	1.00000	0.00001
5.6	3.88031	0.99748	0.00543	8.4	6.67923	1.00000	0.00000
5.8	4.07990	0.99838	0.00365	8.6	6.87923	1.00000	0.00000
6.0	4.27964	0.99898	0.00240	8.8	7.07923	1.00000	0.00000
6.2	4.47948	0.99937	0.00155				

3.3.2.3 边界层方程解的应用

根据普朗特边界层方程求解结果，得以获得不可压缩流体流经平壁呈二维稳态层流时的速度分布、边界层厚度及沿壁面流体阻力和摩擦因子等。

(1) 速度分布 边界层内速度分布 u_x 与 u_y 已由式(3-20) 与式(3-21) 给出，将其整理成无量纲的形式：

$$\frac{u_x}{u_\infty}=\xi'(\eta) \tag{3-23}$$

$$\frac{u_y}{u_\infty}=\frac{1}{2}\sqrt{\frac{\nu}{xu_\infty}}\left[\xi'(\eta)-\xi(\eta)\right] \tag{3-24}$$

根据边界层方程数值计算的结果，绘制图 3-6 所示的速度分布曲线。

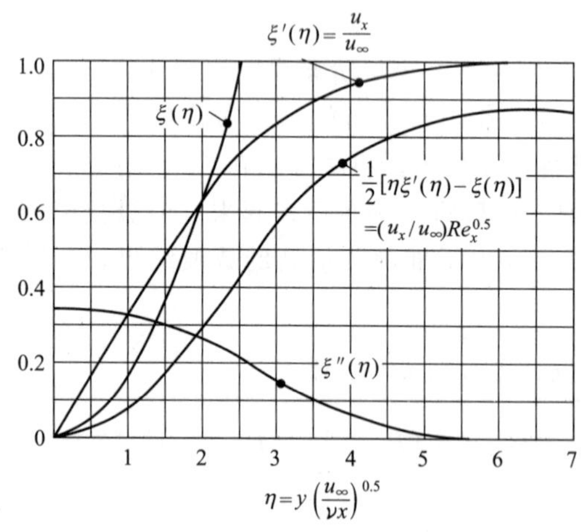

图 3-6 边界层内的速度分布

$\xi'(\eta)$ 是一条光滑曲线，在平壁表面附近曲率很小，接近于直线，而后较陡地趋近于水平直线 $\xi'(\eta)=1$。在壁面上，曲线有一拐点，这是由于 $y=0$ 处，$\frac{\partial^2 u_x}{\partial y^2}=0$。另外，从图上可以看出 $\xi'(\eta)=u_x/u_\infty$ 的确以指数规律很快地趋于无穷远处的渐近值。实际上当 $\eta=5$ 时它已非常接近于 1 了。u_y 从壁面上的零值缓慢地上升，然后较快地增加，在无穷远处趋于

$$u_{y\infty}=0.865u_\infty\sqrt{\frac{\nu}{u_\infty x}} \tag{3-25}$$

这表明，在边界层外缘有一向外的流体运动，它是由于壁面黏性滞止作用使边界层厚度

增长，从而把流体从壁面附近排挤出去所造成的。应该指出，在边界层外缘上，u_y 并不等于外流的零值，这恰好反映了边界对外流的影响。

(2) 边界层厚度　由于规定$\frac{u_x}{u_\infty}=0.99$处为边界层外缘，由表3-1可知 $\xi'(\eta)=0.99$ 时，又式$\eta=\frac{y}{x}\sqrt{\frac{u_\infty x}{\nu}}$中当$\eta=4.91$时，$y$ 即为δ，则：

$$\frac{\delta}{x}=4.91Re_x^{-1/2}\approx 5.0Re_x^{-1/2} \tag{3-26}$$

也即：$\delta\approx 5.0\sqrt{\frac{\nu x}{u_\infty}}$，边界层厚度和 x 的$\frac{1}{2}$次方成正比，图 3-7 表示 δ-$\sqrt{x}$ 为一抛物线关系。

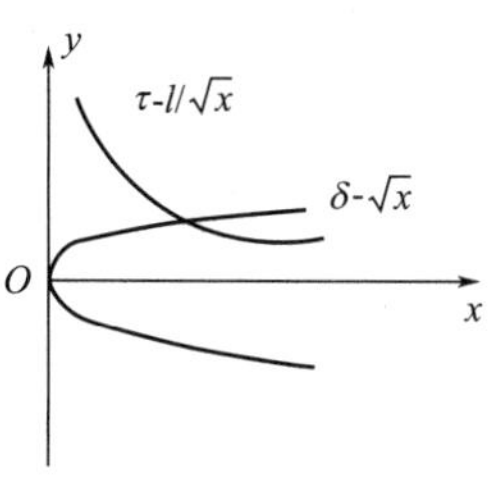

图 3-7　壁面层流边界层厚度、壁面剪应力与距离的关系

(3) 局部摩擦阻力　壁面上局部摩擦阻力为

$$\tau_{w,x}=\mu\left(\frac{\partial u_x}{\partial y}\right)_{y=0}=\mu\frac{\partial[u_\infty\xi'(\eta)]}{\partial y}\bigg|_{y=0}=\mu u_\infty\sqrt{\frac{u_\infty}{\nu x}}\xi''(\eta)\bigg|_{\eta=0}=\mu u_\infty\sqrt{\frac{u_\infty}{\nu x}}\xi''(0)$$

由表 3-1，$\xi''(0)=0.332$。于是

$$\tau_{w,x}=0.332\mu u_\infty\sqrt{\frac{u_\infty}{\nu x}}=0.332\rho u_\infty^2 Re_x^{-1/2} \tag{3-27}$$

式中，$\tau_{w,x}$ 即为离平板前缘 x 处的局部剪应力。从图 3-7 看出壁面的局部摩擦阻力以 $l/\sqrt{x}$ 的规律沿壁面衰减。这是因为在平壁下游边界层较厚，壁面的剪应力相应地较小，因此阻力较前缘为小。

局部摩擦阻力系数

$$C_{Dx}=\frac{\tau_{w,x}}{\frac{1}{2}\rho u_\infty^2}=\frac{0.332\rho u_\infty^2 Re_x^{-1/2}}{\frac{1}{2}\rho u_\infty^2}=0.664Re_L^{-1/2} \tag{3-28}$$

式(3-28) 是对于某一特定位置 x 处表面摩擦系数 C_{Dx} 的表达式，即局部摩擦阻力系数。需要说明的是本书阻力系数（曳力系数）采用 C_D 表示绕流摩擦阻力（曳力）系数，采用 f 表示管流的范宁摩擦（曳力）因子。通常情况下，局部摩擦阻力系数用得很少，更多的是希望求出黏性流动在一个有限尺寸的某表面上的总阻力。长为 L、宽为 b 的平板（单面浸润），它受到的总摩擦阻力为：

$$F_d=b\int_0^L\tau_w dx=b(0.332\rho u_\infty^2)\left(\frac{u_\infty}{\nu}\right)^{-1/2}=b(0.332\rho u_\infty^2)\left(\frac{u_\infty}{\nu}\right)^{-1/2}2L^{\frac{1}{2}}=0.664u_\infty b\mu Re_L^{-1/2} \tag{3-29}$$

平均摩擦因子为

$$C_D=\frac{F_d}{\frac{1}{2}\rho u_\infty^2 2bL}=1.328Re_L^{-1/2}$$

或

$$C_D=\frac{1}{L}\int_0^L C_{Dx}dx=\frac{1}{L}\int_0^L\frac{0.664}{\sqrt{Re_x}}dx=1.328\sqrt{\frac{\nu}{Lu_\infty}}=1.328Re_L^{-1/2} \tag{3-30}$$

式(3-29) 表明，摩擦阻力和 $Re^{1/2}$ 成反比，亦即摩擦阻力和来流速度的 1.5 次方成正比。而在低雷诺数流动中，摩擦阻力是和速度的一次方成正比。因此，高雷诺数的摩擦阻力更大。

上述结果首先由布拉休斯研究给出，所以通常称为布拉休斯解。布拉休斯解在层流范围内和实验结果吻合得很好。

但需要特别指出的是，布拉休斯解受到以下几方面限制：

a. 由于认为在边界层内，$\frac{\partial^2 u_x}{\partial x^2} \ll \frac{\partial^2 u_x}{\partial y^2}$，因而在运动方程中忽略前者，但在平板前缘此假设不成立。故在平板前缘附近边界层方程不适用。

b. 在写出外缘边界条件时，假设边界层外的主体流动不受边界层存在的影响。换句话说，边界层在 $y \to \infty$ 处，x 方向的速度分量 u_x，等于理想无旋流体绕同样物体在 $y=0$ 处的值。

c. 假设边界层内的流体不受平壁后缘的影响，或者说，平板是无限长的。显然，在平壁后缘此假设不成立。

为克服上述困难，我国著名的力学家郭永怀采用 PLK 方法，求得绕平板流动的二阶近似解。即

$$f = 1.328 Re_L^{-1/2} + 4.18 Re_L^{-1} \tag{3-31}$$

式(3-31) 在大雷诺数情况下和布拉休斯解一样，因为修正项 $4.18Re_L^{-1}$ 起的作用很小。但在低雷诺数时，$4.18Re_L^{-1}$ 项起越来越大的作用，开始和布拉休斯阻力曲线偏离而向实验结果靠拢。布拉休斯解，在求解过程中虽然作了某些近似，但习惯上仍称它为精确解。

3.4 卡门边界层方程

普朗特边界层方程虽然在运动方程的基础上化简，但非线性的性质并未改变。只有在少数简单层流情况才能得到精确解，但是在工程上遇到的许多实际问题，无法获得精确解，而直接求解普朗特边界层方程一般来说是相当困难的。因此，在一般计算中，常采用另外一种方法，即由冯·卡门 1921 年提出的近似求解法。这种方法避开复杂的运动方程，直接从边界层积分动量方程出发，用近似的方法求解。

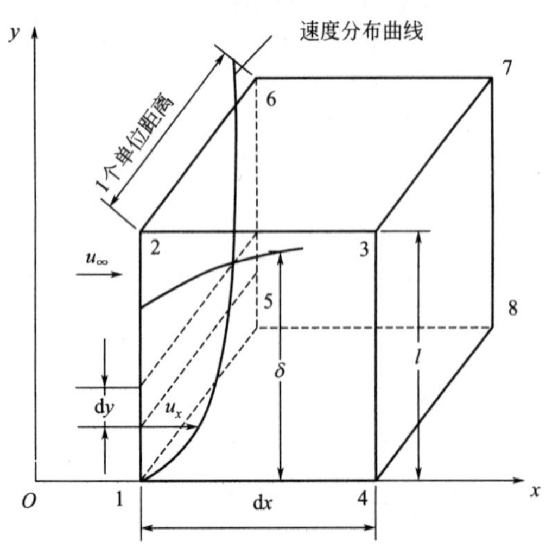

图 3-8 边界层动量积分方程的推导

3.4.1 卡门边界层动量积分方程

此法避开复杂的纳维-斯托克斯方程，直接对边界层应用动量定律，导出边界层动量方程。同样，此法亦可推广到边界层的传热和传质过程，直接对边界层进行热量和质量衡算，导出边界层传热方程及边界层传质方程，然后用近似方法求解这些方程。

对于不可压缩流体沿平壁的稳定流动而言，卡门边界层动量方程的推导过程如下：

如图 3-8 所示，设密度为ρ、黏度为μ的不可压缩流体沿平壁作稳定流动，边界层外主体流动速度为 u_∞，边界层的厚度为 δ。在距平壁表面处的流体速度为 u_x，且ρ、μ 均

为常数。

沿平壁流动的流体中取一流体微元，微元体以 1-2-6-5、3-4-8-7 两面及平壁表面、2-3-7-6 面为界限，并且前后两面 1-2-3-4、5-6-7-8 相距 1 个单位距离。图中 2-6-7-3 面与平壁平行，两面之间距离 l 大于边界层厚度 δ。平面 1-2-6-5 与平面 3-4-8-7 之间的距离为 $\mathrm{d}x$。

对该微元体作动量衡算。

单位时间内通过（$\mathrm{d}y\times1$）截面流入微元体的质量：

$$\rho u_x(\mathrm{d}y\times1)=\rho u_x\mathrm{d}y$$

流入的动量为

$$\rho u_x u_x(\mathrm{d}y\times1)=\rho u_x^2\mathrm{d}y$$

则单位时间内通过 1-2-6-5 截面流入控制体的质量为：

$$\rho\int_0^l u_x\mathrm{d}y$$

流入的动量为

$$\rho\int_0^l u_x^2\mathrm{d}y$$

单位时间内通过 3-4-8-7 截面从控制体流出的质量为：

$$\rho\int_0^l u_x\mathrm{d}y+\rho\frac{\partial}{\partial x}\left(\int_0^l u_x\mathrm{d}y\right)\mathrm{d}x$$

流出的动量为

$$\rho\int_0^l u_x^2\mathrm{d}y+\rho\frac{\partial}{\partial x}\left(\int_0^l u_x^2\mathrm{d}y\right)\mathrm{d}x$$

由此可得，单位时间内流体沿 x 方向，在 1-2-6-5 和 3-4-8-7 之间的质量变化量为：

$$\rho\frac{\partial}{\partial x}\left(\int_0^l u_x\mathrm{d}y\right)\mathrm{d}x$$

动量的变化量为

$$\rho\frac{\partial}{\partial x}\left(\int_0^l u_x^2\mathrm{d}y\right)\mathrm{d}x \tag{3-32}$$

由图 3-8 可知，无流体通过平板壁面 1-4-8-5，所以流体在 1-2-6-5 和 3-4-8-7 两面之间所产生的质量速率变化量，显然是由通过 2-3-7-6 面而来的质量速率得到补偿。由于 2-3-7-6 面位于边界层之外，故经由该面流入微元体的流体，沿 x 方向的流速必为 u_∞。即由 2-3-7-6 平面流入微元体的流体带入的动量速率为：

$$\left[\rho\frac{\partial}{\partial x}\left(\int_0^l u_x\mathrm{d}y\right)\mathrm{d}x\right]u_\infty=\rho u_\infty\frac{\partial}{\partial x}\left(\int_0^l u_x\mathrm{d}y\right)\mathrm{d}x \tag{3-33}$$

而式(3-33) 表达了流体流动时微元体内动量速率的变化量为$\rho\frac{\partial}{\partial x}\left(\int_0^l u_x^2\mathrm{d}y\right)\mathrm{d}x$，如补充的与失去的相等，则控制体内无动量的变化。若不等，则由式(3-32)、式(3-33)可得此微元体内沿 x 方向的净动量速率的变化量为：

$$\rho\frac{\partial}{\partial x}\left(\int_0^l u_x^2\mathrm{d}y\right)\mathrm{d}x-\rho u_\infty\frac{\partial}{\partial x}\left(\int_0^l u_x\mathrm{d}y\right)\mathrm{d}x=\rho\frac{\partial}{\partial x}\left[\int_0^l(u_x-u_\infty)u_x\mathrm{d}y\right]\mathrm{d}x \tag{3-34}$$

引起这种动量变化的原因是流体沿壁面流动时剪应力的作用。尽管固体壁面上无质量的输入与输出，但有动量的输出。剪应力大小为：

$$-\tau_w(dx\times1)=-\tau_w dx \tag{3-35}$$

式中，τ_w 表示平壁壁面对紧靠壁面上流体的剪应力，负号表示剪应力 τ_w 的作用方向与 x 方向（流体的流动方向）相反。

沿 x 方向有压强梯度。作用在 1-2-6-5 和 3-4-8-7 两面上的压力差为：

$$-\frac{\partial p}{\partial x}dx(l)(1)=(-\frac{\partial p}{\partial x}dx)(l) \tag{3-36}$$

式中，负号表示沿 x 方向压强 p 是逐渐下降的。

由牛顿第二定律：运动物体的动量随时间的变化率与作用在该物体上的外力成正比。即

$$\rho\frac{\partial}{\partial x}\left[\int_0^l(u_x-u_\infty)u_x dy\right]dx=-\tau_w dx-\frac{\partial p}{\partial x}dx(l)$$

$$\rho\frac{\partial}{\partial x}\int_0^l(u_x-u_\infty)u_x dy=-\tau_w-\frac{\partial p}{\partial x}(l)$$

即

$$\rho\frac{\partial}{\partial x}\int_0^l(u_\infty-u_x)u_x dy=\tau_w+\frac{\partial p}{\partial x}(l) \tag{3-37}$$

将式(3-37) 用于厚度为 δ 的边界层，可将上式左侧的积分范围 $\int_0^l$ 改写成 $\int_0^\delta+\int_\delta^l$，而在 $\int_\delta^l$ 的积分范围内，$u_x=u_\infty$，这样式(3-37) 可写为：

$$\rho\frac{\partial}{\partial x}\left[\int_0^\delta(u_\infty-u_x)u_x dy\right]dx=\tau_w+\delta\frac{\partial p}{\partial x} \tag{3-38}$$

注意到式(3-38) 左侧中 u_x 虽然是 x 和 y 的函数，但对 y 积分之后，就只是 x 的函数，故式中可用常导数表示：

$$\rho\frac{d}{dx}\int_0^\delta(u_\infty-u_x)u_x dy=\tau_w+\delta\frac{dp}{dx} \tag{3-39}$$

式(3-39) 称为卡门边界层动量积分方程。

在推导普朗特边界层方程时，曾做了$\frac{dp}{dx}=0$ 的分析，同理式(3-39) 可简化为

$$\rho\frac{\partial}{\partial x}\left[\int_0^\delta(u_\infty-u_x)u_x dy\right]dx=\tau_w \tag{3-40}$$

式(3-40) 称为简化的卡门边界层动量积分方程。必须指出的是这种简化只有在平板上流动时才允许，同时这种简化对压力梯度的误差为$\frac{\delta}{x}$。

在推导卡门边界层动量方程的过程中，未对边界层内的流型加以规定，该方程对不可压缩流体的稳态层流和湍流都适用。

同时，从方程式(3-39)、式(3-40) 可知，方程的形式非常简单，应用方便。若已知 $u_x=f(y)$，即可对两式进行积分，与连续性方程联解，即可求得边界层厚度 δ、摩擦阻力 F_d 及摩擦阻力系数 C_D。

式(3-40) 只是普朗特边界层方程的一种近似解，其近似程度在于 $u_x=f(y)$ 的精确度。目前 $u_x=f(y)$ 有一部分可由理论推导得到，更多的是靠实验得到。当采用了不同形式的 $u_x=f(y)$ 时，所得的结果当然也会存在一定的差别。

卡门边界层动量方程，也可由普朗特边界层方程导出，其方法是将后者对 y 在 $0\rightarrow\delta$ 之间积分，由式(3-6)

$$u_x \frac{\partial u_x}{\partial x}+u_y \frac{\partial u_x}{\partial y}=-\frac{1}{\rho}\frac{\mathrm{d}p}{\mathrm{d}x}+\nu \frac{\partial^2 u_x}{\partial y^2}$$

将上式左侧在 $0 \to \delta$ 之间对 y 积分得：

$$\int_0^\delta \left(u_x \frac{\partial u_x}{\partial x}+u_y \frac{\partial u_x}{\partial y}\right) \mathrm{d}y=\int_0^\delta u_x \frac{\partial u_x}{\partial x}\mathrm{d}y+\int_0^\delta u_y \frac{\partial u_x}{\partial y}\mathrm{d}y \tag{3-41}$$

由于 $\int_0^\delta u_y \frac{\partial u_x}{\partial y}\mathrm{d}y=\int_0^\delta \frac{\partial(u_x u_y)}{\partial y}\mathrm{d}y-\int_0^\delta u_x \frac{\partial u_y}{\partial y}\mathrm{d}y=u_x u_y \mid_0^\delta-\int_0^\delta u_y \frac{\partial u_y}{\partial y}\mathrm{d}y$

式(3-41) 变为：$\int_0^\delta \left(u_x \frac{\partial u_x}{\partial x}+u_y \frac{\partial u_x}{\partial y}\right) \mathrm{d}y=\int_0^\delta u_x \frac{\partial u_x}{\partial x}\mathrm{d}y+u_x u_y \mid_0^\delta-\int_0^\delta u_y \frac{\partial u_y}{\partial y}\mathrm{d}y$

由连续性方程

$$\frac{\partial u_x}{\partial x}+\frac{\partial u_y}{\partial y}=0$$

得
$$\frac{\partial u_x}{\partial x}=-\frac{\partial u_y}{\partial y}$$

即
$$-\int_0^\delta u_x \frac{\partial u_y}{\partial y}\mathrm{d}y=\int_0^\delta u_x \frac{\partial u_x}{\partial x}\mathrm{d}y$$

又由于
$$-\int_0^\delta \frac{\partial u_x}{\partial x}\mathrm{d}y=\int_0^\delta \frac{\partial u_y}{\partial y}\mathrm{d}y=u_y \mid_0^\delta$$

所以有
$$u_x u_y \mid_0^\delta=u_x \mid_0^\delta \left(-\int_0^\delta \frac{\partial u_x}{\partial x}\mathrm{d}y \right)=-u_\infty \int_0^\delta \frac{\partial u_x}{\partial x}\mathrm{d}y$$

即
$$\int_0^\delta \left(u_x \frac{\partial u_x}{\partial x}+u_y \frac{\partial u_x}{\partial y}\right) \mathrm{d}y = \int_0^\delta u_x \frac{\partial u_x}{\partial x}\mathrm{d}y-u_\infty\int_0^\delta \frac{\partial u_x}{\partial x}\mathrm{d}y+\int_0^\delta u_x \frac{\partial u_x}{\partial x}\mathrm{d}y$$

$$=\int_0^\delta 2u_x \frac{\partial u_x}{\partial x}\mathrm{d}y-\int_0^\delta u_\infty \frac{\partial u_x}{\partial x}\mathrm{d}y=-\frac{\partial}{\partial x}\int_0^\delta u_x (u_\infty-u_x)\mathrm{d}y$$

式(3-6) 右侧在 $0 \to \delta$ 之间对 y 积分：

$$-\frac{1}{\rho}\int_0^\delta \frac{\partial p}{\partial x}\mathrm{d}y+\nu \int_0^\delta \frac{\partial^2 u_x}{\partial y^2}\mathrm{d}y$$

由于
$$-\frac{1}{\rho}\int_0^\delta \frac{\partial p}{\partial x}\mathrm{d}y=-\frac{\delta}{\rho}\frac{\partial p}{\partial x}$$

$$\nu \int_0^\delta \frac{\partial^2 u_x}{\partial y^2}\mathrm{d}y =\nu \frac{\partial u_x}{\partial y}\mid_0^\delta=\nu \left[\left(\frac{\partial u_x}{\partial y}\right)_{y=\delta}-\left(\frac{\partial u_x}{\partial y}\right)_{y=0}\right]$$

$$=-\nu \left(\frac{\partial u_x}{\partial y}\right)_{y=0}=\frac{\mu}{\rho}\left(\frac{\partial u_x}{\partial y}\right)_{y=0}=-\frac{\tau_\mathrm{w}}{\rho}$$

则普朗特边界层方程转化成

$$\frac{\partial}{\partial x}\int_0^\delta u_x (u_\infty-u_x)\mathrm{d}y=\frac{\delta}{\rho}\frac{\partial p}{\partial x}+\frac{\tau_\mathrm{w}}{\rho}$$

或
$$\rho \frac{\mathrm{d}}{\mathrm{d}x}\int_0^\delta u_x (u_\infty-u_x)\mathrm{d}y=\tau_\mathrm{w}+\delta \frac{\mathrm{d}p}{\mathrm{d}x}$$

上式与式(3-39) 有完全相同的形式。

3.4.2 平板层流边界层的近似解

以不可压缩流体在平壁壁面上的稳态层流为例，讨论卡门边界层积分动量方程的求解问题。

3.4.2.1 速度分布

波尔豪森根据大量的实验结果，得出平壁层流边界层内的速度分布可近似用多项式函数表示，如三次多项式，即

$$u_x = a + by + cy^2 + ey^3 \tag{3-42}$$

式中，a、b、c、e 为待定常数，这些常数可通过边界层边界上所满足的条件确定。

(1) 速度分布在边界层外部边界 $y=\delta$ 处应满足的条件 由于在边界层内的速度与外部来流速度 u_∞ 相衔接，速度的各阶导数应等于零，即

$$\begin{cases} u_x \big|_{y=\delta} = u_\infty \\ \left.\dfrac{\partial u_x}{\partial y}\right|_{y=\delta} = 0 \\ \left.\dfrac{\partial^2 u_x}{\partial y^2}\right|_{y=\delta} = 0 \\ \left.\dfrac{\partial^3 u_x}{\partial y^3}\right|_{y=\delta} = 0 \\ \cdots\cdots \end{cases}$$

(2) 速度分布在壁面 $y=0$ 处应满足的条件 首先，黏性流体在壁面上满足不滑脱条件，即$u_x\big|_{y=0}=0$；其次，将普朗特方程应用于壁面 $y=0$，由于$u_x\big|_{y=0}=0$，$u_y\big|_{y=0}=0$，得到$\left.\dfrac{\partial^2 u_x}{\partial y^2}\right|_{y=0}=0$，将普朗特方程对 y 求偏导，并应用于壁面 $y=0$，可得到$\left.\dfrac{\partial^3 u_x}{\partial y^3}\right|_{y=0}=0$。因此，为求解式(3-42)，选取以下四个边界条件，

$$\begin{cases} u_x \big|_{y=0} = 0 \\ u_x \big|_{y=\delta} = u_\infty \\ \left.\dfrac{\partial u_x}{\partial y}\right|_{y=\delta} = 0 \\ \left.\dfrac{\partial^2 u_x}{\partial y^2}\right|_{y=0} = 0 \end{cases} \tag{3-43}$$

将式(3-43) 边界条件代入式(3-42) 得到：

$$\begin{cases} a = 0 \\ b = \dfrac{3}{2\delta} \\ c = 0 \\ e = -\dfrac{u_\infty}{2\delta^3} \end{cases}$$

将 a、b、c、e 代入 $u_x = a + by + cy^2 + ey^3$，整理后得：

$$\frac{u_x}{u_\infty} = \frac{3}{2}\frac{y}{\delta} - \frac{1}{2}\left(\frac{y}{\delta}\right)^3 \tag{3-44}$$

式(3-44) 为平壁层流边界层内的速度分布。

3.4.2.2 平板层流边界层的近似解

将式(3-44) 代入式(3-40) 积分求解：

$$\int_0^\delta (u_\infty - u_x)u_x \mathrm{d}y = \int_0^\delta u_\infty^2 \frac{u_x}{u_\infty}\left(1-\frac{u_x}{u_\infty}\right)\mathrm{d}y$$

$$=u_\infty^2\int_0^\delta \left[\frac{3}{2}\frac{y}{\delta}-\frac{1}{2}\left(\frac{y}{\delta}\right)^3\right]\left\{1-\left[\frac{3}{2}\frac{y}{\delta}-\frac{1}{2}\left(\frac{y}{\delta}\right)^3\right]\right\}\mathrm{d}y$$

$$=\frac{39}{280}u_\infty^2\delta$$

即

$$\frac{39}{280}\rho u_\infty^2\frac{\mathrm{d}\delta}{\mathrm{d}x}=\tau_{\mathrm{w}} \tag{3-45}$$

积分上式，需找出 τ_{w} 和 δ 的关系，由式(3-44)，u_x 对 y 求导得：

$$\frac{\mathrm{d}u_x}{\mathrm{d}y}=\frac{3}{2}\frac{u_\infty}{\delta}-\frac{3}{2}\frac{u_\infty}{\delta^3}y^2$$

在壁面处：

$$\left.\frac{\mathrm{d}u_x}{\mathrm{d}y}\right|_{y=0}=\frac{3u_\infty}{2\delta}$$

由牛顿黏性定律：

$$\tau_{\mathrm{w}}=\mu\left(\frac{\mathrm{d}u_x}{\mathrm{d}y}\right)_{y=0}=\mu\left(\frac{3}{2}\frac{u_\infty}{\delta}\right) \tag{3-46}$$

代入式(3-45) 得

$$\frac{39}{280}\rho u_\infty^2\frac{\mathrm{d}\delta}{\mathrm{d}x}=\mu\left(\frac{3}{2}\frac{u_\infty}{\delta}\right)$$

需要说明的是，在动量积分方程左侧对 y 进行积分时，δ 作为常数处理；但在求 x 的微分时，δ 为 x 的函数，即 $\delta=\delta(x)$。

分离变量：

$$\delta\mathrm{d}\delta=\frac{39}{280}\frac{3}{2}\frac{\mu}{\rho}\frac{1}{u_\infty}\mathrm{d}x=\frac{140}{13}\frac{\mu}{\rho}\frac{1}{u_\infty}\mathrm{d}x$$

积分上式得：

$$\frac{\delta^2}{2}=\frac{140}{13}\frac{\mu}{\rho}\frac{x}{u_\infty}+C$$

$$\delta=4.64\sqrt{\frac{\mu x}{\rho u_\infty}+C}$$

应用边界条件 $x=0$ 处，$\delta=0$，得 $C=0$，代入上式得

$$\delta=4.64\sqrt{\frac{\mu x}{\rho u_\infty}}=4.64x\sqrt{\frac{\nu}{u_\infty x}}=4.64xRe_x^{-1/2}$$

即

$$\frac{\delta}{x}=4.64Re_x^{-1/2} \tag{3-47}$$

与布拉休斯解 $\dfrac{\delta}{x}=5.0Re_x^{-1/2}$ 相差约 7%。

局部壁面剪应力为：

$$\tau_{\mathrm{w}x}=\mu\left(\frac{\mathrm{d}u_\infty}{\mathrm{d}y}\right)_{y=0}=\mu\frac{3}{2}\frac{u_\infty}{\delta}=\mu\left(\frac{3}{2}\frac{u_\infty}{4.64\sqrt{\frac{\nu x}{u_\infty}}}\right)=0.323\mu u_\infty\sqrt{\frac{u_\infty}{\nu x}}=0.323\rho u_\infty^2 Re_x^{-1/2} \tag{3-48}$$

流体流过长为 L，宽度为 b 且两面浸润在流体中的平壁的总阻力为

$$F_d=b\int_0^L \tau_{wx}\,dx=b\int_0^L 0.323\,\mu u_\infty\,dx\sqrt{\frac{\nu x}{u_\infty}}=0.646b\sqrt{\mu\rho L u_\infty^3}=0.646\,\rho u_\infty^2 bLRe_L^{-1/2} \tag{3-49}$$

与布拉休斯解 $F_d=0.664bu_\infty^2\rho LRe_L^{-1/2}$ 非常接近。

距平壁前缘 x 处的局部摩擦阻力系数为

$$C_{Dx}=\frac{\tau_{wx}}{\frac{1}{2}\rho u_\infty^2}=\frac{0.323\,\rho u_\infty^2 Re_x^{-1/2}}{\frac{1}{2}\rho u_\infty^2}=0.646Re_x^{-1/2} \tag{3-50}$$

于是得平均摩擦阻力系数

$$C_D=\frac{1}{L}\int_0^L f_x\,dx=\frac{1}{L}\frac{0.646}{\sqrt{Re_x}}dx=\frac{1.292}{\sqrt{Re_L}}=1.292Re_L^{-1/2} \tag{3-51}$$

与布拉休斯解 $C_D=0.664Re_L^{-1/2}$ 非常接近，C_D 相差约 3%。上述比较说明，假定的速度分布较准确地表达了边界层中实际的速度分布情况。对于层流其它形式的速度分布，可进行类似的计算。为了将近似解与精确解比较，表 3-2 给出了多项式速度分布方程、用三角函数表示的速度分布方程计算的结果。

表 3-2 平板层流边界层近似解与精确解的比较

速度分布 $\frac{u_x}{u_\infty}$	应该满足的边界条件		$\frac{\delta}{x}Re_x^{-1/2}$	$\frac{\tau_{wx}}{\rho u_\infty^2}Re_x^{-1/2}$	$C_D Re_L^{-1/2}$
	$y=0$	$y=\delta$			
$\frac{y}{\delta}$	$u_x=0$	$u_x=u_\infty$	3.46	0.289	1.156
$2\frac{y}{\delta}-\left(\frac{y}{\delta}\right)^2$	$u_x=0$	$u_x=u_\infty$ $\frac{\partial u_x}{\partial y}=0$	5.47	0.365	1.462
$\frac{3}{2}\frac{y}{\delta}-\frac{1}{2}\left(\frac{y}{\delta}\right)^3$	$u_x=0$ $\frac{\partial^2 u_y}{\partial y^2}=0$	$u_x=u_\infty$ $\frac{\partial u_x}{\partial y}=0$	4.64	0.323	1.292
$2\frac{y}{\delta}-2\left(\frac{y}{\delta}\right)^3+\left(\frac{y}{\delta}\right)^4$	$u_x=0$ $\frac{\partial^2 u_y}{\partial y^2}=0$	$u_x=u_\infty$ $\frac{\partial u_x}{\partial y}=0$ $\frac{\partial^2 u_y}{\partial y^2}=0$	5.83	0.343	1.372
$\sin\frac{\pi y}{2\delta}$	—	—	4.79	0.327	1.310
布拉休斯解	—	—	5.0	0.332	1.328

图 3-9 绘制了三种可能的速度分布曲线，其范围是从直线到三次曲线；布拉休斯解的速度分布曲线也表示在图中。

上述比较表明，卡门边界层动量方程用于求解边界层是有效的。对于一些不能得到精确解的情况，它可以足够高地精确得到边界层的厚度和表面摩擦系数，还可以用于由速度分布求解剪应力。

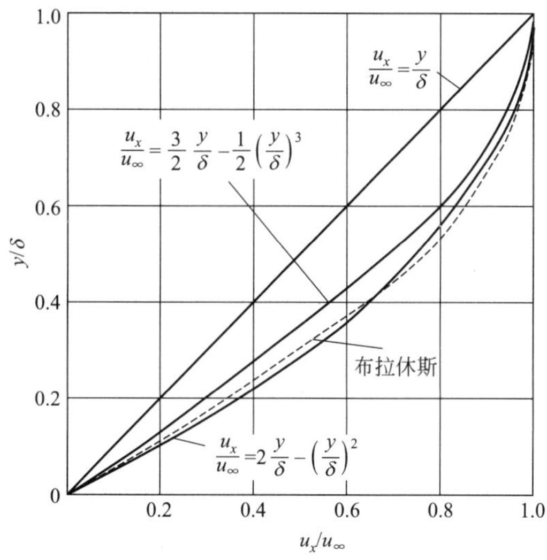

图 3-9 平壁层流边界层近似解与精确解的比较

3.5 边界层的分离

在平板层流边界层的布拉休斯解中，通常认为压力沿流动方向不变，即压力梯度是零 $\left(\frac{\mathrm{d}p}{\mathrm{d}x}=0\right)$，绕流阻力仅有摩擦阻力。但在流体沿弯曲壁面的绕流中，边界层内会伴随产生压差，从而可能导致边界层脱离物体表面，产生边界层分离现象；另外，由于弯曲壁面不再平行于来流且压力分布不均，因而壁面总阻力通常就包括摩擦阻力和形体阻力两部分。

由边界层动量方程式(3-6)，若应用壁面处的边界条件，即 $y=0$ 处，$u_x=u_y=0$，那么式(3-6) 即为：

$$\mu \left.\frac{\partial^2 u_x}{\partial y^2}\right|_{y=0}=\frac{\mathrm{d}p}{\mathrm{d}x} \tag{3-52}$$

压力梯度对于流体边界层与壁面“分离”起着重要作用，边界层分离是流体流动中一种重要的物理现象。

3.5.1 边界层分离现象

当流体绕弯曲壁面流动时，边界层内伴随产生的压差会使边界层从某一位置开始脱离物体表面，在壁面附近出现回流，这种现象称为边界层分离现象或脱体现象。以图 3-10(a) 管道突扩内的流体流动现象为例，由于流体的惯性，流动着的流体在由小管进入大管时，并不会在交界截面 $A—A'$处突然散布开来，而是逐渐地扩大，即小管壁附近流动着的流体不会继续靠着管壁沿 ABC 及 $A'B'C'$流动，而是沿 ADC 及 $A'D'C'$流动。于是在截面 $A—A'$处就产生了边界层分离现象。在被称为“死水区”的 $ABDC$ 及 $A'B'D'C'$范围内，靠近 AD 及 $A'D'$的流体将因流体黏性而被带动前进；而靠近管壁 BC 及 $B'C'$的流体则逆向流动，以补充沿 AD 及 $A'D'$流走的流体，因此就产生了强大的漩涡，故死水区通常称为漩涡区或涡流区。图 3-10(b) 图示了截面 1—1′，$A—A'$，2—2′，3—3′等处的速度分布情况。

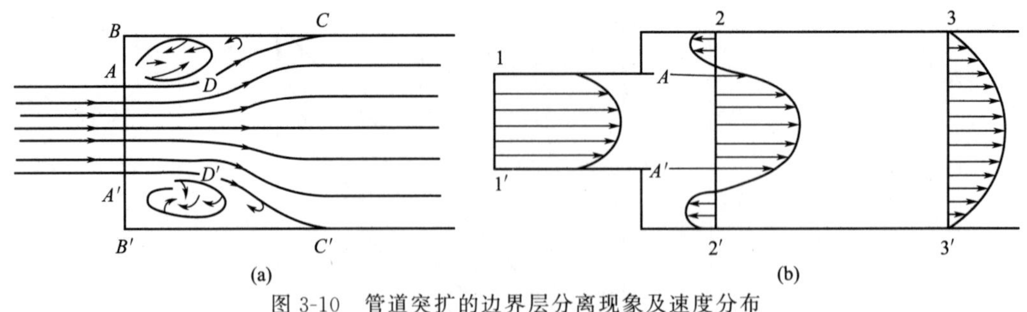

图 3-10　管道突扩的边界层分离现象及速度分布

流体流过管道突然缩小、急转弯等局部处，其漩涡区的产生情况与突然扩大处类似，见图 3-11。

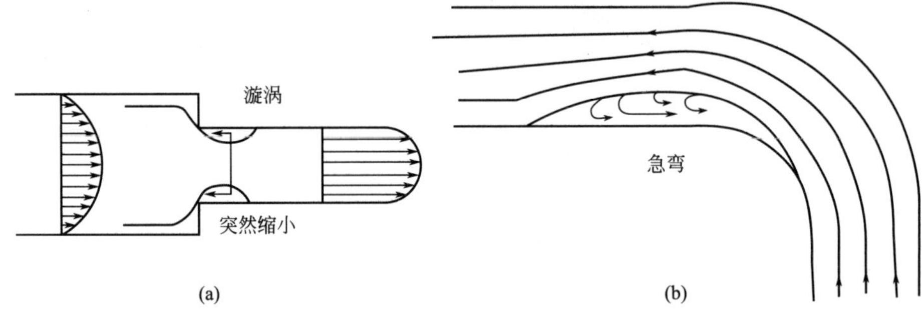

图 3-11　管道突缩（a）和弯管处（b）的边界层分离现象

由边界层分离而产生的漩涡区，具有以下特点：

① 漩涡的形成，特别是强烈漩涡的形成而引起流体相邻部分相对速度的增加，使内摩擦增大，消耗能量增加。因此，漩涡区的存在就意味着流体能量的额外损失，这就是流体流过局部地区的局部损失。

② 漩涡区所产生的大小漩涡，部分地将由主流体带至下游，使下游流体中各相邻部分的相对速度增加，能量损失比直管阻力损失大。故局部损失的外界起因虽然是局部的，然而局部漩涡区是能量损失的集中区域。但是，局部损失的完成，往往需要达到流道直径（或当量直径）的数十倍长度。同时，随着漩涡被主流体带走，漩涡区又不断产生新的漩涡。

③ 这种能量损失的大小，与漩涡区的范围以及其中的流动情况有关，如漩涡大小和生成频率等。而这些因素又受到引起局部阻力的几何形状的影响，故局部阻力又称形体阻力。由上述可知，由于边界层分离而产生的局部损失和沿壁面（或管壁）流动而产生的直管阻力损失，在产生它们的外界原因、流动状况和影响因素等方面是不相同的。但最终两者都引起能量损失，归根到底，都是由于真实流体各部分间相对运动产生黏滞力的作用，这是上述两种损失共同的内因。

④ 在漩涡区之后，流体流动截面有所扩大，流速降低。根据伯努利原理，压强增高，故漩涡区是一个低压区。

为了避免上述这种边界层的分离现象，降低局部阻力损失，流道在改变截面时，不应突然扩大或缩小，而应采用逐渐过渡的方式改变流道截面。流动在变向时，不应采用急弯，而应采用较大的曲率半径或安置适当的导向板等。

3.5.2　边界层分离的条件

边界层的分离现象不仅可以在流道发生急剧变化的局部地区，而且也可能在截面逐渐扩大（或缩小）的某处发生。图 3-12 给出了流体横向流过圆柱体时，圆柱表面上流动边界层内的速度分布情况。按照边界层理论，在任何位置上，整个边界层的压力是不变的（即$\partial p/\partial y=0$）。在图 3-12 中，x 的距离可以从圆柱面的前停滞点算起（即 x 为沿圆柱体表面的曲线坐标）。这样，边界层中的压力应该是顺着围绕圆柱势流的主流体的压力。当流体沿着圆柱前进时，由于流道是缩小的，因此压力是降低的。流体继续沿着圆柱前进时，流道逐渐扩大，压力逐渐升高。结果导致了主体的速度在圆柱体的前面是增大的，而在圆柱体背面是减小的。在边界层内的横向速度（平行于壁面的速度），将从边界层外缘的速度 u_∞减小到表面处的零值。当流体继续进行到圆柱的背面时，压力的升高导致了主流体速度和整个边界层速度的降低。

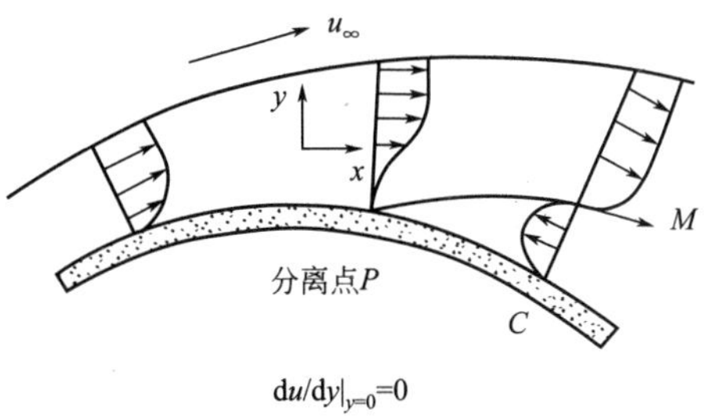

图 3-12　边界层分离示意图

由于在任意 x 位置上已假定整个边界层的压力不变，于是在边界层接近壁面的地方有可能开始有反向流动。即靠近壁面的地方，流体薄层的动量不足以克服压力的升高，当壁面上的速度梯度为零时，说明流动达到了分离点。这是因为当流体流过分离点，在边界层内靠近壁面上的流体就会发生倒流现象。于是保持原来速度方向上的流体将开始离开固体壁面，所以在分离点前后，在固体壁面上，流体流动的方向是相反的。因此作用于壁面上的剪应力的方向也相反。在分离点，其剪应力为零。即：

$$\left.\frac{\partial u}{\partial y}\right|_{y=0}=0 \tag{3-53}$$

这就是分离点必须要满足的条件。

这时在固体的表面上，存在着流向相反的两部分流体。这两部分流向相反流体的交界面称为分离面，如图 3-12 中 PM 所示。在分离面和固体表面之间的 CPM 区域，流体产生回流或漩涡而成为涡流区。在涡流区内部，流体质点进行着强烈的湍动互混，消耗能量。由于这一部分能量的损耗是由于表面形状造成边界层分离所引起，因此称为形体阻力。

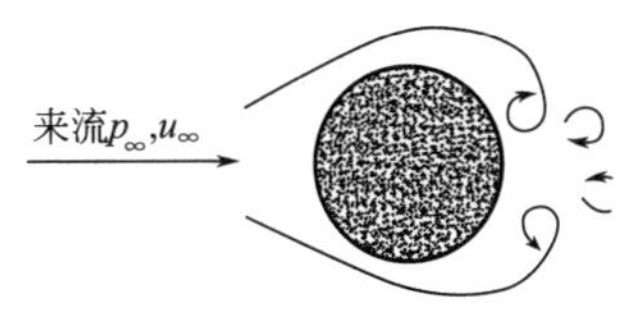

图 3-13　边界层分离后流线的变化情况

必须指出，由于产生边界层的分离，在分离点以后的流线图形必将大大改观。如图 3-13 所示，下游的流线图形有很大的不同，随之而来的是压强分布的改变，它转而又引起边界层分离条件发生变化。也即，最终的分离点的位置将取决于最终的压强分布和速度分布而不是取决于最初的流动图形。

由于边界层分离，流体绕圆柱流动时，在圆柱后半部存在不同的形态尾流，如图 3-14，主要取决于流动雷诺数。

当 $Re=\dfrac{du_\infty}{\nu}<2$ 时，呈爬流状态，如图 3-14(a) 所示，不产生漩涡；

当 $Re=2\sim40$ 时，圆柱的两边出现分离，产生两个对称的漩涡，但它们并不会都带至下游引起流体的扰动，如图 3-14(b)；

当 $Re>40$ 后的很大范围内，在如上所述的流动图形稳定化过程中，分离点将逐渐向上游移动，移动的最后位置约在 $\theta=85°$的地方，这时形成的漩涡使下游的流体受到附加扰动，如图 3-14(c) 所示；

当 $Re>2\times10^5$ 以后，圆柱表面上形成的边界层为湍流边界层。在此情况下，在湍流边

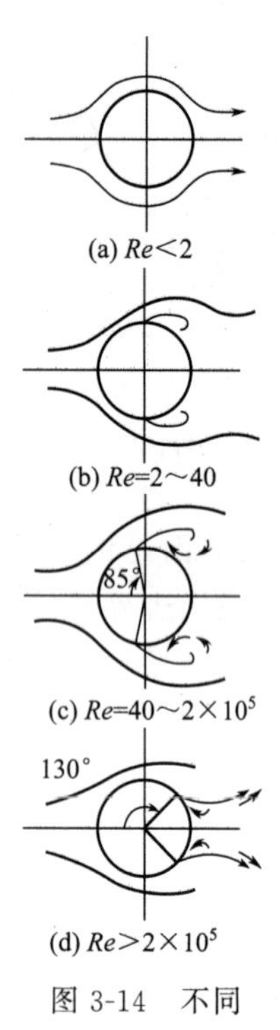

(a) $Re<2$

(b) $Re=2\sim40$

(c) $Re=40\sim2\times10^5$

(d) $Re>2\times10^5$

图 3-14 不同雷诺数的圆柱绕流

界层内，靠近壁面处，也仍然有一层流底层存在，当然这层层流底层也会被分离。由于围绕着层流底层的是湍流流体，这就有利于边界层的稳定而使其分离延迟发生。这种稳定作用的机理可理解如下：由于在湍流核心中，流体质点相互混杂，所以便于从边界层的层流底层中移去速度较慢的流体质点，而代之流速较快的流体质点，故可使湍流边界层的分离点向圆柱体的后方移动。此种解释也就同时说明了在层流边界层中，分离点为什么会向圆柱体前方移动的原因。如图 3-14(d) 所示，当 Re 数达到 2×10^5 附近时，分离点将突然后移至 $\theta=130°$。当 $Re=6.7\times10^5$ 时，分离点可移至 $\theta=140°$的地方，涡流区因此大为减小，故湍流边界层的形体阻力比层流为小。

从上面的分析，可以看出边界层分离的必要条件是：流体具有黏性，理想流体无黏性，不会形成边界层；压力沿流动方向递增，即存在逆向压力。若将平板平行置于流场中，由于无逆向压力，也不会产生边界层分离。但当垂直置于流场中时，即会在平板两端产生边界层分离。由于边界层分离，形成大量漩涡，消耗能量，所以平板在流场放置的方位不同，产生的阻力也就不同。

由于边界层分离将造成能量损失和流动阻力的增加，因此人们总是试图避免这种现象的发生。防止边界层分离的措施很多，使绕流物体流线化是其中一种，设法保持逆压梯度在一定的限度之内，不使分离发生。此外，边界层的吸出和向边界层内吹入高速流体都是避免边界层分离的措施。

3.6 本章小结与应用

3.6.1 本章小结

普朗特提出的边界层理论，在化工传递过程原理课程中具有里程碑的意义，至今仍具有广泛的理论和实际意义。边界层理论不仅对动量传递产生巨大的影响，对热量传递与质量传递也具有较大影响。边界层的特征为：

① 边界层很薄；

② 边界层内速度梯度很大，边界层内黏性不可忽略；

③ 边界层内压力沿壁面法向不变，等于外部主流区压力，即$\dfrac{\partial p}{\partial y}=0$；

④ 边界层内流向速度分布具有渐进性，$u_x\big|_{y=\delta}=0.99u_\infty$。

普朗特根据边界层的特点，采用数量级分析方法对运动方程化简获得了边界层动量微分方程 $u_x\dfrac{\partial u_x}{\partial x}+u_y\dfrac{\partial u_x}{\partial y}=\nu\dfrac{\partial^2 u_x}{\partial y^2}$，并对平壁二维稳态层流边界层进行求解得到了速度分布、边界层厚度及总阻力，列于表 3-3 中，该解称为布拉休斯解或精确解。但普朗特边界层方程及布拉休斯解只适用于平壁层流边界层等简单情形的求解，应用有限。

卡门避开运动方程，对微元体进行动量分析，获得了边界层动量积分方程。这是一种近似方法，它不要求边界层内每一点的物理量都满足边界层方程，只要求在积分意义上满足边界层方程，这种方法能快速给出实际绕流物体表面的摩擦阻力，既适用于层流，也适用于湍流。波尔豪森假定平板层流边界层的速度分布为三次多项式，采用卡门边界层动量积分方程，获得了速度分布、边界层厚度及总阻力，列于表 3-3 中。

表 3-3 平壁层流边界层的解

项目	精确解(布拉休斯解)	近似解(波尔豪森解)
基本方程	普朗特边界层动量微分方程 $u_x\dfrac{\partial u_x}{\partial x}+u_y\dfrac{\partial u_x}{\partial y}=\nu\dfrac{\partial^2 u_x}{\partial y^2}$	卡门边界层动量微分方程 $\rho\dfrac{\partial}{\partial x}\left[\int_0^\delta(u_\infty-u_x)u_x\mathrm{d}y\right]\mathrm{d}x=\tau_w$
速度分布$\dfrac{u_x}{u_\infty}$	$\xi'(\eta)$	$\dfrac{3}{2}\dfrac{y}{\delta}-\dfrac{1}{2}\left(\dfrac{y}{\delta}\right)^3$
边界层厚度 δ	$5.0x\,Re_x^{-\frac{1}{2}}$	$4.64x\,Re_x^{-\frac{1}{2}}$
局部壁面剪应力 $\tau_{w,x}$	$0.332\,\rho u_\infty^2 Re_x^{-\frac{1}{2}}$	$0.323\,\rho u_\infty^2 Re_x^{-\frac{1}{2}}$
局部摩擦阻力系数 C_{Dx}	$0.664\,Re_L^{-\frac{1}{2}}$	$0.646\,Re_x^{-\frac{1}{2}}$
平均摩擦阻力系数 C_D	$1.328\,Re_L^{-\frac{1}{2}}$	$1.292\,Re_L^{-\frac{1}{2}}$
总摩擦阻力 F_d(单面浸润)	$0.664u_\infty b\mu Re_L^{-\frac{1}{2}}$	$0.646\,\rho u_\infty^2 bLRe_L^{-\frac{1}{2}}$

从表 3-3 中可见，卡门边界层动量积分方程得出的近似解与普朗特边界层动量微分方程得到的精确解基本一致，仅常数略有区别。

边界层分离的两个必要因素是逆压梯度及壁附近的黏性摩擦。边界层分离是造成流体能量损失的主要原因之一。

3.6.2 应用举例

【例 3-1】 如果流体沿平壁流动时层流边界层的速度分布方程可采用三角函数形式：$u_x=u_\infty\sin\left(\dfrac{\pi}{2}\dfrac{y}{\delta}\right)$，试根据卡门边界层方程求：(1) 边界层厚度 δ 的表达式；(2) 由平板前缘到 L 处的总摩擦阻力 F_d 的表达式；(3) 由平板前缘到 L 处的平均摩擦阻力系数 C_D 的表达式；(4) 将上述所得结果与式(3-49)、式(3-51) 比较，并校核上述速度分布能否满足边界层的主要边界条件。

解 (1) 求边界层厚度 δ 的表达式，由给定的 u_x 表达式对 y 求导数得：

$$\frac{\partial u_x}{\partial y}=\frac{\pi}{2}\frac{u_\infty}{\delta}\cos(\frac{\pi}{2}\frac{y}{\delta})$$

由边界层动量方程

$$\rho\frac{\mathrm{d}}{\mathrm{d}x}\int_0^\delta(u_\infty-u_x)u_x\mathrm{d}y=\tau_w$$

式中右侧：

$$\tau_w=\mu\left(\frac{\partial u_x}{\partial y}\right)_{y=0}$$

即

$$\tau_w=\mu\left(\frac{\partial u_x}{\partial y}\right)_{y=0}=\mu\left[\frac{\pi}{2}\frac{u_\infty}{\delta}\cos\left(\frac{\pi}{2}\frac{y}{\delta}\right)\right]_{y=0}=\mu\frac{\pi u_\infty}{2\delta}$$

式中左侧：

$$\int_0^\delta(u_\infty-u_x)u_x\mathrm{d}y=\int_0^\delta u_\infty\sin\left(\frac{\pi}{2}\frac{y}{\delta}\right)\left[u_\infty-u_\infty\sin\left(\frac{\pi}{2}\frac{y}{\delta}\right)\right]\mathrm{d}y$$

$$=u_{\infty}^{2}\int_{0}^{\delta}\sin\frac{\pi}{2}\frac{y}{\delta}\left(1-\sin\frac{\pi}{2}\frac{y}{\delta}\right)\mathrm{d}y=u_{\infty}^{2}\left(\frac{2\delta}{\pi}-\frac{\delta}{2}\right)$$

$$=\delta u_{\infty}^{2}\left(\frac{2}{\pi}-\frac{1}{2}\right)$$

则

$$\left(\frac{2}{\pi}-\frac{1}{2}\right)\rho u_{\infty}^{2}\frac{\mathrm{d}\delta}{\mathrm{d}x}=\mu\frac{\pi u_{\infty}}{2\delta}$$

分离变量

$$\delta\mathrm{d}\delta=\frac{\pi\mu}{2\left(\frac{2}{\pi}-\frac{1}{2}\right)u_{\infty}\rho}x$$

积分上式

$$\frac{\delta^{2}}{2}=\frac{\pi\mu}{2\left(\frac{2}{\pi}-\frac{1}{2}\right)u_{\infty}\rho}\mathrm{d}x$$

得

$$\delta=4.79\sqrt{\frac{\nu x}{u_{\infty}}}$$

即

$$\frac{\delta}{x}=4.79Re_{x}^{-\frac{1}{2}}$$

比较：

$$\frac{\delta}{x}=4.64Re_{x}^{-\frac{1}{2}}$$

(2)

$$\tau_{\mathrm{w},x}=\frac{\pi\mu u_{\infty}}{2\delta}=\frac{\pi\mu u_{\infty}}{2(4.79xRe_{x}^{\frac{1}{2}})}=0.328\rho u_{\infty}^{2}Re_{x}^{-\frac{1}{2}}$$

$$F_{\mathrm{d}}=b\int_{0}^{\delta}\tau_{\mathrm{w},x}\mathrm{d}x=\int_{0}^{\delta}\frac{\mathrm{d}x}{\sqrt{x}}=0.656\rho u_{\infty}^{2}bLRe_{L}^{-\frac{1}{2}}$$

比较

$$F_{\mathrm{d}}=0.646\rho u_{\infty}^{2}bLRe_{L}^{-\frac{1}{2}}$$

(3)

$$C_{\mathrm{D}}=\frac{F_{\mathrm{d}}}{\frac{1}{2}u_{\infty}^{2}\rho Lb}=1.312\sqrt{\frac{\nu}{Lu_{\infty}}}=1.312Re_{L}^{-\frac{1}{2}}$$

比较

$$C_{\mathrm{D}}=1.292Re_{L}^{-\frac{1}{2}}$$

(4) 速度分布满足的边界层条件

$y=0$ 处，$u_x=0$

$y=\delta$ 处，$u_x=u_{\infty}$

$$\frac{\mathrm{d}u_{x}}{\mathrm{d}x}=u_{\infty}\frac{\pi}{2\delta}\cos\frac{\pi y}{2\delta},y=\delta\text{ 处},\left.\frac{\mathrm{d}u_{x}}{\mathrm{d}y}\right|_{y=\delta}=0$$

$$\frac{\mathrm{d}^{2}u_{x}}{\mathrm{d}y^{2}}=-u_{\infty}\left(\frac{\pi}{2\delta}\right)^{2}\sin\frac{\pi y}{2\delta},y=0\text{ 处},\left.\frac{\mathrm{d}^{2}u_{x}}{\mathrm{d}y^{2}}\right|_{y=0}=0$$

【例 3-2】 在光滑平板上，应用连续性方程$\frac{\partial u_x}{\partial x}+\frac{\partial u_y}{\partial y}=0$和速度分布：$\frac{u_x}{u_\infty}=\frac{3}{2}\frac{y}{\delta}-\frac{1}{2}\left(\frac{y}{\delta}\right)^3$以及边界层厚度公式 $\delta=4.64xRe_x^{-\frac{1}{2}}$ 作为 x 和 y 的函数，导出边界层内速度分量 u_y 的表达式。

解 将边界层厚度 $\delta=4.64xRe_x^{-\frac{1}{2}}$ 代入速度分布$\frac{u_x}{u_\infty}=\frac{3}{2}\frac{y}{\delta}-\frac{1}{2}\left(\frac{y}{\delta}\right)^3$ 得：

$$u_x=\frac{3u_\infty x^{-1/2}y}{2[4.64(\mu/\rho u_\infty)^{1/2}]}-\frac{u_\infty x^{-3/2}y^3}{2[4.64(\mu/\rho u_\infty)^{1/2}]^3}$$

$$\frac{\partial u_x}{\partial x}=-\frac{3u_\infty y}{4x\delta}+\frac{3u_\infty y^3}{4x\delta^3}$$

运用连续性方程，并注意到 $\delta=\delta(x)$，得

$$u_y=-\int\frac{\partial u_x}{\partial x}\mathrm{d}y=\frac{\delta u_\infty}{2x}\left[\frac{3}{4}\left(\frac{y}{\delta}\right)^2-\frac{3}{8}\left(\frac{y}{\delta}\right)^4\right]=\frac{2.32u_\infty}{Re_x^{1/2}}\left[\frac{3}{4}\left(\frac{y}{\delta}\right)^2-\frac{3}{8}\left(\frac{y}{\delta}\right)^4\right]$$

在边界层外缘 $y=\delta$ 处对应的 u_y 值为

$$u_{y,\delta}=\frac{3}{8}\frac{2.32u_\infty}{Re_x^{1/2}}=0.87u_\infty Re_x^{-1/2}$$

【例 3-3】 温度为 20℃的空气流经一平壁，边界层外的主流速度为 7.5m/s，其速度分布方程为 $\frac{u_x}{u_\infty}=\frac{3}{2}\frac{y}{\delta}-\frac{1}{2}\left(\frac{y}{\delta}\right)^3$。已知空气的动量扩散系数为 $1.5\times10^{-5}\,\mathrm{m^2/s}$，密度为 $1.2\mathrm{kg/m^3}$。试计算：(1) 离开平壁前缘 0.1m 处的边界层厚度 δ、局部摩擦阻力系数 $C_{\mathrm{D}x}$、局部壁面剪应力 $\tau_{\mathrm{w},x}$、在 0～0.1m 范围内的平均摩擦阻力系数 C_D；(2) 离开平壁前缘 0.1m，距平壁壁面的垂直距离分别为 0（壁面）、1.2mm、δmm、5mm 和无穷远处的速度 u_x 及速度梯度 $\frac{\partial u_x}{\partial y}$；(3) 若板长 0.8m，板宽 1.0m，则总摩擦阻力 F_d是多少？若将板长、板宽互换，而空气的流向不变，试问总摩擦阻力 F_d将如何改变。

解 是否能用本章平壁层流边界层相关计算公式取决于平壁上流体的流动状态是否是层流。

$$Re_x=\frac{xu_\infty}{\nu}=\frac{0.1\times7.5}{1.5\times10^{-5}}=5\times10^4<5\times10^5$$

平壁的流动为层流。计算可直接采用近似解公式。

(1) 离开平壁前缘 0.1m 处的边界层厚度

$$\delta=4.64xRe_x^{-\frac{1}{2}}=4.64\times0.1\times50000^{-0.5}=2.08\times10^{-3}\ (\mathrm{m})=2.08\ (\mathrm{mm})$$

局部摩擦阻力系数 $C_{\mathrm{D}x}$

$$C_{\mathrm{D}x}=0.646Re_x^{-\frac{1}{2}}=0.646\times50000^{-0.5}=2.9\times10^{-3}$$

局部壁面剪应力 $\tau_{\mathrm{w},x}$

$$\tau_{\mathrm{w},x}=\frac{C_{\mathrm{D}x}}{2}\rho u_\infty^2=\frac{1}{2}\times2.9\times10^{-3}\times1.2\times7.5^2=0.1\ (\mathrm{N/m^2})$$

在 0～0.1m 范围内的平均摩擦阻力系数 C_D

$$C_\mathrm{D}=1.292Re_L^{-\frac{1}{2}}=5.8\times10^{-3}$$

(2) 求离开平壁前缘 0.1m，距平壁壁面的垂直距离分别为 0（壁面）、1.2mm、δmm、5mm 和无穷远处的速度 u_x 及速度梯度 $\frac{\partial u_x}{\partial y}$。

首先由速度分布 $\frac{u_x}{u_\infty}=\frac{3}{2}\frac{y}{\delta}-\frac{1}{2}\left(\frac{y}{\delta}\right)^3$ 求 $\frac{\partial u_x}{\partial y}$。

$$\frac{\partial u_x}{\partial y}=u_\infty\left(\frac{3}{2}\frac{1}{\delta}-\frac{3}{2}\frac{y^2}{\delta^3}\right)=\frac{3u_\infty}{2\delta}\left[1-\left(\frac{y}{\delta}\right)^2\right]$$

$y=0$ 时，$u_x=0$，$\left.\dfrac{\partial u_x}{\partial y}\right|_{y=0}=\dfrac{3u_\infty}{2\delta}\left[1-\left(\dfrac{y}{\delta}\right)^2\right]\Bigg|_{y=0}=\dfrac{3u_\infty}{2\delta}=\dfrac{3\times 7.5}{2\times 2.08\times 10^{-3}}=5.4\times 10^3\ (\mathrm{s}^{-1})$

$y=1.2\mathrm{mm}$ 时，$u_x=u_\infty\left[\dfrac{3}{2}\dfrac{y}{\delta}-\dfrac{1}{2}\left(\dfrac{y}{\delta}\right)^3\right]=7.5\left[\dfrac{3}{2}\times\dfrac{1.2}{2.08}-\dfrac{1}{2}\times\left(\dfrac{1.2}{2.08}\right)^3\right]=5.8\ (\mathrm{m/s})$

$$\left.\frac{\partial u_x}{\partial y}\right|_{y=1.2\times 10^{-3}}=\frac{3\times 7.5}{2\times 2.08\times 10^{-3}}\left[1-\left(\frac{1.2}{2.08}\right)^2\right]=3.6\times 10^3\ (\mathrm{s}^{-1})$$

$y=\delta\mathrm{mm}$ 时，$u_x=u_\infty=7.5\mathrm{m/s}$，$\left.\dfrac{\partial u_x}{\partial y}\right|_{y=\delta}=0$

$y=5\mathrm{mm}$ 时，在主流区，$u_x=u_\infty=7.5\mathrm{m/s}$，$\left.\dfrac{\partial u_x}{\partial y}\right|_{y=5\times 10^{-3}}=0$

$y=\infty$时，$u_x=u_\infty=7.5\mathrm{m/s}$，$\left.\dfrac{\partial u_x}{\partial y}\right|_{y=\infty}=0$

由上可知，速度梯度$\dfrac{\partial u_x}{\partial y}$随着 y 的增加急剧下降。

（3）计算摩擦阻力

临界雷诺数 $Re_{x_c}=\dfrac{x_c u_\infty}{\nu}=5\times 10^5$

临界距离 $x_c=5\times 10^5\times\dfrac{\nu}{u_\infty}=5\times 10^5\times\dfrac{1.5\times 10^{-5}}{7.5}=1(\mathrm{m})>0.8\mathrm{m}$

因此，在层流边界层区，摩擦阻力 F_d

$$F_d=0.646(bL)Re_L^{-\frac{1}{2}}\rho u_\infty^2=0.646\times(1.0\times 0.8)\times\left(\frac{0.8\times 7.5}{1.5\times 10^{-5}}\right)^{-\frac{1}{2}}\times 1.2\times 7.5^2=0.055\ (\mathrm{N})$$

若板长为 1m，仍在层流区

$$F_d=0.646(bL)Re_L^{-\frac{1}{2}}\rho u_\infty^2=0.646\times(0.8\times 1.0)\times\left(\frac{1.0\times 7.5}{1.5\times 10^{-5}}\right)^{-\frac{1}{2}}\times 1.2\times 7.5^2=0.049\ (\mathrm{N})$$

注意，对于这类问题，一定要先根据临界雷诺数计算出临界距离，判断是层流边界层还是湍流边界层。若 $x>x_c$，则：$F_d=F_d$（层流，$0\sim x_c$）$+F_d$（湍流 $x_c\sim L$）。

3.6.3 课堂/课外讨论

3-1 讨论边界层理论的意义，并说明边界层的形成过程与特点。

3-2 叙述建立普朗特边界层微分方程的思路。

3-3 讨论卡门边界层方程的物理意义。

3-4 布拉休斯解能否用于圆柱体绕流或圆球的绕流，为什么？

3-5 当出现边界层分离现象后，能否用卡门边界层动量积分方程来求解边界层厚度？为什么？

3-6 边界层厚度的计算与哪些因素有关？雷诺数增大、边界层厚度如何变化？

3-7 举例并分析日常生活中边界层分离现象。

3.6.4 思考题

3-1 试述边界层的概念。它对于研究绕物体的流动和决定物体阻力有何作用？

3-2 如何区分层流边界层与层流底层？

3-3 “边界层厚度极薄，可以忽略不计”，这种说法是否正确？你的看法是什么？

3-4 什么是数量级分析法？说明数量级分析在边界层方程推导过程中的作用。

3-5 普朗特数量级分析和布拉休斯解，各在什么条件下适用？

3-6 爬流是否存在边界层？

3-7 当流体沿长度为 L、宽度为 b 的平壁流动时，若 $L=2b$，试问流体沿平壁长度方向流动时的摩擦阻力与沿宽度方向流动时的摩擦阻力是否相同？为什么？

3-8 有人说“壁面附近区域总是层流边界层，这里的速度等于或接近于零，速度梯度可以认为是常数，黏性剪应力也相应是常数”，试结合普朗特边界层方程对此进行分析。

3-9 当流体绕过物体运动时，在什么情况下会出现“逆压梯度”？存在逆压梯度，是否一定会产生边界层分离现象？

3-10 产生边界层分离的必要条件是什么？

习 题

3-1 65.56℃和绝对压力为 1.013×10^5 Pa 的空气以 12.192m/s 的速度沿光滑平板流动。试问在层流流动时离平板前缘多长才能使边界层厚度达到 4.7mm？已知 $\nu=0.1856\times10^{-4}\,\mathrm{m^2/s}$。

3-2 对于掠过平板的流动，应用线性速度分布$\dfrac{u_x}{u_\infty}=\dfrac{y}{\delta}$作为 x 的函数，试导出层流边界层厚度的表达式。

3-3 温度为 27℃的空气在 1.0132×10^5 Pa 下，以 2m/s 的速度流过一块平板。计算距离平板前缘 0.2m 和 0.4m 处的边界层厚度。并计算单位宽度在 $x=0.2$m 和 0.4m 之间，进入边界层的质量流率。已知空气在 27℃时黏度为 1.98×10^{-5} Pa·s，并设边界层内的速度分布为

$$u=u_\infty\left[\frac{3}{2}\frac{y}{\delta}-\frac{1}{2}\left(\frac{y}{\delta}\right)^3\right]$$

3-4 在 20℃和 1.013×10^5 Pa 下的空气，以 3.5m/s 的速度平行流过平板，试从布拉休斯的精确解和假定速度分布为 $u=u_\infty\left[\dfrac{3}{2}\dfrac{y}{\delta}-\dfrac{1}{2}\left(\dfrac{y}{\delta}\right)^3\right]$的卡门积分近似解中，比较 $x=1$m 处的边界层厚度 δ 和局部摩擦阻力系数 C_{Dx}。

3-5 某黏性流体以速度 u_∞ 稳态流过平板壁面，形成层流边界层，已知在边界层内流体的速度分布描述为：$u_x=a+b\sin(cy)$，试求：(1) 采用适当的边界条件，确定上式中的待定系数 a、b 和 c，并求速度分布的表达式；(2) 用边界层积分动量方程推导边界层厚度和平板阻力系数的计算式。

3-6 20℃的水以 0.1m/s 的流速流过一长为 3m、宽为 1m 的平板壁面。试求 (1) 距平板前缘 0.1m 位置处沿法向距壁面 2mm 点的流速 u_x、u_y；(2) 局部摩擦阻力系数 C_{Dx} 及平均摩擦阻力系数 C_D；(3) 流体对平板壁面施加的总摩擦阻力。设 $Re_{x_c}=5\times10^5$，已知水的动力黏度为$\mu=100.5\times10^{-5}$ Pa·s，密度为$\rho=998.2\,\mathrm{kg/m^3}$。

3-7 20℃的水以 1m/s 的流速流过宽度为 1m 的光滑平板表面，试求：(1) 距离平板前缘 $x=0.15$m 及 $x=0.3$m 两点处的边界层的厚度；(2) $x=0\sim0.3$m 一段平板表面上的总曳力。设 $Re_{x_c}=5\times10^5$，20℃水的物性$\rho=998.2\ \mathrm{kg/m^3}$，$\mu=100.5\times10^{-5}$ Pa·s。

3-8　设平板层流边界层的速度分布为

$$\frac{u_x}{u_\infty}=1-\mathrm{e}^{-y/\delta}$$

试用边界层积分动量方程推导边界层厚度和平板阻力系数的计算式。式中，$\delta=\delta(x)$ 是边界层厚度，u_∞是无穷远来流速度。

3-9　设流体以 u_∞流过平板时的边界层速度分布为

$$u_x=u_\infty\frac{y(2\delta-y)}{\delta^2}$$

假定为不可压缩稳态流动，试导出边界层厚度 δ 与 x 的关系式，并求平板单面上的摩擦阻力。平板长 L，宽为 b。

3-10　流体流动为不可压缩流体稳态流动，黏度为$\mu=0.731\text{Pa}\cdot\text{s}$，密度为$\rho=925\text{kg/m}^3$的油以速度为 $u_\infty=0.6\text{m/s}$ 平行地流过一块长为 0.5m、宽为 0.15m 的光滑平板，求边界层最大厚度及平板所受的摩擦阻力。

3-11　常压下温度为 20℃的空气以 5m/s 的流速流过一块宽 1m 的平板壁面。试求距平板前缘 0.5m 处的边界层厚度及进入边界层的质量流率，并计算这一段平板壁面的曳力系数和所受的摩擦曳力。已知 20℃的空气$\mu=1.81\times10^{-5}\text{Pa}\cdot\text{s}$，$\rho=1.205\text{kg/m}^3$，临界雷诺数 $Re_{x_c}=5\times10^5$，边界层内速度分布为 $u_x=u_\infty\left[\frac{3}{2}\frac{y}{\delta}-\frac{1}{2}\left(\frac{y}{\delta}\right)^3\right]$。

第 4 章
湍流运动的基本方程与湍流理论

第 2 章和第 3 章重点讨论了一维和二维层流流动的求解问题，而在实际工程问题中，湍流流动是最常见的一种流动状态，特别是化工流体输送以及伴有流动的传热、传质过程。因此，理解和研究湍流及其运动规律有着更重要的意义。

湍流是一种十分复杂的现象，从 1883 年雷诺实验算起，130 多年来，经过许多工程师和科学家的努力，取得了重大进展，但湍流理论到现在为止尚未达到成熟阶段，对湍流的物理本质还不清楚，甚至要给“湍流”一个确切的定义都很困难。鉴于湍流现象的普遍性，了解湍流对实践和理论十分重要，湍流研究仍将继续。

理解湍流包括两个方面：一是湍流本质，即湍流是怎么发生的；二是湍流发生后的运动规律。本教材着重后者，尤其关注湍流状态下的阻力规律、速度分布，湍流引起的混合、分散及其对传热、传质的影响，即运用湍流理论解决化学工程中的问题。

本章首先介绍湍流的起因、特征及处理湍流问题的方法，然后对运动方程采用时均化方法推导雷诺方程，并对光滑管、粗糙管及平壁湍流问题进行求解。

4.1　湍流概述及湍流的统计平均

4.1.1　湍流的基本特性

流体做湍流流动时，流体内部充满了漩涡，这些漩涡除了在主体流动方向上随流体运动外，还在各个方向上做无规则的随机脉动。因此，层流到湍流的转变，也就是由层流流态开始不稳定，从而产生漩涡及漩涡脱离原来的流体层做随机运动的过程。

(1) 漩涡的产生

① 黏性流体的力矩　当流体相对于固体壁面做层流流动时，各流体层之间存在着相对运动。如图 4-1 所示，黏性流体在圆管中做湍流运动，取图 4-1(a) 中相邻的三条流线（或流层），并把它局部放大，如图 4-1(b) 所示。流线②的速度最大，流线①速度次之，流线③的速度最小。流线②试图带动流线①以较快速度向下游运动，而流线③试图抑制流线①而使其减速，这样相邻流层间的剪应力对流线①就构成一对力矩，如图 4-1(c) 所示，这就是流体质点引起旋转的原因。在一定的条件下，流体质点（或流体微团）将发生旋转运动。如果大量流体质点围绕某一中心旋转，就会形成漩涡。

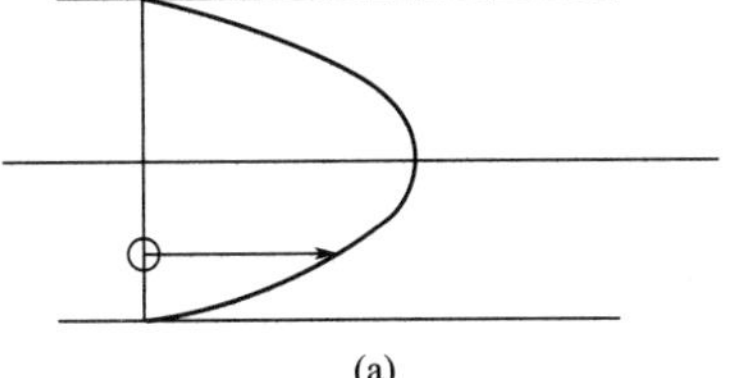

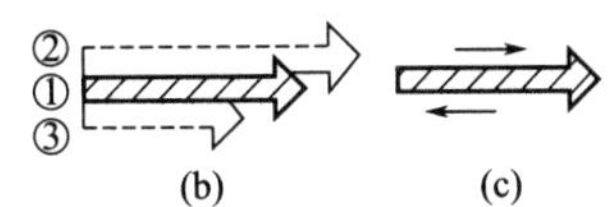

图 4-1　黏性流体流动时产生的力矩形成漩涡

② 流层的波动　由于各流体质点均具有上述引起质点旋转的条件，由质点排成的流线就有可能自发地产生波动。因两相邻质点若产生旋转的话，其接触处速度方向刚好相反，使质点产生垂直于流线方向的横向运动，如图 4-2 所示。在流层凸起的地方，其上部流层间的截

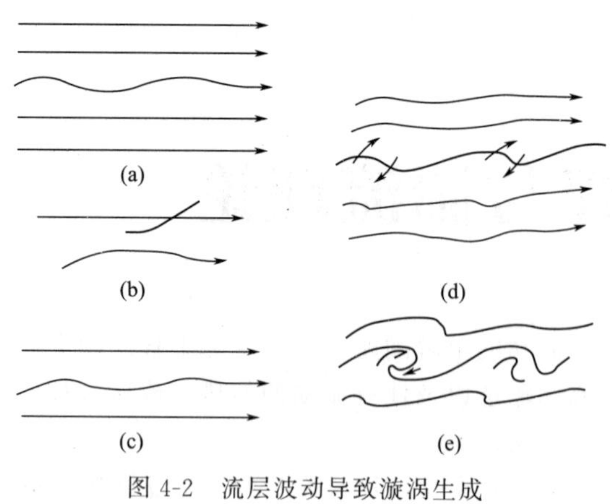

图 4-2 流层波动导致漩涡生成

面积减小而使流速增加；在凹进的地方，因其上部流层间的截面积加大而使流速减小。根据伯努利原理，流速增大之处压力减小，反之亦然，见图 4-2(b)、(c)。这样，轻微波动的流层就将承受横向压力，而后者又将加剧流层的波动，最终在横向压力和剪应力的双重作用下形成漩涡，如图 4-2(d)、(e) 所示。

③ 流道截面积改变、流体遇到障碍物和边界层分离　如图 4-3 所示，如果流道横截面积改变、或流体流动时遇到障碍物、或边界层分离，均会形成漩涡。

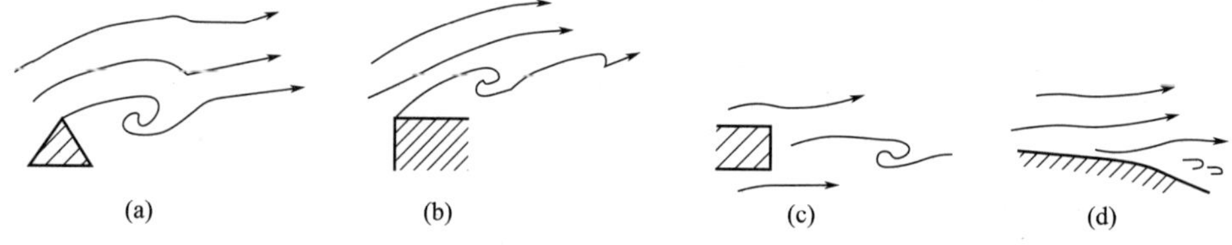

图 4-3 流体流动时流道横截面积改变、遇到障碍物或边界层分离产生漩涡

以上仅说明了漩涡产生的原因。需要说明的是：对于层流流动，上述现象在某个局部区域也会存在；但是就整体而言，流体还是层流流动。那么出现湍流的条件是什么呢？如果没有一种力能抑制漩涡的产生，则层流的稳定性将无法保持，流型将向湍流转化。另外由于层流流层间的黏性作用，它将力图保持原有的流型。例如，当圆管内的速度分布不符合抛物线规律；或层流流动中出现了有如图 4-2(a) 的波动，黏性力将增大，黏性力的作用将促使流速按抛物线规律分布或使波动平息。也即是说，如果黏性力的作用足以抑制漩涡的产生，则此时流型为稳定的层流，否则漩涡不断产生，流型就有可能从层流转变为湍流。

(2) 漩涡脱离原来的流层　如图 4-4 所示，假定漩涡顺时针旋转，由于流体的黏性，漩涡上层的流体被加速，压力下降；漩涡下层的流体，由于其运动方向与漩涡相反而被减速，压力增加。对于同一个漩涡，其顶部和底部压力差的出现，使它获得一个垂直向上的力，如果这个力足够大，漩涡就会脱离原流层而进入新流层。根据连续性原理，周围的流体就要来补充，这样各流层间必然含有大小不等的漩涡无规则地混杂运动，形成湍流。

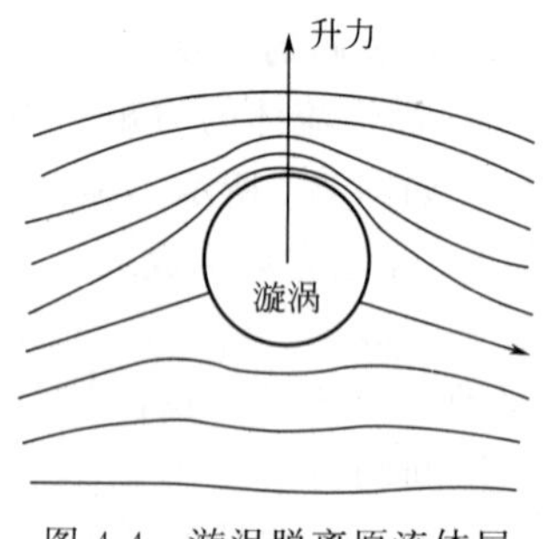

图 4-4 漩涡脱离原流体层

通过以上的分析可以得出这样的结论：流体的黏性，既是促使漩涡产生的内在原因，又是漩涡受到抑制、消失的原因。另外，流体中微小的波动也是形成湍流的重要条件。湍流的形成，除与流体自身有关以外，还有环境有关；环境的扰动，也会导致层流和湍流的相互转变。

4.1.2 临界雷诺数

对于圆管内的流体流动，管径与流速对漩涡的形成均有影响。流速越大，速度梯度越大，越易形成漩涡；管径越大，从管进口端到边界层于管中心汇合时所经过的距离越长，外界干扰使流层轻微波动产生横向压差的机会就越多，波动加剧，越易形成漩涡。流体具有黏性是产生漩涡的必要条件，但黏性越大，漩涡由原流层进入新流层所需克服的黏性阻力越大，所以流体的黏性又是漩涡转移的制约因素。根据以上的分析，雷诺通过实验用雷诺数 $Re=\frac{u_{av}d}{\nu}$ 的数值来判断流体在圆管内的流动类型。同理，若流体流经平壁，外界干扰产生横向压力和加剧波动，必与离开平壁前缘的距离有关。因此，判定平壁上的流动类型，雷诺数需用 $Re=\frac{u_{\infty}x}{\nu}$ 表示。

由层流转变为湍流的雷诺数称为临界雷诺数，管流用 Re_{cr} 表示，平壁流动用 Re_{x_c} 表示。它不是一个固定的值，依赖于外部扰动的大小。若所受的扰动小，Re_{cr} 较大；反之，Re_{cr} 较小。平壁临界雷诺数为 $2\times10^5<Re_{x_c}<3\times10^6$，为方便起见，通常取 $Re_{x_c}=5\times10^5$。但若主流中的扰动很小，或平壁表面很光滑，则临界雷诺数可以提高几个数量级。对于管流，临界雷诺数 Re_{cr} 为 2100，这是临界值的下限，即在 $Re_{cr}<2100$ 时，流体的流动状态一定是层流。

层流向湍流过渡有两个基本特征：一是边界层厚度迅速增加；二是速度分布变得较平坦，最终趋于 1/7 次方指数分布。

4.1.3　湍流的描述

4.1.3.1　瞬时量、时均量和脉动量

湍流在微观上是杂乱无章的，但在宏观上又是有序的。也就是说，单独考察湍流流体的一个质点，其某个物理量具有瞬时性和不确定性，但如果在一段时间间隔内考察湍流的主体，其物理量值却是固定的。由于这种复杂性，通常采用统计法描述湍流。以流速为例，可将湍流中任一质点的速度分解为时均速度和脉动速度。时均速度又称平均速度，它不随时间而改变，x 方向时均速度分量用 $\bar{u}_x$ 表示。脉动速度具有瞬时性，每时每刻都在变化，其波动幅度即为湍流速度的波动幅度，x 方向脉动速度分量用 u_x' 表示，如图 4-5 所示。在直角坐标系中湍流的速度可表示为：

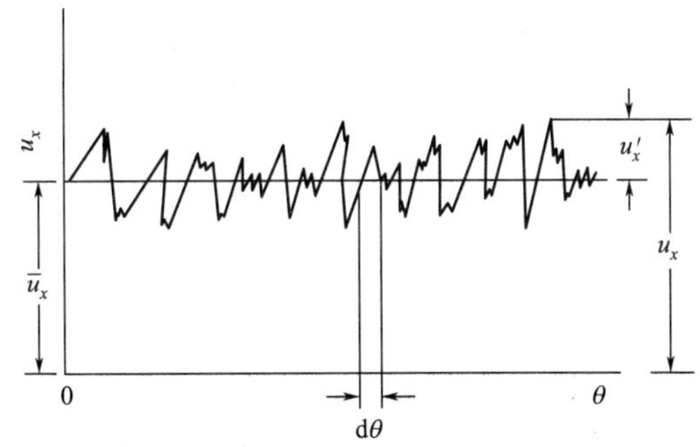

图 4-5　时均速度、脉动速度与瞬时速度的关系

$$\begin{cases} u_x=\bar{u}_x+u_x' \\ u_y=\bar{u}_y+u_y' \\ u_z=\bar{u}_z+u_z' \end{cases} \tag{4-1}$$

式中　u_x，u_y，u_z——瞬时速度在 x、y、z 方向上的分量；

$\bar{u}_x$，$\bar{u}_y$，$\bar{u}_z$——时均速度在 x、y、z 方向上的分量；

u_x'，u_y'，u_z'——脉动速度在 x、y、z 方向上的分量。

同样地对于其它物理量，如压力、密度、温度和浓度等，均可采用类似的表达式，设 $F(x,y,z,\theta)$ 代表任一物理量，采用上述对时间平均化的概念，即可写成：

$$F(x,y,z,\theta)=\overline{F}(x,y,z,\theta)+F'(x,y,z,\theta) \tag{4-2}$$

式中，$\overline{F}(x,y,z,\theta)$ 代表在点（x,y,z）处的时间平均值（称为时均值）。即：

$$\overline{F}(x,y,z,\theta)=\frac{1}{\theta}\int_0^\theta F(x,y,z,\theta)\mathrm{d}\theta \tag{4-3}$$

$F'(x,y,z,\theta)$ 称为物理量相对于时均值而言的脉动值。显然：

$$\overline{F}'(x,y,z,\theta)=\frac{1}{\theta}\int_0^\theta F'(x,y,z,\theta)\mathrm{d}\theta=0 \tag{4-4}$$

即脉动值的时均值等于零。

若时均速度 $\bar{u}$ 是常量，速度的随机脉动是围绕时均速度 $\bar{u}$ 进行的，这种时均速度 $\bar{u}$ 稳定的湍流称为稳态湍流，如图 4-6(a) 所示。若瞬时速度 u 随时间呈现出随机脉动的同时，其时均速度 $\bar{u}$ 也随时间变化，这种时均速度 $\bar{u}$ 随时间变化的湍流称为非稳态湍流，如图 4-6(b) 所示。非稳态湍流时均速度 $\bar{u}$ 的变化是因为非稳态流场中主体流动本身是随时间变化的，与随机脉动无关。

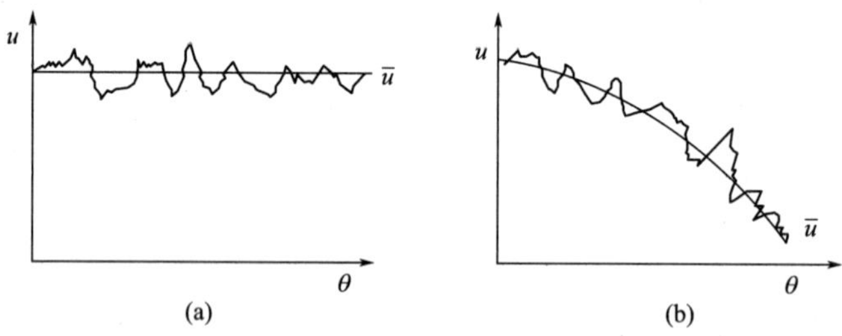

图 4-6 稳态湍流和非稳态湍流

4.1.3.2 湍动强度和湍动尺度

脉动是湍流的本质特征，故脉动速度的大小与湍流的湍动强度是密切相关的。通常，在湍流研究中，以脉动速度和时均速度之比来衡量湍流的激烈程度，称为湍动强度。

即 $$湍动强度=\frac{脉动速度}{时均速度}$$

由于 $\bar{u}'_x$、$\bar{u}'_y$、$\bar{u}'_z$ 均为零值，然而脉动速度分量绝对值的时均值$|\overline{u'_x}|$不为零，它反映了速度振幅的大小。脉动速度另一种常用的表示为$\sqrt{\overline{u'^2_x}}$，它称为均方根脉动速度。这样，湍动强度可用下式表示

$$I=\frac{\sqrt{\frac{1}{3}(\overline{u'^2_x}+\overline{u'^2_y}+\overline{u'^2_z})}}{\bar{u}_x} \tag{4-5}$$

若$\overline{u'^2_x}=\overline{u'^2_y}=\overline{u'^2_z}$，即为各向同性的湍流，

$$I=\frac{\sqrt{\overline{u'^2_x}}}{\bar{u}_x}$$

对于不同情形的湍动状况，湍动强度的数值有很大的差别。例如，流体在圆管内做湍流流动时，I 的数值一般为 1%～10%，而在边界层分离的尾流和自由喷射等湍流中，其值可高达 40%左右。

表示湍流统计特性，仅用湍流强度是不够的，正像仅用振幅不能完整地确定波的特性一样。对于给定的预时均速度的偏差，即在一定的湍流强度下，可以有无限多的脉动曲线。有的在一定时间间隔内包含大量峰值，有的则很少。湍流流场中充满着漩涡运动。湍流尺度是另一个常用的物理概念，用以描述湍流漩涡大小和运动特征，包括漩涡的长度尺度、时间尺度（寿命）和速度尺度。湍流过程就是大尺度漩涡不断分裂成小尺度漩涡，最小漩涡的尺度以黏性作用终止漩涡进一步分裂为界。本书以漩涡长度尺度为例来说明湍流尺度，表征对漩涡大小的度量，通常以相邻两点的脉动速度的相关性为基础来定义。设流场中相距为 y 的 A、B 两质点处在同一瞬间 x 方向的脉动速度为 u'_{xA}、u'_{xB}，当两点处于同一漩涡之中时，u'_{xA} 与 u'_{xB} 必然存在一定的联系；反之，当两点相距甚远，则 u'_{xA}、u'_{xB} 各自独立。u'_{xA} 和 u'_{xB} 的相关程度可表述为

$$R(y)=\frac{\overline{u'_{xA}u'_{xB}}}{\sqrt{\overline{u'^2_{xA}}}\sqrt{\overline{u'^2_{xB}}}} \tag{4-6}$$

式中，R 称为相关系数，其定义是：两不同位置（或时刻）的脉动速度乘积的平均值与脉动速度的均方根值乘积的比值。其值介于 0～1 之间，数值越大，两脉动速度之间的相关性就越显著。当两点距离 $y\to 0$，即 A、B 两点重合时，$u'_{xA}=u'_{xB}$，$R(y)=1$，称为完全相关。随着 y 值加大，由于 u'_{xA} 和 u'_{xB} 均时正时负，$\overline{u'_{xA}u'_{xB}}$ 值迅速减小，$R(y)$ 迅速降低。当 y 值增大到使 $R(y)=0$ 时，则 A、B 两点便彼此独立而无任何相关，也就是说，A、B 两点不再处于同一漩涡上。

积分式(4-6)，即可得到一个表征湍动范围和结构的特性长度，即湍动尺度 L：

$$L=\int_0^{\infty}R(y)\mathrm{d}y \tag{4-7}$$

式中的积分上限 $y\to\infty$，实际表示 $R(y)=0$ 时的 y 值。如图 4-7 所示，若 L 值较大，则 y 值较大时，$R(y)$ 仍不为零，表明距离较远的两点处于同一漩涡上，尚有相关性；反之，若 L 值较小，则 y 值较小时，$R(y)$ 即为零，表明距离较近的两点不再相关，即漩涡的尺寸很小。

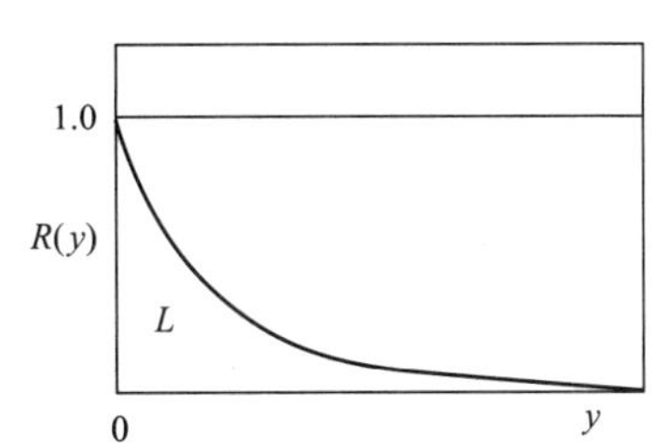

图 4-7　湍动尺度的积分求解

另外，大漩涡属于低频脉动，可认为是大尺度运动，其漩涡具有方向性且各向异性；而小漩涡则属于高频脉动，是小尺度运动，小尺度漩涡是各向同性的，即脉动无方向性。当雷诺数增大时，湍流的尺度会减小。

4.2　湍流的基本方程

无论是层流还是湍流，都必须受连续性方程、运动方程及相应的边界条件的约束。但第 1 章的连续性方程和运动方程均不能直接用于求解湍流问题，这是由于湍流极不规则，每一个流体质点的物理量都随时间和空间随机变化。但从应用出发，人们感兴趣的主要是湍流运动中各物理量的某种统计平均值，研究平均运动的变化规律。

因此，对连续性方程和运动方程进行时均值转换意味着考察各方程在 θ 时间内物理量的平均变化情况，从而获得描述湍流流动时物理量的时均值所满足的方程，即不可压缩流体做稳定湍流运动时的运动方程。这种方法称为雷诺转换，所导出的方程称为雷诺方程。

4.2.1 时均运算法则

在进行雷诺转换之前，先列出时均运算的有关法则。

设 A、B 为湍流中物理量的瞬时值；$\overline{A}$、$\overline{B}$ 为物理量的时均值；A'、B'为物理量的脉动值；即 $A=\overline{A}+A'$，$B=\overline{B}+B'$，则有

法则Ⅰ：瞬时值之和（或差）的时均值，等于各物理量时均值之和（或差），即

$$\overline{A\pm B}=\overline{A}\pm\overline{B} \tag{4-8}$$

法则Ⅱ：时均量的时均值等于原来的时均值，即

$$\overline{\overline{A}}=\overline{A} \tag{4-9}$$

若时均运动是稳态运动，式(4-9) 显然成立，若时均运动是非稳态运动，式(4-9) 意味着 $\overline{A}$ 在平均周期 $\Delta\theta$ 中不变，因为平均周期 $\Delta\theta$ 比特征时间小得多，因此在这段时间内可以近似认为 $\overline{A}$ 不变。

法则Ⅲ：脉动值的时均值等于零

$$\overline{A'}=0 \tag{4-10}$$

法则Ⅳ：脉动值乘以常数的时均值等于零

$$\overline{kA'}=k\,\overline{A'}=0 \tag{4-11}$$

法则Ⅴ：时均值与脉动值之积的时均值等于零

$$\overline{\overline{A}B'}=\overline{A}\,\overline{B'}=0 \tag{4-12}$$

法则Ⅵ：时均值与瞬时值之积的时均值，等于两个时均值之积

$$\overline{\overline{A}B}=\overline{A}\,\overline{B} \tag{4-13}$$

法则Ⅶ：两个瞬时值之积的时均值，等于两个时均值之积与两个脉动值之积的时均值之和

$$\overline{AB}=\overline{A}\,\overline{B}+\overline{A'B'} \tag{4-14}$$

证明：

$$\overline{AB}=\overline{(\overline{A}+A')(\overline{B}+B')}=\overline{\overline{A}\overline{B}+A'\overline{B}+\overline{A}B'+A'B'}=\overline{\overline{A}\overline{B}}+\overline{A'\overline{B}}+\overline{\overline{A}B'}+\overline{A'B'}=\overline{A}\,\overline{B}+\overline{A'B'}$$

法则Ⅷ：瞬时值对空间坐标各阶导数的时均值，等于时均值对同一坐标的各阶导数值，即

$$\overline{\frac{\partial A}{\partial x}}=\frac{\partial\overline{A}}{\partial x},\overline{\frac{\partial A}{\partial y}}=\frac{\partial\overline{A}}{\partial y},\overline{\frac{\partial A}{\partial z}}=\frac{\partial\overline{A}}{\partial z} \tag{4-15}$$

证明：

$$\overline{\frac{\partial A}{\partial x}}=\frac{1}{\theta}\int_0^\theta\frac{\partial A}{\partial x}\mathrm{d}\theta=\frac{\partial}{\partial x}\left(\frac{1}{\theta}\int_0^\theta A\,\mathrm{d}\theta\right)=\frac{\partial\overline{A}}{\partial x}$$

因为 x 与 θ 是相互独立的，故微分运算和积分运算的次序可交换。

由式(4-15) 可得以下结论：

$$\overline{\frac{\partial^2 A}{\partial x^2}}=\frac{\partial^2\overline{A}}{\partial x^2},\overline{\frac{\partial^2 A}{\partial y^2}}=\frac{\partial^2\overline{A}}{\partial y^2},\overline{\frac{\partial^2 A}{\partial z^2}}=\frac{\partial^2\overline{A}}{\partial z^2} \tag{4-16}$$

以及脉动值对空间坐标各阶导数的时均值等于零，即

$$\overline{\frac{\partial A'}{\partial x}}=0,\overline{\frac{\partial A'}{\partial y}}=0,\overline{\frac{\partial A'}{\partial z}}=0 \tag{4-17}$$

法则Ⅸ：瞬时值对时间导数的时均值，等于时均值对时间的导数，即

$$\overline{\frac{\partial A}{\partial \theta}}=\frac{\partial \overline{A}}{\partial \theta} \tag{4-18}$$

4.2.2　湍流连续性方程

首先对连续性方程做时均转换，为方便起见，考察不可压缩流体的流动，连续性方程为

$$\frac{\partial u_x}{\partial x}+\frac{\partial u_y}{\partial y}+\frac{\partial u_z}{\partial z}=0 \tag{4-19}$$

对湍流流动来说，式中每一项都是瞬时值，对此式求时均值，则有

$$\overline{\frac{\partial u_x}{\partial x}+\frac{\partial u_y}{\partial y}+\frac{\partial u_z}{\partial z}}\underline{\underline{\text{法则Ⅰ}}}\overline{\frac{\partial u_x}{\partial x}}+\overline{\frac{\partial u_y}{\partial y}}+\overline{\frac{\partial u_z}{\partial z}} \tag{4-20}$$

$$\underline{\underline{\text{法则Ⅷ}}}\frac{\partial \bar{u}_x}{\partial x}+\frac{\partial \bar{u}_y}{\partial y}+\frac{\partial \bar{u}_z}{\partial z}=0$$

用式(4-19)减式(4-20)得：

$$\left(\frac{\partial u_x}{\partial x}+\frac{\partial u_y}{\partial y}+\frac{\partial u_z}{\partial z}\right)-\left(\frac{\partial \bar{u}_x}{\partial x}+\frac{\partial \bar{u}_y}{\partial y}+\frac{\partial \bar{u}_z}{\partial z}\right)=\left[\frac{\partial(\bar{u}_x+u_x')}{\partial x}+\frac{\partial(\bar{u}_y+u_y')}{\partial y}+\frac{\partial(\bar{u}_z+u_z')}{\partial z}\right]-\left(\frac{\partial \bar{u}_x}{\partial x}+\frac{\partial \bar{u}_y}{\partial y}+\frac{\partial \bar{u}_z}{\partial z}\right) \tag{4-21}$$

$$=\left(\frac{\partial \bar{u}_x}{\partial x}+\frac{\partial \bar{u}_y}{\partial y}+\frac{\partial \bar{u}_z}{\partial z}+\frac{\partial u_x'}{\partial x}+\frac{\partial u_y'}{\partial y}+\frac{\partial u_z'}{\partial z}\right)-\left(\frac{\partial \bar{u}_x}{\partial x}+\frac{\partial \bar{u}_y}{\partial y}+\frac{\partial \bar{u}_z}{\partial z}\right)$$

$$=\frac{\partial u_x'}{\partial x}+\frac{\partial u_y'}{\partial y}+\frac{\partial u_z'}{\partial z}$$

$$=0$$

式(4-19)、式(4-20)、式(4-21)三式均为湍流的连续性方程，由此可见，湍流的瞬时速度、时均速度和脉动速度的散度等于零。

4.2.3　湍流时均动量方程——雷诺方程

雷诺认为：湍流的真实速度场满足运动方程，以此为前提，对运动方程进行时均化运算推导湍流时均动量方程，即雷诺方程。

考察不可压缩流体的运动方程，x 方向以应力表示的运动方程为：

$$\rho\left(\frac{\partial u_x}{\partial \theta}+u_x\frac{\partial u_x}{\partial x}+u_y\frac{\partial u_x}{\partial y}+u_z\frac{\partial u_x}{\partial z}\right)=X\rho+\frac{\partial \sigma_{xx}}{\partial x}+\frac{\partial \tau_{yx}}{\partial y}+\frac{\partial \tau_{zx}}{\partial z} \tag{4-22}$$

与此方程相对应的连续性方程式(4-19)两侧同乘以 u_x 得：

$$u_x\frac{\partial u_x}{\partial x}+u_x\frac{\partial u_y}{\partial y}+u_x\frac{\partial u_z}{\partial z}=0 \tag{4-23}$$

式(4-23)与 x 方向的运动方程(4-22)左侧括号内相加并整理得：

$$\frac{\partial u_x}{\partial \theta}+2u_x\frac{\partial u_x}{\partial x}+u_x\frac{\partial u_y}{\partial y}+u_y\frac{\partial u_x}{\partial y}+u_x\frac{\partial u_z}{\partial z}+u_z\frac{\partial u_x}{\partial z}=\frac{\partial u_x}{\partial \theta}+\frac{\partial(u_xu_x)}{\partial x}+\frac{\partial(u_xu_y)}{\partial y}+\frac{\partial(u_zu_x)}{\partial z}$$

因此，式(4-22)变为：

$$\rho\left[\frac{\partial u_x}{\partial \theta}+\frac{\partial(u_xu_x)}{\partial x}+\frac{\partial(u_xu_y)}{\partial y}+\frac{\partial(u_zu_x)}{\partial z}\right]=X\rho+\frac{\partial \sigma_{xx}}{\partial x}+\frac{\partial \tau_{yx}}{\partial y}+\frac{\partial \tau_{zx}}{\partial z} \tag{4-24}$$

对式(4-24)取时均，

$$\rho\left[\overline{\frac{\partial u_x}{\partial \theta}}+\overline{\frac{\partial (u_x u_x)}{\partial x}}+\overline{\frac{\partial (u_y u_x)}{\partial y}}+\overline{\frac{\partial (u_z u_x)}{\partial z}}\right]=\overline{X\rho}+\overline{\frac{\partial \sigma_{xx}}{\partial x}}+\overline{\frac{\partial \tau_{yx}}{\partial y}}+\overline{\frac{\partial \tau_{zx}}{\partial z}} \tag{4-25}$$

逐项进行时均运算，且稳态湍流时，$\frac{\partial \bar{u}_x}{\partial \theta}=0$：

$$\overline{\frac{\partial u_x}{\partial \theta}}=\overline{\frac{\partial (\bar{u}_x+u_x')}{\partial \theta}}=\overline{\frac{\partial \bar{u}_x}{\partial \theta}}+\overline{\frac{\partial u_x'}{\partial \theta}}=\frac{\partial \bar{u}_x}{\partial \theta}+\frac{\partial \overline{u_x'}}{\partial \theta}=0 \tag{4-26}$$

$$\overline{\frac{\partial u_x u_x}{\partial x}}=\overline{\frac{\partial (\bar{u}_x+u_x')^2}{\partial x}}=\overline{\frac{\partial (\bar{u}_x^2+2\bar{u}_x u_x'+u_x'^2)}{\partial x}}=\overline{\frac{\partial \bar{u}_x^2}{\partial x}}+\overline{\frac{\partial (2\bar{u}_x u_x')}{\partial x}}+\frac{\partial \overline{u_x'^2}}{\partial x}=\frac{\partial}{\partial x}(\bar{u}_x^2+\overline{u_x'^2}) \tag{4-27}$$

同理

$$\overline{\frac{\partial (u_y u_x)}{\partial y}}=\overline{\frac{\partial}{\partial y}[(\bar{u}_y+u_y')(\bar{u}_x+u_x')]}=\frac{\partial}{\partial y}(\bar{u}_y\bar{u}_x+\overline{u_y'u_x'}) \tag{4-28}$$

$$\overline{\frac{\partial (u_z u_x)}{\partial z}}=\overline{\frac{\partial}{\partial z}[(\bar{u}_z+u_z')(\bar{u}_x+u_x')]}=\frac{\partial}{\partial z}(\bar{u}_z\bar{u}_x+\overline{u_z'u_x'}) \tag{4-29}$$

$$\overline{X\rho}=\rho\overline{X},\overline{\frac{\partial \sigma_{xx}}{\partial x}}=\frac{\partial \overline{\sigma}_{xx}}{\partial x},\overline{\frac{\partial \tau_{yx}}{\partial y}}=\frac{\partial \overline{\tau}_{yx}}{\partial y},\overline{\frac{\partial \tau_{zx}}{\partial z}}=\frac{\partial \overline{\tau}_{zx}}{\partial z}$$

将以上结果均代入式(4-25) 得：

$$\rho\frac{\partial}{\partial x}(\bar{u}_x\bar{u}_x)+\frac{\partial}{\partial x}(\rho\overline{u_x'u_x'})+\rho\frac{\partial}{\partial y}(\bar{u}_y\bar{u}_x)+\frac{\partial}{\partial y}(\rho\overline{u_y'u_x'})+\rho\frac{\partial}{\partial z}(\bar{u}_z\bar{u}_x)+\frac{\partial}{\partial z}(\rho\overline{u_z'u_x'})$$
$$=\overline{X}\rho+\frac{\partial\bar{\sigma}_{xx}}{\partial x}+\frac{\partial\bar{\tau}_{yx}}{\partial y}+\frac{\partial\bar{\tau}_{zx}}{\partial z}$$

整理得：

$$\rho\left(\bar{u}_x\frac{\partial\bar{u}_x}{\partial x}+\bar{u}_y\frac{\partial\bar{u}_x}{\partial y}+\bar{u}_z\frac{\partial\bar{u}_x}{\partial z}\right)=\overline{X}\rho+\frac{\partial}{\partial x}(\bar{\sigma}_{xx}-\rho\overline{u_x'u_x'})+\frac{\partial}{\partial y}(\bar{\tau}_{yx}-\rho\overline{u_y'u_x'})+\frac{\partial}{\partial z}(\bar{\tau}_{zx}-\rho\overline{u_z'u_x'}) \tag{4-30}$$

同理，可以得到 z、y 方向的方程：

$$\rho\left(\bar{u}_x\frac{\partial\bar{u}_y}{\partial x}+\bar{u}_y\frac{\partial\bar{u}_y}{\partial y}+\bar{u}_z\frac{\partial\bar{u}_y}{\partial z}\right)=\overline{Y}\rho+\frac{\partial}{\partial x}(\bar{\tau}_{xy}-\rho\overline{u_x'u_y'})+\frac{\partial}{\partial y}(\bar{\sigma}_{yy}-\rho\overline{u_y'u_y'})+\frac{\partial}{\partial z}(\bar{\tau}_{zy}-\rho\overline{u_z'u_y'}) \tag{4-31}$$

$$\rho\left(\bar{u}_x\frac{\partial\bar{u}_z}{\partial x}+\bar{u}_y\frac{\partial\bar{u}_z}{\partial y}+\bar{u}_z\frac{\partial\bar{u}_z}{\partial z}\right)=\overline{Z}\rho+\frac{\partial}{\partial x}(\bar{\tau}_{xz}-\rho\overline{u_x'u_z'})+\frac{\partial}{\partial y}(\bar{\tau}_{yz}-\rho\overline{u_y'u_z'})+\frac{\partial}{\partial z}(\bar{\sigma}_{zz}-\rho\overline{u_z'u_z'}) \tag{4-32}$$

式(4-30)、式(4-31)、式(4-32) 即为流体做湍流运动的时均动量方程，即雷诺方程。

4.2.4 雷诺应力

将式(4-30) 与式(4-22) 进行比较，方程左侧二者的形式完全相同，但可以看出经过时均运算后，式(4-22) 中的速度均以时均值代替了原来的瞬时值。但方程右侧的应力除用时均值代替原来的瞬时值之外，多出三项独立附加项，即$-\rho\overline{u_x'u_x'}$、$-\rho\overline{u_x'u_y'}$、$-\rho\overline{u_x'u_z'}$，这进一步说明，流体做湍流运动时所产生的应力，除了黏性应力外还有一个附加的应力，包括法向附加应力和切向附加应力。这些附加的应力都是湍流所特有的，是由于流体质点的脉动产生的，称为雷诺应力。雷诺应力反映了湍流脉动对平均运动附加的影响。

在湍流中，除壁面附近很薄的区域之外，雷诺应力的数值比黏性应力的数值大得多，因此在许多实际场合，在绝大部分区域只需考虑雷诺应力，而忽略黏性应力。以$\overline{\tau^{r}}$表示雷诺应力，x 方向的雷诺应力为：

$$\begin{cases}\overline{\sigma_{xx}^{r}}=-\rho\overline{u_x'u_x'}\\ \overline{\tau_{xy}^{r}}=-\rho\overline{u_x'u_y'}\\ \overline{\tau_{xz}^{r}}=-\rho\overline{u_x'u_z'}\end{cases}$$

因此，湍流中的总应力$\overline{\tau_{xy}^{t}}$为黏性应力$\overline{\tau_{xy}}$与雷诺应力$\overline{\tau_{xy}^{r}}$之和。以 x 方向为例

$$\begin{cases}\overline{\sigma_{xx}^{t}}=\overline{\sigma_{xx}}+\overline{\sigma_{xx}^{r}}\\ \overline{\tau_{xy}^{t}}=\overline{\tau_{xy}}+\overline{\tau_{xy}^{r}}\\ \overline{\tau_{xz}^{t}}=\overline{\tau_{xz}}+\overline{\tau_{xz}^{r}}\end{cases}$$

在三维流动时，可以写出各雷诺应力的应力矩阵为：

$$\begin{vmatrix}-\rho\overline{u_x'u_x'} & -\rho\overline{u_y'u_x'} & -\rho\overline{u_z'u_x'}\\ -\rho\overline{u_x'u_y'} & -\rho\overline{u_y'u_y'} & -\rho\overline{u_z'u_y'}\\ -\rho\overline{u_x'u_z'} & -\rho\overline{u_y'u_z'} & -\rho\overline{u_z'u_z'}\end{vmatrix}=\begin{vmatrix}\overline{\sigma_{xx}^{r}} & \overline{\tau_{yx}^{r}} & \overline{\tau_{zx}^{r}}\\ \overline{\tau_{xy}^{r}} & \overline{\sigma_{yy}^{r}} & \overline{\tau_{zy}^{r}}\\ \overline{\tau_{xz}^{r}} & \overline{\tau_{yz}^{r}} & \overline{\sigma_{zz}^{r}}\end{vmatrix} \tag{4-33}$$

在上述矩阵中，处于对角线上的三个应力为法向雷诺应力，其余六个为切向雷诺应力。另外，所有的雷诺应力都是负值，以 x 方向的流动（$\bar{u}_y=\bar{u}_z=0$）为例进行说明，$\bar{u}_x=\bar{u}_x(y)$，且 $u_x'\neq0$，$u_y'\neq0$，$u_z'\neq0$。设某流体微团位于 A 点，此时，它所具有的时均速度为 $\bar{u}_{xA}$，由于一个负的脉动速度$-u_y'$（方向向下，与 y 轴反向）将原处于 A 点的流体微团推到 B 点，而 B 点的时均速度 $\bar{u}_{xB}$ 小于 A 点时均速度 $\bar{u}_{xA}$，此时，便会在 B 点使该处的流体微团产生一个正的脉动速度$+u_x'$，其方向向右，与 x 轴同向，从而使得 $u_y'u_x'$ 及$\overline{u_y'u_x'}$均为负值，即$-\overline{u_y'u_x'}$。反之，如果脉动速度为正值，$+u_y'$，其方向向上，与 y 轴同向。将 A 点的流体微团推到 C 点，而 C 点的时均速度 $\bar{u}_{xC}$ 大于 A 点时均速度 $\bar{u}_{xA}$，此时，又会在 C 点使该处的流体微团产生一个负的脉动速度$-u_x'$，其方向向左，与 x 轴反向，从而使得 $u_y'u_x'$ 及$\overline{u_y'u_x'}$均为负值，即$-\overline{u_y'u_x'}$。由此可知，在任何情况下，u_x' 与 u_y' 的乘积 $u_y'u_x'$ 及$\overline{u_y'u_x'}$总是一个负值。

综上所述，经过雷诺转换，得到了一组描述不可压缩流体做稳态湍流运动的方程组：

$$\begin{cases}\dfrac{\partial\bar{u}_x}{\partial x}+\dfrac{\partial\bar{u}_y}{\partial x}+\dfrac{\partial\bar{u}_z}{\partial x}=0\\ \rho\left(\bar{u}_x\dfrac{\partial\bar{u}_x}{\partial x}+\bar{u}_y\dfrac{\partial\bar{u}_x}{\partial y}+\bar{u}_z\dfrac{\partial\bar{u}_x}{\partial z}\right)=\overline{X}\rho+\dfrac{\partial}{\partial x}(\bar{\sigma}_{xx}-\rho\overline{u_x'u_x'})+\dfrac{\partial}{\partial y}(\bar{\tau}_{yx}-\rho\overline{u_y'u_x'})+\dfrac{\partial}{\partial z}(\bar{\tau}_{zx}-\rho\overline{u_z'u_x'})\\ \rho\left(\bar{u}_x\dfrac{\partial\bar{u}_y}{\partial x}+\bar{u}_y\dfrac{\partial\bar{u}_y}{\partial y}+\bar{u}_z\dfrac{\partial\bar{u}_y}{\partial z}\right)=\overline{Y}\rho+\dfrac{\partial}{\partial x}(\bar{\tau}_{xy}-\rho\overline{u_x'u_y'})+\dfrac{\partial}{\partial y}(\bar{\sigma}_{yy}-\rho\overline{u_y'u_y'})+\dfrac{\partial}{\partial z}(\bar{\tau}_{zy}-\rho\overline{u_z'u_y'})\\ \rho\left(\bar{u}_x\dfrac{\partial\bar{u}_z}{\partial x}+\bar{u}_y\dfrac{\partial\bar{u}_z}{\partial y}+\bar{u}_z\dfrac{\partial\bar{u}_z}{\partial z}\right)=\overline{Z}\rho+\dfrac{\partial}{\partial x}(\bar{\tau}_{xz}-\rho\overline{u_x'u_z'})+\dfrac{\partial}{\partial y}(\bar{\tau}_{yz}-\rho\overline{u_y'u_z'})+\dfrac{\partial}{\partial z}(\bar{\sigma}_{zz}-\rho\overline{u_z'u_z'})\end{cases}$$

上述方程组与层流条件下的方程组，其边界条件有相同之处，也有不同之处。流体做湍流运动时，在固体壁面处，所有的时均速度分量和时均脉动分量均不存在，因而雷诺应力项不存在，只有黏性应力起作用，这是两种流型在边界条件上的相同之处。在毗邻壁面处，雷

诺应力虽然开始起作用，但其作用比黏性应力小得多，离壁面越远，雷诺应力越大，在离壁面更远处，雷诺应力的作用比黏性应力大。总之，在层流底层，起作用的是黏性应力，在湍流核心，起作用的是雷诺应力，而在过渡层，黏性应力和雷诺应力均不能忽略。

在上述方程组中方程的个数只有四个，而未知数却有十个，即 $\bar{u}_x$，$\bar{u}_y$，$\bar{u}_z$，p 和六个雷诺应力项，即三个法向雷诺应力$\overline{\sigma_{xx}^{r}}$、$\overline{\sigma_{yy}^{r}}$、$\overline{\sigma_{zz}^{r}}$和三个切向雷诺应力$\overline{\tau_{xy}^{r}}$、$\overline{\tau_{xz}^{r}}$、$\overline{\tau_{yz}^{r}}$（根据剪应力的成对性$\overline{\tau_{yx}^{r}}=\overline{\tau_{xy}^{r}}$、$\overline{\tau_{zx}^{r}}=\overline{\tau_{xz}^{r}}$、$\overline{\tau_{zy}^{r}}=\overline{\tau_{yz}^{r}}$），所以该方程组是不封闭的。为了使方程组有确定的解，要设法找到雷诺应力与时均速度之间的关系，使方程数和未知变量数相等，才能求出该方程组的特定解。正如以应力表示的运动方程，只有当补充了广义牛顿定律，才导出了运动方程。找到这种关系有两种途径：一是湍流统计法，试图利用统计数学的方法及概念来描述流场，探讨脉动值的变化规律，研究湍流内部的结构，从而建立湍流运动的封闭方程。目前只在各向同性湍流研究方面获得了一些比较满意的结果，但距离应用于实际问题还相差甚远。二是湍流的半理论半经验模型，它是根据一些假设及实验结果建立雷诺应力和时均速度之间的关系，从而建立起封闭方程组。半理论半经验模型在理论上具有很大的局限性及缺陷，但在一定条件下往往能够得出与实际符合得较满意的结果，因此在工程技术中得到广泛的应用。半理论半经验模型包括普朗特混合长理论、泰勒涡量转移理论、卡门相似理论等。其基本思想都是建立关于雷诺应力的模型假设，使湍流运动方程组得以封闭，进而求解。本书主要介绍普朗特混合长理论。

4.3 普朗特混合长理论

4.3.1 涡黏性假设

布西内斯克（Joseph Valentin Boussinesq）提出，由流体微团动量横向传递产生的雷诺应力与黏性应力的产生有类似之处，既然黏性应力可以用牛顿黏性定律表示，那么雷诺应力也可用类似的形式来表示，即

$$\overline{\tau_{yx}^{r}}=\rho\nu_{e}\frac{d\bar{u}_x}{dy} \tag{4-34}$$

式中，$\overline{\tau_{yx}^{r}}$为雷诺应力，其值等于$-\rho\overline{u_y'u_x'}$；ρ为流体的密度；ν_e为涡流运动黏度或涡流动量扩散系数，m^2/s。

涡流运动黏度ν_e与运动黏度ν所表达的含义相同，但二者的本质是不同的。ν_e远大于ν，因此除固体壁面附近外，黏性应力与雷诺应力相比常可忽略。还需注意，ν_e不是流体的物性，而与雷诺数、流场中的位置、时均速度的大小、管壁粗糙度等因素有关，随时间、空间的变化很大，甚至有数量级上的差异。湍流时的阻力与速度平方成正比，从式(4-34)可以推知，ν_e将随着速度的一次方变化。由于壁面附近的湍流脉动为零，故雷诺应力也为零，因此，壁面处ν_e必须为零。

但涡流黏度ν_e不能用理论计算求得，并未解决雷诺应力的定量计算问题，必须建立涡流黏度与其它因素的关系式是应用能否成功的关键，否则不能解决实质问题。普朗特混合长理论的问世，才赋予式(4-34)实际意义。

4.3.2 普朗特混合长理论

混合长理论是普朗特于1925年提出的。其基本思想是：湍流中流体微团的不规则运动

与气体分子的热运动相似，因此，可借用分子运动论中建立黏性应力与速度梯度之间的关系的方法来研究湍流中雷诺应力与时均速度之间的关系。普朗特按照此想法引进了一个与气体分子平均自由程相对应的概念——混合长度 l，并在此基础上建立了一个比式(4-34) 更直观的湍流模型。

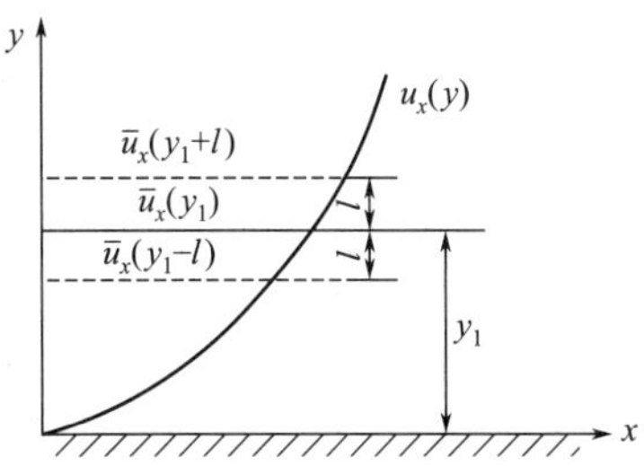

图 4-8　混合长度与时均速度的关系

如图 4-8 所示，由于横向脉动，速度为 $\bar{u}_x(y_1-l)$ 的流体微团，在横向被排挤一段距离 l，自 y_1-l 层到达新的位置 y_1，在经历这段路程期间，流体微团保持着自己原来的动量，所以在新的位置 y_1 处，它的速度小于周围流体的速度，速度差为

$$\Delta u_{x_1}=\bar{u}_x(y_1)-\bar{u}_x(y_1-l)\approx l\left.\frac{\mathrm{d}\bar{u}_x}{\mathrm{d}y}\right|_{y=y_1} \tag{4-35}$$

上式是将 $\bar{u}_x(y_1-l)$ 展开成泰勒级数，忽略高阶导数各项得到的。在这一横向运动中，$u_y'>0$。类似地，$u_y'<0$ 时，流体微团从 y_1+l 处到 y_1，它的速度超过周围流体的速度，速度差为

$$\Delta u_{x2}=\bar{u}_x(y_1+l)-\bar{u}_x(y_1)\approx l\left.\frac{\mathrm{d}\bar{u}_x}{\mathrm{d}y}\right|_{y=y_1} \tag{4-36}$$

上述流层间速度差主要由流体微团脉动引起，可近似地用 u_x' 表示，即

$$u_x'\approx l\frac{\mathrm{d}\bar{u}_x}{\mathrm{d}y} \tag{4-37}$$

根据质量守恒定律，流体微团在 y 方向上的脉动速度 u_y' 应与在 x 方向上的脉动速度 u_x' 具有大致相同的数量级，而二者的正负则由流体微团脉动的方向和速度梯度的正负确定，可近似地表示为

$$u_y'=\pm u_x' \tag{4-38}$$

故雷诺应力可近似地表示为

$$\overline{\tau_{yx}^{\mathrm{r}}}=-\rho\overline{u_y'u_x'}=\rho l^2\left(\frac{\mathrm{d}\bar{u}_x}{\mathrm{d}y}\right)^2 \tag{4-39}$$

由于 $\overline{\tau_{yx}^{\mathrm{r}}}$ 与 $\frac{\mathrm{d}\bar{u}_x}{\mathrm{d}y}$ 同号，为了使得等式两边符号一致，上式应改写为；

$$\overline{\tau_{yx}^{\mathrm{r}}}=\rho l^2\left|\frac{\mathrm{d}\bar{u}_x}{\mathrm{d}y}\right|\frac{\mathrm{d}\bar{u}_x}{\mathrm{d}y} \tag{4-40}$$

式(4-40) 为普朗特混合长公式。可见其类似于黏性应力与速度梯度之间关系，从而为雷诺应力的计算奠定了基础。式(4-40) 式与式(4-34) 比较可知

$$\nu_{\mathrm{e}}=l^2\left|\frac{\mathrm{d}\bar{u}_x}{\mathrm{d}y}\right| \tag{4-41}$$

此式反映了涡流运动黏度与混合长之间的关系。显然，涡流黏度必为正值。式(4-41) 看起来只不过用混合长 l 代替了 ν_{e}，似乎并未解决涡流黏度获得的问题。但与 ν_{e} 相比有其方便之处，因为对混合长合理的假设要比对涡流黏度作出假设容易得多，也更形象化。在许多情况下，可以确定混合长与流场特征长度之间的简单关系。例如，l 的数值总不会大于流道尺寸；沿光滑壁面流动时，在壁面上 $l=0$；在壁面附近，l 正比于离开壁面的距离。沿粗糙壁面时，在壁面附近，混合长与粗糙峰有同样的数量级等。

4.3.3 普朗特混合长理论应用于无限大平壁湍流流动

设无限大平壁上充满着不可压缩的黏性流体，流体在等压条件下沿壁面做稳态湍流运动。若壁面上的剪应力 τ_w 为已知，求湍流运动的速度分布。

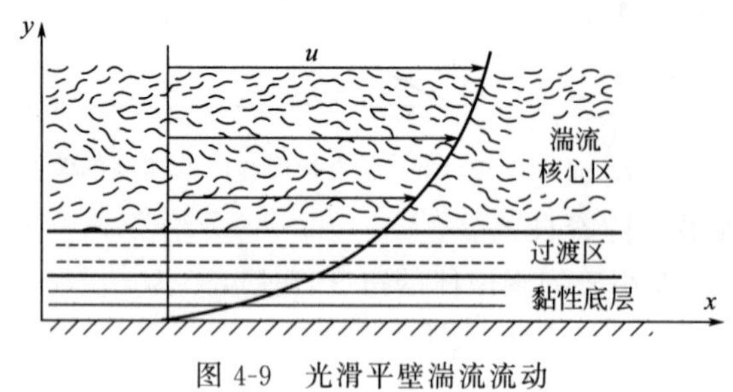

图 4-9 光滑平壁湍流流动

取壁面上任一点为原点，x 轴与平壁重合，y 轴垂直于平壁且指向流体内部，如图 4-9 所示。显然时均速度与 x 轴无关，即：$\bar{u}_x=\bar{u}_x(y)$。动量传递仅在 y 方向上进行，雷诺方程简化为：

$$\mu\frac{d^2\bar{u}_x}{dy^2}+\frac{d(-\rho\overline{u'_y u'_x})}{dy}=0 \quad (4\text{-}42)$$

为了方便，以下计算省略时均物理量上的横线“—”并去掉 u_x 下标 x，上式可写成：

$$\mu\frac{d^2u}{dy^2}+\frac{d\tau^r_{yx}}{dy}=0$$

积分上式：

$$\mu\frac{du}{dy}+\tau^r_{yx}=C$$

其中 C 为积分常数。在壁面 $y=0$ 处，$u'_x=u'_y=0$，且 $\tau=\mu\frac{du}{dy}=\tau_w$。于是 $C=\tau_w$，代入后得：

$$\mu\frac{du}{dy}+\tau^r_{yx}=\tau_w \quad (4\text{-}43)$$

下面对湍流边界层中不同区域，对式(4-43) 进行求解。

在紧靠壁面的层流底层区域内，τ^r_{yx} 很小，而 $\mu\frac{du}{dy}$ 有较大的值，因此黏性应力起主导作用，可以忽略 τ^r_{yx} 项，这与前面从传递机理着手分析的结果相符合。在层流底层以外的区域内，τ^r_{yx} 较 $\mu\frac{du}{dy}$ 大得多，因此可以完全忽略黏性应力的作用，这时流体处于完全湍流状态的湍流核心区域。在层流底层和湍流核心之间有一个过渡区，这里黏性应力和雷诺应力同等重要。当 Re 很大时，过渡区的尺寸很小，可以忽略不计。此时可以认为层流底层和湍流核心在边界上直接相连。下面分别求层流底层和湍流核心两个区域内的解。

(1) 层流底层 式(4-43) 简化为

$$\mu\frac{du}{dy}=\tau_w$$

积分得

$$u=\frac{\tau_w}{\mu}y+C_1$$

由边界条件 $y=0$ 处，$u=0$，得 $C_1=0$。于是

$$u=\frac{\tau_w}{\mu}y \quad (4\text{-}44)$$

即 u 正比于 y，成直线关系。上式亦可写成：

$$u=\frac{\tau_w}{\mu}y=\frac{\tau_w}{\rho}\frac{y}{\nu} \tag{4-45}$$

若令 $u^*=\sqrt{\tau_w/\rho}$，u^* 具有速度的量纲，单位 m/s，u^* 称为摩擦速度。式(4-45) 可改写为：

$$\frac{u}{u^*}=\frac{u^* y}{\nu} \tag{4-46}$$

将式(4-46) 中左侧的无量纲速度比 $\frac{u}{u^*}$ 表示为 u^+，右侧中的无量纲数群 $\frac{u^* y}{\nu}$ 表示成 y^+，即无量纲距离，y^+ 具有雷诺数的形式。于是层流底层中的速度分布方程式(4-46) 可表示为：

$$u^+=y^+ \tag{4-47}$$

(2) 湍流核心区　普朗特推断，靠近壁面附近湍流应力近似为常数，且近似等于壁面应力 τ_w。这样，式(4-43) 被简化为

$$\tau_{yx}^r=\tau_w$$

由普朗特混合长式(4-40)

$$\tau_{yx}^r=\rho l^2\left(\frac{du}{dy}\right)^2=\tau_w$$

即

$$l\frac{du}{dy}=\sqrt{\frac{\tau_w}{\rho}}=u^* \tag{4-48}$$

这样，雷诺应力与速度梯度和混合长联系在一起。对于固体壁面附近的湍流，普朗特假定混合长 l 与离壁面的距离 y 成正比，即

$$l=\kappa y \tag{4-49}$$

其中，κ 为卡门常数，实验结果如图 4-10 所示。对于光滑管壁 $\kappa=0.4$，对于光滑平壁 $\kappa=0.417$。

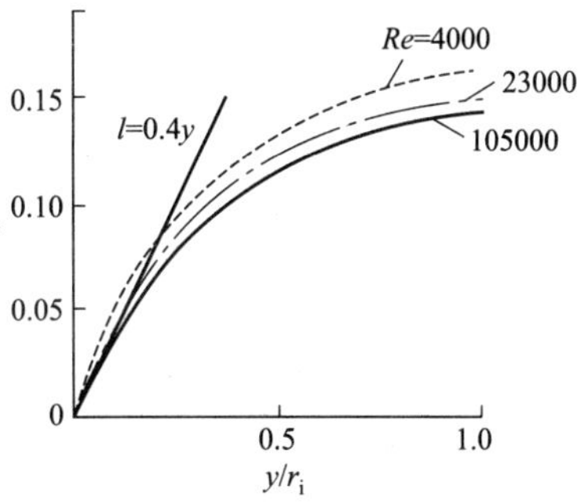

图 4-10　圆管内混合长随径向距离的变化

根据普朗特的假设，当 $y=0$ 时，$l=0$，即 $\tau_{yx}^r=0$。将式(4-49) 代入式(4-48) 得：

$$\frac{du}{dy}=\frac{u^*}{\kappa}\frac{1}{y}$$

积分得

$$u=\frac{u^*}{\kappa}\ln y+C_2 \tag{4-50}$$

将上式转化：

$$\frac{u}{u^*}=\frac{1}{\kappa}\ln y+C_2=\frac{1}{\kappa}\ln\frac{u^* y}{\nu}-\frac{1}{\kappa}\ln\frac{u^*}{\nu}+C_2=\frac{1}{\kappa}\ln\frac{u^* y}{\nu}+C_3$$

即

$$u^+=\frac{1}{\kappa}\ln y^+ +C_3 \tag{4-51}$$

上式中常数 $C_3=-\frac{1}{\kappa}\ln\frac{u^*}{\nu}+C_2$，由实验确定。

式(4-51) 表明，湍流核心区速度按对数曲线分布，它和层流底层中按直线分布有很大

不同。

综上所述，对于平壁湍流流动，其速度分布为：

$$\begin{cases} u^+ = y^+ (\text{层流底层}) \\ u^+ = \dfrac{1}{\kappa}\ln y^+ + C (\text{湍流核心区}) \end{cases} \tag{4-52}$$

大量实验研究表明，式(4-52) 不仅对平壁湍流适用，对圆管中的湍流流动也是适用的，关键在于由实验确定的积分常数 C 的差异。

4.4 圆管中的稳态湍流

在工程上遇到的湍流运动中，圆管内的运动具有特别重要的意义。这不仅因为它在工程中应用得非常广泛，而且也因为它所揭示的规律对于理解更为复杂的湍流运动也有很大的帮助。

4.4.1 光滑管中的湍流

考察离进口较远、速度已充分发展的稳态湍流运动区域，如图 4-11 所示。已知圆管直径 d，流体密度 ρ，运动黏度 ν，体积流量 q_V，现求圆管内的速度分布和流动阻力。

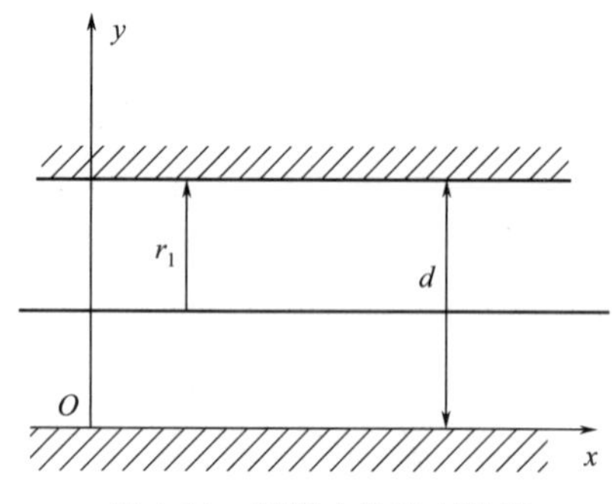

图 4-11 圆管内的稳态湍流

流体在管内做湍流流动时，当流动边界层充分发展以后有三个区域——层流底层、过渡区、湍流核心区。同平壁壁面上流动一样，在这三个区域内不仅速度分布规律不一样，而且动量传递的机理亦不一样。在管道中心部分的湍流核心区，剪应力约等于雷诺应力；在靠近管的层流底层中，湍动的影响可以忽略，剪应力仅由黏性产生；在过渡区内，二者的影响都不能忽略。

4.4.1.1 通用速度分布——壁面律

尼古拉德西、理查德-莫兹费尔德、理查德-斯邱对不可压缩黏性流体在细长光滑圆管内的湍流运动进行了大量的实验研究，如图 4-12 所示。显然湍流核心区的速度分布在 u^+-$\ln y^+$ 图上是一条直线，其斜率为 $\dfrac{1}{\kappa}=2.5$。同时，湍流核心区的速度分布曲线和层流底层速度分布曲线相交于 $u^+=y^+=11.5$，由此可得，式(4-51) 中的常数 $C_3=5.5$。最终可得湍流核心区的速度分布为

$$u^+ = 2.5\ln y^+ + 5.5 \tag{4-53}$$

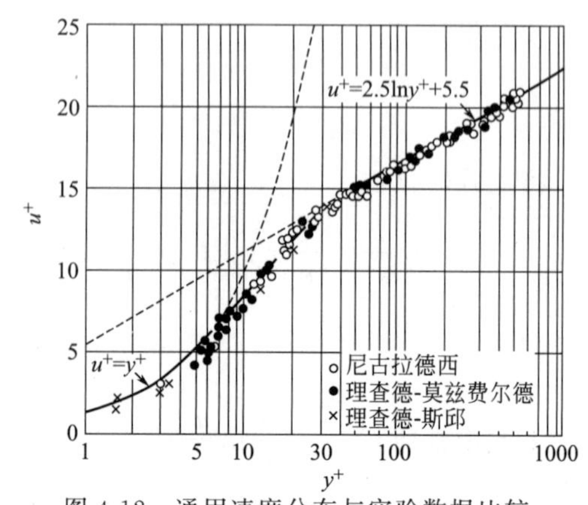

图 4-12 通用速度分布与实验数据比较

从图 4-12 可见，与实验数据相比，上述速度分布在层流底层和湍流核心区的区域误差较大。为此，冯·卡门认为在层流底层和湍流核心区之间还有一层缓冲层，这样，提出了光滑管通用速度分布方程为

层流底层：$u^+=y^+$，$y^+\leqslant 5$

缓冲层：$u^+=5\ln y^+-3.05$，$30\geqslant y^+\geqslant 5$

湍流核心区：$u^+=2.5\ln y^++5.5$，$y^+\geqslant 30$

上述速度分布称为通用速度分布或壁面律。

必须指出，上述速度分布也存在不合理之处：

① 在两层的交汇处，速度分布的规律发生变化，即转折点处的速度梯度是不连续的；

② 在圆管中心处，由于流动的对称性，速度梯度应等于零，但上述速度分布明显违背这一事实。

尽管如此，通用速度分布方程完全能够满足工程计算的要求。

若壁面剪应力 τ_w 或摩擦速度 u^* 已知，可采用通用速度分布方程计算湍流边界层各层的厚度。

对于层流底层，$y^+\leqslant 5$，故其厚度 δ_l 为：

$$\delta_l=\frac{5\nu}{u^*} \tag{4-54}$$

缓冲层，$y^+\leqslant 30$ 厚度 δ_b 为：

$$\delta_b=\frac{30\nu}{u^*}-\delta_l=\frac{25\nu}{u^*} \tag{4-55}$$

湍流边界层的厚度为管半径，因此湍流核心区的厚度

$$\delta_t=r_i-\delta_b-\delta_l \tag{4-56}$$

此外，若某一位置 y 已知，可根据 $y^+=\dfrac{u^*y}{v}$ 计算 y^+，根据 y^+ 选择速度分布，计算该位置处的流速；又或者已知某一流速，假定其位置并选定方程进行位置计算再校核。

4.4.1.2　用平均速度 u_{av} 表示的速度分布及范宁摩擦因子

在通用速度分布方程中，速度为局部速度 u，对于计算流体阻力和范宁摩擦因子十分不便，为此，常改用平均流速 u_{av} 代替 u，根据定义：

$$u_{av}=\frac{1}{\pi r_i^2}\int_0^{r_i}u2\pi(r_i-y)\mathrm{d}y=\int_0^{r_i}2u\left(1-\frac{y}{r_i}\right)\mathrm{d}\frac{y}{r_i} \tag{4-57}$$

因为层流底层和过渡层厚度非常小，所以在求 u_{av} 时可以用式(4-53) 代替真实的速度分布，产生的误差可忽略不计。将式(4-53) 代入式(4-57) 得

$$\frac{u_{av}}{u^*}=2.5\ln\frac{r_iu^*}{\nu}+1.75 \tag{4-58}$$

若 u_{av}、r_i、ν 均为已知，根据式(4-58) 可求出摩擦速度 u^*，再根据摩擦速度定义式 $u^*=\sqrt{\dfrac{\tau_w}{\rho}}$ 可求出壁面剪应力 τ_w，进而根据范宁摩擦因子定义式求出 f。

此外，由式(4-53) 求出管中心处的最大速度 u_{max} 为

$$\frac{u_{max}}{u^*}=2.5\ln\frac{r_iu^*}{\nu}+5.5 \tag{4-59}$$

将式(4-59) 与式(4-58) 相减得：

$$\frac{u_{max}-u_{av}}{u^*}=3.75 \tag{4-60}$$

式(4-60) 称为速度衰减定律。

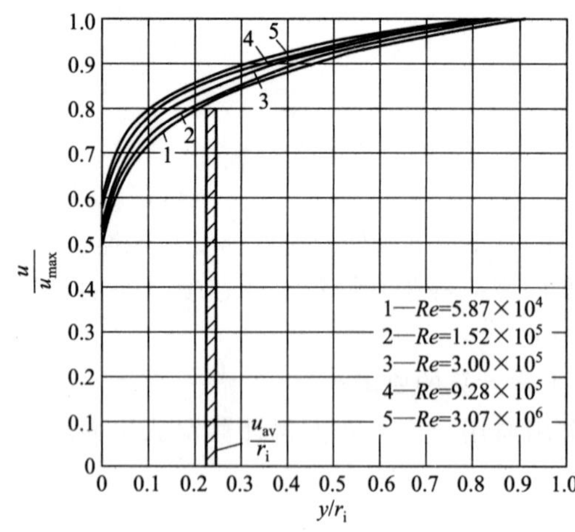

图 4-13 圆管内指数形式的速度分布

4.4.1.3 指数型速度分布

光滑管中湍流时的速度分布也可根据经验的 $1/n$ 次方定律求得：

$$\frac{u}{u_{\max}}=\left(\frac{y}{r_{\mathrm{i}}}\right)^{1/n} \tag{4-61}$$

尼古拉德西对此进行了大量实验，将水在黄铜管中的速度分布与雷诺数的关系示于图 4-13 中。由图可见，对相同的 y/r_{i} 值，随着 Re 增加，$u/u_{\max}$ 亦加大，故 n 值随 Re 而变。不同 Re 下的 n 值由实验测定，见表 4-1。和层流 $u_{\mathrm{av}}/u_{\max}=0.5$ 相比较，可以看出湍流时速度分布较为均匀，且 Re 越大，速度分布越均匀。

表 4-1 不同雷诺数下的指数和平均流速与最大流速之比

Re	n	$u_{\mathrm{av}}/u_{\max}$	Re	n	$u_{\mathrm{av}}/u_{\max}$
4×10^3	6.0	0.791	1.1×10^6	8.8	0.850
2.3×10^3	6.6	0.807	2.0×10^6	10.0	0.865
1.1×10^5	7.0	0.817	3.2×10^6	10.0	0.865

表 4-1 中 u_{av} 是管横截面上的平均速度，由平均速度的定义

$$u_{\mathrm{av}}=\frac{1}{A}\iint_A u\,\mathrm{d}A$$

将式(4-61) 代入得

$$\frac{u_{\mathrm{av}}}{u_{\max}}=\frac{2n^2}{(n+1)(2n+1)} \tag{4-62}$$

布拉休斯在大量实验的基础上提出了管内湍流流动时管壁壁面上剪应力 τ_{w} 为：

$$\tau_{\mathrm{w}}=0.079\,\frac{\rho u_{\mathrm{av}}^2}{2}Re^{-1/4} \tag{4-63}$$

由

$$f=\frac{2\tau_{\mathrm{w}}}{\rho u_{\mathrm{av}}^2}$$

得

$$f=0.079\,Re^{-1/4} \tag{4-64}$$

式(4-64) 称为布拉休斯公式，适用于 $Re<1.1\times10^5$。

在等温流动系统中，流体的密度ρ 和黏度μ 为常数。又假定了层流底层厚度很薄，则可认为，在该区域内的速度呈直线分布，即 τ_{w} 为常数。于是式(4-64) 可写成：

$$\tau_{\mathrm{w}}=0.0395\,\rho u_{\mathrm{av}}^2 u_{\mathrm{av}}^{-1/4}(2r_{\mathrm{i}})^{-1/4}\nu^{1/4}=0.03325\,\rho u_{\mathrm{av}}^{7/4}\nu^{1/4}r_{\mathrm{i}}^{-1/4}$$

即

$$\frac{\tau_{\mathrm{w}}}{\rho}=0.03325u_{\mathrm{av}}^{7/4}\nu^{1/4}r_{\mathrm{i}}^{-1/4}$$

由

$$u^*=\sqrt{\frac{\tau_{\mathrm{w}}}{\rho}}$$

得
$$u^{*7/4}u^{*1/4}=0.03325u_{av}^{7/4}\nu^{1/4}r_i^{-1/4}$$

$$\left[\left(\frac{u_{av}}{u^*}\right)^{7/4}\right]^{4/7}=\left[\frac{1}{0.03325}\left(\frac{r_i u^*}{\nu}\right)^{1/4}\right]^{4/7}$$

$$\frac{u_{av}}{u^*}=6.99\left(\frac{r_i u^*}{\nu}\right)^{1/7}$$

当 $n=7$

$$\frac{u_{av}}{u_{max}}=\frac{2n^2}{(n+1)(2n+1)}=0.817\approx0.8$$

即
$$\frac{0.8u_{max}}{u^*}=6.99\left(\frac{r_i u^*}{\nu}\right)^{1/7}$$

$$\frac{u_{max}}{u^*}=8.74\left(\frac{r_i u^*}{\nu}\right)^{1/7}=8.74\left(\frac{y_{max}u^*}{\nu}\right)^{1/7} \tag{4-65}$$

式中 u_{max} 对应 y_{max}，则 u 对应于 y

$$\frac{u}{u^*}=8.74\left(\frac{yu^*}{\nu}\right)^{1/7} \tag{4-66}$$

写成一般式
$$u^+=C(y^+)^{1/n} \tag{4-67}$$

若式(4-66) 除以式(4-65)，得

$$\frac{u}{u_{max}}=\left(\frac{y}{r_i}\right)^{1/7} \tag{4-68}$$

上式通常称为布拉休斯 1/7 次方速度分布定律。

值得注意的是 1/7 次方速度分布是基于布拉休斯摩擦定律式(4-64) 的基础上，而式(4-64) 仅适用 $Re<1.1\times10^5$ 的范围，故 1/7 次方速度分布定律也受这个限制。同时从式(4-68) 可见：

$$\left.\frac{du}{dy}\right|_{y=0}=Cy^{-6/7}\Big|_{y\to0}\to\infty$$

从而得到 $\tau_w\to\infty$，这结果与事实相违背，也就是说式(4-68) 对层流底层亦不适用，不能由此式来计算壁面摩擦力。

4.4.2 粗糙管中的湍流

上节讨论了光滑圆管内的湍流运动。但工程上实际的管线除新的拉伸管、玻璃管、塑料管和铜管可以认为是光滑管外，应用最广泛的钢管和铸铁管等管线，特别是使用已久的各种工业管道，壁面都是十分粗糙的。因此有必要研究粗糙度对圆管中湍流运动的影响。根据前面的讨论可知，湍流边界层的层流底层很薄，但速度梯度很大，它对湍流流动的阻力损失有着重要的影响。这种影响与管道壁面的粗糙程度直接相关。把管壁的粗糙凸出部分的平均高度 ε 叫做管壁的绝对粗糙度，而把 ε/d 称为相对粗糙度。不同管道壁面的绝对粗糙度 ε 是不同的。

当 $\delta_l>\varepsilon$ 时，如图 4-14(a)，即层流底层完全淹没了管壁的粗糙凸出部分。这时层流底层以外的湍流区完全感受不到管壁粗糙度的影响，流体好像在完全光滑的管子中流动一样。这种情况的管内流动称为“水力光滑”，相应的管道称为“光滑管”。

当 $\delta_l<\varepsilon$ 时，如图 4-14(b)，即管壁的粗糙凸出部分有一部分或大部分暴露在湍流区中。这时流体流过凸出部分将引起漩涡，造成新的阻力损失，管壁粗糙度将对湍流发生影响。这

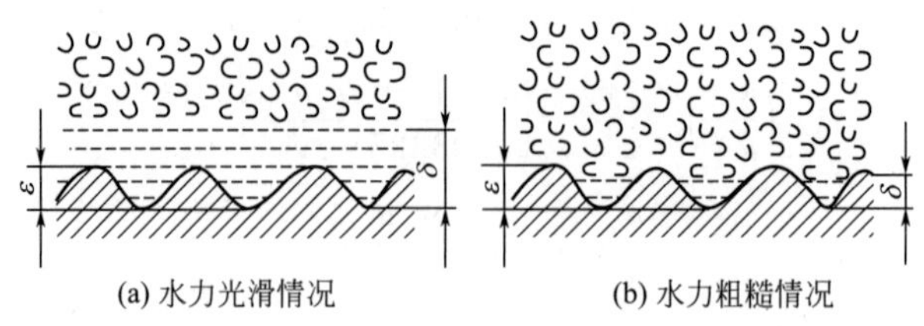

(a) 水力光滑情况　　(b) 水力粗糙情况

图 4-14　水力光滑和水力粗糙示意图

种情况的管内流动称为“水力粗糙”，相应的管道称为“粗糙管”。

由于 δ_1 随雷诺数改变，同样表面状态的管道在不同雷诺数下，可能处于水力光滑或水力粗糙这两种不同的流动状态。

4.4.2.1　摩擦阻力系数

尼古拉德西对不同直径、不同流量的管流进行了大量的实验，而且考虑了粗糙度的影响。图 4-15 给出了尼古拉德西由实验整理出来的曲线。依据雷诺数的大小，可以将实验曲线分为五个区域：

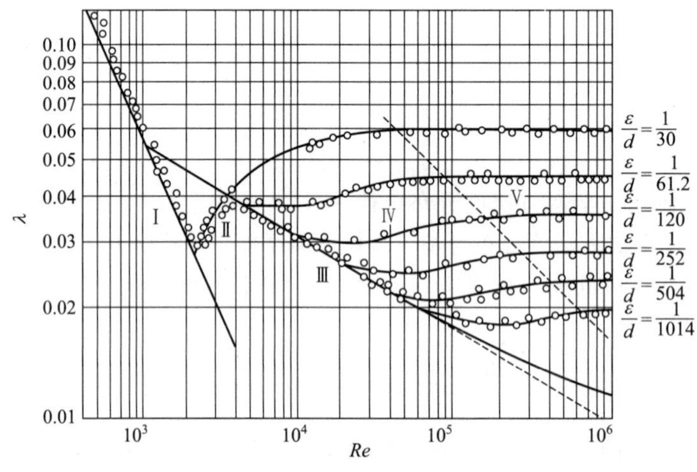

图 4-15　尼古拉德西实验曲线

Ⅰ层流区，$Re<2000$，当管流处于层流状态时，管壁的粗糙度对阻力系数无影响，不同粗糙度管的实验点基本上落在直线Ⅰ上。λ 与 Re 满足 $\lambda=\frac{64}{Re}$，即 $f=\frac{16}{Re}$，f 只是 Re 的函数。

Ⅱ过渡区，$2000<Re<4000$，这是由层流向湍流过渡的不稳定区域，可能是层流也可能是湍流。阻力系数可由图 4-15 查得。

Ⅲ湍流水力光滑区，$4000<Re<26.98\left(\frac{d}{\varepsilon}\right)^{8/7}$，对于充分发展湍流，水力光滑管的实验点均落在直线Ⅲ上，摩擦因子与相对粗糙度 ε/d 无关，只是雷诺数的函数。

当 $4000<Re<10^5$ 时，该区域内阻力系数可用布拉休斯公式计算。即

$$\lambda=\frac{0.3164}{Re^{0.25}}\text{或 } f=0.079\,Re^{-1/4}$$

当 $Re>10^5$ 时，有较大误差，需用对数速度分布导出阻力系数公式。普朗特与卡门给出式(4-69)：

$$\frac{1}{\sqrt{\lambda}}=2\lg(Re\sqrt{\lambda})-0.8 \tag{4-69}$$

式(4-69)称为光滑圆管中湍流的卡门-普朗特阻力系数公式，其适用范围为 $4000<Re<26.98\left(\frac{d}{\varepsilon}\right)^{8/7}$。

Ⅳ湍流粗糙管过渡区，$26.98\left(\frac{d}{\varepsilon}\right)^{8/7}<Re<4160\left(\frac{d}{2\varepsilon}\right)^{0.85}$，随着 Re 的增大，湍流流动的层流底层逐渐减薄，水力光滑管逐渐过渡为水力粗糙管，因而实验点逐渐脱离直线Ⅲ，而且相对粗糙度大的较早脱离。这一区域的阻力系数与雷诺数、相对粗糙度均有关，即 $\lambda=f\left(Re,\ \frac{\varepsilon}{d}\right)$，阻力系数可按如下经验公式计算：

$$\frac{1}{\sqrt{\lambda}}=-2\lg\left(\frac{2.51}{Re\sqrt{\lambda}}+\frac{\varepsilon}{3.71d}\right) \tag{4-70}$$

Ⅴ湍流粗糙管阻力平方区，当 Re 增大到一定程度，湍流充分发展，阻力损失主要取决于脉动运动，黏性的影响可以忽略不计。因此，阻力系数 λ 与 Re 无关，只与相对粗糙度 $\frac{\varepsilon}{d}$ 有关，流动进入区域Ⅴ。由于在这一区域，阻力损失与速度的平方成正比，故称为阻力平方区。

该区域的阻力系数可用下式计算：

$$\frac{1}{\sqrt{\lambda}}=2\lg\frac{d}{2\varepsilon}+1.74$$

为便于工程计算，工程师莫迪（Moody）把工业管内流动的实验数据整理成图 4-16，称为莫迪图。

4.4.2.2　粗糙管中的速度分布

由于粗糙度并不影响普朗特混合长理论的使用，所以对数型速度分布仍然有效。

$$u^{+}=\frac{1}{\kappa}\ln y^{+}+C$$

考虑到粗糙度的影响，引入绝对粗糙度 ε，以修正湍流核心中的速度分布：

$$u^{+}=\frac{1}{\kappa}\ln\frac{y}{\varepsilon}+B \tag{4-71}$$

式中，κ 和 B 由实验确定。尼古拉德西砂粒粗糙管实验结果得 $\kappa=0.4$，B 值由图 4-17 给出：

对于水力光滑管，上式应和光滑管的速度分布式(4-53)一样，比较两式后得

$$B=5.5+2.5\ln\frac{\varepsilon u^{*}}{\nu} \tag{4-72}$$

或

$$B=5.5+5.75\lg\frac{\varepsilon u^{*}}{\nu}$$

水力光滑管的极限为 $\varepsilon=\delta_1$，在层流底层外缘由光滑管通用速度分布方程得

$$y^{+}=\frac{\delta_1 u^{*}}{\nu}=5$$

移项，并在两侧乘以 ε 得

$$\frac{\varepsilon u^*}{\nu}=5\frac{\varepsilon}{\delta_1}$$

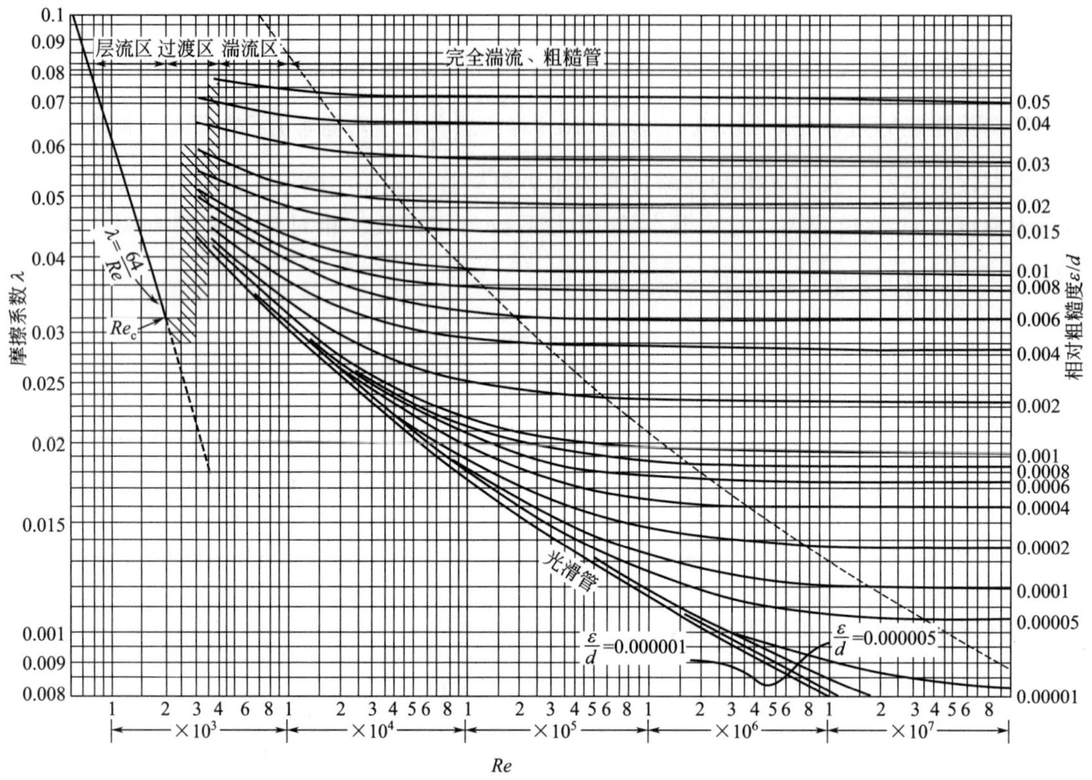

图 4-16 摩擦系数 λ 与 Re 和相对粗糙度 ε/d 的关系——莫迪图

当 $\varepsilon=\delta_1$ 时，$\frac{\varepsilon u^*}{\nu}=5$，故水力光滑管的极限可用粗糙度雷诺数 $Re=\frac{\varepsilon u^*}{\nu}$ 等于 5 表示，这个分析和实验结果完全一致，见图 4-17。

对于完全粗糙管，当 $\frac{\varepsilon u^*}{\nu}>70$ 时，B 值应取 8.5，见图 4-17。此时

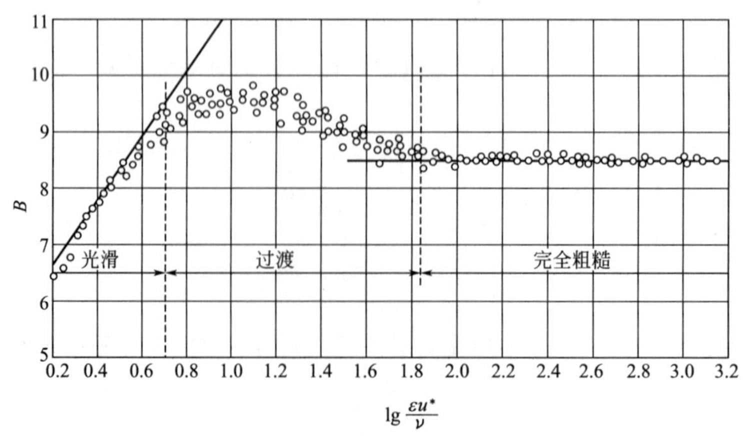

图 4-17 粗糙管内的流体速度分布

$$u^{+}=2.5\ln\frac{y}{\varepsilon}+8.5 \tag{4-73}$$

对于过渡状态，由于情况太复杂，目前尚无方程加以描述。

4.5　平壁湍流边界层的近似解

4.5.1　卡门边界层动量积分方程在平壁湍流边界层中的应用

对于不可压缩流体在平壁上做一维稳态流动，卡门边界层动量积分方程 $\rho\frac{\mathrm{d}}{\mathrm{d}x}\int_0^{\delta}(u_{\infty}-u_x)u_x\mathrm{d}y=\tau_{\mathrm{w}}$ 既适用于层流又适用于湍流。现将该方程应用于平壁壁面上湍流边界层的计算问题。若能找到合适的表征湍流边界层的速度分布方程和平壁面上剪应力的表达式，即可求得方程的解。类似于圆管内指数形式的速度分布，平壁湍流边界层的速度分布也可采用 $1/n$ 次方定律，即

$$\frac{u_x}{u_{\infty}}=\left(\frac{y}{\delta}\right)^{1/n} \tag{4-74}$$

将该速度分布代入卡门边界层动量积分方程左侧，可以得到积分的结果；但代入右侧，出现 $\left.\frac{\partial u_x}{\partial y}\right|_{y=0}\rightarrow\infty$ 的结果，方程无法求解。为此，需要寻求另一种方法确定 $\left.\frac{\partial u_x}{\partial y}\right|_{y=0}$，即确定壁面剪应力 τ_{w}。

对于平壁湍流时壁面上的剪应力已由实验得出关联式，即

$$\tau_{\mathrm{w}}=A\left(\frac{u_{\infty}\delta}{\nu}\right)^{-m}\frac{\rho u_{\infty}^2}{2} \tag{4-75}$$

式(4-74)、式(4-75) 中的常数 A、m、n 与雷诺数有关，见表 4-2。

表 4-2　不同雷诺数下的 A、m、n 值

Re_L	式(4-75)		n
	A	m	
$10^6\sim2\times10^7$	0.045	1/4	7
$3\times10^7\sim3\times10^8$	0.039	2/9	8
$2\times10^8\sim10^{10}$	0.032	1/5	9

取 $n=7$，$Re_L=10^6\sim2\times10^7$，即

$$\frac{u_x}{u_{\infty}}=\left(\frac{y}{\delta}\right)^{1/7}$$

代入卡门边界层动量积分方程的左侧并积分

$$\begin{aligned}\rho\frac{\mathrm{d}}{\mathrm{d}x}\int_0^{\delta}(u_{\infty}-u_x)u_x\mathrm{d}y&=\rho u_{\infty}^2\int_0^{\delta}\left(1-\frac{u_x}{u_{\infty}}\right)\frac{u_x}{u_{\infty}}\mathrm{d}y\\&=\rho u_{\infty}^2\int_0^{\delta}\left[1-\left(\frac{y}{\delta}\right)^{1/7}\right]\left(\frac{y}{\delta}\right)^{1/7}\mathrm{d}y=\frac{7}{72}\rho u_{\infty}^2\frac{\mathrm{d}\delta}{\mathrm{d}x}\end{aligned} \tag{4-76}$$

右侧 τ_{w} 为：

$$\tau_{\mathrm{w}}=0.045\left(\frac{u_{\infty}\delta}{\nu}\right)^{-1/4}\frac{\rho u_{\infty}^2}{2} \tag{4-77}$$

式(4-76)、式(4-77) 代入卡门边界层动量积分方程得：

$$\frac{7}{72}\rho u_{\infty}^{2}\frac{\mathrm{d}\delta}{\mathrm{d}x}=0.045\left(\frac{u_{\infty}\delta}{\nu}\right)^{-1/4}\frac{\rho u_{\infty}^{2}}{2}$$

即

$$\delta^{1/4}\mathrm{d}\delta=0.235\left(\frac{\nu}{u_{\infty}}\right)^{1/4}\mathrm{d}x$$

积分上式

$$\delta=0.376\left(\frac{\nu}{u_{\infty}}\right)^{1/5}x^{4/5}+C \tag{4-78}$$

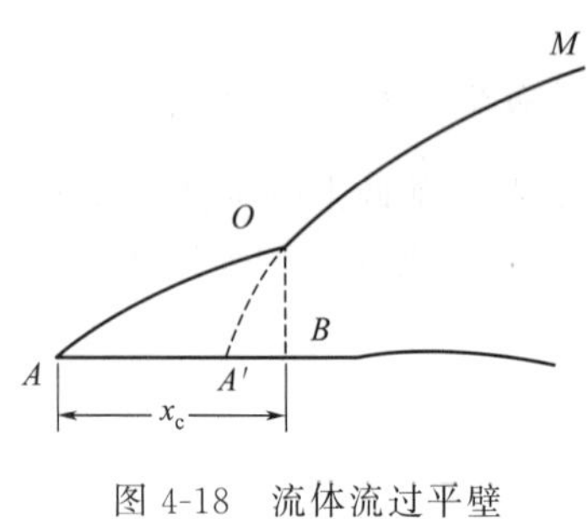

图 4-18　流体流过平壁边界层示意图

现确定上式中积分常数 C，图 4-18 表示流体流过平壁时边界层结构的示意图。湍流边界层起始于临界距离 x_c 处，即此处层流边界层已具有一定的厚度，曲线 AO 表示层流边界层的外缘线，而曲线 OM 则为湍流边界层的外缘线（图中已忽略了截面 OB 以后很短一段过渡区）。若将曲线 OM 延长至壁面 A'，则 $\delta_b=0$ 处，$AA'\neq0$。但当 15℃的空气，常压下以 90m/s 的速度流过平壁，当 $x=$ 6cm 时，与同样 15℃的水以 3m/s 的速度流过平壁，当 $x=17$cm 时，都几乎达到临界距离 x_c。所以在工程条件下，把 AA'长度近似作为零来处理是允许的。即若假定湍流边界层从平壁的前缘开始，从工程要求的角度而言，不会引起很大的误差。因此，式(4-78) 中的积分常数 C 可近似地取为零。

若以无量纲形式表示，则式(4-78) 可写成：

$$\frac{\delta}{x}=0.376\,Re_x^{-1/5} \tag{4-79}$$

比较层流边界层厚度表达式：

$$\frac{\delta}{x}=4.64\,Re_x^{-1/2}$$

可以看出，层流边界层厚度 δ 随 $x^{1/2}$变化，而湍流边界层厚度 δ 随 $x^{4/5}$变化。显然，湍流边界层厚度随距离 x 增加的速度要大得多。

这里还须指出，图 4-18 所示的边界层外缘的示意图在 O 点处发生突变。事实上，边界层厚度在这里发生突变是不可能的，这是因为忽略了过渡区的存在。

4.5.2　层流底层厚度的估算

在平壁上，当流动边界层发展为湍流边界层时，紧靠壁面附近依然存在着一极薄层流底层，用层流底层的概念所得到的壁面上摩擦阻力等定量关系与实验结果非常接近。假定在层流底层中，由于其厚度极薄，速度与离平壁间的距离可假设为直线关系。则

$$\tau_w=\mu\left.\frac{\mathrm{d}u}{\mathrm{d}y}\right|_{y=0}=\mu\frac{u_1-0}{\delta_1-0}=\mu\frac{u_1}{\delta_1} \tag{4-80}$$

式中，u_1 为流体在层流底层外缘的速度，即对应于 δ_1 处的流体速度。

对于光滑壁面的剪应力，当湍流核心速度分布为 1/7 次方定律的情况下，可应用式(4-77)

$$\tau_w=0.045\left(\frac{u_{\infty}\delta}{\nu}\right)^{-1/4}\frac{\rho u_{\infty}^{2}}{2}$$

由式(4-80) 可得

$$0.0225\rho u_\infty^2\left(\frac{u_\infty\delta}{\nu}\right)^{1/4}=\mu\frac{u_1}{\delta_1}$$

$$u_1=\frac{0.0225\rho u_\infty^2}{\mu}\left(\frac{\nu}{u_\infty\delta}\right)^{-1/4}\delta_1$$

于是可以得到层流底层厚度 δ_1 的表达式：

$$\frac{\delta_1}{\delta}=\frac{u_1}{u_\infty}\frac{1}{0.0225}\left(\frac{\nu}{u_\infty\delta}\right)^{-3/4}=44.4\frac{u_1}{u_\infty}(Re_\delta)^{-3/4} \tag{4-81}$$

另外，亦已假定忽略过渡区的存在，层流底层和湍流核心区的速度分布光滑连接。所以 u_1 亦应满足：

$$\frac{\delta_1}{\delta}=\left(\frac{u_1}{u_\infty}\right)^7 \tag{4-82}$$

将式(4-82) 代入式(4-81)，则得

$$\frac{u_1}{u_\infty}=1.878\left(\frac{u_\infty\delta}{\nu}\right)^{-1/8}=1.878\left(\frac{\nu}{u_\infty\delta}\right)^{1/8} \tag{4-83}$$

由式(4-79) $\delta=0.376xRe_x^{-1/5}$，代入上式得

$$\frac{u_1}{u_\infty}=\frac{2.12}{\left(\frac{u_\infty\delta}{\nu}\right)^{0.1}}=\frac{2.12}{Re_x^{0.1}} \tag{4-84}$$

于是层流底层厚度 δ_1 为

$$\frac{\delta_1}{\delta}=\left(\frac{u_1}{u_\infty}\right)^7=\frac{194}{Re_x^{0.7}} \tag{4-85}$$

对式(4-85) 两侧同时乘以 $\frac{\delta}{x}$

$$\frac{\delta_1}{\delta}\frac{\delta}{x}=\frac{194}{Re_x^{0.7}}\frac{0.376}{Re_x^{0.2}}=\frac{72.9}{Re_x^{0.9}}$$

即

$$\frac{\delta_1}{x}=\frac{72.9}{Re_x^{0.9}} \tag{4-86}$$

或

$$\delta_1=72.9x^{0.1}\left(\frac{\nu}{u_\infty}\right)^{0.9}$$

由式(4-86) 可知，层流底层厚度 δ_1 随 $x^{0.1}$ 缓慢地增加，而与主体速度 u_∞ 的 0.9 次方成反比。故当主体流速增加时，δ_1 迅速地减薄。在研究流体做湍流流动的传热、传质过程中，由于其阻力主要集中在这一薄层中，同时，增加主体流速 u_∞，将使层流边界层的长度大大缩短，所以工程上常采用大的流速 u_∞ 来强化传热和传质过程。

4.5.3 壁面上剪应力 τ_w 和范宁摩擦因子 f

由式 (4-79)、式(4-86) 代入式(4-77)，得局部壁面剪应力 $\tau_{w,x}$

$$\tau_{w,x}=0.045\left(\frac{u_\infty}{\nu}\delta\right)^{-1/4}\frac{\rho u_\infty^2}{2}=0.045\left[\frac{u_\infty}{\nu}0.376\left(\frac{u_\infty}{\nu}\right)^{-1/5}x^{4/5}\right]^{-1/4}\frac{\rho u_\infty^2}{2}$$

$$=0.0575\left(\frac{u_\infty x}{\nu}\right)^{-1/5}\frac{\rho u_\infty^2}{2}=0.0575Re_x^{-1/5}\frac{\rho u_\infty^2}{2} \tag{4-87}$$

或 $\tau_{w,x}=0.0287\rho u_\infty^2 Re_x^{-1/5}$

由范宁摩擦因子定义式

$$f_x=\frac{\tau_{w,x}}{\rho u_\infty^2/2}=0.0575Re_x^{-1/5} \tag{4-88}$$

在 $x=0$ 到 $x=L$ 之间平均范宁摩擦因子 f 可由下式求得

$$f=\frac{1}{L}\int_0^L f_x\mathrm{d}x=\frac{1}{L}0.0575\left(\frac{u_\infty}{\nu}\right)^{-1/5}\int_0^L x^{-1/5}\mathrm{d}x=0.072Re_L^{-1/5} \tag{4-89}$$

若平壁宽为 b，摩擦阻力为：

$$F_d=b\int_0^L \tau_{w,x}\mathrm{d}x=b\int_0^L 0.0287\rho u_\infty^2 Re_x^{-1/5}\mathrm{d}x=0.036bL\rho u_\infty^2 Re_L^{-1/5} \tag{4-90}$$

采用实验修正范宁摩擦因子的计算公式为 $f=0.074Re_L^{-1/5}$，此时 $5\times10^5<Re_L<10^7$。

4.5.4 平壁混合边界层的近似计算

在上面的计算中，假定湍流边界层是从平壁前缘开始的。但是，实际上在平壁前部总存在着一段层流边界层和中间的过渡区，只是在过渡点以后才变成湍流边界层，即实际上存在混合边界层。混合边界层的总摩擦阻力 F_d 可近似按层流边界层段（$0\sim x_c$）摩擦阻力 F_{dl} 与湍流边界层段（$x_c\sim L$）摩擦阻力 F_{dt} 之和计算（假定没有过渡区），如图 4-19 所示，即：

$$\begin{aligned}F_d&=F_{dl}+F_{dt}=F_{dl}|_{0\to x_c}+F_{dt}|_{0\to L}-F_{dt}|_{0\to x_c}\\&=(1.292Re_{x_c}^{-1/2}bx_c+0.072Re_L^{-1/5}bL-0.072Re_{x_c}^{-1/5}bx_c)\frac{\rho u_\infty^2}{2}\end{aligned}$$

混合边界层的平均摩擦阻力系数可采用如下方式推导：

$$\begin{aligned}F_d&=F_{dl}|_{0\to x_c}+F_{dt}|_{0\to L}-F_{dt}|_{0\to x_c}\\&=[C_{Dl}|_{0\to x_c}(bx_c)+C_{Dt}|_{0\to L}(bL)-C_{Dt}|_{0\to x_c}(bx_c)]\frac{\rho u_\infty^2}{2}\\&=\left(C_{Dl}|_{0\to x_c}\frac{x_c}{L}+C_{Dt}|_{0\to L}-C_{Dt}|_{0\to x_c}\frac{x_c}{L}\right)\frac{\rho u_\infty^2}{2}(bL)\end{aligned} \tag{4-91}$$

这样混合边界层的平均摩擦系数 C_D 为：

$$\begin{aligned}C_D&=C_{Dt}|_{0\to L}-(C_{Dt}|_{0\to x_c}-C_{Dl}|_{0\to x_c})\frac{x_c}{L}\\&=C_{Dt}|_{0\to L}-(C_{Dt}|_{0\to x_c}-C_{Dl}|_{0\to x_c})\frac{Re_{x_c}}{Re_L}\\&=C_{Dt}|_{0\to L}-\frac{A}{Re_L}\end{aligned} \tag{4-92}$$

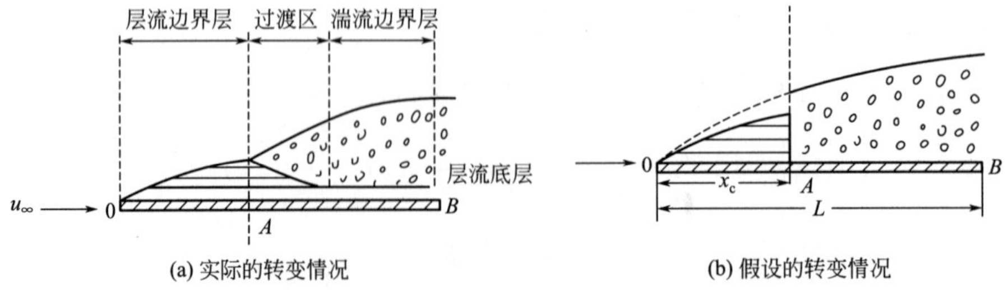

图 4-19 混合边界层的转变

其中 $A=0.74Re_{x_c}^{4/5}-1.328Re_{x_c}^{1/2}$。对不同的临界雷诺数，$A$ 应取的数值列于表 4-3。此式适用于 $5\times10^5<Re_L<10^7$。

表 4-3　平壁混合边界层临界雷诺数与 A 的关系

Re_{x_c}	3×10^5	5×10^5	10^6	3×10^6
A	1050	1700	3300	8700

当 $Re>10^7$ 时，式(4-92) 误差较大。这是因为 $1/n$ 次方定律只适用于一定的雷诺数范围。对于 $Re_L=10^7\sim10^9$ 范围 Schlichting 推荐下式：

$$C_D=\frac{0.455}{(\lg Re_L)^{2.58}} \tag{4-93}$$

同样考虑平壁前部层流边界层的影响，上式可改写为

$$C_D=\frac{0.455}{(\lg Re_L)^{2.58}}-\frac{A}{Re_L} \tag{4-94}$$

4.6　本章小结与应用

4.6.1　本章小结

本章讨论了黏性流体湍流运动。湍流可以看成一种脉动运动，再用雷诺转换将运动方程转化为雷诺方程，即湍流运动方程，但雷诺方程中未知变量的个数超过了方程组的个数。普朗特在涡黏性假设的基础上提出了混合长理论，建立了脉动速度与速度梯度之间的关系方程。湍流边界层可分成层流底层、过渡层和湍流核心区，进而确定了在三个区的通用速度分布方程。

本章的要点归纳如下：

① 湍流理论到目前为止尚未发展到成熟阶段，对湍流的物理本质和描述方法还不完全清楚，已有的处理方法具有半理论半经验性质。

② 湍流的基本特征是流体内部充满漩涡，运动具有脉动性。

③ 运动方程原则上适用于湍流，若有办法求解，则可用来求出瞬时速度。但目前只能采用时均化方程，即雷诺方程。再应用普朗特混合长理论将方程组封闭求解。

④ 圆管中湍流时均速度分布比层流更趋平缓，可用对数速度分布或 $1/n$ 次方定律描述。

⑤ 普朗特混合长理论是建立在层流黏度与湍流黏度的类比、分子运动与湍流脉动的类比概念上的，该模型的优点是简单直观，已成功应用于简单的边界层流动问题的求解。

⑥ 光滑圆管的通用速度分布方程为

$$\begin{cases}u^+=y^+, y^+\leqslant5\\ u^+=5\ln y^+-3.05, 30\geqslant y^+\geqslant5\\ u^+=2.5\ln y^++5.5, y^+\geqslant30\end{cases}$$

该方程组具有局限性。

⑦ 圆管中湍流摩擦系数可以用理论方法求得，但需要通过实验确定一些参数，得到半经验的公式，也可以完全借助实验得到不同条件下圆管中摩擦阻力系数的经验公式。尼古拉德西实验曲线根据雷诺数的大小划出五个区。通过莫迪图可以直接确定不同条件下的摩擦阻力系数。

⑧ 平壁边界层的求解在进行计算前，必须首先判断流动属于层流还是湍流，然后才能

决定相关结果或公式的选用。因此，迅速准确地确定流动类型是非常重要的。平壁层流边界层、湍流边界层与混合边界层的近似解对比见表 4-4。

表 4-4　平壁层流、湍流与混合边界层的近似解

项目	层流边界层	湍流边界层	混合边界层
速度分布$\frac{u_x}{u_\infty}$	$\frac{3}{2}\frac{y}{\delta}-\frac{1}{2}\left(\frac{y}{\delta}\right)^3$	$\left(\frac{y}{\delta}\right)^{1/7}$	层流：$\frac{3}{2}\frac{y}{\delta}-\frac{1}{2}\left(\frac{y}{\delta}\right)^3$；湍流：$\left(\frac{y}{\delta}\right)^{1/7}$
边界层厚度 δ	$4.64x\,Re_x^{-1/2}$	$0.376x\,Re_x^{-1/5}$	层流：$4.64x\,Re_x^{-1/2}$；湍流：$0.376x\,Re_x^{-1/5}$
局部壁面剪应力 $\tau_{w,x}$	$0.323\,\rho u_\infty^2 Re_x^{-1/2}$	$0.0287\,\rho u_\infty^2 Re_x^{-1/5}$	层流：$0.323\,\rho u_\infty^2 Re_x^{-1/2}$； 湍流：$0.0287\,\rho u_\infty^2 Re_x^{-1/5}$
局部摩擦阻力系数 C_{Dx}	$0.646Re_x^{-1/2}$	$0.0575Re_x^{-1/5}$	层流：$0.646Re_x^{-1/2}$；湍流：$0.0575Re_x^{-1/5}$
平均摩擦阻力系数 C_D	$1.292Re_L^{-1/2}$	$0.072Re_L^{-1/5}$	$0.072Re_L^{-1/5}-\frac{A}{Re_L}$
总摩擦阻力 F_d（单面浸润）	$0.646\,\rho u_\infty^2 bL\,Re_L^{-1/2}$	$0.036bL\,Re_L^{-1/5}\,\rho u_\infty^2$	$[1.292bx_c Re_{x_c}^{-1/2}+0.072bLRe_L^{-1/5}-0.072bx_c Re_{x_c}^{-1/5}]\frac{\rho u_\infty^2}{2}$
备注	波尔豪森解	$\tau_{w,x}=0.045\left(\frac{u_\infty\delta}{\nu}\right)^{-1/4}\frac{\rho u_\infty^2}{2}$ $Re=10^6\sim2\times10^7$	$A=0.74Re_{x_c}^{4/5}-1.328Re_{x_c}^{1/2}$，见表 4-3 忽略过渡区

至此，本书对动量传递的阐述已经结束，在下面的章节中，有关动量传递的概念、机理描述和分析方法仍将用到。虽然传递的通量、性质和推动力改变了，但它们在能量和质量传递中所起的作用，与在动量传递中的作用是非常类似的。希望同学们在学习过程中注意知识的联系，以便更好地巩固所学内容。

4.6.2　应用举例

【例 4-1】 温度为 293K、压力为 101.3kN/m^2 的空气，以 15m/s 的流速流经内径为 0.0508m 的光滑管，摩擦因子可按 $f=0.046Re^{-1/5}$ 计算。已知空气的密度$\rho=1.205\text{kg/m}^3$，运动黏度 $\nu=1.506\times10^{-5}\text{m}^2/\text{s}$。对于充分发展的流动，试求（1）层流底层、过渡层、湍流中心的厚度及各层所占比例；（2）壁面、层流底层外缘、过渡层外缘及管中心处的流速及剪应力。

解　首先，需验证流动为湍流，$Re=\frac{du_{av}}{\nu}=\frac{0.0508\times15}{1.506\times10^{-5}}=50600>2000$ 为湍流。可采用光滑管通用速度分布方程求解。

$$f=0.046\,Re^{-1/5}=0.00527$$

$$u^*=u_{av}\sqrt{\frac{f}{2}}=15\times\sqrt{\frac{0.00527}{2}}=0.77\ (\text{m/s})$$

（1）层流底层厚度：$y_1^+=\frac{y_1u^*}{\nu}=\frac{\delta_1u^*}{\nu}=5\Rightarrow\delta_1=5\,\frac{\nu}{u^*}=5\times\frac{1.506\times10^{-5}}{0.77}=9.78\times10^{-5}$ （m）

过渡层厚度：$y_b^+=\frac{y_bu^*}{\nu}=30\Rightarrow y_b=30\,\frac{\nu}{u^*}=6\delta_1=5.87\times10^{-4}\text{m}$

$$\delta_b = y_b - \delta_l = 5\delta_l = 4.89\times10^{-4}\,\mathrm{m}$$

湍流中心厚度：$\delta_t = \dfrac{d}{2} - y_b = 0.0254 - 5.87\times10^{-4} = 0.0248$（m）

各边界层厚度所占比例：

层流底层：$\dfrac{\delta_l}{\delta} = \dfrac{0.098}{25.4} = 0.39\%$

过渡层：$\dfrac{\delta_b}{\delta} = \dfrac{0.49}{25.4} = 1.93\%$

湍流中心：$\dfrac{\delta_t}{\delta} = \dfrac{24.8}{25.4} = 97.64\%$

可以看出，层流底层很薄，只占湍流边界层厚度的 0.39%。

（2）求流速和剪应力，首先求壁面、层流底层外缘、过渡层外缘及管中心处的流速

壁面：$u_w = 0$

层流底层外缘：$u_l^+ = \dfrac{u_l}{u^*} = 5 \Rightarrow u_l = 5u^* = 5\times0.77 = 3.85$（m/s）

过渡层外缘：$u_b^+ = \dfrac{u_b}{u^*} = 5\ln30 - 3.05 \Rightarrow u_b = u^*(5\ln30 - 3.05) = 10.75$（m/s）

管中心处：$y_t^+ = \dfrac{r_i u^*}{\nu} = \dfrac{0.0254\times0.77}{1.506\times10^{-5}} = 1299$

$$\frac{u_{max}}{u^*} = 2.5\ln y^+ + 5.5 \Rightarrow u_{max} = u^*(2.5\ln1299 + 5.5) = 18.03\ (\mathrm{m/s})$$

接下来求剪应力

壁面：$\tau_w = \rho u^{*2} = 1.205\times0.77^2 = 0.714$（N/m²）

层流底层外缘：$\tau_l = \tau_w\left(1 - \dfrac{y_l}{r_i}\right) = \tau_w\left(1 - \dfrac{\delta_l}{r_i}\right) = 0.711$（N/m²）

过渡层外缘：$\tau_b = \tau_w\left(1 - \dfrac{y_b}{r_i}\right) = 0.714\times\left(1 - \dfrac{5.87\times10^{-4}}{0.0254}\right) = 0.697$（N/m²）

管中心处：$\tau_t = 0$

【例 4-2】 温度为 293K 的水流经直径（内径）为 50mm 的光滑管，测得每米管长水的有效压降为 1500N/m²，试证明此情况下流体的流动为湍流，并求：（1）层流底层外缘处水的流速、该处的 y 向距离及涡流黏度；（2）过渡区与湍流中心交界处水的流速、该处的 y 向距离及涡流黏度；（3）$r = \dfrac{r_i}{2}$ 处水的流速、涡流黏度与混合长的值。已知：水的密度为 998kg/m³，动量扩散系数为 $1.006\times10^{-6}\,\mathrm{m^2/s}$，摩擦因子 $f = 0.046Re^{-1/5}$。

解　设流动为湍流，根据阻力方程式及摩擦因子计算式

$$\Delta p_d = 4f\,\frac{L}{d}\frac{\rho u_{av}^2}{2},\ f = 0.046Re^{-1/5}$$

则

$$\frac{\Delta p_d}{L} = 4f\,\frac{1}{d}\frac{\rho u_{av}^2}{2} = 4\times0.046Re^{-1/5}\times\frac{1}{2d}\times\frac{\rho\nu^2}{d^2}\times\left(\frac{du_{av}}{\nu}\right)^2 = 0.092\,\frac{\rho\nu^2}{d^3}Re^{9/5}$$

所以

$$Re=\left(\frac{\frac{\Delta p_d}{L}}{0.092\frac{\rho\nu^2}{d^3}}\right)^{5/9}=\left[\frac{1500}{0.092\times998\times(1.006\times10^{-6})^2/0.05^3}\right]^{5/9}=1.48\times10^5>1\times10^5$$

故管内流动为湍流，并可得

$$u_{av}=\frac{\nu Re}{d}=\frac{1.006\times10^{-6}\times1.48\times10^5}{0.05}=2.98\ (\text{m/s})$$

$$f=0.046\times(1.48\times10^5)^{-0.2}=0.0042$$

$$\tau_w=f\frac{\rho u_{av}^2}{2}=0.0042\times\frac{998\times2.98^2}{2}=18.6\ (\text{N/m}^2)$$

$$u^*=u_{av}\sqrt{\frac{f}{2}}=2.98\times\sqrt{\frac{0.0042}{2}}=0.137\ (\text{m/s})$$

$$y^*=\frac{\nu}{u^*}=\frac{1.006\times10^{-6}}{0.137}=7.3\times10^{-6}\ (\text{m})$$

（1）层流底层外缘水的流速

$$u^+=\frac{u_1}{u^*}=5,u_1=5u^*=5\times0.137=0.69\ (\text{m/s})$$

该处的 y 向距离为 δ_1

$$y^+=\frac{\delta_1}{y^*}=5,\delta_1=5y^*=5\times7.3\times10^{-6}=3.7\times10^{-5}\ (\text{m})$$

涡流黏度

$$\tau_1=\tau_w\left(1-\frac{\delta_1}{r_i}\right)=18.6\times\left(1-\frac{3.7\times10^{-5}}{0.025}\right)=18.57\ (\text{N/m}^2)$$

根据 $\tau_1=\mu\frac{d\bar{u}_x}{dy}\Big|_{y=\delta_1}\approx\tau_w=\rho u^{*2}$，得

$$\frac{d\bar{u}_x}{dy}\Big|_{y=\delta_1}=\frac{u^*}{y^*}=\frac{0.137}{7.3\times10^{-6}}=1.88\times10^4\ (\text{s}^{-1})$$

$$\tau_1=(\mu+\mu_e)\frac{d\bar{u}_x}{dy}\Big|_{y=\delta_1}$$

$$\mu_e=\tau_1/\frac{d\bar{u}_x}{dy}\Big|_{y=\delta_1}-\mu=\frac{18.57}{1.88\times10^4}-998\times1.006\times10^{-6}\approx0$$

表明层流底层外缘处的涡流黏度可以忽略不计。

（2）过渡区与湍流中心交界处水的流速

$$u_b=u^*(5.0\ln y^+-3.05)|_{y^+=30}=0.137\times(5.0\times\ln30-3.05)=1.91\ (\text{m/s})$$

该处的 y 向距离

$$\delta_b=30y^*=30\times7.3\times10^{-6}=2.19\times10^{-4}\ (\text{m})$$

涡流黏度

$$\tau_b=\tau_w\left(1-\frac{\delta_b}{r_i}\right)=18.6\times\left(1-\frac{2.19\times10^{-4}}{0.025}\right)=18.4\ (\text{N/m}^2)$$

$$\frac{d\bar{u}_x}{dy}\Big|_{y=y_b}=\frac{u^*}{y^*}\times5\times\frac{1}{y^+}\Big|_{y^+=30}=\frac{0.137}{7.3\times10^{-6}}\times5\times\frac{1}{30}=3.13\times10^3\ (\text{s}^{-1})$$

$$\mu_e=\tau_b/\left.\frac{d\bar{u}_x}{dy}\right|_{y=y_b}-\mu=\frac{18.4}{3.13\times10^3}-998\times1.006\times10^{-6}=4.87\times10^{-3}\ (\text{Pa}\cdot\text{s})$$

$$\frac{\mu_e}{\mu}=\frac{4.87\times10^{-3}}{998\times1.006\times10^{-6}}=4.85$$

（3）$r=\frac{r_i}{2}$处水的流速

$$y^+=\frac{y}{y^*}=\frac{0.0125}{7.3\times10^{-6}}=1712$$

$$u_t=u^*(2.5\ln y^++5.5)|_{y^+=1712}=0.137\times(2.5\times\ln1712+5.5)=3.3\ (\text{m/s})$$

涡流黏度

$$\tau_t|_{y=\frac{r_i}{2}}=\tau_w\left(1-\frac{y}{r_i}\right)=18.6\times\left(1-\frac{0.0125}{0.025}\right)=9.3\ (\text{N/m}^2)$$

$$\left.\frac{d\bar{u}_x}{dy}\right|_{y=\frac{r_i}{2}}=\frac{u^*}{y^*}\times2.5\times\left.\frac{1}{y^+}\right|_{y^+=1712}=\frac{0.137}{7.3\times10^{-6}}\times2.5\times\frac{1}{1712}=27.4\ (\text{s}^{-1})$$

$$\mu_e=\tau_t/\left.\frac{d\bar{u}_x}{dy}\right|_{y=\frac{r_i}{2}}-\mu=\frac{9.3}{27.4}-998\times1.006\times10^{-6}=0.338\ (\text{Pa}\cdot\text{s})$$

$$\frac{\mu_e}{\mu}=\frac{0.338}{998\times1.006\times10^{-6}}=337$$

混合长的值

$$\nu_e=l^2\left|\frac{d\bar{u}_x}{dy}\right|$$

$$l=\sqrt{\frac{\nu_e}{\left|\frac{d\bar{u}_x}{dy}\right|}}=\sqrt{\frac{0.338/998}{27.4}}=3.52\times10^{-3}\ (\text{m})=3.52\ (\text{mm})$$

比较可见，在层流底层外缘，基本不存在漩涡，剪应力仅为黏性应力，在过渡层外缘，涡流黏度数值较大，雷诺应力起重要作用，在湍流中心区，以雷诺应力为主，黏性应力作用很小，混合长显示宏观尺寸的特征。

【例 4-3】 20℃的水在内径为 75mm 的光滑铜管内呈湍流流动。已知壁面处的剪应力为 3.68N/m^2，水的物性$\rho=998.2\text{kg/m}^3$，$\nu=1.006\times10^{-6}\text{m}^2/\text{s}$。试求层流底层厚度、平均流速和质量流率、管中心流速、离管中心 25mm 处的剪应力和流速、摩擦因子以及每米管长的有效压降。

解
$$u^*=\sqrt{\frac{\tau_w}{\rho}}=\sqrt{\frac{3.68}{998.2}}=0.0607\ (\text{m/s})$$

在层流底层外缘处 $y^+=\frac{u^*\delta_l}{\nu}=5$，故层流底层的厚度为

$$\delta_l=\frac{5\nu}{u^*}=\frac{5\times1.006\times10^{-6}}{0.0607}=8.29\times10^{-5}\ (\text{m})=0.083\ (\text{mm})$$

由于层流底层和过渡层极薄，故可近似按湍流中心的速度分布求平均速度。

$$u_{av}=\frac{1}{\pi r_i^2}\int_0^{r_i}u_x2\pi r\,dr=\frac{2}{u_i^{*2}}\int_0^{r_i}\left(2.5\ln\frac{u^*y}{\nu}+5.5\right)r\,dr$$

$$=\frac{2}{u^* r_i^2}\int_0^{r_i}\left[2.5\ln\frac{u^*(r_i-r)}{\nu}+5.5\right]r\mathrm{d}r$$

$$=u^*\left(2.5\ln\frac{u^* r_i}{\nu}+1.75\right)$$

$$=0.0607\times\left(2.5\times\ln\frac{0.0607\times0.0375}{1.006\times10^{-6}}+1.75\right)=1.28\ (\mathrm{m/s})$$

质量流率为

$$G=\rho\pi r_i^2 u_{av}=998.2\times3.14\times0.0375^2\times1.28=5.64\ (\mathrm{kg/s})$$

管中心处流速为

$$u_{max}=u^*\left(2.5\ln\frac{u^* r_i}{\nu}+5.5\right)$$

$$=0.0607\times\left(2.5\times\ln\frac{0.0607\times0.0375}{1.006\times10^{-6}}+5.5\right)=1.51\ (\mathrm{m/s})$$

离管中心 25mm 处的剪应力为

$$\tau_{yx}\big|_{r=0.025}=\frac{r}{r_i}\tau_w=\frac{0.025}{0.0375}\times3.68=2.45\ (\mathrm{N/m^2})$$

计算离管中心 25mm，即 $y=r_i-r=0.0375-0.025=0.0125$（m）处的流速，首先需知道该处的 y^+ 值。

$$y^+=\frac{u^* y}{\nu}=\frac{0.0607\times0.0125}{1.006\times10^{-6}}=754>30$$

$$u_x\big|_{r=0.025}=0.0607\times(2.5\times\ln754+5.5)=1.34\ (\mathrm{m/s})$$

根据摩擦因子的定义式，得：

$$f=\frac{\tau_w}{\dfrac{\rho u_{av}^2}{2}}=\frac{3.68\times2}{998.2\times1.28^2}=0.0045$$

由力的衡算得每米管长的有效压降为

$$\frac{\Delta p_d}{L}=\frac{4}{d}\tau_w=\frac{4}{0.075}\times3.68=196.3\ (\mathrm{Pa/m})$$

【例 4-4】 温度为 20℃的空气流经一平壁，边界层外的主流速度为 2.5m/s，其速度分布方程为：$\frac{u_x}{u_\infty}=\frac{3}{2}\frac{y}{\delta}-\frac{1}{2}\left(\frac{y}{\delta}\right)^3$（层流），$\frac{\bar{u}_x}{u_\infty}=\left(\frac{y}{\delta}\right)^{1/7}$（湍流）。已知空气的动量扩散系数为 $1.5\times10^{-5}\mathrm{m^2/s}$，密度为 $1.2\mathrm{kg/m^3}$。试计算：(1) 离平壁前缘 1.5m 及 60m 处的边界层厚度及垂直壁面 7mm 处的速度；(2) 离开平壁前缘 60m 处，局部摩擦因子 C_{Dx}，局部壁面剪应力 $\tau_{w,x}$，壁面处的速度梯度，在 0～60m 范围内的平均摩擦因子 C_D；(3) 若板长 2m，板宽 60m，则总摩擦阻力为多少？若将板长、板宽互换，而空气的流向不变，试问总摩擦阻力变为多少？

解 该题为混合边界层求解问题。首先根据临界雷诺数计算临界距离。

$$Re_{x_c}=\frac{x_c u_\infty}{\nu}=5\times10^5\Rightarrow x_c=5\times10^5\times\frac{\nu}{u_\infty}=5\times10^5\times\frac{1.5\times10^{-5}}{2.5}=3.0\ (\mathrm{m})$$

因此，在 1.5m 处为层流；而在 60m 处为湍流。

(1) 在 1.5m 处，为层流。

边界层厚度：$\delta=4.64xRe_x^{-1/2}=4.64\times1.5\times(2.5\times10^5)^{-0.5}=1.392\times10^{-2}$（m）= 13.92（mm）

速度：$u_x|_{y=0.007\text{m}}=u_\infty\left[\frac{3}{2}\frac{y}{\delta}-\frac{1}{2}\left(\frac{y}{\delta}\right)^3\right]=2.5\times\left[\frac{3}{2}\times\frac{7}{13.92}-\frac{1}{2}\times\left(\frac{7}{13.92}\right)^3\right]=1.73$（m/s）

在 60m 处为湍流。

边界层厚度：$\delta=0.376x\,Re_x^{-1/5}=0.376\times60\times(10^7)^{-1/5}=0.898$（m）=898（mm）

速度：$\bar{u}_x|_{y=0.007\text{m}}=u_\infty\left(\frac{y}{\delta}\right)^{1/7}=2.5\times\left(\frac{7}{898}\right)^{1/7}=1.25$（m/s）

注意：对于这样一类问题，一定要先计算出雷诺数，再选择适当的边界层厚度公式及速度分布方程。

（2）在 60m 处为湍流。

局部摩擦因子：$C_{Dx}=0.0575Re_x^{-1/5}=0.0575\times(10^7)^{-1/5}=2.3\times10^{-3}$

局部壁面剪应力：$\tau_{w,x}=C_{Dx}\frac{\rho u_\infty^2}{2}=2.3\times10^{-3}\times\frac{1.2\times2.5^2}{2}=8.6\times10^{-3}$（Pa）

壁面处的速度梯度：$\left.\frac{\partial\bar{u}_x}{\partial y}\right|_{y=0}=\frac{\tau_{w,x}}{\mu}=\frac{\tau_{w,x}}{\rho\nu}=\frac{8.6\times10^{-3}}{1.2\times1.5\times10^{-5}}=477.8$（$s^{-1}$）

注意不能直接用速度分布方程：$\frac{\bar{u}_x}{u_\infty}=\left(\frac{y}{\delta}\right)^{1/7}$

平均摩擦因子：$C_D=C_{Dt}|_{0\to L}-(C_{Dt}|_{0\to x_c}-C_{Dl}|_{0\to x_c})\frac{x_c}{L}=2.73\times10^{-3}$

（3）总摩擦阻力

板长 2m 时为层流

$$F_d=0.646bLRe_L^{-1/2}\rho u_\infty^2=0.646\times60\times2\times\left(\frac{2\times2.5}{1.5\times10^{-5}}\right)^{-1/2}\times1.2\times2.5^2=1.01\text{（N）}$$

板长 60m，为混合边界层。在临界长度 3m 以前的一段为层流边界层；之后，近似作为湍流边界层处理，即假定没有过渡区。

$$F_d=F_{dl}+F_{dt}=F_{dl}|_{0\to3\text{m}}+F_{dt}|_{0\to60\text{m}}-F_{dt}|_{0\to3\text{m}}$$

层流段：$F_{dl}|_{0\to3\text{m}}=0.646bx_cRe_{x_c}^{-1/2}\rho u_\infty^2=0.646\times2\times3\times\left(\frac{3\times2.5}{1.5\times10^{-5}}\right)^{-1/2}\times1.2\times2.5^2=0.041$（N）

湍流段：$F_{dt}=F_{dt}|_{0\to60\text{m}}-F_{dt}|_{0\to3\text{m}}=[0.072Re_L^{-1/5}bL-0.072Re_{x_c}^{-1/5}bx_c]\frac{\rho u_\infty^2}{2}$

$$=\left[0.072\times\left(\frac{60\times2.5}{1.5\times10^{-5}}\right)^{-1/5}\times2\times60-0.072\times\left(\frac{3\times2.5}{1.5\times10^{-5}}\right)^{-1/5}\times2\times3\right]\frac{1.2\times2.5^2}{2}$$

$=1.172$（N）

总摩擦阻力：$F_d=F_{dl}+F_{dt}=0.041+1.172=1.213$（N）

4.6.3 课堂/课外讨论

4-1　研究湍流有何意义？

4-2　试找出尼古拉德西实验曲线与莫迪图的相同点与差异。

4-3　列出普朗特边界层动量微分方程求解层流边界层的布拉休斯解、卡门边界层动量积分方程求解层流边界层、湍流边界层、混合边界层相关的结果，并做对比。

4-4 查阅文献，归纳与总结普朗特混合长理论、泰勒涡量转移理论及卡门相似理论。

4-5 推导通用速度分布方程做了哪些假设？方程有何缺陷？

4.6.4 思考题

4-1 简述湍流特点及其形成过程。

4-2 雷诺方程有何意义？

4-3 布西内斯克涡黏性假设的主要内容是什么？解决了什么问题？

4-4 为什么圆管内充分发展流动的壁面摩擦因子不随流动方向 x 发生变化，而平壁壁面摩擦因子要随 x 变化？

4-5 普朗特混合长理论是在什么情况下提出的？它对研究湍流有何意义？

4-6 混合长的大小和哪些因素有关？

4-7 圆管内层流向湍流过度的临界雷诺数是否总是 2000？

4-8 无论是层流或湍流流动，管壁粗糙度对速度分布和摩擦阻力都会有影响吗？为什么？

4-9 根据普朗特混合长理论导出流体湍流流动时的对数速度分布，说明在推导过程中所作的假定，并分析对数速度分布在理论上的缺陷。

4-10 边界层的边界线是否是流线？为什么？

4-11 平壁壁面上局部摩擦剪应力沿流动方向逐渐减小，简述其原因。

4-12 影响湍流边界层厚度的因素有哪些？

4-13 层流边界层与湍流边界层相比，平壁壁面上局部摩擦剪应力沿流动方向的变化速率有何差别？

习　题

4-1 在一系列相等的时间间隔内，用热线风速仪在 y 方向相距 5cm 的两点上测得下列瞬时速度值（cm/s）

u_{x1}	77	78	75	75	70	73	78	83	81	77	72
u_{x2}	74	85	69	80	74	81	79	79	88	80	75

试计算每一点处的时均速度，湍动强度（假设各向同性）及这两点速度的关联函数值是多少？

4-2 空气在 38℃，1.013×10^5 Pa 以 16.5m/s 的速度流过一内径 305mm 的光滑管，已知空气的物性参数为$\rho=1.13\text{kg/m}^3$，$\nu=1.70\times10^{-5}\text{m}^2/\text{s}$。求：(1) 用速度衰减定律，及通用速度分布方程计算在距管壁 7.62cm 处的流速；(2) 层流底层的厚度；(3) 壁面剪应力。

4-3 20℃的水在光滑管内呈湍流流动，管内径为 100mm，每 1m 管长的压降为 400N/m^2，试求层流底层厚度。又若层流底层的厚度减半，每 1m 管长的压降将如何变动。

4-4 293K 及 101.33kN/m^2 状态下的空气，以 30.48m/s 的流速流过一光滑平壁。若主体流中的湍动使得在 $Re_L=5\times10^5$ 处层流边界层向湍流边界层过渡。问过渡发生在离前缘多远的地方？并计算离前沿 0.914m 处边界层的厚度及离前沿 0.914m 处单位宽度的总摩擦阻力。

4-5　293K 的水流过内径为 0.06m 的光滑水平圆管。已知水的主体流速 $u_{av}=20m/s$，试求距管壁 0.02m 处的速度、剪应力及混合长。

4-6　293K 的水流过 0.0508m 内径的光滑水平圆管，在离管壁 0.0191m 处，对于（1）$u_{av}=15.24m/s$；（2）$u_{av}=1.524m/s$；（3）$u_{av}=0.01524m/s$ 的主体流速度，计算其速度、剪应力，涡流黏度及混合长。

4-7　20℃ 的水在内径 50.8mm 的水平光滑圆管内流动，设每 1m 长的流体压降为 $1570N/m^2$，试求（1）层流底层与缓冲层交界处的流速，缓冲层与湍流核心交界处的流速，以及管中心处的流速；（2）$y^+=30$ 处的混合长和涡流运动黏度。

4-8　假设平壁湍流边界层内平均速度分布为 1/10 次方定律，并设整个平壁为湍流，如用卡门边界层动量积分方程求解，试证明：$\dfrac{\delta}{x}=\dfrac{0.239}{Re_x^{0.154}}$ 及 $C_D=\dfrac{0.0362}{Re_L^{0.154}}$。

4-9　若平壁壁面附近的湍流速度分布规律为 $u=A\left(\dfrac{y}{\delta}\right)^{1/n}$，式中 A 为常数，求该流动的混合长。

4-10　试导出湍流中心无量纲普朗特混合长 $\dfrac{l}{r_i}$ 与离管壁的距离 y 和雷诺数 Re 的关系。

4-11　在 $Re<10^6$ 条件下，若已知光滑管中湍流的平均流动速度分布为 $u=u_{max}\left(\dfrac{y}{r_i}\right)^{1/7}=u_{max}\left(\dfrac{r_i-r}{r_i}\right)^{1/7}$，式中 r 是距管中心的距离；y 为距管壁的距离。试证明（1）管流的平均速度为 $u=\dfrac{49}{60}u_{max}$；（2）混合长度为 $l=7r_i\dfrac{\sqrt{u^*}}{u_{max}}\left(\dfrac{r_i-r}{r_i}\right)^{6/7}\left(\dfrac{r}{r_i}\right)^{1/7}$。

4-12　293K 的水以 0.20m/s 的速度流过一块长度为 8m 的平壁，已知临界雷诺数 $Re_{x_c}=5\times10^5$。试分别计算距平壁前缘 1m 及 5m 处边界层的厚度，并计算在该两点处距平壁壁面距离为 10mm 处的 x 方向上的流体速度。

4-13　一光滑平壁宽 2m、长 5m，空气温度为 20℃，沿平壁流动的主体流速度为 2.5m/s，试分别计算沿宽度方向及沿长度方向流动的摩擦阻力。

4-14　试由圆管湍流的范宁摩擦因子的表达式 $f=0.079Re^{-1/4}$ 导出圆管湍流速度分布的 1/7 次方定律，即

$$\frac{u_x}{u_{max}}=\left(\frac{y}{r_i}\right)^{1/7}$$

式中，u_{max} 为管中心最大流速（$u_{max}=u_b/0.817$）；y 为由管壁算起的径向距离；r_i 为管半径。

第3篇

传递微分方程在热量传递中的应用

第 5 章 微分能量衡算方程在热传导中的解

导热微分方程的一般形式在直角坐标系下为：

$$\frac{\mathrm{D}t}{\mathrm{D}\theta}=\alpha \nabla^2+\frac{\dot{q}}{\rho c_p}$$

也即

$$\frac{1}{\alpha}\frac{\mathrm{D}t}{\mathrm{D}\theta}=\nabla^2 t+\frac{\dot{q}}{k}$$

上式为导热微分方程的一般形式。为确定特定导热过程的解，在数学模型中还必须包括描述某一特定导热过程的单值性条件。

单值性条件包含以下几方面的内容：

几何条件：参与导热过程物体的形状、位置、大小。

物理条件：参与导热过程物体（固体、流体）的物理特性，如 k，u，ρ，c 等的数值和它们与温度之间的关系（其值在工程上往往由定性温度来确定），以及有无内发热源（或热穴）等。

边界条件：指出导热过程中，温度在空间的分布规律。根据具体情况，边界条件可以有三种不同的给定方法：

① 给定表面的温度分布，即已知 t_s，称为第一类边界条件；

② 给定表面的热流强度分布，即已知 q_s，称为第二类边界条件；

③ 给定流体的平均温度和对流传热系数，即已知 t_b 和 h，称为第三类边界条件。

时间条件：温度场中任一点温度不随时间变化的称为稳态导热，即 $\frac{\partial^2 t}{\partial x^2}+\frac{\partial^2 t}{\partial y^2}=0$，此时不需要时间条件。若某温度场中任一点的温度随时间变化的称为非稳态导热，在非稳态导热过程中，则必须给出初始条件（即 $\theta=0$ 时的温度分布）或某一瞬间的温度分布。

5.1 稳态导热

5.1.1 一维稳态导热

一维稳态导热是指物体中各点温度均不随时间而变化，且只沿空间一个坐标方向变化，如通过无限大平壁及无限长圆柱体的导热。在一定条件下，某些实际问题可以简化为一维稳态导热问题处理。

(1) 有限厚无限大平板的稳态导热 当平板的长、宽均比其厚度大得多，长宽方向上的导热可以忽略不计且无内热源时，就可作为无限大平板处理，可简化为一维稳态导热求解。如图 5-1 所示，平板两侧表面各维持均匀的温度 t_1 和 t_2 不变。平板内与轴相垂直的各个平面均为等温面，温度只沿 x 方向改变，即平板的厚度方向改变。这样，导热微分方程简化得

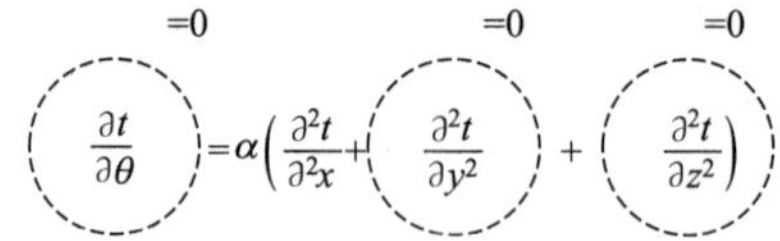

$$\frac{\partial t}{\partial \theta}=\alpha\left(\frac{\partial^2 t}{\partial^2 x}+\frac{\partial^2 t}{\partial y^2}+\frac{\partial^2 t}{\partial z^2}\right)$$

（其中 $\frac{\partial t}{\partial \theta}=0$，$\frac{\partial^2 t}{\partial y^2}=0$，$\frac{\partial^2 t}{\partial z^2}=0$）

又由于温度仅沿 x 方向改变，偏微分转化为常微分表示，简化得

$$\frac{\mathrm{d}^2 t}{\mathrm{d}x^2}=0 \tag{5-1}$$

边界条件：$x=0$，$t=t_1$

$x=L$，$t=t_2$

将式(5-1) 积分，得

$$t=C_1 x+C_2 \tag{5-2}$$

图 5-1　有限厚无限大平板的一维稳态导热

应用边界条件，确定常数 C_1 和 C_2，代入式(5-2) 中，即可得出平板内温度分布的表达式：

$$\frac{t-t_1}{t_2-t_1}=\frac{x}{L} \tag{5-3}$$

可见，平板内温度呈直线分布，且和热导率 k 值无关。值得再次强调的是，此结论仅适用于 k 为常数的场合。沿 x 方向的导热速率为

$$Q_x=-kA\ \frac{\mathrm{d}t}{\mathrm{d}x}=-kA\ \frac{t_2-t_1}{L}=\frac{t_1-t_2}{L/(kA)}=\frac{\Delta t}{R} \tag{5-4}$$

式中，$R=L/(kA)$，称为导热热阻。

若为多层平板，且板与板之间接触紧密，在接触面上没有温度差，则总的热阻可以利用类似“电阻”串联叠加的原理求得，即总的热阻为各层热阻之和。

$$Q_x=\frac{\sum\Delta t}{\sum R} \tag{5-5}$$

如果层与层之间由于表面粗糙度的影响，两种材料的连接面未能紧密接触，则在连接面处，不仅存在接触部分固体与固体间的导热，同时还存在通过接触空隙中气体的导热，两者所产生的热阻称为接触热阻。由于气体的热导率小，所以接触热阻主要由空隙中的气体所产生。若接触热阻不能忽略，如图 5-2 所示，接触面处将产生一定的温度差，此时，在导热计算中就必须把接触热阻考虑在内。

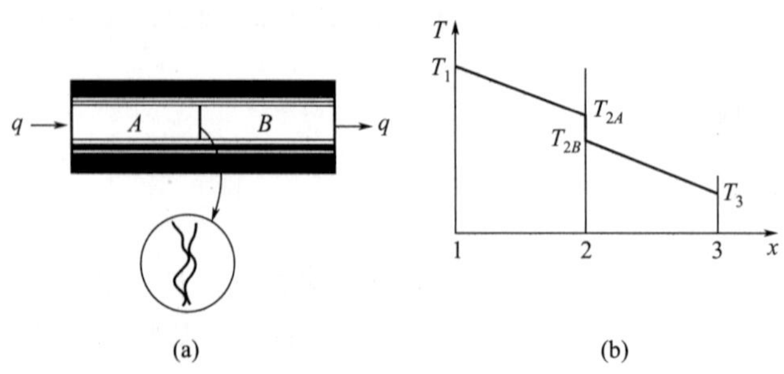

图 5-2　存在接触热阻对温差的影响

（2）无限长圆筒壁的稳态导热及绝热层临界厚度

① 无限长圆筒壁的稳态导热　对于无限长圆筒，沿轴向及圆周方向的导热可以忽略，温度仅沿径向变化，采用柱坐标，即为一维导热的问题。工程上，常遇到通过圆筒壁的导热。当圆筒长径比大于等于 10 时，即可作为无限长圆筒处理。

用柱坐标表示的导热微分方程为

$$\underbrace{\frac{\partial t}{\partial \theta'}}_{=0}=\alpha\left[\frac{1}{r}\frac{\partial}{\partial r}\left(r\frac{\partial t}{\partial r}\right)+\frac{1}{r^2}\underbrace{\frac{\partial^2 t}{\partial^2 \theta}}_{=0}+\underbrace{\frac{\partial^2 t}{\partial z^2}}_{=0}\right]$$

稳态导热，即温度不随时间变化 $\frac{\partial t}{\partial \theta'}=0$，一维导热，温度不沿方位角 θ 和轴向 z 改变 $\frac{\partial t}{\partial \theta}=\frac{\partial t}{\partial z}=0$，从而 $\frac{\partial^2 t}{\partial \theta^2}=\frac{\partial^2 t}{\partial z^2}=0$，因此，导热微分方程式可简化为

$$\frac{\mathrm{d}}{\mathrm{d}r}\left(r\frac{\mathrm{d}t}{\mathrm{d}r}\right)=0 \tag{5-6}$$

采用如图 5-3 所示的边界条件

Ⅰ. $r=r_i$，$t=t_i$

Ⅱ. $r=r_o$，$t=t_o$

将式(5-6) 积分，得

$$r\frac{\mathrm{d}t}{\mathrm{d}r}=C_1$$

$$\int_{t_i}^{t}\mathrm{d}t=C_1\int_{r_i}^{r}\frac{\mathrm{d}r}{r}$$

$$t-t_i=C_1\ln\frac{r}{r_i} \tag{5-7}$$

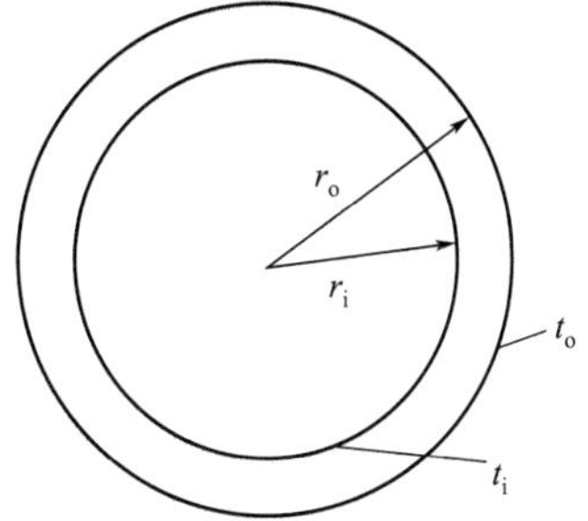

图 5-3　无限长圆筒壁内的稳态导热

代入边界条件Ⅱ：

$$t_o-t_i=C_1\ln\frac{r_o}{r_i} \tag{5-8}$$

将式(5-7) 和式(5-8) 相除，得到圆筒壁内的温度分布式

$$\frac{t-t_i}{t_o-t_i}=\frac{\ln\frac{r}{r_i}}{\ln\frac{r_o}{r_i}} \tag{5-9}$$

由此可见，圆筒壁内的温度分布是半径的对数函数，且和热导率 k 值无关。值得再次强调的是，由于导热微分方程是在 k 为常数的条件下导出，所以导出结果仅适用于热导率 k 为常数的场合。

无限长圆筒稳态导热时，不同半径处的导热速率都是相同的。取任一长度 L 进行计算，根据傅里叶定律，导热速率可由式(5-10) 求得

$$Q_r=-k(2\pi rL)\frac{\mathrm{d}t}{\mathrm{d}r} \tag{5-10}$$

分离变量、积分可得　$\int_{r_i}^{r_o}Q_r\frac{\mathrm{d}r}{r}=-k(2\pi L)\int_{t_i}^{t_o}\mathrm{d}t$

$$Q_r=-k(2\pi L)\frac{\int_{t_i}^{t_o}\mathrm{d}t}{\int_{r_i}^{r_o}\frac{\mathrm{d}r}{r}}=2\pi Lk\frac{t_i-t_o}{\ln\frac{r_o}{r_i}}=\frac{t_i-t_o}{\ln\frac{r_o}{r_i}/(2\pi Lk)}=\frac{\Delta t}{R} \tag{5-11}$$

式中，$R=\ln\frac{r_o}{r_i}/(2\pi Lk)$，称圆筒壁导热的热阻。

② 绝热层临界厚度　对于多层紧密接触、层与层之间无接触热阻的圆筒壁，如图 5-4 所示，其总的温度差为各层温度差之和，总的热阻亦为各层热阻之和，即

$$Q_r=\frac{\sum \Delta t}{\sum R}=\frac{t_1-t_4}{\frac{\ln \frac{r_2}{r_1}}{2\pi L k_1}+\frac{\ln \frac{r_3}{r_2}}{2\pi L k_2}+\frac{\ln \frac{r_4}{r_3}}{2\pi L k_3}} \tag{5-12}$$

当圆筒壁用绝热材料保温或保冷时，和平板的情况不同，圆筒壁绝热材料厚度加大，在导热热阻增加的同时，绝热层表面对流热阻将由于外表面面积的加大反而减小，因此需要讨论绝热层的临界厚度。如图 5-5 所示，若绝热层内表面的温度维持不变，外表面暴露在温度为 t_∞ 的环境流体中，外表面与流体之间的对流传热系数用 h 表示，则在稳态传热的情况下

$$Q_r=\frac{t_i-t_o}{\frac{\ln \frac{r_o}{r_i}}{2\pi L k}}=\frac{t_o-t_\infty}{\frac{1}{2\pi r_o L h}}=\frac{t_i-t_\infty}{\frac{\ln \frac{r_o}{r_i}}{2\pi L k}+\frac{1}{2\pi r_o L h}}=\frac{t_i-t_\infty}{\sum R} \tag{5-13}$$

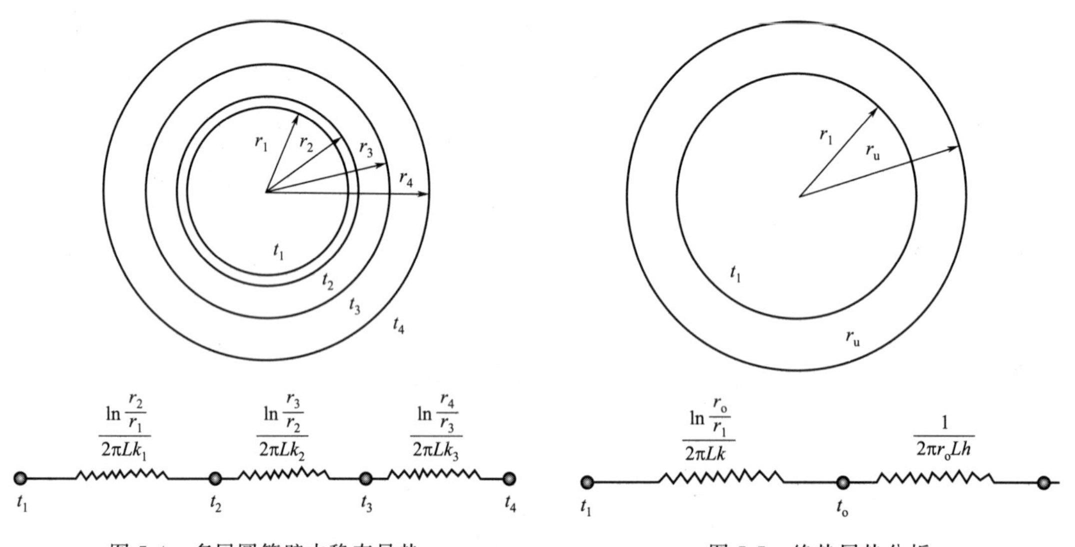

图 5-4　多层圆筒壁内稳态导热　　　　图 5-5　绝热层热分析

式中，$\ln \frac{r_o}{r_i}/(2\pi L k)$ 是绝热层内的导热热阻；$1/(2\pi r_o L h)$ 是绝热层外表面与流体间对流传热的热阻。维持 r_i 为一个恒定的参数，由于式(5-13) 的分子为定值，取分母，即总热阻对 r_o 求导，

得

$$\frac{d(\sum R)}{dr_o}=\frac{1}{2\pi L k r_o}-\frac{1}{2\pi L h r_o^2} \tag{5-14}$$

在 $\frac{d(\sum R)}{dr_o}=0$ 时，存在极值，此时的半径 r_o 称为临界半径，用 r_c 表示，因此，

$$\frac{1}{2\pi L k r_c}-\frac{1}{2\pi L h r_c^2}=0 \tag{5-15}$$

$$r_c=\frac{k}{h}$$

临界半径时的热阻$\sum R$是极大还是极小，可根据二阶导数来判断，即

$$\frac{\mathrm{d}^2(\sum R)}{\mathrm{d}r_o^2}=-\frac{1}{2\pi Lkr_o^2}+\frac{1}{\pi Lhr_o^3} \tag{5-16}$$

式中，r_o 用临界半径 $r_c=k/h$ 代入，得

$$\left.\frac{\mathrm{d}^2(\sum R)}{\mathrm{d}r_o^2}\right|_{r_o=r_c}=-\frac{1}{2\pi Lk\ (k/h)^2}+\frac{1}{\pi Lh\ (k/h)^3}=\frac{h^2}{2\pi Lk^3}>0 \tag{5-17}$$

由式(5-17) 可见，在 $r_o=r_c$ 时，热阻对 r_o 的二阶导数大于零，存在一个极小值，即 $r_o=r_c$ 时的热阻为最小的热阻，显然此时的热损失最大。热损失 Q 随绝热层外半径 r_o 变动的情况如图 5-6 所示。

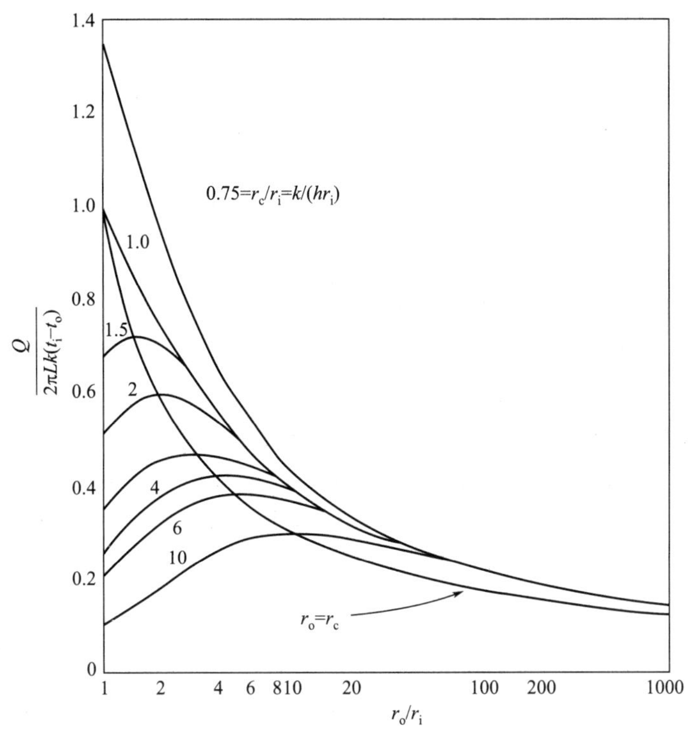

图 5-6 热损失随绝热层外半径 r_o 变化

由式(5-15) 可见，绝热层的临界半径 r_c 仅取决于 k 和 h 值，与未加绝热层时管的外半径 r_i 无关。若管的外半径 r_i 小于绝热层临界半径 r_c，则增加绝热层厚度（在绝热层外半径 r_o 小于临界半径 r_c 之前），反而会使热损失加大，若管外半径大于临界半径的前提下，包上绝热层，才能确保热损失减小。

【例 5-1】 蒸汽在一外径为 20mm 的管内流动，管外壁的温度按 110℃计。管子用绝热材料保温，保温层外表面和周围空气之间的对流传热系数 $h=8\text{W}/(\text{m}^2\cdot℃)$，空气温度为 15℃。若用热导率 $k=0.14\text{W}/(\text{m}\cdot℃)$ 的石棉保温，试计算保温层厚度不同时，热阻和热损失的变化情况。又若选用 $k=0.07\text{W}/(\text{m}\cdot℃)$ 的矿渣棉保温，结果如何?

解 (1) 选用石棉保温

临界半径 $r_c=\dfrac{k}{h}=\dfrac{0.14}{8}=0.0175\ (\text{m})=17.5\ (\text{mm})$；裸管外半径 $r_i=\dfrac{20}{2}=10\text{mm}$

$r_i<r_c$，因此在保温层厚度加大到 7.5mm 之前，总的热阻反而减少，热损失反而加大，

然后热损失随保温层厚度增加而减少，如表 5-1 所示，但保温层加大到 25mm 时，热损失和未加保温层时相近，显然，选用石棉保温是不合适的。

表 5-1　热阻和热损失随保温层厚度的变化（按每米管长计）

绝热层厚度 b/mm	绝热层外半径 $r_o=10+b$/mm	导热热阻 $\dfrac{\ln(r_o/r_i)}{2\pi k}$/(℃/W)	对流热阻 $\dfrac{1}{2\pi r_o h}$/(℃/W)	总热阻 ΣR/(℃/W)	热损失 $\dfrac{t_i-t_\infty}{\Sigma R}$/W
0	10	0	1.989	1.989	47.76
2.5	12.5	0.2537	1.592	1.846	51.46
5.0	15	0.4609	1.326	1.787	53.16
7.5	17.5	0.6362	1.137	1.773	53.58
10	20	0.7880	0.9947	1.783	53.28
20	30	1.249	0.6631	1.912	49.69
25	35	1.424	0.5684	1.992	47.69
40	50	1.830	0.3979	2.228	42.64

（2）选用矿渣棉

临界半径 $r_c=\dfrac{k}{h}=\dfrac{0.07}{8}=0.00875\ (\text{m})=8.75\ (\text{mm})$

由于 $r_i>r_c$，所以用不同厚度的矿渣棉保温，都能使热损失减少。较厚的绝热层虽可降低热损失，但用于绝热材料的费用增加。适宜的保温层厚度，需由经济核算确定。

（3）球形容器的稳态导热　球形容器内、外表面各维持一定的温度不变，沿余纬度和方位角无温度梯度，等温面为同心的球面，热量仅沿径向传递，采用球坐标即可作为一维稳态导热的问题处理。和处理圆筒壁稳态导热的方法类似，将球坐标表示的导热微分方程简化，积分求解，即可获得球形容器沿径向的温度分布和导热速率。

温度分布和导热速率亦可由另一方法，即由导热的基本定律导得。根据傅里叶定律

$$Q_r=-kA\frac{\mathrm{d}t}{\mathrm{d}r} \tag{5-18}$$

Q_r 值沿径向不变，球形面积 $A=4\pi r^2$，若空心球壁的内、外半径为 r_i 和 r_o，内、外表面的温度为 t_i 和 t_o，则

$$Q_r=-k(4\pi r^2)\frac{\mathrm{d}t}{\mathrm{d}r}=-4\pi k\frac{\int_{t_i}^{t}\mathrm{d}t}{\int_{r_i}^{r}\frac{\mathrm{d}r}{r^2}}=-4\pi k\frac{t-t_i}{\frac{1}{r_i}-\frac{1}{r}} \tag{5-19}$$

移项得

$$t-t_i=\frac{Q_r}{4\pi k}\left(\frac{1}{r}-\frac{1}{r_i}\right) \tag{5-20}$$

将 $r=r_o$ 处，$t=t_o$ 代入上式，得

$$t_o-t_i=\frac{Q_r}{4\pi k}\left(\frac{1}{r_o}-\frac{1}{r_i}\right) \tag{5-21}$$

联立式(5-20) 和式(5-21)，即得空心球壁的温度分布

$$\frac{t-t_i}{t_o-t_i}=\frac{\frac{1}{r}-\frac{1}{r_i}}{\frac{1}{r_o}-\frac{1}{r_i}} \tag{5-22}$$

将式(5-21) 移项，即可得出通过空心球壁的导热速率

$$Q_r=\frac{4\pi k(t_o-t_i)}{\frac{1}{r_o}-\frac{1}{r_i}}=\frac{t_i-t_o}{\frac{1}{4\pi k}\left(\frac{1}{r_i}-\frac{1}{r_o}\right)}=\frac{\Delta t}{R} \tag{5-23}$$

式中，$R=\frac{1}{4\pi k}\left(\frac{1}{r_i}-\frac{1}{r_o}\right)$为球壁导热的热阻。

同理，对于多层紧密接触、层与层间无温度差的球壁，其总的温差为各层温差之和，总的热阻为各层热阻之和。

(4) 具有内热源的稳态导热

① 无限大平板稳态导热　具有均匀内热源的无限大平板，热量仅沿 x 方向传递，壁面两侧温度分别维持 t_1 和 t_2 不变，且热导率为常数，在此情况下，导热微分方程可简化为

$$\frac{d^2t}{dx^2}=-\frac{\dot{q}}{k} \tag{5-24}$$

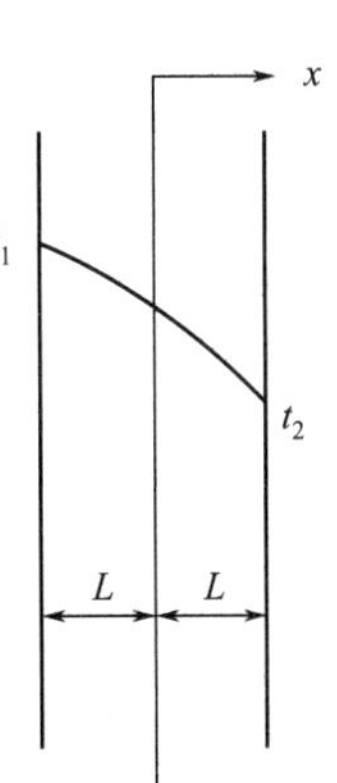

图 5-7　具有内热源的无限大平板稳态导热

对于均匀内热源，单位体积、单位时间内所发出的热量，即热源发热率 $\dot{q}$ 为常数，将式(5-24) 积分两次，得到温度分布

$$t=-\frac{\dot{q}}{2k}x^2+C_1x+C_2 \tag{5-25}$$

代入如图 5-7 所示的边界条件，即

a. $x=-L$，$t=t_1$；

b. $x=+L$，$t=t_2$。

可分别求得常数 C_1 和 C_2 如下

$$C_1=\frac{t_2-t_1}{2L}$$

$$C_2=\frac{\dot{q}}{2k}L^2+\frac{t_1+t_2}{2L}$$

代入式(5-25)，即得具有均匀内热源的平板内的温度分布

$$t=-\frac{\dot{q}}{2k}x^2+\frac{t_2-t_1}{2L}x+\frac{\dot{q}}{2k}L^2+\frac{t_1+t_2}{2L}=\frac{\dot{q}L^2}{2k}\left(1-\frac{x^2}{L^2}\right)+\frac{t_2-t_1}{2}\frac{x}{L}+\frac{t_1+t_2}{2} \tag{5-26}$$

若平面两侧温度相等，$t_1=t_2=t_w$，则得

$$t=\frac{\dot{q}L^2}{2k}\left(1-\frac{x^2}{L^2}\right)+t_w \tag{5-27}$$

由式(5-27) 可见，温度分布与平板的中心面相对称，在平板中心的温度梯度为零，即

$$\left.\frac{dt}{dx}\right|_{x=0}=0$$

若平板中心面上的温度用 t_o 表示，即 $x=0$ 处，$t=t_o$，代入式(5-27) 得

$$t_o-t_w=\frac{\dot{q}L^2}{2k} \tag{5-28}$$

比较式(5-27) 和式(5-28)，可得无量纲温度分布为

$$\frac{t-t_w}{t_o-t_w}=1-\left(\frac{x}{L}\right)^2 \tag{5-29}$$

导热速率可根据傅里叶定律求得，当温度分布与平板中心面对称时，可得

$$Q=-k\ \frac{\mathrm{d}t}{\mathrm{d}x}=2k(t_o-t_w)\frac{x}{L^2} \tag{5-30}$$

在壁面 $x=L$ 处的导热速率为

$$q\big|_{x=L}=\frac{2k(t_o-t_w)}{L} \tag{5-31}$$

② 无限长圆柱体和无限长圆筒壁　具有均匀内热源且热导率为常数的无限长圆柱体和圆筒壁进行稳态导热时，热量仅沿径向传递，采用柱坐标，即为一维稳态导热的问题。

采用薄层衡算法，取厚度为 Δr、长度为 L 的薄层，进行热量衡算

$$\rho C_p(2\pi rL\Delta r)\frac{\partial t}{\partial\theta}=-k(2\pi rL)\frac{\partial t}{\partial r}\bigg|_r-\left[-k(2\pi rL)\frac{\partial t}{\partial r}\right]_{r+\Delta r}+\dot{q}(2\pi rL\Delta r) \tag{5-32}$$

用 $2\pi rL\Delta r$ 除式(5-32)，得

$$\rho C_p\ \frac{\partial t}{\partial\theta}=\frac{k\left(r\frac{\partial t}{\partial r}\Big|_{r+\Delta r}-r\ \frac{\partial t}{\partial r}\Big|_r\right)}{r\Delta r}+\dot{q} \tag{5-33}$$

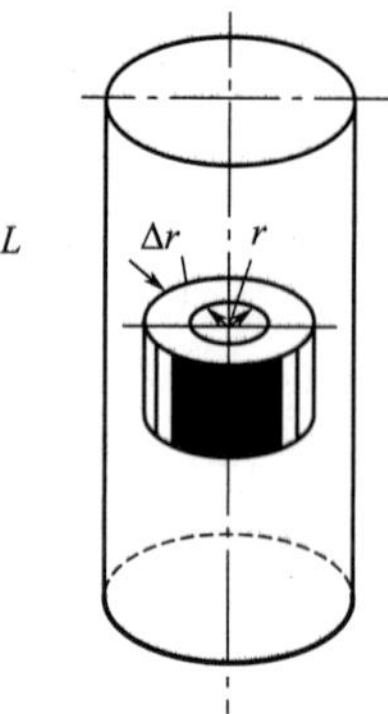
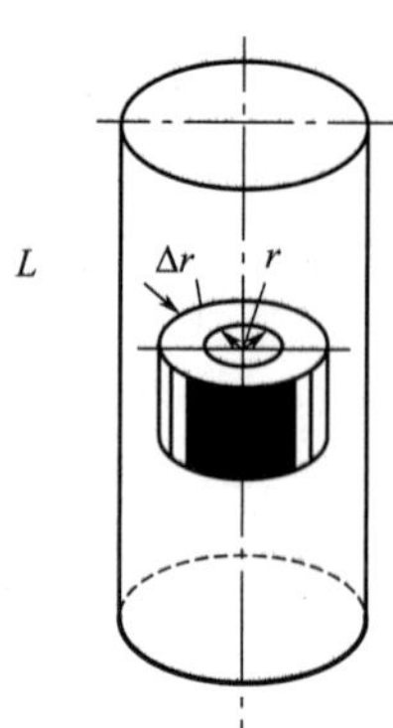

图 5-8　具有内热源无限长圆柱体的薄层衡算示意图

使 Δr 趋近于零并取极限，得

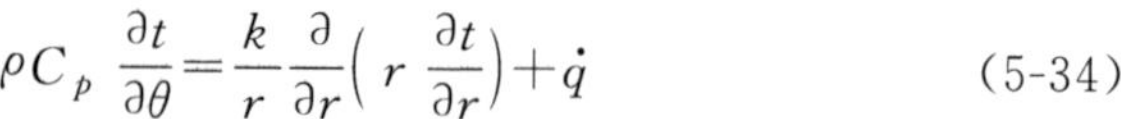

$$\rho C_p\ \frac{\partial t}{\partial\theta}=\frac{k}{r}\frac{\partial}{\partial r}\left(r\ \frac{\partial t}{\partial r}\right)+\dot{q} \tag{5-34}$$

如图 5-8 所示，稳态下，微元体内累积的热流速率为零，具有均匀内热源无限长圆柱体和圆筒壁的导热微分方程即为

$$\frac{1}{r}\frac{\mathrm{d}}{\mathrm{d}r}\left(r\ \frac{\mathrm{d}t}{\mathrm{d}r}\right)+\frac{\dot{q}}{k}=0 \tag{5-35}$$

式(5-35) 亦可由导热微分方程简化得出。内热源均匀分布，$\dot{q}$ 为常数，将式(5-35) 分离变量并积分得

$$r\ \frac{\mathrm{d}t}{\mathrm{d}r}=-\frac{\dot{q}}{2k}r^2+C_1 \tag{5-36}$$

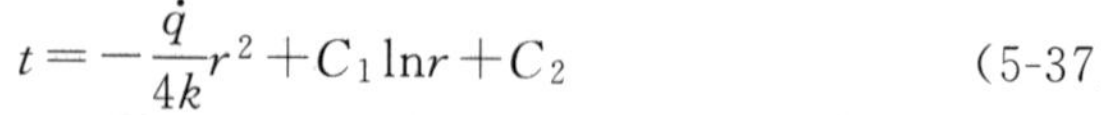

$$t=-\frac{\dot{q}}{4k}r^2+C_1\ln r+C_2 \tag{5-37}$$

积分常数 C_1 和 C_2 由边界条件确定。

a. 无限长圆柱体。半径为 r_i 的无限长圆柱体导热的边界条件为

$r=0$，$\frac{\mathrm{d}t}{\mathrm{d}r}=0$；

$r=r_i$，$t=t_w$。

将上述边界条件分别代入式(5-37) 得：$C_1=0$，$C_2=t_w+\frac{\dot{q}}{4k}r_i^2$。

因此，无限长圆柱体在任一半径 r 处的温度为

$$t=t_w+\frac{\dot{q}}{4k}(r_i^2-r^2) \tag{5-38}$$

式中　t_w——圆柱体表面的温度；

　　　r_i——圆柱体的半径；

r——离圆柱体中心的距离；

t——r 处的温度。

假定圆柱体表面的温度 t_w 低于圆柱体内的温度 t，则在 $r=0$ 处，$t=t_{max}$，代入式(5-38)得

$$t_{max}-t_w=\frac{\dot{q}}{4k}r_i^2 \tag{5-39}$$

将式(5-38) 和式(5-39) 比较，可得具有内热源时圆柱体内温度分布的另一表达式

$$\frac{t-t_w}{t_{max}-t_w}=1-\left(\frac{r}{r_i}\right)^2 \tag{5-40}$$

此温度分布形式上和具有内热源的平板类似，且均和热导率无关。

圆柱体的平均温度可按下式求得，即

$$t_{av}=\frac{1}{\pi r_i^2}\int_0^{r_i}t2\pi r\,dr=\frac{1}{\pi r_i^2}\int_0^{r_i}\left[t_w+\frac{\dot{q}}{4k}(r_i^2-r^2)\right]2\pi r\,dr=t_w+\frac{\dot{q}}{8k}r_i^2 \tag{5-41}$$

或

$$t_{av}-t_w=\frac{\dot{q}}{8k}r_i^2 \tag{5-42}$$

平均温度和最高温度之间的关系可由式(5-39) 和式(5-42) 比较得出，即

$$\frac{t_{av}-t_w}{t_{max}-t_w}=\frac{1}{2} \tag{5-43}$$

圆柱体任一半径 r 处单位面积上的热流速率可以根据傅里叶定律求得，即

$$q_r=-k\frac{dt}{dr}=\dot{q}\frac{r}{2} \tag{5-44}$$

将方程导出结果和圆管中层流时的速度分布、剪应力的关系式对比一下是很有意义的。列于表 5-2。

表 5-2 均匀内热源导热和圆管中层流时的关系式对比

项目	稳态层流流动	均匀内热源稳态导热
方程	$\frac{1}{r}\frac{d}{dr}\left(r\frac{du}{dr}\right)=\frac{1}{\mu}\frac{dp_d}{dz}$	$\frac{1}{r}\frac{d}{dr}\left(r\frac{dt}{dr}\right)+\frac{\dot{q}}{k}=0$
边界条件	$r=0,\frac{du}{dr}=0$ $r=0,u=u_{max}$ $r=r_i,u=0$	$r=0,\frac{dt}{dr}=0$ $r=0,t=t_{max}$ $r=r_i,t=t_w$
速度分布/温度分布	$u_c=-\frac{1}{4\mu}\frac{dp_d}{dz}(r_i^2-r^2)$ 或 $u_z=u_{max}\left[1-\left(\frac{r}{r_i}\right)^2\right]$	$t=t_w+\frac{1}{4k}\dot{q}(r_i^2-r^2)$ 或 $\frac{t-t_w}{t_{max}-t_w}=1-\left(\frac{r}{r_i}\right)^2$
平均速度/平均温度	$u_{av}=-\frac{1}{8\mu}\frac{dp_d}{dz}r_i^2$ $u_{av}=\frac{1}{2}u_{max}$	$t_{av}-t_w=\frac{1}{8k}\dot{q}r_i^2$ $t_{av}-t_w=\frac{1}{2}(t_{max}-t_w)$
动量通量/热量通量	$\tau_{rc}=\frac{dp_d}{dz}\frac{r}{2}$	$q_r=\dot{q}\frac{r}{2}$

显然，管内层流流动过程和圆柱中有均匀内热源的导热过程类似。这是微分动量衡算和

微分热量衡算类似的一个实例。由表 5-2 可见，微分方程和边界条件类似，导得的结果亦类似。同理，对两平板间稳态层流的过程和平板中具有均匀内热源导热的过程，亦可导得类似的结果。因此如果将表 5-3 中的对应项互换，具有内热源的结果就可不经推导，直接从层流流动的结果转换得出。

表 5-3　均匀内热源导热和圆管中层流时的特性参数对比

名称	项目	单位	名称	项目	单位
层流流动	u	m/s	具有均匀内热源的导热	$t-t_w$	℃
	μ	N·s/m²		k	W/(m·℃)
	$-\dfrac{dp_d}{dz}$	N/m³		$\dot{q}$	W/m³
	τ_{rz}	N/m²		q_r	W/m²

b. 无限长圆筒壁。对于无限长圆筒壁，仍可应用式(5-37)。其边界条件为

$r=r_i$，$t=t_{wi}$；

$r=r_o$，$t=t_{wo}$。

将边界条件代入式(5-37)，最终可得具有内热源的圆筒壁中的温度分布为

$$t=t_{wo}+\frac{\dot{q}r_o^2}{4k}\left(1-\frac{r^2}{r_o^2}\right)+\left[t_{wi}-t_{wo}-\frac{\dot{q}r_o^2}{4k}\left(1-\frac{r_i^2}{r_o^2}\right)\right]\ln\frac{r}{r_i} \tag{5-45}$$

(5) 扩展表面的传热　扩展表面的传热是一维稳态导热分析中有重要工程应用的问题。扩展表面增加了固体与邻近流体之间接触的总面积，进而可以强化固体与邻近流体的热量传递，扩展表面的形状各种各样，有些是翅片，有些是刺状，其截面形状也是各种各样的。翅片或刺状扩展表面分别又可称为肋片或细杆。通常情况下，肋片或细杆的一端被连接在热表面或冷表面上，通过肋片或细杆的表面与周围流体换热，这是导热过程中同时又向周围流体对流传热的一类问题。如果材料的热导率较大，横截面上温度比较均匀，可近似作为一维稳态导热处理。

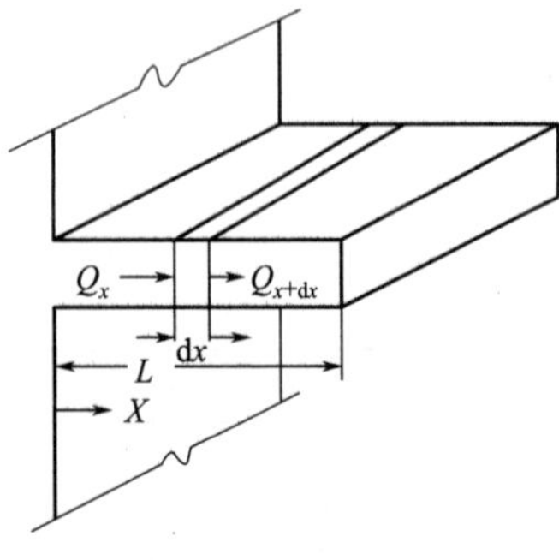

图 5-9　通过肋片的稳态导热

① 扩展表面导热的一般分析　假定肋片或细杆的热导率为常数，且传热系数亦可作为常数处理，如图 5-9 所示，取微元体积作热量衡算。在稳态情况下，左侧平面传入的热流速率 $Q|_x$ 等于右侧平面传出的热流速率 $Q|_{x+dx}$ 与对流传出的热流速率 $Q|_{conv}$ 之和，即

$$Q|_x=Q|_{x+dx}+Q|_{conv} \tag{5-46}$$

式中

$$Q|_x=-kA\frac{dt}{dx} \tag{5-47}$$

$$Q|_{x+dx}=-kA\left[\frac{dt}{dx}+\frac{d}{dx}\left(\frac{dt}{dx}\right)dx\right] \tag{5-48}$$

$$Q|_{conv}=hPdx(t-t_\infty) \tag{5-49}$$

将式(5-47)、式(5-48)、式(5-49) 代入式(5-46) 并整理得

$$\frac{d^2t}{dx^2}-\frac{hP}{kA}(t-t_\infty)=0 \tag{5-50}$$

式中　k——材料的热导率，W/(m·℃)；

h——传热系数，W/(m²·℃)；

A——肋片或细杆的横截面积，m^2；

P——肋片或细杆横面的周长，m；

t——距根部 x 处肋片或细杆的温度，℃；

t_∞——周围流体的温度,℃。

② 等截面肋片导热问题的求解　令 $m=\sqrt{\frac{hP}{kA}}$ 并取流体温度为基准温度，将肋片的温度用温度 $\theta=t-t_\infty$ 表示，则式(5-50) 可改写为

$$\frac{d^2\theta}{dx^2}-m^2\theta=0 \tag{5-51}$$

式(5-51) 的通解为

$$\theta=C_1e^{-mx}+C_2e^{mx} \tag{5-52}$$

常数 C_1、C_2 由边界条件确定。

边界条件 1：$x=0$，$\theta=\theta_0=t_0-t_\infty$；代入式(5-52) 得

$$\theta_0=C_1+C_2 \tag{5-53}$$

边界条件 2：可以根据以下三种情况之一决定，从而得出三组不同的解。

a. 肋片（或细杆）相当长，肋端温度等于周围流体温度，即在 $x\to\infty$处，$\theta=0$。

将此边界条件代入式(5-52)，得

$$0=C_1e^{-m\infty}+C_2e^{m\infty}$$

因此 C_2 必为零。

将 $C_2=0$ 代入式(5-53)，得

$$C_1=\theta_0$$

代入式(5-52)，得温度分布为

$$\frac{\theta}{\theta_0}=\frac{t-t_\infty}{t_0-t_\infty}=e^{-mx}$$

在稳态情况下，肋片表面和外界的传热速率必然等于通过肋片根部 $x=0$ 处的导热速率，即

$$Q_0=-kA\left.\frac{dt}{dx}\right|_{x=0}=-kA(-m\theta_0e^{-mx})\Big|_{x=0}=-kAm\theta_0=kA\sqrt{\frac{hP}{kA}}\theta_0=\sqrt{kAhP}\,\theta_0 \tag{5-54}$$

b. 肋端绝热，即 $x=L$ 处，$\frac{dt}{dx}=0$。

将式(5-52) 求导，并将此边界条件代入，得

$$m(-C_1e^{-mL}+C_2e^{mL})=0 \tag{5-55}$$

联立式(5-53) 和式(5-55)，求解得

$$C_1=\frac{\theta_0e^{mL}}{e^{-mL}+e^{mL}}\quad C_2=\frac{\theta_0e^{-mL}}{e^{-mL}+e^{mL}}$$

代入式(5-52)，得到肋片内的温度分布为

$$\frac{\theta}{\theta_0}=\frac{e^{-mx}e^{mL}+e^{-mL}e^{mx}}{e^{-mL}+e^{mL}}=\frac{e^{m(L-x)}+e^{-m(L-x)}}{e^{-mL}+e^{mL}}=\frac{ch[m(L-x)]}{ch(mL)} \tag{5-56}$$

$$Q_0=-kA\left.\frac{dt}{dx}\right|_{x=0}=-kA\left[-\theta_0m\frac{sh(mL)}{ch(mL)}\right]=kAm\theta_0\,th(mL)=\sqrt{kAhP}\,\theta_0\,th(mL) \tag{5-57}$$

c. 肋片长度有限，肋端通过对流散热

$$-k\left.\frac{\mathrm{d}t}{\mathrm{d}x}\right|_{x=L}=h\theta_L \tag{5-58}$$

将式(5-52) 代入式(5-58)，并求导得

$$km(-C_1\mathrm{e}^{-mL}-C_2\mathrm{e}^{mL})=h(-C_1\mathrm{e}^{-mL}-C_2\mathrm{e}^{mL}) \tag{5-59}$$

联立式(5-53) 和式(5-59) 求解得常数 C_1、C_2，代入式(5-52)，可得温度分布为

$$\frac{\theta}{\theta_0}=\frac{\left(1-\frac{h}{mk}\right)\mathrm{e}^{-m(L-x)}+\left(1+\frac{h}{mk}\right)\mathrm{e}^{m(L-x)}}{\mathrm{e}^{-mL}+\mathrm{e}^{mL}+\frac{h}{mk}(\mathrm{e}^{mL}-\mathrm{e}^{-mL})}=\frac{\mathrm{ch}[m(L-x)]+\frac{h}{mk}\mathrm{sh}[m(L-x)]}{\mathrm{ch}(mL)+\frac{h}{mk}\mathrm{sh}(mL)} \tag{5-60}$$

同理可得肋根部导热速率为

$$Q_0=-kA\left.\frac{\mathrm{d}t}{\mathrm{d}x}\right|_{x=0}=\sqrt{kAhP}\,\frac{\mathrm{th}(mL)+h/(mk)}{1+\frac{h}{mk}\mathrm{th}(mL)} \tag{5-61}$$

以上只是针对等截面矩形肋片进行了分析和求解。实际上，用于强化传热的肋片，有各种各样的形状：例如三角肋、柱状肋、针状肋、梯形肋等。

5.1.2 二维稳态导热

二维稳态导热的温度分布是两个独立空间坐标的函数，对于固体内的二维稳态导热，当热导率为常数时，由导热微分方程简化可得

$$\frac{\partial^2 t}{\partial x^2}+\frac{\partial^2 t}{\partial y^2}=0 \tag{5-62}$$

此即直角坐标系二维稳态导热的微分方程式。由此方程式应用数学分析法、数值计算法或图解法等即可解得各不同单值条件下特定的温度分布，从而再计算热流速率。

(1) 数学分析法 对导热微分方程在一定的边界条件下积分求解，这种解法一般称为理论解或精确解。以上各节均属此类。其优点是：在整个推导过程中物理概念清晰，逻辑推理严密，求解结果能明确地表示出各种因素（如边界条件、物性等）对物体内部温度分布的影响，但这种方法仅能用于求解比较简单的问题。在很多情况下，应用数学分析法是相当麻烦和困难的，有些情况则无法求得精确解。因此常采用数值计算法或图解法。

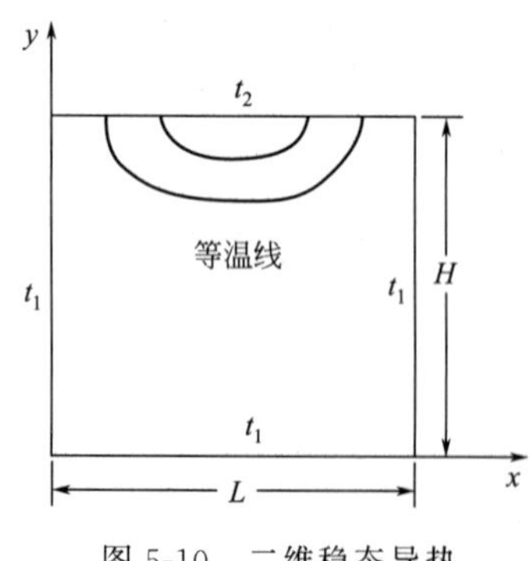

图 5-10 二维稳态导热

现以平板为例，应用数学分析法求解。一无内热源的矩形平板，如图 5-10 所示，它的三条边（即 $y=0$、$x=0$ 和 $x=L$）都维持相同的温度 t_1 不变，仅 $y=H$ 的一边具有不同的温度 t_2，在垂直纸面的方向无温度梯度，因此温度分布只是 x 和 y 的函数，为便于处理，导热微分方程式中的温度 t 改用无量纲温度 Θ 表示，令 $\Theta=\frac{t-t_1}{t_2-t_1}$。

由此，式(5-62) 可改写为

$$\frac{\partial^2 \Theta}{\partial x^2}+\frac{\partial^2 \Theta}{\partial y^2}=0 \tag{5-63}$$

微分方程的边界条件为

① $x=0$，$t=t_1$，$\Theta=0$；

② $x=L$，$t=t_1$，$\Theta=0$；

③ $y=0$，$t=t_1$，$\Theta=0$；

④ $y=H$，$t=t_2$，$\Theta=1$。

应用分离变量法，假定式(5-63) 的解为

$$\Theta=XY \tag{5-64}$$

式中，X 只是坐标 x 的函数，$X=f(x)$；Y 只是坐标 y 的函数，$Y=f(y)$。由式(5-64)可得到

$$\frac{\partial\Theta}{\partial x}=Y\frac{\mathrm{d}X}{\mathrm{d}x}\qquad\frac{\partial^2\Theta}{\partial x^2}=Y\frac{\mathrm{d}^2X}{\mathrm{d}x^2} \tag{5-65}$$

$$\frac{\partial\Theta}{\partial y}=X\frac{\mathrm{d}Y}{\mathrm{d}y}\qquad\frac{\partial^2\Theta}{\partial y^2}=X\frac{\mathrm{d}^2Y}{\mathrm{d}y^2} \tag{5-66}$$

代入式(5-63) 得

$$Y\frac{\mathrm{d}^2X}{\mathrm{d}x^2}+X\frac{\mathrm{d}^2Y}{\mathrm{d}y^2}=0$$

或

$$-\frac{1}{X}\frac{\mathrm{d}^2X}{\mathrm{d}x^2}=\frac{1}{Y}\frac{\mathrm{d}^2Y}{\mathrm{d}y^2} \tag{5-67}$$

式(5-67) 左侧只是 x 的函数，右侧只是 y 的函数，因此只有两侧等于同一常数才能成立。令该常数为 λ^2，由此可得两个常微分方程

$$\frac{\mathrm{d}^2X}{\mathrm{d}x^2}+\lambda^2X=0 \tag{5-68}$$

$$\frac{\mathrm{d}^2Y}{\mathrm{d}y^2}+\lambda^2Y=0 \tag{5-69}$$

式中，λ^2 称为分离常数，其值由边界条件决定。从理论上讲，可能有三种情况，即

$$\lambda^2=0，\lambda^2<0 \text{ 或 } \lambda^2>0$$

a. $\lambda^2=0$

式(5-68) 和式(5-69) 的解分别为

$$X=C_1x+C_2$$

$$Y=C_3y+C_4$$

代入式(5-64)，得

$$\Theta=(C_1x+C_2)(C_3y+C_4)$$

由上式可见，对于一定的 y 值，Θ 随 x 呈线性变化，因此在 $x=0$ 与 $x=L$ 处，Θ 不能同时为零，即不能同时满足边界条件①和②，因此，$\lambda^2=0$ 不能成立。

b. $\lambda^2<0$

式(5-68) 和式(5-69) 的解分别为

$$X=C_5\mathrm{e}^{\lambda x}+C_6\mathrm{e}^{-\lambda x}$$

$$Y=C_7\cos(\lambda y)+C_8\sin(\lambda y)$$

代入式(5-64) 得

$$\Theta=(C_5\mathrm{e}^{\lambda x}+C_6\mathrm{e}^{-\lambda x})[C_7\cos(\lambda y)+C_8\sin(\lambda y)] \tag{5-70}$$

将边界条件①代入上式得

$$0=(C_5+C_6)[C_7\cos(\lambda y)+C_8\sin(\lambda y)]$$

此式成立的条件是 $C_5=-C_6$。

将 $C_5=-C_6$ 代入式(5-70) 得

$$\Theta=C_5(e^{\lambda x}-e^{-\lambda x})[C_7\cos(\lambda y)+C_8\sin(\lambda y)] \tag{5-71}$$

将边界条件③代入，得

$$0=C_5(e^{\lambda x}-e^{-\lambda x})C_7 \tag{5-72}$$

此式成立的条件是 $C_7=0$

因此，式(5-70) 变为

$$\Theta=C_5(e^{\lambda x}-e^{-\lambda x})C_8\sin(\lambda y)=C(e^{\lambda x}-e^{-\lambda x})\sin(\lambda y) \tag{5-73}$$

式中，$C=C_5C_8$。

再将边界条件②代入式(5-73)，得

$$0=C(e^{\lambda L}-e^{-\lambda L})\sin(\lambda y)$$

上式成立的条件是 $\lambda=0$，由前已知 $\lambda^2=0$ 不可能成立，所以 $\lambda^2<0$ 亦不能成立。

c. $\lambda^2>0$

式(5-68) 和式(5-69) 的解分别为

$$X=C_9\cos(\lambda x)+C_{10}\sin(\lambda x)$$

$$Y=C_{11}e^{\lambda x}+C_{12}e^{-\lambda x}$$

代入式(5-64)，得

$$\Theta=[C_9\cos(\lambda x)+C_{10}\sin(\lambda x)](C_{11}e^{\lambda x}+C_{12}e^{-\lambda x}) \tag{5-74}$$

将边界条件①代入式(5-74)，得

$$0=C_9(C_{11}e^{\lambda x}+C_{12}e^{-\lambda x}) \tag{5-75}$$

式(5-75) 成立的条件是 $C_9=0$，代入式(5-74) 得

$$\Theta=C_{10}\sin(\lambda x)(C_{11}e^{\lambda x}+C_{12}e^{-\lambda x})=\sin(\lambda x)(a e^{\lambda y}+b e^{-\lambda y}) \tag{5-76}$$

式中，$a=C_{10}C_{11}$；$b=C_{10}C_{12}$。

将边界条件③代入式(5-76)，得

$$0=\sin(\lambda x)(a+b) \tag{5-77}$$

上式成立的条件是 $a=-b$，代入式(5-76)，得

$$\Theta=a\sin(\lambda x)(e^{\lambda x}-e^{-\lambda x})=C\sin(\lambda x)\operatorname{sh}(\lambda y) \tag{5-78}$$

式中，$C=2a$。

将边界条件②代入式(5-78) 得

$$0=C\sin(\lambda x)\operatorname{sh}(\lambda y) \tag{5-79}$$

式(5-79) 成立的条件是 $\sin(\lambda L)=0$，因此 $\lambda L=n\pi$，即 $\lambda=\dfrac{n\pi}{L}$，式中 $n=1,2,3\cdots$，将其代入式(5-78) 得

$$\Theta=\sum_{n=1}^{\infty}C_n\sin\left(\frac{n\pi}{L}x\right)\operatorname{sh}\left(\frac{n\pi}{L}y\right) \tag{5-80}$$

常数 C 随 n 值不同而不同，故改用 C_n。

式(5-80) 是当 $\lambda^2>0$ 时得到的满足微分方程式(5-62) 和前三个边界条件的解，再将边界条件④代入式(5-80)，得

$$1=\sum_{n=1}^{\infty}C_n\sin\left(\frac{n\pi}{L}x\right)\operatorname{sh}\left(\frac{n\pi}{L}H\right)=\sum_{n=1}^{\infty}A_n\sin\left(\frac{n\pi}{L}x\right) \tag{5-81}$$

式中

$$A_n = C_n \operatorname{sh}\left(\frac{n\pi}{L}H\right)$$

为确定 A_n，可将式(5-81) 展开

$$1 = A_1 \sin\left(\frac{\pi}{L}x\right) + A_2 \sin\left(\frac{2\pi}{L}x\right) + A_3 \sin\left(\frac{3\pi}{L}x\right) + \cdots$$

把方程两边同乘以 $\sin\left(\frac{mx}{L}x\right)\mathrm{d}x$，并在 $0 \sim L$ 之间积分

$$\int_0^L \sin\left(\frac{mx}{L}x\right)\mathrm{d}x = \sum_{n=1}^{\infty}\int_0^L A_n \sin\left(\frac{mx}{L}x\right)\sin\left(\frac{n\pi}{L}x\right)\mathrm{d}x$$

由于正弦函数的正交性

$$\int_0^L \sin\left(\frac{mx}{L}x\right)\sin\left(\frac{n\pi}{L}x\right)\mathrm{d}x = \begin{cases} 0 & (m \neq n) \\ \int_0^L \sin^2\left(\frac{n\pi}{L}x\right)\mathrm{d}x & (m = n) \end{cases} \tag{5-82}$$

将式(5-82) 积分，可得

$$-\frac{L}{n\pi}\cos\left(\frac{n\pi x}{L}\Big|_0^L\right) = A_n\left[1 - \cos^2\left(\frac{n\pi x}{L}\right)\right]\mathrm{d}x = A_n\frac{L}{2} \tag{5-83}$$

移项得

$$A_n = \frac{2}{\pi} \times \frac{1-(-1)^n}{n}$$

代入式(5-81)，得

$$C_n = \frac{2}{\pi} \times \frac{1-(-1)^n}{n} \times \frac{1}{\operatorname{sh}\left(\frac{n\pi}{L}H\right)} \tag{5-84}$$

将 C_n 代入式(5-80)，最终可得

$$\Theta = \frac{2}{\pi}\sum_{n=1}^{\infty}\frac{1-(-1)^n}{n}\sin\left(\frac{n\pi}{L}x\right)\frac{\operatorname{sh}\left(\frac{n\pi}{L}y\right)}{\operatorname{sh}\left(\frac{n\pi}{L}H\right)} \tag{5-85}$$

原则上，分离变量法也能推广应用到 k 为常数的三维稳态导热，类似于式(5-64)，可取 $\Theta = XYZ$。

(2) 数值计算法　用数学分析方法计算某些规则形状的导热体的稳态和非稳态导热过程是非常有效的。然而，多半的情况是，一些二维问题所涉及的几何形状和边界条件不可能用数学分析法求解，在这种情况下，最好的选择是利用有限差分、有限元或边界元等数值求解法。由于有限差分法易于应用，故本部分以有限差分法为例讲解二维稳态问题的求解。建立差分方程有两种方法：由微分方程直接转换成差分方程，或通过热平衡（即热阻热容法）建立差分方程。

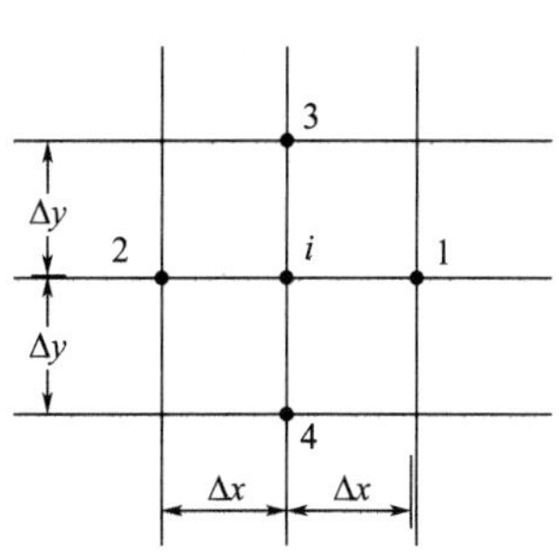

图 5-11　二维温度场

考察一个二维温度场，如图 5-11 所示。在 x 和 y 方向划分若干相等的增量，各节点的标记亦如该图所示。用方程(5-62) 作为控制条件，建立每个结点与它相邻结点的温度关系，这些关系就是结点的差分方程。

对二维温度场，以 i 点为例。此点及其相邻各点坐标为 i 点（x,y），1 点（$x+\Delta x,y$），2 点（$x-\Delta x,y$），3 点（$x,y+\Delta y$），4 点（$x,y-\Delta y$）。将温度 $t=f_2(x,y)$ 沿 x 方向在 i 点附近展开成泰勒级数：

$$t_1=t_i+\Delta x\left(\frac{\partial t}{\partial x}\right)_i+\frac{(\Delta x)^2}{2!}\left(\frac{\partial^2 t}{\partial x^2}\right)_i+\frac{(\Delta x)^3}{3!}\left(\frac{\partial^3 t}{\partial x^3}\right)_i+\cdots \tag{5-86}$$

$$t_2=t_i-\Delta x\left(\frac{\partial t}{\partial x}\right)_i+\frac{(\Delta x)^2}{2!}\left(\frac{\partial^2 t}{\partial x^2}\right)_i-\frac{(\Delta x)^3}{3!}\left(\frac{\partial^3 t}{\partial x^3}\right)_i+\cdots \tag{5-87}$$

将式(5-86) 和式(5-87) 相加：

$$t_1+t_2=2t_i+(\Delta x)^2\left(\frac{\partial^2 t}{\partial x^2}\right)_i+O[(\Delta x)^4] \tag{5-88}$$

式中，$O(\Delta x)^4$ 表示忽略高阶项后引起误差的数量级为$(\Delta x)^4$。由式(5-88) 得：

$$\left(\frac{\partial^2 t}{\partial x^2}\right)_i=\frac{t_1+t_2-2t_i}{(\Delta x)^2}+O[(\Delta x)^4] \tag{5-89}$$

同样在 i 点附近沿 y 方向将 $t=f_2(x,y)$ 展开成泰勒级数，得

$$\left(\frac{\partial^2 t}{\partial y^2}\right)_i=\frac{t_3+t_4-2t_i}{(\Delta y)^2}+O[(\Delta y)^4] \tag{5-90}$$

在二维温度场中，导热微分方程的一般形式为：

$$\frac{\partial^2 t}{\partial x^2}+\frac{\partial^2 t}{\partial y^2}+\frac{\dot{q}}{k}=\frac{1}{\alpha}\frac{\partial t}{\partial \theta} \tag{5-91}$$

即式(5-91) 左端可改写为

$$\frac{t_1+t_2-2t_i}{(\Delta x)^2}+\frac{t_3+t_4-2t_i}{(\Delta y)^2}+\frac{\dot{q}}{k} \tag{5-92}$$

如取小间距 $\Delta x=\Delta y$，则式(5-92) 为

$$\frac{t_1+t_2+t_3+t_4-4t_i}{(\Delta x)^2}+\frac{\dot{q}}{k} \tag{5-93}$$

对右端，设 $t_i'-t_i$ 为 i 点在 $\Delta\theta$ 时间内温度的变化，则右端可写为$\frac{1}{\alpha}\frac{t_i'-t_i}{\Delta\theta}$

即

$$\frac{1}{\alpha}\frac{t_i'-t_i}{\Delta\theta}=\frac{t_1+t_2+t_3+t_4-4t_i}{(\Delta x)^2}+\frac{\dot{q}}{k} \tag{5-94}$$

这样就把一个连续的微分方程转换成一个阶梯变化的差分方程，式(5-94) 整理后即得：

$$t_1+t_2+t_3+t_4-4t_i+\frac{\dot{q}\ (\Delta x)^2}{k}=\frac{(\Delta x)^2}{\alpha\Delta\theta}(t_i'-t_i) \tag{5-95}$$

对于三维温度场同样可得到

$$t_1+t_2+t_3+t_4+t_5+t_6-6t_i+\frac{\dot{q}\ (\Delta x)^2}{k}=\frac{(\Delta x)^2}{\alpha\Delta\theta}(t_i'-t_i) \tag{5-96}$$

这样，如果知道某一具体时刻各节点的温度，对每一个节点写出与式(5-95)、式(5-96) 相似的方程式，便可以计算时间增量 $\Delta\theta$ 后的各节点温度，并求得 t_i 的数值。重复以上步骤，即可直接获得所希望的时间增量后导热体内的温度分布。

如果是无内热源的稳态温度场，则式(5-95)、式(5-96) 即为：

$$t_1+t_2+t_3+t_4-4t_i=0 \tag{5-97}$$

$$t_1+t_2+t_3+t_4+t_5+t_6-6t_i=0 \tag{5-98}$$

方程式(5-97)、式(5-98) 说明了在稳态导热的情况下，进入任何节点的净热流量等于零。若在小节间用导热杆相连接，而节点不产生热量，这样，有限差分计算法便以这样的模型代替了连续的温度分布。

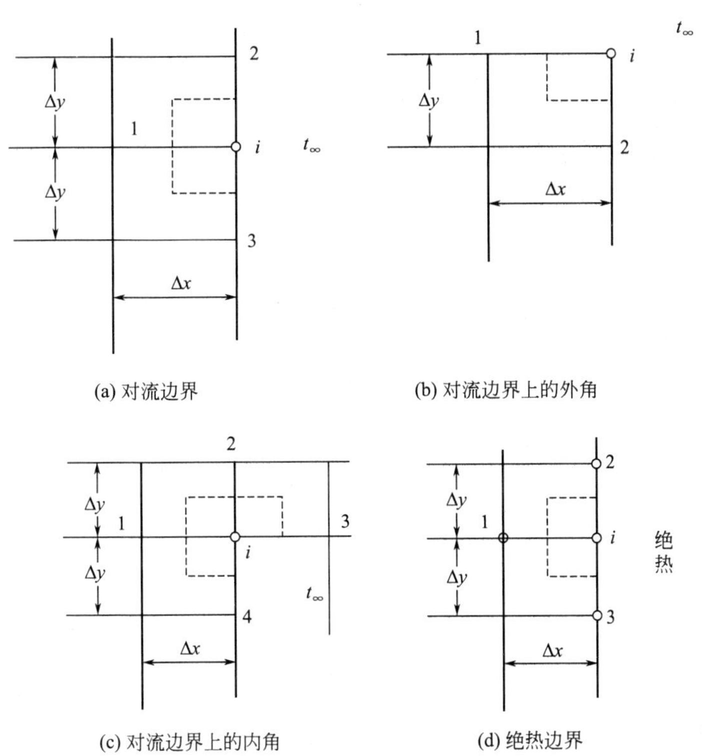

(a) 对流边界　(b) 对流边界上的外角

(c) 对流边界上的内角　(d) 绝热边界

图 5-12　边界节点

如果节点处于边界上（如图 5-12），则节点温度方程将随边界条件不同而具有不同的形式。

为了说明这种情况，下面介绍建立差分方程的第二种方法，即通过热量平衡求得差分方程的热阻热容法。

首先假设：

① 与 i 点相连的各节点的热阻的倒数为 K_{1i}、K_{2i}、K_{3i}、K_{4i}。

② 单位时间内流入 i 点的热量为 q。

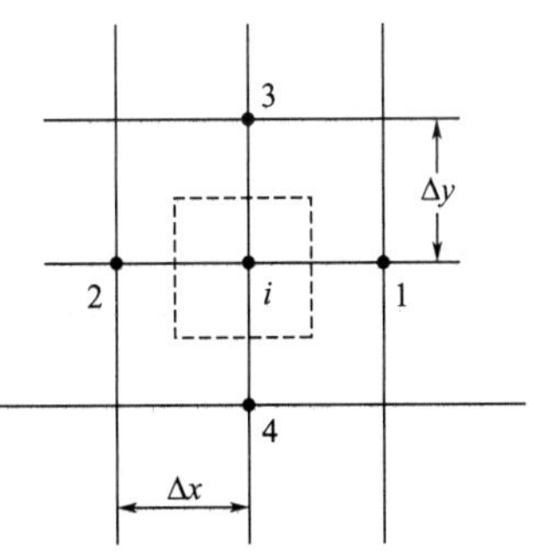

图 5-13　内部节点

现以内部节点（图 5-13）的情况为例，用热阻热容法列出节点温度方程。各节点流入 i 点的热量为：

$$q=K_{1i}(t_1-t_i)+K_{2i}(t_2-t_i)+K_{3i}(t_3-t_i)+K_{4i}(t_4-t_i) \tag{5-99}$$

对于同一物体，若材料各向同性（热导率 k 为常数），且差分时采用均匀的分格（$\Delta x=\Delta y$），即可得：

$$K_{1i}=K_{2i}=K_{3i}=K_{4i}$$

则

$$q=K_{1i}(t_1+t_2+t_3+t_4-4t_i) \tag{5-100}$$

在稳态导热时，对于任何一节点，流入的热量应等于流出的热量，在 i 点无热量积累，即 $q=0$，则：

$$t_i=\frac{t_1+t_2+t_3+t_4}{4} \tag{5-101}$$

与式(5-97) 相同。

上述推导中，$K_{1i}=\frac{1}{R_{ji}}$。对一个固体的热阻

$$R_{ji}=\frac{\delta_{ji}}{kA_{ji}} \tag{5-102}$$

式中，δ_{ji}为j与i二节点之间的距离，$\delta_{ji}=\Delta x(=\Delta y)$；$k$为材料的热导率；$A_{ji}$为$j$与$i$二节点之间热流流通截面积，$A_{ji}=\Delta x\cdot 1$(单位高度)$=\Delta y\cdot 1$，即

$$K_{ji}=\frac{kA_{ji}}{\delta_{ji}} \tag{5-103}$$

对于对流边界上的节点请见图 5-12(a)，单位时间内流入i节点的热量：

$$q=K_{1i}(t_1-t_i)+K_{2i}(t_2-t_i)+K_{3i}(t_3-t_i)+K_{fi}(t_\infty-t_i) \tag{5-104}$$

其中：

$$K_{1i}=\frac{k(\Delta y\cdot 1)}{\Delta x}=k$$

$$K_{2i}=K_{3i}=\frac{k\left(\frac{\Delta x}{2}\cdot 1\right)}{\Delta y}=\frac{k}{2}$$

$$K_{fi}=h(\Delta y\cdot 1)=h\Delta x$$

于是

$$q=k(t_1-t_i)+\frac{k}{2}(t_2-t_i)+\frac{k}{2}(t_3-t_i)+h\Delta x(t_\infty-t_i)=\frac{k}{2}(t_2+t_3+2t_1-4t_i)+h\Delta x(t_\infty-t_i) \tag{5-105}$$

稳态导热时，$q=0$，则：

$$\frac{2t_1+t_2+t_3}{2}-2t_i+\frac{h}{k}\Delta x t_\infty-\frac{h}{k}\Delta x t_i=0$$

即

$$\frac{h}{k}(\Delta x)t_\infty+\frac{1}{2}(2t_1+t_2+t_3)-\left(\frac{h\Delta x}{k}+2\right)t_i=0 \tag{5-106}$$

对于对流边界的内角的节点［图 5-12(c)］

$$K_{1i}=K_{2i}=\frac{k\Delta x\cdot 1}{\Delta x}=k\,;K_{2i}=K_{3i}=\frac{k\ \frac{\Delta x}{2}\cdot 1}{\Delta x}=\frac{k}{2};$$

$$K_{fi}=h\left(\frac{\Delta x}{2}\cdot 1\right)\text{（因有两个方向进入，故取 2 倍）}$$

$$q=k(t_1+t_2-2t_i)+\frac{k}{2}(t_3+t_4-2t_i)+2\ \frac{h\Delta x}{2}(t_\infty-t_i)$$

$$\frac{q}{k}=t_1+t_2-2t_i+\frac{1}{2}(t_3+t_4-2t_i)+\frac{h\Delta x}{k}t_\infty-\frac{h\Delta x}{k}t_i \tag{5-107}$$

稳态导热时，$q=0$，则

$$2\ \frac{h\Delta x}{k}t_\infty+2t_1+2t_2+t_3+t_4-2\left(3+\frac{h\Delta x}{k}\right)t_i=0 \tag{5-108}$$

同理可求出图 5-12 中其余节点的差分方程。在稳态导热时，在对流边界上的外角

［图 5-12(b)］的节点方程为：

$$2\frac{h\Delta x}{k}t_{\infty}+(t_1+t_2)-2\left(\frac{h\Delta x}{k}+1\right)t_i=0 \tag{5-109}$$

对于绝热边界［图 5-12(d)］为

$$2t_1+t_2+t_3-4t_i=0 \tag{5-110}$$

方程(5-97)、式(5-106)、式(5-108)、式(5-109)、式(5-110) 是对二维稳态温度场进行计算的一些基本方程。只要把未知温度场分成均匀的小方格，对于各个节点统一编号，然后写出每个节点的温度方程，就可以得到一个线性方程组。解此方程可得到每个节点的温度。该线性方程组的一般形式为：

$$\begin{cases}a_{11}t_1+a_{12}t_2+\cdots+a_{1n}t_n=c_1\\a_{21}t_1+a_{22}t_2+\cdots+a_{2n}t_n=c_2\\\cdots\cdots\cdots\cdots\\a_{n1}t_1+a_{n2}t_2+\cdots+a_{nn}t_n=c_n\end{cases} \tag{5-111}$$

式中，$t_1,t_2,\cdots,t_n$ 为未知的节点温度。

在求解时，可将方程组表达为矩阵形式：

$$[A]=\begin{Bmatrix}a_{11}+a_{12}+a_{13}+\cdots+a_{1n}\\a_{21}+a_{22}+a_{23}+\cdots+a_{2n}\\\cdots\cdots\cdots\cdots\\a_{n1}+a_{n2}+a_{n3}+\cdots+a_{nn}\end{Bmatrix},[c]=\begin{Bmatrix}c_1\\c_2\\\vdots\\c_n\end{Bmatrix},[t]=\begin{Bmatrix}t_1\\t_2\\\vdots\\t_n\end{Bmatrix} \tag{5-112}$$

方程(5-111) 可表示为：

$$[A][t]=[c] \tag{5-113}$$

求出［A］的逆矩阵［A］$^{-1}$，问题就可解决。令

$$[A]^{-1}=\begin{Bmatrix}b_{11}+b_{12}+b_{13}+\cdots+b_{1n}\\b_{21}+b_{22}+b_{23}+\cdots+b_{2n}\\\cdots\cdots\cdots\cdots\\b_{n1}+b_{n2}+b_{n3}+\cdots+b_{nn}\end{Bmatrix} \tag{5-114}$$

则最后的解为

$$\begin{Bmatrix}t_1=b_{11}c_1+b_{12}c_2+\cdots+b_{1n}c_n\\t_2=b_{21}c_2+b_{22}c_2+\cdots+b_{2n}c_n\\\cdots\cdots\cdots\cdots\\t_n=b_{n1}c_1+b_{n2}c_2+\cdots+b_{nn}c_n\end{Bmatrix} \tag{5-115}$$

在大多数热传导的矩阵中，有大量元素是零，因而可使问题得到某些简化。

在应用数值法时，必须对物体内的每一节点写出节点温度方程，最后可得到如式(5-111)的方程组，对方程组求解，才能得到不同节点的温度。如果分格很细，那么节点的数目将会很多，方程组也变得十分复杂。在这种情况下，考虑用所谓“松弛法”来解方程组。

5.2 非稳态导热

5.2.1 非稳态导热概述

工程问题中通常存在着大量的非稳态导热问题，为了说明非稳态导热过程的特点，以一

平板导热为例进行说明。

设有一无限大平板，其初始温度为 t_i，现突然将其左侧表面的温度升高到 t_w，而右侧仍与温度为 t_i 的流体相接触。这样，紧靠高温侧的壁温很快升高，而其余部分保持初始温度不变。随着时间的增加，温度变化一层层地逐层深入物体的内部，如图 5-14 所示。

当左侧平面温度升高到 t_w 的一瞬间开始，由左侧平面就开始不断传入热量，随时间增加，靠近左侧平面的壁温不断上升，温度梯度逐渐下降，从左侧平面传入的热量逐渐减少，如图 5-15 所示。在平板右侧表面温度维持 t_i 不变的这一阶段，平板右侧与周围流体之间没有热量交换，自平板左侧传入的热量完全储存于平板之中。当时间 $\theta=\theta_a$，右侧表面的温度开始升高，右侧壁面与周围流体之间开始有热量交换，随时间增加，右侧表面温度逐渐升高，输出热量逐渐加大，如图 5-15 中曲线 Q_2 所示；当 $\theta=\theta_b$，左侧壁面输入热量等于右侧壁面输出热量，壁内温度分布不再改变，如图 5-14 中 AF 线所示，此时开始进入稳态导热阶段。曲线 Q_1 和 Q_2 之间的面积即表示平板在非稳态导热过程中所积累的热量，它以内能的形式存储于平板之中，使平板内与热流方向相垂直的不同截面获得不同程度的升温。从图 5-15 中可以看出，当 $\theta<\theta_a$ 时，右侧壁面温度尚未开始升高，热量尚未从平板的一侧渗透到另一侧，此阶段称为非稳态导热的第一阶段，即半无限厚介质的非稳态导热（非正规状况阶段）；当 $\theta_a<\theta<\theta_b$ 时，热量已渗透到平板的另一侧，此阶段称为非稳态导热的第二阶段，即有限厚介质的非稳态导热（正规状况阶段）；在 $\theta>\theta_b$，导热进入稳态导热阶段。

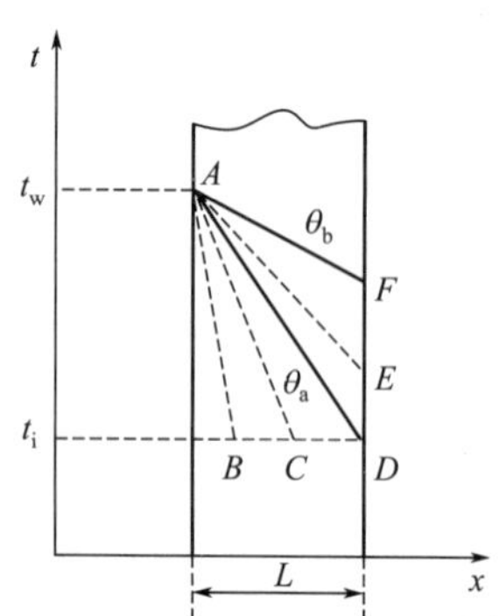

图 5-14　非稳态导热过程中的温度分布

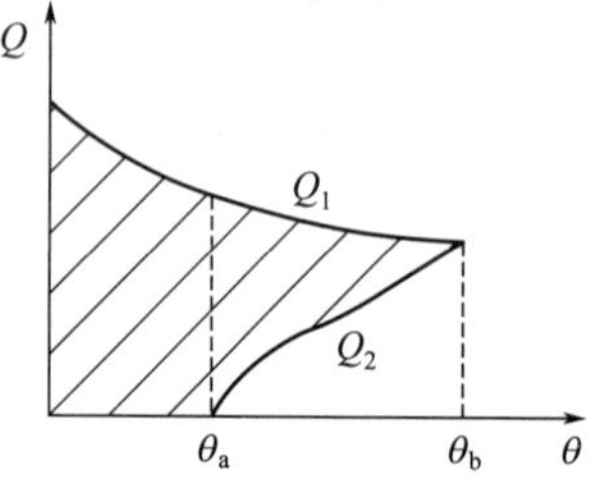

图 5-15　非稳态导热过程中的热量传递

5.2.2 半无限厚介质的非稳态导热

(1) 恒壁温边界条件　设有一从 $y=0$ 到 $y=\infty$的半无限厚导热介质，其初始温度均匀为 t_0。突然将其表面温度升高或降低至 t_w，并维持不变（如图 5-16）。计算介质内温度分布及由表面导入的热量随时间的变化。

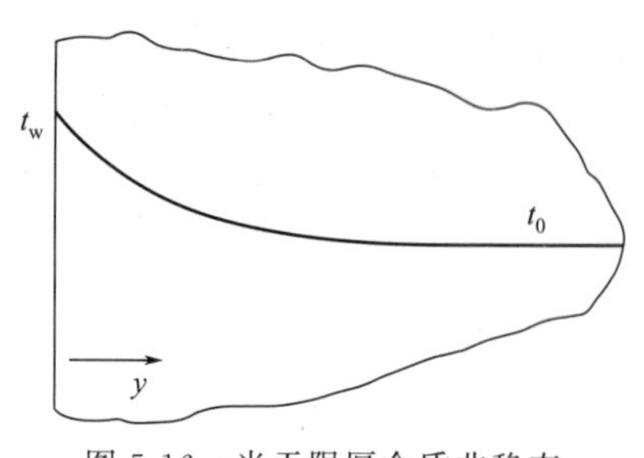

图 5-16　半无限厚介质非稳态导热过程的温度分布

假定垂直于 x 轴和 z 轴的表面完全绝热或者这两个方向的尺寸为无限大。则只需考察 y 方向的导热，这样就简化为一维非稳态导热问题。于是：

$$\frac{\partial t}{\partial x}=\alpha\ \frac{\partial^2 t}{\partial y^2} \tag{5-116}$$

其定解条件为：

初始条件：$\theta=0$ 时，$y\geqslant0$，$t=t_0$

边界条件：$\theta>0$ 时，$y=0$，$t=t_w$；$\theta>0$ 时，$y=\infty$，$t=t_0$

描述该导热过程的微分方程及定解条件，类似于一维非稳态流动过程，只要把其中的速度换成温度，动量扩散系数换成热扩散系数即可。现将结果对照如表 5-4 所示。

表 5-4　非稳态流动和非稳态导热的类似对照

项目	一维非稳态流动	一维非稳态导热
微分方程	$\frac{\partial u_x}{\partial \theta}=\nu\frac{\partial^2 u_x}{\partial y^2}$	$\frac{\partial t}{\partial \theta}=\alpha\frac{\partial^2 t}{\partial y^2}$
单值性条件	$\theta=0$ 时，$y\geqslant 0$，$u_x=0$ $\theta>0$ 时，$y=0$，$u_x=u_0$ $\theta>0$ 时，$y=\infty$，$u_x=0$	$\theta=0$ 时，$y\geqslant 0$，$t=t_0$ $\theta>0$ 时，$y=0$，$t=t_w$ $\theta>0$ 时，$y=\infty$，$t=t_0$
变量	$n=\frac{y}{\sqrt{4\nu\theta}}$	$n=\frac{y}{\sqrt{4\alpha\theta}}$
速度（温度）分布	$\frac{u_0-u_x}{u_0-0}=\mathrm{erf}(n)$ $\frac{u_x-u_0}{0-u_0}=\mathrm{erf}(n)$	$\frac{t_w-t}{t_w-t_0}=\mathrm{erf}(n)$ $\frac{t-t_w}{t_0-t_w}=\mathrm{erf}(n)$

图 5-17 给出了这一半无限厚介质的温度分布曲线。与非稳态流动相似，只需把纵坐标 $\frac{u_0-u_x}{u_0}$ 换成 $\frac{t_w-t}{t_w-t_0}$，横坐标 $\frac{y}{\sqrt{4\nu\theta}}$ 换成 $\frac{y}{\sqrt{4\alpha\theta}}$ 即可。曲线给出了 $t=f(y,\theta)$ 的函数系数。若确定一个 θ 值即可得到 $t\mid_{\theta=\theta_1}=f(y)$ 曲线。同样若确定某一个 y 值，即可得 $t\mid_{y=y_1}=f(\theta)$ 的另一组曲线。由表 5-4 中的温度分布式计算几组不同时刻的温度分布，将不同时刻的温度分布曲线示于图 5-18 中。从图可以看出，对于较短的时间间隔，温度分布曲线可近似用直线表示。这些线的斜率可从下式计算：$\left.\frac{\partial t}{\partial y}\right|_{y=0}=\left.\frac{\partial t}{\partial n}\frac{\partial n}{\partial y}\right|_{y=0}$。

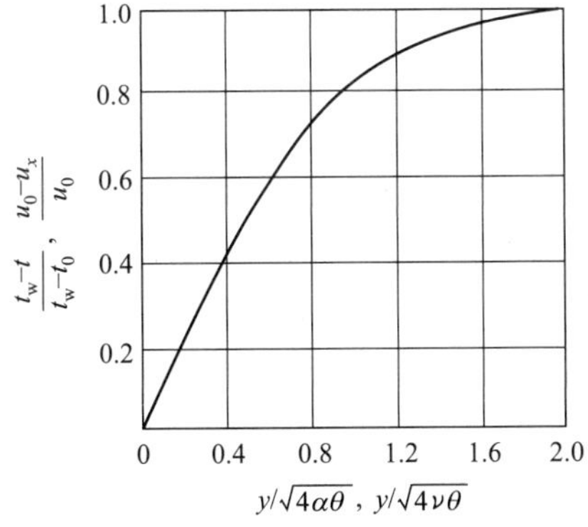

图 5-17　半无限厚介质的温度分布曲线

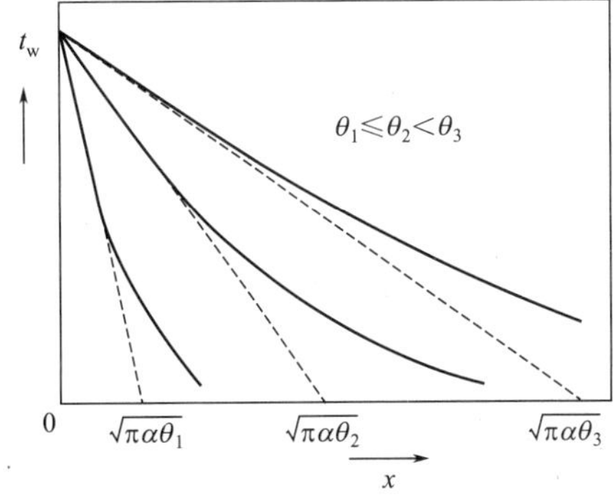

图 5-18　不同时刻的温度分布曲线

由 $\frac{t-t_w}{t_0-t_w}=\frac{2}{\sqrt{\pi}}\int_0^n \mathrm{e}^{-2}\mathrm{d}n$ 两边对 n 求偏导数

$$\frac{\partial t}{\partial n}=(t_0-t_w)\frac{2}{\sqrt{\pi}}\mathrm{e}^{-n^2}$$

因

$$\frac{\partial n}{\partial y}=\frac{1}{\sqrt{4\alpha\theta}}$$

即

$$\left.\frac{\partial t}{\partial y}\right|_{y=0}=(t_0-t_w)\frac{2}{\sqrt{\pi}}\mathrm{e}^{-2}\left.\frac{2}{\sqrt{4\alpha\theta}}\right|_{y=0}=(t_0-t_w)\mathrm{e}^{-(y^2/4\alpha\theta)}\left.\frac{2}{\sqrt{\pi\alpha\theta}}\right|_{y=0}=\frac{t_0-t_w}{\sqrt{\pi\alpha\theta}} \tag{5-117}$$

式(5-117) 表明，在 $y=0$ 处，温度曲线的切线经过点 $t=t_w$，$y=\sqrt{\pi\alpha\theta}$。距离 $y=\sqrt{\pi\alpha\theta}$ 称为热量渗透深度。当渗透深度小于大平板的厚度 L，就可看作半无限厚介质的非稳态导热处理。因此作为半无限厚介质处理的条件是：

$$\sqrt{\pi\alpha\theta}\ll L$$

通常写作：

$$Fo=\frac{\alpha\theta}{L^2}\ll 0.1$$

无量纲数 Fo 的物理意义为

$$Fo=\frac{\alpha\theta}{L^2}=\left(\frac{\sqrt{\pi\alpha\theta}}{\sqrt{\pi}L}\right)^2=\left(\frac{\text{热量渗透深度}}{\text{介质厚度}}\right)^2=\text{无量纲时间}$$

某一时刻通过介质表面（$y=0$）进入半无限厚介质的热量为：

$$\left.\frac{q}{A}\right|_{\theta \atop y=0}=-k\left.\frac{\partial t}{\partial y}\right|_{y=0}=-k\frac{t_0-t_w}{\sqrt{\pi\alpha\theta}}=k\frac{t_w-t_0}{\sqrt{\pi\alpha\theta}} \tag{5-118}$$

θ 时间内，通过 $y=0$ 处单位面积传给介质的总热量为

$$Q=\int_0^\theta \left.\frac{q}{A}\right|_{\theta \atop y=0} d\theta=\frac{k(t_w-t_0)}{\sqrt{\pi a}}\int_0^\theta \theta^{-1/2}d\theta=2k(t_w-t_0)\sqrt{\frac{\theta}{\pi\alpha}} \tag{5-119}$$

对于初始温度分布均匀一致的半无限厚介质，如果突然将恒定的表面热量通量（q_0/A）加于介质表面，则微分方程的初始条件和边界条件应为：

$$t(y,0)=t_0$$

$$\theta>0\text{ 时},\frac{q_0}{A}=-k\left.\frac{\partial t}{\partial y}\right|_{y=0}$$

在这样的情况下，方程的解是：

$$t-t_w=\frac{2q_0\sqrt{\alpha\theta/\pi}}{kA}\exp\frac{-y^2}{4\alpha\theta}-\frac{q_0 y}{kA}\left(1-\text{erf}\frac{y}{\sqrt{4\alpha\theta}}\right) \tag{5-120}$$

(2) 对流边界条件 很多实际的非稳态导热问题，往往和物体表面的边界条件联系在一起，因此在解微分方程时，必须要把表面对流传热的边界条件（即第三类边界条件）予以考虑。对上面的半无限厚介质的导热问题，其边界上的能量平衡式可表示为：

$$hA(t_\infty-t)\Big|_{y=0}=-kA\left.\frac{\partial t}{\partial y}\right|_{y=0} \tag{5-121}$$

求解这个问题是相当复杂的，其结果是：

$$\frac{t-t_0}{t_\infty-t_0}=1-\text{erf}\frac{y}{\sqrt{4\alpha\theta}}-\exp\left(\frac{hk}{y}+\frac{h^2\alpha\theta}{k^2}\right)\left[1-\text{erf}\left(\frac{y}{\sqrt{4\alpha\theta}}+\frac{h\sqrt{\alpha\theta}}{k}\right)\right] \tag{5-122}$$

式中，t_∞ 为环境温度。

图 5-19 中以 $\frac{h\sqrt{\alpha\theta}}{k}$ 为参数，以曲线形式描述了式(5-122)，由式(5-122) 可见，当 $\frac{h\sqrt{\alpha\theta}}{k}$ 趋于∞，其结果就和恒壁温边界条件结果完全相同。

(3) 紧密接触的两半无限厚介质的非稳态导热 如图 5-20 所示，将初始温度不同的两种介质紧密接触。接触面附近两介质的温度均很快改变。随时间增加，温度的变化层层地逐渐深入两介质的内部，但在整个导热过程中两介质始终有一部分位置维持初始温度不变。因此，两介质均为半无限厚介质，在无接触热阻的条件下，接触面处两介质的温度相同，同

时，在接触面上，从高温介质传出的热量必等于低温介质吸收的热量。

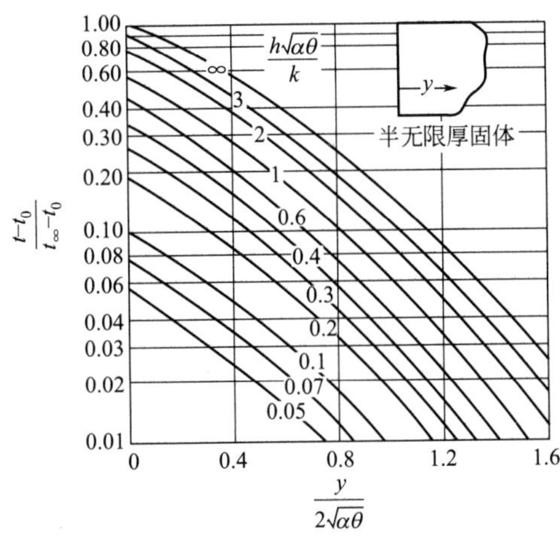

图 5-19　具有对流传热边界条件半无限厚介质非稳态导热温度分布

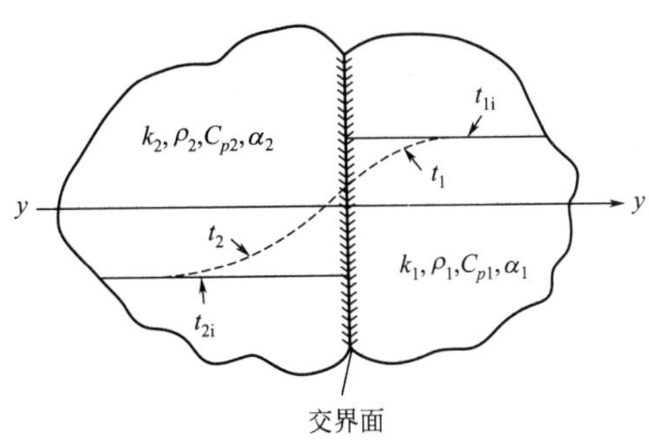

图 5-20　紧密接触的两个半无限厚介质非稳态导热

描述这一现象的微分方程为

$$\frac{\partial t_1}{\partial\theta}=\alpha_1\frac{\partial^2 t_1}{\partial y^2} \tag{5-123}$$

$$\frac{\partial t_2}{\partial\theta}=\alpha_2\frac{\partial^2 t_2}{\partial y^2} \tag{5-124}$$

初始条件：①$\theta=0$，$t_1=t_{1i}$，对所有 y；

② $\theta=0$，$t_2=t_{2i}$，对所有（$-y$）。

边界条件：① $\theta>0$，$y\to\infty$，$t_1=t_{1i}$；

② $\theta>0$，$y\to-\infty$，$t_2=t_{2i}$；

③ $\theta>0$，$y=0$，$t_1=t_2=t_3$；

④ $\theta>0$，$y=0$，$t_1=t_{1i}$。

式中　t_1，t_2——介质 1 和介质 2 在任一瞬时、任一位置的温度；

α_1，α_2——介质 1 和介质 2 的导温系数；

k_1，k_2——介质 1 和介质 2 的热导率；

t_{1i}，t_{2i}——介质 1 和介质 2 的初始温度；

t_s——介质 1 和介质 2 接触面上的温度。

每种介质中的温度分布用以下两式描述

$$y>0\quad t_1=A_1+B_1\operatorname{erf}\frac{y}{\sqrt{4\alpha_1\theta}} \tag{5-125}$$

$$y<0\quad t_2=A_2+B_2\operatorname{erf}\frac{|y|}{\sqrt{4\alpha_2\theta}} \tag{5-126}$$

由初始条件①，得

$$t_{1i}=A_1+B_1 \tag{5-127}$$

由初始条件②，得

$$t_{2i}=A_2+B_2 \tag{5-128}$$

式(5-125) 和式(5-126) 亦可分别由边界条件①和②得出。

由边界条件③，得

$$A_1=A_2 \tag{5-129}$$

分别将式(5-125) 和式(5-126) 求导，并将结果代入边界条件④，得

$$\frac{B_1k_1}{\sqrt{\alpha_1}}=-\frac{B_2k_2}{\sqrt{\alpha_2}} \tag{5-130}$$

根据初始条件和边界条件所得的四个关系式(5-127)～式(5-130)，可联立解得常数 A_1，A_2，B_1，B_2，将常数分别代入式(5-125) 和式(5-126)，即可得到紧密接触的两半无限厚介质的温度分布

$$t_1=t_{1\mathrm{i}}-\frac{(t_{1\mathrm{i}}-t_{2\mathrm{i}})k_2/\sqrt{\alpha_2}}{\dfrac{k_1}{\sqrt{\alpha_1}}+\dfrac{k_2}{\sqrt{\alpha_2}}}\left(1-\mathrm{erf}\frac{y}{\sqrt{4\alpha_1\theta}}\right) \tag{5-131}$$

$$t_2=t_{2\mathrm{i}}-\frac{(t_{1\mathrm{i}}-t_{2\mathrm{i}})k_1/\sqrt{\alpha_1}}{\dfrac{k_1}{\sqrt{\alpha_1}}+\dfrac{k_2}{\sqrt{\alpha_2}}}\left(1-\mathrm{erf}\frac{|y|}{\sqrt{4\alpha_2\theta}}\right) \tag{5-132}$$

接触面处（$y=0$）的温度 t_s，可由以上两式将 $y=0$ 的条件代入得出，即

$$t_3=t_{1\mathrm{i}}\frac{(t_{1\mathrm{i}}-t_{2\mathrm{i}})k_2/\sqrt{\alpha_2}}{\dfrac{k_1}{\sqrt{\alpha_1}}+\dfrac{k_2}{\sqrt{\alpha_2}}} \tag{5-133}$$

或

$$t_3=t_{2\mathrm{i}}\frac{(t_{1\mathrm{i}}-t_{2\mathrm{i}})k_1/\sqrt{\alpha_1}}{\dfrac{k_1}{\sqrt{\alpha_1}}+\dfrac{k_2}{\sqrt{\alpha_2}}} \tag{5-134}$$

经整理，式(5-133) 和式(5-134) 所得 t_s 相等，其值均为

$$t_s=\frac{t_{1\mathrm{i}}k_1/\sqrt{\alpha_1}+t_{2\mathrm{i}}k_2/\sqrt{\alpha_2}}{\dfrac{k_1}{\sqrt{\alpha_1}}+\dfrac{k_2}{\sqrt{\alpha_2}}} \tag{5-135}$$

这和在无接触热阻的条件下，接触面处两介质温度相同的前提是完全一致的。又由式(5-133)～式(5-135) 可见，t_s 为和时间无关的常数，其值由两介质的初始温度和物性决定。因此，两半无限厚介质在接触过程中，或者说，只要两介质的渗透深度均小于其厚度时，接触面处的温度为一恒定值。这一结论在某些工程问题中十分有用。

高温介质向低温介质传递的热流，即在两介质接触面（$y=0$）处的热量可按傅里叶定律计算

$$q=-k_1\left.\frac{\partial t_1}{\partial y}\right|_{y=0} \tag{5-136}$$

或

$$q=-k_2\left.\frac{\partial t_2}{\partial y}\right|_{y=0} \tag{5-137}$$

将式(5-131) 对 y 在 $y=0$ 处求导，代入式(5-136)，可得

$$q=-k_1\frac{(t_{1\mathrm{i}}-t_{2\mathrm{i}})k_2/\sqrt{\alpha_2}}{k_1/\sqrt{\alpha_1}+k_2/\sqrt{\alpha_2}}\frac{2}{\sqrt{\pi}}\mathrm{e}^{-\left(\frac{y}{\sqrt{4\alpha_1\theta}}\right)^2}\left.\frac{1}{\sqrt{4\alpha_1\theta}}\right|_{y=0}=\frac{k_1k_2(t_{1\mathrm{i}}-t_{2\mathrm{i}})}{\left(\dfrac{k_1}{\sqrt{\alpha_1}}+\dfrac{k_2}{\sqrt{\alpha_2}}\right)\sqrt{\pi}}\theta^{1/2} \tag{5-138}$$

由式(5-132) 和式(5-137) 可得相同的结果。负号表明传热的方向和温度梯度的方向相反，q 为任一瞬时 θ 的热量通量，其值随 θ 的平方根减小。若两半无限厚介质持续接触的时间为 θ_c，则在 $\theta=0$ 到 $\theta=\theta_c$ 之间的平均热量通量可由下式求得

$$q_{av}=\frac{1}{\theta}\int_0^{\theta} q\,d\theta=\frac{k_1k_2(t_{1i}-t_{2i})}{(k_1/\sqrt{\alpha_2}+k_2/\sqrt{\alpha_1})\sqrt{\pi}}\times 2\theta_c^{1/2} \tag{5-139}$$

如果使初始温度均匀的两种流体迅速直接接触，温度较高且密度较小的流体在上层，温度较低且密度较大的流体在下层。当自然对流的影响可以忽略时，流层之间的传热仅为导热，只要界面两侧的渗透深度均小于流层厚度时，亦可按上述两半无限厚介质非稳态导热的规律处理。

(4) 运动边界　化工、材料加工、食品及生物组织的保鲜和冻存等过程中，经常遇到在传热介质中具有相变的情况。例如熔解或凝固过程，这时必须考虑熔解潜热的影响以及两个相中物性的差异。这类问题的特点是两个相内的传热可视为非稳态导热，但两个相之间的界面是随时间变化的、运动的，在界面上放出或吸收热量。这一问题又称为“移动边界问题”或“运动边界问题”。

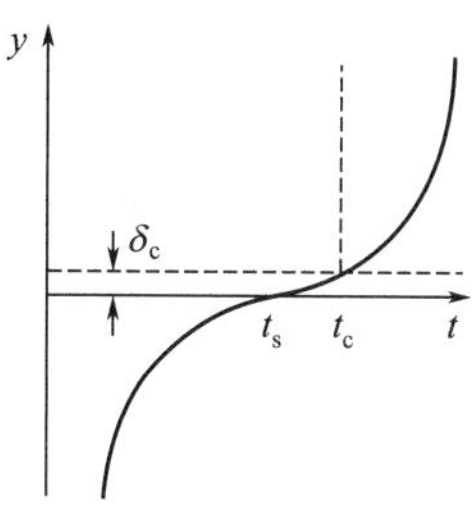

图 5-21　具有运动边界的非稳态导热

下面将以一维凝固为例进行分析，假定将初始温度均匀的液体和另一初始温度均匀、且低于液体凝固点的介质相接触，交界面上的液层将被凝固，随时间增加，温度的变化将层层渗透，同时，凝固层不断增厚，任一瞬间的温度分布如图 5-21 所示，凝固层和另一介质交界面上的温度为 t，凝固层另一侧则维持凝固点温度 t_c不变。若在整个导热过程中，离凝固层较远处液层和另一介质均维持其各自的初始温度 t_c 不变，假定界面温度亦恒定不变。

描述液相和凝固层的导热微分方程仍为

$$\frac{\partial t_1}{\partial \theta}=\alpha_1\frac{\partial^2 t_1}{\partial y^2} \tag{5-140}$$

$$\frac{\partial t_2}{\partial \theta}=\alpha_2\frac{\partial^2 t_2}{\partial y^2} \tag{5-141}$$

初始条件：$\theta=0$ 时，$0<y<\infty$，$t_2=t_i$。

边界条件：

① $\theta>0$，$y=0$ 处，$t_1=t_a$；

② $\theta>0$，$y=\delta_c$ 处，$t_1=t_2=t_c$；

③ $\theta>0$，$y=\delta_c$ 处，$k_1\dfrac{\partial t_1}{\partial y}-k_2\dfrac{\partial t_2}{\partial y}=Q_L\rho_1\dfrac{d\delta_c}{d\theta}$；

④ $\theta>0$，$y\to\infty$处，$t_2=t_i$。

式中，δ_c 为凝固层厚度；Q_L 为熔解潜热，J/kg；ρ_1 为凝固层的密度；其余符号同前。边界条件②和③表明在运动界面上的温度恒定和能量守恒。假定式(5-140) 和式(5-141) 的解分别具有以下形式

$$t_1=A_1+B_1\,\mathrm{erf}\frac{y}{\sqrt{4\alpha_1\theta}} \tag{5-142}$$

$$t_2=A_2+B_2\,\mathrm{erf}\frac{y}{\sqrt{4\alpha_2\theta}} \tag{5-143}$$

a. 凝固层的温度分布　将边界条件①代入式(5-142)，得

$$A_1 = t_s \tag{5-144}$$

将边界条件②代入式(5-142)，并将式(5-144) 代入，得

$$B_1 = \frac{t_c - t_s}{\operatorname{erf}\dfrac{\delta_c}{\sqrt{4\alpha_1\theta}}} \tag{5-145}$$

由式(5-145) 可见，凝固层厚度 δ_c 必和时间 θ 的平方根成正比，即

$$\delta_c = C\sqrt{\theta} \tag{5-146}$$

将以上各式代入式(5-142)，即得凝固层的温度分布

$$t_1 = t_s + (t_c - t_s)\frac{\operatorname{erf}\dfrac{y}{\sqrt{4\alpha_1\theta}}}{\operatorname{erf}\dfrac{\delta_c}{\sqrt{4\alpha_1\theta}}} = t_s + (t_c - t_s)\frac{\operatorname{erf}\dfrac{y}{\sqrt{4\alpha_1\theta}}}{\operatorname{erf}\dfrac{C}{\sqrt{4\alpha_1}}} \tag{5-147}$$

或用无量纲式表示，即

$$\frac{t_1 - t_s}{t_c - t_s} = \frac{\operatorname{erf}\dfrac{y}{\sqrt{4\alpha_1\theta}}}{\operatorname{erf}\dfrac{C}{\sqrt{4\alpha_1}}} \tag{5-148}$$

b. 液层的温度分布　将边界条件②及④代入式(5-143)，分别得

$$t_c = A_2 + B_2\operatorname{erf}\frac{\delta_c}{\sqrt{4\alpha_1\theta}} \tag{5-149}$$

$$t_i = A_2 + B_2 \tag{5-150}$$

解得 A_2、B_2 代回式(5-143)，即得

$$\frac{t_2 - t_i}{t_c - t_i} = \frac{1 - \operatorname{erf}\dfrac{y}{\sqrt{4\alpha_2\theta}}}{1 - \operatorname{erf}\dfrac{\delta_c}{\sqrt{4\alpha_2\theta}}} = \frac{\operatorname{erfc}\dfrac{y}{\sqrt{4\alpha_2\theta}}}{\operatorname{erfc}\dfrac{C}{\sqrt{4\alpha_2\theta}}} \tag{5-151}$$

c. C 值的确定　将式(5-146)、式(5-147) 和式(5-151) 代入边界条件③，可得

$$k_1\frac{t_c - t_i}{\sqrt{\pi\alpha_1\theta}}\frac{e^{-c^2/(4\alpha_1)}}{\operatorname{erf}\dfrac{C}{4\alpha_1}} + k_{11}\frac{t_c - t_i}{\sqrt{\pi\alpha_2\theta}}\frac{e^{-c^2/(4\alpha_2)}}{\operatorname{erfc}\dfrac{C}{4\alpha_1}} = \frac{Q_L\,\rho_1 C}{\sqrt{\theta}} \tag{5-152}$$

上式中，消去 θ，即可求得常数 C 值。

从温度较高的液层传出的热量随同凝固放出的潜热一起传入温度较低的介质，通过交界面任一瞬间的热量通量为

$$q_s = -k_1\left.\frac{\partial t_1}{\partial y}\right|_{y=0} = \frac{k_1}{\sqrt{\pi\alpha_1\theta}}\frac{t_c - t_i}{\operatorname{erf}\dfrac{C}{4\alpha_1}} \tag{5-153}$$

5.2.3 有限厚介质的非稳态导热

一个物体如果突然被置于一个不同温度的环境中，必然要经历一段时间后，物体的温度才能达到平衡状态。由平衡突然被破坏到新的平衡建立这段时间内，$t=f(r,\theta)$，此时的导

热过程称为不稳定导热。对它必须考虑物体内能量随时间的变化，同时还必须调整边界条件，使之符合不稳定导热问题所表现出来的物理现象。由于工业应用中有大量的加热和冷却过程需要计算，因此不稳定导热的分析明显地具有重要的实际意义。

工业上常碰到的一维不稳定导热的问题。通常是初始温度为 t_0 的固体，突然放入 t_∞ 的环境中，在这样的情况下，求解任一时刻 θ 物体内温度分布情况以及任一点的温度 t 随时间的变化情况。

设有一无限大平板，厚度为 L，当 $\theta=0$ 时，整个平板的温度为 t_0，现突然放入 t_∞ 的环境中，分析这一不稳定导热过程的求解方法，如图 5-22 所示。

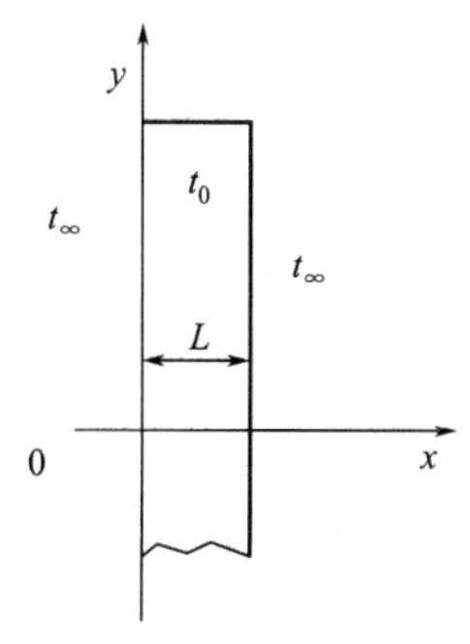

图 5-22　非稳态导热过程数学分析解

由导热微分方程可得：

$$\frac{1}{\alpha}\frac{\partial t}{\partial \theta}=\frac{\partial^2 t}{\partial x^2}+\underset{(0)}{\frac{\partial^2 t}{\partial y^2}}+\underset{(0)}{\frac{\partial^2 t}{\partial z^2}}+\underset{(0)}{\frac{\dot{q}}{k}}$$

$t\neq f(y,z)$ 无热源

即为：

$$\frac{\partial t}{\partial \theta}=\alpha\frac{\partial^2 t}{\partial x^2}$$

边界条件为：

当 $\theta=0$ 时，x 为任何值，$t=t_0$

$$\theta>0\ \text{时，}\left.\begin{array}{l} x=0\ \text{处} \\ x=L\ \text{处}\end{array}\right\} t=t_s$$

由热平衡，通过表面导出的热量等于对流出去的热量

$$-k\left.\frac{\partial t}{\partial x}\right|_{\substack{x=0\\x=L}}=h(t_s-t_\infty) \tag{5-154}$$

式中，h 为固体表面对周围流体的对流传热系数。解这类偏微分方程常用的方法有变量置换法，分离变量法，拉普拉斯变换等。

在加热或冷却一个导热介质时，传热速率取决于介质内部的热阻和表面热阻的大小。其中两种极端的情况分别为：或忽略内部热阻；或忽略表面热阻。下面将先讨论这两种极端情况，然后再讨论两种热阻都不能忽略的情况。

(1) 可忽略内部热阻的非稳态导热　一般介质内部的温度在空间三个方向上都有显著变化的情况是不多的。一个圆柱体，在有固定边界条件的一端加热，它的温度不仅在轴向和径向随位置变化，而且也随时间变化。如果此圆柱体很长，也就是说它的长度与其直径之比很大，或者圆柱材料的热导率很大，那么它的温度只随轴向的位置和时间变化。若在同一时刻，可以用同一温度代表整个物体的温度，即把物体内部的温度看作只是时间的函数而与位置无关，这种物体称为集总热容体，这种分析方法称为集总热容法或集总参数法。这样的系统显然是理想化的，因为如果物体有热量传入或传出，在物体内部必须存在着温度梯度。通常物体形状越小，热导率越大，在物体内各处的温度越趋近于均匀。

将灼热的钢球浸入一盆冷水中，在冷却过程中球的温度均匀这一假设是正确的，就可以应用集总热容分析法。显然，钢球的温度分布与钢球材料的热导率有关，此外，也和由表面到周围流体的换热条件有关，也就是和表面对流换热系数有关。如果导热热阻比表面对流热

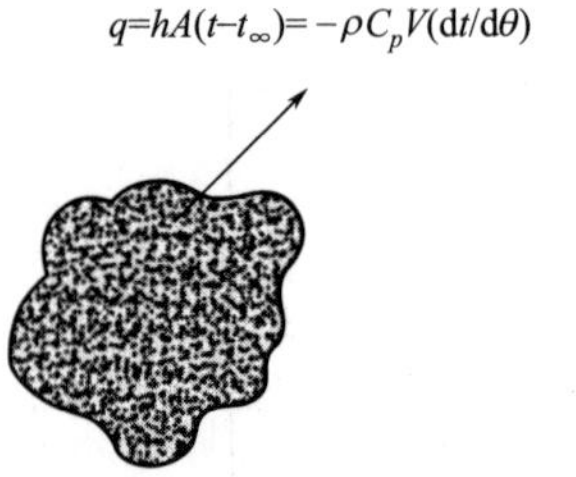

$q=hA(t-t_{\infty})=-\rho C_pV(\mathrm{d}t/\mathrm{d}\theta)$

图 5-23 集总热容系统——不计内部热阻的系统

阻小得多，则主要的温度梯度产生于表面的流体层内，这样，球内温度均匀分布的假设是合理的。集总热容法就是假设与外部热阻相比较，物体内部热阻可以忽略不计的一种分析方法。

对图 5-23 所示的系统，可以写出如下能量衡算式，

$$-\rho VC_p\frac{\mathrm{d}t}{\mathrm{d}\theta}=hA(t-t_{\infty}) \tag{5-155}$$

式中，A 是对流表面积；V 是物体的体积；C_p 是物体的比热容；ρ 为密度。初始条件为：

当 $\theta=0$ 时 $t=t_0$

式(5-155) 可以写成

$$\frac{\mathrm{d}(t-t_{\infty})}{t_0-t_{\infty}}=-\frac{hA}{\rho VC_p}\mathrm{d}\theta \tag{5-156}$$

积分式(5-156)：

$$\int_{t_0-t_{\infty}}^{t\quad t_{\infty}}\frac{\mathrm{d}(t-t_{\infty})}{t_0-t_{\infty}}=-\frac{hA}{\rho VC_p}\int_0^{\theta}\mathrm{d}\theta$$

得：

$$\ln\frac{t-t_{\infty}}{t_0-t_{\infty}}=-\frac{hA}{\rho VC_p}\theta$$

即

$$\frac{t-t_{\infty}}{t_0-t_{\infty}}=\exp\left(-\frac{hA}{\rho VC_p}\theta\right) \tag{5-157}$$

可以看出，此式中的指数是一个无量纲数，将指数中的各项重新排列，便可得到：

$$\frac{hA\theta}{\rho C_pV}=\frac{hV}{kA}\left(\frac{A^2k}{\rho V^2C_p}\theta\right)=\frac{hV/A}{k}\frac{\alpha\theta}{(V/A)^2} \tag{5-158}$$

方程(5-158) 中的右侧两项，都是无量纲的。比值 V/A，是物体的特征尺寸，具有长度单位，令 $L=V/A$。无量纲参数式中的第一个是毕奥数（Biot Number)，可以把这个准数缩写为 Bi，即

$$Bi=\frac{hV/A}{k}=\frac{hL}{k} \tag{5-159}$$

Bi 的物理意义就是物体内部热阻与对流传热热阻之比。Bi 值大时，表示在传热过程中导热热阻起控制作用，即在物体内部存在着较大的温度梯度。反之，Bi 值小时，则表示固体内部的热阻很小，对流传热对整个传热过程起控制作用。此时，固体内的温度梯度很小，亦即固体内部的温度比较均匀。集总热容分析的基本假设，就是物体内部温度梯度小到认为可以忽略的程度。

通过上述讨论，可以认为，Bi 是集总热容分析的判据。工程上，当 $Bi\leqslant 0.1$ 时，传热过程按固体内部温度均匀来处理，此时集总热容分析的误差将小于 5%。因此，在分析非稳态导热情况时，首先要计算 Bi。

方程(5-158) 中右侧第二项，是傅里叶数（Fourier Number)，缩写成为 Fo，

即
$$Fo=\frac{\alpha\theta}{(V/A)^2}=\frac{\alpha\theta}{L^2} \tag{5-160}$$

Fo 的物理意义为热量渗透深度与介质厚度平方的比值，也是无量纲时间准数。Fo 越

大，表示温度扰动越深入物体内部，内部温度也越接近周围介质温度，另外，小的 Fo 导热，可认为是厚物体导热。于是式（5-157），可写成：

$$\frac{t-t_\infty}{t_0-t_\infty}=\exp(-Bi\cdot Fo) \tag{5-161}$$

方程(5-161）用图线表示于图 5-24 中。

从方程(5-161）和图 5-24 可知，当时间达到所谓第一时间常数，即 $\theta_1=\frac{C_p\rho V}{hA}$，式（5-161）为：

$$\frac{t-t_\infty}{t_0-t_\infty}=\exp(-1)=0.368$$

此时温差 $t-t_\infty$ 为初始温差 t_0-t_∞ 的 36.8%。

（2）可忽略表面热阻的非稳态导热　上面讨论了非稳态导热的第一种极端情况，即内部热阻可以忽略但表面热阻不能忽略的非稳态导热，现在讨论非稳态导热的另一种极端情况，即表面热阻可以忽略，但内部热阻不能忽略的情况，也就是 $Bi\gg0.1$ 时。在这个过程中，表面温度 t_w 在 $\theta>0$ 的所有时间内都是一个固定常数，它的数值基本上等于环境温度 t_∞。图 5-25 所示为一厚度为 $2L$ 的平板，其初始温度均匀（$t=t_0$）。若两侧壁面温度同时突然降低到 t_s 并保持不变，且 $t_s=t_\infty$。计算板内温度分布随时间的变化。假定温度只沿 x 方向变化，即 $t=f(x,\theta)$。

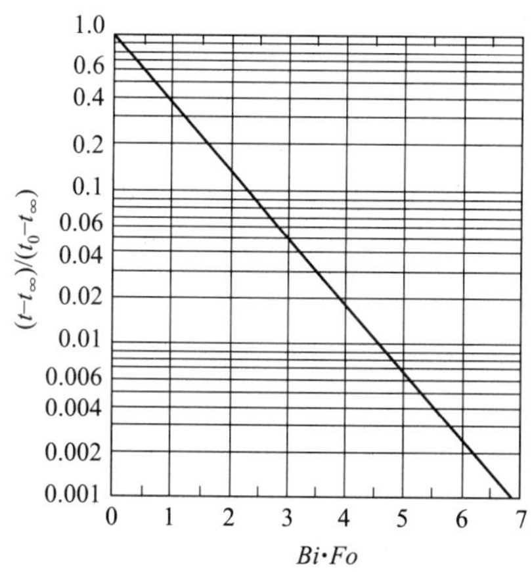

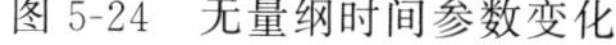

图 5-24　无量纲时间参数变化

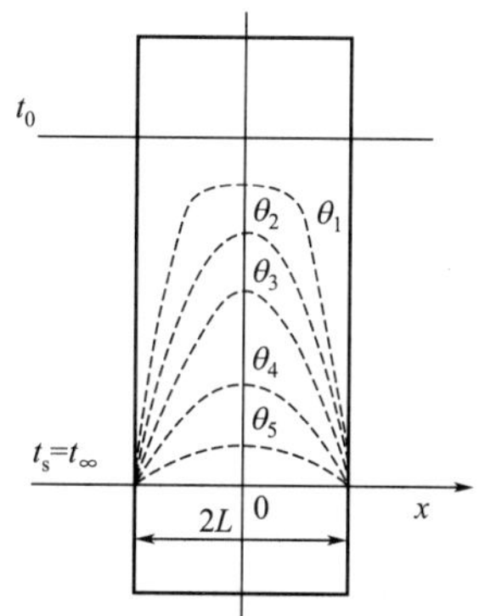

图 5-25　可忽略表面热阻时的不稳态导热

这类问题属于一维非稳态导热问题的第一类边界条件，即恒壁温边界条件。

导热方程为：

$$\frac{\partial t}{\partial\theta}=\alpha\frac{\partial^2 t}{\partial x^2}$$

可以找到下面的初始条件和边界条件。

初始条件：当 $\theta>0$ 时，$t=t_0$。

边界条件：

① 当 $\theta>0$ 时，$x=L$ 处，$t=t_w$；

② 当 $\theta>0$ 时，$x=-L$ 处，$t=t_w$。

用无量纲变量，置换方程中有量纲变量，常用的无量纲变量有：

$$\Theta=\frac{t-t_{s}}{t_{0}-t_{s}}$$ （无量纲温度）

$$Fo=\frac{\alpha\theta}{L^{2}}$$ （无量纲时间）

$$n=\frac{x}{L}$$ （无量纲长度）

且

$$\Theta=f(Fo,n)$$

由 $\Theta=\frac{t-t_{w}}{t_{0}-t_{w}}$ 的两侧对 θ 求偏导数：

$$\frac{\partial\Theta}{\partial\theta}=\frac{1}{t_{0}-t_{w}}\frac{\partial t}{\partial\theta}$$

得：

$$\frac{\partial t}{\partial\theta}=(t_{0}-t_{w})\frac{\partial\Theta}{\partial\theta}=(t_{0}-t_{w})\frac{\partial\Theta}{\partial Fo}\frac{\partial Fo}{\partial\theta}$$

由

$$Fo=\frac{\alpha\theta}{L^{2}}\text{则}\frac{\alpha Fo}{\partial\theta}=\frac{\alpha}{L^{2}}$$

即

$$\frac{\partial t}{\partial\theta}=(t_{0}-t_{\infty})\frac{\alpha}{L^{2}}\frac{\partial\Theta}{\partial Fo}$$

同样由

$$\Theta=\frac{t-t_{w}}{t_{0}-t_{w}}\text{两边对 }x\text{ 求偏导数}$$

$$\frac{\partial t}{\partial x}=(t_{0}-t_{w})\frac{\partial\Theta}{\partial\theta}=(t_{0}-t_{w})\frac{\partial\Theta}{\partial n}\frac{\partial n}{\partial x}=(t_{0}-t_{w})\frac{1}{L}\frac{\partial\Theta}{\partial n}$$

$$\frac{\partial^{2}t}{\partial x^{2}}=(t_{0}-t_{w})\frac{1}{L}\frac{\partial}{\partial x}\left(\frac{\partial\Theta}{\partial n}\right)=(t_{0}-t_{w})\frac{1}{L}\frac{\partial}{\partial n}\left(\frac{\partial\Theta}{\partial n}\right)\frac{\partial n}{\partial x}=(t_{0}-t_{w})\frac{1}{L^{2}}\frac{\partial^{2}\Theta}{\partial n^{2}}$$

将以上结果代入原方程得

$$(t_{0}-t_{\infty})\frac{\alpha}{L^{2}}\frac{\partial\Theta}{\partial Fo}=\alpha(t_{0}-t_{\infty})\frac{1}{L^{2}}\frac{\partial^{2}\Theta}{\partial n^{2}}$$

即

$$\frac{\partial\Theta}{\partial Fo}=\frac{\partial^{2}\Theta}{\partial n^{2}} \tag{5-162}$$

下面采用分离变量法，将式(5-162) 的偏微分方程转换成常微分方程。

现假设这个方程的解为两个函数乘积的形式，即设 $\Theta=X(n)Y(Fo)$，这里 $X(n)$ 仅仅是 n 的函数，而 $Y(Fo)$ 仅仅是 Fo 的函数，由此可得：

$$\frac{\partial\Theta}{\partial Fo}=X\ \frac{\partial Y}{\partial Fo}$$

$$\frac{\partial\Theta}{\partial n}=Y\ \frac{\partial X}{\partial n},\frac{\partial^{2}\Theta}{\partial n^{2}}=Y\ \frac{\partial^{2}\Theta}{\partial n^{2}}$$

代入式(5-162) 即得：

$$X\ \frac{\partial Y}{\partial Fo}=Y\ \frac{\partial^{2}X}{\partial n^{2}}$$

$$\frac{1}{Y}\frac{\partial Y}{\partial Fo}=\frac{1}{X}\frac{\partial^{2}X}{\partial n^{2}} \tag{5-163}$$

式(5-163) 左侧 Y 对 Fo 求偏导数，Y 仅仅是 Fo 的函数与 n 无关，而右侧 x 对 n 求偏导数，x 仅仅是 n 的函数与 Fo 无关，所以可写成常微分方程：

$$\frac{1}{Y}\frac{dY}{dFo}=\frac{1}{X}\frac{d^2X}{dn^2} \tag{5-164}$$

式(5-164)左侧与 n 无关，右侧与 Fo 无关，只有当两侧等于同一常数时，等式才可能成立。假定常数为 $-\lambda^2$（$-\lambda^2$ 称为分离常数）。由此可将式(5-164)写成两个常微分方程：

$$\frac{dY}{dFo}+\lambda^2Y=0 \tag{5-165}$$

$$\frac{d^2X}{dn^2}+\lambda^2X=0 \tag{5-166}$$

方程(5-165)的解为

$$Y=C_1\exp(-\lambda^2Fo) \tag{5-167}$$

式中，C_1 是一常数，当 $Fo=0$ 时，$Y=0$。

方程(5-166)的解为

$$X=C_2\sin(\lambda n)+C_3\cos(\lambda n) \tag{5-168}$$

量纲方程(5-162)的解为

$$\Theta=X(n)Y(Fo)=C_1\exp(-\lambda^2Fo)[C_2\sin(\lambda n)+C_3\cos(\lambda n)] \tag{5-169}$$

令：
$$A=C_1C_2,B=C_1C_3$$

则：
$$\Theta=[A\sin(\lambda n)+B\cos(\lambda n)]\exp(-\lambda^2Fo) \tag{5-170}$$

有无穷多个 λ 值可以使式(5-170)满足式(5-162)，写成更一般的形式：

$$\Theta=\sum_{i=1}^{\infty}[A_i\sin(\lambda_i n)+B_i\cos(\lambda n)]\exp(-\lambda^2Fo) \tag{5-171}$$

这个解为无限大平板内一维非稳态导热时微分方程式 $\frac{\partial t}{\partial\theta}=\alpha\ \frac{\partial^2 t}{\partial x^2}$ 的通解。它描述了无数个导热过程,每一个特定过程的解可由不同的定解条件求出。

对于本例的第一类边界条件 A_i,B_i,λ_i 可用下列边界条件求出。

边界条件Ⅰ：因为板的对称性，在其中心面上 $x=0$ 处无热量通过，所以 $n=\frac{x}{L}\Big|_{x=0}=0$，$\frac{\partial\Theta}{\partial n}=0\left[在\ x=0\ 处，\frac{\partial t}{\partial x}=0；而\frac{\partial t}{\partial x}=(t_0-t_w)\frac{1}{L}\frac{\partial\Theta}{\partial n}=0，故\frac{\partial\Theta}{\partial n}\Big|_{x=0}=0\right]$。

边界条件Ⅱ：在板表面上（$x=\pm L$）$t=t_w$，即 $n\ \frac{x}{L}\Big|_{x=L}=1$ 处，$\Theta=\frac{t-t_w}{t_0-t_w}\Big|_{t=t_s}=0$。

初始条件Ⅲ：$\theta=0$ 时，整块板的温度均匀，t 等于 t_0，即 $Fo=\frac{\alpha\theta}{L^2}\Big|_{\theta=0}$ 时，$\frac{t-t_w}{t_0-t_w}\Big|_{t=t_0}=1$，式(5-171)对 n 求偏导数：

$$\frac{\partial\Theta}{\partial n}=\sum_{i=1}^{\infty}[A_i\lambda_i\sin(\lambda_i n)+B_i\lambda_i\cos(\lambda n)]\exp(-\lambda^2Fo) \tag{5-172}$$

由边界条件Ⅰ，$n=0$ 处，$\frac{\partial\Theta}{\partial n}=0$ 代入式(5-172)得

$$\sum_{i=1}^{\infty}A_i\lambda_i\exp(-\lambda^2Fo)=0$$

亦即：
$$A_i=0$$
式(5-171) 简化为：
$$\Theta=\sum_{i=1}^{\infty} B_i \exp(-\lambda^2 Fo)\cos(\lambda n) \tag{5-173}$$
上式为傅里叶余弦级数的形式。

由边界条件Ⅱ，$n=1$ 处，$\Theta=0$ 代入式(5-173) 得
$$\sum_{i=1}^{\infty} B_i \exp(-\lambda^2 Fo)\cos\lambda_i=0 \tag{5-174}$$
当 $\lambda_i=\frac{\pi}{2},\frac{3\pi}{2},\frac{5\pi}{2}\cdots$时都能满足式(5-174)，式(5-173) 可写为
$$\Theta=B_1\exp\left[-\left(\frac{\pi}{2}\right)^2 Fo\right]\cos\left(\frac{\pi}{2}n\right)+B_2\exp\left[-\left(\frac{3\pi}{2}\right)^2 Fo\right]\cos\left(\frac{3\pi}{2}n\right)+B_3\exp\left[-\left(\frac{5\pi}{2}\right)^2 Fo\right]\cos\left(\frac{5\pi}{2}n\right)+\cdots+B_i\exp\left[-\left(\frac{(2i-1)\pi}{2}\right)^2 Fo\right]\cos\left[\frac{(2i-1)\pi}{2}n\right] \tag{5-175}$$
式中，i 为整数，为了确定式中常数 B_1、$B_2\cdots$，可将初始条件Ⅲ，$Fo=0$ 时，$\theta=1$ 代入式(5-175) 得到：
$$1=B_1\cos\left(\frac{\pi}{2}n\right)+B_2\cos\left(\frac{3\pi}{2}n\right)+B_3\cos\left(\frac{5\pi}{2}n\right)+\cdots+B_i\cos\left[\frac{(2i-1)\pi}{2}n\right]+\cdots \tag{5-176}$$
式(5-176) 两侧各项均乘以 $\cos\left[\frac{(2i-1)\ \pi}{2}n\right]\mathrm{d}n$，并在 0～1 之间积分，得：
$$\int_0^1\cos\left[\frac{(2i-1)}{2}\pi n\right]\mathrm{d}n=B_1\int_0^1\cos\left(\frac{\pi}{2}n\right)\cos\left[\frac{(2i-1)}{2}\pi n\right]\mathrm{d}n+B_2\int_0^1\cos\left(\frac{3\pi}{2}n\right)\cos\left[\frac{(2i-1)\pi}{2}n\right]\mathrm{d}n+\cdots+B_i\int_0^1\cos^2\left[\frac{(2i-1)}{2}\pi n\right]\mathrm{d}n+\cdots \tag{5-177}$$
式(5-177) 左侧积分结果为：
$$\int_0^1\cos\left[\frac{(2i-1)}{2}\pi n\right]\mathrm{d}n=\frac{1}{\frac{(2i-1)\pi}{2}}\sin\left[\frac{(2i-1)\pi}{2}n\right]\Bigg|_0^1=-\frac{2}{2i-1}\frac{1}{\pi}(-1)^i$$
右侧第一项积分结果为
$$B_1\int_0^1\cos\left[\frac{(2i-1)}{2}\pi n\right]\cos\left(\frac{\pi}{2}n\right)\mathrm{d}n$$
$$=B_1\left\{\frac{\sin\left[\left(\frac{2i-1}{2}\pi+\frac{\pi}{2}\right)n\right]}{2\left(\frac{2i-1}{2}\pi+\frac{\pi}{2}\right)}+\frac{\sin\left[\left(\frac{2i-1}{2}\pi+\frac{\pi}{2}\right)n\right]}{2\left(\frac{2i-1}{2}\pi-\frac{\pi}{2}\right)}\right\}\Bigg|_0^1$$
$$=B_1\left\{\frac{\sin[(i-1)\pi n]}{2(i-1)\pi}+\frac{\sin(i\pi n)}{2i\pi}\right\}\Bigg|_0^1=B_1\left\{\frac{\sin[(i-1)\pi]}{2(i-1)\pi}+\frac{\sin(i\pi n)}{2i\pi}\right\}\Bigg|_0^1=0$$
可以看出，上述积分具有正交性。右侧各项除 i 项外均具有这种性质。第 i 项的积分结果如下：
$$B_i\int_0^1\cos^2\left(\frac{2\mathrm{i}-1}{2}\pi n\right)\mathrm{d}n=\frac{B_i}{2\,\frac{2i-1}{2}\pi}\left[\frac{2i-1}{2}\pi n+\frac{1}{2}\sin\left(2\,\frac{2i-1}{2}\pi n\right)\right]\Bigg|_0^1=$$

$$=\frac{B_i}{2}+\frac{B_i}{2(2i-1)\pi}\sin[(2i-1)\pi]=\frac{B_i}{2}$$

这样式(5-177) 即为：

$$\frac{-2}{2(i-1)}\frac{1}{\pi}(-1)^i=\frac{B_i}{2}$$

$$B_i=\frac{-4\ (-1)^i}{(2i-1)}\frac{1}{\pi}$$

亦即：$B_1=\frac{4}{\pi},B_2=\frac{-4}{3\pi},B_3=\frac{4}{5\pi},\cdots$这样，就得到式(5-162) 的解为：

$$\Theta=\frac{4}{\pi}\left\{\exp\left[-\left(\frac{\pi}{2}\right)^2 Fo\right]\cos\left(\frac{\pi n}{2}\right)-\frac{1}{3}\exp\left[-\left(\frac{3\pi}{2}\right)^2 Fo\right]\cos\left(\frac{3\pi n}{2}\right)+\frac{1}{5}\exp\left[-\left(\frac{5\pi}{2}\right)^2 Fo\right]\cos\left(\frac{5\pi n}{2}\right)-\cdots\right\} \tag{5-178}$$

这是一个无穷级数，对于 $t=f(x,\theta)$ 的分布，工程上一般取一项就足够准确了，即：

$$\Theta=\frac{4}{\pi}\exp\left[-\left(\frac{\pi}{2}\right)^2 Fo\right]\cos\left(\frac{\pi n}{2}\right) \tag{5-179}$$

式(5-179) 表示平板两个平行端面维持恒温情况下进行导热时某瞬间平板内的温度分布。

(3) 内部热阻和表面热阻均需考虑的非稳态导热 上面讨论了非稳态导热的两种极端情况，即物体内部热阻可以忽略或对流传热热阻可以忽略的过程，但非稳态导热过程最一般的情况是表面热阻和内部热阻均不可忽略的场合。这就是工程上遇到最多的第三类边界条件的非稳态导热问题。即给定流体温度和壁面与流体间的对流传热系数。

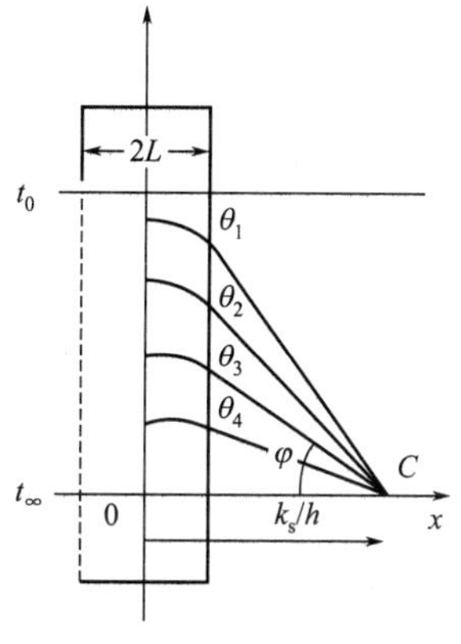

图 5-26 表面热阻和内部热阻不可忽略的非稳态导热

假定一平板（材料的热导率为 k_s）初始温度均匀分布为 t_0。突然将此平板放入温度为 t_∞的流体环境中，壁面与流体间的传热系数为 h。壁内温度将逐渐降低，在时刻 θ_1、θ_2、θ_3、θ_4 的温度分布示于图 5-26 中。由于壁面两侧流体的温度和传热系数均相同，板内温度分布是对称的，图 5-26 给出了右侧板的温度分布情况。从图中可以看出，对于任意一个 θ 都有一个 t 值与它对应。由能量平衡，对流传热通量应等于壁面导热通量：

$$h(t_w-t_\infty)=-k\left.\frac{\partial t}{\partial x}\right|_{x=L}$$

即

$$-\left.\frac{\partial t}{\partial x}\right|_{x=L}=-\frac{h}{k}(t_w-t_\infty) \tag{5-180}$$

由图 5-26，对应一个 θ 值都有：

$$\tan\varphi=-\left.\frac{\partial t}{\partial x}\right|_{x=L}=\frac{h}{k}(t_w-t_\infty)=\frac{t_w-t_\infty}{k/h} \tag{5-181}$$

由于 k/h 是一个常量，因此壁面上任一时刻温度曲线的切线都通过 C 点。这个问题的通解仍为式(5-170)

$$\Theta=\sum_{i=1}^{\infty}[A_i\sin(\lambda_i n)+B_i\sin(\lambda_i n)]\exp(-\lambda_i^2 Fo)$$

为了使结果更直观，可将它还原成具有量纲的形式：

$$t-t_{\infty}=\sum_{i=1}^{\infty}[A_i\sin(\lambda_i n)+B_i\sin(\lambda_i n)]\exp(-\lambda_i^2 Fo) \tag{5-182}$$

确定 A_i、B_i、λ_i 的定解条件为：

边界条件Ⅰ：$x=0$ 处，$\frac{\partial t}{\partial x}=0$（中心面上没有热量通过）；

边界条件Ⅱ：$x=L$ 处，$\left.\frac{\partial t}{\partial x}\right|_{x=L}=-\left.\frac{t-t_{\infty}}{k/h}\right|_{\substack{x=L\\t=t_w}}$；

初始条件Ⅲ，$\theta=0$ 时，$t=t_0$。

式(5-182)对 x 求偏导数

$$\frac{\partial t}{\partial x}=\sum_{i=1}^{\infty}[A_i\lambda_i\cos(\lambda_i x)-B_i\lambda_i\sin(\lambda_i x)]\exp(-\lambda_i^2\alpha\theta) \tag{5-183}$$

由边界条件Ⅰ：$x=0$ 处，$\frac{\partial t}{\partial x}=0$，则

$$0=\sum_{i=1}^{\infty}A_i\lambda_i\exp(-\lambda_i^2\alpha\theta)$$

得

$$A_i=0$$

式(5-182) 变为：

$$t-t_{\infty}=\sum_{i=1}^{\infty}B_i\lambda_i\cos(\lambda_i x)\exp(-\lambda_i^2\alpha\theta) \tag{5-184}$$

上式对 x 求偏导数：

$$\frac{\partial t}{\partial x}=\sum_{i=1}^{\infty}[-B_i\lambda_i\sin(\lambda_i x)\exp(-\lambda_i^2\alpha\theta)] \tag{5-185}$$

将式(5-185) 及式(5-184) 代入边界条件Ⅱ

$$\frac{h}{k}B_i\cos(\lambda_i x)\exp(-\lambda_i^2\alpha\theta)=B_i\lambda_i\sin(\lambda_i x)\exp(-\lambda_i^2\alpha\theta)$$

或

$$\cot(\lambda_i L)=\frac{k}{h}\lambda_i=\frac{\lambda_i L}{\frac{h}{k}L} \tag{5-186}$$

令

$$\lambda_i L=\delta \qquad \frac{h}{k}=\beta$$

于是式(5-186) 可写为：

$$\cot\delta=\frac{\delta}{\beta L}$$

通过图 5-27 图解可获得式(5-186) 无穷多个 λ_i。

为了确定常数 B_i；可利用初始条件Ⅲ，即 $\theta=0$ 时，$t=t_0$，因此式(5-184) 为：

$$t_0-t_{\infty}=\sum_{i=1}^{\infty}B_i\cos(\lambda_i x)=B_1\cos(\lambda_1 x)+B_2\cos(\lambda_2 x)+\cdots+B_3\cos(\lambda_3 x)+\cdots \tag{5-187}$$

在此情况下，式(5-187) 为一广义傅里叶级数，将其两侧同乘以 $\cos(\lambda_i x)$ 并在 $x=0$ 至 $x=L$ 之间求积分，而等式右侧的多项式的积分具有正交性。即 $j\neq i$ 时有：

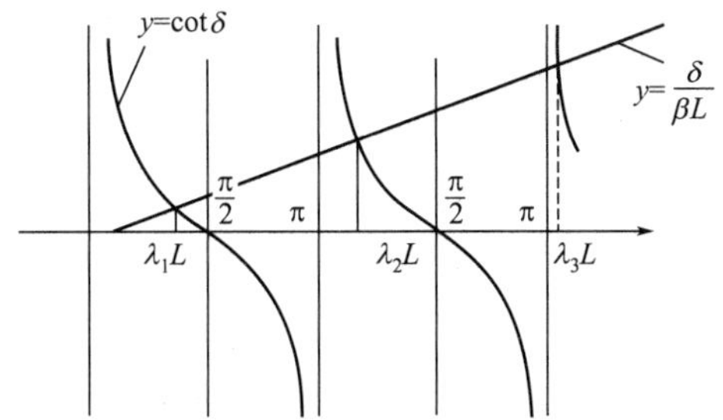

图 5-27　图解表面热阻和内部热阻不可忽略的非稳态导热

$$\int_0^L B_i\cos(\lambda_i x)\cos(\lambda_i x)\mathrm{d}x=0 \tag{5-188}$$

故只保留 $j=i$ 一项，从而得到下列结果：

$$\int_0^L (t_0-t_\infty)\cos(\lambda_i x)\mathrm{d}x=\int_0^L B_i\cos^2(\lambda_i x)\mathrm{d}x$$

得 $$B_i=\frac{\int_0^L (t_0-t_\infty)\cos(\lambda_i x)\mathrm{d}x}{\int_0^L B_i\cos^2(\lambda_i x)\mathrm{d}x}=\frac{\frac{1}{\lambda_i}(t_0-t_\infty)\sin(\lambda_i L)}{\frac{1}{2\lambda_i}[(\lambda_i L)+\sin(\lambda_i L)\cos(\lambda_i L)]}=\frac{2(t_0-t_\infty)\sin(\lambda_i x)}{(\lambda_i L)+\sin(\lambda_i L)\cos(\lambda_i L)} \tag{5-189}$$

将式(5-189) 代入式(5-184) 得：

$$\frac{t-t_\infty}{t_0-t_\infty}=\sum_{i=1}^{\infty}\frac{2\sin(\lambda_i x)}{\lambda_i L+\sin(\lambda_i L)\cos(\lambda_i L)}\exp(-\lambda_i^2\alpha\theta)\cos(\lambda_i L) \tag{5-190}$$

式(5-190) 即为具有第三类边界条件的无限大平板非稳态导热问题的分析解，在大多情况下，上面的级数收敛得很快。

(4) 非稳态导热问题的求解——图解法　在对流边界条件下，除上述情况外，其它几何形状亦已求得问题的分析解。其中最重要又常用的情况是：①厚度比其它尺寸小得多的无限大平板；②直径比长度小得多的无限长圆柱体；③球。海斯勒将这几种情况的结果绘制成非稳态导热的算图，如附录 B 算图所示。从图中可以看出，采用四个无量纲数群描述非稳态导热过程的温度变化，包括

无量纲温度　$Y=\Theta=\dfrac{t-t_\infty}{t_0-t_\infty}$

无量纲时间　$X=\dfrac{\alpha\theta}{L^2}$

无量纲位置　$n=\dfrac{x}{L}$

相对热阻　$m=\dfrac{k}{hL}$

这样，$Y=f(X,m,n)$，若已知 Y,X,m,n 四个变量中的三个，即可根据附录 B 算图求出另外一个，通常情况下所求的量为温度 t 或时间 θ。

5.2.4 多维非稳态导热

(1) Newman 法则　理论上，只有无限大的平板和无限长圆柱及圆球才能按一维导热问题处理。在工程上常常会遇到高度、宽度不比厚度大多少的壁，或长度不比直径大多少的圆

柱。此时，为了确定温度，还需要增加空间坐标，因此，不得不寻找其它求解的方法。

当 $Bi\leqslant 0.1$ 时，它们的非稳态导热问题仍可按集总热容体计算，即：

$$\frac{t-t_\infty}{t_0-t_\infty}=\mathrm{e}^{-Bi\cdot Fo}$$

当 $Bi>0.1$ 时，它们的非稳态导热的一种处理方法是把它们分解为几个一维问题，而把这个多维非稳态导热问题的解看作为这几个一维问题解的乘积，这种方法叫 Newman 法则。例如，短圆柱可以看成是由无限长圆柱（半径为 r_0）和无限大平板（厚度为 $2L$）正交而成（见图 5-28)。它的温度场也可以根据上述两个一维温度场按下式计算：

$$\left(\frac{t-t_\infty}{t_0-t_\infty}\right)_{\text{短圆柱}}=\left(\frac{t-t_\infty}{t_0-t_\infty}\right)_{\text{无限长圆柱}}=\left(\frac{t-t_\infty}{t_0-t_\infty}\right)_{\text{无限大平板}} \tag{5-191}$$

式中，$\left(\frac{t-t_\infty}{t_0-t_\infty}\right)_{\text{无限长圆柱}}$，$\left(\frac{t-t_\infty}{t_0-t_\infty}\right)_{\text{无限大平板}}$可按海斯勒算图计算。

同理，长方体可以看作由三个无限大平板正交而成，其温度场可按下式计算：

$$\left(\frac{t-t_\infty}{t_0-t_\infty}\right)_{\text{长方体}}=\left(\frac{t-t_\infty}{t_0-t_\infty}\right)_{\substack{x\text{ 方向厚度为}\\2L_1\text{ 无限大平板}}}\left(\frac{t-t_\infty}{t_0-t_\infty}\right)_{\substack{y\text{ 方向厚度为}\\2L_2\text{ 无限大平板}}}\left(\frac{t-t_\infty}{t_0-t_\infty}\right)_{\substack{z\text{ 方向厚度为}\\2L_3\text{ 无限大平板}}} \tag{5-192}$$

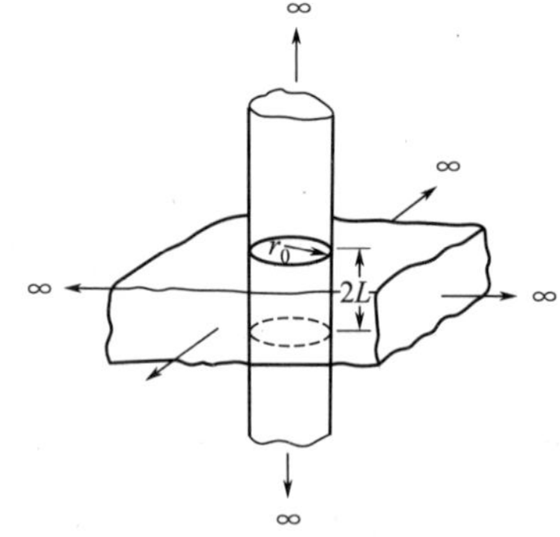

图 5-28　短圆柱可以看成是由无限长圆柱和无限大平板正交而成

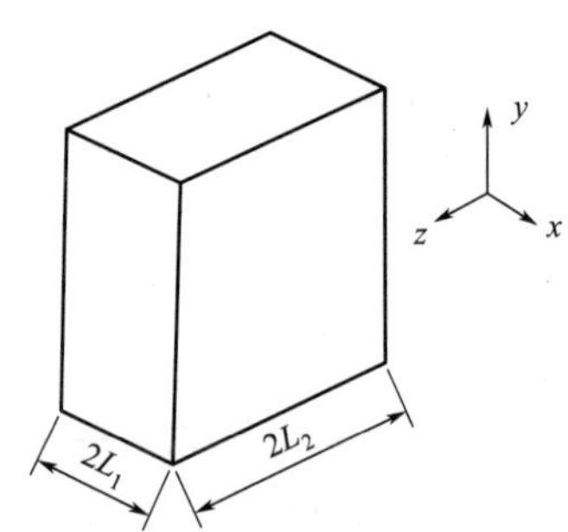

图 5-29　无限长的矩形棒可以看作由两个无限大平板正交而成

以图 5-29 为例来进行说明 Newman 法则的应用。无限长的矩形棒可以看作由两个无限大平板正交而成，如图 5-29 所示，它们的厚度分别为 $2L_1$ 和 $2L_2$。描述这一情况的微分方程是：

$$\frac{\partial^2 t}{\partial x^2}+\frac{\partial^2 t}{\partial z^2}=\frac{1}{\alpha}\frac{\partial t}{\partial \theta} \tag{5-193}$$

为了应用分离变量法得到方程的解，假设乘积解的形式是：

$$t(x,z,\theta)=X(x)Z(z)\Theta(\theta) \tag{5-194}$$

可以证明：无限长矩形棒的无量纲温度分布可表达为厚度分别为 $2L_1$ 和 $2L_2$ 的两个正交的无限大平板问题解的乘积：

$$\left(\frac{t-t_\infty}{t_0-t_\infty}\right)_{\text{矩形棒}}=\left(\frac{t-t_\infty}{t_0-t_\infty}\right)_{2L_1\text{平板}}\left(\frac{t-t_\infty}{t_0-t_\infty}\right)_{2L_2\text{平板}} \tag{5-195}$$

式中，t_0 是矩形棒初始温度；t_∞ 是环境温度。

两个无限大平板的微分方程分别是：

$$\frac{\partial^2 t_1}{\partial x^2}=\frac{1}{\alpha}\frac{\partial t_1}{\partial \theta},\frac{\partial^2 t_2}{\partial z^2}=\frac{1}{\alpha}\frac{\partial t_2}{\partial \theta} \tag{5-196}$$

假设乘积解是：

$$t_1=t_1(x,\theta),t_2=t_2(z,\theta) \tag{5-197}$$

现在，来证明方程(5-193) 的乘积解是由函数 (t_1，t_2) 简单的乘积组成。即为：

$$t(x,z,\theta)=t_1(x,\theta)t_2(z,\theta) \tag{5-198}$$

对它求偏导数可得

$$\frac{\partial^2 t}{\partial x^2}=t_2\frac{\partial^2 t_1}{\partial x^2},\frac{\partial^2 t}{\partial z^2}=t_1\frac{\partial^2 t_2}{\partial z^2}$$

$$\frac{\partial t}{\partial \theta}=t_1\frac{\partial t_2}{\partial \theta}+t_2\frac{\partial t_1}{\partial \theta}$$

再将方程(5-196) 代入上面最后一个方程式，即为：

$$\frac{\partial t}{\partial \theta}=\alpha t_1\frac{\partial^2 t_1}{\partial z^2}+\alpha t_2\frac{\partial^2 t_2}{\partial x^2}$$

将上述的关系代入方程(5-193) 则为：

$$t_2\frac{\partial^2 t_2}{\partial x^2}+t_1\frac{\partial^2 t_1}{\partial z^2}=\frac{1}{\alpha}\left(\alpha t_1\frac{\partial^2 t_2}{\partial z^2}+\alpha t_2\frac{\partial^2 t_1}{\partial x^2}\right)$$

此式证明了假设的乘积解方程(5-198) 确实满足原微分方程(5-193)。这意味着无限长矩形棒的无量纲温度分布，可以用厚度分别是 $2L_1$ 和 $2L_2$ 的两个正交的无限大平板问题解的乘积来表示。方程(5-195) 表示了这种关系。

用类似于上面叙述的方法，三维系统导热问题的解，可以表示为三个一维导热问题解的乘积解。图 5-30 给出了某些多维系统温度分布解的情况。

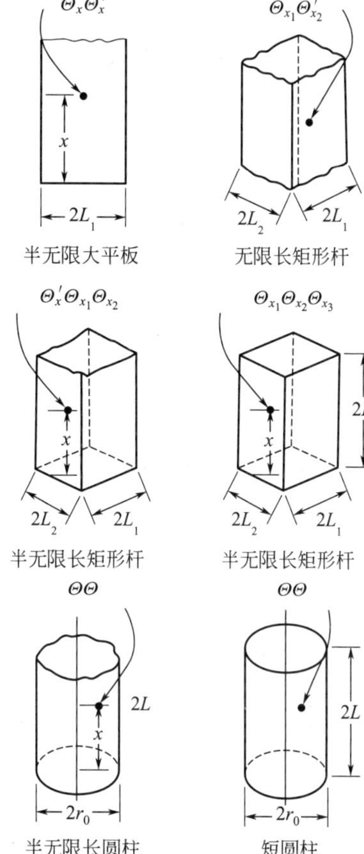

图 5-30　系列多维系统温度分布解

Θ—无限长圆柱的解；Θ_x—无限大平板的解；Θ_x'—半无限大平板的解

(2) 非稳态导热问题的数值计算　式 $t_1+t_2+t_3+t_4-4t_i+\frac{\dot{q}(\Delta x)^2}{k}=\frac{(\Delta x)^2}{\alpha\Delta\theta}(t_i'-t_i)$，它表达的是二维温度场中，任一具体时刻任一节点的温度。正如前面提到，如果知道任一具体时刻各节点的温度，对每一个节点写出与上述方程相似的方程，便可以计算时间增量 $\Delta\theta$ 后的各节点温度，并求得 t_i 的数值。重复以上步骤，直到获得所希望的时间增量以后的温度分布。改写上式，并假定 $q=0$，则：

$$t_i'=\frac{\alpha\Delta\theta}{(\Delta x)^2}(t_1+t_2+t_3+t_4)+\left[1-\frac{4\alpha\Delta\theta}{(\Delta x)^2}\right]t_i \tag{5-199}$$

为了方便起见，可以适当地选择时间和距离的增量，使得：

$$\frac{(\Delta x)^2}{\alpha\Delta\theta}=4 \tag{5-200}$$

因此，在这种情况下，节点 i 在时间增量后的温度，简单地等于周围四个节点在此时间增量开始时刻的算术平均值。

对于一维温度场，方程(5-199) 可以化为：

$$t_i' = \frac{\alpha\Delta\theta}{(\Delta x)^2}(t_1 + t_2) + \left[1 - \frac{2\alpha\Delta\theta}{(\Delta x)^2}\right]t_i \tag{5-201}$$

适当地选取时间和距离的增量，使得：

$$\frac{(\Delta x)^2}{\alpha\Delta\theta} = 2 \tag{5-202}$$

则节点 i 在时间增量后的温度，等于此时间增量开始时刻相邻两个节点温度的算术平均值。

令
$$M = \frac{(\Delta x)^2}{\alpha\Delta\theta} \tag{5-203}$$

它关系到数值求解的过程是否简单而有效。对于二维温度场，选择 M 值等于 4；对一维温度场，选择 M 值等于 2，都能使计算特别简便。

距离增量和 M 一经确定，时间增量也就确定了。如果 Δx 或 M，二者的值不改变，就不能改变 $\Delta\theta$。显然，Δx 和 $\Delta\theta$ 越大，就越能迅速地得到解。但另外，这些独立变量的增量值越小，则得到的解精确度越高。初看起来，选用小的距离增量和大的时间增量既可以得到高精确度，又可以加快求解的过程。但实际并非如此，因为当 Δx 选定以后，有限差分方程式限制了 $\Delta\theta$ 值。应当注意：将式(5-203) 代入式(5-201)，如果在方程(5-201) 中 $M<2$，则 t_i 的系数变为负值，可以由此推出违反热力学第二定律的情况。例如，假设节点 i 相邻的两个节点温度相等，并且低于 t_i。在经过时间增量 $\Delta\theta$ 之后，t_i 可以不低于相邻节点温度。另外，热量将由低温向高温流动，而这些都是不可能的。但是 $M<2$ 恰好就会产生这样一些情况，因而 M 值必须限制在下面规定的范围内：

$$\frac{(\Delta x)^2}{\alpha\Delta\theta} = \begin{cases} M \geqslant 2, \text{一维温度场} \\ M \geqslant 4, \text{二维温度场} \end{cases}$$

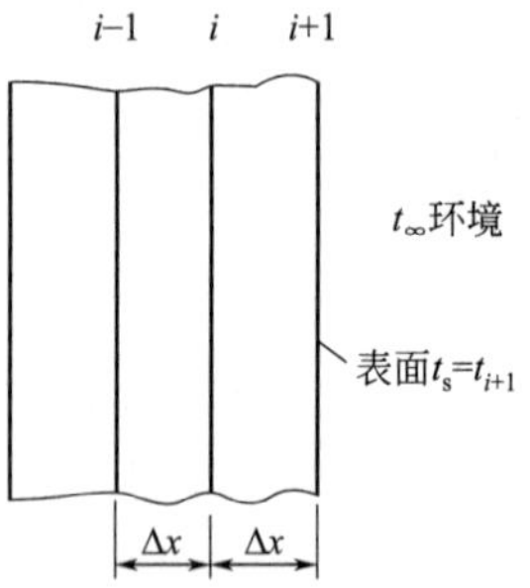

当 Δx 选定之后，以上的规定自动限制了对 $\Delta\theta$ 的选择。

上面的限制除了上述物理考虑外，也可以由数学方法推导出来。可以证明：如果上述条件得不到满足，有限差分方程的解就不能收敛。

由上面给出的微分方程，可以有效地确定固体内部的温度，此温度是时间和空间位置的函数。在固体界面上常常具有对流热阻，此时上述关系式不再适用，一般要根据所考虑的具体几何形状，分别处理每种对流边界条件。下面以平板为例来进行讲解。

图 5-31　一维温度场

对于图 5-31 的一维温度场，可以写出对流边界的能量平衡方程：

$$-kA\left.\frac{\partial t}{\partial x}\right|_{\text{壁面}} = hA(t_s - t_\infty) \tag{5-204}$$

此方程的有限差分近似式是：

$$-k\frac{\Delta y}{\Delta x}(t_{i+1} - t_i) = h\Delta y(t_{i+1} - t_i)$$

或
$$t_{i+1} = \frac{t_i + (h\Delta x/k)t_\infty}{h\Delta x/k} \tag{5-205}$$

为了应用这个条件，将计算对应于每一时间增量的表面温度 t_{i+1}，然后在固体内部节点方程中应用这些温度。因为已经忽略了边界处壁面微元的热容，所以这个计算仅仅是近似的。如果在 x 方向的增量数目取得很大，则每一微元的热容较总热容要小得多，那么这种近似方法就可以得到满意的结果。对于图 5-12(a) 所示的暴露在对流边界的二维平板，可以按一般方法计算其热容。考虑节点 2 的瞬时能量平衡，通过热传导和对流进入节点 i 的能量总和等于该节点的内能增加，即

$$k\Delta y=\frac{t_1-t_i}{\Delta x}+k\,\frac{t_2-t_i}{\Delta y}+k\,\frac{\Delta x}{\Delta y}\frac{t_3-t_i}{\Delta y}+h\Delta y(t_\infty-t_i)=\rho c\,\frac{\Delta x}{2}\Delta y\,\frac{t_i'-t_i}{\Delta y}$$

如果取 $\Delta x=\Delta y$，则 t_i'的表达式为：

$$t_i'=\frac{\alpha\Delta\theta}{(\Delta x)^2}\left\{2\,\frac{h\Delta x}{k}t_\infty+2t_1+t_2+t_3\left[\frac{(\Delta x)^2}{\alpha\Delta\theta}-\frac{2h\Delta x}{k}-4\right]t_i\right\}\tag{5-206}$$

相应一维温度场为：

$$t_i'=\frac{\alpha\Delta\theta}{(\Delta x)^2}\left\{2\,\frac{h\Delta x}{k}t_\infty+2t_{i-1}+\left[\frac{(\Delta x)^2}{\alpha\Delta\theta}-\frac{2h\Delta x}{k}-2\right]t_i\right\}\tag{5-207}$$

在这里要注意：由于对流传热系数的影响，参数$\dfrac{(\Delta x)^2}{\alpha\Delta\theta}$的选择不像内部节点那么简单。通常最好这样选择此参数，使得 t_i 的系数为零，这时相应的参数值是：

$$\frac{(\Delta x)^2}{\alpha\Delta\theta}=\begin{cases}2\left(\dfrac{h\Delta x}{k}+1\right),\text{对于一维温度}\\[2ex]2\left(\dfrac{h\Delta x}{k}+2\right),\text{对于二维温度}\end{cases}$$

为了保证数值解收敛，所有参数的选择应限制在下面范围：

$$\frac{(\Delta x)^2}{\alpha\Delta\theta}=\begin{cases}2\left(\dfrac{h\Delta x}{k}+1\right),\text{对于一维温度}\\[2ex]2\left(\dfrac{h\Delta x}{k}+2\right),\text{对于二维温度}\end{cases}$$

上面已经在前向差分法的基础上推导出方程。应用此方程，节点在未来时间增量的温度可以用周围节点在此时间增量开始时刻的温度来表示。这种表达式亦称显函公式，因为节点 t_i'可以直接用先前的温度 t_i 明显地表示出来。利用此公式由一个时间增量直接计算下一个时间增量，直到所要求的最终状态温度分布全部计算出来。

也可以在时间增量"t_i'"时刻，将温度对空间坐标微分以组成差分方程式，这样得到的公式称为后向差分公式。因为时间导数是由传入节点热量的时间向后移动的，方程(5-199)的等效方程是

$$t_i=\frac{-\alpha\Delta\theta}{(\Delta x)^2}(t_1'+t_2'+t_3'+t_4')+\left[1+\frac{4\alpha\Delta\theta}{(\Delta x)^2}\right]t_i'\tag{5-208}$$

应当注意：后向差分公式不能由 t 值计算 t_i，因而必须写出温度场全部节点的方程，然后联立求解，得出各节点温度 t'。所以说后向差分法在瞬态分析中导出的是未来温度的隐函公式。

显函前向差分法的优点可以直接算出节点的未来温度。但是，计算的稳态性取决于所选择的 Δx 与 $\Delta\theta$ 值。如果选择的 Δx 很小，则用显函公式求解就自动限制要选择某一最大的 $\Delta\theta$ 值。另外，隐函公式求解就没有这种限制，这就意味着可以选择较大的时间增量以加速计算。隐函法的明显缺点是对每一时间增量需要计算的次数太多。但是，对于节点数目较多的问题，用隐函法求出最终解所需要的总计算时间还是比较少。因为由于稳态性的要求，用显函法求解必须取很小的时间增量。隐函法可以取较大的时间增量 $\Delta\theta$，这反而加快了后者

求解过程。在此可以明显地看出，有限差分法几乎可以应用于任何情况。

像前面一样，能够观察到：每一个体积元作为一个节点，可用热阻将其与周围相邻节点连接起来。在稳态条件下，传入节点的净能量等于零。而对于非稳态的条件下，可以证明：传入节点的净热量必然等于体积元内能的增加。每一个体积元的特征都像是一个小小的“集总”，所有这些体积元的相互影响确定了固体在瞬变过程中的特性。如果节点 i 的内能可用比热和温度来表示，那么内能随时间的变化率可近似也写为：

$$\frac{\Delta U}{\Delta\theta}=\rho c\,\Delta V\,\frac{t_i'-t_i}{\Delta\theta} \tag{5-209}$$

式中，ΔV 是体积元的体积，如果按下式定义热容：

$$C_i=\rho_i c_i\,\Delta V_i \tag{5-210}$$

则对于一个节点，用热阻与热容列出的通用能量平衡公式是

$$\dot{q}_i+\sum_j\frac{t_j-t_i}{R_{ij}}=C_i\,\frac{t_i'-t_i}{\Delta\theta} \tag{5-211}$$

利用热阻和热容的概念，可以对所有节点与边界条件，把前向差分方程写成上面的形式。这样，数值解的编排便十分有规律，并且能迅速地适应现成算法和计算机程序。

应用前向差分概念，可将方程(5-211) 变换为对应于每一 t_i' 的显函关系式。而应用后向差分，借助于“t_i'”时间增量的温度，考虑进入所计算的第 i 个节点的传热量，也可写出能量平衡方程：

$$\dot{q}_i+\sum_j\frac{t_j-t_i}{R_{ij}}=C_i\,\frac{t_i'-t_i}{\Delta\theta} \tag{5-212}$$

这样推出的一组隐函方程，必须联立求解，才能得到温度 t_i'。也可以用稳态导热问题的数值方法解此方程。如高斯-赛德尔迭代法求解，由方程(5-212) 解出 t_i'，其表达式为：

$$t_i'=\frac{\dot{q}_i+\sum_j(t_k'/R_{ij})+(C_i/\Delta\theta)t_i}{\sum_j(1/R_{ij})C_i/\Delta\theta} \tag{5-213}$$

可以用方程(5-212) 解 t_i'为例，说明显函公式稳态性需满足的必要条件。

$$t_i'=\left(\dot{q}_i+\sum_j\frac{t_k'}{R_{ij}}\right)\frac{\Delta\theta}{C_i}+\left(1-\frac{\Delta\theta}{C_i}\sum_j\frac{1}{R_{ij}}\right)t_i \tag{5-214}$$

$\dot{q}_i$ 值会影响稳态性，但研究方程 $\dot{q}_i=0$ 的特性，便能选择安全范围。我们发现：t_i 的系数不能是负值。由此得出保证稳态性最低限度的必要条件为：

$$1-\frac{\Delta\theta}{C_i}\sum_j\frac{1}{R_{ij}}\geqslant 0 \tag{5-215}$$

如果要解一个复杂的数值问题，此问题具有变化的边界条件，例如位置增量是不均匀的，等等。对所有节点列出热阻与热容公式之后，随之而来的是选择计算中使用的时间增量 $\Delta\theta$，为了保证解的稳态性，必须使 $\Delta\theta$ 小于或等于由限制最严的节点从方程(5-215) 得出的 $\Delta\theta$ 值，即为：

$$\Delta\theta\leqslant\left[\frac{C_i}{\sum_j(1/R_{ij})}\right]_{\min}\ \text{稳态条件} \tag{5-216}$$

应当注意：用热阻-热容法列方程很容易考虑热物性随温度的变化。这只要 C_i 和 R_{ij} 所包含的ρ，c 和 k 采用适当的数值进行计算就可以了。是否需要在每次迭代时都调整 C_i 和

R_{ij} 的数值，要由题意要求来决定。

5.2.5　热量扩散系数等参数的测定

用稳态导热法测定 k，α 等热物性的困难在于：

① 为了保证一维导热，需在仪器中添加复杂的热补偿装置，同时为保证表面热流分布均匀，还需要其它严格的处理；

② 到达稳态所用的时间很长。

除此之外，为了求出 α 还需测定 C_p，其复杂程度不亚于测定 k。若采用非稳态导热原理测定，就可以在很大程度上克服上述缺点。

(1) 热量扩散系数的测定　任何一个加热或冷却的过程，都可以分为三个阶段：

① 非稳态导热第一阶段（非正规状况阶段）：这时 t-θ 的关系很复杂。例如，对无限大平板两种不同的边界条件的数学分析解，式(5-178)、式(5-190) 需用级数来计算，而且 t-θ 关系还受初始温度分布的影响（以前所讨论的初始温度都属于均匀分布，即与坐标位置无关，但温度分布也可以是坐标参数的函数）。

② 非稳态导热第二阶段（正规状况阶段）：当经过一定时间 θ_0 以后，温度分布随时间的变化就服从简单的规律。它不仅与初始温度分布无关，而且可以用简单的指数形式表达。如初始温度均匀及 $Bi\to\infty$的无限大平板，其中心温度的变化情况可取式(5-178)、式(5-190) 级数的第一项表示。

③ 稳态阶段：理论上 $\theta\to\infty$（实际上经过相当长的时间后），物体内部各点的温度就达到稳定（设环境条件从初始时间后就不再变动）。

现以初始温度均匀及 $Bi\to\infty$的球体为例，考察过余温度（$t-t_\infty$）在正规状况下的变化规律，说明如何用来测定热物性。

当 $Fo\geqslant0.2$ 时，球心的（$t-t_\infty$）-θ'的关系为：

$$\frac{t-t_\infty}{t_0-t_\infty}=2\mathrm{e}^{-\pi^2(\alpha\theta'/r_0^2)}$$

或

$$\ln(t-t_\infty)=-\frac{\pi^2}{r_0^2}\alpha\theta'+\ln2(t_0-t_\infty) \tag{5-217}$$

此式说明 $\ln(t-t_\infty)$ 与 θ'为直线关系，其斜率若以 $-m$ 表示，即

$$m=\frac{\pi^2}{r_0^2}\alpha \tag{5-218}$$

如能测得球心（$t-t_\infty$）与 θ'的一些数值，并在方格坐标上给出（$t-t_\infty$）与 θ'的对应关系，并连成线，可得图 5-32 的曲线 (1)。其中直线部分相当于 $Fo\geqslant0.2$ 后的正规状况。计算此直线的斜率 $-m$ 后，就可按式(5-218) 求出球体材料的热量扩散系数 α。

如果测温点并不刚好是球心，而是离球心 r_1 的某点，则$(t-t_\infty)_{r_1}$-θ'的关系应服从下列关系：

$$\frac{t-t_\infty}{t_0-t_\infty}=2\sum_{i=1}^{\infty}(-1)^{i+1}\mathrm{e}^{-i^2\pi^2(\alpha\theta'/r_0^2)}\cdot\frac{r_0}{i\pi r}\sin\left(i\pi\frac{r}{r_0}\right) \tag{5-219}$$

当 $Fo\geqslant0.2$ 时，右边的级数可只取第一项。得到：

$$\left.\frac{t-t_\infty}{t_0-t_\infty}\right|_{r=r_1}=\frac{2r_0}{\pi r_1}\sin\left(i\pi\frac{\pi r_1}{r_0}\right)\mathrm{e}^{-i^2\pi^2(\alpha\theta'/r_0^2)}$$

或

$$\ln(t-t_\infty)_{r=r_1}=\frac{\pi^2}{r_0^2}\alpha\theta'+\ln\left[2(t_0-t_\infty)\frac{r_0}{\pi r_1}\sin\frac{\pi r_1}{r_0}\right] \tag{5-220}$$

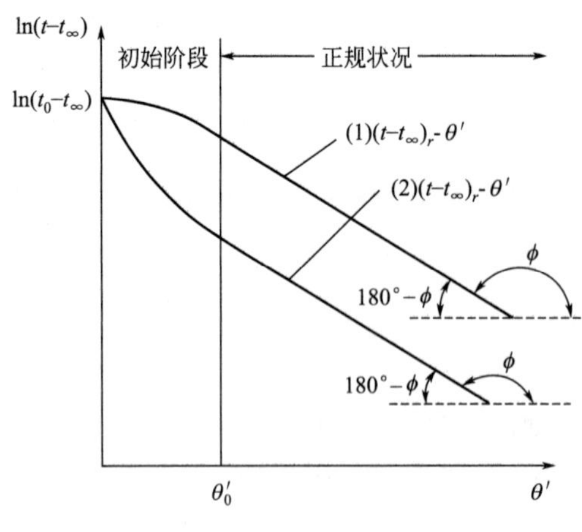

图 5-32 $\ln(t-t_{\infty})$ 与 θ' 关系

可知，由于 r_1 为常量，$\ln(t-t_{\infty})_{r1}$ 与 θ' 仍为直线关系，且此直线的斜率 $-m$ 与热量扩散系数之间的关系仍为 $m=\frac{\pi^2}{r_0^2}\alpha$。图 5-32 中曲线（2）给出在 r_1 时的 $\ln(t-t_{\infty})$ 与 θ' 的关系。

由于式 $m=\frac{\pi^2}{r_0^2}\alpha$ 中的右侧 $\frac{\pi^2}{r_0^2}\alpha$ 对同一圆球为一常数，故曲线（2）的斜率与（1）相同，即直线（1）、（2）平行。由图 5-32 可知 $m=-\tan\phi=\tan(180°-\varphi)$。由此可知，用正规状况法测定热量扩散系数 α 还有一个优点，即由于只需从测定 $(t-t_{\infty})$-θ' 的对应值求 $\ln(t-t_{\infty})$-θ' 的直线关系，计算斜率 m，由 $m=-\tan\phi=\frac{\pi^2}{r_0^2}\alpha$，便可得到热量扩散系数 α，故不必再对测温点的位置作特别的规定。

此外，还可证明，即使初始温度的分布并不均匀，到达正规状况以后，$\ln(t-t_{\infty})$-θ' 的关系仍为一直线，且斜率与上述情况并无差别，只是达到正规状况所经过的初始阶段一般要长一些。因此，应用正规状况法测热量扩散系数 α，也并不严格要求初始温度一定要均匀分布。

对于球体以外的规则形状，可用同样方法测定在正规状况时的 $\ln(t-t_{\infty})$-θ' 的直线斜率 $-m$，求出热量扩散系数 α。只是此时 m-α 的关系不再是 $m=\frac{\pi^2}{r_0^2}\alpha$ 而已，而需从它们的分析解中导出。例如当 $Bi\rightarrow\infty$ 时（实际上 $Bi\geqslant 100$ 即可），对无限大平板，由式

$$\frac{t-t_{\infty}}{t_0-t_{\infty}}=\frac{4}{\pi}\mathrm{e}^{-[(\pi/2)^2(\alpha\theta'/L^2)]}$$

则

$$m=\frac{\pi^2}{4L^2}\alpha=\left(\frac{\pi}{2L}\right)^2\alpha \tag{5-221}$$

对无限长圆柱

$$\frac{t-t_{\infty}}{t_0-t_{\infty}}=\sum_{i=1}^{\infty}A_iJ_0\left(u_i\frac{r}{r_0}\right)\mathrm{e}^{-u_i^2F_0} \tag{5-222}$$

式中，$A_i=\frac{2}{M_1J_1(u_1)}$和 $J_0(u)$ 为零阶及一阶贝塞尔函数（见附录C贝塞尔函数表）；u_i 为方程 $J_0(u)$ 的第 i 个根。

取级数 $r=0$ 时的第一项，上式即为：

$$\frac{t-t_{\infty}}{t_0-t_{\infty}}=\frac{2J_0(0)}{u_1J_1(u_1)}\mathrm{e}^{-u_1^2F_0} \tag{5-223}$$

可得：

$$m=\frac{u_1^2}{r_0^2}\alpha\approx\left(\frac{2.405}{r_0}\right)^2\alpha \tag{5-224}$$

对正方体（边长为 $2L$）可得：

$$\frac{t-t_{\infty}}{t_0-t_{\infty}}=\frac{64}{\pi^3}\mathrm{e}^{-(3\pi^2/4)(\alpha\theta'/L^2)} \tag{5-225}$$

则
$$m=\frac{3\pi^2}{4L^2}\alpha=3\left(\frac{\pi}{2L}\right)^2\alpha \tag{5-226}$$

对直径为 $2r_0$，长为 $2L$ 的圆柱即为：

$$\frac{t-t_\infty}{t_0-t_\infty}=\frac{8J_0(0)}{\pi u_1 J_1(u_1)}e^{-[(u_1^2/r_0^2)+(\pi^2/4L^2)]\alpha\theta'} \tag{5-227}$$

可得：

$$m=\left[\left(\frac{u_1^2}{r_0^2}\right)^2+\left(\frac{\pi}{2L}\right)^2\right]\alpha=\left[\left(\frac{2.405}{r_0}\right)^2+\left(\frac{\pi}{2L}\right)^2\right]\alpha \tag{5-228}$$

以上关系式的不同形式，可统一写成：

$$\alpha=Km \tag{5-229}$$

式中，比例系数 K 与物体的形状及大小有关，称为形状系数。下面是几种简单形体 K 的表达式。

球体（半径为 r_0）

$$K=\frac{r_0^2}{\pi^2} \tag{5-230}$$

圆柱体（半径为 r_0，长 $2L$）

$$K=\frac{1}{\left(\frac{2.405}{r_0}\right)^2+\left(\frac{\pi}{2L}\right)^2} \tag{5-231}$$

平板（厚度为 $2L$）

$$K=\left(\frac{2L}{\pi}\right)^2 \tag{5-232}$$

六面体（$2L_1\times 2L_2\times 2L_3$）

$$K=\frac{1}{\left(\frac{\pi}{2L_1}\right)^2+\left(\frac{\pi}{2L_2}\right)^2+\left(\frac{\pi}{2L_3}\right)^2} \tag{5-233}$$

对块状物料，可直接分成上述形状，并安装热惰性小、反应迅速的测温元件（如热电偶），来测定该材料的热量扩散系数 α。

对于粉状物料，可用热阻很小的铜皮制成上述形状的容器，盛满被测物料并装入测温元件，测定该物料的热量扩散系数 α。

上面所叙述测定 α 的方法称为正规状况第一法，它的测定条件是 $Bi\geqslant 100$，在测定中 m 的误差可达 2%～3%，而 K 的误差约 0.5%～10%，故热量扩散系数 α 的相对误差约达 2%～4%。

应用上述 $Bi\rightarrow\infty$ 的方法只能测定一个热物性，即热量扩散系数 α。

(2) 其它热物性的测定　当 $Bi<100$ 时，被加热或被冷却时，物体内一点的过余温度（$t-t_\infty$）随时间的变化，除与物体的热量扩散系数 α 有关之外，还取决于物体与周围流体的对流传热系数 h。当 α 一定而 h 愈小时，（$t-t_\infty$）随时间的变化也愈慢。即 $Bi\geqslant 100$ 时的正规状况下，$\ln(t-t_\infty)$-θ' 直线的斜率 $-m$ 还是 Bi 的函数。利用这种关系，可以测定其它的热物性。

现以无限大平板的非稳态导热为例，从分析解得到的 $\ln\frac{t-t_\infty}{t_0-t_\infty}$-$Fo$ 的关系，表示于

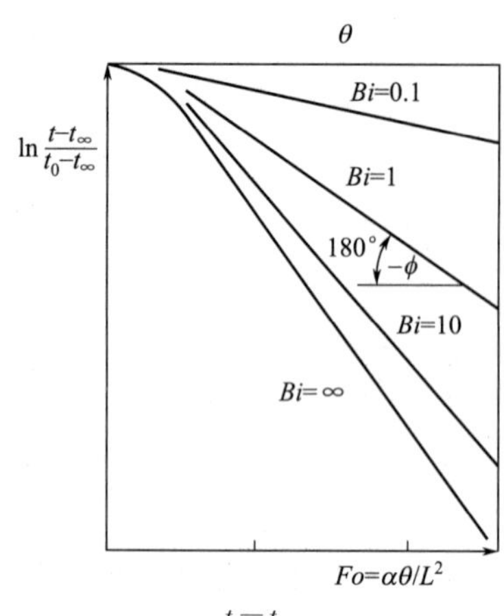

图 5-33　$\ln\frac{t-t_\infty}{t_0-t_\infty}$-$Fo$ 的关系

图 5-33中，由图可知，当 $Bi=\frac{hL}{k}$愈小，则正规状况下，$\ln(t-t_\infty)$-Fo 直线的斜率就愈小（向水平线靠近），即被称为冷却或加热率的 $m=\tan(180°-\varphi)$ 愈小。反过来，当从已测得的 $\ln(t-t_\infty)$-Fo 直线求得 m，就可以倒推出 Bi。

m 与 Bi 的关系可由理论公式给出。在正规状况下，无限大平板非稳态导热微分方程的通解可表达为式(5-234）傅里叶余弦级数的形式：

$$t-t_\infty=\sum_{i=1}^{\infty}C_i\cos(\lambda_i x)e^{-(\lambda_i L)^2(\alpha\theta'/L^2)} \tag{5-234}$$

在正规状况下，式(5-234）只需取第一项，得

$$t-t_\infty=DC_i e^{-(\lambda_i L)^2(\alpha\theta'/L^2)}$$

或

$$\ln(t-t_\infty)=-\frac{(\lambda_i L)^2}{L^2}\theta+\ln D_1 \tag{5-235}$$

式中，$D_1=C_1\cos(\lambda_1 L)$，故 $\ln(t-t_\infty)$ 与 θ 成直线关系，斜率 $-m=-\frac{(\lambda_i L)^2\alpha}{L^2}$即

$$m=\frac{(\lambda_i L)^2\alpha}{L^2}\text{或}\ \lambda_i L=L\sqrt{\frac{m}{\alpha}} \tag{5-236}$$

式中，$\lambda_i L$ 为三角方程 $\cot(\lambda_i L)=\frac{k}{h}\lambda_i$ 的第一个根，即式(5-186)，则：

$$\cot(\lambda_i L)=\frac{k}{h}\lambda_i=\frac{\lambda_i L}{\frac{hL}{k}}=\frac{\lambda_i L}{Bi}$$

由于第一项 $\cot(\lambda_i L)=\frac{k}{h}\lambda_i$，因此，$Bi$ 与 m 的关系为：

$$Bi=(\lambda_i L)\cot(\lambda_i L)=L\sqrt{\frac{m}{\alpha}}\tan\left(L\sqrt{\frac{m}{\alpha}}\right) \tag{5-237}$$

式中，无量纲数群 $L\sqrt{\frac{m}{\alpha}}$ 中的 L 为已知的几何尺寸，α 可由前述的正规状况第一法($Bi\geqslant100$）测得，而 m 可由外热阻不能忽略时（$Bi<100$）的实验求得［即从 $\ln(t-t_\infty)$-θ 的直线求出］。故 $L\sqrt{\frac{m}{\alpha}}$ 中各参数均为可测定的值，即 $L\sqrt{\frac{m}{\alpha}}$ 在方程(5-237）中为已知数，由此求得 Bi。习惯上以符号 P 表示无量纲数群 $L\sqrt{\frac{m}{\alpha}}$，即可将式(5-237）改写为

$$Bi=P\tan P \tag{5-238}$$

由此可知：$P\leqslant\frac{\pi}{2}$（P 代表主根 $\lambda_i L$）。

若将被测物料做成其它规则形状，亦可同样地从非稳态导热方程的分析解求得 Bi 与 m 的关系。当写成准数式时：

球体：

$$Bi=1-P\cot P \tag{5-239}$$

无限长圆柱体：
$$Bi=PJ_1(P)/J_0(P) \tag{5-240}$$

式中，$Bi=\dfrac{hr_0}{k}$，$P=r_0\sqrt{\dfrac{m}{\alpha}}$，对球体 $P\leqslant\pi$，对圆柱体 $P\leqslant2.405$。为了计算方便，对上述三种几何形状的 Bi-P 的关系已制成专门函数表，列于表 5-5。

表 5-5　一维物体 Bi-P 关系

P	无限大平壁 $Bi=P\tan P$	无限长圆柱 $Bi=\dfrac{PJ_1(P)}{J_0(P)}$	球体 $Bi=1-P\cot P$
0 0.1 0.2	0 0.01003 0.04054	0 0.00501 0.02010	0 0.00333 0.01336
0.3 0.4 0.5	0.09280 0.16912 0.2732	0.04551 0.08163 0.1291	0.03018 0.05390 0.08480
0.6 0.7 0.8	0.4105 0.5896 0.8237	0.1886 0.2613 0.3486	0.1230 0.1639 0.2231
0.9 1.0 1.2	1.1341 1.557 2.161	0.4524 0.5751 0.7198	0.2858 0.3579 0.4401
1.2 1.3 1.4	3.087 4.683 8.117	0.8910 1.0943 1.3383	0.5335 0.6391 0.7585
1.5 1.55	21.15 74.52	1.6350 1.8082	0.8036 0.9668
1.6 1.65	—	2.0023 2.2202	1.0467 1.1311
1.7 1.75		2.4680 2.7517	1.2209 1.3172
1.8 1.85		3.0785 3.462	1.4199 1.5306
1.9 1.95		3.919 4.489	1.6491 1.7778
2.0 2.1 2.2		5.147 7.163 11.08	1.9153 2.2282 2.6014
2.3 2.4 2.5		497.5	3.0550 3.6201 4.3566
2.6 2.7 2.8			5.322 6.712 8.876

当由测定值算得 $Bi=\dfrac{hL}{k}$后（L 为定性长度），可用以下两种方法之一求得材料的热导率 k。

(1) 比较法　将另一已知热导率为 k_0 的标准材料，做成与被测材料同样的形状。在完全同样的条件下冷却或加热，使 h 与被测材料的 h 相等（一般是在空气中进行冷却，这时，还要求表面的黑度相同，因此，此时 h 为辐射及对流的总传热系数），并以同法得出 $Bi_0=\dfrac{hL}{k_0}$，则被测材料的 k 值可根据下式求得：

$$\frac{Bi_0}{Bi}=\frac{hL/k_0}{hL/k}=\frac{k}{k_0}$$

故
$$k=\frac{k_0 Bi_0}{Bi} \tag{5-241}$$

(2) 测定 h 如能测得物体与周围流体（空气）间的传热系数 h，而 Bi 已由测定值算出，则 k 可按下式计算：

$$k=\frac{hL}{Bi} \tag{5-242}$$

当 α、k 由前面介绍方法测得后，再测定 ρ（易于用称量法测定），就可由定义 $\alpha=\dfrac{k}{\rho C_p}$ 算得比热容为：

$$C_p=\frac{k}{\alpha\rho} \tag{5-243}$$

当被测材料是散状物料如粉状、纤维状等时，需放置在金属壳体中测定。由于外热阻 $\dfrac{1}{h}$ 不可忽略或 $Bi<100$ 时，壳体的温度不会一开始的瞬间就达到介质的温度 t_∞，而是先与所盛物料外表面温度 t_s 相等（因金属壳体本身的热阻可忽略），再逐渐地与 t_∞ 接近。因此，就必须考虑到壳体本身的热量变化（设壳体的厚度基本上均匀）。为此，可采用下述的方法先测出 C_p，再来求 k。

对冷却（或加热）的某一瞬间列出热平衡算式：

通过壳表面的瞬间热流为：

$$q_w=hF_w(t_s-t_\infty) \tag{5-244}$$

被测材料的热量变化为：

$$q=-Gc\,\frac{\mathrm{d}(t_m-t_\infty)}{\mathrm{d}\theta} \tag{5-245}$$

金属壳的热量变化为：

$$q'=-G'c'\frac{\mathrm{d}(t_s-t_\infty)}{\mathrm{d}\theta} \tag{5-246}$$

由热量衡算式有：

$$q_w=q+q'$$

$$hF_w(t_s-t_\infty)=-Gc\,\frac{\mathrm{d}(t_m-t_\infty)}{\mathrm{d}\theta}-G'c'\frac{\mathrm{d}(t_s-t_\infty)}{\mathrm{d}\theta} \tag{5-247}$$

式中，G、c 为被测物料的质量和比热容，其中 c 为需在实验中测定的量；G'、c'、F_w 分别为金属壳体的质量、比热容和外表面积（均属已知）；t_m，t_s 为被测物料外表面（即金属壳体）的温度和被测材料的平均温度。在前面已叙述，在正规状况下，物体内任一点 $(t-t_\infty)$-θ 之间的关系均符合：

$$\ln(t-t_\infty)=-m\theta+A$$

故
$$\frac{\mathrm{d}(t-t_\infty)}{\mathrm{d}\theta}=-m(t-t_\infty) \tag{5-248}$$

式(5-247) 中 (t_m-t_∞) 及 (t_s-t_∞) 均符合上述关系，则

$$\frac{d(t_m-t_\infty)}{d\theta}=-m(t_m-t_\infty) \tag{5-249}$$

$$\frac{d(t_s-t_\infty)}{d\theta}=-m(t_s-t_\infty) \tag{5-250}$$

代入式(5-247)，得

$$hF_w(t_s-t_\infty)=Gcm(t_m-t_\infty)+G'c'm(t_s-t_\infty) \tag{5-251}$$

从中解出需求的比热容 C_p，即为：

$$C_p=\frac{h}{m}\frac{F_w}{G}\frac{(t_s-t_\infty)}{(t_m-t_\infty)}-\frac{G'c'}{G}\frac{(t_s-t_\infty)}{(t_m-t_\infty)} \tag{5-252}$$

式中尚有未知的$\frac{t_s-t_\infty}{t_m-t_\infty}$它代表壳内所盛物料中温度分布的均匀程度，现以符号 ϕ 表示，$\phi=\frac{t_s-t_\infty}{t_m-t_\infty}$，它取决于内外热阻之比。例如，当 $Bi\to\infty$时，$t_s=t_\infty$故 $\phi=0$，此时物料内的温度分布最不均匀；而在 $Bi\to\infty$时，$t_m\to t_s$，故 $\phi\to 1$，则温度分布均匀。当 Bi 在 0～∞间变化时，ϕ 值小于 1 而大于零，是 Bi 及形状的函数（与壳的厚度 δ 无关，因现壳温皆为 t_s 且设壳厚度均为 δ)，可由理论推出的公式计算。但由于 Bi 为未知的待定准数，故还需将 ϕ 改为其定性准数表示。从式(5-238)～式(5-242)，可知 Bi 为可测得的 P 的函数。因此，经过换算后可将 ϕ 以 P 来表示，即 $\phi=\phi(P)$。对于无限大平壁，无限长圆柱体，球体三种形状的 ϕ-P 的关系理论计算值列于表 5-6。

表 5-6　一维物体 ϕ-P 的关系

P	ϕ		
	无限大平壁	无限长圆柱	球体
0	1.000	1.000	1.000
0.1	0.996	0.999	1.000
0.2	0.987	0.997	0.999
0.3	0.970	0.989	0.995
0.4	0.946	0.979	0.990
0.5	0.915	0.969	0.985
0.6	0.877	0.954	0.974
0.7	0.830	0.939	0.965
0.8	0.776	0.920	0.956
0.9	0.714	0.899	0.946
1.0	0.624	0.874	0.931
1.1	0.560	0.840	0.914
1.2	0.468	0.808	0.896
1.3	0.361	0.772	0.880
1.4	0.242	0.732	0.860
1.5 1.55	0.106	0.688	0.840
1.6 1.65	—	0.640	0.815
1.7 1.75		0.586	0.789

续表

P	ϕ		
	无限大平壁	无限长圆柱	球体
1.8 1.85		0.528	0.758
1.9 1.95		0.460	0.730
2.0 2.1 2.2		0.388 0.308 0.218	0.700 0.660 0.620
2.3 2.4 2.5		0.120 0	0.576 0.530 0.478
2.6 2.7 2.8			0.420 0.360
2.9 3.0 π			0

将 $\phi=\dfrac{t_s-t_\infty}{t_m-t_\infty}$代入式(5-252)后得到：

$$c=\left(\frac{hF_w}{m}-G'c'\right)\frac{\phi}{G} \tag{5-253}$$

式中 h 可按下法测定，对空壳以上述同样的方法测定其 $(t-t_\infty)$-θ 关系，以求得 m'。在热衡算式中，可令 $G=0$，即

$$hF_w(t-t_\infty)=-G'c'\frac{\mathrm{d}(t-t_\infty)}{\mathrm{d}\theta} \tag{5-254}$$

对于最小的 P 值，从理论分析可以得到以下近似公式

无限平板：$\phi=1-\dfrac{P^2}{15}$　　无限长圆柱：$\phi=1-\dfrac{P^2}{8}$　　球：$\phi=1-\dfrac{P^2}{3}$

仍应用$\dfrac{\mathrm{d}(t-t_\infty)}{\mathrm{d}\theta}=-m'(t-t_\infty)$于是：

$$hF_w(t-t_\infty)=G'c'm'$$

$$h=\frac{G'c'm'}{F_w} \tag{5-255}$$

此时，$(t-t_\infty)$ 可通过焊在壳上或与壳体内壁紧密接触的热电偶测定。将式(5-255) 代入式(5-254) 得：

$$c=\left(\frac{hF_w}{m}-G'c'\right)\frac{\phi}{G}=\left(\frac{m'}{m}-1\right)\frac{G'c'}{G}\phi \tag{5-256}$$

此法求得 c 之后，再通过易于测量的ρ求得 k：

$$k=\alpha\rho c \tag{5-257}$$

这种 $Bi<100$ 的测定法称为正规状况第二法。

由上可知，正规状况测定热物性的特点是：

① 除了测定壳温外，不需要对测量点的位置作特殊的规定。

② 不需要严格的保证初始温度均匀分布。

③ 不需要测得温度的绝对值。例如将热电偶的一端作为测温点，另一端置于流体内作零点，由于温差（$t-t_\infty$）并不大（一般 20～30℃），可以认为（$t-t_\infty$）与热电势 E 成正比。从对数的特点可知，$\ln(t-t_\infty)$-θ 直线的斜率为 $-m$，则 $\ln E$-θ 直线的斜率亦为 $-m$，这样就不必对热电偶进行校正。尤有甚者，由于 E 正比于检流计偏转角度 ϕ，故 $\ln\phi$-θ 直线的斜率亦为 $-m$。这样就不必用电位计测定 E，直接用一灵敏度适当的检流计即可对 m 作出准确的测定。

④ 测定的时间短，一般约 20min，因此，它使用的设备、仪器简单，操作便利，可快速测得所需热物性，这是将非稳态导热用于实际的好例子。

正规状况法也有以下缺点：

① 每次只能测得一个热物性。

② 在测 α 以外的第二法中需应用“h 不变”的条件，这一点不易精确实现。又由于 h 为整个外表面的平均值，在测定时亦存在一定困难。

③ 对高温测定，困难较多。

④ 实验的时间长。

还有其它的正规状况法，可在某些情况下进一步简化热参数的测定。近年来，此法还发展用于液体、气体热物性的测定，成为热学研究中一个有力的工具。对于有限圆柱体，可作为由一维物体正交而成的物体的代表。其准数 ϕ 除取决于准数 P 外，还与表征其几何特性的长径比 L/D 有关。为此，可将 ϕ 以某一当量准数 Pe 的已知函数表达。如对 $L\geqslant D$ 的圆柱体，可以应用前述无限长圆柱体的 ϕ-P 的关系，以 Pe 代替 $P=r_0\sqrt{\dfrac{m}{\alpha}}$。这里 Pe 应为 L/D 的函数，或 $Pe=Pe(P、D/L)$（从 $\phi=\dfrac{t_s-t_\infty}{t_m-t_\infty}$的物理意义可知此时 $Pe<P$）。此函数 $Pe=Pe(P、D/L)$ 经理论计算后列于表 5-7。还可指出，这里以有限圆柱的 $Pe=Pe(P、D/L)$ 代替无限圆柱的 $P=r_0\sqrt{\dfrac{m}{\alpha}}$，相当于以有限圆柱体某一当量的定性尺寸 $Le=Le(r_0, D/L)$ 去替代无限长圆柱定性长度——半径 r_0。

表 5-7　$L\geqslant D$ 圆柱体的 $Pe=Pe(P、D/L)$

P	Pe				
	$D/L=0$	$D/L=0.3$	$D/L=0.5$	$D/L=0.7$	$D/L=1.0$
0	0	0	0	0	0
0.5	0.5	0.5	0.45	0.43	0.41
1.0	1.0	0.95	0.91	1.87	0.82
1.5	1.5	1.45	1.39	1.33	1.24
2.0	2.0	1.96	1.88	1.82	1.64
2.2	2.2	2.16	2.07	1.97	1.83
2.4	2.4	2.36	2.28	2.16	2.01
2.5	—	—	2.39	2.17	2.10
2.7	—	—	—	—	2.26
2.87	—	—	—	—	2.405

5.3 本章小结与应用

5.3.1 本章小结

本章的教学目的是使读者掌握：

(1) 稳态导热问题的求解 其中一维稳态导热几种典型的几何形状在常物性、无内热源/有内热源情况下的温度场、传热速率、热阻以及扩展表面的分析解见表 5-8；二维稳态导热问题分别采用数学分析法和数值求解法进行讲解。

表 5-8 一维稳态导热部分解汇总

编号	导热问题	温度分布	传热速率计算式	热阻表达式
1	平板导热	$\dfrac{t-t_1}{t_2-t_1}=\dfrac{x}{L}$	$Q=kA\dfrac{t_1-t_2}{L}$	$R=\dfrac{L}{kA}$
2	圆筒壁导热	$\dfrac{t-t_i}{t_o-t_i}=\dfrac{\ln\dfrac{r}{r_i}}{\ln\dfrac{r_o}{r_i}}$	$Q=2\pi Lk\dfrac{t_i-t_o}{\ln\dfrac{r_o}{r_i}}$	$R=\ln\dfrac{r_o}{r_i}/(2\pi Lk)$
3	球壳导热	$\dfrac{t-t_i}{t_o-t_i}=\dfrac{\dfrac{1}{r}-\dfrac{1}{r_i}}{\dfrac{1}{r_o}-\dfrac{1}{r_i}}$	$Q_r=\dfrac{4\pi k(t_o-t_i)}{\dfrac{1}{r_o}-\dfrac{1}{r_i}}$	$R=\dfrac{1}{4\pi k}\left(\dfrac{1}{r_i}-\dfrac{1}{r_o}\right)$
4	具有内热源的平板导热	$\dfrac{t-t_w}{t_o-t_w}=1-\left(\dfrac{x}{L}\right)^2$	$Q_x=2kA(t_o-t_w)\dfrac{x}{L^2}$	
5	具有内热源的圆柱体	$\dfrac{t-t_w}{t_{max}-t_w}=1-\left(\dfrac{r}{r_i}\right)^2$		
6	具有内热源的圆筒体	$t=t_{wo}+\dfrac{\dot{q}r_o^2}{4k}\left(1-\dfrac{r^2}{r_o^2}\right)+\left[t_{wi}-t_{wo}-\dfrac{\dot{q}r_o^2}{4k}\left(1-\dfrac{r_i^2}{r_o^2}\right)\right]\ln\dfrac{r}{r_i}$		
7	等截面直肋导热	$\dfrac{t-t_\infty}{t_0-t_\infty}=\dfrac{\mathrm{ch}[m(L-x)]}{\mathrm{ch}(mL)}$	$t=kA(t_0-t_\infty)m\,\mathrm{th}(mL)$	$R=\dfrac{1}{(kAhP)^{1/2}\mathrm{th}(mL)}$

(2) 非稳态导热问题的求解 非稳态导热过程的基本特征；半无限厚物体的非稳态导热(恒壁温边界条件、对流边界条件等)；有限厚介质的非稳态导热（零维问题、恒壁温边界条件及对流边界条件）。

5.3.2 应用举例

【例 5-2】 如图 5-34 所示，用一水银温度计插入温度计套管以测量储罐里的空气温度，温度计读数 $t=100℃$，储壁的温度 $t_0=50℃$，温度计套管长 $L=140\text{mm}$，管壁厚 $\delta=1\text{mm}$，套管壁的热导率 $k=50\text{W/(m·℃)}$，套管表面和空气之间的传热系数为 $30\text{W/(m}^2\text{·℃)}$，试求空气的真实温度。若改用热导率为 15W/(m·℃) 的不锈钢作套管，结果如何?

解 本题可按杆的长度有限、杆端对流传热可以忽略，即按第二类情况、杆端绝热处理，根据式(5-56)，在 $x=L$ 处

$$\frac{\theta_L}{\theta_0}=\frac{t_\infty-t_L}{t_\infty-t_0}=\frac{1}{\mathrm{ch}(mL)}$$

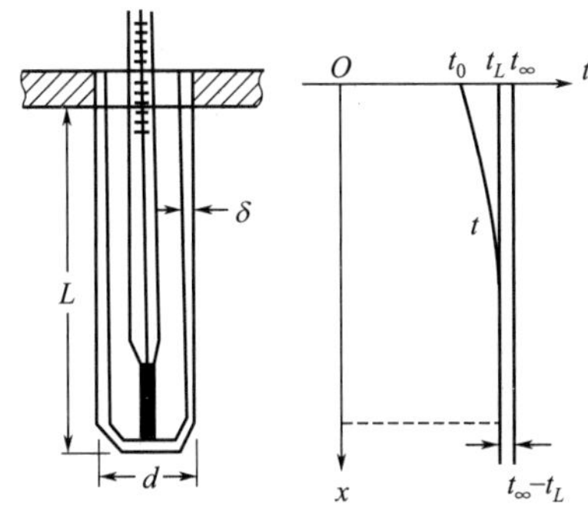

图 5-34　水银温度计插入温度计套管以测量储罐里的空气温度

已知套管周长 $p=\pi d$，截面积 $A=\pi d\delta$

$$mL=\sqrt{\frac{hP}{kA}}L=\sqrt{\frac{h\pi d}{k\pi d\delta}}L=\sqrt{\frac{h}{k\delta}}L=\sqrt{\frac{30}{50\times 0.001}}\times 0.14=3.43$$

$$t_{\infty}-100=\frac{t_{\infty}-50}{\text{ch}(3.43)}=\frac{t_{\infty}-50}{15.5}$$

解得 $t_{\infty}=103.4$℃，即空气的真实温度为 103.4℃，测量误差 $t_{\infty}-t_L=3.4$℃。

如改用不锈钢套管，显然空气温度不变，仍为 103.4℃。

$$mL=\sqrt{\frac{h}{k\delta}}L=\sqrt{\frac{30}{15\times 0.001}}\times 0.14=6.26$$

$$103.4-t_L=\frac{103.4-50}{\text{ch}(6.26)}=\frac{53.4}{263}=0.2$$

解得 $t_L=103.2$℃，此即为使用不锈钢套管时由温度计测得的温度，测量误差仅为 -0.2℃。

由此可见，选用 k 值较小的材料作温度计套管，可加大 mL 值，从而减小测量误差，为减小测量误差，还可采用下列措施

① 增加套管长度 L；

② 减薄套管厚度 δ；

③ 加大套管与流体之间的传热系数。

另外，在安装套管附近的储罐壁面包上保温材料，减小流体与套管根部之间的温度差，亦可减小测量误差。

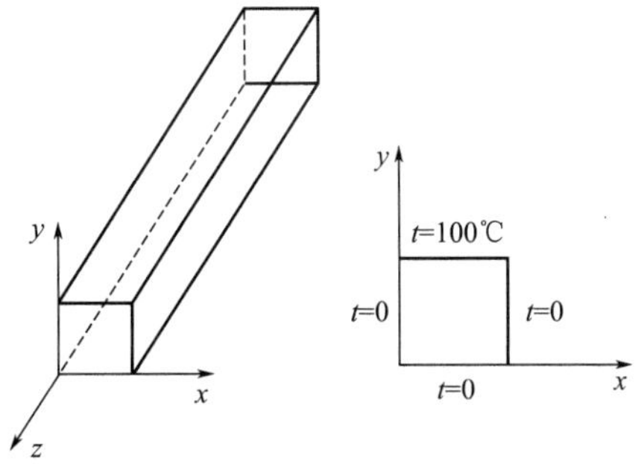

图 5-35　无限长正方形柱体

【例 5-3】 热导率为常数的一无限长正方形柱体，各边温度如图 5-35 所示，试求沿柱体中心线上的温度。

解　由于 x 方向无限长，可假定 x 方向无温度梯度，作为稳态的二维导热处理，温度分布可由式(5-85) 求得。在柱体中心线上，$x=\frac{L}{2}$，$Y=\frac{H}{2}$ 且由于柱体为正方形，即 $L=H$，代入式中得

$$\Theta=\frac{2}{\pi}\sum_{n=1}^{\infty}\frac{1-(-1)^n}{n}\sin\frac{n\pi}{2}\frac{\text{sh}\frac{n\pi}{2}}{\text{sh}(n\pi)}$$

当 $n=1$ 时 $$\sin\frac{n\pi}{2}\frac{\mathrm{sh}\frac{n\pi}{2}}{\mathrm{sh}(n\pi)}=1\times\frac{2.3013}{11.587}=0.199$$

当 $n=2$ 时 $$\sin\pi\frac{\mathrm{sh}\pi}{\mathrm{sh}(2\pi)}=0$$

当 $n=3$ 时 $$\sin\frac{n3\pi}{2}\frac{\mathrm{sh}\frac{3\pi}{2}}{\mathrm{sh}(3\pi)}=-1\times\frac{56}{6254}=-0.00895$$

取级数前 3 项，得 $\Theta=\frac{2}{\pi}\times(2\times0.199-\frac{2}{3}\times0.00895)=0.2498$

即 $\frac{t-t_1}{t_2-t_1}=\frac{t-0}{100-0}=0.2498$，解得 $t=24.98$℃。

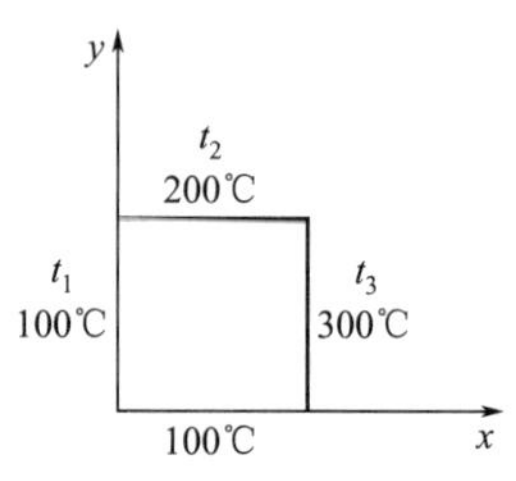

图 5-36 温度分布

【例 5-4】 接上题，若各边温度分布如图 5-36 所示，试求沿柱体中心线上的温度。

解 由于微分方程是线性的，可将此问题分解为两个简单的二维问题，然后再叠加求解。

和上题类似，在柱体中心 $x=y=\frac{L}{2}$ 处，取级数前 3 项

(a) $\frac{t_a-t_1}{t_2-t_1}=0.2498\approx0.25$

$t_a-t_1=0.25\times(200-100)=25$ (℃)

(b) $\frac{t_b-t_1}{t_3-t_1}\approx0.25$

$t_b-t_1=0.25\times(300-100)=50$ (℃)

叠加得中心线上的温度为

$t-t_1=t_a-t_1+t_b-t_1=25+50=75$ (℃)

$t=t_1+75=100+75=175$ (℃)

【例 5-5】 一温度计的水银泡呈圆柱形，长 20mm，内径为 4mm，初始温度为 t_0，今将其插入到温度较高的储气罐中测量气体温度。设水银泡同气体间的对流传热系数为 11.63W/(m²·K)，水银泡一层薄玻璃的作用可以忽略不计，试计算此条件下温度计的时间常数，并确定插入 5min 后温度计读数的过余温度为初始过余温度的百分之几？（假设可以略去玻璃柱体部分的影响；且本题物性为常数）

水银的物性：$C_p=0.138$kJ/(kg·K)，$\rho=13110$kg/m³，$k=10.36$W/(m·K)

解 首先需检验是否可用集总热容法。考虑到水银泡柱体的上端面不直接受热，故：

$$V=\pi R^2L=3.14\times0.002^2\times0.02=2.512\times10^{-7}\ (\mathrm{m^3})$$

$$A=2\pi RL+\pi R^2=2\times3.14\times0.002\times0.02+3.14\times0.002^2=2.64\times10^{-4}\ (\mathrm{m^2})$$

特征尺寸： $$L=\frac{V}{A}=0.952\times10^{-3}\ (\mathrm{m})$$

$$Bi=\frac{hL}{k}=\frac{11.63\times0.952\times10^{-3}}{10.36}=1.07\times10^{-3}<0.1$$

可以采用集总热容法计算，时间常数为：$\theta_r=\frac{\rho VC_p}{hA}=148$ (s)

$$Fo=\frac{\alpha\theta}{L^2}=1.89\times10^3$$

$$\frac{t-t_\infty}{t_i-t_\infty}=\exp(-Bi\cdot Fo)=\exp(-1.07\times10^{-3}\times1.89\times10^3)=0.133$$

经 5min 后温度计读数的过余温度是初始过余温度的 13.3%。即 5min 内温度计的读数上升了这次测定中初始过余温度的 86.7%。

讨论：当用水银温度计测量流体温度时必须在被测流体中放置足够长的时间，以使温度计与流体之间基本达到热平衡。对于稳态过程，这是允许的。但对于非稳态的流体温度场的测定，水银温度计的热容量过大时将无法跟上流体温度的变化，即其响应特性很差。这时需要采用时间常数很小的感温元件，直径很小的热电偶（如 $d=0.05$mm）是常见的用于动态测量的感温元件。

【例 5-6】 一水管埋在湿土中，离地面深度为 0.334m [$\alpha=7.742\times10^{-7}\ \mathrm{m^2/s}$，$k=2.595\mathrm{W/(m\cdot K)}$]，土壤的初始温度均匀为 4.44℃，土壤表面突然有风吹过，受到空气对流作用，此时环境温度 $t_\infty=-20.56$℃，$h=56.78\mathrm{W/(m^2\cdot K)}$。试问 10h 后水管是否会处于冰点温度。

解　处理此问题时，可将土壤视为半无限大物体。则由下式得：

$$\frac{t-t_\infty}{t_\infty-t_0}=1-\mathrm{erf}\,\frac{y}{\sqrt{4\alpha\theta}}-\left[\exp\left(\frac{hy}{k}+\frac{h^2\alpha\theta}{k^2}\right)\right]\left[1-\mathrm{erf}\left(\frac{y}{\sqrt{4\alpha\theta}}+\frac{h\sqrt{\alpha\theta}}{k}\right)\right]$$

式中 erf 项的变量是：

$$\frac{h\sqrt{\alpha\theta}}{k}=\frac{56.78\sqrt{(7.742\times10^{-7})(3600)(10)}}{2.595}=3.65$$

$$\frac{y}{\sqrt{4\alpha\theta}}=\frac{0.334}{\sqrt{4(7.742\times10^{-7})(3600)(10)}}=1.00$$

由误差函数表：

$$\mathrm{erf}(1.0)=0.8427,\mathrm{erf}(1.0+3.65)\approx1.0$$

量纲只需取用上式的前两项，即：

$$\left(1-\mathrm{erf}\,\frac{y}{\sqrt{4\alpha\theta}}\right)$$

因而$t\approx t_0+\left(1-\mathrm{erf}\,\dfrac{y}{\sqrt{4\alpha\theta}}\right)=4.44+(1-0.8427)(-20.56-4.44)=0.51$（℃）

故水管不至于冰冻。

5.3.3　课堂/课外讨论

5-1　为什么存在保温层临界厚度？其值与哪些因素有关？

5-2　试说明集总热容法的物理概念及数学上处理的特点。

5-3　在用热电偶测定气流的非稳态温度场时，怎样才能改善热电偶的温度响应特性。

5-4　扩展表面中的导热问题可以按一维问题处理的条件是什么？有人认为，只要扩展表面细长，就可按一维问题处理，你同意这种观点吗？

5-5　肋片高度增加引起两种效果：肋效率下降及散热面积增加。因而有人认为，随着肋片高度的增加会出现一个临界高度，超过这个高度后肋片导热热流量反而会下降。试分析这一观点的正确性。

5-6　有人认为，当非稳态导热过程经历时间很长时，采用海德勒图计算所得的结果是错误的。理由是：这个图表明，物体中各点的过余温度的比值与几何位置及 Bi 有关，而与时间无关。当时间趋于无限大时，物体中各点的温度应趋近流体温度，所以两者是有矛盾的。你是否同意这种看法，说明你的理由。

5.3.4　思考题

5-1　试写出傅里叶导热定律的一般形式，并说明其中各个符号的意义。

5-2　通过圆筒壁的导热量仅与内、外半径之比有关而与半径的绝对值无关，而通过球壳的导热量计算式却与半径的绝对值有关，怎样理解？

5-3　有人对二维矩形物体中的稳态、无内热源、常物性的导热问题进行了数值计算。矩形的一个边绝热，其余三个边均与温度 t_∞ 的流体发生对流传热，你能预测他所得到的温度场的解吗？

5-4　试说明 Bi 的物理意义。$Bi \to 0$ 及 $Bi \to \infty$ 各代表什么样的换热条件？有人认为，$Bi \to 0$ 代表了绝热工况，你是否赞同这一观点，为什么？

5-5　冬天，72℃的铁与 600℃的木材摸上去的感觉一样，为什么？

5-6　本章的讨论都是对物性为常数的情形作出的，对物性是温度函数的情形，你认为应怎样获得其非稳态导热的温度场？

5-7　试简要说明对导热问题进行有限差分数值计算的基本思想与步骤。

5-8　推导导热微分方程的步骤和过程与用热平衡法建立节点温度方程的过程十分相似，为什么前者得到的是精确解，而由后者解出的却是近似解。

5-9　什么是时间常数？试分析测量恒定的流体温度时，时间常数对测量精度的影响。

5-10　常物性无内热源的稳态导热方程 $\nabla^2 t=0$ 中不包含任何物性，这是否说明导热物体中的温度分布与导热物体的物性无关？为什么？

5-11　材质相同、初温相同且内部导热热阻可以忽略的金属薄板、细圆柱体和小球置于同一介质中加热。若薄板厚度、细圆柱体直径、小球直径相等，表面对流传热系数相同。试求它们加热到相同温度所需时间之比。

5-12　Bi 与 Nu 在形式上相似，但二者表达的物理过程有本质的区别，请加以说明。

习　题

5-1　200A 的电流通过直径 3mm 的不锈钢导线 [$k=19\text{W}/(\text{m}\cdot℃)$]，导线电阻率为 $70\mu\Omega\cdot\text{cm}$，长度为 1m，浸在温度为 93℃的液体中，对流传热膜系数为 5.7kW/m^2，试计算导线中心温度。

5-2　考虑核反应堆的防护壁，壁受 γ 射线辐射后而产生热，其发热率为：$\dot{q}=\dot{q}_0 e^{-\alpha x}$，$\dot{q}_0$ 是受 γ 射线辐射后的内壁的发热率，α 是常数。防护壁内壁壁温为 t_i（并维持不变），外壁壁温为 t_0（假定外壁面绝热），厚度为 L。试利用这个内热源关系式，推导壁内温度分布表达式和最高温度表达式。

5-3　长度为 L 的细杆，两端连接在温度分别保持 t_1 和 t_2 的壁面上，杆通过对流向温度为 t_∞ 的环境散热。试推导：(1) 杆内温度分布表达式；(2) 杆的总热损失。

5-4　试推导三角形翅片温度分布方程式（不要求求解）。为方便起见，可按图 5-37 取坐标，并假设热源是一维的。

5-5 将铜球浸入流体中，铜球具有均匀的初始温度 t_0，利用置于流体中的电热器使流体温度按下式变化（如图 5-38）：$t_\infty - t_m = a\sin(\omega\theta_0)$。式中：$t_m$ 为流体的时间平均温度；a 为温度波动幅度；ω 为频率。试导出以时间和流体与球之间换热系数为函数的圆球温度表达式（假定球和流体的温度在任何时刻都是均匀的，因而可以应用集总热容法进行分析）。

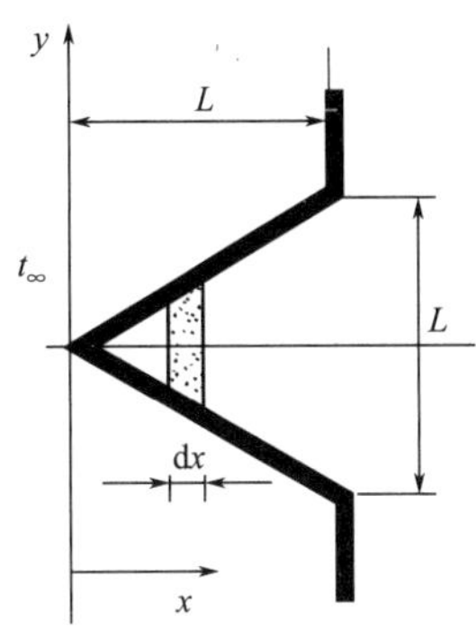

图 5-37 三角形翅片

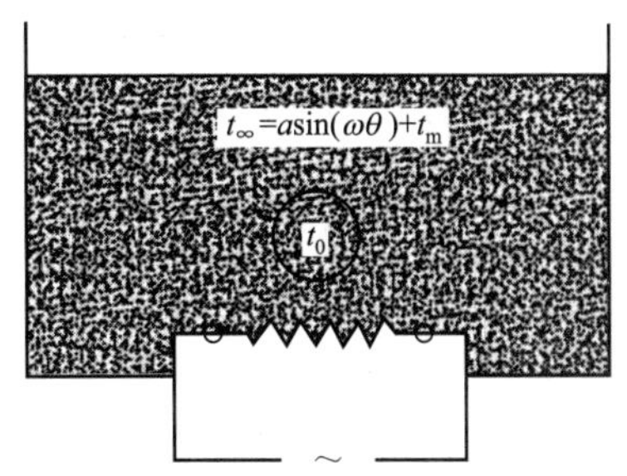

图 5-38 电热器加热含有铜球的流体

5-6 直径为 50mm 的钢球［$c=0.46\times10^3$J/(kg·℃)，$k=35$W/(m·℃)］，开始时温度是均匀的 $t_0=450$℃，将钢球突然浸入温度控制在 100℃不变的环境中，对流换热系数为 10W/(m^2·℃)，试计算需要多少时间钢球温度达到 150℃。

5-7 一厚度为 0.04m 的平板，$\alpha=0.0028$m^2/h，平板的初始温度为 70℃，若将平板两侧表面温度同时提高到 292℃，试求平板中心温度升到 290℃所需的时间。

5-8 直径 50mm 的铝制长圆柱体，初始温度为 200℃，将圆柱体突然暴露在温度为 70℃的环境中，对流换热系数 $h=525$W/(m^2·℃)，试计算 60s 后半径为 12.5mm 处的温度以及单位长度圆柱体的热损失。

5-9 在炎热的夏天，混凝土公路温度达到 55℃，设想将流水引到公路上，使路面温度突然降到 15℃，求距离表面 5cm 深处，温度降至 25℃要多少时间。

5-10 为防止冬天水管冻裂，试估算水管需埋入的深度。已知土壤的物性参数为：$\rho=2050$kg/m^3，$k=0.52$W/(m·K)，$C_p=1840$J/(kg·K)。假定某地初始温度为 20℃，冬天地表面温度平均按−15℃计，时间延续 60d。

5-11 一大铝块（$\alpha=8.4\times10^{-5}$m^2/s），$k=125$W/(m·℃）处于 200℃的均匀温度下。铝块表面温度突然降至 70℃，当铝块内部 40mm 深处的温度降至 120℃时，求铝块单位表面积共放出了多少热量。

5-12 一块很大的铝板厚度为 50mm，初始温度为 200℃，将其突然暴露在温度为 70℃、对流传热系数为 525W/(m^2·℃）的环境中，试计算投入此环境 60s 后，距离表面 12.5mm 深处的温度和在这段时间内，单位面积平板传出了多少热量。

5-13 直径 50mm 的短圆柱，长度为 100mm，初始温度为 200℃、并且均匀一致。将此圆柱体突然置于 70℃的对流环境中，$h=525$W/(m^2·℃)，试计算 60s 后距一端 6.25mm 半径为 12.5mm 处的温度。

5-14 一块无限大的混凝土板，其垂直方向的厚度为 80mm，它的初始均匀温度为 20℃。如板的两表面突然升温到 100℃并保持不变，用数值法确定 0.25h 时板内温度分布［材料的 $k=1.4$W/(m·K)，$\alpha=0.0694\times10^{-5}$m^2/s，取节点间距为 10mm］。

第 6 章 对流传热

流体与不同温度的固体壁面接触时，因相对运动而发生的热量传递称为对流传热。许多工业部门经常遇到两流体之间或流体与壁面之间的热交换问题，这类问题需用对流传热的理论予以解决。同时，为计算不同情况的对流传热过程，需要借助各种半经验关联式计算对流传热系数 h。在对流传热过程中，除热的流动外，还涉及流体的运动，温度场与速度场将会发生相互作用。故欲解决对流传热问题，必须具备动量传递的基本知识。因此，通过对流传热微分方程、连续性方程、运动方程和能量方程来分析对流传热的各主要影响因素。对流传热微分方程组是理论分析与实验研究的基础。同时，结合边界层理论、湍流理论与量纲分析理论，探讨强制对流传热、自然对流传热等的基本规律，并重点研究对流传热系数的计算问题。

6.1 对流传热概述

6.1.1 对流传热的影响因素及分类

热对流是指流体中温度不同的各部分之间发生宏观相对运动和相互掺混所引起的热量传递现象，它只发生在运动着的流体中。当流体做宏观运动时，对流传热是流体微观粒子的热运动引起的导热传热；因此，热对流必然与导热同时存在。也就是说，流体微团的运动和微观粒子的热运动所引起的两种形式的热量传递是相伴的。要注意的是，对流传热和热对流是两个不同的概念，其区别为：热对流是传热的三种基本方式之一，但对流传热不是。对流传热是导热和热对流这两种基本传热方式的综合，对流传热必然涉及流体与不同温度的固体壁面（或液面）之间的相对运动。

对流传热是流体的导热和热对流共同作用的结果。因此，影响对流传热的因素就是影响流动的因素及影响流体中热量传递的因素。这些因素归纳起来主要有：

(1) 流体的性质 主要包括热导率、比热容、黏度和密度等。对同一种流体，这些物性又是温度的函数，有时还与压力有关（气体）。

(2) 流体的种类和相变情况 流体的状态不同，如液体、气体和蒸气，它们的对流传热系数各不相同。通常，流体有相变时对流传热系数比无相变时大得多。

(3) 流体的流动状态 当流体呈湍流流动时，随着 Re 值的增大，层流内层的厚度减薄，对流传热系数增大。当流体呈层流时，对流传热系数较小。

(4) 流体流动的原因 通常情况下，强制对流时的对流传热系数较自然对流时大。

(5) 传热面的几何因素 传热面的形状（如圆管、平板等）、布置（如水平或垂直放置、管束的排列方式等）及传热面的尺寸（如管径、管长、板高等）都对对流传热系数有直接影响。

由上述讨论可见，影响对流传热的因素很多，由于流动动力的不同、流动状态的区别、流体是否有相变及传热表面几何形状的差别构成了多种类型的对流传热现象，因而表征对流传热强弱的对流传热系数是取决于多种因素的复杂函数，为了获得适用于工程计算的对流传热系数的计算公式，有必要按其主要的影响因素分门别类地加以研究。

6.1.2　对流传热的研究方法

研究对流传热的方法，即获得对流传热系数的表达式的方法大致有以下四种。

(1) 数学分析法　所谓数学分析法是指对描述某一类对流传热问题的偏微分方程及相应的定解条件进行数学求解，从而获得速度分布和温度分布的分析解的方法。由于数学上的困难，虽然目前只能得到个别简单的对流传热问题的分析解，但分析解能深刻揭示各个物理量对对流传热系数的依变关系，而且是评价其它方法所得结果的标准与依据。

(2) 实验法　通过实验获得的对流传热系数的计算式仍是目前工程设计的主要依据。由于对流传热系数的影响因素复杂，为减少实验数量、提高实验测定结果的通用性，热量传递的实验测定应结合量纲分析理论进行。可以说，在量纲分析理论指导下的实验研究是目前获得对流传热系数关联式的主要途径。

(3) 类比法　所谓类比法，是指通过研究动量传递、质量传递与热量传递的共性或类似特性，以建立起对流传热系数与范宁摩擦因子、对流传质系数之间的相互关系的方法。应用类比法，可通过比较容易用实验测定的范宁摩擦因子来获得相应的对流传热系数的计算公式。这一方法所依据的动量传递、热量传递与质量传递在机理上的类似性，对理解与分析对流传热过程很有帮助，本部分内容将在第 9 章进行介绍。

(4) 数值法　对流传热的数值求解方法在近些年内得到了迅速发展，并将会日益显示出其重要的作用。与导热问题的数值求解方法相比，对流传热的数值求解增加了两个难点，即对流项的离散及 N-S 方程中的压力梯度的数值处理。这两个难点的解决要涉及很多专门的数值方法。这部分内容，本书不做介绍。

6.2　对流传热机理与对流传热系数

6.2.1　对流传热机理

通常将运动流体与固体壁面之间的热量传递过程统称为对流传热。显然对流传热与流体的流动状态密切相关。对流传热包括强制对流（强制层流和强制湍流）、自然对流、蒸气冷凝和液体沸腾等形式的传热过程。处于层流状态下的流体，由于不存在流体的漩涡运动与混合，在固体表面和与其接触的流体之间或者在相邻的流体层之间所进行的热量传递均为热传导，但在流体流动方向上仍存在着温度差，且流动状态如流速等对传热的影响非常明显。处于湍流状态下的流体，由于存在不同温度的流体质点的漩涡运动与混合，其传热速率较大。下面以湍流情况下流体与固体壁面之间的传热过程为例进一步说明对流传热的机理。

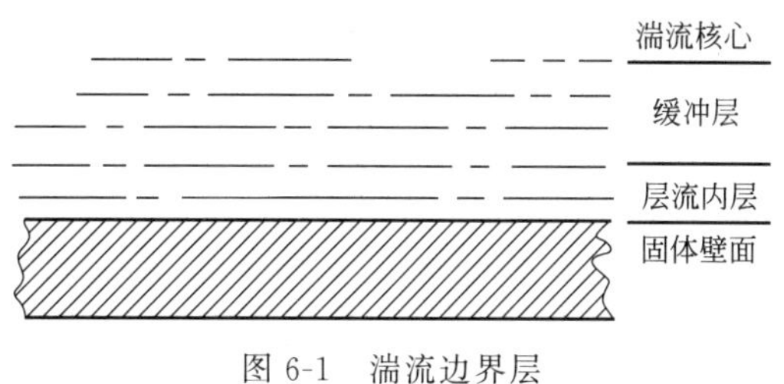

图 6-1　湍流边界层

当湍流的流体流经固体壁面时，将形成湍流边界层（参见图 6-1），若流体温度与壁面温度不同，则二者之间将进行热交换。假定壁面温度高于流体温度，则热流便会由壁面流向运动流体中。由于湍流边界层由靠近壁面处的层流内层、离开壁面一定距离处的缓冲层和湍流核心 3 部分组成，紧贴壁面的一层流体其速度为零，固体壁面处的热量首先以热传导方式通过静止的流体层进入层流内层，在层流内层中传热方式亦为热传导；然后热流经层流内层进入缓冲层，在这层流体中既有流体质点的层流流动也存在一些流体微团在热流方向上做漩涡运动的宏观运动，故在缓冲层内兼有热传导和涡流传热两种传热方式；热流最后由缓冲层进入湍流核心，在这里流体剧烈湍动，由于涡流传热较分子传热强烈得多，湍流核心的热量传递以漩涡运动引起的涡流传热为主，而由分子运动引起的导热过程虽然仍存在，但与前者相比很小，可以忽略不计。就热阻而言，层流内层的热阻占总对流传热热阻的大部分，故该层流体虽然很薄，但热阻却很大，因此温度梯度也很大；湍流核心的温度则较为均匀，热阻很小。由流体主体至壁面的温度分布如图 6-2 所示。

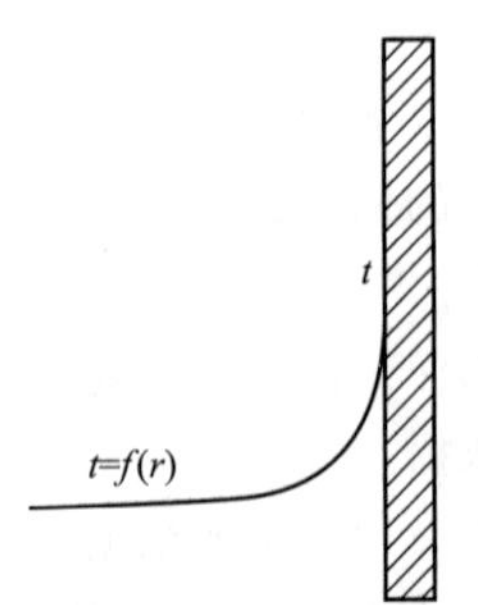

图 6-2　流体与壁面之间的温度分布

有相变的传热过程——冷凝和沸腾传热的机理与一般强制对流传热有所不同，这主要是由于前两者有相的变化，界面不断骚动，故可大大加快传热速率。

6.2.2　温度边界层（热边界层）

当流体流过固体壁面时，若二者温度不同，壁面附近的流体受壁面温度的影响，将建立一个温度梯度。一般将流动流体中存在温度梯度的区域称为温度边界层，亦称热边界层。

当流体流过平板壁面并与其进行传热时，平板壁面上温度边界层的形成和发展与流动边界层类似。如图 6-3 所示，流体以均匀速度 u_0 和均匀温度 t_0 流过温度为 t_s 的平板壁面，由于流体与壁面之间有热量传递，在 y 方向上流体的温度将发生变化。温度边界层厚度 δ_t 在平板前缘处为零，而后逐渐增厚，并延伸到无限远处。为研究方便，通常规定流体与壁面之间的温度差 $t-t_s$ 达到最大温度差 t_0-t_s 的 99%时的 y 向距离为温度边界层的厚度，即

$$\delta_t = y \Big|_{\frac{t-t_s}{t_0-t_s}=99\%}$$

显然温度边界层厚度的定义与速度边界层厚度的定义式相类似。同样温度边界层的厚度 δ_t，亦为流动距离 x 的函数。

当流体流过圆管进行传热时，管内温度边界层的形成和发展亦与管内流动边界层类似。如图 6-4 所示，流体最初以均匀速度 u_0 和均匀温度 t_0 进入管内，因受壁面温度的影响，温度边界层的厚度由管进口处的零值逐渐增厚，经过一定距离后在管中心汇合。温度边界层在管中心汇合点至管前缘的轴向距离称为传热进口段。超过汇合点以后，温度分布将逐渐趋于平坦，若管子的长度足够，则截面上的温度最后变为均匀一致，并等于壁面温度 t_s。

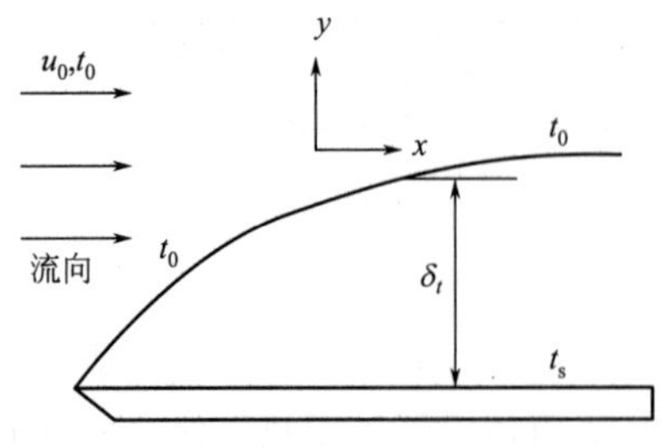

图 6-3　流体流过平板时的温度边界层

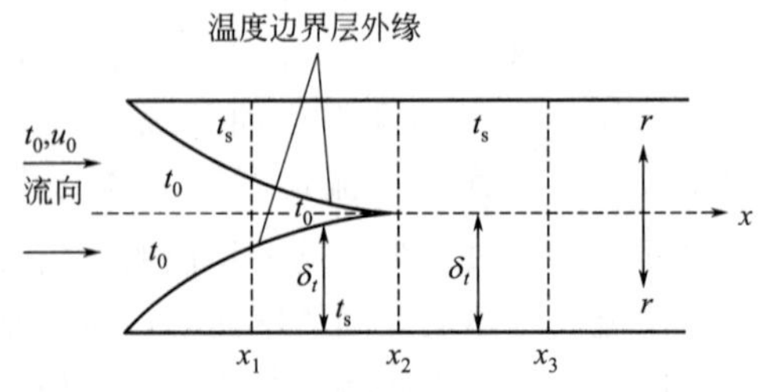

图 6-4　流体流过管内时的温度边界层

6.2.3 对流传热系数

根据牛顿冷却定律，固体壁面与流体之间的对流传热速率为

$$q=hA\Delta t \tag{6-1}$$

式中 q——传热速率；

h——对流传热系数；

A——传热面积；

Δt——壁面与流体间的温度差，当壁面温度高于流体温度时取 $\Delta t=t_s-t_f$，当流体温度高于壁面温度时取 $\Delta t=t_f-t_s$。

式(6-1) 即为对流传热系数 h 的定义式。流体温度 t_f 可根据不同的情况来选取：对于管内对流传热，取截面上流体的主体平均温度 t_b；在平板壁面边界层中传热时，取流体在边界层外的温度 t_0；对于蒸气冷凝传热，取冷凝温度；对于液体沸腾传热，取液体的沸腾温度。

采用式(6-1) 计算对流传热速率 q 的关键在于确定对流传热系数 h。但 h 的求解是一个复杂的问题，它与流体的物理性质、壁面的几何形状和粗糙度、流体的速度、流体与壁面间的温度差等因素有关，一般很难确定。在解决 h 的计算问题时，常常将 h 与壁面处流体的温度梯度联系起来，现以流体流过平板壁面和圆管壁面为例说明。

(1) 平板壁面 当流体流过平板壁面时，设壁面温度高于流体温度，则对于某一壁面距离 x 处的微元面积 dA 而言，流体与壁面之间的对流传热速率可表示为

$$dq=h_x dA(t_s-t_0) \tag{6-2}$$

由于紧贴壁面的一层流体速度为零，通过该微元面积向流体的传热是以热传导方式进行的，因此传热速率可用傅里叶定律描述，即

$$dq=-k\,dA\left.\frac{dt}{dy}\right|_{y=0} \tag{6-3}$$

式中 k——流体的热导率；

$\left.\frac{dt}{dy}\right|_{y=0}$——紧贴固体壁面处流体层的温度梯度；

dA——固体壁面的微元面积。

稳态传热时，式(6-2) 与式(6-3) 所表示的传热速率应该相等，即

$$dq=h_x dA(t_s-t_0)=-k\,dA\left.\frac{dt}{dy}\right|_{y=0} \tag{6-4}$$

由式(6-4) 可得局部对流传热系数 h_x 与壁面流体温度梯度的关系为：

$$h_x=-\frac{k}{t_s-t_0}\left.\frac{dt}{dy}\right|_{y=0} \tag{6-5}$$

在许多场合，局部对流传热系数 h_x 在流体流动方向上是不同的。故在实际对流传热计算中，习惯上取流体流过距离 L 的平均对流传热系数值 h_m。h_m 与 h_x 的关系为

$$h_m=\frac{1}{L}\int_0^L h_x dx \tag{6-6}$$

(2) 圆管壁面 当流体流过圆管壁面时，如图 6-5 所示，设圆管的直径为 d_i，加热段长度为 L，其内壁的表面温度 $t_s(z)$ 沿流动方向而变。又设在加热段内流体的主体温度由 t_{b1} 升高至 t_{b2}，则局部对流传热系数 h_z 与壁面流体温度梯度的关系为

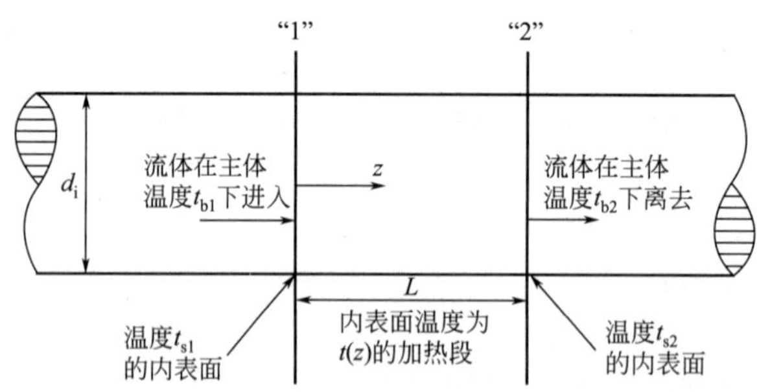

图 6-5　圆管中的热量传递

$$h_z=-\frac{k}{t_s-t_b}\frac{dt}{dy}\bigg|_{y=0} \tag{6-7}$$

上式表明，在圆管中进行对流传热时，式(6-5) 中的 t_0 以 t_b 代替。y 为由管壁指向中心的垂直距离，y 与 r 的关系为 $y=r_i-r$，将此变量关系代入式(6-7)，可得

$$h_z=-\frac{k}{t_s-t_b}\frac{dt}{dr}\bigg|_{r=r_i} \tag{6-8}$$

与平板类似，在圆管对流传热的计算中经常应用平均对流传热系数的概念。在整个加热段中，流体的平均对流传热系数根据选用的温差不同通常有 3 种定义。其中最常用的是基于加热段两端温差的对数平均值定义的 h_m，其表达式为

$$q=h_m(\pi d_i L)\frac{(t_{s1}-t_{b1})-(t_{s2}-t_{b2})}{\ln[(t_{s1}-t_{b1})/(t_{s2}-t_{b2})]} \tag{6-9}$$

由式(6-5) 或式(6-8) 可以看出，任何使壁面处温度梯度增大的因素（例如加大流过传热表面的流速）均使对流传热系数增大。同时还可以看出，无论是平板还是圆管，如壁面温度为常数，则平板前缘处的温度梯度为无限大，于是该点处的 h 值亦为无限大，随着流动距离的加大，温度边界层厚度逐渐增加，壁面处的温度梯度与对流传热系数均减小。

由式(6-5) 或式(6-8) 求取对流传热系数 h 时，关键在于壁面温度梯度 $\frac{dt}{dy}\Big|_{y=0}$ 或 $\frac{dt}{dr}\Big|_{r=r_i}$ 的计算。由对流传热微分方程式可知，要求得温度梯度，必须先求出温度分布，而温度分布只能在求解能量方程后才能确定。在能量方程中出现了速度分布，这又要借助于运动方程和连续性方程。

由此可知，求解对流传热系数时，须首先根据运动方程和连续性方程解出速度分布，然后将速度分布代入能量方程中求出温度分布，再根据此温度分布求温度梯度，最后代入式(6-5) 或式(6-8)，即可求得 h。

应予指出，上述求解步骤只是一个原则，实际上由于各方程（组）的非线性特点以及边界条件的复杂性，利用精确的数学分析方法仅能解决一些简单的层流传热问题，目前还无法解决湍流传热问题，这是由于后者的有关物理量如温度、速度等均发生高频脉动，现在的理论研究还难以表征流体微团的这种千变万化的规律所致。目前在工程实际中，求取湍流传热的对流传热系数大致有两个途径：其一是应用量纲分析方法并结合实验建立相应的经验关联式；其二是应用动量传递与热量传递的类似性建立对流传热系数 h 与范宁摩擦因子 f 之间的定量关系，通过较易求得的范宁摩擦因子来求取较难求得的对流传热系数。有关这两种方法，本章将较为详细地讨论。

6.3　对流传热微分方程组及无量纲数群

6.3.1　对流传热的微分方程组

(1) 对流传热微分方程

$$h=-\frac{k}{\Delta t}\frac{\mathrm{d}t}{\mathrm{d}y}\bigg|_{y=0} \tag{6-10}$$

(2) 边界层热量方程　对于稳态传热过程，各点温度不随时间而变，$\frac{\partial t}{\partial \theta}=0$，故层流边界层热量方程(6-11) 可简化为式(6-12)。

$$\frac{\partial t}{\partial \theta}+u_x\frac{\partial t}{\partial x}+u_y\frac{\partial t}{\partial y}=\alpha\frac{\partial^2 t}{\partial y^2} \tag{6-11}$$

$$u_x\frac{\partial t}{\partial x}+u_y\frac{\partial t}{\partial y}=\alpha\frac{\partial^2 t}{\partial y^2} \tag{6-12}$$

(3) 边界层动量方程

$$\rho\left(u_x\frac{\partial u_x}{\partial x}+u_y\frac{\partial u_x}{\partial y}\right)=-\frac{\mathrm{d}p_d}{\mathrm{d}x}+\mu\frac{\partial^2 u_x}{\partial y^2} \tag{6-13}$$

或

$$\rho\left(u_x\frac{\partial u_x}{\partial x}+u_y\frac{\partial u_x}{\partial y}\right)=X_\rho-\frac{\mathrm{d}p}{\mathrm{d}x}+\mu\frac{\partial^2 u_x}{\partial y^2} \tag{6-13a}$$

边界层动量方程是描述边界层内流体流动的普遍方程式。

对于自然对流，由于流体主体是静止的，即边界层之外，流速为零。若流体主体的密度用ρ_∞表示，则在边界层外的压力梯度可以根据静力学方程式得出，即

$$\frac{\partial p}{\partial x}=-\rho_\infty g \tag{6-14}$$

又按数量级分析，前已得出，边界层内，在和流动方向相垂直的截面上，无压力梯度，因此可用边界层外的压力梯度表示，将式(6-14) 代入边界层动量方程，得

$$\rho\left(u_x\frac{\partial u_x}{\partial x}+u_y\frac{\partial u_x}{\partial y}\right)=(\rho_\infty-\rho)g+\mu\frac{\partial^2 u_x}{\partial y^2} \tag{6-15}$$

密度差可以用膨胀系数 β 来表示。β 的定义为

$$\beta=\frac{1}{v}\left(\frac{\partial v}{\partial t}\right)_p=\frac{1}{1/\rho}\left[\frac{\partial(1/\rho)}{\partial t}\right]_p=-\frac{1}{\rho}\left(\frac{\partial\rho}{\partial t}\right)_p \tag{6-16}$$

式中，v 为比容。上式还可写成

$$\beta\approx-\frac{1}{\rho}\frac{\rho_\infty-\rho}{t_\infty-t}=\frac{1}{\rho}\frac{\rho_\infty-\rho}{t-t_\infty} \tag{6-17}$$

将式(6-17) 代入式(6-15)，即得自然对流时的边界层动量方程：

$$\rho\left(u_x\frac{\partial u_x}{\partial x}+u_y\frac{\partial u_x}{\partial y}\right)=\rho g\beta(t-t_\infty)+\mu\frac{\partial^2 u_x}{\partial y^2} \tag{6-18}$$

(4) 连续性方程

$$\frac{\partial u_x}{\partial x}+\frac{\partial u_y}{\partial y}=0$$

以上方程即为描述无相变化的对流传热微分方程组，为求传热系数，首先需用边界层热

量方程求得温度分布，而热量方程中的速度分布又需求助于动量方程和连续性方程，所以无论是用分析方法、近似解法或者是通过实验进行关联，以上方程都是最基本的依据。

6.3.2 对流传热中的无量纲数群及其物理意义

将以上方程转化为无量纲的形式，即可获得无相变条件下传热中应用的无量纲数群。为此，首先定义以下无量纲变量：

$$x^*=\frac{x}{L};y^*=\frac{y}{L}$$

$$u_x^*=\frac{u_x}{u_\infty};u_y^*=\frac{u_y}{u_\infty}$$

$$p^*=\frac{p_d}{ru_\infty^2};t^*=\frac{t-t_\infty}{t_w-t_\infty}$$

式中，L 为特性尺寸；u_∞ 和 t_∞ 分别为未受干扰的主流速度和主流温度，若流体在管内流动，则分别用平均流速 u_{av} 和平均温度 t_{av} 代替；t_w 表示壁面温度。

(1) 努塞特数 应用以上无量纲变量，将对流传热微分方程进行转化。

$$h=-\frac{k}{(t_w-t_\infty)Dt^*}\frac{t_w-t_\infty}{L}\left(\frac{\partial t^*}{\partial y^*}\right)\bigg|_{y^*=0}$$

移项得

$$Nu=\frac{hL}{k}=-\frac{1}{\Delta t^*}\frac{\partial t^*}{\partial y^*}\bigg|_{y^*=0} \tag{6-19}$$

上式即为对流传热微分方程的无量纲形式，转化结果得到了努塞特数。对流传热由导热和对流两者控制，若将努塞特数改写为

$$Nu=\frac{L/k}{1/h} \tag{6-20}$$

就可以明显看出努塞特数是导热的热阻和对流的热阻之比，传热系数愈大，对流的热阻愈小，Nu 的数值就愈大，在对流传热过程中，Nu 均大于 1，甚至远远超过 1。

(2) 雷诺数 应用无量纲变量，将平壁二维稳态层流的纳维-斯托克斯方程组进行转化：

$$\rho\frac{u_\infty^2}{L}\left(u_x^*\frac{\partial u_x^*}{\partial x^*}+u_y^*\frac{\partial u_x^*}{\partial y^*}\right)=-\frac{\rho u_\infty^2}{L}\frac{\mathrm{d}p_d^*}{\mathrm{d}x^*}+\mu\frac{u_\infty}{L^2}\frac{\partial^2 u_x^*}{\partial y^{*2}}$$

式两侧分别除以$\rho\dfrac{u_\infty^2}{L}$，得

$$u_x^*\frac{\partial u_x^*}{\partial x^*}+u_y^*\frac{\partial u_x^*}{\partial y^*}=-\frac{\mathrm{d}p_d^*}{\mathrm{d}x^*}+\frac{\mu}{\rho u_\infty L}\frac{\partial^2 u_x^*}{\partial y^{*2}}=-\frac{\mathrm{d}p_d^*}{\mathrm{d}x^*}+\frac{1}{Re}\frac{\partial^2 u_x^*}{\partial y^{*2}} \tag{6-21}$$

上式即为边界层动量方程的无量纲形式。式中出现了一个无量纲数群，即雷诺数。雷诺数的物理意义可根据动量方程来分析，在式(6-13) 中，$\rho\left(u_x\dfrac{\partial u_x}{\partial x}+u_y\dfrac{\partial u_x}{\partial y}\right)$为单位体积流体所受的惯性力，将其无量纲化后，多出了一个系数，即$\rho\dfrac{u_\infty^2}{L}$，实质表示了单位体积流体所受惯性力的量纲：$\mu\dfrac{\partial^2 u_x}{\partial y^2}$为作用在单位体积流体表面上的净的黏滞力，无量纲化后出现的系数$\mu\dfrac{u_\infty}{L^2}$实质上也表示了此项黏滞力的量纲，两者相除：

$$\frac{\text{惯性力}}{\text{黏滞力}}=\frac{(\rho u_{\infty}^{2}/L)}{(\mu u_{\infty}/L^{2})}=\frac{\rho u_{\infty}L}{\mu}=Re$$

所以，雷诺数 Re 表示惯性力与黏滞力之比。雷诺数小，表示黏滞力的作用为主，抑制着流层的扰动，使得流体一层层地流动，即流体呈层流，随雷诺数增加，扰动的程度加大，有利于传递；从另一角度来看，随雷诺数加大，黏滞力的影响减小，边界层厚度减薄，在温度差一定的情况下，壁面处的温度梯度愈大，传热系数愈大，传递的热量也就愈多。

(3) 格拉斯霍夫数 将描述自然对流的边界层动量方程，即式(6-18) 进行转化：

$$\frac{\rho u_{\infty}^{2}}{L}\left(u_{x}^{*}\frac{\partial u_{x}^{*}}{\partial x^{*}}+u_{y}^{*}\frac{\partial u_{x}^{*}}{\partial y^{*}}\right)=\rho g\beta(t_{\mathrm{w}}-t_{\infty})t^{*}+\frac{\mu u_{\infty}}{L^{2}}\frac{\partial^{2}u_{x}^{*}}{\partial y^{*2}}$$

两端各除以$\frac{\rho u_{\infty}^{2}}{L}$，得

$$u_{x}^{*}\frac{\partial u_{x}^{*}}{\partial x^{*}}+u_{y}^{*}\frac{\partial u_{x}^{*}}{\partial y^{*}}=\frac{g\beta(t_{\mathrm{w}}-t_{\infty})L}{u_{\infty}^{2}}t^{*}+\frac{\mu}{\rho u_{\infty}L}\frac{\partial^{2}u_{x}^{*}}{\partial y^{*2}}$$

习惯上，上式常整理成

$$u_{x}^{*}\frac{\partial u_{x}^{*}}{\partial x^{*}}+u_{y}^{*}\frac{\partial u_{x}^{*}}{\partial y^{*}}=\frac{\rho^{2}g\beta(t_{\mathrm{w}}-t_{\infty})L^{3}}{\mu^{2}}\left(\frac{\mu}{\rho u_{\infty}L}\right)^{2}t^{*}+\frac{\mu}{\rho u_{\infty}L}\frac{\partial^{2}u_{x}^{*}}{\partial y^{*2}}=\frac{Grt^{*}}{Re^{2}}+\frac{1}{Re}\frac{\partial^{2}u_{x}^{*}}{\partial y^{*2}}\tag{6-22}$$

式中，$Gr=\frac{\rho^{2}g\beta(t_{\mathrm{w}}-t_{\infty})L^{3}}{\mu^{2}}$称为格拉斯霍夫数。

在无量纲转化过程中，得到的 Gr/Re^{2} 实质为浮力和惯性力之比，因此 Gr/Re^{2} 可以用来判断自然对流的影响程度。图 6-6 中示出流体沿恒温的竖板向上呈层流时，Gr/Re^{2} 数值大小的影响。由图可见，当 Gr/Re^{2} 的数量级降至 0.02 以下时，其结果接近纯粹的强制对流，一般认为 $Gr/Re^{2}\leqslant 0.1$，就可忽略自然对流的影响，作为单纯的强制对流处理。当 Gr 和 Re^{2} 的数量级相同，即 $Gr/Re^{2}\approx 1$ 时，强制对流和自然对流的影响均需计及。

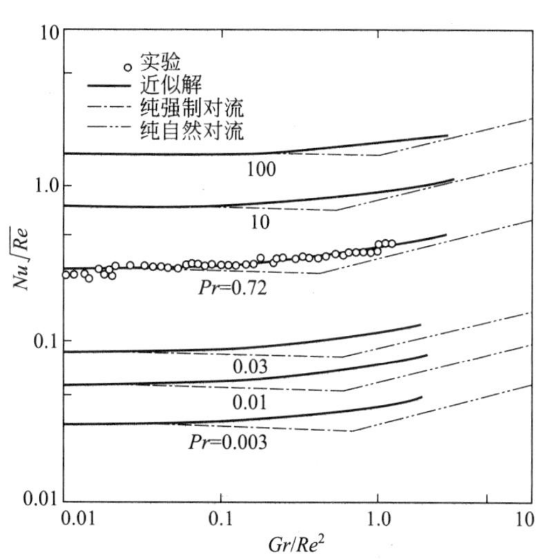

图 6-6 自然对流和强制对流控制区域的划分图

$Gr/Re^{2}\approx 0.225$ 时，自然对流的作用占 10%左右，而当 $Gr/Re^{2}\geqslant 10$，可忽略强制对流的影响，作为单纯的自然对流处理。

(4) 普朗特数 将边界层热量方程，即式(6-12) 无量纲化，可得

$$u_{x}^{*}\frac{\partial t^{*}}{\partial x^{*}}+u_{y}^{*}\frac{\partial t^{*}}{\partial y^{*}}=\alpha\frac{1}{u_{\infty}L}\frac{\partial^{2}t^{*}}{\partial y^{*2}}=\frac{\alpha}{\nu}\frac{\nu}{u_{\infty}L}\frac{\partial^{2}t^{*}}{\partial y^{*2}}=\frac{1}{Pr}\frac{1}{Re}\frac{\partial^{2}t^{*}}{\partial y^{*2}}\tag{6-23}$$

式中除雷诺数外，又出现了一个新的无量纲数群普朗特数 Pr，这是研究对流传热的一个很重要的物性准数。$Pr=\nu/\alpha$ 为动量扩散系数 ν 和热扩散系数 α 之比，ν 影响流体的速度分布，α 影响流体的温度分布。所以普朗特数的大小反映了速度分布和温度分布之间的内在联系。图 6-7 表示出了不同流体在圆形直管内呈稳态湍流，$Re=10^{4}$ 时流动达到充分发展后

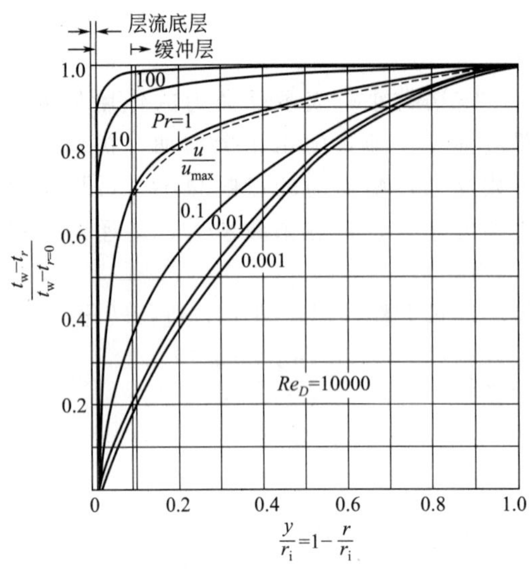

图 6-7 普朗特数对圆管内充分发展的稳态湍流温度分布的影响

的速度分布和温度分布。由图可见 $Pr=1$ 时的温度分布曲线和速度分布曲线基本一致，Pr 愈大，流体的温度变化愈移向紧靠壁面处，说明热边界层愈薄。例如，对 $Pr \geqslant 100$ 的流体，层流内层中的温度降低约占总温降的 95%，而 $Pr=10^{-3} \sim 10^{-2}$ 的液态金属，层流内层中的温降不到总温降的 5%。

以上几个由微分方程得出的准数，是研究无相变化对流传热常用的准数。

由于对流传热需要用上述微分方程组来描述，所以由这些方程导出的准数间必然具有内在的联系，根据各准数的物理意义，可列出各类对流传热的准数式。

对于稳态下无相变化的对流传热，准数式可表示为

$$Nu=f(Re,Gr,Pr) \tag{6-24}$$

若为强制对流，且自然对流的影响可以忽略不计时，准数式为

$$Nu=f(Re,Pr) \tag{6-25}$$

若为自然对流，则准数式为

$$Nu=f(Gr,Pr) \tag{6-26}$$

当研究更为复杂的过程，如具有相变化的对流传热，还须引入一些新的准数。

由于式(6-12)、式(6-13) 和式(6-18) 仅适用于层流，所以上述分析原则上适用于层流，对于高频脉动的湍流，在动量传递中，雷诺数以瞬时值等于时均值加脉动值代入以应力表示的运动微分方程，进行雷诺转换，得出雷诺湍流方程，从而分析了湍流对动量传递的影响。为了和湍流传热进行对照，以恒定物性、不可压缩流体边界层内的二维流动为例，列出雷诺方程于下：

$$\rho\left(\bar{u}_x \frac{\partial \bar{u}_x}{\partial x}+\bar{u}_y \frac{\partial \bar{u}_x}{\partial y}\right)=-\frac{\mathrm{d}\bar{p}_d}{\mathrm{d}x}+\frac{\partial}{\partial y}\left(\mu \frac{\partial \bar{u}_x}{\partial y}-\rho \overline{u_y' u_x'}\right)$$

同理，对于稳定的二维湍流传热，以瞬时值等于时均值加脉动值代入边界层热量方程，进行转化可得

$$\rho C_p\left(\bar{u}_x \frac{\partial \bar{t}}{\partial x}+\bar{u}_y \frac{\partial \bar{t}}{\partial y}\right)=\frac{\partial}{\partial y}\left(k \frac{\partial \bar{t}}{\partial y}-\rho c_p \overline{u_y' t'}\right) \tag{6-27}$$

对于湍流流动，其总的应力为黏性应力与雷诺应力之和，即

$$\overline{t^t}=-\left(\mu \frac{\partial \bar{u}_x}{\partial y}-\rho \overline{u_y' u_x'}\right)=-(\nu+\nu_e)\frac{\mathrm{d}(\rho \bar{u}_x)}{\mathrm{d}y} \tag{6-27a}$$

同理，对于湍流传热，可得形式上类似的表达式：

$$\overline{q^t}=-\left(k \frac{\partial \bar{t}}{\partial y}-\rho C_p \overline{u_y' t'}\right)=-(\alpha+\alpha_e)\frac{\mathrm{d}(\rho C_p \bar{t})}{\mathrm{d}y} \tag{6-28}$$

由以上式(6-27a) 和式(6-28)，涡流传递的动量通量及热量通量分别为

$$\nu_e \frac{\mathrm{d}(\rho \bar{u}_x)}{\mathrm{d}y}=-\rho \overline{u_y' u_x'} \tag{6-29}$$

$$\alpha_e \frac{\mathrm{d}(\rho C_p \bar{t})}{\mathrm{d}y} = -\rho C_p \overline{u'_y t'} \tag{6-30}$$

根据混合长的定义，已导得

$$\nu_e = l^2 \left| \frac{\mathrm{d}\bar{u}_x}{\mathrm{d}y} \right| = u'_y l_H \tag{6-31}$$

混合长的概念亦可用于传热以及传质。通用的混合长的定义是指流体微团在失去其本性（系指原有的速度、温度或浓度）并与其它流层的流体微团混合前两层之间的垂直距离。如图 6-8 所示，假定混合长足够小，对于传热则有

$$\frac{\bar{t}_2 - \bar{t}_1}{l_H} \approx \frac{\mathrm{d}\bar{t}}{\mathrm{d}y} \tag{6-32}$$

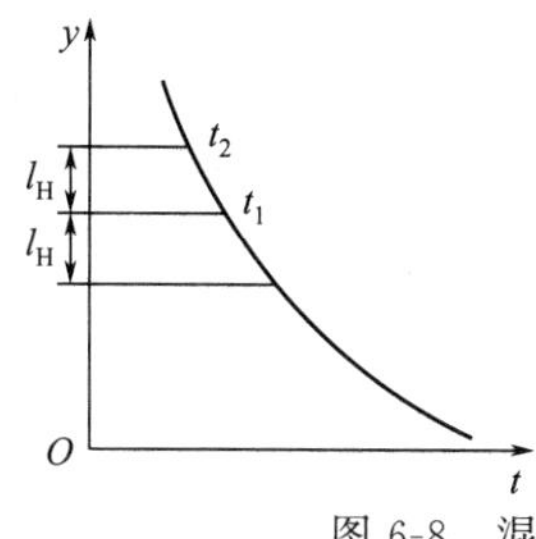

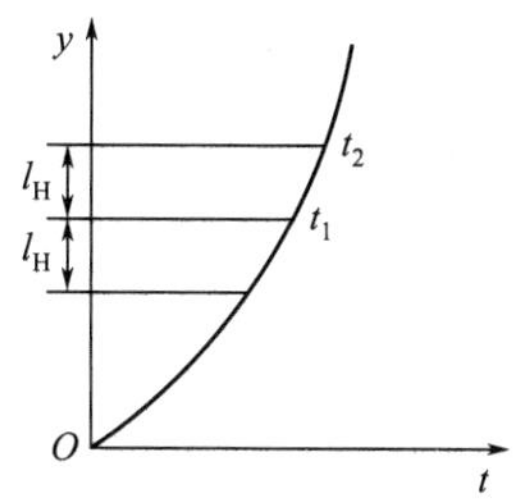

图 6-8　混合长分析示意图

式中，$\bar{t}_2 - \bar{t}_1$ 用温度的脉动值 t' 表示，得

$$t' \approx l_H \frac{\mathrm{d}\bar{t}}{\mathrm{d}y} \tag{6-33}$$

又

$$u'_x = l_H \frac{\mathrm{d}\bar{u}_x}{\mathrm{d}y}$$

$$u'_y = \pm u'_x = \pm l_H \frac{\mathrm{d}u_x}{\mathrm{d}y} \tag{6-33a}$$

将式(6-33) 和式(6-33a) 代入式(6-30)，如图 6-8 所示，考虑到速度梯度有正有负，将其用绝对值表示，可得

$$\alpha_e \frac{\mathrm{d}(\rho C_p \bar{t})}{\mathrm{d}y} = l l_H \frac{\mathrm{d}\bar{u}_x}{\mathrm{d}y} \frac{\mathrm{d}(\rho C_p \bar{t})}{\mathrm{d}y}$$

从而　$$\alpha_e = l l_H \frac{\mathrm{d}\bar{u}_x}{\mathrm{d}y} \tag{6-34}$$

或　$$\alpha_e = u'_y l_H \tag{6-34a}$$

进一步得　$$Pr_e = \frac{\nu_e}{\alpha_e} = \frac{l}{l_H} \tag{6-35}$$

式中，Pr_e 称涡流普朗特数。

由此可见 ν_e 和 α_e 均为 y 方向上的脉动温度与其各自混合长的乘积，表明涡流动量通量和涡流热量通量具有类似的机理。

由图 6-9 可见，实验所得空气的涡流普朗特数在 0.5～2.0 之间变动，表明涡流普朗特数的数量级为 O(1)，即 l 和 l_H 具有相同的数量级。

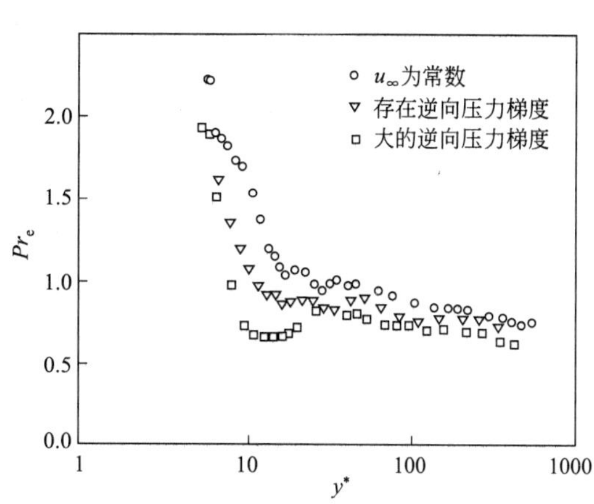

图 6-9　空气涡流普朗特数的数值范围

湍流下的动量通量和热量通量均比层流时的数值要大得多，由于流体微团在各流层间的宏观混合，如图 6-10 所示，湍流时壁面处的速度梯度、温度梯度均较层流时大得多，从而增强了传热，显然摩擦阻力亦必加大。

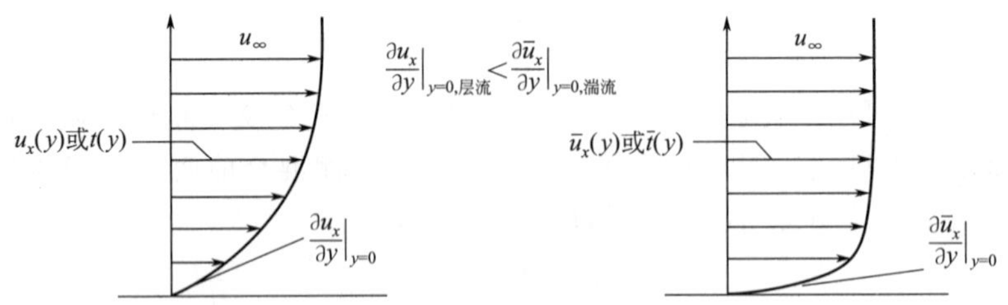

图 6-10　层流和湍流的速度梯度和温度梯度的比较

具体条件下的传热系数，可由分析的方法、类比的方法或者用实验数据关联获得。对于比较简单的情况，应用分析的方法，以微分方程组为基础，求得的解称为精确解。不过用数学分析的方法求解对流传热的微分方程组以获得精确解是比较困难的。还有一种近似地求解对流传热的数学分析法，即直接对边界层进行动量衡算、热量衡算，导出边界层动量积分方程、热量积分方程，然后用近似的方法求解这些方程。近似解可用于许多至今无法求得精确解的场合，所以具有重要的实际意义。类比的方法是基于动量传递和热量传递以及其后讨论的质量传递在导出概念上的一致性和所得公式的类似性，找出其内在联系，然后用流体流动的摩擦因子即可推测传热系数或传质系数。有关类比的具体内容将在后续章节讨论。和上述方法不同，另一种方法是基于实践，即按式(6-24)～式(6-26) 设计实验和进行数据处理，以获得反映现象的实用关联式。现分别讨论如下。

6.4　平板壁面对流传热

平板壁面对流传热是所有几何形状壁面对流传热中最简单的情形，在日常生活和工程实际中经常见到，大的建筑物的表面与空气的传热、尺度很大的设备表面与流体的传热都是平面对流传热的例子。由于平板壁面对流传热比较简单，在某些情况下可以通过理论分析得到对流传热系数的精确解，同时其研究方法亦可以对其它几何形状壁面对流传热的研究予以启示，故首先讨论。

本节将在平板动量传递研究的基础上分别按层流和湍流两种流动状态加以论述。对于平板层流传热，其对流传热系数可以通过理论分析法求解（精确解），亦可以通过与卡门边界层积分动量方程类似的热流方程得到。而对于平板湍流传热系数的计算，则通过热流方程的方法来解决。

6.4.1　平板壁面上层流传热的精确解

与平板壁面温度不同的流体，在其上做稳态平行层流时，在壁面附近将同时建立速度边界层（流动边界层）和温度边界层（热边界层）。两种边界层在壁面上的发展情况如图 6-11 所示。图 6-11(a) 表示传热自平板前缘开始，即速度边界层和温度边界层同时由平板前缘开始形成；图 6-11(b) 表示传热过程在流体流过一段距离 x_0 后才开始进行。后一种情况下，温度边界层与速度边界层的前缘相差一个 x_0 距离。两种边界层厚度一般不相等，与表示流体物性的 Pr 值有关。温度边界层厚度 δ_t，可能大于速度边界层厚度 δ，亦可能小于 δ，在某些特殊情况下又可能等于 δ。

由于边界层外流体的温度均匀一致，无热量传递可言，因此只要搞清楚边界层内流体的速度分布和温度分布，即可解决平板壁面上流体做层流流动时热量传递的规律问题。

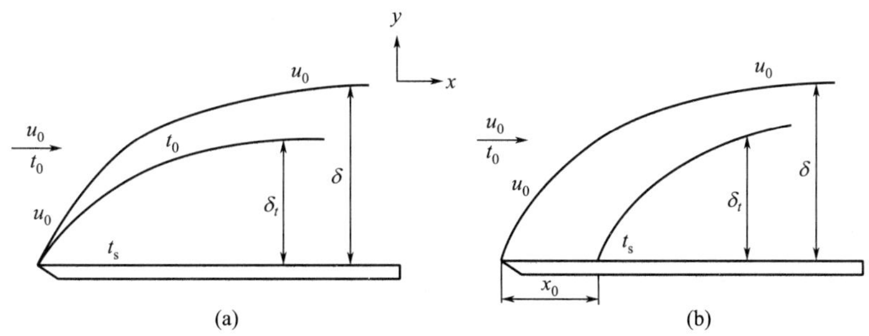

图 6-11　流体在平板壁面上流过时速度边界层与温度边界层的发展

(1) 边界层能量方程　曾经在第 4 章讨论过，当不可压缩流体在平板壁面上做二维流动时，对连续性方程和纳维-斯托克斯方程中的各项进行数量级分析后，可以得到普朗特边界层方程，即

$$\frac{\partial u_x}{\partial x}+\frac{\partial u_y}{\partial y}=0 \tag{6-36}$$

及

$$u_x\frac{\partial u_x}{\partial x}+u_y\frac{\partial u_y}{\partial y}=-\frac{1}{\rho}\frac{\mathrm{d}p}{\mathrm{d}x}+\frac{\mu}{\rho}\frac{\partial^2 u_x}{\partial y^2} \tag{6-37}$$

类似地，在二维稳态层流传热的条件下，亦可将能量方程式化为如下形式，即

$$u_x\frac{\partial t}{\partial x}+u_y\frac{\partial t}{\partial y}=\alpha\left(\frac{\partial^2 t}{\partial x^2}+\frac{\partial^2 t}{\partial y^2}\right) \tag{6-38}$$

式(6-38) 还可以通过数量级分析进一步简化。由于 y 的数量级为 $O(\delta)$，而 x 方向的长度比 δ 大得多，故有

$$\frac{\partial^2 t}{\partial x^2}\ll\frac{\partial^2 t}{\partial y^2} \tag{6-39}$$

因此式(6-38) 右侧括号中的 $\frac{\partial^2 t}{\partial x^2}$ 和 $\frac{\partial^2 t}{\partial y^2}$ 相比可以略去，故得平板壁面边界层能量方程为

$$u_x\frac{\partial t}{\partial x}+u_y\frac{\partial t}{\partial y}=\alpha\frac{\partial^2 t}{\partial y^2} \tag{6-12}$$

式(6-36)、式(6-37) 及式(6-12) 三式描述平板边界层内不可压缩流体做二维稳态层流时动量传递和热量传递的普遍规律。它们的求解步骤是，首先结合相应的边界条件，由普朗特边界层方程出发，求出边界层内的速度分布，然后将此速度分布代入式(6-12)，并结合边界条件解出温度分布，最后通过式(6-5) 计算对流传热系数 h。

(2) 边界层能量方程的精确解　在边界层流动章节中我们通过定义无量纲位置函数，并结合流函数的定义式即可求出 u_x、u_y 与 x、y 的关系，即速度分布式，据此便可对边界层能量方程求解。如前所述，边界层能量方程为式(6-12)，即

$$u_x\frac{\partial t}{\partial x}+u_y\frac{\partial t}{\partial y}=\alpha\frac{\partial^2 t}{\partial y^2} \tag{6-12}$$

边界条件为

① $y=0$：$t=t_s$；

② $y\to\infty$：$t=t_0$；

③ $x=0$：$t=t_0$。

首先对式(6-12) 做相似变换。式中的函数 t 可采用无量纲温度 T^* 代替，T^* 的定义为

$$T^*=\frac{t_s-t}{t_s-t_0} \tag{6-40}$$

以式(6-40) 中的 T^* 代替式(6-12) 中的 t，则后者可改写为

$$u_x\frac{\partial T^*}{\partial x}+u_y\frac{\partial T^*}{\partial y}=\alpha\frac{\partial^2 T^*}{\partial y^2} \tag{6-41}$$

仍采用无量纲的位置变量η代替 x、y，则 T^* 为η的函数，即 $T^*=\phi(\eta)$，于是可得到式(6-41) 中各导数与η的关系为

$$\frac{\partial T^*}{\partial x}=\frac{\partial T^*}{\partial \eta}\frac{\partial \eta}{\partial x}=-\frac{1}{2x}\eta\frac{\partial T^*}{\partial \eta} \tag{6-42}$$

$$\frac{\partial T^*}{\partial y}=\sqrt{\frac{u_0}{\nu x}}\frac{\partial T^*}{\partial \eta} \tag{6-43}$$

$$\frac{\partial^2 T^*}{\partial y^2}=\frac{u_0}{\nu x}\frac{\partial^2 T^*}{\partial \eta^2} \tag{6-44}$$

此外，u_x、u_y 与η的关系如下所示，其中 $\Psi(x,y)$ 称为流函数

$$u_x=\frac{\partial \Psi}{\partial y}=u_0 f' \tag{6-45}$$

$$u_y=-\frac{\partial \Psi}{\partial x}=\frac{1}{2}\sqrt{\frac{u_0\nu}{x}}(\eta f'-f) \tag{6-46}$$

$$f=0.16603\eta^2-4.5943\times10^{-4}\eta^5+2.4972\times10^{-6}\eta^8-1.4277\times10^{-8}\eta^{11}+\cdots \tag{6-47}$$

将式(6-42)～式(6-46) 代入式(6-41)，经整理后即得

$$\frac{\partial^2 T^*}{\partial \eta^2}+\frac{Pr}{2}f\frac{\partial T^*}{\partial \eta}=0 \tag{6-48}$$

式中

$$Pr=\frac{\nu}{\alpha}=\frac{C_p\mu}{k} \tag{6-49}$$

式(6-48) 表明 T^* 仅为η的函数，故该式可写成常微分方程形式，即

$$\frac{d^2 T^*}{d\eta^2}+\frac{Pr}{2}f\frac{dT^*}{d\eta}=0 \tag{6-50}$$

边界条件为

① $\eta=0$：$T^*=0$；

② $\eta\to\infty$：$T^*=1$。

式(6-50) 可视为无量纲化的边界层能量方程。式中 f 为已知函数，可根据式(6-47) 计算。

令 $p=\frac{dT^*}{d\eta}$并代入式(6-50)，得

$$\frac{dp}{d\eta}+\frac{Pr}{2}fp=0 \tag{6-51}$$

将上式分离变量并进行积分，得

$$p=\frac{\mathrm{d}T^*}{\mathrm{d}\eta}=C_1\exp\left(-\frac{Pr}{2}\int_0^\eta f\mathrm{d}\eta\right) \tag{6-52}$$

对上式再积分一次，得

$$T^*=C_1\left[\int_0^\eta \exp\left(-\frac{Pr}{2}\int_0^\eta f\mathrm{d}\eta\right)\mathrm{d}\eta\right]+C_2 \tag{6-53}$$

式中，C_1 和 C_2 是积分常数，可由上述的边界条件①、②确定。将边界条件①代入上式，得

$$0=C_1\left[\int_0^\eta \exp\left(-\frac{Pr}{2}\int_0^\eta f\mathrm{d}\eta\right)\mathrm{d}\eta\right]+C_2$$

故

$$C_2=0$$

再向式(6-53) 中代入边界条件②，并代入 C_2 的值，得

$$1=C_1\left[\int_0^\infty \exp\left(-\frac{Pr}{2}\int_0^\eta f\mathrm{d}\eta\right)\mathrm{d}\eta\right]$$

故得

$$C_1=\left[\int_0^\infty \exp\left(-\frac{Pr}{2}\int_0^\eta f\mathrm{d}\eta\right)\mathrm{d}\eta\right]^{-1} \tag{6-54}$$

最后将 C_1 和 C_2 值代入式(6-53)，即得边界层能量方程中无量纲温度 T^* 与无量纲位置 η 之间的关系，即

$$T^*=\frac{t_s-t}{t_s-t_0}=\frac{\int_0^\eta \exp\left(-\frac{Pr}{2}\int_0^\eta f\mathrm{d}\eta\right)\mathrm{d}\eta}{\int_0^\infty \exp\left(-\frac{Pr}{2}\int_0^\eta f\mathrm{d}\eta\right)\mathrm{d}\eta} \tag{6-55}$$

式(6-55) 即为平板壁面上稳态传热时层流边界层内的温度分布方程。式中的自变量 η、函数 T^*、参数 Pr 均为无量纲变量。其中 η 表示位置变量，即 x、y；f 表示速度变量，即 u_x，u_y，可由式(6-47) 得到；Pr 为表示物性的一个参数。

波尔豪森（Pohlhausen）曾经采用数值法求解了式(6-55)，其解如图 6-12 所示。图中的曲线描述了不同 Pr 值下无量纲温度 T^* 与位置 η 的关系，Pr 的数值范围为 0.016～1000。

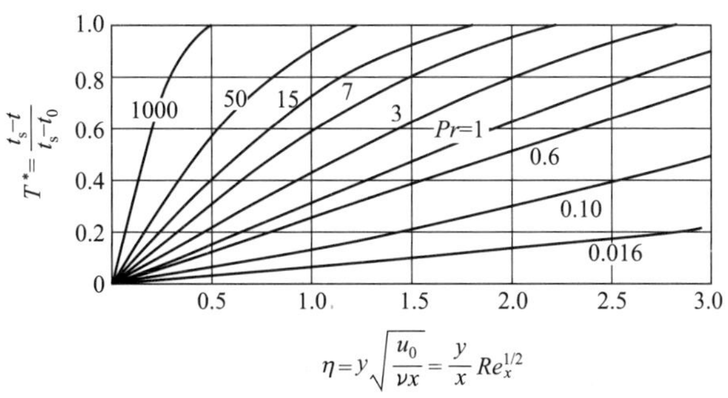

图 6-12　平板壁面层流边界层传热时无量纲温度 T^* 与 Pr、η 的关系

由式(6-55) 或图 6-12 求得温度分布后，即可由式(6-5) 求得平板壁面上进行稳态层流传热时的局部对流传热系数 h_x，即

$$h_x=\frac{k}{t_0-t_s}\frac{\mathrm{d}t}{\mathrm{d}y}\bigg|_{y=0} \tag{6-5}$$

上式还可以写成

$$h_x = k \left. \frac{\mathrm{d}(t_s - t)/(t_s - t_0)}{\mathrm{d}y} \right|_{y=0} \tag{6-56}$$

若以式(6-40) 的无量纲温度 T^* 表示上式中的温度差，则该式又可写为

$$h_x = k \left. \frac{\mathrm{d}T^*}{\mathrm{d}y} \right|_{y=0} \tag{6-57}$$

将式(6-43) 代入上式，得

$$h_x = k \sqrt{\frac{u_0}{\nu x}} \left. \frac{\mathrm{d}T^*}{\mathrm{d}\eta} \right|_{\eta=0} \tag{6-58}$$

式(6-58) 中的导数 $\left. \frac{\mathrm{d}T^*}{\mathrm{d}\eta} \right|_{\eta=0}$ 可由式(6-52) 计算。当式(6-52) 中 $\eta=0$ 时，有

$$\left. \frac{\mathrm{d}T^*}{\mathrm{d}\eta} \right|_{\eta=0} = C_1 \tag{6-59}$$

将上式代入式(6-58)，得

$$h_x = k \sqrt{\frac{u_0}{\nu x}} C_1 \tag{6-60}$$

将式(6-54) 代入上式，并将上式左侧以局部努塞特数 Nu_x 表达，可得

$$Nu_x = \frac{h_x x}{k} = Re_x^{1/2} \left[\int_0^{\infty} \exp\left(-\frac{Pr}{2} \int_0^{\eta} f \mathrm{d}\eta \right) \mathrm{d}\eta \right]^{-1} \tag{6-61}$$

式(6-61) 对所有 Pr 均适用，但雷诺数应在层流范围之内，即在一般情况下 $Re_x < 5 \times 10^5$。

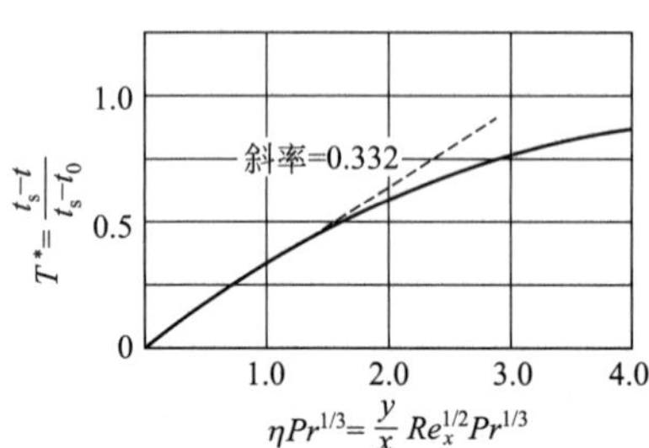

图 6-13 平板壁面层流边界层传热时无量纲温度 T^* 与 $\eta Pr^{1/3}$ 关系

波尔豪森对于 $Pr = 0.6 \sim 15$ 范围内的流体进行了研究。针对层流传热的情况，以 T^* 为纵坐标、$\eta Pr^{1/3}$ 为横坐标对两者的数据关系进行标绘，得到了一条单一的曲线，如图 6-13 所示。该曲线在 $\eta Pr^{1/3} = 0$ 处的斜率等于 0.332，即

$$\left. \frac{\mathrm{d}T^*}{\mathrm{d}(\eta Pr^{1/3})} \right|_{\eta=0} = 0.332 \tag{6-62}$$

或写成

$$\left. \frac{\mathrm{d}T^*}{\mathrm{d}\eta} \right|_{\eta=0} = 0.332 Pr^{1/3} \tag{6-63}$$

将式(6-63) 代入式(6-58)，即可求出 h_x，即

$$h_x = 0.332 k \sqrt{\frac{u_0}{\nu x}} Pr^{1/3} \tag{6-64}$$

或

$$h_x = 0.332 \frac{k}{x} Re_x^{1/2} Pr^{1/3} \tag{6-64a}$$

或写成

$$Nu_x = 0.332 Re_x^{1/2} Pr^{1/3} \tag{6-65}$$

式中，$Re_x = \frac{x u_0 \rho}{\mu}$。

式(6-64)、式(6-64a) 或式(6-65) 即为层流边界层稳态传热时求距平板前缘 x 处局部

对流传热系数的计算式。

在对流传热计算中，取流体流过整个平板壁面的平均对流传热系数值 h_m 比较方便。对于长度为 L、宽度为 b 的平板，其平均对流传热系数 h_m 与局部对流传热系数 h_x 之间的关系为

$$h_m=\frac{1}{L}\int_0^L h_x \mathrm{d}x \tag{6-66}$$

将式(6-64a) 代入式(6-66)，经积分整理后，得

$$h_m=0.664\frac{k}{L}Re_L^{1/2}Pr^{1/3} \tag{6-67}$$

若采用平均努塞特数 Nu_m 表示，则有

$$Nu_m=\frac{h_m L}{k}0.664\frac{k}{L}Re_L^{1/2}Pr^{1/3} \tag{6-68}$$

式中，$Re_L=\dfrac{Lu_0\rho}{\mu}$。

对照式(6-64a) 与式(6-67) 或式(6-65) 与式(6-68)，可以看出，当 $x=L$ 时，平均对流传热系数 h_m 或平均努塞特数 Nu_m 的值为局部 h_x 或 Nu_x 的 2 倍，即

$$h_m=2h_x, Nu_m=2Nu_x$$

式(6-64) ～式(6-68) 适用于恒壁温条件下光滑平板壁面上层流边界层的稳态传热的计算，应用范围为 $0.6<Pr<15$，$Re_L<5\times10^5$。各式中的物性值采用平均温度 t_m 下的值，t_m 可表示为

$$t_m=\frac{t_s+t_0}{2}$$

通过对速度边界层厚度 δ 与温度边界层厚度 δ_t 两者之间的比较，可得

$$\frac{\delta}{\delta_t}=Pr^{1/3} \tag{6-69}$$

上式中 δ 与 δ_t 之间的关系，在“6.4.2 平板壁面上层流传热的近似解”中还要做进一步讨论。

6.4.2　平板壁面上层流传热的近似解

上述的平板壁面上层流传热的精确解精确度较高，但求解过程比较烦琐，而且只适用于层流边界层的传热计算。边界层传热的另一种较为简单的求解方法是采用温度边界层热量流动方程（简称热流方程）。该法虽然是近似的，但求得的结果足够精确，并且边界层热流方程还适用于湍流边界层的传热计算。

(1) 温度边界层热流方程的推导　前已述及，当流体流过固体壁面被加热或冷却时，在固体壁面附近将同时形成速度边界层和温度边界层。通常速度边界层的厚度 δ 与温度边界层的厚度 δ_t 并不相等（关于此问题下面还要详细讨论）。边界层内的温度侧形图示于图 6-14 中。

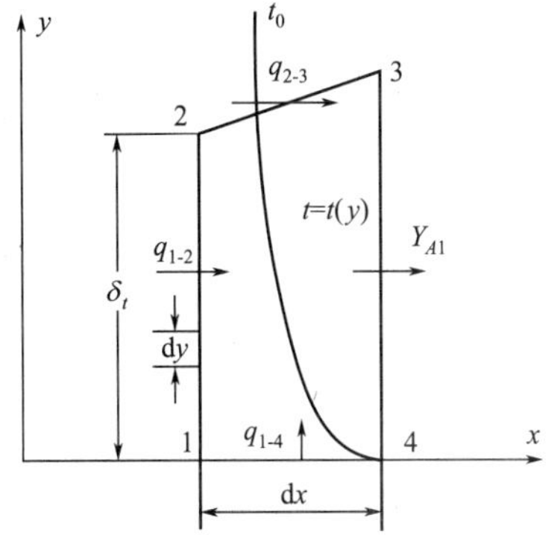

图 6-14　边界层内的温度侧形图

为了导出边界层热流方程，在图 6-14 中取一控制体，此控制体的控制面为 1-2、2-3、3-4、1-4 各面及前后相距

一单位长度（即与纸面垂直距离为一单位）的两个平面。其中 1-2 面与 3-4 面相距 dx；2-3 面为外流区与温度边界层的界面；1-4 面紧贴固体壁面。

参照推导速度边界层积分动量方程的方法，可得以下结果。

通过 1-2 面进入控制体的热流速率为

$$q_{1\text{-}2}=\int_0^{\delta_t}\rho u_x C_p t\,\mathrm{d}y=\rho C_p\int_0^{\delta_t}tu_x\,\mathrm{d}y$$

通过 3-4 面由控制体输出的热流速率为

$$q_{3\text{-}4}=\rho C_p\int_0^{\delta_t}tu_x\,\mathrm{d}y+\rho C_p\frac{\partial}{\partial x}(\int_0^{\delta_t}tu_x\,\mathrm{d}y)\mathrm{d}x$$

故通过 1-2 面和 3-4 面由控制体净输出的热流速率为

$$q_{3\text{-}4}-q_{1\text{-}2}=\rho C_p\frac{\partial}{\partial x}\left(\int_0^{\delta_t}tu_x\,\mathrm{d}y\right)\mathrm{d}x \tag{6-70}$$

由速度边界层积分动量方程的推导得知，通过 2-3 面进入控制体的质量流率为

$$m_{2\text{-}3}=\frac{\partial}{\partial x}\left(\int_0^{\delta_t}tu_x\,\mathrm{d}y\right)\mathrm{d}x$$

由于 2-3 面位于温度边界层外缘处，此处的流体均以 t_0 的温度流入控制体内，于是从该截面进入控制体的热流速率为

$$q_{2\text{-}3}=C_p t_0\frac{\partial}{\partial x}\left(\int_0^{\delta_t}\rho u_x\,\mathrm{d}y\right)\mathrm{d}x=\rho C_p t_0\frac{\partial}{\partial x}\left(\int_0^{\delta_t}u_x\,\mathrm{d}y\right)\mathrm{d}x \tag{6-71}$$

通过 1-4 面无质量输入，但仍有热量输入。此项热量是以导热方式输入控制体的，根据傅里叶定律，此项热流速率为

$$q_{1\text{-}4}=-k\,\mathrm{d}x\left.\frac{\mathrm{d}t}{\mathrm{d}x}\right|_{y=0} \tag{6-72}$$

在稳态条件下做控制体的热量衡算，得

$$\begin{gathered}q_{1\text{-}2}+q_{2\text{-}3}+q_{1\text{-}4}=q_{3\text{-}4}\\(q_{3\text{-}4}-q_{1\text{-}2})-q_{2\text{-}3}=q_{1\text{-}4}\end{gathered} \tag{6-73}$$

或

将式(6-70)～式(6-72) 代入式(6-73)，即得

$$\rho C_p\left(\int_0^{\delta_t}tu_x\,\mathrm{d}y\right)\mathrm{d}x-\rho C_p\frac{\partial}{\partial x}\left(\int_0^{\delta_t}t_0u_x\,\mathrm{d}y\right)\mathrm{d}x=-k\,\mathrm{d}x\left.\frac{\mathrm{d}t}{\mathrm{d}y}\right|_{y=0}$$

经化简后得

$$\frac{\partial}{\partial x}\int_0^{\delta_t}(t_0-t)u_x\,\mathrm{d}y=\alpha\left.\frac{\mathrm{d}t}{\mathrm{d}y}\right|_{y=0} \tag{6-74}$$

由于上式仅考虑 x 方向的流动，可将流速的下标取消，并改写成常微分方程的形式，即

$$\frac{\mathrm{d}}{\mathrm{d}x}\int_0^{\delta_t}(t_0-t)u\,\mathrm{d}y=\alpha\left.\frac{\mathrm{d}t}{\mathrm{d}y}\right|_{y=0} \tag{6-75}$$

式(6-75) 称为边界层热流方程。在该方程推导过程中并未考虑散逸热速率 ϕ，因而意味着流动并非高速，流体亦不具有很高的黏性。此外，在推导式(6-75) 时并未假定流体的流型是层流还是湍流，故该式既适用于层流边界层的传热计算，也适用于湍流边界层的计算。

(2) 流体层流流过平板壁面传热时的近似解 应用边界层热流方程式(6-75)，可以解决流体层流流过平板壁面时的传热计算问题。在求解过程中，假定壁面温度 t_s 维持不变，且

边界层外流体的速度 u_0、温度 t_0 为恒定值。平板前缘开始的一段距离（其长度为 x_0）未被加热，如图 6-11(b) 所示。速度边界层由平板前缘开始发展，温度边界层由壁面被加热部分的边缘 x_0 开始发展，两边界层均沿流动方向增加自己的厚度，且温度边界层厚度 δ_t 小于速度边界层厚度 δ。

由于式(6-75) 中的积分项内含有两个未知量 u 和 t，欲求解该式，必须知道速度分布方程和温度分布方程。其中速度分布方程可应用较为常用的三次多项式，又由于已假定温度边界层厚度 δ_t 小于速度边界层厚度 δ，可认为温度边界层中的速度分布式亦符合用三次多项式表示的速度侧形为

$$\frac{u_x}{u_0}=\frac{3}{2}\frac{y}{\delta}-\frac{1}{2}\left(\frac{y}{\delta}\right)^3$$

至于温度分布，可仿照速度分布的情况，假设其可以表示成一个三次多项式的形式，即

$$t=a+by+cy^2+dy^3 \tag{6-76}$$

式中的 a、b、c、d 为待定常数，其值可根据如下边界条件确定，即

① $y=0$：$t=t_s$；

② $y=\delta_t$：$t=t_0$；

③ $y=\delta_t$：$\dfrac{\partial t}{\partial y}=0$；

④ $y=0$：$\dfrac{\partial^2 t}{\partial y^2}=0$。

边界条件①和②是明显的，无需说明。而边界条件③之所以正确，是由于在温度边界层外缘处温度已达到 t_0 而不再改变。边界条件④的存在，可用边界层热量方程式(6-12) 加以说明，该方程为

$$u_x\frac{\partial t}{\partial x}+u_y\frac{\partial t}{\partial y}=\alpha\frac{\partial^2 t}{\partial y^2} \tag{6-12}$$

由于在壁面 $y=0$ 处 $u_x=0$ 和 $u_y=0$，可得 $\left.\dfrac{\partial^2 t}{\partial y^2}\right|_{y=0}=0$

将上述边界条件①～④代入式(6-76)，经计算后可得待定系数值为

$$a=t_s,b=\frac{3}{2}\frac{t_0-t_s}{\delta_t},c=0,d=-\frac{1}{2}\frac{t_0-t_s}{\delta_t^3}$$

将 a、b、c、d 各值代入式(6-76)，便可获得温度边界层内的温度分布方程如下：

$$\frac{t-t_s}{t_0-t_s}=\frac{3}{2}\frac{y}{\delta_t}-\frac{1}{2}\left(\frac{y}{\delta_t}\right)^3 \tag{6-77}$$

显然，只要知道温度边界层厚度 δ_t 的表达式，即可由式(6-5) 求得局部对流传热系数 h_x。温度边界层厚度 δ_t 的表达式可通过边界层热流方程式(6-75) 求得。

若以 τ 表示温度边界层内任一处的温度 t 与壁温 t_s 之差，τ_0 表示边界层内最大温度之差，即

$$\tau=t-t_s \tag{6-78a}$$

$$\tau_0=t_0-t_s \tag{6-78b}$$

则式(6-77) 可改写为

$$\frac{\tau}{\tau_0}=\frac{3}{2}\frac{y}{\delta_t}-\frac{1}{2}\left(\frac{y}{\delta_t}\right)^3 \tag{6-79}$$

于是式(6-75) 中左侧的积分部分为

$$\int_0^{\delta_t}(t_0-t)u\mathrm{d}y=\int_0^{\delta_t}\left[\tau_0-\frac{3}{2}\frac{y}{\delta_t}\tau_0+\frac{1}{2}\left(\frac{y}{\delta_t}\right)^3\tau_0\right]u\mathrm{d}y$$

速度分布方程如下

$$\frac{u}{u_0}=\frac{3}{2}\frac{y}{\delta}-\frac{1}{2}\left(\frac{y}{\delta}\right)^3$$

由此可以导出

$$\int_0^{\delta_t}(t_0-t)u\mathrm{d}y=\int_0^{\delta_t}\left[\tau_0-\frac{3}{2}\left(\frac{y}{\delta_t}\right)\tau_0+\frac{1}{2}\left(\frac{y}{\delta_t}\right)^3\tau_0\right]\left\{u_0\left[\frac{3}{2}\frac{y}{\delta}-\frac{1}{2}\left(\frac{y}{\delta}\right)^3\right]\right\}\mathrm{d}y$$

$$=\tau_0u_0\delta\left[\frac{3}{20}\left(\frac{\delta_t}{\delta}\right)^2-\frac{3}{280}\left(\frac{\delta_t}{\delta}\right)^4\right] \tag{6-80}$$

令

$$\frac{\delta_t}{\delta}=\xi \tag{6-81}$$

将式(6-81) 代入式(6-80)，得

$$\int_0^{\delta_t}(t_0-t)u\mathrm{d}y=\tau_0u_0\delta\left(\frac{3}{20}\xi^2-\frac{3}{280}\xi^4\right)$$

上面已经假定 $\delta_t<\delta$，故 $\xi<1$，于是 $\xi^4\ll\xi^2$，从而上式右侧括号中的 ξ^4 项与 ξ^2 项相比可以略去，于是上式变为

$$\int_0^{\delta_t}(t_0-t)u\mathrm{d}y=\frac{3}{20}\tau_0u_0\delta\xi^2$$

由于 δ 和 δ_t 均为 x 的函数，ξ 亦为 x 的函数。将上式代入式(6-75)，得

$$\frac{3}{20}\tau_0u_0\frac{\mathrm{d}}{\mathrm{d}x}(\xi^2\delta)=\alpha\left.\frac{\mathrm{d}t}{\mathrm{d}y}\right|_{y=0} \tag{6-82}$$

式(6-82) 右侧的导数$\left.\frac{\mathrm{d}t}{\mathrm{d}y}\right|_{y=0}$可由温度分布式(6-77) 求出，为

$$\left.\frac{\mathrm{d}t}{\mathrm{d}y}\right|_{y=0}=\frac{3}{2}\frac{\tau_0}{\delta_t}=\frac{3}{2}\frac{\tau_0}{\xi\delta} \tag{6-83}$$

将式(6-83) 代入式(6-82)，经化简后得

$$\frac{1}{10}u_0\left(2\delta\xi\frac{\mathrm{d}\xi}{\mathrm{d}x}+\xi^2\frac{\mathrm{d}\delta}{\mathrm{d}x}\right)=\frac{\alpha}{\delta\xi}$$

或

$$\frac{1}{10}u_0\left(2\delta^2\xi^2\frac{\mathrm{d}\xi}{\mathrm{d}x}+\delta\xi^3\frac{\mathrm{d}\delta}{\mathrm{d}x}\right)=\alpha \tag{6-84}$$

又由前章节式 $\delta\mathrm{d}\delta=\frac{140}{13}\frac{\mu}{\rho u_0}\mathrm{d}x$ 和式 $\delta=4.64\sqrt{\frac{\mu x}{\rho u_0}}=\left(\frac{280}{13}\frac{\mu x}{\rho u_0}\right)^{1/2}$，代入式(6-84)，经整理得

$$\frac{14}{13}\frac{\mu}{\rho\alpha}\left(\xi^3+4x\xi^2\frac{\mathrm{d}\xi}{\mathrm{d}x}\right)=1$$

或写成

$$\frac{\mathrm{d}\xi^3}{\frac{13}{14Pr}-\xi^3}=\frac{3}{4}\frac{\mathrm{d}x}{x}$$

积分上式，得

$$\ln\left(\xi^3-\frac{13}{14Pr}\right)=-\frac{3}{4}\ln x+\ln C$$

故得

$$\xi^3=\frac{13}{14Pr}+Cx^{-3/4} \tag{6-85}$$

式中，C 为积分常数，可采用如下边界条件确定。前已假定，温度边界层是由 $x=x_0$ 开始，即 $x=x_0$ 时 $\delta_t=0$ 或 $\xi=\frac{\delta_t}{\delta}=0$，于是由式(6-85) 即可求得 C 为

$$C=-\frac{13}{14Pr}x_0^{3/4}$$

将 C 值代入式(6-85)，经运算后即得

$$\xi=\frac{Pr^{-1/3}}{1.026}\left[1-\left(\frac{x_0}{x}\right)^{3/4}\right]^{1/3} \tag{6-86}$$

如加热由平板前缘开始，则 $x_0=0$，于是可解得

$$\xi=\frac{\delta_t}{\delta}=\frac{Pr^{-1/3}}{1.026} \tag{6-87}$$

或近似认为

$$\frac{\delta}{\delta_t}=Pr^{1/3} \tag{6-87a}$$

上式与精确解所得的 δ/δ_t 的估算式(6-69) 是一致的。

对于像黏稠油这类流体，其 $Pr\geqslant1000$ 则 $\xi=\frac{\delta_t}{\delta}\leqslant\frac{1}{10}$，即温度边界层厚度大约仅为速度边界层厚度的 1/10，故其根据上述假设 $\delta_t<\delta$ 来推导式(6-86)、式(6-87) 是正确的。对于气体，$Pr<1$（例如空气的 Pr 为 0.7 左右），则 $\xi>1$，故 $\delta_t>\delta$。因而 $\delta_t<\delta$ 的原假设不再正确，但气体的 Pr 值最小约为 0.6，由式(6-87) 算出 $\xi=1.16$，故 $\delta_t<\delta$ 的假设所引起的误差并不大，因此，对于大多数气体，式(6-86)、式(6-87) 还是近似适用的。只有对 Pr 极小的流体，例如液态金属，式(6-86)、式(6-87) 才不再适用。故液态金属传热问题需采用其它方法处理。

(3) 对流传热系数的计算　流体层流流过平板壁面并进行稳态传热时的对流传热系数 h 可通过式(6-86)、式(6-87) 导出。

距平板前缘 x 处的局部对流传热系数 h_x 仍可采用式(6-5) 表达，为

$$h_x=\frac{k}{t_0-t_s}\frac{dt}{dy}\bigg|_{y=0} \tag{6-5}$$

式中，$\frac{dt}{dy}\bigg|_{y=0}$ 可由式(6-83) 给出。将式(6-83) 及式(6-78b) 代入上式，得

$$h_x=\frac{3}{2}\frac{k}{\delta\xi}=\frac{3}{2}\frac{k}{\delta_t}$$

由此可以看出，局部对流传热系数 h_x 与温度边界层厚度 δ_t 成反比。将 $\delta=4.64\sqrt{\frac{\mu x}{\rho u_0}}=\left(\frac{280}{13}\frac{\mu x}{\rho u_0}\right)^{1/2}$ 及式(6-86) 的 ξ 表达式代入上式，可得

$$h_x=\frac{3}{2}k\left\{\left[4.64\left(\frac{\mu x}{\rho u_0}\right)^{1/2}\right]\frac{Pr^{-1/3}}{1.026}\left[1-\left(\frac{x_0}{x}\right)^{3/4}\right]^{1/3}\right\}^{-1}$$

将上式化简，得

$$h_x=0.332k\frac{Pr^{1/3}}{\left[1-\left(\frac{x_0}{x}\right)^{3/4}\right]^{1/3}}\left(\frac{u_0}{\nu x}\right)^{1/2}$$

或

$$h_x=0.332\frac{k}{x}Re_x^{1/2}Pr^{1/3}\left[1-\left(\frac{x_0}{x}\right)^{3/4}\right]^{-1/3} \tag{6-88}$$

如加热由平板前缘开始进行，则由于 $x_0=0$，上式即可化简为

$$h_x=0.332kPr^{1/3}\left(\frac{u_0}{\nu x}\right)^{1/2}=0.332\frac{k}{x}Re_x^{1/2}Pr^{1/3} \tag{6-89}$$

采用局部努塞特数 Nu_x 表达式(6-88) 时，可写为

$$Nu_x=\frac{h_x x}{k}=0.332Re_x^{1/2}Pr^{1/3}\left[1-\left(\frac{x_0}{x}\right)^{3/4}\right]^{-1/3} \tag{6-90}$$

若 $x_0=0$，则为

$$Nu_x=\frac{h_x x}{k}=0.332Re_x^{1/2}Pr^{1/3} \tag{6-91}$$

平均对流传热系数 h_m 亦可以根据式(6-66) 表示的定义式求得，即

$$h_m=\frac{1}{L}\int_0^L h_x\mathrm{d}x \tag{6-66}$$

设加热由平板前缘开始，将式(6-89) 代入式(6-66)，得

$$h_m=\frac{1}{L}\int_0^L 0.332kPr^{1/3}\left(\frac{u_0}{\nu x}\right)^{1/2}\mathrm{d}x$$

积分后得

$$h_m=0.664\frac{k}{L}Re_L^{1/2}Pr^{1/3} \tag{6-92}$$

同样可得

$$Nu_m=\frac{h_m L}{k}=0.664Re_L^{1/2}Pr^{1/3} \tag{6-93}$$

由此可知

$$h_m=2h_x, Nu_m=2Nu_x$$

以上诸式中各物理量的定性温度均取平均温度，即取

$$t_m=\frac{t_0+t_s}{2}$$

比较近似解和精确解的最后结果，可知两种方法所获得的结果是一致的。一些研究者曾经对流体层流流过平板壁面时的对流传热系数进行了实验研究，得到的实验结果完全证实了理论分析的正确性。

6.4.3 平板壁面上湍流传热的近似解

在本章曾经导出一个边界层热流方程式(6-75)，该式既可用于层流边界层的传热计算，也可用于湍流边界层的传热计算。但对于后者，应该使用湍流时的速度分布方程和温度分布方程。

式(6-75) 亦可写成如下形式，即

$$\rho C_p \frac{\mathrm{d}}{\mathrm{d}x}\left[\int_0^{\delta_t}(t_0-t)u\,\mathrm{d}y\right]=k\frac{\mathrm{d}t}{\mathrm{d}y}\bigg|_{y=0}=h_x(t_0-t_s)$$

由此得局部对流传热系数 h_x 的表达式为

$$h_x=\rho C_p \frac{\mathrm{d}}{\mathrm{d}x}\int_0^{\delta_t}\frac{t-t_0}{t_s-t_0}u\,\mathrm{d}y \tag{6-94}$$

通常，速度边界层厚度 δ 与温度边界层厚度 δ_t 不等，但可以假定二者之比为

$$\frac{\delta}{\delta_t}=Pr^n \tag{6-95}$$

假定湍流边界层的速度分布和温度分布均遵循 1/7 次方定律，即

$$\frac{u}{u_0}=\left(\frac{y}{\delta}\right)^{1/7}$$

及

$$\frac{t_s-t}{t_s-t_0}=\left(\frac{y}{\delta_t}\right)^{1/7} \tag{6-96}$$

或

$$\frac{t-t_0}{t_s-t_0}=1-\frac{t_s-t}{t_s-t_0}=1-\left(\frac{y}{\delta_t}\right)^{1/7} \tag{6-96a}$$

将式(6-95) 代入 1/7 次方定律，得

$$u=u_0\left(\frac{y}{\delta_t Pr^n}\right)^{1/7} \tag{6-97}$$

将式(6-97)、式(6-96a) 代入式(6-94)，得

$$h_x=\rho C_p \frac{\mathrm{d}}{\mathrm{d}x}\int_0^{\delta_t}u_0\left(\frac{y}{\delta_t Pr^n}\right)^{1/7}\left[1-\left(\frac{y}{\delta_t}\right)^{1/7}\right]\mathrm{d}y=\frac{7}{22}\rho C_p Pr^{-n/7}u_0\frac{\mathrm{d}\delta_t}{\mathrm{d}x} \tag{6-98}$$

由式(6-95) 得

$$\frac{\mathrm{d}\delta_t}{\mathrm{d}x}=Pr^{-n}\frac{\mathrm{d}\delta}{\mathrm{d}x} \tag{6-99}$$

湍流边界层的厚度 δ 已在前章节导出，其表达式为

$$\frac{\delta}{x}=0.376\left(\frac{\rho u_0 x}{\mu}\right)^{-0.2}=0.376Re_x^{-0.2}$$

将上式微分，得

$$\frac{\mathrm{d}\delta}{\mathrm{d}x}=0.301\left(\frac{\rho u_0 x}{\mu}\right)^{-0.2}=0.301Re_x^{-0.2} \tag{6-100}$$

将式(6-100) 代入式(6-99)，可得

$$\frac{\mathrm{d}\delta_t}{\mathrm{d}x}=0.301\,Re_x^{-0.2}\,Pr^{-n}$$

将上式代入式(6-98)，得，

$$h_x=0.0292\,\rho C_p u_0\,Re_x^{-0.2}\,Pr^{-8n/7} \tag{6-101}$$

或

$$\frac{h_x}{\rho C_p u_0}=St_x=\frac{Nu_x}{Re_x Pr}=0.0292Re_x^{-0.2}\,Pr^{-8n/7} \tag{6-102}$$

由此得

$$Nu_x=\frac{h_x x}{k}=0.0292\,Re_x^{0.8}\,Pr^{(7-8n)/7} \tag{6-103}$$

由式(6-91) 可知在层流边界层传热时 Pr 的指数值为 1/3，根据柯尔本（Colburn）的意见，在湍流边界层传热时 Pr 的指数仍取为 1/3，亦即相当于 $n\approx 1/1.71$。于是式(6-95)、式(6-101) 和式(6-103) 变为

$$\frac{\delta}{\delta_t}=Pr^{1/1.71}$$

$$h_x=0.0292\,\frac{k}{x}Re_x^{0.8}\,Pr^{1/3} \tag{6-104}$$

$$Nu_x=\frac{h_x x}{k}=0.0292\,Re_x^{0.8}\,Pr^{1/3} \tag{6-105}$$

式(6-104)、式(6-105) 中的 h_x、Nu_x 都是指由平板前缘算起的 x 处的局部值。在实际应用中，多采用长度为 L 的整个平板的平均值 h_m 或 Nu_m。h_m 已由式(6-66) 定义，即

$$h_m=\frac{1}{L}\int_0^L h_x\,dx \tag{6-66}$$

将式(6-104) 代入上式，经积分后即得

$$h_m=0.0365\,\frac{k}{L}Re_L^{0.8}\,Pr^{1/3} \tag{6-106}$$

或

$$Nu_m=\frac{h_m L}{k}=0.0365\,Re_L^{0.8}\,Pr^{1/3} \tag{6-107}$$

以上对流传热系数计算式中各量的定性温度取平均温度，即取 $t_m=\dfrac{t_0+t_s}{2}$。

上述情况下得到的平均对流传热系数 h_m 计算式(6-106) 系假定湍流边界层由平板前缘开始。实际上，由平板前缘开始至临界雷诺数的一段 x_c 为层流边界层，Re_{x_c} 的值大致为 5×10^5，在 $x<x_c$ 时，应该利用层流边界层的公式计算对流传热系数。因此，欲精确地计算平板边界层内的平均对流传热系数 h_m，必须考虑层流边界层这一阶段的传热对整个边界层平均对流传热系数的影响。此时，h_m 可按下式求算，即

$$h_m=\frac{1}{L}\left[\int_0^{x_c} h_{x(\text{层流})}\,dx+\int_{x_c}^{L} h_{x(\text{湍流})}\,dx\right] \tag{6-108}$$

式中，$h_{x(\text{层流})}$ 为层流边界层传热的局部对流传热系数，由式(6-64a) 表示；$h_{x(\text{湍流})}$ 为湍流边界层传热的局部对流传热系数，由式(6-104) 表示。将式(6-64a) 和式(6-104) 代入式(6-108)，积分之后，即得包括层流边界层和湍流边界层在内的平均对流传热系数的计算式为

$$h_m=0.0365\,\frac{k}{L}Pr^{1/3}(Re_L^{0.8}-C) \tag{6-109}$$

式中

$$C=Re_{x_c}^{0.8}-18.19Re_{x_c}^{0.5} \tag{6-110}$$

式(6-109) 以 Nu_m 表示为

$$Nu_m=\frac{h_m L}{k}=0.0365\,Pr^{1/3}(Re_L^{0.8}-C) \tag{6-111}$$

6.5　管内对流传热

在化工生产中，管内对流传热非常普遍，例如各种管式换热器中管内流体与壁面的传热均为管内对流传热，因此研究管内对流传热系数的求解问题具有重要的工程实际意义，本节在管内动量传递研究的基础上分别按层流和湍流两种流动状态加以讨论。对于简单的管内强制层流传热，可以通过理论分析法求解对流传热系数。而对复杂的管内强制层流传热和湍流传热系数的求解，则通过量纲分析和动量传递与热量传递类比的方法来解决。

6.5.1　管内强制层流传热的理论分析

与管壁温度不同的流体在管内层流流动时，在管进口附近同时形成速度边界层和温度边界层，这两种边界层各自沿着流动方向发展，若管子的长度足够，则两种边界层最终将各自在管中心汇合。故在管内层流传热时同时存在速度边界层进口段（流动进口段）和温度边界层进口段（热进口段），但这两个进口段长度不一定相等。

管内强制层流传热是为数不多的能够用分析法求解的对流传热问题之一。通常，管壁与流体之间进行强制层流传热时，一般分为两种情况：一是流体由管的进口即开始被加热或冷却，此时管内速度边界层与温度边界层同时发展，稍后可以看到，此种对流传热由于可以获得较高的对流传热系数而具有较为重要的实际意义，但由于进口段的动量传递和热量传递的规律都比较复杂，问题的求解较为困难；二是认为速度进口段很短而假设流体一进入圆管其速度边界层即已经充分发展。后一种情况较为简单，研究也较充分。下面主要讨论后一种情况的传热规律。

如图 6-15 所示，速度均匀为 u_b、温度均匀为 t_0 的不可压缩牛顿型流体进入半径为 r_i、管壁温度为 t_s 的光滑圆管。设流体沿轴向做一维稳态层流、进行稳态轴对称传热且忽略轴向导热，则柱坐标系下的能量方程式可化为

$$\frac{1}{\alpha}\frac{\partial t}{\partial z}=\frac{1}{u_z r}\frac{\partial}{\partial r}\left(r\frac{\partial t}{\partial r}\right) \tag{6-112}$$

式中　α——流体的热扩散系数，一般可假定为常量；

u_z——轴向速度，由于假定速度边界层已经充分发展，则管内的速度分布式为

$$u_z=2u_b\left[1-\left(\frac{r}{r_i}\right)^2\right]$$

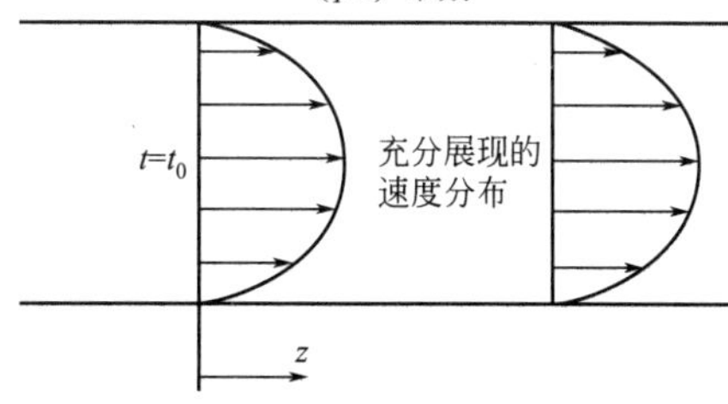

图 6-15　流体流过管内时的温度边界层

在此情况下，式(6-112) 可采用分离变量法求解，但求解过程相当烦琐，此处不做详细讨论，读者可查阅有关专著。下面讨论速度边界层和温度边界层均充分发展后的管内层流传热问题。

速度边界层充分发展意味着速度侧形呈抛物线形且不随轴向距离而变。关于温度边界层充分发展后的温度侧形如图 6-4 所示。但采用前述的温度侧形表示法，由于流体在流动过程中不断与壁面传热而使各截面的温度发生变化，其形状是随轴向距离而变的。为了使温度边界层充分发展后的温度侧形不随轴向距离而变，而只是径向距离的函数，可采用无量纲温度差 $\dfrac{t-t_s}{t_b-t_s}$ 表示。速度边界层充分发展后，速度侧形不变，即

$$\frac{\partial u}{\partial z}=0$$

或

$$\frac{\partial}{\partial z}\left(\frac{u-u_s}{u_b-u_s}\right)=0 \tag{6-113}$$

及

$$\frac{u-u_s}{u_b-u_s}=f\left(\frac{r}{r_i}\right) \tag{6-114}$$

式中 u_b——流体的主体速度或平均速度；

u_s——壁面处的速度，其值为零。

理论分析和实验结果均表明，温度边界层在管中心汇合后，对流传热系数即趋于某一定值。对流传热系数与壁面温度梯度之间的关系如下

$$h_z=\frac{k}{t_s-t_b}\frac{\mathrm{d}t}{\mathrm{d}r}\bigg|_{r=r_i}$$

式中 t_s——管壁温度，可随 x 而变或为恒定值；

t_b——管截面上流体的主体平均温度，或称混合杯温度，由下式定义，即

$$t_b=\frac{\int_0^{r_i}2\pi r\mathrm{d}ru_z\rho C_p t}{\int_0^{r_i}2\pi r\mathrm{d}ru_z\rho C_p}=\frac{\int_0^{r_i}ru_z t\mathrm{d}r}{\int_0^{r_i}ru_z\mathrm{d}r} \tag{6-115}$$

式(6-115) 的分子表示通过管截面的热量流率；分母表示相应截面上质量流率与比热容的积分，即比热容流率。因此，主体温度表示了在特定位置上的总能量。由于这个原因，主体温度有时被称为混合杯温度，也就是假想把流体置于一绝热良好的混合室，并使其达到平衡状态后流体的温度。由于流体主体与管壁之间进行热交换，故 t_b 随轴向距离 z 而变。

式 $h_z=\frac{k}{t_s-t_b}\frac{\mathrm{d}t}{\mathrm{d}r}\Big|_{r=r_i}$ 亦可用无量纲温度差 $\frac{t-t_s}{t_b-t_s}$ 表示，即

$$h_z=\frac{k}{t_s-t_b}\frac{\mathrm{d}t}{\mathrm{d}r}\bigg|_{r=r_i}=\frac{k}{r_i}\frac{\mathrm{d}}{\mathrm{d}(r/r_i)}\frac{t-t_s}{t_b-t_s}\bigg|_{r=r_i} \tag{6-116}$$

由式(6-116) 可知，当对流传热系数为一定值，即 h_z 不随轴向距离而变时，无量纲温度差 $\frac{t-t_s}{t_b-t_s}$ 亦必不随轴向距离而变，故温度边界层充分发展可表述为

$$\frac{\partial}{\partial z}\left(\frac{t-t_s}{t_b-t_s}\right)=0 \tag{6-117}$$

及

$$\frac{t-t_s}{t_b-t_s}=\varphi\frac{r}{r_i} \tag{6-118}$$

显然温度边界层充分发展的定义与速度边界层充分发展的定义类似。由式(6-116) 可知，欲求 $\frac{t-t_s}{t_b-t_s}=\varphi\frac{r}{r_i}$，关键在于求解式(6-112)，以得到温度分布。

为了得到式(6-112) 在具体边界条件下的特解，需要对该式左侧的偏导数 $\partial t/\partial z$ 进行分析。在管内进行层流传热时，有两种极限情况需要进行研究。

(1) 壁面热通量$(q/A)_s$恒定　这相当于在管壁上均匀缠绕电热丝进行加热时的情形。现在来证明式(6-112) 中的$\partial t/\partial z$ 为一常量，从而可将其化为常微分方程。

如前所述，温度边界层充分发展后应有

$$\frac{\partial}{\partial z}\left(\frac{t-t_s}{t_b-t_s}\right)=0 \tag{6-117}$$

式(6-117) 展开后得

$$\frac{\partial t}{\partial z}-\frac{\partial t_s}{\partial z}-\frac{t-t_s}{t_b-t_s}\left(\frac{\partial t_b}{\partial z}-\frac{\partial t_s}{\partial z}\right)=0 \tag{6-119}$$

通过微分段管长 dz 的传热速率为

$$\mathrm{d}q=h_z\pi\cdot d_i\cdot \mathrm{d}z\cdot(t_s-t_b)=(q/A)_s\pi\cdot d_i\cdot \mathrm{d}z$$

设流体经过微分段管长 dz 后温度升高 dt_b，由热量衡算可得

$$\mathrm{d}q=\frac{\pi}{4}d_i^2u_b\rho C_p\mathrm{d}t_b$$

上述二式的 dq 相等，经整理后得

$$(q/A)_s\mathrm{d}z=\frac{d_i}{4}u_b\rho C_p\mathrm{d}t_b$$

由上式得

$$\frac{\partial t_b}{\partial z}=4\frac{(q/A)_s}{d_iu_b\rho C_p}$$

由于$(q/A)_s$ 和 h_z 均为常量，故

$$\frac{\partial t_b}{\partial z}=常数 \tag{6-120}$$

由 h 的定义式(6-1) 可知

$$t_s-t_b=常数 \tag{6-120a}$$

则

$$\frac{\partial t_s}{\partial z}=\frac{\partial t_b}{\partial z}=常数 \tag{6-120b}$$

将式(6-120b) 代入式(6-119)，可得

$$\frac{\partial t}{\partial z}=\frac{\partial t_s}{\partial z}=\frac{\partial t_b}{\partial z}=常数 \tag{6-121}$$

即在此种情况下流场中各点流体的温度均随 z 线性增加。

将式(6-121) 及 u_z 的表达式 $u_z=2u_b\left[1-\left(\frac{r}{r_i}\right)^2\right]$代入式(6-112)，可得如下形式的常微分方程，即

$$\frac{\mathrm{d}}{\mathrm{d}r}\left(r\frac{\mathrm{d}t}{\mathrm{d}r}\right)=\frac{2u_b}{\alpha}\left[1-\left(\frac{r}{r_i}\right)^2\right]r\frac{\partial t}{\partial z} \tag{6-122}$$

边界条件为

① $r=0$：$\frac{\partial t}{\partial r}=0$；

② $r=r_i$：$\frac{q}{A}=k\frac{\partial t}{\partial r}=常数$。

应予指出，式 $u_z=2u_b\left[1-\left(\frac{r}{r_i}\right)^2\right]$表达的是恒定温度下管内层流流动时的速度分布规

律，将其代入式(6-112) 实际上是假定温度场不影响速度场，也即假定流动过程中的物性为常数。实验表明，当管内温度梯度较小时该假定基本正确，但当管内温度梯度较大时将会产生较大的误差，此时必须考虑温度分布对流体物性的影响，关于此问题将在下面进行讨论。将式(6-122) 积分一次，得

$$r\frac{\mathrm{d}t}{\mathrm{d}r}=\frac{2u_b}{\alpha}\left(\frac{r^2}{2}-\frac{r^4}{4r_i^2}\right)\frac{\partial t}{\partial z}+C_1$$

应用边界条件①，得 $C_1=0$

将式(6-122) 再积分一次，得 $t=\frac{2u_b}{\alpha}\left(\frac{r^2}{4}-\frac{r^4}{16r_i^2}\right)\frac{\partial t}{\partial z}+C_2$

上式中的 C_2 可借助管中心温度 $t_c(r=0)$ 求出，即

$$C_2=t_c$$

于是管壁热通量恒定情况下的温度分布方程为

$$t=t_c=\frac{2u_b}{\alpha}r_i^2\left[\left(\frac{r}{r_i}\right)^2-\frac{1}{4}\left(\frac{r}{r_i}\right)^4\right]\frac{\partial t}{\partial z} \tag{6-123}$$

应予指出，$\partial t/\partial z$ 为常数使得边界条件②自动满足。

为了应用式(6-116) 求 h_z，可先由温度分布方程计算 t_b、t_s 和 $\left.\frac{\mathrm{d}t}{\mathrm{d}r}\right|_{r=r_i}$，将式(6-123) 及式 $u_z=2u_b\left[1-\left(\frac{r}{r_i}\right)^2\right]$代入式(6-115)，经积分后得

$$t_b=t_c=\frac{7}{48}\frac{u_b r_i^2}{\alpha}\frac{\partial t}{\partial z} \tag{6-124}$$

$\left.\frac{\mathrm{d}t}{\mathrm{d}r}\right|_{r=r_i}$可由式(6-123) 对 r 求导得到，即

$$\left.\frac{\mathrm{d}t}{\mathrm{d}r}\right|_{r=r_i}=\frac{u_b r_i^2}{\alpha}\frac{\partial t}{\partial z} \tag{6-125}$$

壁面温度 t_s 可由式(6-123) 求取，即

$$t_s=t|_{r=r_i}=t_c+\frac{3}{8}\frac{u_b r_i^2}{\alpha}\frac{\partial t}{\partial z} \tag{6-126}$$

将式(6-124)～式(6-126) 代入式(6-118)，整理得

$$h_z=\frac{k}{\frac{11}{48}\frac{u_b r_i^2}{\alpha}\frac{\partial t}{\partial z}}\frac{u_b r_i}{2\alpha}\frac{\partial t}{\partial z}=\frac{24}{11}\frac{k}{r_i} \tag{6-127}$$

或写为

$$Nu=\frac{h_z d_i}{k}=\frac{48}{11}=4.36 \tag{6-128}$$

由此可见，在管内层流传热过程中，当速度边界层和温度边界层均充分发展后，其 h_z 或 Nu 为常数。

值得指出的是，在管壁热通量恒定情况下，尽管 t_s 和 t_b 沿轴向而变，但二者之差 t_s-t_b、$\frac{\partial t}{\partial z}$及$\left.\frac{\mathrm{d}t}{\mathrm{d}r}\right|_{r=r_i}$均不沿轴向而变。

(2) 壁面温度恒定 管内层流传热的另一种特殊情形是壁温 t_s 恒定。在此情况下，虽

然$\frac{\partial t_s}{\partial z}=0$，但是可以证明$\frac{\partial t}{\partial z}$不再为常数，而是径向距离 r 的函数，故式(6-112) 也就不能化为常微分方程来求解。葛雷兹（Greatz）曾对其进行过分析求解，当速度边界层和温度边界层均充分发展后，其结果为

$$Nu=\frac{h_z d_i}{k}=3.66 \tag{6-129}$$

上述结果表明，恒管壁热通量和恒壁温这两种传热情况下 Nu 数值差别较大。

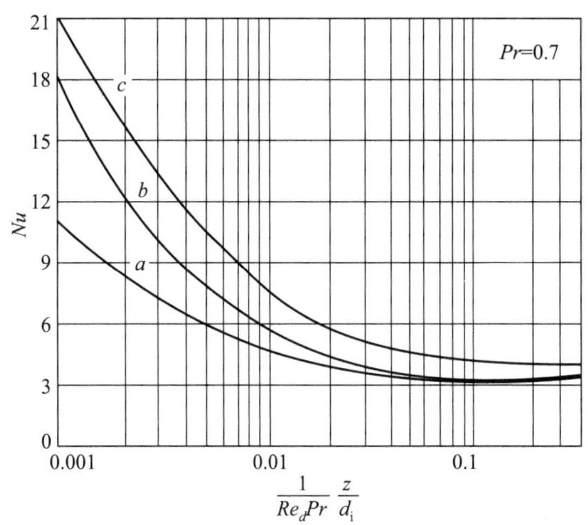

图 6-16　管进口段的局部 Nu

a—恒壁温，速度边界层充分发展；b—恒壁温，速度边界层和温度边界层同时发展；c—恒壁热通量，速度边界层和温度边界层同时发展

式(6-128)、式(6-129) 中的 d_i 为管内径。二式均是在速度边界层和温度边界层已达充分发展的情况下求出的。实际上，流体进口段的局部 Nu 并非常数。

现将努塞特及凯斯（Kays）的综合研究结果示于图 6-16 中。图中 Nu 沿流体流动方向急剧减小，最后以渐进线的形式趋于某一定值。下面对图中的曲线加以说明。

曲线 a 指恒壁温，传热开始之处速度边界层已经充分发展的情况。当$\frac{1}{Re_d Pr}\frac{z}{d_i}>0.05$ 时，曲线最后趋于水平，此时 $Nu=3.66$。

曲线 b 亦指恒壁温，但在传热开始之处速度边界层和温度边界层同时发展，曲线最后也趋于水平，此时也有 $Nu=3.66$。

曲线 c 指恒壁热通量的情况，但在传热开始之处速度边界层和温度边界层同时发展，曲线最后趋于水平，此时 $Nu=4.36$。

前已述及，所谓传热进口段，是指温度边界层在管中心汇合点至管前缘的轴向距离，也即传热 Nu 达恒定值时所对应的轴向距离，习惯上以 L_t 表示。由图 6-16 可知，L_t 相当于$\frac{1}{Re_d Pr}\frac{z}{d_i}=0.05$ 时所对应的轴向距离，即传热进口段长度 L 的估算式为

$$\frac{L_t}{d_i}=0.05\,Re_d Pr \tag{6-130}$$

对式(6-130) 和式$\frac{L_e}{d}=0.0575Re$ 进行比较后可知，温度边界层进口段长度 L_t 与速度边界层进口段长度 L_e 仅相差一个 Pr 值的倍数。对于 Pr 值小的流体（例如液态金属），L_t 比 L_e 小得多，亦即温度边界层的发展比速度边界层的发展快得多，其原因是 Pr 值很小的流体黏度低而导热能力高。反之，对于 Pr 值较大的流体，温度边界层所需的进口段长度比速度边界层的大（例如 $Pr=100$ 的黏性油，L_t 约为 L_e 的 100 倍），其原因是 Pr 值较大的流体黏度高而导热能力低，速度边界层可以很快发展为抛物线形，但温度边界层却发展得很慢。对于 $Pr=1$ 的流体，两种边界层的发展速度大致相等。

由于在传热进口段内对流传热系数是逐渐减小的，故工业上经常采用短管换热器，以强化换热器中的传热过程。

为计及传热进口段的影响，可采用下式计算管内层流传热时的平均或局部的 Nu 值，即

$$Nu = Nu_{\infty} + \frac{k_1(Re_d Pr d_i/L)}{1+k_2(Re_d Pr d_i/L)^n} \tag{6-131}$$

式中，Nu 为不同条件下努塞特数的平均或局部值；Nu_{∞} 为温度边界层充分发展后的努塞特数值；k_1、k_2、n 为常数，其值可由表 6-1 查出。上式中各物理量的定性温度均为管子进出口流体主体温度的平均值，即

$$t_m = \frac{t_{b1}+t_{b2}}{2}$$

式中　t_{b1}，t_{b2}——流体进口和出口的主体平均温度。

表 6-1　式(6-131) 中的各常数值

壁面情况	速度侧形	Pr	Nu	Nu_{∞}	k_1	k_2	n
恒壁温	抛物线	任意	平均	3.66	0.0668	0.04	2/3
恒壁温	正在发展	0.7	平均	3.66	0.104	0.016	0.8
恒壁热通量	抛物线	任意	局部	4.36	0.023	0.0012	1.0
恒壁热通量	正在发展	0.7	局部	4.36	0.036	0.0011	1.0

6.5.2　管内对流传热的量纲分析

前面通过理论分析的方法求取了恒壁热通量或恒壁温且速度边界层充分发展、热边界层在管中心汇合后的对流传热系数。但必须指出，这只是极特殊的情况，而对于绝大多数工程对流传热问题，特别是湍流传热问题，直接对能量方程求解极其困难。目前解决这类对流传热问题的方法主要有量纲分析法和类比法两种。本节首先介绍前者，然后讨论后者。

(1) 管内对流传热的量纲分析　所谓量纲分析，即根据对问题的理解找出影响对流传热的物理量，然后通过对这些物理量或其所遵循的变化方程进行量纲分析确定相应的无量纲数群，继而通过实验确定这些数群之间的关系，进而求解对流传热系数的经验关联式。

如图 6-5 所示，设不可压缩的牛顿型流体稳态流过内径为 d_i 的圆管并与管壁进行对流传热。设在截面“1”的速度分布是已知的，又从 $z=0$ 到 $z=L$ 加热段的壁面温度 t_s 为常数，在加热段内流体的主体温度由 t_{b1} 升高至 t_{b2}，有关的物性 ρ、μ、C_p 和 k 为常数，则其连续性方程、运动方程和能量方程如下。

连续性方程：

$$\nabla \cdot u = 0 \tag{6-132}$$

运动方程：

$$\rho \frac{\mathrm{D}u}{\mathrm{D}\theta'} = -\nabla p_d + \mu \nabla^2 u \tag{6-133}$$

能量方程：

$$\rho C_p \frac{\mathrm{D}t}{\mathrm{D}\theta'} = k\nabla^2 t \tag{6-134}$$

定义下列无量纲变量和数群：

$$u^* = \frac{u}{u_b} = \text{无量纲速度} \tag{6-135}$$

$$p_d^* = \frac{p_d - p_0}{\rho u_b} = \text{无量纲压力} \tag{6-136}$$

$$\theta'^{*}=\frac{\theta' u_{b}}{d_{i}}=\text{无量纲时间} \tag{6-137}$$

$$t^{*}=\frac{t-t_{s}}{t_{b1}-t_{s}}=\text{无量纲温度} \tag{6-138}$$

$$r^{*}=\frac{r}{d_{i}}\text{及 } z^{*}=\frac{z}{d_{i}}\text{无量纲坐标} \tag{6-139}$$

$$Re=\frac{d_{i}u_{b}\rho}{\mu}=\text{雷诺数(惯性力与黏性力之比)} \tag{6-140}$$

$$Pr=\frac{C_{p}\mu}{k}=\text{普朗特数(流体物性)} \tag{6-141}$$

上述式中 u_b、d_i、$t_{b1}-t_s$ 分别代表系统的特征速度、特征尺寸、特征温度差。将上述无量纲变量和数群代入方程式(6-132)～式(6-134)，经整理后可得以下结果。

连续性方程：

$$\nabla^{*}\cdot u^{*}=0 \tag{6-142}$$

运动方程：

$$\frac{\mathrm{D}u^{*}}{\mathrm{D}\theta'^{*}}=-\nabla^{*}p_{d}^{*}+\frac{1}{Re}\nabla^{*2}u \tag{6-143}$$

能量方程：

$$\frac{\mathrm{D}t^{*}}{\mathrm{D}\theta'^{*}}=\frac{1}{RePr}\nabla^{*2}t^{*} \tag{6-144}$$

对半径为 r_i、长度为 L 的圆管，经管壁进入流体的总热流速率为

$$q=\int_{0}^{L}\int_{0}^{2\pi}\left(+k\frac{\partial t}{\partial r}\right)\bigg|_{r=r_{i}}r_{i}\mathrm{d}\theta\mathrm{d}z \tag{6-145}$$

原则上，此表达式对层流和湍流均适用。但用于湍流时，式中的有关物理量均为时均值。热量沿 $-r$ 方向加入系统中，所以此处出现+号。

将式(6-9) 定义的 q 代入式(6-145)，得

$$h_{m}=\frac{1}{\pi d_{i}L(t_{b2}-t_{b1})/\ln[(t_{s}-t_{b1})/(t_{s}-t_{b2})]}\int_{0}^{L}\int_{0}^{2\pi}\left(+k\frac{\partial t}{\partial r}\right)\bigg|_{r=r_{i}}r_{i}\mathrm{d}\theta\mathrm{d}z \tag{6-146}$$

引入无量纲努塞特数 $Nu=h_{m}d_{i}/k$ 及无量纲变量 r^{*}、z^{*}，则式(6-146) 变为

$$Nu=\frac{\ln[(t_{s}-t_{b1})/(t_{s}-t_{b2})]}{2\pi L/d_{i}[(t_{b2}-t_{b1})/(t_{b1}-t_{s})]}\int_{0}^{L/d_{i}}\int_{0}^{2\pi}\left(-\frac{\partial t}{\partial r}\right)\bigg|_{r^{*}=1/2}\mathrm{d}\theta\mathrm{d}z^{*} \tag{6-147}$$

式(6-147) 表明，Nu 基本上是无量纲温度梯度在整个传热表面的平均值。

原则上无量纲温度梯度可以通过对 t^{*} 的表达式求导得到。而 t^{*} 的表达式可在下列边界条件下通过求解式(6-142)～式(6-144) 获得，即

① $z^{*}=0$：$u^{*}=f\ (r^{*},\ \theta'^{*})$；

② $r^{*}=\frac{1}{2}$：$u^{*}=0$；

③ $z^{*}=0$，$r^{*}=0$：$p_{0}^{*}=0$；

④ $z^{*}=0$：$t^{*}=1$；

⑤ $r^{*}=\frac{1}{2}$：$t^{*}=0$。

式(6-142)、式(6-143) 组成的方程组的因变量为 u^*、p_d^*，参数为 Re；式(6-144) 的因变量为 t^*，参数为 Re 和 Pr。上述 2 式的自变量均为 θ'^*。因此，无量纲速度 u^* 和无量纲温度 t^* 具有下列关系，即

$$u^*=u^*(\theta'^*,r^*,z^*,Re) \tag{6-148}$$

$$t^*=t^*(\theta'^*,r^*,z^*,Re,Pr) \tag{6-149}$$

将式(6-149) 代入式(6-147)，由于 t_s、t_{b1}、t_{b2} 均为常数，故

$$Nu=Nu(Re,Pr,L/d_i) \tag{6-150}$$

式(6-150) 表明，在壁温恒定的圆管中做强制对流时，平均传热系数 h_m 可以用无量纲数群 Nu 来关联，此无量纲数群 Nu 与 Re、Pr 和几何因素 L/d_i 相关。

实际上，在上述诸式中均假定在系统的温度变化范围内物理性质不变。当流体与壁面的温差较小时，这一假定基本正确；但当流体与壁面的温差较大时，由于 μ 的变化非常剧烈，此时这一假定会引起较大的误差。为计及此影响，在式(6-150) 中引入参数 μ_b/μ_s，其中 μ_b 是流体主体温度平均值下的黏度，μ_s 是壁面温度下的黏度。这样，上面定义的 Nu 的关联式将具有下列形式，即

$$Nu=Nu(Re,Pr,L/d_i,\mu_b/\mu_s) \tag{6-151}$$

此关联式由西德尔（Sieder）和泰特（Tate）最早使用。此外，若密度 ρ 变化很大，将会出现某种程度的自然对流，此时可在上述一组无量纲数群的关联式中加入格拉斯霍夫数（Grashof number）Gr 而加以考虑。有关自然对流传热的问题将在后节讨论。

式(6-151) 亦可由白金汉（Buckingham）π 定理得出。

上述由量纲分析得到的结果对以实验为基础的传热研究十分有用。例如，虽然式(6-151) 表明 h_m 与 8 个物理量（d_i，u_b，ρ，μ_b，μ_s，C_p，k，L）有关，但将此关系式用 Nu 表示时，它仅为 4 个无量纲数群 Re，Pr，L/d_i，μ_b/μ_s 的函数。由于减少了需研究的独立变量数目，可极大地减少所需的实验次数。例如，为了研究 8 个独立变量的所有组合，假定每个变量有 10 个值，则需进行 10^8 次实验，而对 4 个独立变量则 10^4 次实验已足够。

(2) 由量纲分析所得到的关联式 式(6-151) 仅为 Nu 与 Re，Pr，L/d_i 和 μ_b/μ_s 的原则关系式，各种不同情况下的具体关系式需通过实验确定。

① 流体在光滑圆形直管内做强制湍流

a. 低黏度流体 可应用迪特斯（Dittus)-贝尔特（Boelter）关联式，即

$$Nu=0.023Re^{0.8}Pr^n \tag{6-152}$$

或

$$h=0.023\frac{k}{d_i}\left(\frac{d_iu_b\rho}{\mu}\right)^{0.8}\left(\frac{C_p\mu}{k}\right)^n \tag{6-152a}$$

式中，n 值视热流方向而定，当流体被加热时 $n=0.4$，当流体被冷却时 $n=0.3$。

应用范围：$Re>1000$，$0.7<Pr<120$，$\dfrac{L}{d_i}>60$（L 为管长）。

特征尺寸：管内径 d_i。

定性温度：流体进出口主体温度的算术平均值。

b. 高黏度流体 可应用西德尔（Sieder)-泰特（Tate）关联式，即

$$Nu=0.027Re^{0.8}Pr^{1/3}\varphi_s \tag{6-153}$$

或

$$h=0.027\frac{k}{d_i}\left(\frac{d_i u_b \rho}{\mu}\right)^{0.8}\left(\frac{C_p \mu}{k}\right)^{1/3}\left(\frac{\mu}{\mu_s}\right)^{0.14} \tag{6-153a}$$

式(6-153a) 中，除μ_s取壁温下的值外，其应用范围、特征尺寸及定性温度均与式(6-152a) 相同。式(6-153) 中的校正项φ_s可取近似值：液体被加热时取$\varphi_s \approx 1.05$，液体被冷却时取$\varphi_s \approx 0.95$，对气体则不论加热或冷却均取$\varphi_s \approx 1.0$。

② 流体在光滑圆形直管内做强制层流　流体在管内做强制层流时，一般流速较低，故应考虑自然对流的影响，此时由于在热流方向上同时存在自然对流和强制对流而使问题变得复杂化，也正是由于上述原因，强制层流时的对流传热系数关联式的误差要比湍流大。

当管径较小、流体与壁面间的温度差也较小且流体的μ值较大时，可忽略自然对流对强制层流传热的影响，此时可应用西德尔（Sieder)-泰特（Tate）关联式，即

$$Nu=1.86\left(RePr\frac{d_i}{L}\right)^{1/3}\left(\frac{\mu}{\mu_s}\right)^{0.14} \tag{6-154}$$

或

$$h=1.86\frac{k}{d_i}\left(RePr\frac{d_i}{L}\right)^{1/3}\left(\frac{\mu}{\mu_s}\right)^{0.14} \tag{6-154a}$$

应用范围：$Re<2300$，$0.7<Pr<6700$，$RePr\frac{d_i}{L}>10$（L 为管长）。

特征尺寸：管内径 d_i。

定性温度：除μ_s取壁温外，均取流体进出口主体温度的算术平均值。

式(6-154) 或式(6-154a) 适用于管长较小时 h 的计算，此时与由式(6-131) 求得的结果较接近。但当管子很长时则不再适用，因为此时求得的 h 趋于零，与实际不符。式(6-131) 适用于参数 Nu_∞、k_1、k_2 和 n 已知时 h 的计算，结果较准确，但有时因上述参数不全而使其应用受到限制。因此，除表 6-1 所述情况外，一般采用式(6-154) 或(6-154a) 计算 h。

③ 流体在光滑圆形直管中呈过渡流　当 $Re=2300\sim10000$ 时，对流传热系数可先用湍流时的公式计算，然后把算得的结果乘以校正系数 ϕ

$$\phi=1-6\times10^5\,Re^{-1.8} \tag{6-155}$$

6.5.3　管内湍流传热的类似律

前面较详细地介绍了量纲分析法在对流传热问题中的应用。本节将介绍处理湍流传热问题的另外一种方法——类比法，其基本原理是利用动量传递与热量传递的类似性，通过动量传递中易于求得的摩擦系数求取对流传热系数。类似的方法也用于质量传递。研究动量、热量和质量传递之间的类比关系，不仅可以在理论上深入了解传热和传质的机理，而且在一些情况下所获得的某些结论已经能够应用于设计计算之中。

(1) 雷诺类似律　雷诺首先利用动量传递与热量传递之间的类似性导出了摩擦系数与对流传热系数之间的关系式，即雷诺类似律。

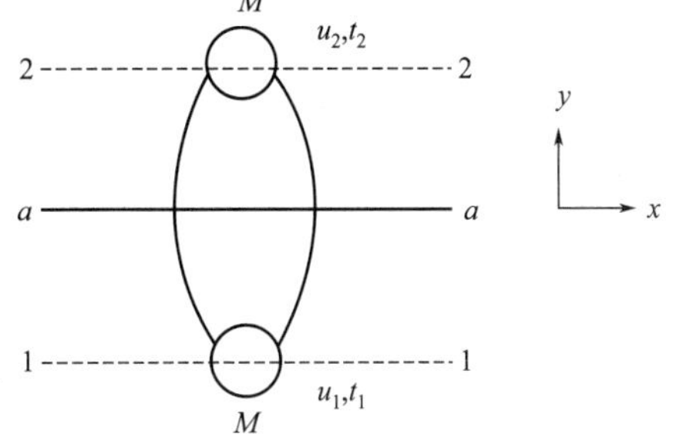

图 6-17　雷诺类似律的模型图

图 6-17 所示为雷诺类似律的模型图。雷诺假设，当湍流流体与壁面间进行动量、热量传递时湍

流中心一直延伸至壁面，即认为整个湍流边界层均为湍流核心。故雷诺类似律为一层模型。

设在湍流区中单位时间、单位面积上相距为普朗特混合长 l 的两相邻流体层交换的质量为 M，又设两相邻流体层的时均速度和时均温度分别为 $\bar{u}$、$\bar{t}$ 和 $\bar{u}+l\dfrac{\mathrm{d}\bar{u}}{\mathrm{d}y}$、$\bar{t}+l\dfrac{\mathrm{d}\bar{t}}{\mathrm{d}y}$，则两相邻流体层因质量交换（流体漩涡混合）引起的对流传热通量为

$$(q/A)_y^e=MC_p l\frac{\mathrm{d}\bar{t}}{\mathrm{d}y} \tag{6-156}$$

引起的动量通量为

$$\bar{\tau}_{yx}^r=M\Delta u=Ml\frac{\mathrm{d}\bar{u}}{\mathrm{d}y} \tag{6-157}$$

则

$$\frac{\overline{(q/A)_y^e}}{\bar{\tau}_{yx}^r}=C_p\frac{\mathrm{d}\bar{u}}{\mathrm{d}y} \tag{6-158}$$

前已述及，当流体流过固体壁面时，即使形成湍流边界层，靠近壁面处仍有一层层流内层存在，在该层中剪应力和热通量可采用牛顿黏性定律和傅里叶定律描述，即

$$\tau=\mu\frac{\mathrm{d}u}{\mathrm{d}y}\approx\tau_s \tag{6-159}$$

$$\frac{q}{A}=k\frac{\mathrm{d}t}{\mathrm{d}y}$$

则

$$\frac{q/A}{\tau_s}=\frac{k}{\mu}\frac{\mathrm{d}t}{\mathrm{d}u} \tag{6-160}$$

对比式(6-158) 和式(6-160) 可知，当 $C_p=\dfrac{k}{\mu}$ 或 $Pr=\dfrac{C_p\mu}{k}=1$ 时，就可以用同样的规律表达层流内层和湍流区中的热量传递与动量传递过程，在此情况下，就如同湍流中心一直延伸至固体壁面一样。

对于流体在管内进行稳态湍流传热的情形，将式(6-158) 略去上标并积分，即

$$\frac{q/A}{\tau_s C_p}\int_0^{u_b}\mathrm{d}u=\int_{t_s}^{t_b}\mathrm{d}t$$

得

$$\frac{q/A}{\tau_s C_p}u_b=t_b-t_s \tag{6-161}$$

或

$$\frac{q/A}{t_b-t_s}\frac{1}{C_p\rho u_b}=\frac{2\tau_s}{\rho u_b^2}\frac{1}{2} \tag{6-161a}$$

又

$$\frac{q/A}{t_b-t_s}=h$$

及

$$\frac{2\tau_s}{\rho u_b^2}=f$$

故

$$\frac{h}{\rho u_b C_p}=\frac{f}{2} \tag{6-162}$$

式(6-162) 中左侧的数群称为斯坦顿数（Stanton number），记为 St，即

$$St=\frac{Nu}{RePr}=\frac{h}{\rho u_b C_p}=\frac{f}{2} \tag{6-162a}$$

式(6-162a) 即流体在管内做湍流流动时的雷诺类似律。式中的 f 为范宁摩擦因子，f 与 h 均为全管平均值，故 St 亦为全管平均值。应用式(6-162a) 时，流体的定性温度可近似地取其进出口主体温度的算术平均值。

雷诺类似律的推导表明其仅适用于 $Pr=1$ 的流体（一般气体的 Pr 接近于 1）及仅有摩擦阻力的场合，而工程上的许多流体尤其是液体的 Pr 值明显地偏离 1，此时应用雷诺类似律求解对流传热系数常引起很大的偏差。究其原因，主要是该模型过于简化，没有考虑湍流边界层中的层流内层和缓冲层对动量传递与热量传递的影响。所以，在雷诺类似律之后，又有许多研究者对其进行了修正，提出了新的类似律，其中最重要的当推普朗特（Prandtl)-泰勒（Taylor）类似律、冯・卡门（von Karman）类似律和柯尔本（Colburn）类似律等。

(2) 普朗特（Prandtl)-泰勒（Taylor）类似律　普朗特和泰勒认为湍流边界层由湍流主体和层流内层组成，此即所谓的二层模型。如图 6-18 所示，图中湍流主体的流速 u_b 和温度 t_b 均可视为定值，层流内层外缘处流体的流速为 u_1 温度为 t_1，壁面处的流速 $u_s=0$、温度为 t_s，湍流主体层流内层边缘的平均厚度为 δ_D。

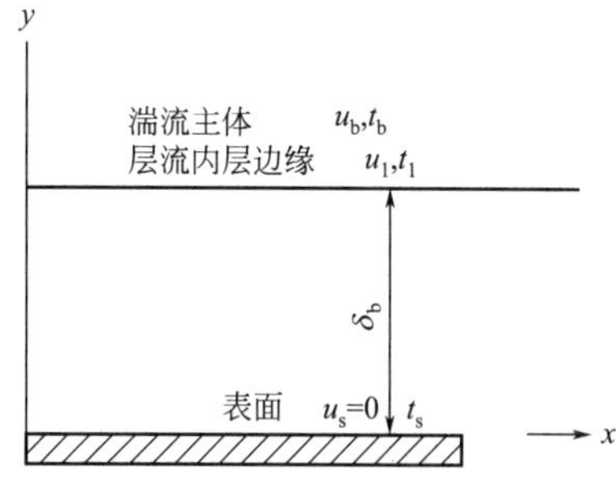

图 6-18　普朗特-泰勒类似律的模型图

由于层流内层中的流速很小，处于层流状态，在该层中所有由湍流区传递给壁面的热量都是以热传导方式进行的，即

$$\frac{q}{A}=\frac{k(t_1-t_s)}{\delta_b} \tag{6-163}$$

该层内的动量通量如下

$$\tau=\mu\frac{du}{dy}=\tau_s\left(1-\frac{y}{r_i}\right) \tag{6-164}$$

由于层流内层很薄，$\frac{y}{r_i}\ll 1$，故 $\tau\approx\tau_s$。于是式(6-164) 可改写为

$$du=\frac{\tau_s}{\mu}dy$$

上式在层流内层范围内积分，得

$$\mu_1=\frac{\tau_s}{\mu}\delta_b \tag{6-165}$$

将范宁摩擦因子定义式代入上式，可得 δ_b 的表达式为

$$\mu_1=\frac{\tau_s}{\mu}\delta_b=\frac{2\mu u_1}{fu_b^2\rho}$$

将 δ_b 的表达式代入式(6-163)，即可得出层流内层中的热量通量方程为

$$\frac{q}{A}=\frac{kfu_b^2\rho}{2\mu u_1}(t_1-t_s) \tag{6-166}$$

假设湍流核心中的热量传递与动量传递遵循雷诺类似律，积分式(6-158) 即为

$$\frac{q/A}{\tau_s C_p}\int_{u_1}^{u_b}\mathrm{d}u=\int_{t_1}^{t_b}\mathrm{d}t$$

得
$$\frac{q/A}{\tau_s C_p}(u_b-u_1)=t_b-t_1$$

将范宁摩擦因子定义式 $f=\frac{2\tau_s}{\rho u_b^2}$代入上式，可得

$$\frac{q}{A}=\frac{f}{2}\rho u_b^2 C_p\frac{t_b-t_1}{u_b-u_1} \tag{6-167}$$

将式(6-166)、式(6-167) 写成推动力的形式，即

$$t_1-t_s=\frac{q}{A}\frac{2\mu u_1}{kf\rho u_b^2}$$

$$t_b-t_1=\frac{q}{A}\frac{2(u_b-u_1)}{f\rho u_b^2 C_p}$$

将以上二式相加，得

$$t_b-t_s=\frac{q}{A}\left[\frac{2\mu u_1}{kf\rho u_b^2}+\frac{2(u_b-u_1)}{f\rho u_b^2 C_p}\right] \tag{6-168}$$

又

$$\frac{q/A}{t_b-t_s}=h$$

故 h 的表达式可以写为

$$h=\frac{1}{2\mu u_1/(kf\rho u_b^2)+2(u_b-u_1)/(f\rho u_b^2 C_p)} \tag{6-169}$$

或

$$h=\frac{\frac{f}{2}\rho u_b C_p}{\frac{u_1}{u_b}\frac{C_p\mu}{k}+1-\frac{u_1}{u_b}} \tag{6-170}$$

在讨论圆管内的通用速度分布时，曾得到层流内层中的无量纲速度 u^+ 与无量纲距离 y^+的关系式，即

$$u^+=\frac{u}{u^*}=y^+$$

式中，u^*为摩擦速度，其与摩擦系数的关系表示如下，即

$$u^*=u_b\sqrt{\frac{f}{2}}$$

又在层流内层的外缘处，$y^+=5$，故

$$u_1=5u^*=5u_b\sqrt{\frac{f}{2}} \tag{6-171}$$

将式(6-171) 代入式(6-170)，得

$$h=\frac{\frac{f}{2}\rho u_b C_p}{1+5\sqrt{f/2}(Pr-1)} \tag{6-172}$$

或

$$St=\frac{h}{\rho u_{b}C_{p}}=\frac{f/2}{1+5\sqrt{f/2}(Pr-1)} \tag{6-173}$$

式(6-172)、式(6-173) 即为用于管内湍流传热时的普朗特-泰勒类似律的计算式。由于考虑了层流内层对传热的影响，应用该式计算 $Pr\neq1$ 的流体的传热系数时误差比雷诺类似律小。该式中有关物理量的定性温度取流体进出口主体温度的算术平均值。

由式(6-173) 可以看出，当 $Pr=1$ 时，该式可以还原为雷诺类似律式(6-162)。

(3) 冯・卡门 (von Karman) 类似律 雷诺类似律、普朗特-泰勒类似律均未考虑湍流边界层中缓冲层对动量传递和热量传递的影响，故与实际情况不十分吻合。冯・卡门认为湍流边界层由湍流主体、缓冲层和层流内层组成，此即所谓的三层模型。

与推导普朗特-泰勒类似律相似，在推导冯・卡门类似律时，首先应用导出的管内湍流的通用速度分布方程式求出通过层流内层、缓冲层和湍流主体的温度差的表达式，然后将各温度差相加，即得湍流中心至管壁的总温度差表达式，最后根据总温度差导出斯坦顿数 St 的表达式，即

$$St=\frac{h}{\rho u_{b}C_{p}}=\frac{(\phi_{m}/\theta')(f/2)}{1+\phi_{m}\sqrt{f/2}\left[5(Pr-1)+5\ln\frac{1+5Pr}{6}\right]} \tag{6-174}$$

表 6-2 θ' 与 Re、Pr 的关系

Pr	θ'			
	$Re=10^4$	$Re=10^5$	$Re=10^6$	$Re=10^7$
10^{-1}	0.69	0.76	0.82	0.86
10^0	0.86	0.88	0.90	0.91
10^1	0.96	0.96	0.96	0.97
10^2	0.99	0.99	0.99	0.996
10^3	1.00	1.00	1.00	1.00

式(6-174) 即为冯・卡门类似律的计算式。式中的 ϕ_m 值一般可取为 0.817，但实际上 ϕ_m 值随 Re 略有改变。θ' 与 Re，Pr 有关，其值可由表 6-2 查出。式(6-174) 中的各物理量的定性温度取流体进出口主体温度的算术平均值。

由于在推导冯・卡门类似律时假定通过各层（层流内层、缓冲层和湍流主体）的热量通量、动量通量均恒定不变，冯・卡门类似律仍然不能完全正确地反映真实的传热情况。但它的精确度比雷诺类似律和普朗特-泰勒类似律高。当 $Pr=1$ 时，该式亦可以近似还原为雷诺类似律式(6-162)。

(4) 柯尔本 (Colburn) 类似律 契尔顿 (Chilton) 和柯尔本 (Colburn) 采用实验方法关联了对流传热系数与范宁摩擦因子之间的关系，得到了以实验为基础的类似律，称为柯尔本类似律或 j_H 因数类似法。

流体在圆管内进行湍流传热时，柯尔本应用式(6-152) 的经验关联式，取该式的 $n=1/3$，得

$$Nu=0.023Re^{0.8}Pr^{1/3} \tag{6-175}$$

或

$$\frac{Nu}{Re\,Pr^{1/3}}=0.023Re^{-0.2} \tag{6-175a}$$

在 $Re=5\times10^3\sim2\times10^5$ 范围内，f 与 Re 的经验关联式由下式给出，即

$$f=0.046\,Re^{1/5}$$

令

$$j_H=\frac{Nu}{Re\,Pr^{1/3}}=St\,Pr^{2/3} \tag{6-176}$$

得

$$j_H=\frac{Nu}{Re\,Pr^{1/3}}=\frac{f}{2} \tag{6-177}$$

式中，j_H 称为传热 j 因数。

式(6-177) 称为柯尔本类似律或 j_H 因数法。显然，当 $Pr=1$ 时，该式即变为雷诺类似律。应用范围：$0.6<Pr<100$，$L/d_i>60$（L 为管长），$Re>10000$，无形体曳力。

应予指出，式(6-177) 只适用于无形体曳力的情况，当摩擦曳力与形体曳力同时出现时即不再适用。但实验表明，若将形体曳力由总曳力中减去而仅剩下摩擦曳力时，式(6-177) 仍近似适用。

6.6 自然对流传热

如前所述，自然对流的发生是由于流体在加热过程中密度变化引起的浮力所致，因此，在分析自然对流过程时就不能再像强制对流过程那样假定流体的密度为一常数，而必须考虑密度随温度的变化。这一情况使得自然对流过程的运动方程与强制对流有很大的不同。本节首先介绍自然对流过程的运动方程和能量方程，然后列出一些重要的自然对流传热系数关联式，以供设计和计算时参考。

6.6.1 自然对流系统的运动方程和能量方程

(1) 自然对流系统的运动方程 流体的运动缘于密度的变化，但这种密度的变化范围一般较小，因而假设流体是不可压缩的，即假设 $\rho=$ 常数，对于自然对流问题也是合理的，故自然对流系统的运动方程仍可表示为

$$\rho\frac{\mathrm{D}u}{\mathrm{D}\theta}=\rho f_B-\nabla p+\mu\nabla^2 u \tag{6-178}$$

对于某静止流体，若其温度为 $\overline{T}$，则由所述的流体平衡微分方程 $\rho f_B=\nabla p$ 得：

$$\nabla p=\overline{\rho} f_B \tag{6-179}$$

式中，$\overline{\rho}$ 是在 $\overline{T}$ 和局部压力下的流体密度。

对于一个平均温度为 $\overline{T}$ 的自然对流系统，由于自然对流完全是由温度的不均匀性引起的，流速一般很慢，故可近似采用式(6-179) 描述。在此假设下，运动方程变为

$$\rho\frac{\mathrm{D}u}{\mathrm{D}\theta}=(\rho-\overline{\rho})f_B-\nabla p+\mu\nabla^2 u \tag{6-180}$$

密度差 $\rho-\overline{\rho}$ 可以借助体积膨胀系数 β 来表示，β 的定义为

$$\beta=\frac{1}{v}\left(\frac{\partial v}{\partial T}\right) \tag{8-181}$$

上式可近似写为

$$\beta=\frac{1}{v}\frac{v-\bar{v}}{T-\overline{T}} \tag{6-182}$$

式中，$\bar{v}$ 为 $\overline{T}$ 温度下流体的比容。对于理想气体，$\beta=1/T$。

v 表示单位质量流体的体积，故

$$\rho v=1 \tag{6-183}$$

及

$$\bar{\rho}\bar{v}=1 \tag{6-184}$$

将此二式代入式(6-182)，可得

$$\rho-\bar{\rho}=-\bar{\rho}\beta(T-\overline{T}) \tag{6-185}$$

将式(6-185) 代入式(6-180)，可得

$$\rho\frac{\mathrm{D}u}{\mathrm{D}\theta}=-\bar{\rho}f_{\mathrm{B}}\beta(T-\overline{T})+\mu\nabla^{2}u \tag{6-186}$$

如前所述，对于流体密度变化较小的自然对流问题，可以认为流体是不可压缩的，即 $\rho=$常数，为此将式(6-186) 左侧的ρ及右侧的μ分别代之以$\bar{\rho}$、$\bar{\mu}$，则得

$$\bar{\rho}\frac{\mathrm{D}u}{\mathrm{D}\theta}=-\bar{\rho}f_{\mathrm{B}}\beta(T-\overline{T})+\bar{\mu}\nabla^{2}u \tag{6-187}$$

式(6-187) 即为自然对流系统的运动方程。这是一个近似方程，适用于低流速和小温度变化的自然对流系统。

(2) 自然对流系统的能量方程　在低流速下，自然对流系统的能量方程与强制对流相同，即

$$\frac{\mathrm{D}t}{\mathrm{D}\theta}=\frac{\bar{k}}{\bar{\rho}\overline{C}_{p}}\nabla^{2}t \tag{6-188}$$

6.6.2　自然对流系统的对流传热系数

(1) 自然对流系统的对流传热系数　自然对流系统的对流传热系数的定义与强制对流传热类似，即

$$h=-\frac{k}{t_{\mathrm{s}}-t_{0}}\frac{\mathrm{d}t}{\mathrm{d}y}\bigg|_{y=0} \tag{6-5}$$

式中，t_{s} 为壁面温度；t_0 为流体主体温度；y 为自壁面算起的距离。

前已述及，在求取强制对流传热系数时，一般应首先求解连续性方程和运动方程，得到速度分布，然后将此速度分布代入能量方程并求解，得到温度分布。这实际上反映了速度分布对温度分布的影响。而对于自然对流系统，由于流体的运动缘于温度的变化，为求解速度分布必须知道温度分布，因此自然对流系统的运动方程和能量方程必须联立求解。正是由于这个原因，自然对流传热过程的理论分析比强制层流传热更为困难，除极少数自然对流传热过程可以应用数学分析法获取对流传热系数外，大多数自然对流传热过程的传热系数都是通过量纲分析并结合实验的方法获取的。

(2) 自然对流传热系统的量纲分析　在对圆管强制对流传热进行量纲分析时，一般首先对其变化方程和边界条件做量纲分析，以确定 Nu 与无量纲数群间的函数关系。对于自然对流传热系统，可以做类似的分析。例如，当物体浸没在大量流体中进行自然对流传热时，经量纲分析，可得 Nu_{m} 的函数关系为

$$Nu_{\mathrm{m}}=\frac{h_{\mathrm{m}}L}{k}=\phi(Gr,Pr) \tag{6-189}$$

式中，h_{m} 是基于物体总表面积的平均对流传热系数；L 为特征尺寸；$Gr=\dfrac{L^{3}\rho^{2}g\beta\Delta t}{\mu^{2}}$

为格拉斯霍夫数（Grashof number），表示由温度差引起的浮力与黏性力之比。

自然对流系统的种类有很多，按固体壁面的几何形状可分为垂直平板和垂直圆柱的自然对流、水平平板和水平圆柱的自然对流，按流体所在的空间可分为大空间的自然对流和密闭空间的自然对流，按固体壁面的热状况可分为等温的自然对流和等热通量的自然对流，按自然对流的性质可分为单纯自然对流和混合的自然与强制对流。本书仅介绍工程上常见的具有等温表面的自然对流系统，其它情况可参阅有关专著。

(3) 具有等温表面的自然对流传热系数 由式(6-189)可知，自然对流系统的对流传热系数仅与反映流体自然对流状况的 Gr 及 Pr 有关，即

$$Nu=\phi(Gr,Pr)$$

理论分析和实验研究均表明，上述关系式可进一步写为

$$Nu=b\,(Gr,Pr)^n \tag{6-190}$$

或

$$h=b\,\frac{k}{L}\left(\frac{\rho^2 g\beta\Delta t L^3}{\mu^2}\frac{C_p\,\mu}{k}\right)^n \tag{6-190a}$$

Gr 与 Pr 之积称为瑞利数（Rayleigh number），记为 Ra，即

$$Ra=GrPr \tag{6-191}$$

于是

$$Nu=bRa^n \tag{6-192}$$

或

$$h=b\,\frac{k}{L}Ra^n \tag{6-192a}$$

以上诸式中，无量纲数群中的物性参数按平均温度取值，即

$$t_m=\frac{t_s+t_0}{2}$$

式中，t_s、t_0 分别为壁面温度和流体主体温度。

Nu 与 Gr 中特征尺寸 L 的选取要视问题的具体几何形状而定。各种情况下的 b 和 n 值列于表 6-3 中。

表 6-3 对于等温表面，式(6-192) 中的 b 和 n 值

几何形状	$Ra=GrPr$	b	n	特征尺寸
垂直平板和垂直圆管	$10^{-1}\sim10^4$	查图 6-19	查图 6-19	高度 L
	$10^4\sim10^9$	0.59	1/4	
	$10^9\sim10^{13}$	0.10	1/3	
水平圆管	$0\sim10^{-5}$	0.40	0	外径 d_0
	$10^{-5}\sim10^4$	查图 6-20	查图 6-20	
	$10^4\sim10^9$	0.53	1/4	
	$10^9\sim10^{12}$	0.13	1/3	
平板上表面加热或平板下表面冷却	$2\times10^4\sim8\times10^6$	0.54	1/4	正方形取边长；长方形取两个边长的平均值；圆盘取 $0.9d_0$
	$8\times10^6\sim10^{11}$	0.15	1/3	
平板下表面加热或平板上表面冷却	$10^5\sim10^{11}$	0.58	1/5	

流体沿等温垂直表面进行自然对流时 Nu 与 $GrPr$ 的关系如图 6-19 所示，沿水平圆柱体做自然对流时的特征数关系如图 6-20 所示。

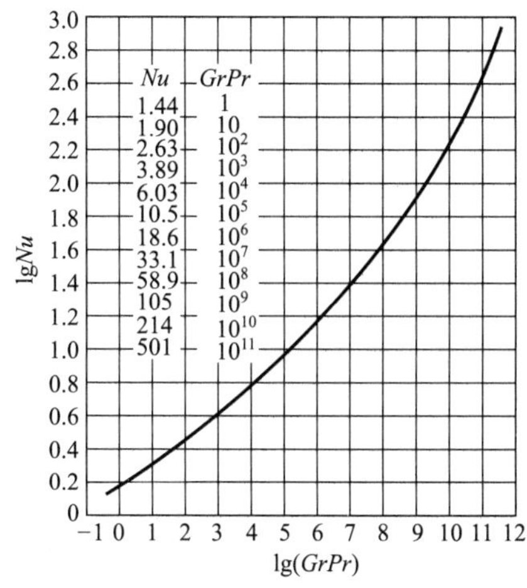

图 6-19 流体沿等温垂直表面做自然对流时的特征关系

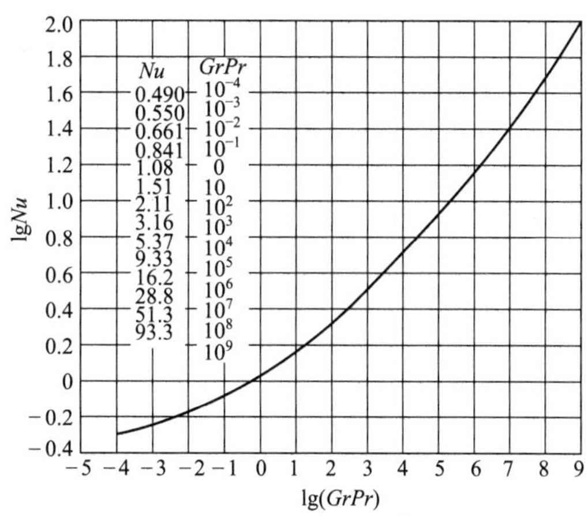

图 6-20 流体沿水平圆柱体做自然对流时的特征关系

6.7 本章小结与应用

6.7.1 本章小结

本章从对流传热机理和对流传热系数等基本概念入手，开展了对流传热微分方程组及无量纲数群研究，深入研究了对流传热微分方程、边界层热量方程和边界层动量方程的普遍形式，为传热系数求解奠定基础。随后开展了对流传热微分方程组无量纲化过程研究，分别提出了努塞特数、雷诺数、格拉斯霍夫数、普朗特数。在上述研究基础上，继续开展了平板壁面上层流传热和湍流传热的传热系数精确解及近似解求解研究；对管内对流传热的量纲及类似律进行了分析。最后开展了自然对流过程的运动方程、能量方程及传热系数的研究。

6.7.2 应用举例

【例 6-1】 常压下 20℃的空气，以 15m/s 的速度流过一温度为 100℃的光滑平板壁面，试求临界长度处速度边界层厚度、温度边界层厚度及对流传热系数。设传热由平板前缘开始，试求临界长度一段平板单位宽度的总传热速率。已知 $Re_{x_c}=5\times10^5$。

解 定性温度为 $t_m=\dfrac{t_s+t_0}{2}=\dfrac{100+20}{2}=60$ (℃)

在 60℃的温度下空气的物性值由有关数据表查出为

$$\nu=1.897\times10^{-5}\,m^2/s,\ k=2.893\times10^{-2}\,W/(m\cdot K),\ Pr=0.698$$

(1) 求临界长度

由于
$$Re_{x_c}=\frac{x_c u_0}{\nu}=5\times10^5$$

故
$$x_c=(5\times10^5)\times\frac{1.897\times10^{-5}}{15}=0.63\ (m)$$

(2) 求速度边界层厚度 δ

$$\delta=5.0\sqrt{\frac{\nu x_c}{u_0}}=5.0\times\sqrt{\frac{(1.897\times10^{-5})\times0.63}{15}}=4.46\times10^{-3}\ (m)=4.46\ (mm)$$

(3) 求温度边界层厚度 δ_t

由式(6-69)，得

$$\delta_t=\frac{\delta}{Pr^{1/3}}=\frac{4.46\times10^{-3}}{0.698^{1/3}}=5.03\times10^{-3}\ (\mathrm{m})=5.03\ (\mathrm{mm})$$

(4) 求对流传热系数 h_x、h_m 和传热速率 q

由式(6-64)，得

$$h_x=0.332k\sqrt{\frac{u_0}{\nu x}}Pr^{1/3}=0.332\times(2.893\times10^{-2})\times\sqrt{\frac{15}{(1.897\times10^{-5})\times0.63}}\times0.698^{1/3}$$

$$=9.50\ [\mathrm{W/(m^2\cdot K)}]$$

$$h_m=2h_x=2\times9.50=19.0[\mathrm{W/(m^2\cdot K)}]$$

通过 $L=0.63$m、宽度为 1m 的平板壁面的传热速率为

$$q=h_mA(t_s-t_0)=19.0\times0.63\times1\times(100-20)=957.6\ (\mathrm{W})$$

【例 6-2】 常压下 30℃ 的空气以 50m/s 的流速流过 0.6m 长的平板表面，板面温度为 250℃，并维持恒定。传热由平板前缘开始。空气可视为不可压缩流体。当板面宽度为 1m 时，试分别根据下列两种情况计算板面与空气之间的传热速率：

(1) 考虑层流边界层的存在，当 $Re_{x_c}\geqslant4\times10^5$ 时才转变为湍流边界层；

(2) 不考虑层流边界层的存在，即由平板前缘开始即为湍流边界层。

解 定性温度 $$t_m=\frac{30+250}{2}=140\ (℃)$$

常压下，140℃空气的物性值为：

$$\rho=0.854\mathrm{kg/m^3},C_p=1013\mathrm{J/(kg\cdot K)},k=3.486\times10^{-2}\mathrm{W/(m\cdot K)},$$
$$\nu=2.78\times10^{-5}\mathrm{m^2/s},Pr=0.688$$

计算雷诺数：

$$Re_L=\frac{Lu_0}{\nu}=\frac{0.6\times50}{2.78\times10^{-5}}=1.079\times10^6(>Re_{x_c})$$

(1) 考虑层流边界层存在时的传热速率，根据式(6-109) 求算 h_m，即

$$h_m=0.0365\frac{k}{L}Pr^{1/3}(Re_L^{0.8}-C)$$

式中 $$C=Re_{x_c}^{0.8}-18.19Re_{x_c}^{0.5}=(4\times10^5)^{0.8}-18.19\times(4\times10^5)^{0.5}=18810$$

故得

$$h_m=0.0365\times\frac{3.486\times10^{-2}}{0.6}\times0.688^{1/3}[(1.079\times10^6)^{0.8}-18810]=90.32\ [\mathrm{W/(m^2\cdot K)}]$$

对流传热速率为

$$q=h_mA\Delta t=90.32\times0.6\times1\times(250-30)=11922\ (\mathrm{W})$$

如欲求层流段的传热速率，可先根据式(6-92) 计算该段的平均对流传热系数，即

$$h_m=0.664\frac{k}{x_c}Re_{x_c}^{1/2}Pr^{1/3}$$

式中 $$x_c=4\times10^5\times\frac{2.78\times10^{-5}}{50}=0.222\ (\mathrm{m})$$

故得 $$h_m=0.664\times\frac{3.486\times10^{-2}}{0.222}\times(4\times10^5)^{1/2}\times0.688^{1/3}=58.22\ [\mathrm{W/(m^2\cdot K)}]$$

由此可得层流段的传热速率为 $q_1=58.22\times0.222\times1\times(250-30)=2843\ (\mathrm{W})$

于是湍流段的传热速率 q_2 为 $q_2=q-q_1=11922-2843=9079$ (W)

(2) 不考虑层流边界层存在时的传热速率。在此情况下，湍流边界层的平均对流传热系数可由式(6-106) 计算，即

$$h_m=0.0365\frac{k}{L}Re_{x_c}^{0.8}Pr^{1/3}=0.0365\times\frac{3.468\times10^{-2}}{0.6}\times(1.079\times10^6)^{0.8}\times0.688^{1/3}$$

$$=125.5\ [\mathrm{W/(m^2\cdot K)}]$$

$$q=125.5\times0.6\times1\times(250-30)=16566\ (\mathrm{W})$$

由以上计算结果比较可知，若不考虑层流段的影响，传热速率可以提高的百分数为

$$\frac{16566-11922}{11922}\times100\%=39.0\%$$

【例 6-3】 温度为−13℃的液态氟利昂-12 流过长度为 0.6m、内径为 12mm 的圆管，管壁温度恒定为 15℃，流体的流速 0.03m/s。假定传热开始时速度边界层已经充分发展，试计算氟利昂的出口温度。氟利昂的物性值可根据其饱和液体确定。

解 由于确定流体的物性需首先知道其出口的主体温度 t_{b2}，而此值为未知，故需采用试差法计算。

设氟利昂的出口主体温度 $t_{b2}=-7$℃，则流体的平均温度为

$$t_m=\frac{t_{b1}+t_{b2}}{2}=\frac{(-13)+(-7)}{2}=-10\ (℃)$$

−10℃时液态氟利昂-12 的物性值为：

$\rho=1429\mathrm{kg/m^3}$, $C_p=920\mathrm{J/(kg\cdot ℃)}$, $\nu=2.21\times10^{-7}\mathrm{m^2/s}$, $k=0.073\mathrm{W/(m\cdot ℃)}$, $Pr=4.0$

计算雷诺数

$$Re_d=\frac{d_iu_b}{\nu}=\frac{(12\times10^{-3})\times0.03}{2.21\times10^{-7}}=1629(<2300,\text{层流})$$

由Re_d 可知流体的流动为层流，故可应用式(6-131) 计算 Nu 的值。对于速度边界层充分发展的流动且管壁温度恒定的情形，由表 6-1 知所求得的是平均 Nu，即 Nu_m，该式的具体形式为

$$Nu_m=3.66+\frac{0.0668(Re_dPrd_i/L)}{1+0.04(Re_dPrd_i/L)^{2/3}}=3.66+\frac{0.0668\times(1629\times4.0\times0.012/0.6)}{1+0.04\times(1629\times4.0\times0.012/0.6)^{2/3}}=7.952$$

平均对流传热系数 h_m 为

$$h_m=\frac{Nu_mk}{d_i}=\frac{7.952\times0.073}{0.012}=48.37\ [\mathrm{W/(m^2\cdot ℃)}]$$

计算出口温度。通过微分段管长 dL 的传热速率为

$$\mathrm{d}q=h_m\pi d_i\mathrm{d}L(t_s-t_b)$$

设流体经过微分段管长 dL 后温度升高 dt_b，由热量衡算可得

$$\mathrm{d}q=\frac{\pi}{4}d_i^2u_b\rho C_p\mathrm{d}t_b$$

上述二式的 dq 相等，经整理后得

$$h_m(t_s-t_b)\mathrm{d}L=\frac{d_i}{4}u_b\rho C_p\mathrm{d}t_b$$

积分上式，得

$$\int_{t_{b1}}^{t_{b2}}\frac{\mathrm{d}t_b}{t_s-t_b}=\frac{4h_m}{u_b\rho C_pd_i}\int_0^L\mathrm{d}L$$

$$\ln(t_s-t_{b2})=\ln(t_s-t_{b1})-\frac{4h_mL}{u_b\rho C_p d_i}=\ln(15+13)-\frac{4\times48.37\times0.6}{1429\times0.03\times920\times0.012}=3.087$$

或 $$t_s-t_{b2}=21.91℃$$

故 $$t_{b2}=t_s-21.91=15-21.91=-6.91\ (℃)$$

原假设出口主体温度 $t_{b2}=-7℃$，与最后求得的结果接近，无需再进行计算，取氟利昂的出口温度为$-6.91℃$。

【例 6-4】 一根厚壁不锈钢管的内、外径分别为 $d_i=20\text{mm}$ 和 $d_0=40\text{mm}$，采用电加热方式加热流过管内的水，发热速率 $q=10^6\ \text{W/m}^3$，管道的外表面绝热，水以 $\omega_s=0.2\text{kg/s}$ 的流速流过管内。试求：(1) 如果水的进口温度 $t_{b1}=20℃$，出口温度 $t_{b2}=40℃$，所需的管长；(2) 最高管温出现在什么位置？其值为多少？

解 水的定性温度$=\frac{t_{b1}+t_{b2}}{2}=\frac{20+40}{2}=30\ (℃)$

30℃水的物性为 $C_p=4178\text{J/(kg·K)}$，$k=0.617\text{W/(m·K)}$，$\mu=8.03\times10^{-4}\text{Pa·s}$，$Pr=5.45$

钢的热导率 $k_{钢}=15\text{W/(m·K)}$

(1) 对水进行热量衡算，得

$$\omega_s C_p(t_{b2}-t_{b1})=q\ \frac{\pi}{4}(d_0^2-d_i^2)L$$

$$L=\frac{\omega_s C_p(t_{b2}-t_{b1})}{q\ \frac{\pi}{4}(d_0^2-d_i^2)}=\frac{0.2\times4178\times(40-20)}{\frac{3.14}{4}\times10^6\times(0.04^2-0.02^2)}=17.74\ (\text{m})$$

(2) 最高壁温出现在管道出口 ($x=L$) 和绝热表面 ($r=r_0$) 上。由于管壁内进行一维径向稳态热传导，其温度分布方程如下

$$t=-\frac{q}{4k_{钢}}r^2+C_1\ln r+C_2$$

边界条件为

① $r=r_0$：$\frac{\mathrm{d}t}{\mathrm{d}r}=0$；

② $r=r_i$：$t=t_i$。

将边界条件代入式 $t=-\frac{q}{4k_{钢}}r^2+C_1\ln r+C_2$，得

$$C_1=\frac{qr_0^2}{2k_{钢}},\ C_2=\frac{q}{4k_{钢}}r_i^2-\frac{qr_0^2}{2k_{钢}}\ln r_i+t_i$$

则温度分布方程和最高温度为

$$t=-\frac{q}{4k_{钢}}(r^2-r_i^2)+\frac{qr_0^2}{2k_{钢}}\ln\frac{r}{r_i}+t_i$$

$$t_{max}=t|_{r=r_0}=-\frac{q}{4k_{钢}}(r_0^2-r_i^2)+\frac{qr_0^2}{2k_{钢}}\ln\frac{r_0}{r_i}+t_i$$

式中，t_i 为出口处管壁的内表面温度，可用下式计算，即

$$\dot{q}\ \frac{\pi}{4}(d_0^2-d_i^2)L=h\pi d_iL(t_i-t_{b2})$$

则 $$t_i = t_{b2} + q\frac{1}{4hd_i}(d_0^2 - d_i^2)$$

式中，h 为出口处的局部对流传热系数。

由于 $$Re_d = \frac{d_i u_b \rho}{\mu} = \frac{4\omega_s}{\pi d_i \mu} = \frac{4\times0.2}{3.14\times0.02\times(8.03\times10^{-4})} = 15864 > 10^4 (湍流)$$

h 可由式(6-152) 计算，即

$$Nu = 0.023Re^{0.8}Pr^n \tag{6-152}$$

流体被加热，取 $n=0.4$，则

$$h = 0.023\frac{k}{d_i}Re^{0.8}Pr^{0.4} = 0.023\times\frac{0.617}{0.02}\times15864^{0.8}\times5.45^{0.4} = 3205\ [\mathrm{W/(m^2\cdot K)}]$$

则$$t_i = t_{b2} + q\frac{1}{4hd_i}(d_0^2 - d_i^2) = 40 + \frac{10^6}{4\times3205\times0.02}\times(0.04^2 - 0.02^2) = 44.7\ (℃)$$

$$t_{max} = t|_{r=r_0} = -\frac{q}{4k_{钢}}(r_0^2 - r_i^2) + \frac{qr_0^2}{2k_{钢}}\ln\frac{r_0}{r_i} + t_i$$

$$= -\frac{10^6}{4\times15}\times(0.02^2 - 0.01^2) + \frac{10^6\times0.02^2}{2\times15}\ln\frac{0.02}{0.01} + 44.7 = 48.9\ (℃)$$

【例 6-5】 列管换热器的列管内径为 15mm，长度为 2.0m，管内有冷冻盐水（25% $CaCl_2$ 溶液）流过，其流速为 0.4m/s，温度自 −5℃ 升至 15℃。假定管壁的平均温度为 20℃，试计算管壁与流体间的对流传热系数。

解 定性温度 $$\frac{-5+15}{2} = 5\ (℃)$$

5℃时 25%$CaCl_2$ 溶液的物性为：

$\rho = 1230\mathrm{kg/m^3}$，$C_p = 2.85\mathrm{kJ/(kg\cdot℃)}$，$k = 0.57\mathrm{W/(m\cdot℃)}$，$\mu = 4\times10^{-3}\mathrm{Pa\cdot s}$；20℃时，$\mu_s = 2.5\times10^{-3}\mathrm{Pa\cdot s}$

则 $$Re = \frac{d_i u_b \rho}{\mu} = \frac{0.015\times0.4\times1230}{4\times10^{-3}} = 1845 (<2300，层流)$$

$$Pr = \frac{C_p\mu}{k} = \frac{(2.85\times10^3)\times(4\times10^{-3})}{0.57} = 20$$

而

$$RePr\frac{d_i}{L} = 1845\times20\times\frac{0.015}{2.0} = 276.8 (>10)$$

在本题条件下，管径较小，管壁和流体间的温度差也较小，黏度较大，因此自然对流的影响可以忽略，故 h 可用式(6-154a) 计算，即：

$$h = 1.86\frac{k}{d_i}\left(RePr\frac{d_i}{L}\right)^{1/3}\left(\frac{\mu}{\mu_s}\right)^{0.14} = 1.86\times\frac{0.57}{0.015}\times276.8^{1/3}\times\left(\frac{4\times10^{-3}}{2.5\times10^{-3}}\right)^{0.14}$$

$$= 492.0\ [\mathrm{W/(m^2\cdot℃)}]$$

【例 6-6】 直径为 0.3m 的水平圆管，表面温度维持 250℃。水平圆管置于室内，环境空气为 15℃，试计算每米管长的自然对流热损失。

解 定性温度 $$t_m = \frac{t_s + t_0}{2} = \frac{250+15}{2} = 132.5\ (℃)$$

132.5℃下空气的物性为

$$k = 0.034\mathrm{W/(m\cdot℃)},\ \nu = 2.626\times10^{-5}\mathrm{m^2/s},\ Pr = 0.687$$

空气可视为理想气体，故

$$\beta=\frac{1}{T_{m}}=\frac{1}{132.5+273.2}=2.46\times10^{-3}(K^{-1})$$

则 $Ra=GrPr=\frac{g\beta(t_{s}-t_{0})d^{3}}{\nu^{2}}Pr=\frac{9.81\times(2.46\times10^{-3})\times(250-15)\times0.3^{3}}{(2.626\times10^{-5})^{2}}\times0.687$

$=1.53\times10^{8}$

查表 6-3 得 $b=0.53$，$n=1/4$，于是

$$Nu_{m}=0.53Ra^{1/4}=0.53\times(1.53\times10^{8})^{1/4}=58.9$$

$$h_{m}=Nu_{m}\frac{k}{d_{0}}=58.9\times\frac{0.034}{0.3}=6.68\ [W/m^{2}\cdot ℃]$$

每米管长的热损失为 $\frac{q}{L}=h_{m}\pi d(t_{s}-t_{0})=6.68\times3.14\times0.3\times(250-15)=1479$ (W/m)

6.7.3 课堂/课外讨论

6-1 对流传热是如何分类的，影响对流传热的主要物理因素是什么？

6-2 从流体的温度分布可以求出对流传热系数，其物理机理和数学方法是什么？

6-3 叙述速度边界层和温度边界层的物理意义和数学定义。

6-4 对很长的管路，通过定性分析可以判断出：管路内层流对流传热系数是常数。请问为什么？

6-5 动量扩散率、热扩散率和普朗特数是如何定义的？它们是物性参数吗？

6-6 在地球表面某实验室内设计的自然对流传热实验，到太空中是否仍然有效？为什么？

6.7.4 思考题

6-1 在温度边界层中，何处温度梯度的绝对值最大？对于对流传热温差恒定的同一流体，为何能用 $\left.\frac{\partial t}{\partial y}\right|_{y=0}$ 的绝对值大小来判断对流传热系数 h_{x} 的大小？

6-2 对流传热问题完整的数学描述应包括什么内容？既然对大多数实际对流传热问题尚无法求得其精确解，那么对流传热问题的数学分析有什么意义？

6-3 若平壁层流边界层内的速度分布和温度分布为：

$$u_{x}=a+by+cy^{2}；\ t=d+ey+fy^{2}$$

试应用适当的边界条件分别确定常数 a、b、c 和 d、e、f 值，根据边界层热量方程和已得的速度分布式以及温度分布式，推导传热边界层厚度、局部对流传热系数和平均对流传热系数的表达式。

6-4 阐明层流边界层和涡流边界层与固体壁面之间的传热机理，并分析两者与固体壁面间传热机理的相同点与不同点。

6-5 在强制对流、自然对流以及强制对流和自然对流同时发生的混合对流传热问题中，各将出现哪些无量纲数群？举例说明强制对流和自然对流同时发生的情况。

6-6 努塞特数的物理意义是什么？是由什么方程转化为无量纲形式所得结果？

6-7 普朗特数的物理意义是什么？为什么普朗特数愈大，传热系数就愈大？

6-8　Gr/Re^2的物理意义是什么？如何根据Gr/Re^2的大小来区分属于强制对流、自然对流还是混合对流传热？

6-9　雷诺类似律、普朗特类似律和卡门类似律是用来解决何种问题的？它们的区别是什么？

6-10　可否直接用边界层传热微分方程求解表面传热系数？为什么？理论解法的思路与关键性步骤何在？

6-11　实验得出的准数方程可以应用到哪些场合？管内强制对流的准数方程可否用于液体的强烈受热过程？为什么？

习　题

6-1　试述层流边界层和湍流边界层流体与固体壁面之间的传热机理（不计自然对流的影响），并分析两种边界层流体与壁面之间传热机理的异同点。

6-2　不可压缩流体在平板层流边界层中进行二维稳态流动和二维稳态传热，试应用有关微分方程说明“精确解”方法求解对流传热系数 h 的步骤。

6-3　常压和 30℃的空气以 10m/s 的均匀流速流过一薄平板表面。试用精确解求距平板前缘 10cm 处的边界层厚度及 $u_x/u_0=0.516$ 处的 u_x、u_y、$\partial u_x/\partial y$、壁面局部曳力系数 C_{Dx}、平均曳力系数 C_D 的值。设临界雷诺数 $Re_{x_c}=5\times10^5$。

6-4　常压和 394K 的空气由光滑平板壁面流过。壁面温度 $t_s=373$K，空气流速 $u_0=15$m/s，临界雷诺数 $Re_{x_c}=5\times10^5$，试由近似解求临界长度 x_c、该处的速度边界层厚度和温度边界层厚度、局部对流传热系数 h_x、层流段的平均对流传热系数 h_m。

6-5　设平板壁面上层流边界层的速度分布方程和温度分布方程分别为

$$u=a_1+b_1y+c_1y^2$$

$$t-t_s=a_2+b_2y+c_2y^2$$

试应用适当的边界条件求出 a_i、b_i、c_i（$i=1,2$）各值及速度分布方程和温度分布方程，并从边界层积分动量方程式和边界层热流方程式出发，推导速度边界层厚度 δ、温度边界层厚度 δ_t 及对流传热系数 h_x 的表达式。

6-6　常压和 303K 的空气以 20m/s 的均匀流速流过一宽度为 1m、长度为 2m 的平板表面，板面温度维持 373K，试求整个板面与空气之间的热交换速率。设 $Re_{x_c}=5\times10^5$。

6-7　如本题附图所示，有一冷凝液膜沿壁面温度为 T_s 的无限宽垂直固壁下流，从而被冷却。设液膜主体温度为 T_0，假定只有离壁面很近的液体其温度才有明显变化，过程为稳态，流动为层流，有关的物性为常数。

（1）试证明 $u_x=u_{max}=\left[2\dfrac{y}{\delta}-\left(\dfrac{y}{\delta}\right)^2\right]$并写出 u_z 的表达式；

（2）试根据题意对 u_z 的表达式进行适当的化简；

（3）结合上述结果化简能量方程，并写出相应的定解条件；

（4）令　$T^*=\dfrac{T-T_0}{T_s-T_0}$，$\eta=y\left(\dfrac{\beta}{9z}\right)^{1/3}$，$\beta=\dfrac{g\delta}{\alpha v}$，试求解上述方程，并求出 T^* 的表达式。

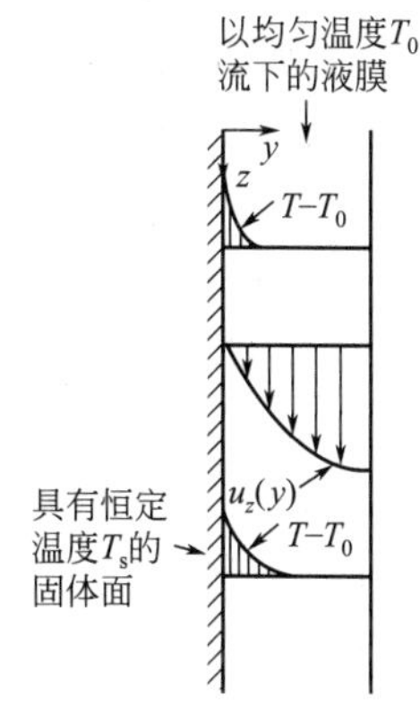

习题 6-7 附图

6-8　某油类液体以 1m/s 的均匀流速沿一热平板壁面流过。油类液体的均匀温度为 293K，平板壁面维持 353K。设临界雷诺数$Re_{x_c}=5\times10^5$。已知在边界层的膜温度下，液体密度$\rho=750\text{kg/m}^3$、黏度$\mu=3\times10^{-3}\text{N}\cdot\text{s/m}^2$、热导率 $k=0.15\text{W/(m}\cdot\text{K)}$、比热容 $C_p=200\text{J/(kg}\cdot\text{K)}$。试求：(1) 临界点处的局部对流传热系数 h_x 及壁面处的温度梯度；(2) 由平板前缘至临界点这段平板壁面的对流传热通量。

6-9　在习题 6-8 中，设油类液体不是由平板前缘开始被加热，而是流过距平板前缘 $x_0=0.3\text{m}$ 后才开始被加热，试重新计算习题 6-8 中的问题，并将计算结果与习题 6-8 的计算结果加以对比。

6-10　平板壁面上层流边界层和湍流边界层的局部对流传热系数 h_x 的计算式分别为

$$h_x=0.332\frac{k}{x}Re_x^{1/2}Pr^{1/3}$$

$$h_x=0.0292\frac{k}{x}Re_x^{0.8}Pr^{1/3}$$

试导出由平板前缘至湍流边界层中 $x=L$ 这段平板壁面的平均对流传热系数 h_m 的表达式。

6-11　温度为 333K 的热水以 2m/s 的均匀流速流过一冷平板壁面，壁面温度恒定，为 293K。试求距平板前缘 2m 处的速度边界层厚度和温度边界层厚度，并求水流过长度为 2m、宽度为 1m 的平板壁面时的总传热速率，并指出其中湍流边界层中传热速率占总传热速率的百分数。

6-12　温度为 333K 的水以 35kg/h 的质量流率流过内径为 25mm 的圆管，管壁温度维持恒定，为 363K。已知水进入圆管时流动已充分发展。水流过 4m 管长并被加热，测得水的出口温度为 345K。试求水在管内流动时的平均对流传热系数 h_m。

6-13　常压和 40℃的水以 1.2m/s 的流速流过内径为 25mm 的圆管。管壁外侧利用蒸汽冷凝加热，使管内壁面维持恒温 100℃。圆管长度为 2m。试求管内壁与水之间的平均对流传热系数 h_m 和传热速率，并求出口温度。

6-14　质量流量为 0.5kg/s 的水从 65℃冷却到 35℃。试问下面的哪一种方法压力降较小：

(1) 使水流过壁温为 4℃，直径为 12.5mm 的管子；

(2) 流过直径为 25mm，壁温为 20℃的管子。

6-15　温度为 t_b、速度为 u_b 的不可压缩流体进入一半径为 r_i 的光滑圆管，与壁面进行稳态对流传热，设管截面的速度分布均匀为 u_b，热边界层已在管中心汇合且管壁面热通量恒定，试从简化后的能量方程式(6-112) 出发推导流体与管壁间对流传热系数的表达式，并求 $Nu=hd/k$ 的值。

6-16　不可压缩流体以均匀速度 u_0 在相距为 $2b$ 的两无限大平板间做平推流流动，上、下两板分别以恒定热通量 (q/A) 向流体传热。假定两板间的温度边界层已充分发展，有关的物性为常数。试从直角坐标系的能量方程式出发，写出本题情况下的能量方程特定形式及相应的定解条件，并求出温度分布及对流传热系数的表达式。

6-17　水以 3m/s 的平均流速在内径为 25mm 的光滑圆管中流过，其进口温度为 283K，壁温恒定为 305K。试分别应用雷诺、普朗特-泰勒、冯·卡门和柯尔本类似律求取上述情况下的对流传热系数以及水流过 3m 管长后的出口温度，并将计算结果列表进行讨论。

6-18　如本题附图所示，若竖板被加热，则在其表面将形成自然对流边界层。

(1) 试推导本系统的边界层积分动量方程和边界层热流方程，并与边界层积分动量方程式和边界层热流方程式比较；

(2) 设自然对流边界层内的温度分布方程和速度分布方程分别为

$$u=a_1+b_1y+c_1y^2+d_1y^3$$

$$t=a_2+b_2y+c_2y^2$$

试应用适当的边界条件求出 a_i、b_i、c_i ($i=1,2$) 和 d_1 各值及速度分布方程和温度分布方程，并从推导得到的边界层积分动量方程和边界层热流方程导出速度边界层厚度 δ 及局部对流传热系数 h_x 的表达式。

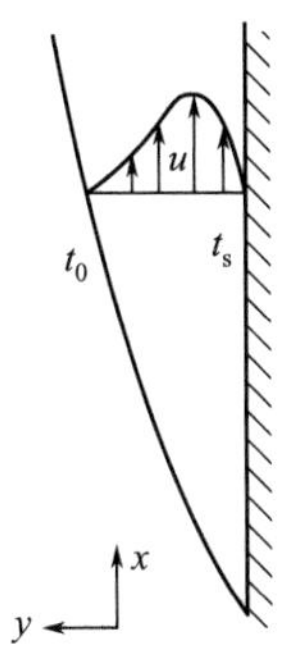

习题 6-18 附图

6-19　长度为 2m、直径为 ϕ19mm×2mm 的水平圆管，表面被加热到 250℃，管子暴露在温度为 20℃、压力为 101.3kPa 的大气中，试计算管子的自然对流传热速率。

6-20　室温为 10℃的大房间中有一个直径为 15cm 的烟筒，其竖直部分高 1.5m，水平部分长 15m，烟筒的平均壁温为 110℃，试求每小时的对流散热量。

第 7 章 热辐射

7.1 热辐射的基本定律

热辐射是热量传递的三种基本方式之一。热辐射与导热、对流传热有着本质的区别，导热和对流传热是不同温度的物体直接接触时发生的传热现象，它们所传递的热量与温差的一次方成正比；而热辐射则是以电磁波（或光子）方式传递能量，其换热量与热力学温度的四次方成正比，所有热力学温度大于 0K 的物体都能发射或吸收辐射能。温度越高，物体发射的辐射能越多。

7.1.1 热辐射的基本概念

(1) 热辐射的本质和特点 热辐射与其它辐射，如 X 射线、无线电波等一样，既具有波的性质，又具有粒子性质，近代物理称为“波粒二象性”。但在通常情况下，把热辐射看作电磁波。各种不同辐射只是波长不同而已，它们都以光速传播，即：

$$c=\lambda\nu \tag{7-1}$$

式中，c 为光速，真空中 $c=2.9979\times10^{8}$，m/s；λ 为波长，m；ν 为频率，s^{-1}。

按照波长不同，电磁波可分为：无线电波、红外线、可见光、紫外线、X 射线、γ 射线等。它们按波长或频率的分布如图 7-1。不同波长射线的产生原因，与物质相互作用效应的差异有关，如 X 射线可由高速电子轰击金属靶而产生，它具有穿透效应；而热辐射则是由物体的热运动（或温度）产生的，它具有明显的热效应。热辐射投射到物体上，会被物体吸收从而转变为内能，使物体温度升高，这是热辐射与其它辐射的主要区别。

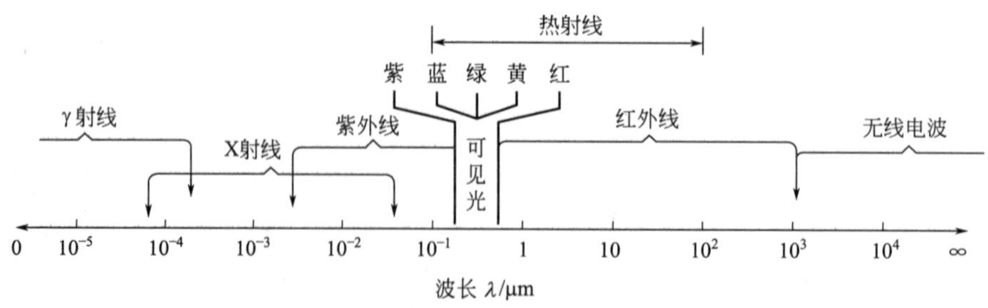

图 7-1 电磁波谱

由图 7-1 可知，热辐射的波长范围为 0.1～100μm，通常把这一波长范围的电磁波称为热射线，它主要包括红外线和可见光，也有少量紫外线。在物体发射的热射线中，可见光和红外线所占比例决定于物体的温度。在工程常见的温度范围内（300～2500K），90%以上的能量集中在 0.76～40μm 的红外线部分，而可见光贡献的热辐射比例并不大。太阳辐射的主要能量集中在 0.2～2μm 的波长范围，其中可见光占有很大比例。由于本课程感兴趣的是热射线，本章将专门讨论这一波长范围内电磁波的发射、传播和吸收的规律。

热辐射的本质决定了热辐射过程，其特点如下：

① 辐射换热与导热、对流换热不同，它不依赖物体的直接接触。如阳光能够穿越辽阔的低温太空向地球辐射。

② 辐射换热伴随着能量形式的两次转化，即物体的部分内能转化为电磁波能发射出去，当这部分能量到达另一个物体表面并被吸收时，电磁波能又转化为内能。

③ 一切物体只要热力学温度 $T>0\text{K}$，都会不断地发射热射线。当物体间有温差时，高温物体辐射给低温物体的能量大于低温物体辐射给高温物体的能量，因此，总的结果是高温物体把能量传给低温物体。即使各个物体的温度相同，辐射换热也在不断进行，只是每个物体辐射出去的能量等于它吸收的能量，从而使自身保持热平衡。

需要指出，物体表面在一定温度下向空间发射的辐射能是随射线波长变化的。常用热辐射的光谱特性来表示这种关系。此外，对于平面物体，表面在一定温度下向半球空间不同方向发射的辐射能各不相等，形成表面辐射的方向分布，称为热辐射的方向特性。

(2) 辐射力和辐射强度　辐射力和辐射强度都是表示物体辐射能力的物理量。物体向外辐射的能量是按空间和波长分布的，为了充分描述辐射的这些特性，需要使用不同的概念。

① 辐射力　物体在单位时间内，由单位表面积向半球空间发射的全部波长（$0\sim\infty$）的辐射能量称为辐射力，用符号 E 表示，单位为 W/m^2。辐射力表示物体热辐射能力的大小。

② 单色辐射力　为了描述辐射能量按波长分布的性质，引入单色辐射力的概念。物体在单位时间内，由单位表面积向半球空间发射的某一波长的辐射能量称单色辐射力，用符号 E_λ 表示，单位为 $\text{W/(m}^2\cdot\mu\text{m)}$。如果物体在波长为 $\lambda\sim\lambda+\Delta\lambda$ 范围内的辐射力为 ΔE，则其单色辐射力为：

$$E_\lambda=\lim_{\Delta A\to 0}\frac{\Delta E}{\Delta\lambda}=\frac{\mathrm{d}E}{\mathrm{d}\lambda} \tag{7-2}$$

辐射力和单色辐射力的关系为：

$$E=\int_0^\infty E_\lambda\,\mathrm{d}\lambda \tag{7-3}$$

③ 定向辐射力　定向辐射力描述辐射能量按空间的分布。其定义为：单位时间内物体的单位表面积在指定方向的单位立体角内所发射的全部波长的辐射能量称为定向辐射力，用符号 E_θ 表示，单位是 $\text{W/(m}^2\cdot\text{sr)}$。若微元面积 $\mathrm{d}A_1$ 在单位时间内沿 θ 方向的立体角 $\mathrm{d}\omega$ 内发射的辐射能量为 $\mathrm{d}\Phi$，如图 7-2 所示，则：

$$E_\theta=\frac{\mathrm{d}\Phi}{\mathrm{d}A_1\mathrm{d}\omega} \tag{7-4}$$

立体角是一空间角度，单位为 sr。若以立体角的角端为球心作一半径为 r 的半球，则半球表面上被立体角截取的面积 A_2 与 r^2 的比值就是立体角的大小，即：

$$\omega=\frac{A_2}{r^2} \tag{7-5}$$

因为整个半球表面积等于 $2\pi r^2$，所以整个半球空间的立体角为 $2\pi\text{sr}$。图 7-3 表示以微元面积 $\mathrm{d}A_2$ 为顶点的微元立体角 $\mathrm{d}\omega$。按照上面所述可知：

$$\mathrm{d}\omega=\frac{\mathrm{d}A_2}{r^2} \tag{7-6}$$

式中，$\mathrm{d}A_2$ 是微元立体角在半球面上截取的微元面积。由图 7-3 可知，$\mathrm{d}A_2$ 可用球坐标表示如下：

$$dA_2 = r\,d\theta \cdot r\sin\theta\,d\varphi = r^2\sin\theta\,d\theta\,d\varphi \tag{7-7}$$

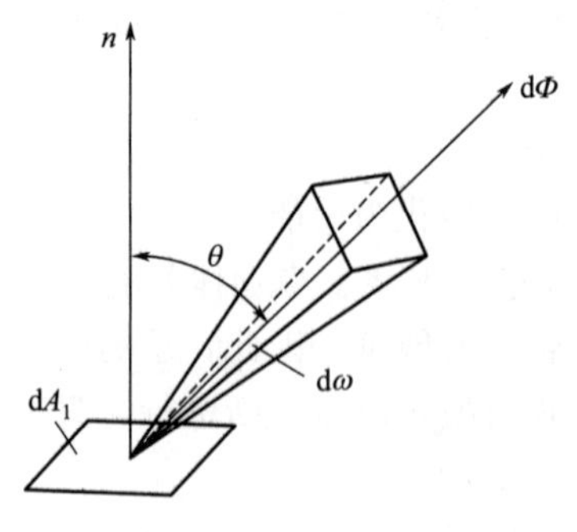

图 7-2 定向辐射力

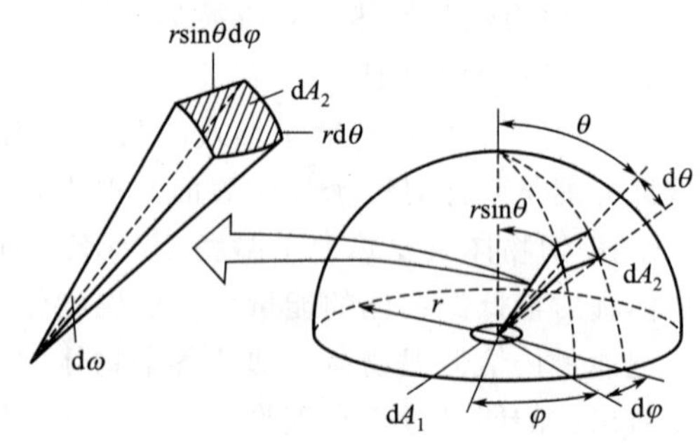

图 7-3 微元立体角和计算的几何关系

将该式代入式(7-6) 得

$$d\omega = \frac{dA_2}{r^2} = \sin\theta\,d\theta\,d\varphi \tag{7-8}$$

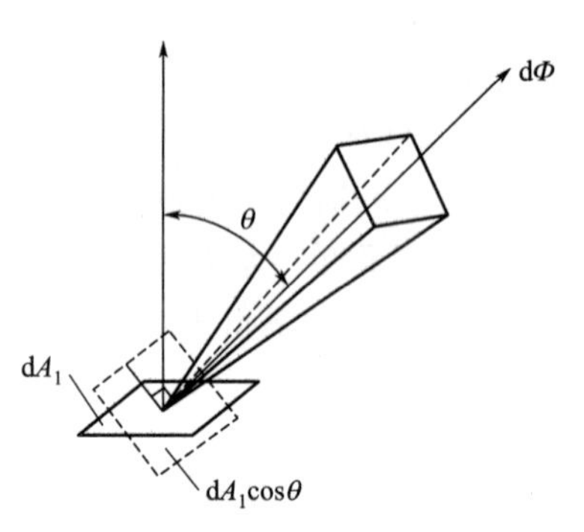

图 7-4 （定向）辐射强度

④（定向）辐射强度 物体在单位时间、与某一辐射方向垂直的单位（发射平面）面积内，在单位立体角内发射的全部波长的辐射能量称为定向辐射强度，见图 7-4，定向辐射强度用符号 I_θ 表示，单位为 $W/(m^2 \cdot sr)$。根据定义：

$$I_\theta = \frac{d\Phi}{dA_1\cos\theta\,d\omega} \tag{7-9}$$

式中，$dA_1\cos\theta$ 是 dA_1 在垂直于辐射方向上的投影。

因为辐射强度永远和空间特定方向联系在一起，所以涉及辐射强度的“定向”两个字可以省略。如果辐射强度仅指某波长辐射的能量，则称为单色辐射强度，用符号 I_λ 表示，单位是 $W/(m^2 \cdot sr \cdot \mu m)$。显然：

$$I_\theta = \int_0^\infty I_\lambda\,d\lambda \tag{7-10}$$

比较式(7-4) 和式(7-9)，可得定向辐射力和辐射强度之间的关系：

$$E_\theta = I_\theta\cos\theta \tag{7-11}$$

根据定义，辐射力和辐射强度之间的关系可表示为：

$$E = \int_{\omega=2\pi} I_\theta\cos\theta\,d\omega \tag{7-12}$$

注意，与辐射强度不同，涉及辐射力的“定向”两个字不能省略。

7.1.2 热辐射的基本定律

尽管自然界中不存在黑体，但研究热辐射是从黑体开始的。在研究黑体辐射的基础上，把实际物体的辐射和黑体的辐射相比，并引入必要的修正，从而把黑体辐射的规律引申到实际物体。

(1) 黑体的概念 黑体是一个理想的吸收体，它能吸收来自空间各个方向、各种波长的全部辐射能量。在辐射分析中，将黑体作为比较标准，对研究实际物体的热辐射特性具有重要意义。黑体具有下述性质：①黑体表面能吸收任何波长和任何方向的全部辐射；②对给定的温度和波长，不存在比黑体发射更多能量的表面；③虽然黑体发出的辐射能是波长和温度的函数，但与方向无关，黑体是漫发射体。作为理想的吸收体和发射体，黑体可作为真实物体辐射性质的比较基准。

在图 7-5 中，如等温空腔壁直径与空腔壁上的小孔直径之比足够大，则此小孔就是人工黑体。因为外界投射到小孔而进入空腔的能量，经空腔内壁多次吸收和反射，再经小孔射出的能量可忽略不计，投入的任何能量可认为全部吸收，所以小孔可近似为黑体。为了方便，凡与黑体辐射有关的物理量，均在其右下角标以“b”（black body）。

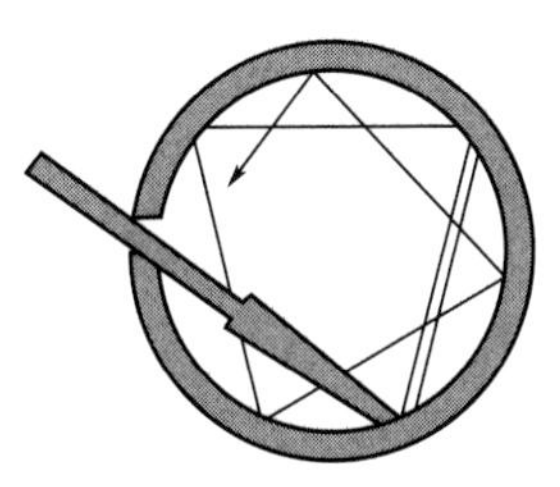
图 7-5　人工黑体模型

黑体辐射可以归结为以下四个基本定律：普朗克定律、维恩位移定律、斯特藩-玻尔兹曼定律和朗伯定律。下面依次说明这些定律，然后讨论实际物体的辐射特性。

（2）普朗克定律　1900 年，德国科学家普朗克（Plank）在量子力学的基础上，得到了黑体的单色辐射力与波长、热力学温度的关系，即普朗克定律，其数学表达式如下：

$$E_{b\lambda}=\frac{c_1\lambda^{-5}}{\exp\left(\frac{c_2}{\lambda T}\right)-1} \tag{7-13}$$

式中，λ 为波长，μm；T 为黑体表面的热力学温度，K；c_1 为普朗克第一常数，$c_1=3.743\times10^8\,\mathrm{W\cdot\mu m^4/m^2}$；$c_2$ 为普朗克第二常数，$c_2=1.4387\times10^4\,\mu\mathrm{m}^4\cdot\mathrm{K}$。

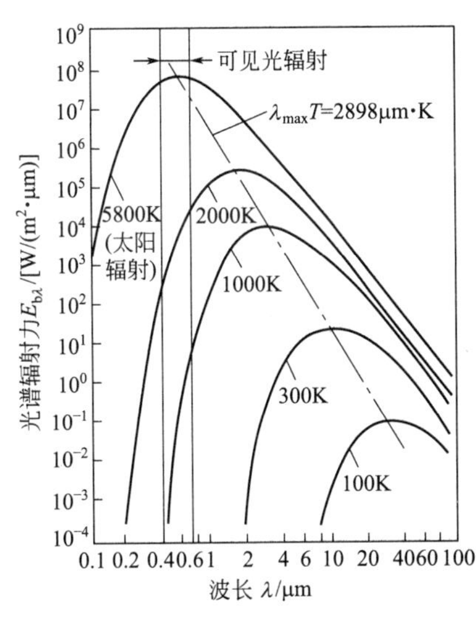

图 7-6　普朗克定律示意图

式(7-13) 给出的不同温度下波长与 $E_{b\lambda}$ 的关系，如图 7-6 所示。由图 7-6 可以看出：

① 随着温度升高，黑体的单色辐射力 $E_{b\lambda}$ 和辐射力 E_b（每条曲线下的面积）都迅速增大，且短波区增大的速率比长波区大。

② 在一定温度下，黑体的单色辐射力随波长先增大，再减小，因此中间有一峰值，记为 $E_{b\lambda,max}$。$E_{b\lambda,max}$对应的波长 λ_{max} 称为峰值波长。黑体温度在 1800K 以下时，辐射能量的大部分波长处在 0.76～40μm。在此范围内，可见光的能量可以忽略。

③ 随着黑体温度的增高，单色辐射力分布曲线的峰值（最大单色辐射力）向左移动，即移向较短波长。对应于最大单色辐射力的波长 λ_{max} 与温度 T 存在如下关系：

$$\lambda_{max}T=C_3 \tag{7-14}$$

式中，$C_3=2897.6\,\mu\mathrm{m}\cdot\mathrm{K}$；$T$ 为温度，K。

式(7-14) 称为维恩（Wien）定律，在图 7-6 中用点划线表示，它表明对应于 $E_{b\lambda,max}$ 的波长 λ_{max} 与热力学温度 T 成反比。两者乘积为一常数。利用维恩定律可以粗略估计物体加热所达到的温度范围。

维恩用热力学理论推导出式(7-14)。该式也可直接由式(7-13) 求一阶偏导并令其等于 0 而得出。

当钢锭的加热温度低于500℃时，因为辐射能谱中没有可见光成分，所以观察不到钢锭颜色的变化。随着加热温度升高，钢锭相继出现暗红、鲜红、橙黄，最后出现白炽色。它表明随着钢锭温度升高，钢锭向外辐射的最大单色辐射力向短波方向移动，辐射能中可见光比例相应增加。

(3) 斯特藩-玻尔兹曼定律 黑体在某一温度下的辐射力，可通过普朗克式的全波长积分求得，即：

$$E_b=\int_0^{\infty}E_{b\lambda}\mathrm{d}\lambda=\int_0^{\infty}\frac{c_1\lambda^{-5}}{\exp\dfrac{c_2}{\lambda T}-1}\mathrm{d}\lambda \tag{7-15}$$

对式(7-15)积分得：

$$E_b=\sigma_b T^4=C_0\left(\frac{T}{100}\right)^4 \tag{7-16}$$

式中，$\sigma_b=5.67\times10^{-8}\mathrm{W/(m^2\cdot K^4)}$，称为黑体的辐射常数；$C_0=5.67\mathrm{W/(m^2\cdot K^4)}$，称为黑体的辐射系数。

式(7-16)称为斯特藩-玻尔兹曼定律。该定律表明，黑体的辐射力与其热力学温度的四次方成正比，斯特藩-玻尔兹曼定律又称四次方定律。

工程上有时需要计算某一波段范围内黑体的辐射能及其在辐射力中所占百分数。例如，太阳辐射能中可见光所占的比例和白炽灯的发光效率等。

若要计算波长由λ_1到λ_2段内的黑体辐射力$E_{b(\lambda_1\sim\lambda_2)}$，由式(7-3)可得：

$$E_{b(\lambda_1\sim\lambda_2)}=\int_{\lambda_1}^{\lambda_2}E_{b\lambda}\mathrm{d}\lambda=\int_0^{\lambda_2}E_{b\lambda}\mathrm{d}\lambda-\int_0^{\lambda_1}E_{b\lambda}\mathrm{d}\lambda=E_{b(0\sim\lambda_2)}-E_{b(0\sim\lambda_1)} \tag{7-17}$$

式中，$E_{b(0\sim\lambda_2)}$表示波长由0到λ_2波段的黑体的辐射力。通常，将给出的波段辐射力表示成同温度下黑体辐射力E_b的百分数$F_{b(0\sim\lambda T)}$，即：

$$F_{b(0\sim\lambda T)}=\frac{E_{b(0\sim\lambda)}}{E_b}=\frac{\int_{\lambda_1}^{\lambda_2}E_{b\lambda}\mathrm{d}\lambda}{\sigma_b T^4} \tag{7-18}$$

将式(7-13)代入式(7-18)：

$$F_{b(0\sim\lambda T)}=\int_0^{\lambda T}\frac{c_1}{\sigma_b(\lambda T)^5\left(\exp\dfrac{c_2}{\lambda T}-1\right)}\mathrm{d}(\lambda T)=\int_0^{\lambda T}\frac{E_{b\lambda}}{\sigma_b T^5}\mathrm{d}(\lambda T)=f(\lambda T) \tag{7-19}$$

$F_{b(0\sim\lambda T)}$称为黑体辐射函数。为计算方便，已制成表格。$F_{b(0\sim\lambda T)}$可直接由表7-1查出。

表 7-1 黑体辐射函数

$\lambda T/\mu m\cdot K$	$F_{b(0\sim\lambda T)}$	$\lambda T/\mu m\cdot K$	$F_{b(0\sim\lambda T)}$	$\lambda T/\mu m\cdot K$	$F_{b(0\sim\lambda T)}$	$\lambda T/\mu m\cdot K$	$F_{b(0\sim\lambda T)}$
200	0	1600	0.0197	3000	0.2733	4400	0.5488
400	0	1800	0.0394	3200	0.3181	4600	0.5793
600	0	2000	0.0667	3400	0.3618	4800	0.6076
800	0	2200	0.1009	3600	0.4036	5000	0.6338
1000	0.0003	2400	0.1403	3800	0.4434	5200	0.658
1200	0.0021	2600	0.1831	4000	0.4809	5400	0.6804
1400	0.0078	2800	0.2279	4200	0.5161	5600	0.7011

续表

$\lambda T/\mu m\cdot K$	$F_{b(0\sim\lambda T)}$	$\lambda T/\mu m\cdot K$	$F_{b(0\sim\lambda T)}$	$\lambda T/\mu m\cdot K$	$F_{b(0\sim\lambda T)}$	$\lambda T/\mu m\cdot K$	$F_{b(0\sim\lambda T)}$
5800	0.7202	7400	0.8296	10500	0.9238	18000	0.9809
6000	0.7379	7600	0.8392	11000	0.932	20000	0.9857
6200	0.7542	7800	0.8481	11500	0.939	40000	0.9981
6400	0.7693	8000	0.8563	12000	0.9452	50000	0.9991
6600	0.7833	8500	0.8747	13000	0.9552	75000	0.9998
6800	0.7962	9000	0.801	14000	0.963	100000	1
7000	0.8032	9500	0.9032	15000	0.969		
7200	0.8193	10000	0.9143	16000	0.9739		

根据黑体辐射函数，可以计算出给定温度下 $\lambda_1\sim\lambda_2$ 波段内的黑体辐射力 $E_{b(\lambda_1\sim\lambda_2)}$，即：

$$E_{b(\lambda_1\sim\lambda_2)}=E_b[F_{b(0\sim\lambda_2 T)}-F_{b(0\sim\lambda_1 T)}] \tag{7-20}$$

(4) 朗伯定律　黑体发出的辐射在空间方向的分布遵循朗伯（Lambert）定律。

由式(7-11)，考虑法线方向（$\theta=0$），可以得出辐射力与辐射强度相同，即：

$$E_\theta=I_\theta\cos\theta \tag{7-21}$$

如果物体表面的辐射强度与方向无关，即各个方向上的 I_θ 相等：

$$I_{\theta 1}=I_{\theta 2}=\cdots=I_{\theta n}=I \tag{7-22}$$

式(7-22) 表明黑体的辐射强度与方向无关，它是朗伯定律的表达式。黑体属于漫辐射，表面的辐射、反射强度在半球空间各方向上均相等。

因为黑体在半球空间各个方向上的辐射强度相等，因此，根据式(7-11) 和式(7-21)：

$$E_{b\theta}=I_b\cos\theta=E_{bn}\cos\theta \tag{7-23}$$

式(7-23) 为朗伯定律的另外一种表达式。它表明黑体在任何方向上的辐射力等于其法线方向上的辐射力乘以该方向与法线方向之间夹角的余弦。该定律又称为余弦定律。

根据朗伯定律可以看出，黑体（以及具有扩散辐射表面的物体）在其法线方向（$\theta=0$）上的辐射力 $E_{b,\theta=0}$ 最大，在 $\theta=90°$ 时的辐射力 $E_{b,\theta=90°}$ 最小，并等于零。

根据式(7-9) 可得到黑体表面辐射力 E_b 与辐射强度 I_b 的关系：

$$\frac{d\Phi_b}{dA_1}=I_b\cos\theta d\omega \tag{7-24}$$

根据辐射力定义，将式(7-24) 在半球空间范围内（$\omega=2\pi$）积分即得 E_b：

$$E_b=\int_{\omega=2\pi}\frac{d\Phi_b}{dA_1}=I_b\int_{\omega=2\pi}\cos\theta d\omega \tag{7-25}$$

将式(7-8) 代入式(7-25)，则：

$$E_b=I_b\int_{\omega=2\pi}\cos\theta\sin\theta d\theta d\varphi=I_b\int_0^{2\pi}d\varphi\int_0^{\pi/2}\cos\theta\sin\theta d\theta=\pi I_b \tag{7-26}$$

式(7-26) 表明，黑体的辐射力 E_b 是其辐射强度 I_b 的 π 倍。同时也表明，黑体的辐射强度 I_b 仅随其热力学温度变化而变化。

7.1.3　实际物体的热辐射特性

(1) 辐射能的吸收、反射和透射　热射线与可见光（属于热射线的一部分）一样，具有同样的光学特性。当热射线投射到物体上时，其中一部分被吸收，一部分被反射，其余的则透过物体。假定外界投射到物体表面上的总辐射能为 Φ，物体吸收的部分为 Φ_α、反射部分为 Φ_ρ、透射部分为 Φ_τ，见图 7-7。根据能量守恒原理有：

$$\Phi_\alpha + \Phi_\rho + \Phi_\tau = \Phi \tag{7-27}$$

将等式两端除以 Φ，则得：

$$\alpha + \rho + \tau = 1 \tag{7-28}$$

式中，$\alpha = \dfrac{\Phi_\alpha}{\Phi}$ 称为物体的吸收率；$\rho = \dfrac{\Phi_\rho}{\Phi}$ 称为物体的反射率；$\tau = \dfrac{\Phi_\tau}{\Phi}$ 称为物体的透射率。

显然，物体的 α、ρ、τ 之值都在 0～1 之间变化。对于单色的吸收率、反射率和透射率可以给出下面的关系：

$$\alpha_\lambda + \rho_\lambda + \tau_\lambda = 1 \tag{7-29}$$

若物体的 $\alpha=1$，$\rho=\tau=0$，这表明该物体能将外界投射来的辐射能全部吸收，这种物体称为“黑体”。若物体的 $\rho=1$，$\alpha=\tau=0$，这表明该物体将外界投射来的辐射能全部反射，这种物体称为“白体”。在图 7-8 中，对于从某方向投射到物体上的热射线，如果其反射角等于入射角，则成镜面反射（如磨光的金属表面）；如果反射辐射能在各个方向上均匀分布，如图 7-9 所示，则称漫反射。表面粗糙的工程材料属于漫反射表面。

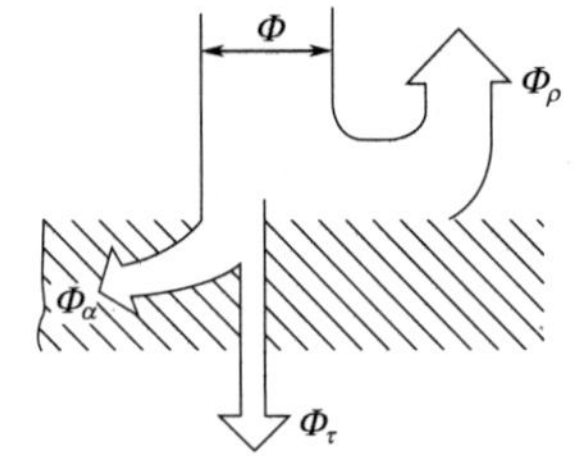

图 7-7 物体对热辐射的吸收、反射和透射

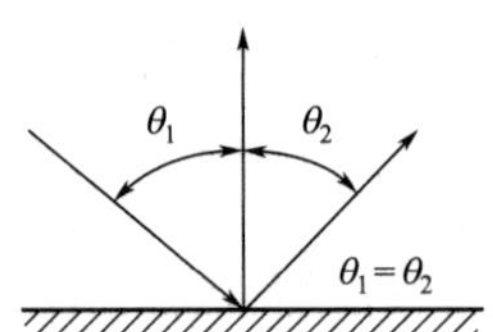

图 7-8 镜面反射

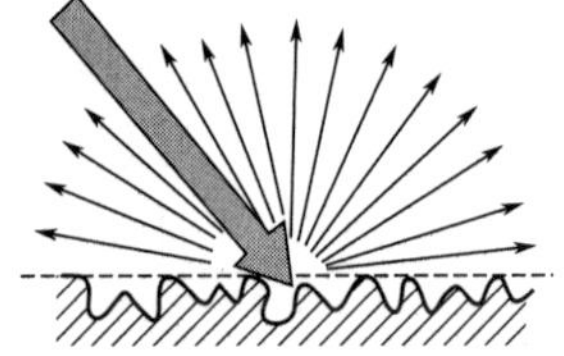

图 7-9 漫反射

若物体的 $\tau=1$，$\alpha=\rho=0$，这表明投射到物体上的辐射能全部透过物体，这种物体称为“透明体”。在自然界中并不存在黑体、白体和透明体，它们都是因为研究的需要而假定的理想物体。实践证明，对于实际物体，大多数固体和液体对辐射能的吸收仅在离物体表面很薄的一层内进行。例如，金属约为 1μm 的数量级；而非导电体，也只有 1000μm 左右，因而可以认为实际固体或液体的透射率 $\tau=0$，即：

$$\alpha + \rho = 1 \tag{7-30}$$

气体可认为对热射线几乎不能反射，因此：

$$\alpha + \tau = 1 \tag{7-31}$$

值得指出的是，对于双原子气体和纯净空气，在工业常用的温度范围内，可认为它们对辐射能基本不吸收，即 $\alpha \approx 0$，也就是说可近似将它们看成透明体。因此，当壁面间存在双原子气体或纯净空气时，它们对壁面间的辐射换热没有影响。

由上可知，固体和液体的辐射、吸收与反射都在表面进行，属于表面辐射；气体的 $\rho=0$，其辐射和吸收在整个气体容积中进行，属于体积辐射。

还应注意，所谓“黑体”与“白体”的概念，不同于光学上的“黑”与“白”。这里所指的热辐射主要是红外线，对于红外线来说，白颜色不一定就是白体。如雪对可见光吸收率很小，反射率很高，可以说是光学上的白体，但对于红外线，雪的吸收率 $\alpha\approx0.985$ 接近于黑体。由此可见，不能按物体的颜色来判断它对红外线的吸收和反射能力。

(2) 实际物体的辐射　实际物体与黑体有很大差别。实际物体的辐射和吸收能力总是小于黑体，而且其辐射能量的分布并不严格遵守普朗克定律、四次方定律和余弦定律。图 7-10对比了实际物体与黑体的辐射差别。由图可见，实际物体的关系曲线是十分复杂的。

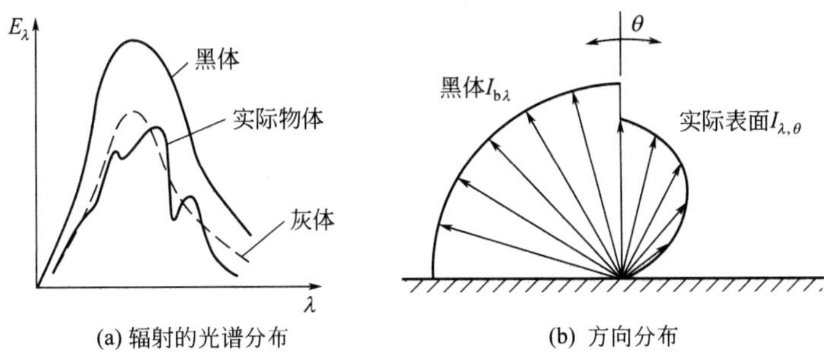

(a) 辐射的光谱分布　　(b) 方向分布

图 7-10　实际物体的辐射与黑体辐射的比较

(3) 发射率（辐射率或黑度）　实际物体的辐射力 E 与同温度下黑体的辐射力 E_b 的比值称为该物体的发射率（黑度或辐射率），用符号 ε 表示：

$$\varepsilon=\frac{E}{E_b} \tag{7-32}$$

发射率表征实际物体的辐射力接近同温度下黑体辐射力的程度，它介于 0～1 之间。若物体的 $\varepsilon=1$，则该物体是黑体。所有实际物体的发射率都小于 1。发射率越大，表明该物体的辐射能力越大。

实际物体的单色辐射力与同温度黑体同一波长的单色辐射力之比，称为该物体的单色发射率，用符号 ε_λ 表示，即：

$$\varepsilon_\lambda=\frac{E_\lambda}{E_{b\lambda}} \tag{7-33}$$

由于实际物体的 E_λ 随波长变化不规则，故实际物体的 ε_λ 也随波长而变化。

由式(7-33) 和式(7-3) 可得：

$$E=\int_0^\infty E_\lambda\,\mathrm{d}\lambda=\int_0^\infty \varepsilon_\lambda E_{b\lambda}\,\mathrm{d}\lambda \tag{7-34}$$

所以，实际物体的 ε 和 ε_λ 的关系可表示为：

$$\varepsilon=\frac{E}{E_b}=\frac{\int_0^\infty \varepsilon_\lambda E_{b\lambda}\,\mathrm{d}\lambda}{\int_0^\infty E_{b\lambda}\,\mathrm{d}\lambda} \tag{7-35}$$

实际物体的定向辐射力与同温度黑体在同一方向的定向辐射力之比，称为实际物体的定向发射率，用符号 ε_θ 表示，

$$\varepsilon_\theta=\frac{E_\theta}{E_{b\theta}}=\frac{I_\theta}{I_{b\theta}} \tag{7-36}$$

由式(7-32) 和式(7-16) 可得，实际物体的辐射力为：

$$E=\varepsilon E_b=\varepsilon C_0\left(\frac{T}{100}\right)^4=\varepsilon\sigma_b T^4 \tag{7-37}$$

虽然实际物体的辐射力并不严格遵守四次方定律，但工程上为方便起见仍用式(7-37)

计算，而把由此引起的误差归到实际物体的发射率 ε 中去修正。黑体的 $\varepsilon_\theta=\varepsilon=1$，与 θ 角无关。实际物体可分成两类，金属（导体）和非金属（非导体）。

对于典型的金属，在一定 θ 角范围内，ε_θ 较小，可近似视为常数，然后 ε_θ 随 θ 角增大而增大，当 θ 角接近 90°时，其值又减小，见图 7-11。

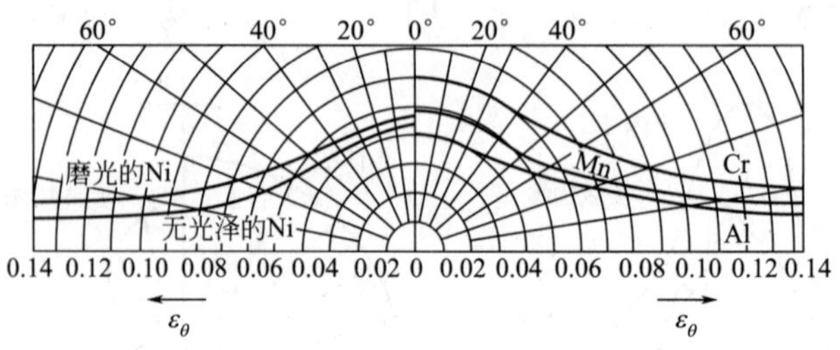

图 7-11　几种金属导体在不同方向上的定向发射率（$T=150℃$）

对于典型的非金属，在一定的 θ 角范围内，ε_θ 较大且变化较小，然后随着 θ 角增大，ε_θ 迅速减小，当 $\theta=90°$时，ε_θ 为零，见图 7-12。

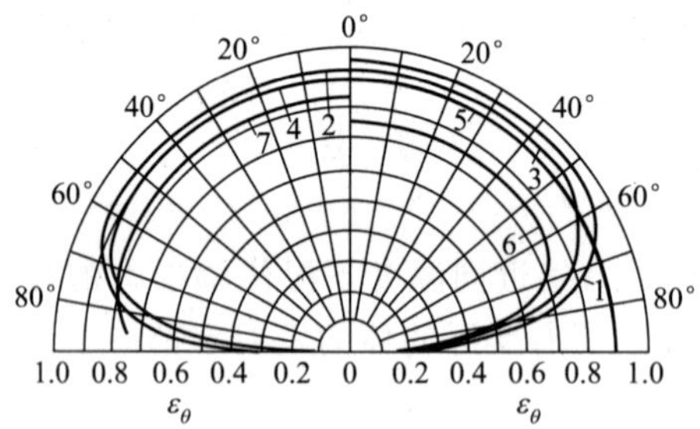

图 7-12　几种导体在不同方向上的定向发射率（$T=0\sim93.3℃$）

1—潮湿的冰；2—木材；3—玻璃；4—纸；5—黏土；6—氧化铜；7—氧化铝

相关的资料中给出大多数是法向发射率 ε_n（$\theta=0$）的值，它们与半球空间平均发射率 ε 的关系为：对于金属 $1.0\leqslant\varepsilon/\varepsilon_n\leqslant1.3$，对于非金属 $0.95\leqslant\varepsilon/\varepsilon_n\leqslant1.0$。因此，除高度磨光的金属表面外，对于大多数工程材料，往往不考虑它的方向辐射特性的变化，近似认为遵守余弦定律，使用时可把法向发射率 ε_n 近似作为半球空间的平均发射率 ε。

发射率是辐射换热计算中的重要参数，影响因素也很多。一般由实验测定。表 7-2 给出一些工程材料的发射率值。

(4) 基尔霍夫定律　讨论一个表面温度为 T_s 的大的等温腔体，在这个封闭的腔体中有几个小物体。由于相对于腔体来说这些物体很小，它们对由腔体表面的发射和反射的累积效果所形成的辐射场几乎没有影响。可见，不论表面有怎样的辐射性质，这样的表面形成一个黑体。不论什么方向，腔体中任何物体所拦截的投射辐射力等同于温度为 T_s 的黑体的发射功率。

$$E=E_b(T_s) \tag{7-38}$$

在稳态条件下，这些物体与腔体之间必定存在热平衡。因此，$T_1=T_2=\cdots=T_s$，对每个表面的净换热速率必定为零。对物体应用能量平衡关系，有：

$$\alpha_1 EA_1-E_1(T_s)A_1=0 \tag{7-39}$$

或者，由式(7-38)

$$\frac{E_1(T_s)}{\alpha_1}=E_b(T_s) \tag{7-40}$$

表 7-2　一些常用工程材料的表面发射率

物料名称及其表面特性		温度/℃	$\varepsilon(\varepsilon_n)$	物料名称及其表面特性		温度/℃	$\varepsilon(\varepsilon_n)$
磨光的铁		94	(0.06)	铝	表面氧化后	28	0.10
		425	0.144			260	0.12
		1020	0.377			538	0.18
磨光的钢		100	0.066		表面严重氧化	38	0.20
磨光的铸铁件		770	0.52			150	0.21
		1040	0.56			205	0.22
轧制钢板		50	0.56			538	0.33
粗糙表面的钢		40	0.94	耐火黏土砖		1000	0.61
表面氧化的钢		200～600	0.80			1200	0.52
表面严重生锈的钢		50	0.88			1400	0.47
		500	0.98			1500	0.45
生锈铸铁		40～250	0.95	硅砖		1000	0.62
熔融铸铁		1300～1400	0.29			1200	0.535
熔融钢		1520	0.42			1400	0.49
		1650	0.53			1500	0.46
铜	磨光表面	50～100	0.02	红砖:表面粗糙		20	0.93
	氧化表面	200	0.57	冰	粗糙结晶面	0	(0.985)
		600	0.87		平滑结晶面	0	0.918
	氧化发黑	500	0.88	水玻璃		0	(0.966)
	熔融紫铜	1200	0.138	炭		100	0.81
		1250	0.147			600	0.79
	熔融粗铜	1250	0.155～0.171	炭黑		20～400	0.95～0.97
铝	表面磨光	225	0.049	固体表面涂炭黑		100～500	0.96
	轧制后光亮表面	575	0.157	石棉纸		40	0.94
		170	(0.039)			400	0.63
		500	(0.050)				

由于这个结果也可应用于封闭腔体中的每个物体，因此可得：

$$\frac{E_1(T_s)}{\alpha_1}=\frac{E_2(T_s)}{\alpha_2}=E_b(T_s) \tag{7-41}$$

式(7-41) 称为基尔霍夫定律，它表明任何物体的辐射力与其吸收率之比值恒等于同温度下黑体的辐射力，且只与温度有关，与物体的性质无关。主要的物理含义在于：因为 $\alpha\leqslant 1$，$E(T_s)\leqslant E_b(T_s)$。因此，任何实际表面的发射功率都不可能大于同温度下黑体表面的发射功率。

式(7-32) 与式(7-41) 相比较，则有：

$$\alpha=\varepsilon \tag{7-42}$$

式(7-42) 是基尔霍夫定律的另一种表达式。它表明物体的吸收率等于同温度下该物体的发射率。但必须指出，这一结论是在系统处于热平衡（$T=T_b$），投射辐射来自黑体的条件下得出的。所以严格地说，对于实际物体上述结论只有在满足导出条件时才是正确的。这是因为实际物体的单色吸收率和单色发射率都随波长而变化。而且，吸收率与发射率不同，它不仅与物体本身的温度和表面状态有关，还与投射辐射源的温度和投射辐射的光谱分布有关。

基尔霍夫定律也适用于单色辐射，用类似的方法可得出：

$$\alpha_{\lambda}=\varepsilon_{\lambda} \tag{7-43}$$

使用式(7-43)的条件不像式(7-42)那么严格，通常只要表面的辐射性质与方向无关，即漫辐射表面，则即使系统不在热平衡条件下，式(7-43)仍然成立。

(5) 灰体 针对实际物体的辐射性质随波长变化的特点，为简化辐射换热计算，提出灰体的概念。灰体是指单色吸收率、单色发射率与波长无关的物体。灰体的单色吸收率和单色发射率与波长的关系为常数。在相同温度下，灰体的单色辐射力随波长的分布曲线与黑体辐射的相似。

因为灰体的 α_{λ} 与 ε_{λ} 与波长无关，故：

$$\varepsilon=\frac{\int_{0}^{\infty}\varepsilon_{\lambda}E_{\mathrm{b}\lambda}\,\mathrm{d}\lambda}{\int_{0}^{\infty}E_{\mathrm{b}\lambda}\,\mathrm{d}\lambda}=\frac{\varepsilon_{\lambda}\int_{0}^{\infty}E_{\mathrm{b}\lambda}\,\mathrm{d}\lambda}{\int_{0}^{\infty}E_{\mathrm{b}\lambda}\,\mathrm{d}\lambda}=\varepsilon_{\lambda} \tag{7-44}$$

$$\alpha=\frac{\int_{0}^{\infty}\alpha_{\lambda}\Phi_{\mathrm{b}\lambda}\,\mathrm{d}\lambda}{\int_{0}^{\infty}\Phi_{\mathrm{b}\lambda}\,\mathrm{d}\lambda}=\frac{\alpha_{\lambda}\int_{0}^{\infty}\Phi_{\mathrm{b}\lambda}\,\mathrm{d}\lambda}{\int_{0}^{\infty}\Phi_{\mathrm{b}\lambda}\,\mathrm{d}\lambda}=\alpha_{\lambda} \tag{7-45}$$

据此可得：

$$\varepsilon_{\lambda}=\varepsilon=\alpha_{\lambda}=\alpha \tag{7-46}$$

因此，不论投射辐射来自何种物体，也不论系统是否处在热平衡条件，灰体的吸收率总是等于同温度下的发射率。与黑体一样，灰体也是一种理想物体。在红外线波长范围内，大部分工程材料可近似看作灰体。

7.2 辐射换热计算

由热透明介质（如空气）分隔开的各个物体表面，如果它们的温度各不相同，彼此之间会发生辐射换热。影响辐射换热的主要因素包括物体表面的性质、形状、大小、空间位置以及物体的温度。

实际物体的辐射换热是一个十分复杂的过程，本节主要讨论黑体表面和漫射灰体表面之间的辐射换热，并介绍气体辐射和火焰辐射。在分析和计算过程中，首先讨论角系数的计算方法，然后继续使用欧姆定律形式分析辐射热阻，使辐射换热计算简单明了。

7.2.1 黑体表面间的辐射换热

自然界中不存在理论上的黑体，实际上只有少数物质表面对辐射能量的吸收能力接近于黑体，如炭黑、碳化硅等。黑体所遵循的简单规律可以作为自然界中各种物质间的比较标准。需要特别指明的是，“黑体”这个名字是由于物体吸收全波长的辐射能量——包括可见光范围的辐射线，因此该物体对人眼来讲表现为黑色。但在工业温度范围内（$T<2000$K），可见光波段内的辐射能占总辐射能的比例非常小。因此，黑色的物体不一定是黑体，白色的

物体也不一定是白体。

黑体是一个完全吸收体，也是一个完全发射体，它吸收的能量愈大，则往外辐射的能量也愈大。黑体的辐射是各向同性的。黑体的辐射总能量是温度的单值函数。利用本书第 7.1 节介绍的吸收率和发射率的概念描述，黑体的吸收率和发射率等于 1，即：$\alpha=\varepsilon=1$。黑体的这些辐射特性很适合于作为一般实际物体辐射的比较标准。应该指出，在前面的论述中，虽然是对全波长的总辐射特性而言，实际上这些结论也同样适用于单色的黑体辐射。

(1) 角系数的定义　在计算任意两表面间的辐射换热时，除了要知道这两个表面的辐射性质和温度外，还需考虑它们的几何因素对辐射换热的影响。表面的几何因素对辐射换热的影响可用角系数来表示。

由表面 1 投射到表面 2 的辐射能量 $\Phi_{1\to2}$ 占离开表面 1 的总辐射能量 Φ_1 的分数称为表面 1 对表面 2 的角系数，用符号 φ_{12} 表示，即：

$$\varphi_{12}=\frac{\Phi_{1\to2}}{\Phi_1} \tag{7-47}$$

设有两个任意放置的非凹表面 A_1、A_2，它们的温度分别为 T_1 和 T_2。为了讨论方便起见，假定这两个表面均为黑体，$\varepsilon_1=\varepsilon_2=1$。从两表面分别取微元面 $\mathrm{d}A_1$、$\mathrm{d}A_2$，其距离为 r，表面的法线与连线之间的夹角为 θ_1、θ_2，如图 7-13 所示。根据式(7-9)，从 $\mathrm{d}A_1$ 投射到 $\mathrm{d}A_2$ 上的辐射能为：

$$\mathrm{d}\Phi_{1\to2}=I_{b1}\cos\theta\mathrm{d}A_1\mathrm{d}\omega_1 \tag{7-48}$$

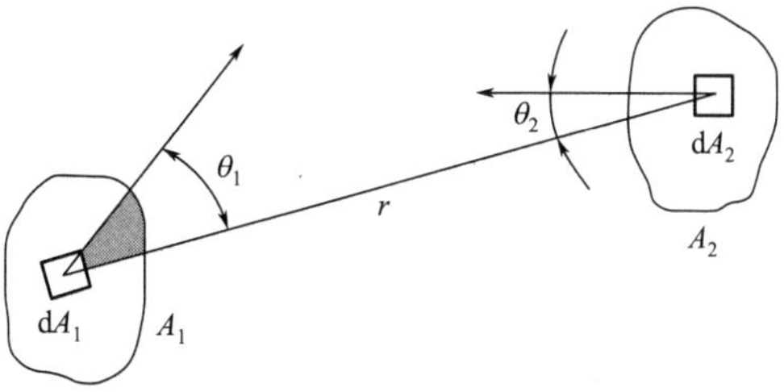

图 7-13　两等温表面间的辐射换热

因为由式(7-26)，即 $I_{b1}=\dfrac{E_{b1}}{\pi}$和立体角的定义式，即 $\mathrm{d}\omega_1=\dfrac{\mathrm{d}A_2\cos\theta_2}{r^2}$可得：

$$\mathrm{d}\Phi_{1\to2}=\frac{E_{b1}\cos\theta_1\cos\theta_2}{\pi r^2}\mathrm{d}A_1\mathrm{d}A_2 \tag{7-49}$$

根据角系数的定义，由表面 A_1 对表面 A_2 的角系数：

$$\varphi_{12}=\frac{\Phi_{1\to2}}{\Phi_1}=\frac{E_{b1}\int\limits_{A_1}\int\limits_{A_2}\frac{\cos\theta_1\cos\theta_2}{\pi r^2}\mathrm{d}A_1\mathrm{d}A_2}{E_{b1}}=\frac{1}{A_1}\int\limits_{A_1}\int\limits_{A_2}\frac{\cos\theta_1\cos\theta_2}{\pi r^2}\mathrm{d}A_1\mathrm{d}A_2 \tag{7-50}$$

同理：

$$\varphi_{21}=\frac{\Phi_{2\to1}}{\Phi_1}=\frac{1}{A_2}\int\limits_{A_1}\int\limits_{A_2}\frac{\cos\theta_1\cos\theta_2}{\pi r^2}\mathrm{d}A_1\mathrm{d}A_2 \tag{7-51}$$

式(7-50) 和式(7-51) 称角系数的积分公式。可以看出，角系数仅与两个表面的形状、大小、距离及相对位置有关，而与表面的辐射率和温度无关，所以角系数纯属几何参数，它不仅适用于黑体，也适用于其它符合扩散辐射及扩散反射的物体。

(2) 角系数的性质　根据角系数的积分公式定义可以看出，角系数有下列性质，它们对于计算角系数和表面间的辐射换热十分有用。

① 相对性　比较式(7-50) 和式(7-51) 可以得出：

$$\varphi_{12}A_1=\varphi_{21}A_2 \tag{7-52}$$

式(7-52) 称为角系数的相对性。

② 完整性　设有 n 个等温表面组成的封闭空间，如图 7-14 所示。根据能量守恒原理，

该封闭空间中任一表面投射到所有其它表面上的辐射能之和等于它所发射的总辐射能，因而其中任意一个表面（如表面1）对其余各表面的角系数之和等于1，即：

$$\sum_{j=1}^{n} \varphi_{1j} = \varphi_{11} + \varphi_{12} + \cdots + \varphi_{1n} = 1 \tag{7-53}$$

式(7-53) 称为角系数的完整性。

③ 和分性　见图7-15，若：

$$A_{(1+2)} = A_1 + A_2$$

则

$$\varphi_{3(1+2)} = \varphi_{31} + \varphi_{32} \tag{7-54}$$

和

$$A_{(1+2)}\varphi_{(1+2)3} = A_1\varphi_{13} + A_2\varphi_{23} \tag{7-55}$$

式(7-54) 和式(7-55) 称为角系数的和分性。

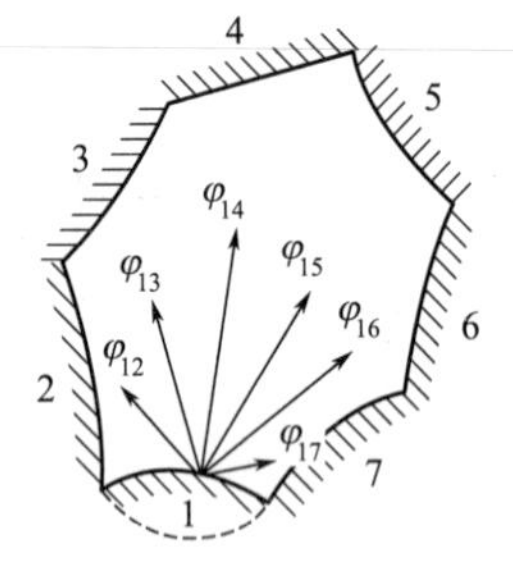

图7-14　角系数的完整性

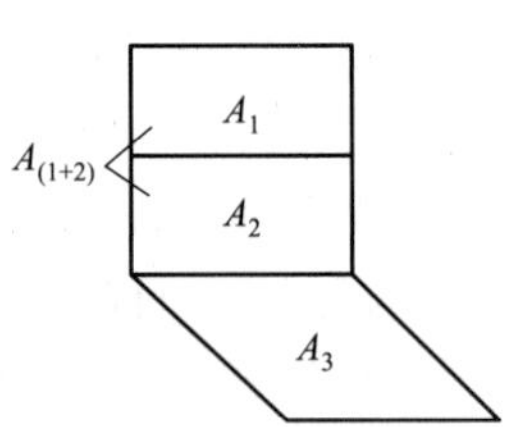

图7-15　角系数的和分性

(3) 角系数的确定方法　计算表面间的辐射换热，必须先要知道它们之间的角系数。求角系数的方法有多种，工程计算中常用的是积分法和代数分析法。

① 积分法　积分法即利用式(7-50) 直接积分求得表面间的角系数，现举例说明其应用。

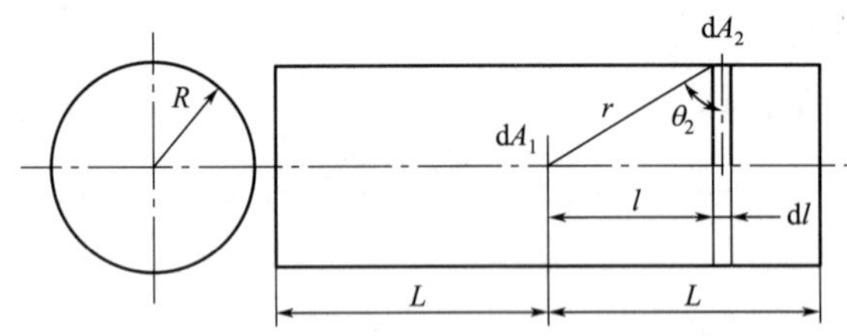

图7-16　热接点对管壁的角系数

【例7-1】　用热电偶测定管道中的废气温度，设管道长$2L$、半径R，热电偶热接点可视为半径等于r_c的小球，并被置于管道中心，如图7-16所示。试计算热接点对管道壁的角系数φ_{12}。

解　离管道中心截面1处取管壁的微元面$dA_2 = 2\pi R\,dl$，热电偶接点表面面积$A_1 = 4\pi r_c^2$，而微元表面即小球的投影面积$dA_1 = \pi r_c^2$为定值，且始终与连线r垂直，故$\cos\theta_1 = 1$，应用式(7-50) 得：

$$\varphi_{12} = \frac{1}{A_1}\int_{A_1} dA_1 \int_{A_2} \frac{\cos\theta_2 \, 2\pi R\,dl}{\pi r^2}$$

因$\cos\theta_2 = \dfrac{R}{r}$，$r = \sqrt{R^2 + l^2}$，代入上式后得：

$$\varphi_{12} = \frac{\pi r_c^2}{4\pi r_c^2}\int_{-L}^{+L} \frac{2R^2\,dl}{(R^2 + l^2)^{3/2}} = \frac{1}{4}\left[\frac{2l}{(R^2 + l^2)^{1/2}}\right]_{-L}^{+L} = \frac{L}{(R^2 + l^2)^{1/2}}$$

由上式不难看出，当L很大或R很小时，$\varphi_{12} \to 1$，这表明离开热电偶节点的辐射能量几乎全部落在管壁上。

以上是积分法求角系数的一个简单例子。由于积分法求角系数比较复杂，所以经常将角系数的积分结果绘成图线，如图 7-17～图 7-19 所示，以便计算时查用。

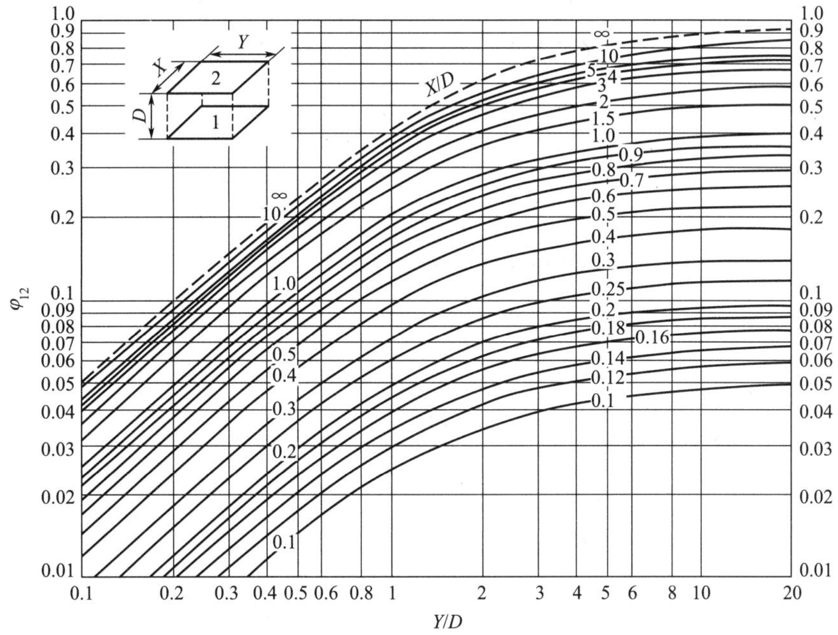

图 7-17　平行长方形表面间的角系数

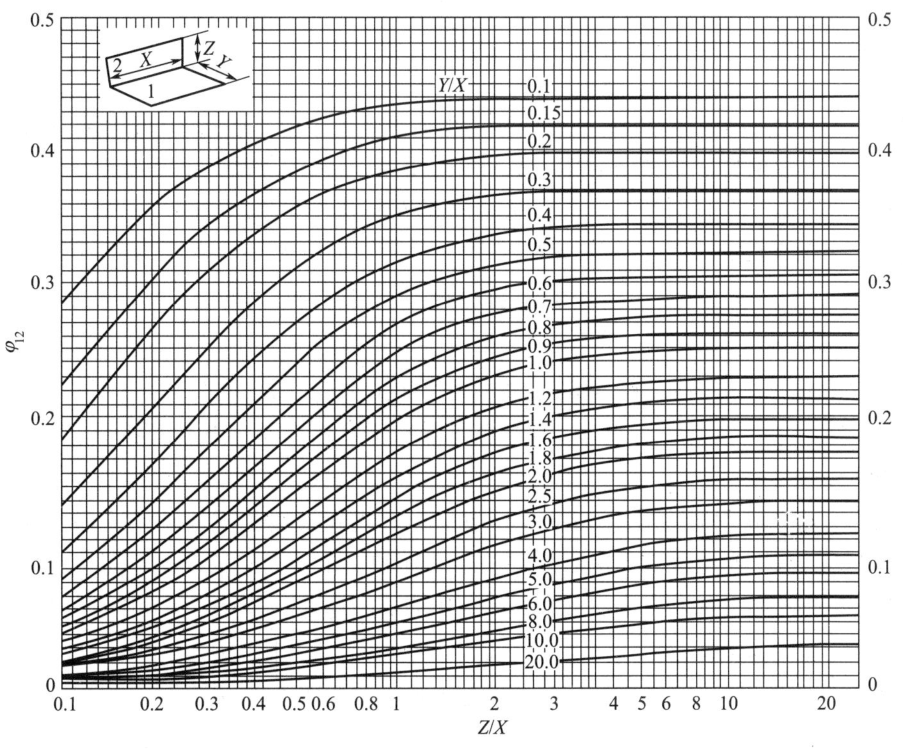

图 7-18　相互垂直两长方形表面间的角系数

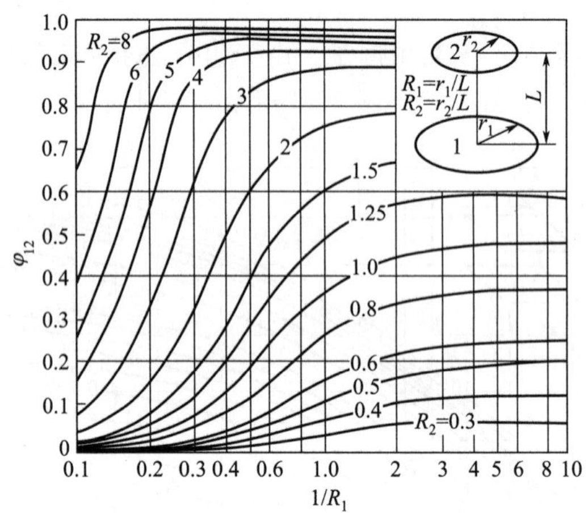

图 7-19 平行的同心圆形表面间的角系数

【例 7-2】 角系数线图应用。已知：两个平行的黑体平板大小为 0.5m×1.0m，两平板之间的距离为 0.5m。其中的一块平板保持温度 1273K，另一块则保持 773K。两平板间的净辐射换热量是多少？

解 利用图 7-17 可查出两平板之间的角系数：

$$\frac{Y}{D}=\frac{0.5}{0.5}=1 \quad \frac{X}{D}=\frac{1.0}{0.5}=2$$

因此两平板间的角系数为 $\varphi_{12}=0.285$，在两个不同温度下的净辐射换热量，可由下面计算式得到：

$$q=A_1\varphi_{12}(E_{b1}-E_{b2})=\sigma_b A_1\varphi_{12}(T_1^4-T_2^4)=5.67\times10^{-8}\times0.5\times0.285\times(1273^4-773^4)=18.33\ (\text{kW})$$

② 代数分析法 代数分析法主要是利用角系数的性质，用代数方法确定角系数。这种方法简单，可以避免复杂的积分运算，也可扩大前面介绍的图线应用范围，但也有局限性。下面介绍几种简单的，但也是工业上常见的情况来说明这种方法。

a. 两个相距很近的平行表面组成的空间：A_1、A_2 均为平面，即为不可自见面，根据角系数定义，$\varphi_{11}=\varphi_{22}=0$。由角系数的完整性可得，$\varphi_{11}+\varphi_{12}=1$，故 $\varphi_{12}=1$，同理 $\varphi_{21}=1$。

b. 一个凹面与一个凸面或平面组成的封闭空间，见图 7-20 中(a)、(b)、(c)。由角系数的完整性得 $\varphi_{12}=1$，$\varphi_{21}+\varphi_{22}=1$。由角系数的相对性得：$\varphi_{12}A_1=\varphi_{21}A_2$，可得，$\varphi_{21}=A_1/A_2$ 和 $\varphi_{22}=1-\varphi_{21}=1-A_1/A_2$。

c. 两个凹面组成的封闭空间见图 7-20 中（d）。在两凹面的交界处作一假想面 f，显然 f 就是交界处面积，这样就将问题转化成一个凹面和一个平面的情况。而其中任意一个面对 f 面的角系数也就是它对另一个面的角系数，因此，$\varphi_{12}=\varphi_{1f}=f/A_1$，$\varphi_{21}=\varphi_{2f}=f/A_2$，由角系数的完整性得：$\varphi_{11}+\varphi_{12}=1$。所以 $\varphi_{11}=1-f/A_1$，同理 $\varphi_{22}=1-f/A_2$。

d. 由三个非凹面组成的封闭空间，假定在垂直于纸面方向足够长，见图 7-21。因三个表面均不可自见，即 $\varphi_{11}=0$。由角系数的完整性可写出 $\varphi_{12}+\varphi_{13}=1$，$\varphi_{21}+\varphi_{23}=1$，$\varphi_{31}+\varphi_{32}=1$。将以上三个等式两边分别乘以 A_1、A_2 和 A_3，得：

$$\begin{cases}\varphi_{12}A_1+\varphi_{13}A_1=A_1\\ \varphi_{21}A_2+\varphi_{23}A_2=A_2\\ \varphi_{31}A_3+\varphi_{32}A_3=A_3\end{cases}\tag{7-56}$$

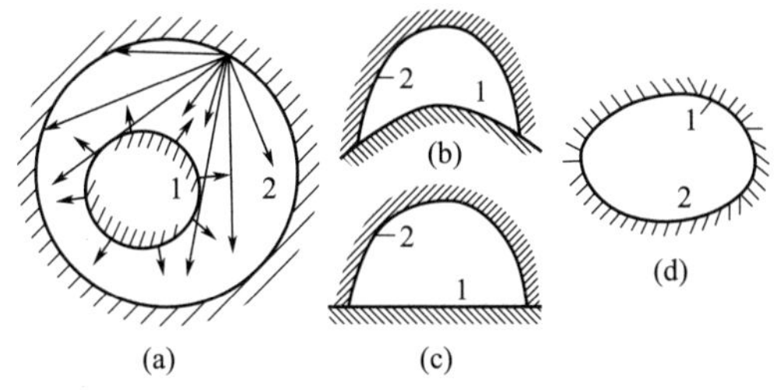

图 7-20　两个物体组成的辐射换热系统

(a)，(b) 凹面和凸面组成的封闭空间；(c) 凹面和平面组成的封闭空间；(d) 两个凹面组成的封闭空间

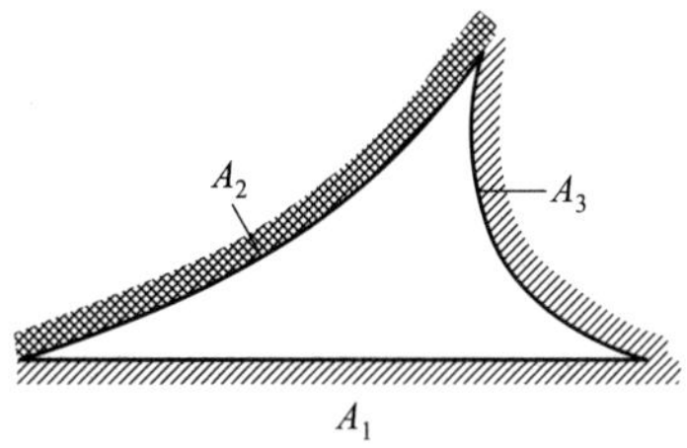

A_2　A_3　A_1

图 7-21　三个非凹面组成的封闭空间

根据相对性原理，在方程组(7-56) 中的六个角系数可以简化成三个，即：

$$\begin{cases}\varphi_{12}A_1+\varphi_{13}A_1=A_1\\ \varphi_{12}A_2+\varphi_{13}A_2=A_2\\ \varphi_{12}A_3+\varphi_{13}A_3=A_3\end{cases}\tag{7-57}$$

求解联立方程组(7-57)，得三个未知的角系数：

$$\begin{cases}\varphi_{12}=\dfrac{A_1+A_2-A_3}{2A_1}\\ \varphi_{13}=\dfrac{A_1+A_3-A_2}{2A_1}\\ \varphi_{23}=\dfrac{A_2+A_3-A_1}{2A_2}\end{cases}\tag{7-58}$$

根据相对性原理，很容易求出φ_{21}、φ_{31}和φ_{32}。

(4) 两个非凹黑表面的辐射换热和辐射空间热阻　对于图 7-13 所示的两个非凹黑表面，式(7-49) 给出了由 dA_1 投射到 dA_2 上的辐射能 $d\Phi_{1\to2}$。同理，可以给出 dA_2 投射到 dA_1 上的辐射能为 $d\Phi_{2\to1}$。dA_1 和 dA_2 之间的辐射换热的公式为：

$$d\Phi_{12}=d\Phi_{1\to2}-d\Phi_{2\to1}=\frac{(E_{b1}-E_{b2})\cos\theta_1\cos\theta_2}{\pi r^2}dA_1dA_2\tag{7-59}$$

黑体表面 1 到黑体表面 2 的辐射换热量为：

$$\Phi_{12}=(E_{b1}-E_{b2})\int_{A_1}\int_{A_2}\frac{\cos\theta_1\cos\theta_2}{\pi r^2}dA_1dA_2\tag{7-60}$$

将式(7-49) 和式(7-50) 代入式(7-60) 得到：

$$\Phi_{12}=(E_{b1}-E_{b2})\varphi_{12}A_1=(E_{b1}-E_{b2})\varphi_{21}A_2\tag{7-61}$$

式(7-61) 可以写成

$$\Phi_{12}=\frac{E_{b1}-E_{b2}}{\dfrac{1}{\varphi_{12}A_1}}\tag{7-62}$$

将式(7-62) 与欧姆定律比较，将 $E_{b1}-E_{b2}$ 比作电位差，$\dfrac{1}{\varphi_{12}A_1}$比作电阻，则电流就是

辐射换热量 Φ_{12}。因此，两黑体表面间的辐射换热可以用简单的热网络图 7-22 来模拟。$\dfrac{1}{\varphi_{12}A_1}$称为空间热阻或形状热阻，它取决于表面间的几何关系，当表面间的角系数越小或表面积越小时，则能量从表面 1 投射到表面 2 上的空间热阻就越大。

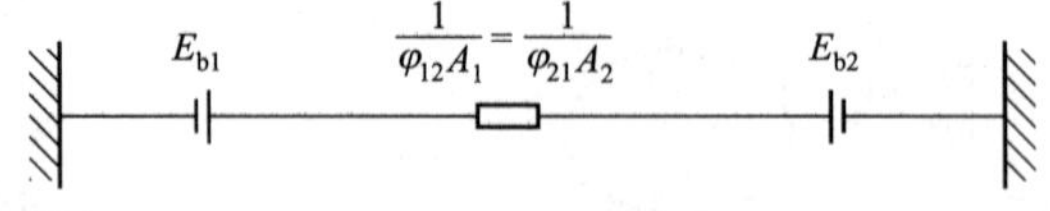

图 7-22 空间辐射热阻

对于两个平行的黑体大平壁（$A_1=A_2=A$），若略去周边逸出的辐射热量，可以认为 $\varphi_{12}=\varphi_{21}=1$。由斯特藩-玻尔兹曼定律知，此时：

$$\Phi_{12}=(E_{b1}-E_{b2})A=\sigma_b(T_1^4-T_2^4)A \tag{7-63}$$

（5）封闭的辐射换热 参与辐射换热各黑体表面间实际上总是构成一个封闭的空腔，即使有时表面间有开口，也可设定假想面予以封闭。设有 n 个黑体表面组成空腔，见图 7-23。每个表面各有温度 $T_1, T_2, T_3, \cdots, T_n$，需要计算某一表面与其余表面间的辐射换热。空腔 i 表面与所有表面辐射换热量的总和为：

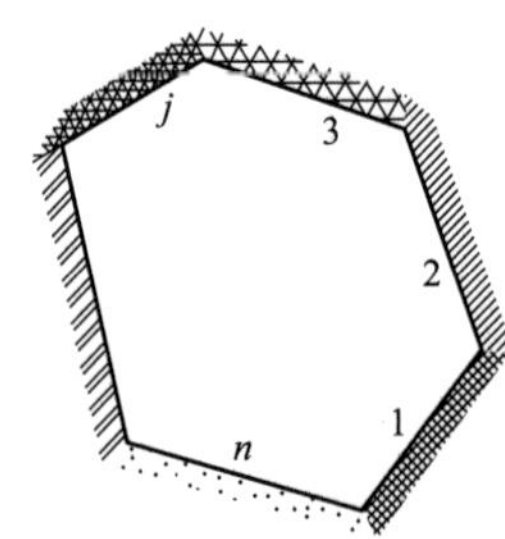

图 7-23 多个黑体表面组成的空腔

$$\Phi_i=\Phi_{i1}+\Phi_{i2}+\cdots+\Phi_{in}=\sum_{j=1}^{n}\Phi_{ij} \tag{7-64}$$

对于黑体表面 i 和任意表面（记为 j）在一个黑体空腔中的辐射热量 Φ_{ij} 为：

$$\Phi_{ij}=\Phi_{i\to j}-\Phi_{j\to i}=\varphi_{ij}A_i(E_{bi}-E_{bj}) \tag{7-65}$$

对于一个表面 i 可以看到的 n 个其它表面空腔，表面 i 与这些表面间的辐射换热量为：

$$\Phi_i=\sum_{j=1}^{n}\Phi_{ij}=\sum_{j=1}^{n}A\ \varphi_{ij}(E_{bi}-E_{bj}) \tag{7-66}$$

需要指出，应用式(7-65) 和式(7-66) 并不需要组成封闭包壳的各表面必须是非凹的，包壳内各表面可以是平的、凹的和凸的。

由式(7-66) 可以看到，黑体表面 i 和周围各黑体表面的总辐射换热量即为表面发射的能量与各表面向表面投射能量的差额，是为了维持 i 表面温度为 T_i 时所必须提供的净热量，所以 Φ_i 称作 i 表面的净辐射换热量。

7.2.2 灰体表面间的辐射换热

本节讨论的是被透明介质（或真空）隔开的灰体表面间的辐射换热问题，如高温电阻炉内的辐射换热，热工设备表面的辐射散热等均属于此类情况。在讨论表面间的辐射换热时，通常假定：①两表面均为漫辐射灰体表面；②各表面的温度和辐射率都是均匀的；③两表面形成封闭空间。

（1）有效辐射 灰体表面只能部分吸收投射的辐射能，其余则被反射出去，形成与黑体表面不同的辐射换热特点。在灰体表面间辐射换热的计算中，引入有效辐射 J 的概念，它对计算不同情况下灰体表面间的辐射换热十分方便。

对于温度为 T 的物体，如图 7-24 所示，灰体表面的有效辐射是表面辐射（εE_b）和反辐射（ρG）之和，即：

$$J=\varepsilon E_{\mathrm{b}}+\rho G=\varepsilon E_{\mathrm{b}}+(1-\alpha)G \qquad (7\text{-}67)$$

式中，G 为外界对灰体表面投射的辐射，$\mathrm{W/m^2}$；ε 为灰体表面的发射率；ρ 为灰体表面的反射率；α 为灰体表面的吸收率。

有效辐射是单位时间内离开物体单位表面积的总辐射能量，它也是用仪器测量出来的物体实际辐射的能量。利用有效辐射的概念，可使表面间的辐射换热计算得以简化。

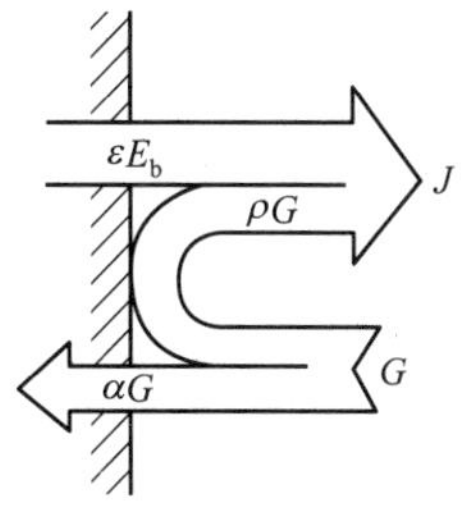

图 7-24　有效辐射示意图

(2) 辐射表面热阻　灰体表面每单位面积的辐射换热量（辐射换热流密度 q）可从两个方面分析：从物体表面外部来看，是该表面的有效辐射与投射辐射之差；从表面内部来看，是本身辐射和吸收辐射之差，即：

$$q=\Phi/A=J-G=\varepsilon E_{\mathrm{b}}-\alpha G \qquad (7\text{-}68)$$

将式(7-67) 与式(7-68) 合并，消去 G。对于漫-灰表面，由于 $\alpha=\varepsilon$，因此得：

$$\Phi=\frac{\varepsilon}{1-\varepsilon}A(E_{\mathrm{b}}-J)=\frac{E_{\mathrm{b}}-J}{\dfrac{1-\varepsilon}{\varepsilon A}} \qquad (7\text{-}69)$$

式(7-69) 表示物体的有效辐射、发射率和换热量之间的关系，利用这些关系式来计算表面间辐射换热可带来很大方便。由式(7-69) 还可看出，若物体间的辐射换热流密度 $q=0$，则：

$$J=E_{\mathrm{b}} \qquad (7\text{-}70)$$

式(7-70) 表明，换热系统处于热平衡状态时，物体的有效辐射等于同温度下的黑体辐射，与物体表面的发射率无关。所以，制造黑体模型时，空腔内表面温度要求均匀。

式(7-69) 给灰体表面间辐射换热的网络模拟提供了依据。黑体表面间的辐射换热是将黑体表面的辐射力 E_{b} 比作电位，但对灰体表面来说，应把它的有效辐射 J 比作电位，而把 $\dfrac{1-\varepsilon}{\varepsilon A}$ 比作是 E_{b} 和 J 之间的表面辐射热阻或简称表面热阻，如图 7-25 所示。可以看出，当表面的吸收率或发射率越大，即表面越接近黑体，则此阻力就越小。需要指出辐射换热的表面热阻是因发射率小于 1 导致的一种辐射换热阻力。相同情况下发射率越大，表面热阻就越小。黑体的表面热阻等于零。

图 7-25　辐射表面热阻

(3) 两非凹灰体表面间的辐射换热　如果用灰体表面的有效辐射代替黑体表面的辐射力，将表示两个非凹黑体表面的辐射换热式(7-62) 用于表示两非凹灰体表面上的辐射换热，可以得到两个灰体的辐射换热公式：

$$\Phi_{12}=\frac{J_1-J_2}{\dfrac{1}{\varphi_{12}A_1}} \qquad (7\text{-}71)$$

根据式(7-69) 可以给出表面 1 对表面 2 和表面 2 对表面 1 的辐射换热公式：

$$J_1=E_{\mathrm{b1}}-\frac{1-\varepsilon_1}{\varepsilon_1 A_1}\Phi_1 \qquad (7\text{-}72)$$

$$J_2=E_{b2}-\frac{1-\varepsilon_2}{\varepsilon_2 A_2}\Phi_2 \tag{7-73}$$

因为辐射换热仅发生在两个非凹灰体表面之间，在稳态的条件下：

$$\Phi_1=-\Phi_2=\Phi_{12} \tag{7-74}$$

将式(7-72)、式(7-73) 代入式(7-71) 可以得到

$$\Phi_{12}=\frac{E_{b1}-E_{b2}}{\dfrac{1-\varepsilon_1}{\varepsilon_1 A_1}+\dfrac{1}{\varphi_1 A_1}+\dfrac{1-\varepsilon_2}{\varepsilon_2 A_2}} \tag{7-75}$$

如果用 A_1 作为计算表面积，可将式(7-75) 右边的分子分母同乘以 $\varphi_{12}A_1$，并考虑到 $\varphi_{12}A_1=\varphi_{21}A_2$ 和 $E_b=\sigma T^4$ 则得：

$$\Phi_{12}=\frac{\sigma^4(T_1^4-T_2^4)}{\varphi_{12}\left(\dfrac{1}{\varepsilon_1}-1\right)+1+\varphi_{21}\left(\dfrac{1}{\varepsilon_2}-1\right)}\varphi_{12}A_1=\varphi_{12}\sigma_b(T_1^4-T_2^4)\varphi_{12}A_1 \tag{7-76}$$

式中，$\varepsilon_{12}=\dfrac{1}{\varphi_{12}\left(\dfrac{1}{\varepsilon_1}-1\right)+1+\varphi_{21}\left(\dfrac{1}{\varepsilon_2}-1\right)}$，称为换热系统的系统吸收率。

式(7-76) 是两个表面构成封闭空间时辐射换热计算公式的一般形式，对于一些简单的情况，可以进行简化。

① 两个相距很近的平行平面间的辐射换热　$A_1=A_2=A$，$\varphi_{12}=\varphi_{21}=1$，故式(7-76) 可简化为

$$\Phi_{12}=\frac{\sigma_b(T_1^4-T_2^4)A_1}{\dfrac{1}{\varepsilon_1}+\dfrac{1}{\varepsilon_2}-1}=\varepsilon_{12}\sigma_b(T_1^4-T_2^4)A \tag{7-77}$$

式中，$\varepsilon_{12}=\dfrac{1}{\dfrac{1}{\varepsilon_1}+\dfrac{1}{\varepsilon_2}-1}$。

② 一个凹面与一个凸面或一个平面间的辐射换热，见图 7-20(a)、(b)、(c)。由于 $\varphi_{12}=1$，$\varphi_{21}=A_1/A_2$，故式(7-76) 可简化为：

$$\Phi_{12}=\frac{\sigma_b(T_1^4-T_2^4)A_1}{\dfrac{1}{\varepsilon_1}+\varphi_{21}\left(\dfrac{1}{\varepsilon_2}-1\right)}=\varepsilon_{12}\sigma_b(T_1^4-T_2^4)A \tag{7-78}$$

式中，$\varepsilon_{12}=\dfrac{1}{\dfrac{1}{\varepsilon_1}+\varphi_{21}\left(\dfrac{1}{\varepsilon_2}-1\right)}$。如果 $A_2\gg A_1$，如铸件和物体在车间内的辐射散热，空气管道内测温热电偶与管壁间的辐射换热等情况。这时 $\varphi_{21}\approx 0$，式(7-76) 又可进一步简化为：

$$\Phi_{12}=\varepsilon_1\sigma_b(T_1^4-T_2^4)A_1 \tag{7-79}$$

在此情况下，$\Phi_{12}=\varepsilon_1$。

7.2.3 辐射换热的网络方法

辐射换热网络方法是利用热量传输和电量传输的类似关系，将辐射换热系统模拟成相应的电路系统，通过电路分析来确定辐射换热量的方法。

(1) 基本网络单元　将两个灰体表面的有效辐射式(7-69) 与欧姆定律相比，E_b-J 相当于电位差，Φ 相当于电流，$\dfrac{1-\varepsilon}{\varepsilon A}$称为表面辐射热阻或简称表面热阻，图 7-25 是式(7-69) 的等效电路，称为表面网络单元。

将两非凹灰体表面上的辐射换热式(7-71) 与欧姆定律相比，J_1-J_2 相当于电位差，Φ_{12}相当于电流，$\dfrac{1}{\varphi_{12}A_1}$相当于电路电阻，称为空间辐射热阻或简称空间热阻，它取决于表面间的几何关系。图 7-26 是式(7-71) 的等效电路，称为空间网络单元。

表面网络单元和空间网络单元是辐射网络的基本单元，不同的辐射换热系统均可由它们构成相应的辐射网络。

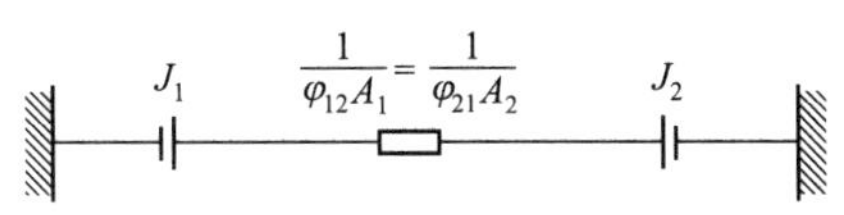

图 7-26　空间辐射热阻

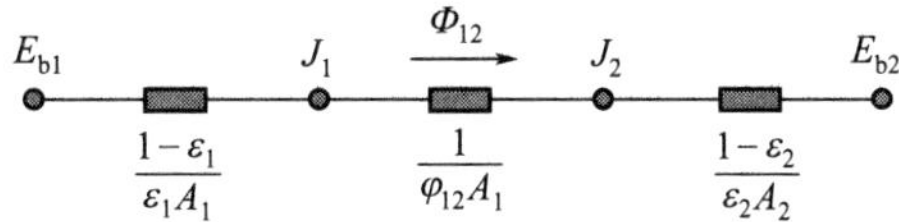

图 7-27　两个灰体表面间的辐射换热网络

(2) 两个面之间辐射换热网络　图 7-27 是两个灰体表面之间辐射换热的网络图，该网络由两个表面网络单元和一个空间网络单元串联而成。按串联电路的计算方法，两表面之间的辐射换热量为：

$$\Phi_{12}=\frac{E_{b1}-E_{b2}}{\dfrac{1-\varepsilon_1}{\varepsilon_1A_1}+\dfrac{1}{\varphi_{12}A_1}+\dfrac{1-\varepsilon_2}{\varepsilon_2A_2}} \tag{7-80}$$

式(7-80) 与式(7-75) 完全相同。

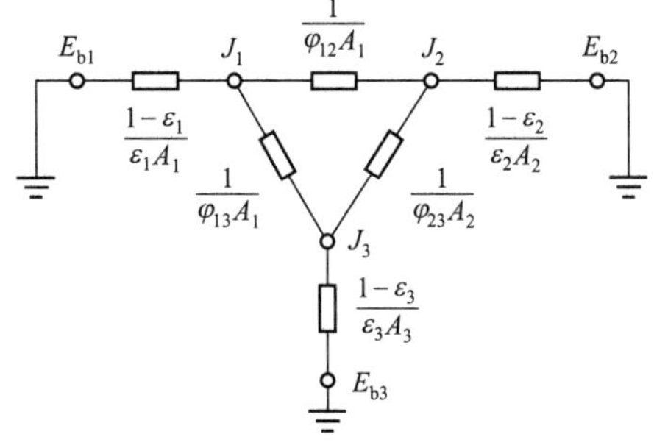

图 7-28　三个灰体表面间的辐射换热网络

(3) 三个表面间的辐射换热网络　图 7-28 为三个灰体表面间的辐射换热网络。为计算各表面的净辐射换热量，需先确定各个表面的有效辐射 J_i（相当于网络中的节点电位 J_i），因此，可应用电工学的基尔霍夫电流定律——流入每个节点的电流（相当于热流）总和为零，从而可列出 J_i 的方程组，即：

节点 1
$$\frac{E_{b1}-J_1}{\dfrac{1-\varepsilon_1}{\varepsilon_1A_1}}+\frac{J_2-J_1}{\dfrac{1}{\varphi_{12}A_1}}+\frac{J_3-J_1}{\dfrac{1}{\varphi_{13}A_1}}=0 \tag{7-81}$$

节点 2
$$\frac{E_{b2}-J_2}{\dfrac{1-\varepsilon_2}{\varepsilon_2A_2}}+\frac{J_1-J_2}{\dfrac{1}{\varphi_{12}A_1}}+\frac{J_3-J_2}{\dfrac{1}{\varphi_{23}A_2}}=0 \tag{7-82}$$

节点 3
$$\frac{E_{b3}-J_3}{\dfrac{1-\varepsilon_3}{\varepsilon_3A_3}}+\frac{J_1-J_3}{\dfrac{1}{\varphi_{13}A_1}}+\frac{J_2-J_3}{\dfrac{1}{\varphi_{23}A_2}}=0 \tag{7-83}$$

联立求解式(7-81) ～式(7-83) 后，可得出各表面的有效辐射值。

如果各灰体表面中有某表面为绝热面（属于重辐射面之一)，由于其 $\Phi_i=0$，网络中该节点可不与电源相连，其有效辐射值 J_i 是浮动的。这样，即使在节点上加表面热阻$\dfrac{1-\varepsilon_i}{\varepsilon_iA_i}$也

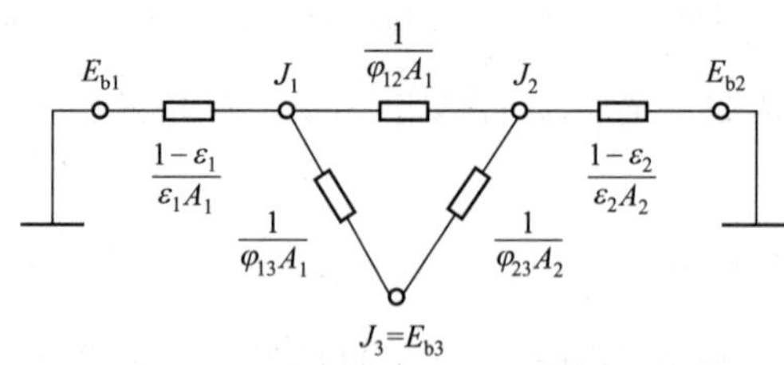

图 7-29　表面 3 为重辐射面时三个灰体表面间辐射换热的网络

不会影响节点电位。这表明绝热面的温度与其发射率无关。

在实际辐射换热计算中，有时会遇到辐射换热表面与一个绝热面相连接，或者完全被绝热面包围的情况。如工业炉炉墙的内壁面、炉门孔的围壁等，可近似看作绝热面，它们的净辐射等于零，也就是说，该壁面 $E=\alpha G$。由于这种壁面与辐射换热表面间无净辐射能量交换，只起中间介质的作用，所以通常称为“重辐射面”。图 7-29 是被重辐射面包围的两个表面间辐射换热的网络，A_1 面为重辐射面。此时的网络可看作一个串-并联等效电路，A_3 和 A_1 之间的辐射换热量可用下式计算：

$$\Phi_{12}=\frac{E_{b1}-E_{b2}}{\frac{1-\varepsilon_1}{\varepsilon_1 A_1}+R_{eq}+\frac{1-\varepsilon_2}{\varepsilon_2 A_2}} \tag{7-84}$$

式中，R_{eq} 为 J_1 和 J_2 的当量热阻，它等于：

$$\frac{1}{R_{eq}}=\varphi_{12}A_1+\frac{1}{\frac{1}{\varphi_{13}A_1}+\frac{1}{\varphi_{23}A_2}} \tag{7-85}$$

(4) 两表面间有隔热屏时的辐射换热网络　在实际工程问题中，为了减少表面间的辐射换热量，除了减少换热表面的发射率外，亦可在表面间增设隔热屏，以增加系统热阻。假定有两块彼此平行的无限大平板，见图 7-30 中（a）。它们的温度和发射率分别为 T_1、ε_1 和 T_2、ε_2，面积为 A，其辐射换热流密度由式(7-77) 写为：

$$q_{12}=\frac{\sigma_b(T_1^4-T_2^4)}{\frac{1}{\varepsilon_1}+\frac{1}{\varepsilon_2}-1} \tag{7-86}$$

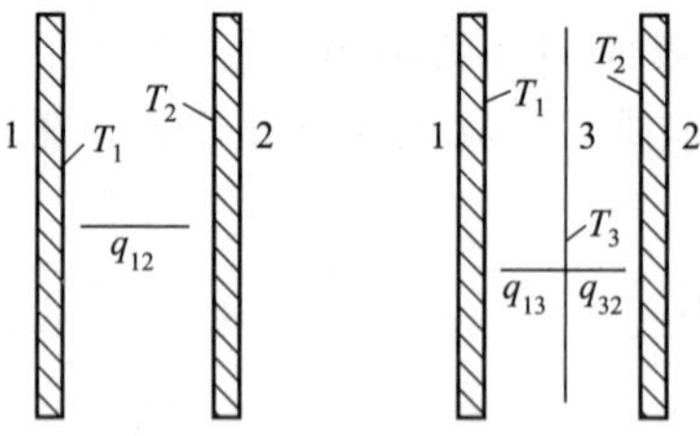

(a) 两块平行的无限大平板　(b) 两块平板间有隔热屏

图 7-30　隔热屏原理

若在平板 1 和平板 2 之间放置一块面积相同的隔热屏 3，见图 7-30 中(b)，其温度为 T_3，发射率为 ε_3。假定隔热屏很薄，且热导率很大，它既不增加也不带走换热系统的热量，则该系统的辐射换热网络如图 7-31 所示。

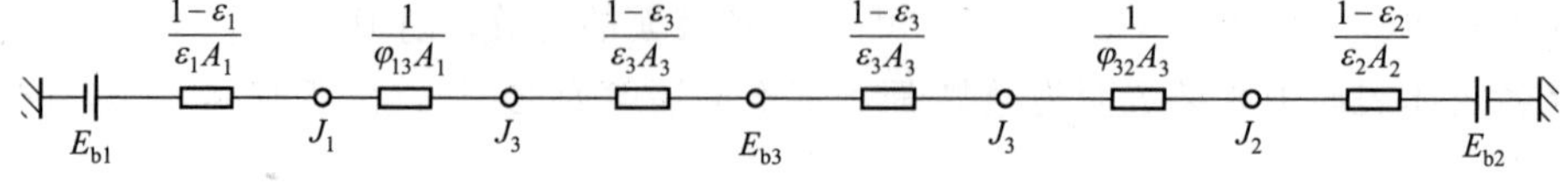

图 7-31　两大平板间有一块隔热屏时的辐射换热网络

因此，平板 1 和平板 2 间的辐射换热量为：

$$q'_{12}=\frac{\Phi'_{12}}{A}=\frac{\sigma_b(T_1^4-T_2^4)}{\frac{1-\varepsilon_1}{\varepsilon_1}+\frac{1}{\varphi_{13}}+\frac{1-\varepsilon_3}{\varepsilon_3}+\frac{1}{\varphi_{32}}+\frac{1-\varepsilon_2}{\varepsilon_2}} \tag{7-87}$$

假定 $\varepsilon_1=\varepsilon_2=\varepsilon_3=\varepsilon$，且考虑到$\varphi_{13}-\varphi_{32}=1$，则式(7-86) 和式(7-87) 可简化为：

$$q_{12}=\frac{\sigma_b(T_1^4-T_2^4)}{\frac{2}{\varepsilon}-1} \tag{7-88}$$

$$q'_{12}=\frac{\sigma_b(T_1^4-T_2^4)}{2\left(\frac{2}{\varepsilon}-1\right)} \tag{7-89}$$

比较式(7-88) 和式(7-89) 可得：

$$q'_{12}=q_{12}/2 \tag{7-90}$$

可见，两平板间加入一块发射率与其相同的隔热屏后，两平板间的辐射换热量将减少至原来的 1/2，若放置 n 块发射率同为 ε 的隔热屏，则同样可以证明辐射换热量将减少到原来的 $1/(n+1)$，即：

$$q'_{12}=q_{12}/(n+1) \tag{7-91}$$

以上结论是在隔热屏发射率与换热表面发射率相等的前提下导出的。如用发射率较小的材料作隔热屏，其减少辐射换热量的效果将更为显著。

7.2.4　气体辐射

(1) 气体辐射的特点　与固体及液体的辐射相比，气体辐射具有下列特点：

① 气体的辐射和吸收能力与气体的分子结构有关。在工业常用温度范围内，单原子气体和对称双原子气体（如 H_2、N_2、O_2 和空气等）的辐射和吸收能力很小，可以忽略不计，视为透明体；多原子气体（如 CO_2、H_2O 和 SO_2 等）以及不对称的双原子气体（如 CO）具有一定的辐射和吸收能力。因此，在分析和计算辐射换热时，必须予以考虑。

② 气体的辐射和吸收对波长有明显的选择性。固体和液体能辐射和吸收全部波长（0～∞）的辐射能，它们的辐射和吸收光谱是连续的。而气体的辐射和吸收光谱则是不连续的，它只能辐射和吸收一定波长范围（称为光带）内的辐射能，在光带以外的波长既不能辐射也不能吸收。不同的气体，光带范围不同。对于二氧化碳（CO_2）和水蒸气（H_2O），其主要光带的波长范围如表 7-3 所示。可以看出，两种气体的光带都位于红外线区域，并有部分互相重叠。

表 7-3　CO_2 和 H_2O 的辐射和吸收光带　　单位：μm

光带序号	CO_2		H_2O	
	$\lambda_1\sim\lambda_2$	$\Delta\lambda$	$\lambda_1\sim\lambda_2$	$\Delta\lambda$
1	2.64～2.84	0.2	2.55～2.84	0.29
2	4.13～4.49	0.36	5.6～7.6	2.0
3	13～17	4	12～25	13

③ 固体及液体的辐射属于表面辐射，而气体的辐射和吸收是在整个气体容积中进行的，属于体积辐射。当热射线穿过气层时，辐射能沿途被气体分子吸收而逐渐减弱。其减弱程度

取决于沿途碰到的气体分子的数目，碰到的分子数目越多，被吸收的辐射能也越多。因此，气体的吸收能力 α_g 与热射线经历的行程长度 s、气体的分压力 p 和气体温度 T_g 等因素有关，即：

$$\alpha_g = f(s, p, T_g) \tag{7-92}$$

(2) 气体的吸收定律 图 7-32 为单色热射线通过厚度为 s 的气层时被气体吸收的情况。设单色辐射强度为 $I_{\lambda 0}$ 的热射线通过厚度为 x 的气层后，辐射强度变为 $I_{\lambda x}$。实验证明，在厚度为 dx 的微元层中，所减弱的单色辐射强度可表示为：

$$dI_{\lambda x} = -K_\lambda I_{\lambda x} dx \tag{7-93}$$

式中，K_λ 称为单色减弱系数，m^{-1}，K_λ 表示了单位距离内辐射强度减弱的百分数，它与气体的种类、温度、压力和射线波长有关；负号表示辐射强度随行程增加而减弱。

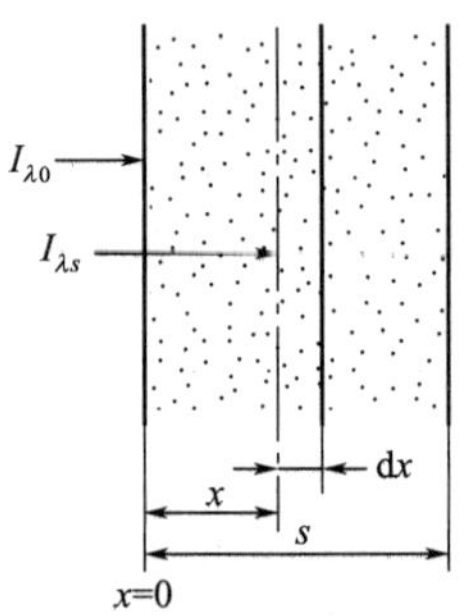

图 7-32 辐射能在气层中的吸收

将式(7-93) 沿气层厚度积分，并假定 K_λ 为常数，则：

$$\int_{I_{\lambda 0}}^{I_{\lambda x}} \frac{dI_{\lambda x}}{I_{\lambda x}} = -K_\lambda \int_0^s dx$$

得：

$$\frac{I_{\lambda x}}{I_{\lambda 0}} = e^{-K_{\lambda s}} \tag{7-94}$$

式(7-94) 就是气体吸收定律，也称为比尔（Beer）定律。它描述了单色辐射强度穿过气体层时衰减的规律。式(7-94) 等号左边正是气体的单色透射率，因此：

$$\tau_\lambda = e^{-K_{\lambda s}} \tag{7-95}$$

因为气体的反射率 $\rho_\lambda = 0$，所以气体的单色吸收率为：

$$\alpha_\lambda = 1 - \tau_\lambda = 1 - e^{-K_{\lambda s}} \tag{7-96}$$

根据基尔霍夫定律，物体的单色辐射率等于单色吸收率，由此得出：

$$\varepsilon_\lambda = \alpha_\lambda = 1 - e^{-K_{\lambda s}} \tag{7-97}$$

由式(7-97) 可知，气体层越厚，气体的单色辐射率 ε_λ 和单色吸收率 α_λ 越大。当 $s \to \infty$ 时，$\varepsilon_\lambda = \alpha_\lambda \to 1$，这就是说，当气体层为无限厚时，就具有黑体的性质。

(3) 气体的发射率和吸收率

① 气体的发射率 根据定义，气体的发射率为气体的辐射力与同温度下黑体的辐射力之比，即 $\varepsilon_g = E_g / E_0$，因此，气体的辐射力为：

$$E_g = \varepsilon_g \sigma_b T_g^4 \tag{7-98}$$

为方便起见，气体的辐射力计算仍采用四次方定律，把由此引起的误差计入发射率 ε_g 之内。ε_g 除了与有效平均射线行程 s 有关外，还与气体的性质、温度和分压力有关，可以表示为：

$$\varepsilon_g = f(s, T_g, p) \tag{7-99}$$

在实际工程计算中，气体的发射率可按霍脱尔（Hotte）等根据实验数据绘制的线图确定。图 7-33 为总压力为 1×10^5 Pa 时 CO_2 的发射率。图 7-34 是考虑气体分压单独影响的修正系数 C_{CO_2}。CO_2 的发射率为：

$$\varepsilon_{CO_2} = C_{CO_2}\varepsilon^*_{CO_2} \tag{7-100}$$

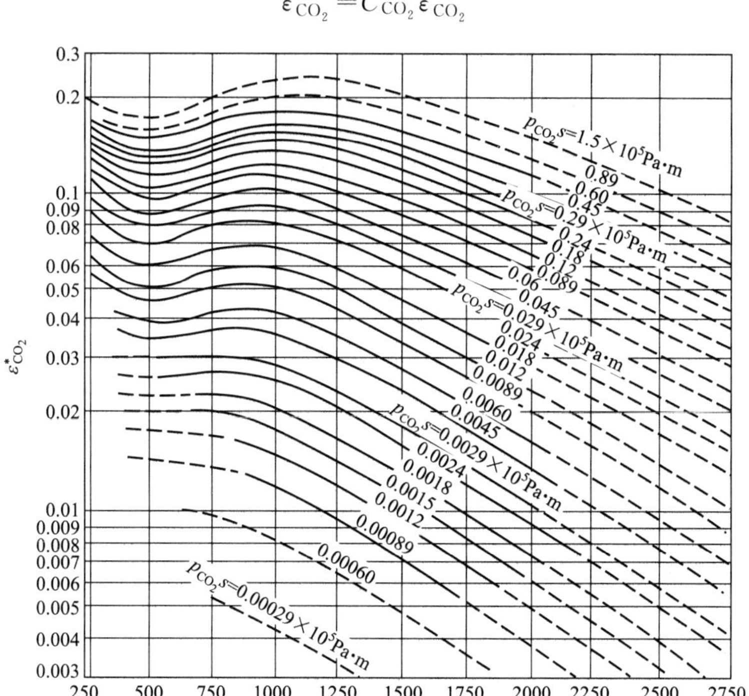

图 7-33　总压力为 1×10^5 Pa 时 CO_2 的发射率

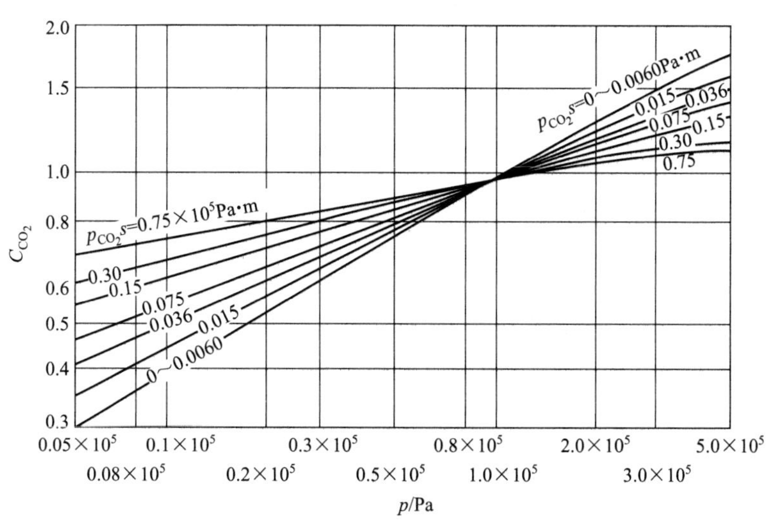

图 7-34　CO_2 的压强修正

对应于 H_2O 考虑其影响的修正系数 C_{H_2O} 的图分别是图 7-35 和图 7-36。H_2O 的发射率为：

$$\varepsilon_{H_2O}=C_{H_2O}\varepsilon_{H_2O}^{*} \tag{7-101}$$

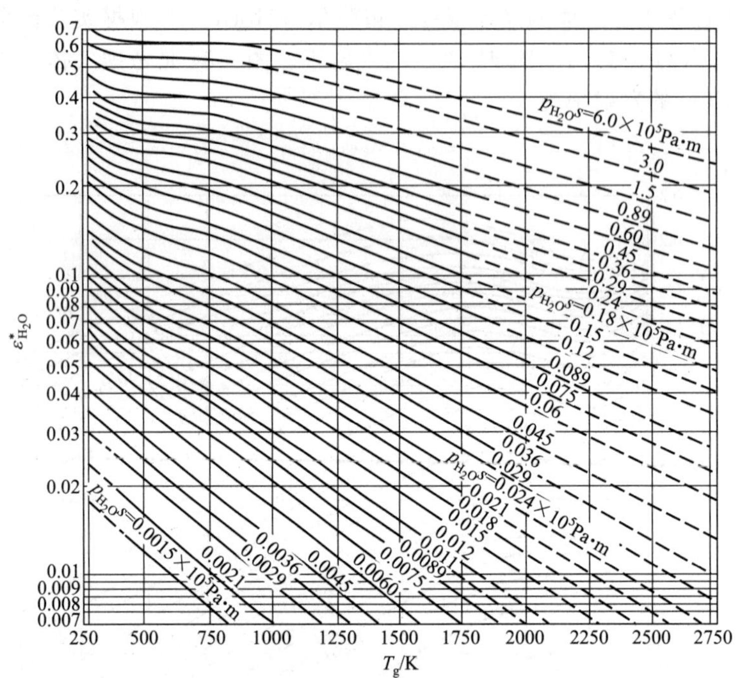

图 7-35 总压力为 1×10^5 Pa 时 H_2O 的发射率

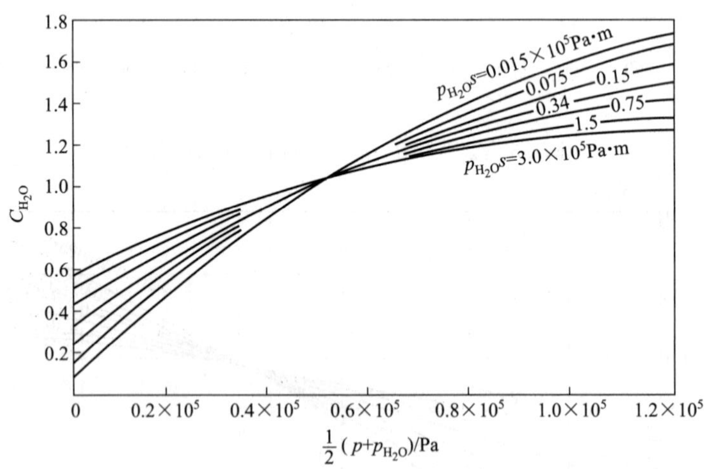

图 7-36 H_2O 的压强修正

混合气体的发射率可按各组分叠加的原理进行计算。当混合气体中同时含有 CO_2 和 H_2O 时，由于这两种气体的部分光带相互重合，互相吸收辐射能量，使得混合气体辐射出的能量要比两种气体单独存在时辐射出的能量之和略小些。考虑到这一因素，混合气体的发射率应为：

$$\varepsilon_g=\varepsilon_{CO_2}+\varepsilon_{H_2O}-\Delta\varepsilon \tag{7-102}$$

式中，$\Delta\varepsilon$ 是考虑 CO_2 和 H_2O 部分光带重合的修正值，它可由图 7-37 确定。$\Delta\varepsilon$ 值一般不大，在工程计算中，其值很小，通常不超过 4%～6%，可以略去不计。

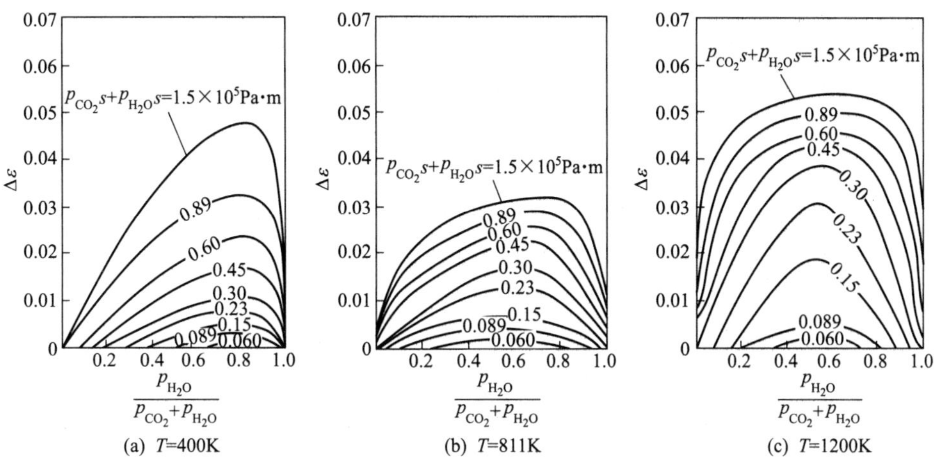

图 7-37　H_2O 压力 p_{H_2O} 影响的修正系数

在利用算图求气体的发射率时，首先必须确定有效平均射线行程 s，它与气体容积的形状和尺寸有关。对各种不同形状的气体容积，有效平均射线行程可查表 7-4，或近似按下式计算：

$$s=3.6\frac{V}{A} \tag{7-103}$$

式中，V 为气体所占容积，m^3；A 为包围气体的器壁表面积，m^2。

表 7-4　有效平均射线行程 s

气体容积的形状	特征尺寸	s/m
球体对其表面的辐射	直径 D	$0.60D$
无限长圆柱体对其侧面的辐射	直径 D	$0.90D$
高等于直径的柱体对整个表面的辐射	直径 D	$0.60D$
两无限大平行平板间的气体层对其一侧表面的辐射	气体层 L	$1.8L$
立方体对其表面的辐射	边长 L	$0.6L$
叉排或顺排管束对表面的辐射	节距 s_1，s_2 管外径 D	$0.9D\left(\frac{4}{\pi}\frac{s_1s_2}{D^2}-1\right)$

② 气体的吸收率　因为气体辐射有选择性，气体的吸收率与气体温度以及器壁温度都有关，因而不能看作灰体。气体温度和器壁温度相等时，气体的吸收率和它的发射率相等。如果气体温度不等于器壁温度，即 $T_g\neq T_w$，则气体的吸收率不等于它的发射率。这时 CO_2 和 H_2O 的吸收率可按下列经验公式计算：

$$\alpha_{CO_2}=C_{CO_2}\varepsilon^*_{CO_2}\left(\frac{T_g}{T_w}\right)^{0.65};\alpha_{H_2O}=C_{H_2O}\varepsilon^*_{H_2O}\left(\frac{T_g}{T_w}\right)^{0.45} \tag{7-104}$$

式中，$\varepsilon^*_{CO_2}$ 和 $\varepsilon^*_{H_2O}$ 的值可用壁面温度 T_w 作横坐标，用 $p_{CO_2}s\frac{T_g}{T_w}$、$p_{H_2O}s\frac{T_g}{T_w}$ 作参变量，分别由图 7-33 和图 7-35 来确定。

对于含有 CO_2 和 H_2O 的混合气体，其吸收率为：

$$\alpha_g=\alpha_{CO_2}+\alpha_{H_2O}-\Delta\alpha \tag{7-105}$$

式中，$\Delta\alpha=\Delta\varepsilon T_w$，$\Delta\varepsilon T_w$ 是根据壁温 T_w 由图 7-37 查得的修正值。

(4) 火焰辐射的概念 根据燃料的种类和燃烧方式的不同，燃料燃烧时生成不同的火焰。清洁的高炉煤气、转炉煤气和焦炭等在燃烧时，生成的火焰略带蓝色或近于无色，称为不发光火焰或称暗焰。这种火焰的辐射成分主要是 CO_2 和 H_2O 等，这些成分的辐射光带都处于可见光范围之外，故火焰不发光。液体燃料和煤粉等在燃烧时形成明显的光亮火焰，称为发光火焰或称辉焰。在发光火焰中，主要起辐射作用的是炭黑、灰粒和焦炭粒子等。这些固体微粒可以在可见光谱和红外光谱范围内连续发射辐射能量，因此，它们的光谱是连续的，这不同于气体辐射，而与固体辐射类似。

不发光火焰与发光火焰具有不同的发射率。不发光火焰的辐射率大致可视为与烟气发射率相同，因烟气中有辐射和吸收能力的成分也是 CO_2 和 H_2O 等，故不发光火焰的发射率可由式(7-98) 计算。在发光火焰中，固体微粒的存在使火焰的发射能力大大加强，如碳氢化合物热分解时产生的炭黑，它发射的辐射能量一般是三原子气体的 2～3 倍。发光火焰的辐射特性主要取决于其中所含固体微粒的性质和数量。而这些因素又与燃料种类、燃烧方式、炉内温度、炉子结构和操作状况等有关，情况较复杂。所以发光火焰的发射率一般根据实验数据和经验公式确定。

7.2.5 气体与围壁表面间的辐射换热

烟气与炉膛周围受热面之间的辐射换热，就是气体与外壳间辐射换热的一个例子，如把受热面当作黑体，计算就可简化，这在工程上是完全合适的。设外壳温度为 T_w，它的辐射力为 $\sigma_b T_w^4$，其中被气体所吸收的部分为 $\alpha_g\sigma_b T_w^4$；如气体的温度为 T_g，它的辐射力为 $\varepsilon_g\sigma_b T_g^4$，此时辐射能全部被黑外壳所吸收。因此，外壳单位表面积的辐射换热量为：

$$q=\text{气体发射的热量}-\text{气体吸收的热量}=\varepsilon_g\sigma_b T_g^4-\alpha_g\sigma_b T_w^4=\sigma_b(\varepsilon_g T_g^4-\alpha_g T_w^4) \tag{7-106}$$

式中，ε_g 为温度 T_g 时气体的发射率；α_g 为温度 T_g 时气体对来自温度 T_w 的外壳辐射的吸收率；如果外壳不是黑体，可当作发射率为 ε_w 的灰体来考虑。这样，对灰表面可有 $\varepsilon_w=\alpha_w$。

气体辐射到外壳的能量 $\varepsilon_g\sigma_b T_g^4$ 中，外壳只吸收 $\varepsilon_w\varepsilon_g\sigma_b T_g^4$，其余部分 $(1-\varepsilon_w)\varepsilon_g\sigma_b T_g^4$ 反射回气体，其中 $\alpha_g'(1-\varepsilon_w)\varepsilon_g\sigma_b T_g^4$ 被气体自身所吸收，而 $(1-\alpha_g')(1-\varepsilon_w)\ \varepsilon_g\sigma_b T_g^4$ 被反射回外壳。如此反复进行吸收和反射，灰体外壳从气体辐射中吸收的总热量为：

$$\varepsilon_w\varepsilon_g A\sigma_b T_g^4[1+(1-\alpha_g')(1-\varepsilon_w)+(1-\alpha_g')^2\ (1-\varepsilon_w)^2+\cdots] \tag{7-107}$$

同理，气体从灰体外壳辐射中吸收的总热量为：

$$\varepsilon_w\alpha_g A\sigma_b T_w^4[1+(1-\alpha_g)(1-\varepsilon_w)+(1-\alpha_g)^2\ (1-\varepsilon_w)^2+\cdots] \tag{7-108}$$

式(7-107) 和式(7-108) 中的 α_g' 和 α_g 虽都是气体的吸收率，但它们之间有所区别，前者是对来自气体自身辐射（温度为 T_g）的吸收率，后者是对来自壁面辐射（温度为 T_w）的吸收率。

气体与灰外壳间的辐射换热应当是式(7-107) 和式(7-108) 之差，如各取两式中的第一项，也就是只考虑第一次吸收，则：

$$\Phi_{gw}=\varepsilon_w\varepsilon_g A\sigma_b T_g^4-\varepsilon_w\alpha_g A\sigma_b T_w^4=\varepsilon_w A\sigma_b(\varepsilon_g T_g^4-\alpha_g T_w^4) \tag{7-109}$$

如果壁面的发射率越大，则式(7-109) 的计算越可靠。若黑外壳 $\varepsilon_w=1$，则此式就成为式(7-106)。为了修正由于略去式(7-107) 和式(7-108) 中第二项以后各项所带来的误差，可

用外壳有效发射率 ε'_w来计算辐射换热量，即：

$$\Phi_{gw}=\varepsilon'_w A\sigma_b(\varepsilon_g T_g^4-\alpha_g T_w^4) \tag{7-110}$$

ε'_w介于 ε_w 和 1 之间，为简化起见，可采用$\varepsilon'_w=(\varepsilon_w+1)/2$。对$\varepsilon_w>0.8$ 的表面是可以满足工程计算精度要求的。

7.3 本章小结与应用

7.3.1 本章小结

（1）本节首先分析了热辐射的本质和特点，建立了黑体的概念，对黑体辐射基本定律进行了讨论。辐射的基本定律如下：

① 普朗克定律说明了黑体单色辐射力与波长、热力学温度之间的关系；

② 斯特藩-玻尔兹曼定律是普朗克定律的积分形式，它表示黑体的辐射力与热力学温度的四次方成正比；

③ 基尔霍夫定律说明了物体的辐射力与吸收率之间的关系，必须注意的是，这一定律只适用于辐射平衡条件，即投射物体与受射物体的温度相同；

④ 朗伯余弦定律反映了物体表面的辐射按方向的分布规律，同时，任意方向上的辐射力与辐射强度之间也是余弦关系。

在黑体辐射规律的基础上，分析了实际物体与黑体的区别，建立了灰体的概念。在红外辐射的范围内，可以把工程材料近似看作灰体。通过灰体概念应用黑体辐射的规律，可以计算实际物体的辐射换热。

（2）讨论了物体间的辐射角系数是表示一物体投射给另一物体辐射能的比例。它是辐射换热计算的重要参数。角系数只取决于物体的几何形状、大小和相对位置，是一个几何因素，与辐射物体的温度和表面辐射特性无关。辐射角系数可以按定义式用积分法和利用角系数的性质用代数法进行计算。

在绘制辐射网络图时，应注意所有的辐射表面都有辐射力，它由电池来表示；所有表面都是吸收表面，它由接地的通道表示。对于辐射绝热面，该节点表示为浮动点，即不和电源相连。参与辐射换热的物体表面 A_i 的表面辐射热阻为$\dfrac{1-\varepsilon_i}{\varepsilon_i A_i}$，物体表面 A_i 和 A_j 之间的空间辐射热阻为$\dfrac{1}{\varphi_{ij}A_i}$。

气体辐射的特点是无反射，其吸收和辐射具有选择性和容积性。在气体温度和外壳温度不同时，气体的发射率和吸收率不相同，$\varepsilon\neq\alpha$。辐射气体的发射率可以根据气体的温度、分压和有效平均射线行程的乘积（作为参数）的图得到。混合气体的发射率等于各组成气体的发射率之和减去相互吸收的部分。

7.3.2 应用举例

【例 7-3】 试分别计算温度为 2000K、6000K 的黑体最大单色辐射力所对应的波长 λ_{max}。

解 可直接应用式(7-14) 进行计算：

$T=2000$K 时，$\lambda_{max}=\dfrac{2897.6}{2000}=1.45$ (μm)；$T=6000$K 时，$\lambda_{max}=\dfrac{2897.6}{6000}=0.483$ (μm)

计算表明，在工业高温范围内（小于 2000K），黑体最大单色辐射的波长位于红外线区段；而在太阳表面温度下（6000K），黑体最大单色辐射的波长位于可见光范围。

【例 7-4】 试计算图 7-38 所示的表面 1 对表面 3 的角系数φ_{13}

解 根据角系数的和分性：$\varphi_{3(1+2)}=\varphi_{31}+\varphi_{32}$，故$\varphi_{31}=\varphi_{3(1+2)}-\varphi_{32}$

再由角系数的相对性：$\varphi_{31}A_3=\varphi_{13}A_1$，故：

$$\varphi_{13}=\frac{A_3}{A_1}\varphi_{31}=\frac{A_3[\varphi_{3(1+2)}-\varphi_{32}]}{A_1}$$

式中，$\varphi_{3(1+2)}$、φ_{32}均可利用图 7-18 求得。

先讨论表面 3 对表面（1＋2），当 $Y/X=\dfrac{2.5}{1.5}=1.67$，$Z/X=2/1.5=1.33$，查图 7-18 得：$\varphi_{3(1+2)}=0.15$；就表面 3 对表面 2 来说，当 $Y/X=\dfrac{2.5}{1.5}=1.67$，$Z/X=1/1.5=0.67$ 时，查图 7-18 得$\varphi_{32}=0.11$，故

$$\varphi_{13}=\frac{2.5\times1.5(0.15-0.11)}{1\times1.5}=0.1$$

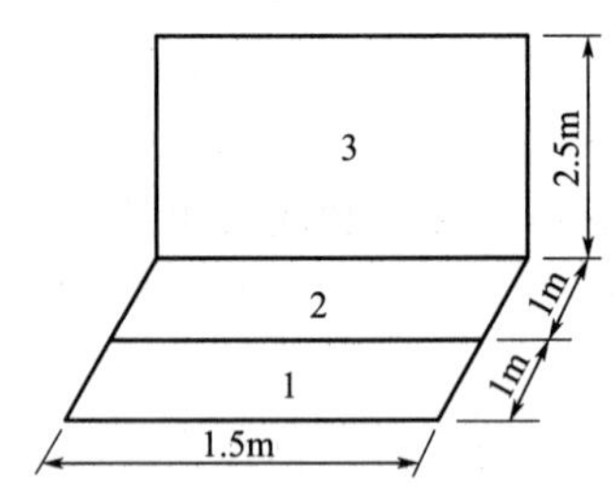

图 7-38 例 7-4 示意图

【例 7-5】 有一炉顶隔焰加热熔锌炉，炉顶被煤气燃烧加热到 1173K，熔池液态锌温度保持在 873K，炉膛空间高 0.5m。炉顶为碳化硅砖砌成，设炉顶面积 A_1 与熔池面积 A_2 相等，为 1m×3.8m，已知碳化硅砖的发射率 $\varepsilon_1=0.85$，熔锌表面辐射率 $\varepsilon_2=0.2$。假定炉墙散热损失可忽略，求炉顶与熔池间的辐射换热量。

解 因炉墙散热损失可忽略，因此，其内壁 A_3 可视为绝热壁。该辐射换热系统的辐射网络可绘成图 7-29。因此，A_1 与 A_2 间的辐射换热量可用式(7-85) 计算。

已知：$D=0.5\text{m}$，$X=3.8\text{m}$，$Y=1.0\text{m}$

查图 7-17 可得：$\varphi_{12}=0.55$，$\varphi_{13}=1-\varphi_{12}=1-0.55=0.45$

根据相对性$\varphi_{12}A_1=\varphi_{21}A_2$，$\varphi_{21}=\varphi_{12}A_1/A_2=0.55$，$\varphi_{23}=1-\varphi_{21}=1-0.55=0.45$

$$\frac{1}{R_{eq}}=\varphi_{12}A_1+\frac{1}{\dfrac{1}{\varphi_{13}A_1}+\dfrac{1}{\varphi_{23}A_2}}=A_1\left(\varphi_{12}+\frac{1}{\dfrac{1}{\varphi_{13}}+\dfrac{1}{\varphi_{23}}}\right)=1\times3.8\times\left(0.55+\frac{1}{\dfrac{1}{0.45}+\dfrac{1}{0.45}}\right)=3.031$$

$$R_{eq}=0.33$$

熔池得到的辐射热流量：

$$\Phi_{12}=\frac{E_{b1}-E_{b2}}{\dfrac{1-\varepsilon_1}{\varepsilon_1A_1}+R_{eq}+\dfrac{1-\varepsilon_2}{\varepsilon_2A_2}}=\frac{5.67\times10^{-8}\times(1173^4-873^4)}{\dfrac{1-0.85}{0.85\times3.8}+0.33+\dfrac{1-0.2}{0.2\times3.8}}=52069\ (\text{W})$$

【例 7-6】 发射率 $\varepsilon_1=0.3$ 和 $\varepsilon_2=0.8$ 的两块平行大平板之间进行辐射换热，当它们中

间设置一块 $\varepsilon_3=0.04$ 的磨光铝制隔热屏后，试问辐射换热量减少多少？

解　根据式(7-86)，无隔热屏时两大平板间的辐射换热流密度为：

$$q_{12}=\frac{\sigma_b(T_1^4-T_2^4)}{\frac{1}{\varepsilon_1}+\frac{1}{\varepsilon_2}-1}=\frac{\sigma_b(T_1^4-T_2^4)}{\frac{1}{0.3}+\frac{1}{0.8}-1}=0.279\sigma_b(T_1^4-T_2^4)$$

设置隔热屏后，参考辐射网络图7-31，得辐射换热流密度为：

$$q'_{12}=\frac{\sigma_b(T_1^4-T_2^4)}{\frac{1-\varepsilon_1}{\varepsilon_1}+\frac{1}{\varphi_{13}}+\frac{1-\varepsilon_3}{\varepsilon_3}+\frac{1}{\varphi_{32}}+\frac{1-\varepsilon_2}{\varepsilon_2}}$$

式中，$\frac{1-\varepsilon_1}{\varepsilon_1}=\frac{1-0.3}{0.3}=2.33$，$\frac{1-\varepsilon_3}{\varepsilon_3}=\frac{1-0.04}{0.04}=24$，$\frac{1-\varepsilon_2}{\varepsilon_2}=\frac{1-0.8}{0.8}=0.25$，$\varphi_{13}=\varphi_{32}=1$

则：

$$q'_{12}=\frac{\sigma_b(T_1^4-T_2^4)}{2.33+1+2\times24+1+0.25}=0.019\sigma_b(T_1^4-T_2^4)$$

$$\frac{q'_{12}}{q_{12}}=\frac{0.019}{0.279}\times100\%=6.81\%$$

设置隔热屏后，辐射换热量为原来的6.81%，约减少了93.2%。

7.3.3　课堂/课外讨论

7-1　钢的表面温度约为773K，表面看上去为暗红色。当表面温度约为1473K时，看上去变为黄色。这是为什么？

7-2　若严冬和盛夏的室内温度均维持在293K，人裸背站在室内，其冷热感是否相同？

7-3　两平行板间加一块与平板发射率相同的遮热板后，两板间辐射换热减少多少？

7-4　在什么条件下物体表面的发射率等于它的吸收率 $\alpha=\varepsilon$，在什么情况下 $\alpha\neq\varepsilon$？当 $\alpha\neq\varepsilon$ 时，是否意味着物体的辐射违反了基尔霍夫定律？

7-5　表面的温度和发射率（辐射率或黑度）的变化是否影响角系数，为什么？

7-6　什么是灰体表面的辐射热阻？试绘出灰体间辐射换热的表面网络单元和空间网络单元。

7-7　气体辐射的特点是什么，辐射性气体的发射率受哪些因素的影响？

7.3.4　思考题

7-1　辐射和热辐射之间有什么区别和联系？热辐射有什么特点？

7-2　辐射力、单色辐射力、定向辐射力、（定向）辐射强度等概念有什么区别？

7-3　为什么在定义辐射力时要加上“半球空间”和“全部波长”的说明？

7-4　什么是黑体、白体、透明体、灰体？

7-5　白天从远处看房屋的窗户有黑洞洞的感觉。为什么？

7-6　为什么太阳灶的受热表面要做成粗糙的黑色表面，而辐射采暖板不需要做成黑色？

7-7　灰体和实际物体有什么联系和区别？

7-8　什么是角系数，它有什么特性？计算角系数有哪些方法？

7-9　说明两面和三面封闭系统角系数的计算方法。

7-10　什么是黑体间辐射的空间网络单元？

7-11　系统发射率的概念是什么？两个表面辐射系统的系统发射率表达式是什么？

7-12　什么是有效辐射和辐射热流密度？

7-13　试绘出两面和三面灰体组成的封闭系统的辐射网络图。

7-14　什么是辐射绝热面，它有什么特点？试绘出具有辐射绝热面的三面辐射系统的网络图。

习　题

7-1　两平行黑体表面相距很近，其温度分别为 1273K 与 773K，计算它们的辐射换热量。如果是灰体，表面辐射率分别为 0.8 和 0.5，它们的辐射换热量是多少？

7-2　作为近似计算可以将太阳看成是一个黑体，在 $\lambda=0.5\mu m$ 时发射的辐射能强度最大，根据此计算：(1) 太阳表面的温度；(2) 太阳表面发射的热流密度。

7-3　两物体的温度分别为 373K 和 473K，若将其温度各提高 523K（因此温差不变），问辐射换热热流量变化了多少？

7-4　一种玻璃对 0.3～2.7μm 波段电磁波的透射率为 $\tau=0.87$，对其余波段电磁波的透射率为零，求该玻璃对 5800K 和 300K 黑体辐射的总透射率。

7-5　分别计算温度为 5800K、3000K、1500K、300K 的黑体辐射出可见光（0.38～0.76μm）和红外线（0.76～20μm）的效率。

7-6　表面面积为 $4cm^2$，辐射力为 $5\times10^4 W/m^2$，求表面法向的定向辐射力及与法向成 45°方向的定向辐射力。

7-7　分别计算 1073K 和 1673K 时表面积为 $0.5m^2$ 的黑体表面在单位时间内所辐射出的热量。

7-8　灯泡电功率为 100W，灯丝表面温度为 2800K，发射率为 $\varepsilon=0.3$，灯丝有效辐射面积为 $9.565\times10^{-5}m^2$。求灯丝发出可见光（0.38～0.76μm）的效率。

7-9　已知钢包敞口面积为 $2m^2$，装满钢水后，开始的液面温度为 1873K，钢水表面的发射率为 $\varepsilon_{钢}=0.35$，求钢包敞口的辐射功率是多少？已知车间内壁的温度为 303K，若钢包内的钢水为 180t，求开始时钢水因辐射引起的温度下降的速率是多少？钢水在 1873K 的平均质量定压热容为 $C_p=703.4J/(kg\cdot K)$。

7-10　有两平行黑表面，相距很近，它们的温度分别为 $T_1=1273K$ 和 $T_2=773K$。试计算它们的辐射换热量。当"冷"表面温度增至 973K 时，则辐射换热量变化多少？如果它们是灰表面，发射率分别为 $\varepsilon_1=0.8$ 和 $\varepsilon_2=0.5$，它们的辐射换热量又为多少？

7-11　有两块平行放置的平板的表面发射率均为 $\varepsilon=0.8$，温度分别为 $T_1=800K$ 和 $T_2=300K$，板间距远小于板的宽度和高度。试计算：(1) 板 1 的本身辐射；(2) 对板 1 的投入辐射；(3) 板 1 的反射辐射；(4) 板 1 的有效辐射；(5) 板 2 的有效辐射；(6) 板 1 与板 2 间的辐射散热损失。

7-12　有两块面积为 90cm×60cm、间距为 60cm 的平行平板，一块板的温度为 $T_1=823K$，发射率为 $\varepsilon_1=0.6$；另一块板是绝热的。将这两块板置于一个温度为 $T_2=283K$ 的大房间内，试求绝热板及加热平板的热损失。

7-13　发射率分别为 $\varepsilon_1=0.3$ 和 $\varepsilon_2=0.5$ 的两个大的平行平板，其温度分别维持在 $T_1=1073K$ 和 $T_2=643K$，在它们中间放一个两面发射率都为 $\varepsilon_3=0.05$ 的辐射遮热板。试计算：

(1) 没有辐射遮热板时，单位面积的换热率是多少？(2) 有辐射遮热板时，单位面积的换热率是多少？(3) 辐射遮热板的温度是多少？

7-14　在一个大的加热导管中，安装一个热电偶以测量通过导管的流动气体的温度。导管壁温为 $T_1=700\text{K}$，热电偶所指示的温度为 $T_2=450\text{K}$，气体与热电偶间的换热系数为 $\alpha=150\text{W}/(\text{m}^2\cdot℃)$，热电偶材料的发射率为 $\varepsilon=0.43$，问气体的温度是多少？

7-15　假设有一平板置于高速气流中。定义它的辐射平衡温度：如果是绝热的，那么平板因气动加热所接收的能量刚好等于它对环境的辐射热损失，即：$\alpha A(T_w-T_{a,w})=-\sigma A\varepsilon(T_w^4-T_s^4)$，这里假定周围环境是无限大的，并且温度为 T_s，平板表面的发射率为 ε。现将一块长 70cm、宽 1.0m、发射率 $\varepsilon=0.8$ 的平板放到马赫数 $Ma=3$，$p=\frac{1}{20}\times 1.01325\times 10^5\text{Pa}$，$T_s=233\text{K}$ 的风洞中，试计算它的辐射平衡温度。

7-16　长度均为 30cm 的同心圆柱，内圆柱直径为 8cm。要使角系数 $\varphi_{1,2}=0.8$，外圆柱需要多大的直径？

7-17　在常压下，流过换热器圆形通道的烟气，其进出口的温度分别为 $T_{f1}=1273\text{K}$ 和 $T_{f2}=1053\text{K}$，烟气的组成（体积分数）CO_2 为 8%，H_2O 为 10%，通道表面进出口的温度分别为 $T_{w1}=898\text{K}$ 和 $T_{w2}=838\text{K}$，通道直径 $D=0.6\text{m}$，内表面黑度 $\varepsilon=0.8$。求烟气对壁面的辐射换热速率。

7-18　在直径为 2.4m、长为 10m 的烟道中，有温度为 1303K、总压力为 $1\times10^5\text{Pa}$ 的烟气通过。若烟道壁面温度为 803K，烟气中含有 10%（体积分数）的 CO_2、13%（体积分数）的 H_2O，其余为不辐射气体，试求烟气的发射率和吸收率。

第4篇

传递微分方程在质量传递中的应用

在第 2、3 篇中讨论的动量传递和热量传递问题，都是假定系统内只有单组分或者虽然有多个组分但各组分之间不存在浓度梯度的前提下进行讨论的。本篇则主要讨论的是存在浓度梯度的系统，即当系统中的某一组分存在浓度梯度时，该组分将发生由高浓度区域向低浓度区域转移的质量传递过程。

本篇包括第 8～10 章，共三章。其中第 8 章主要讨论分子扩散引起的质量传递过程；第 9 章主要讨论对流引起的质量传递过程；第 10 章主要讨论相际间的质量传递过程。

第 8 章 分子扩散

前面章节中讨论了以牛顿黏性定律为基础的某一单组分的动量分子扩散现象和以傅里叶热传导定律为基础的某一单组分的热量扩散现象。但是如果一个体系具有两种或两种以上的组分，而它们的浓度又是逐点变化的，那么在体系内部就存在一种旨在减少浓度差的质量传递过程，即是以菲克扩散定律为基础的分子扩散现象。

在 A 和 B 二元混合物中，因存在 A 的浓度梯度，A 组分将由高浓度区向低浓度区移动，这种分子扩散现象有时是用肉眼就可以观察到：譬如向一杯水中投入一颗高锰酸钾（$KMnO_4$）晶粒，$KMnO_4$ 开始溶解于水，并在晶粒附近生成了深紫色的 $KMnO_4$ 溶液。在这一过程中投入高锰酸钾晶粒时就建立了浓度梯度，$KMnO_4$ 就从晶粒扩散开来，于是可以凭借观察深紫色区域的扩展来跟踪 $KMnO_4$ 的扩散过程。

由于分子的质量扩散传递同分子的动量扩散传递和分子的热量扩散传递一样，都是分子无规律运动的结果，因此在本章中主要讨论描述分子扩散的菲克二元扩散定律，定义二元组分 A-B 的扩散系数 D_{AB}，讨论扩散系数与温度和压强间的依从关系，并介绍气、液、固扩散系数的实验测定与估算方法。由于分子的质量扩散传递现象不仅发生在存在着质量浓度梯度的静止流体或固体中，同时也存在于垂直于质量浓度梯度方向上做层流流动的流体、吸附剂或催化剂内，因此本章也将对化工过程中典型的分子扩散引起的质量传递过程进行讨论。

8.1 分子扩散机理

质量的扩散现象是由组分的运移，即组成组分的分子相互变换位置的移动引起的。这种一种组分相对于另一种组分做分子质量传递的过程，称为分子质量扩散（简称“分子扩散”）。例如：一块薄且水平的烧结石英玻璃平板，其面积为 A'，厚度为 Y。假如初始时(即时间 $t<0$)，平板上下两平面皆与空气接触，并认为空气是完全不溶于玻璃的。在时间 $t=0$，平板下方的空气突然为纯的氦气所置换，而且氦气能显著地溶解于玻璃。借助于分子运动，氦渗入平板，并最终在平板上方的空气中出现。平板空气一直迅速地被更替着，所以在平板上方氦气不会明显地积聚起来，就会导致如图 8-1 所示的情况。

在该系统中，氦气为组分 A，烧结石英玻璃为组分 B，且其质量分数分别表示为 w_A 和 w_B。w_A 可定义为给定微元体积中氦气的质量除以氦气和空气的质量之和，同样可类似地定义 w_B。

当时间 $t<0$ 时，氦的质量分数 $w_A=0$。当时间 $t>0$ 时，下板的表面处，$y=0$，氦气的质量分数等于 w_{A0}，即为氦气在玻璃中的溶解度，用刚刚进入固体表面处的质量分数表示。随着时间的推移，平板内部氦气的质量浓度趋于稳定，在平板底部的表面处，$w_A=w_{A0}$，而在平板顶部的表面处，$w_A=0$。如图 8-1 所示，随着时间 t 的增加，氦气在平板内的浓度梯度将趋近为一直线。

在稳态条件下，在 y 的正方向上，氦气的质量流量 w_{Ay} 可用式(8-1) 来描述，即

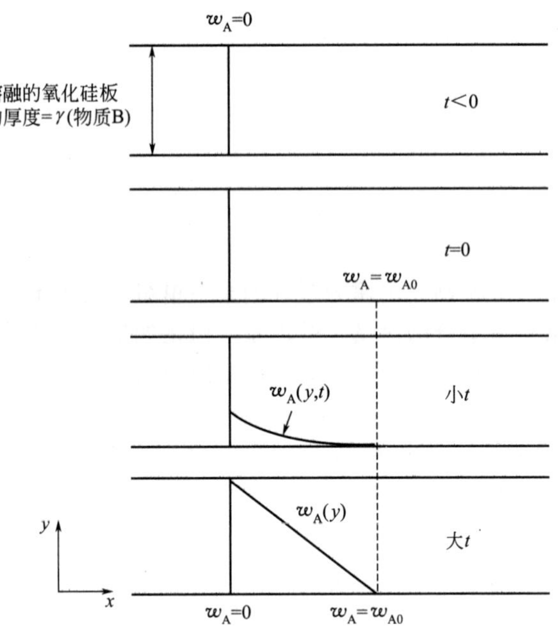

图 8-1 氦气通过烧结石英玻璃平板扩散的稳态浓度梯度的建立

$$\frac{w_{Ay}}{A'}=\rho D_{AB}\frac{w_{A0}-0}{Y} \tag{8-1}$$

氦气通过每单位面积 A'的质量流率（或质量通量）与质量分数的差值和平板厚度之商成正比。其中，ρ 为玻璃-氦气系统的密度，而比例因子 D_{AB}即为玻璃-氦气系统的二元扩散系数，则式(8-1) 可变换为式(8-2)

$$j_{Ay}=-\rho D_{AB}\frac{dw_A}{dy} \tag{8-2}$$

式中，用 j_{Ay} 替代$\frac{w_{Ay}}{A'}$，即为 y 的正方向上氦气的分子质量通量；ρ 表示混合物的密度。下标 A 表示组分 A（这里为氦气），下标 y 表示发生扩散传递的方向（这里为 y 方向）。

式(8-2) 即为菲克分子扩散定律的一维表达形式。若 j_{Ay} 为相对于混合物的速度 u_y 的质量通量，则该方程对于任何的二元固体、液体或气体均适用。在图 8-1 中由于氦气运动得很慢，且浓度又很小，所以在扩散过程中，u_y 接近于零，可以忽略不计。

一般来说，对于二元混合物在一维方向上运动时，其速度可表示为

$$u=w_A u_A+w_B u_B \tag{8-3}$$

u 为组分 A 和 B 的速度 u_A 和 u_B 按质量分数加权的平均值，即为质量平均速度。速度 u_A 表示微元体积中所有 A 组分分子速度的算术平均值。

因此，组分 A 在单位时间、单位面积上的质量通量 j_A 可定义为

$$j_A=-\rho w_A(u-u_A) \tag{8-4}$$

同样，可定义组分 B 的质量通量 j_B。如果 A 和 B 的分子量不相同，那么在 y 方向上，质量中心会局部地发生漂移，但质量分数始终保持 $w_A+w_B=1$。

然后将式(8-3) 代入到式(8-4) 可得

$$j_A=\rho w_A(u_A-w_A u_A-w_B u_B)=\rho w_A[(1-w_A)u_A-w_B u_B]=\rho w_A w_B(u_A-u_B) \tag{8-5}$$

在这个表达式中交换组分 A 和 B，可得

$$j_B=\rho w_B(u_B-w_Bu_B-w_Au_A)=\rho w_B[(1-w_B)u_B-w_Au_A]=\rho w_Bw_A(u_B-u_A) \quad (8\text{-}6)$$

即可证明 $j_A=-j_B$，即 $j_A+j_B=0$。

在 y 方向上，组分 A 的传质通量式(8-2) 可变形为

$$j_{Ay}=-\rho D_{AB}\nabla w_{Ay} \quad (8\text{-}7)$$

如果对 x 和 z 方向写出类似于式(8-7) 的方程，联立 x、y、z 方向上的方程，可得到菲克定律的矢量形式如式(8-8)，

$$j_A=-\rho D_{AB}\nabla w_A \quad (8\text{-}8)$$

对于组分 B，可写出类似的方程如式(8-9)，

$$j_B=-\rho D_{BA}\nabla w_B \quad (8\text{-}9)$$

由于组分 A 与 B 的质量分数保持 $w_A+w_B=1$，可将式(8-9) 写成

$$j_B=-\rho D_{BA}\nabla w_B=+\rho D_{BA}\nabla w_A=-j_A=\rho D_{AB}\nabla w_A \quad (8\text{-}10)$$

即可得出二元扩散系数 $D_{BA}=D_{AB}$。由此可见，对于二元物系，描述其扩散行为只需一个扩散系数就可以了；一般来说，扩散系数是压强、温度和组成的函数。

对于各向同性的流体，其扩散速率是标量，低密度气体的扩散系数几乎与其质量分数 w_A 无关，随温度升高而增加，随压强升高而降低。但是液体和固体的扩散系数强烈地依从于浓度，且一般随温度升高而增加。

8.2 分子扩散系数的测定与计算

分子扩散系数是表征物质分子扩散能力的物理量，其主要受系统的温度、压力和混合物的组成影响。扩散系数的测定和预测对研究化工过程强化至关重要。在本节中，将讨论用多种方法来预测和测定二元扩散系数 D_{AB}。

8.2.1 气体扩散系数

由于在高压和液态条件下，扩散系数 D_{AB}的行为更为复杂，这里我们只讨论低密度条件下气体扩散系数的计算。

考虑一纯气体组分中的分子扩散问题，除了有分子 A 和 A· 的标识差异外，所有分子彼此完全相同。为了利用分子的性质确定其自扩散系数 $D_{AA\cdot}$，假定分子皆为完全相同的刚性球体，彼此的质量 m 和直径 d 均相等。由于 A 和 A· 的诸性质几乎完全一样，对于低密度刚性球形分子的纯气体，当温度、压强和速度梯度均很小时，可用气体运动经典微观统计理论，即气体分子动理论进行描述。

$$\bar{u}=\sqrt{\frac{8kT}{\pi m}}=\text{相对于 } u \text{ 的平均分子速度} \quad (8\text{-}11)$$

$$z=\frac{1}{4}n\bar{u}=\text{静止气体中单位面积上的器壁碰撞频率} \quad (8\text{-}12)$$

$$\lambda=\frac{1}{\sqrt{2}\pi d^2 n}=\text{平均自由程} \quad (8\text{-}13)$$

在上述这些方程中，k 为玻尔兹曼常数；T 为温度；m 为气体分子的质量；d 为气体分子的直径；n 是以分子数计的密度，即单位体积中的分子总数。

若分子到达气体中任一平面之前均应在距该平面为 $\bar{a}$ 处完成其最后一次碰撞，这里

$$\bar{a}=\frac{2}{3}\lambda \tag{8-14}$$

为预测自扩散系数 $D_{AA\cdot}$，假定系统温度 T 和流体密度ρ皆为恒定的，且气体分子动理论在非平衡状态下也是适用的，考虑组分 A 在质量分数梯度 $\frac{dw_A}{dy}$ 的作用下沿 y 方向运动（见图 8-2），而流体始终以一定的速度 u_y（质量平均速度）沿 y 方向运动。组分 A 穿过任一个 y 处的平面的净质量通量可表示为：A 沿 y 的正方向穿过该平面的质量减去沿 y 的负方向穿过的质量，即

$$(\rho w_A u_y)|_y=\left[\left(\frac{1}{4}\rho w_A \bar{u}\right)|_{y-\bar{a}}-\left(\frac{1}{4}\rho w_A \bar{u}\right)|_{y+\bar{a}}\right] \tag{8-15}$$

式中，第一项是由于流体的主体运动引起的沿 y 方向上的质量传递，即对流传递；第二项则是相对于 u_y 的分子扩散传递。

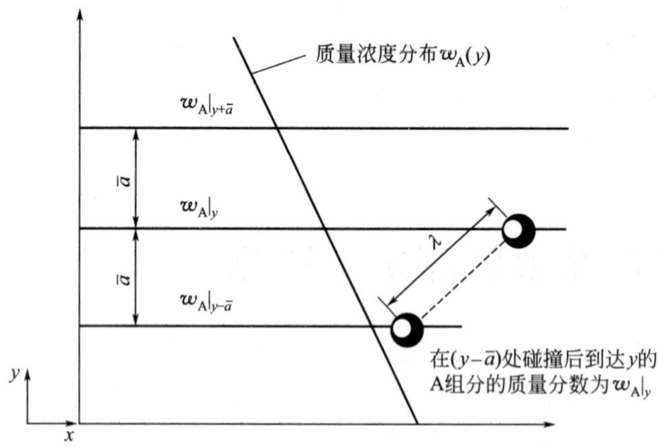

图 8-2　在平面（$y-\bar{a}$）处的组分 A 以分子传递方式到平面 y

假定浓度分布 $w_A(y)$ 在几个平均自由程的距离范围内接近线性，则

$$w_A|_{y\pm\bar{a}}=w_A|_y \pm \frac{2}{3}\times\frac{dw_A}{dy} \tag{8-16}$$

于是，联立式(8-15) 和式(8-16)，即可得出 y 平面处的总质量通量为：

$$n_{Ay}=\rho w_A u_y-\frac{1}{3}\bar{u}\lambda\frac{dw_A}{dy}=\rho w_A u_y-\rho D_{AA}\frac{dw_A}{dy} \tag{8-17}$$

即为对流质量通量与分子质量通量之和，后者可由式(8-2) 计算。

这样自扩散系数的表达式可表示为：

$$D_{AA\cdot}=\frac{1}{3}\bar{u}\lambda \tag{8-18}$$

最后，利用式(8-11) 和式(8-13)，可得

$$D_{AA\cdot}=\frac{1}{3}\sqrt{\frac{8kT}{\pi m}}\frac{1}{\sqrt{2}\pi d^2 n}=\frac{2}{3}\times\frac{\sqrt{kT/(\pi m_A)}}{\pi d_A^2}\times\frac{1}{n} \tag{8-19}$$

若组分 A 和 B 为质量和直径皆不相同的刚性球形气体时，D_{AB}的公式推导过程更为复杂。这里只给出组分 A 和 B 扩散系数的近似计算式，如式(8-20)。

$$D_{AB}=\frac{2}{3}\sqrt{\frac{kT}{\pi}}\sqrt{\frac{1}{2}\left(\frac{1}{m_A}+\frac{1}{m_B}\right)}\frac{1}{\pi\left[\frac{1}{2}(d_A+d_B)\right]^2}\times\frac{1}{n} \tag{8-20}$$

即用 $1/m_A$ 和 $1/m_B$ 的算术平均值替代 $1/m_A$，并用 d_A 和 d_B 的算术平均值替代 d_A。

以上讨论表明可通过分子的平均自由程理论得到低压条件下分子扩散系数的近似值。虽然式(8-11)、式(8-12)、式(8-16) 和式(8-17) 都是针对非极性单原子气体推导的，但是其对于非极性多原子气体亦是适用的。此外，这些方程也可用来预测极性气体和非极性气体间的二元扩散系数 D_{AB}。非极性二元气体混合物系的质量扩散系数 D_{AB}，可用气体分子动理论来预测，其偏差约在 5%之内。

对于低压下二元气体混合物，其扩散系数 D_{AB}与压强成反比，而随温度升高而增大，且对于给定的一对气体来说，其扩散几乎与组成无关。

另外，常用的式(8-21) 是估算低压下二元气体混合物扩散系数 D_{AB}的计算公式，它是用分子动理论结合对比态理论得到的。

$$\frac{pD_{AB}}{(p_{cA}+p_{cB})^{1/3}(T_{cA}T_{cB})^{5/12}(1/M_A+1/M_B)^{1/2}}=a\left(\frac{T}{\sqrt{T_{cA}+T_{cB}}}\right)^b \tag{8-21}$$

式中，D_{AB}为扩散系数，cm^2/s；p 为压力，atm（1atm＝101325Pa）；T 为温度，K；M 为组分的分子量；下标 c 表示临界态。对于非极性气体对（氦、氢除外），$a=2.745\times10^{-4}$，$b=1.823$；对于 H_2O 和另一种非极性气体二元混合物，$a=3.540\times10^{-4}$，$b=2.334$。式(8-21) 与常压下的实验测定值吻合得较好，偏差在 6%～10%之间。

在附表 D-1 中，列出了某些二元气体的扩散系数 D_{AB}的数值，其单位为 cm^2/s。若将这些数值乘以 10^{-4}，就能把其单位变换为 m^2/s。

8.2.2 液体扩散系数

不像低密度气体那样，即使是最简单液体的扩散，其扩散过程用分子动理论也尚未能很好地建立起来，不能给出精确的扩散系数预测的表达式。对于液体扩散系数的预测目前主要依赖于两个较为简单的模型，即流体力学模型和活化态模型。通过这两个模型来建立液体扩散系数计算的经验关联式，再通过黏度、摩尔体积等较容易测定的性质来估算液体的扩散系数。

(1) 流体力学模型 该理论始于 Nernst-Einstein 方程，主要描述的是单个粒子或溶质分子 A 扩散通过静止物质的扩散系数的计算，其表达式为：

$$D_{AB}=kT(\mu_A/F_A) \tag{8-22}$$

式中，μ_A/F_A 是粒子 A 的淌度（即粒子在单位力的作用下取得的稳态速度）；T 表示热力学温度；k 表示玻尔兹曼常数。如果已知分子 A 的形状和尺寸，那么就可以通过求解爬流的运动方程计算淌度。若 A 为球形分子，再将流体-固体表面处可能发生的滑脱现象考虑进去，则可得

$$\frac{\mu_A}{F_A}=\frac{3\mu_B+R_A\beta_{AB}}{2\mu_B+R_A\beta_{AB}}\frac{1}{6\pi\mu_BR_A} \tag{8-23}$$

式中，μ_B 为纯溶剂 B 的黏度；R_A 为溶质 A 粒子的半径；β_{AB}为滑移摩擦系数。

这里 $\beta_{AB}=0$ 和 $\beta_{AB}=\infty$的两种极限情况，特别需要注意。

① 当 $\beta_{AB}=\infty$时，在此种情况为无滑移，则式(8-23) 可简化为 Stokes 定律，而式(8-22) 可改写为式(8-24)

$$\frac{D_{AB}\mu_B}{kT}=\frac{1}{6\pi R_A} \tag{8-24}$$

式(8-24) 通常称为 Stokes-Einstein 方程，可用于低分子量溶剂中球形粒子或悬浮粒子

的扩散过程。

② 当 $\beta_{AB}=0$ 时，在此种情况为完全滑移，式(8-23) 则可化简为式(8-25)

$$\frac{D_{AB}\mu_B}{kT}=\frac{1}{4\pi R_A} \tag{8-25}$$

式(8-25) 与极性和缔合组分、液态金属等较多液体扩散数据吻合，扩散系数的偏差约在12%之内，因此式(8-25) 适用于极性、缔合液体物质扩散系数的估算。

注意：上述这些公式只能应用于A在B中的稀溶液。

(2) Eyring 活化态模型 主要采用一个虚拟的液态晶体模型解释传递行为。先假定扩散过程可以用单分子的某种速率过程来描述，又进一步认为在这一过程中存在着等同于活化态的分子形态，并将Eyring反应速率理论应用于扩散过程。最后，Eyring活化态模型给出的结果与由统计力学所得的结果一致。

对于近似理想溶液，即具有相似的分子尺寸和形状、及分子间作用力亦相近的液体分子混合物，其扩散系数与浓度之间的关系可表示为式(8-26)

$$\frac{D_{AB}\mu_B}{(D_{AB}\mu_B)_{x_A\to 0}}=\left[1+x_A\left(\frac{\overline{V}_A}{\overline{V}_B}-1\right)\right]\left(\frac{\partial \ln a_A}{\partial \ln x_A}\right)_{T,p} \tag{8-26}$$

式中，D_{AB}和μ_B分别为组成为x_A的AB混合物的扩散系数和黏度；a_A为组分A在溶液中的热力学活度；$\overline{V}_A$和$\overline{V}_B$为A、B两组分的偏摩尔体积，当溶液为近似理想溶液时，其与纯组分时的摩尔体积相等。

由于液体扩散过程理论的研究不足，常需要依靠各种经验公式进行液体扩散系数的估算。如Wilke-Chang方程给出了溶剂B中低浓度溶质A的扩散系数的表达式，可表示为式(8-27)

$$D_{AB}=7.4\times10^{-8}\frac{\sqrt{\phi_B M_B}\,T}{\mu \widetilde{V}_A^{0.6}} \tag{8-27}$$

式中，$\widetilde{V}_A$为溶质A在其正常沸点下呈液体时的摩尔体积，cm^3/mol；μ为溶液的黏度，cP (1cP=1mPa·s)；ϕ_B为溶剂B的缔合参数，当溶剂是水时为1.0，当溶剂是甲醇时为1.9，当溶剂是苯、乙醚、庚烷和其它不缔合溶剂时为1.0；T为热力学温度，K。

式(8-27) 仅适用于非解离溶质的稀溶液中扩散系数的预测，通常偏差在10%之内。

在附表D-2中，列出了部分液体在不同温度、组成条件下的扩散系数D_{AB}的数值，其单位为cm^2/s。相比于气体而言，液体中的扩散系数要小几个数量级。

8.2.3 固体中的扩散系数

在固体材料中也存在分子扩散，并且它是固体中组分传输的唯一方式。因为固体不能像气体或液体那样通过流动来进行组分传输。固体中的扩散过程经常在化工或材料加工过程中遇到，如：固液浸取、凝固、吸附、膜分离、再结晶、固态相变等。固体中的扩散包含气体、液体和固体在固体中的分子扩散质量传递过程。即使在纯金属中也同样会发生扩散，用掺入放射性同位素就可以证明。

由于固体中的扩散系数目前还不能精确计算，主要采用实验数据关联。在附表D-3和附表D-4中，列出了某些固体和高分子聚合物中气体扩散系数D_{AB}的数值，其单位为cm^2/s。

相比于液体而言，固体中的扩散系数又要比液体小几个数量级。

8.3 通过静止气膜的扩散

通过静止膜的扩散，对了解化学工程当中多种扩散操作非常重要。本节针对浓度和质量通量只是一维的简单体系，来分析稳态分子扩散传递过程。

现分析如图 8-3 所示的扩散系统，液体 A 蒸发逸入气体 B 中。假设有某种设施能使液面保持在 $z=z_1$ 处。正好在液-气界面处，组分 A 的气相浓度，若以摩尔分数 x_{A1} 表示，它可以取为与界面液体处于相平衡的气相浓度。只要组分 A、B 能形成理想气体混合物，且气体 B 在液体 A 中的溶解度可忽略不计，那么 x_{A1} 即可用 A 的蒸气压除以总压，即 p_A^{vap}/p 进行估算。

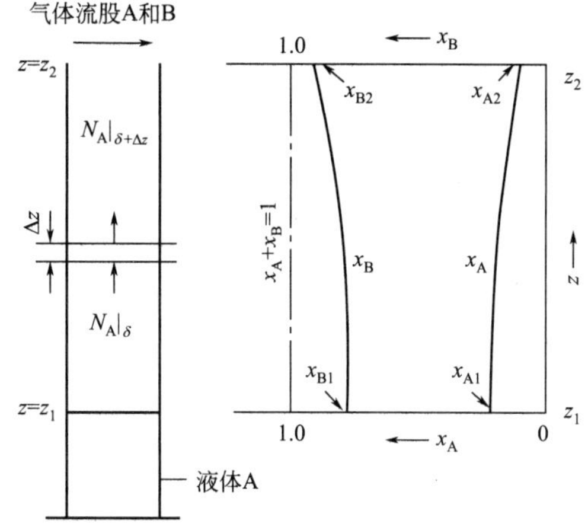

图 8-3 稳态下液体 A 扩散通过静止气膜 B

由于实际问题中，气-液界面开始将有一个净的向上气流，而且管壁处的气体速度较管中心处低得多。为简化这一问题，忽略这一壁面效应，假定 z 方向上的速度分量与管径无关。同时，假定气-液界面固定在某一位置，且由于对流质量通量的贡献，浓度分布偏离直线。浓度为 x_{A2} 的 A-B 混合物的气流缓慢地流过管的顶部，以使在 $z=z_2$ 处 A 的摩尔分数保持为 x_{A2}，整个系统保持恒温和恒压，且假定气体 A 和 B 皆为理想气体。

当该蒸发系统达到稳态时，组分 A 将有一个净的运动离开界面，而组分 B 却是静止不动的。这样，$N_{Bz}=0$，组分 A 的摩尔通量 N_{Az} 可化简为：

$$N_{Az}=-cD_{AB}\frac{\partial x_A}{\partial z}+x_A(N_{Az}+N_{Bz})=-\frac{cD_{AB}}{1-x_A}\times\frac{dx_A}{dz} \tag{8-28}$$

根据扩散问题求解的基本思路，在柱体的任一微分段 Δz，建立稳态微分质量衡算，在平面 z 处，A 进入的量等于 A 离开平面（$z+\Delta z$）处的量，即

$$SN_{Az}|_z-SN_{Az}|_{z+\Delta z}=0 \tag{8-29}$$

式中，S 为柱体的横截面积。如式(8-28) 除以 $S\Delta z$，并取 $\Delta z\to 0$ 的极限，得

$$-\frac{dN_{Az}}{dz}=0 \tag{8-30}$$

将式(8-28) 代入式(8-30)，得

$$\frac{d}{dz}\left(\frac{cD_{AB}}{1-x_A}\times\frac{dx_A}{dz}\right)=0 \tag{8-31}$$

对于理想气体，其状态方程为 $p=cRT$。在恒温和恒压下，c 必定为常数。进而，对于气体，D_{AB} 几乎与组成无关。故 cD_{AB} 可以移到导数算符的左边，从而可得出

$$\frac{d}{dz}\left(\frac{1}{1-x_A}\times\frac{dx_A}{dz}\right)=0 \tag{8-32}$$

这是以 A 的摩尔分数表示的浓度分布的二阶微分方程。对 z 积分，得

$$\frac{1}{1-x_A}\times\frac{dx_A}{dz}=C_1 \tag{8-33}$$

再次积分，得

$$-\ln(1-x_A)=C_1z+C_2 \tag{8-34}$$

如果$-\ln K_1$替代C_1，以$-\ln K_2$替代C_2，式(8-34) 成为

$$1-x_A=K_1^2K_2 \tag{8-35}$$

这两个积分常数可以由两个边界条件确定。

B. C. 1　　　　在 $z=z_1$，$x_A=x_{A1}$

B. C. 2　　　　在 $z=z_2$，$x_A=x_{A2}$

求取这两个常数后，最后得出

$$\frac{1-x_A}{1-x_{A1}}=\left(\frac{1-x_{A2}}{1-x_{A1}}\right)^{\frac{z-z_1}{z_2-z_1}} \tag{8-36}$$

利用 $x_B=1-x_A$，可以得到气体 B 的浓度，x_A、x_B 这两个浓度分布如图 8-3 所示。由图 8-3 可见，虽然 N_{Az} 是常数，斜率 dx_A/dz 并非常数。

一旦知道了浓度分布，就可以得到浓度的平均值和在表面处的质量通量。B 在 $z_1\sim z_2$ 范围内的平均浓度为：

$$\frac{x_{B,avg}}{x_{B1}}=\frac{\int_{z_1}^{z_2}(x_B/x_{B1})dz}{\int_{z_1}^{z_2}dz}=\frac{\int_0^1(x_{B2}/x_{B1})^{\zeta}d\zeta}{\int_0^1 d\zeta}=\frac{(x_{B2}/x_{B1})^{\zeta}}{\ln(x_{B2}/x_{B1})}\Bigg|_0^1 \tag{8-37}$$

式中，$\zeta=(z-z_1)/(z_2-z_1)$，为无量纲长度变量。因此，该平均值可以重写为

$$x_{B,avg}=\frac{x_{B2}-x_{B1}}{\ln(x_{B2}/x_{B1})} \tag{8-38}$$

即，x_B 的平均值是其两个端值的对数平均 $(x_B)_{ln}$。

在液-气界面处的传质速率（即蒸发速率）可由式(8-28) 求得。

$$N_{Az}\big|_{z=z_1}=-\frac{cD_{AB}}{1-x_{A1}}\times\frac{dx_A}{dz}\bigg|_{z=z_1}=+\frac{cD_{AB}}{x_{B1}}\times\frac{dx_B}{dz}\bigg|_{z=z_1}=\frac{cD_{AB}}{z_2-z_1}\ln\frac{x_{B2}}{x_{B1}} \tag{8-39}$$

联立式(8-28) 和式(8-39)，最后得

$$N_{Az}\big|_{z=z_1}=\frac{cD_{AB}}{(z_2-z_1)(x_B)_{ln}}(x_{A1}-x_{A2}) \tag{8-40}$$

式(8-40) 给出了以特征推动力 $x_{A1}-x_{A2}$ 表示的蒸发速率。

将由式(8-40) 给出的解，以泰勒（Taylor）级数展开，可得

$$N_{Az}\big|_{z=z_1}=\frac{cD_{AB}(x_{A1}-x_{A2})}{z_2-z_1}\left[1+\frac{1}{2}(x_{A1}+x_{A2})+\frac{1}{3}(x_{A1}^2+x_{A1}x_{A2}+x_{A2}^2)+\cdots\right] \tag{8-41}$$

方括号给出的展开式前面的表达式，就是消去对流项后得到的结果。括号内的展开式就是由于对流项导致的修正。

本节得到的结果可用于实验测定气体的扩散系数，这些结果在质量传递的停滞膜理论中也要用到。

8.4 下降液膜中的扩散

流体在竖直平壁面上呈膜状向下流动是化工过程中经常遇到的一种情况，它涉及多种传质过程，如湿壁塔的气体吸收、固体溶解等。

8.4.1　气体吸收

这里以 H_2O 吸收 CO_2 强制对流质量传递过程的扩散问题为例。假定 CO_2 气体为组分 A，被下降着的层流 H_2O 液膜（组分 B）所吸收，且气体 A 仅微溶解于液体 B，在吸收过程中液体 B 的黏度不受影响，保持不变。气体 A 在液膜 B 中的扩散进行得非常缓慢，以致 A 不能渗透到 B 中，即渗透的距离远小于液膜的厚度 δ。其中黏性流和扩散是在这样的条件下进行的，即实际上可以认为速度场不受扩散的影响。这样一个在下降液膜 B 中 A 气体的吸收过程如图 8-4 所示。

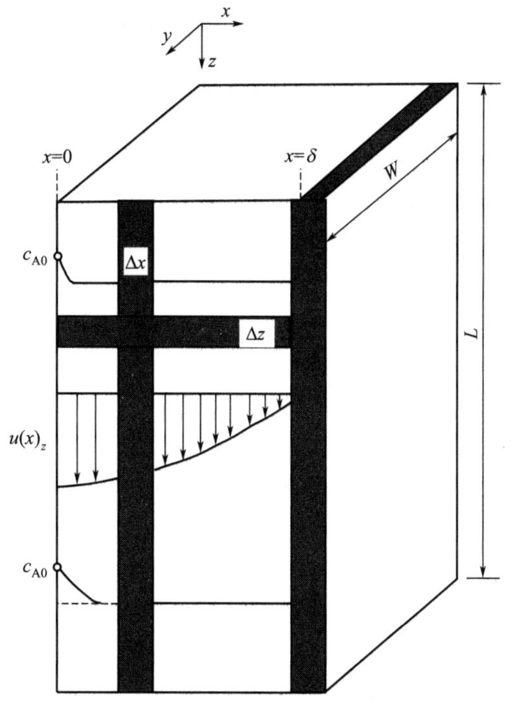

图 8-4　在下降液膜 B 中气体 A 的吸收

根据图 8-4 所示的物理模型来建立描述在下降液膜 B 中气体组分 A 扩散过程的微分方程。首先，需求解动量传递问题，以取得液膜中的速度分布 $u_z(x)$；当液体表面处不存在质量传递时，忽略端部效应，根据动量方程求解，其速度分布可表示为

$$u_z(x)=u_{\max}\left[1-\left(\frac{x}{\delta}\right)^2\right] \tag{8-42}$$

接着，对气体组分 A 做质量衡算。注意 c_A 既会随着 x 方向变化，也会随着 z 方向变化，所以作为建立质量衡算的微元体积，应选择由厚度为 Δz 和 Δx 的两个薄层相交所得的体积作微元体积。

因此，对以宽度为 W 的微元体积液膜做组分 A 的质量衡算有

$$N_{Az}|_z W\Delta x-N_{Az}|_{z+\Delta z}W\Delta x+N_{Ax}|_x W\Delta z-N_{Ax}|_{x+\Delta x}W\Delta z=0 \tag{8-43}$$

式(8-43) 两边同除以 $W\Delta x\Delta z$，并按取极限的方法，令其体积元趋于无限小，可得

$$\frac{\partial N_{Az}}{\partial z}+\frac{\partial N_{Ax}}{\partial x}=0 \tag{8-44}$$

现在将 N_{Az} 和 N_{Ax} 的表达式代入式(8-44)，假定 c_A 为常数，即可写出 z 方向的组分 A 的摩尔通量为

$$N_{Az}=-D_{AB}\frac{\partial c_A}{\partial z}+x_A(N_{Az}+N_{Bz})\approx c_A u_z(x) \tag{8-45}$$

这里因为在 z 方向上组分 A 的传递主要是由对流引起的，所以可以忽略 z 方向上的分子质量扩散传递，即将式(8-45) 中的 $-D_{AB}\frac{\partial c_A}{\partial z}$ 项去掉，且在稀溶液中由于组分 A 的局部速度与其局部平均速度几乎相同，则在 z 方向上有 $N_{Az}\approx c_A u_z(x)$。

在 x 方向上，A 组分在 x 方向上的摩尔通量为

$$N_{Ax}=-D_{AB}\frac{\partial c_A}{\partial x}+x_A(N_{Ax}+N_{Bx})\approx D_{AB}\frac{\partial c_A}{\partial x} \tag{8-46}$$

这里因为在 z 方向上，虑及 A 在 B 中的溶解度极小，在与平壁相垂直的方向上几乎不

存在对流传递，A 的运动主要是由扩散引起的，可略去 x_A（$N_{Ax}+N_{Bx}$）这项。

若 D_{AB} 为常数，联立方程式(8-44)～式(8-46)，可得

$$u_z \frac{\partial c_A}{\partial z}=D_{AB}\frac{\partial^2 c_A}{\partial x^2} \tag{8-47}$$

最后，将速度分布式(8-42) 代入式(8-47)，计算得到组分 A 的浓度分布 $c_A(x,z)$ 的微分方程为

$$u_{max}\left[1-\left(\frac{x}{\delta}\right)^2\right]\frac{\partial c_A}{\partial x}=D_{AB}\frac{\partial^2 c_A}{\partial x^2} \tag{8-48}$$

用下述的边界条件求解式(8-48)。

B. C. 1　　在 $z=0$，$c_A=0$

B. C. 2　　在 $x=0$，$c_A=c_{A0}$

B. C. 3　　在 $x=\delta$，$\dfrac{\partial c_A}{\partial x}=0$

第 1 个边界条件是在 $z=0$ 处，液膜是由纯组分 B 组成；第 2 个边界条件表明在液-气界面处，组分 A 的浓度是由组分 A 在组分 B 中的溶解度来确定的（即为 c_{A0}）；第 3 个边界条件说明组分 A 不能扩散通过壁面。这里仅仅只能求出较短接触时间（即 L/u_{max} 的值很小）极限情况的解。

如图 8-4 所示，组分 A 只“渗入”液膜很短一个距离，那么对组分 A 来说，液膜似乎始终以速度 u_{max} 移动。进而，如果 A 渗入不深，它则“感觉”不到在 $x=\delta$ 处有固体壁存在。因此，如果认为液膜无穷厚，并以速度 u_{max} 运动，那么，扩散着的组分“不觉得有差异存在”。由此分析可见，若用以下诸式替代上述方程和边界条件，就能得到较好的结果。

$$u_{max}\frac{\partial c_A}{\partial z}=D_{AB}\frac{\partial^2 c_A}{\partial x^2} \tag{8-49}$$

B. C. 1　　在 $z=0$，$c_A=0$

B. C. 2　　在 $x=0$，$c_A=c_{A0}$

B. C. 3　　在 $x=\infty$，$c_A=0$

通过复合变量法求解可得到 A 组分的浓度分布为

$$\frac{c_A}{c_{A0}}=1-\frac{2}{\sqrt{\pi}}\int_0^{x\sqrt{4D_{AB}z/u_{max}}}\exp(-\xi^2)\mathrm{d}\xi \tag{8-50}$$

或

$$\frac{c_A}{c_{A0}}=1-\mathrm{erf}\frac{x}{\sqrt{4D_{AB}z/u_{max}}}=\mathrm{erfc}\frac{x}{\sqrt{4D_{AB}z/u_{max}}} \tag{8-51}$$

在这些表达式中，$\mathrm{erf}(x)$ 和 $\mathrm{erfc}(x)$ 分别为 x 的误差函数和余误差函数。

一旦知道了浓度分布，气-液界面处的局部质量通量即可求出，如式(8-52)

$$N_{Ax}\big|_{x=0}=-D_{AB}\frac{\partial c_A}{\partial x}\big|_{x=0}=c_{A0}\sqrt{\frac{D_{AB}u_{max}}{\pi z}} \tag{8-52}$$

于是在 $x=0$ 处，组分 A 通过表面的总的质量通量（即长度为 L 和宽度为 W 的液膜所吸收的量）为

$$W_A=\int_0^W\int_0^L N_{Ax}\big|_{x=0}\mathrm{d}z\mathrm{d}y=Wc_{A0}\sqrt{\frac{D_{AB}u_{max}}{\pi}}\int_0^L\frac{1}{\sqrt{z}}\mathrm{d}z$$

$$=WLc_{A0}\sqrt{\frac{4D_{AB}u_{max}}{\pi L}} \tag{8-53}$$

式(8-53) 表明质量传递速率正比于扩散系数的平方根，而与暴露时间 $t_{exp}=L/u_{max}$ 的平方根成反比。

同样的结果，还可以在 $z=L$ 处组分 A 流通过的横截面上组分 A 的总的质量通量通过积分求解得到。

8.4.2 固体溶解

固体溶解是另外一类下降液膜的问题，它与上节讨论的气体吸收有所不同。这里以下降膜中固体溶解为例进行讨论。如图 8-5 所示，液体 B 正以层流形式向下流过一竖直的平壁。液膜始于壁上方足够远处，在 $z\geqslant 0$ 的区域内，u_z 仅与 y 有关。在 $0<z<L$ 壁段的材料为组分 A，它仅微溶于液体 B。

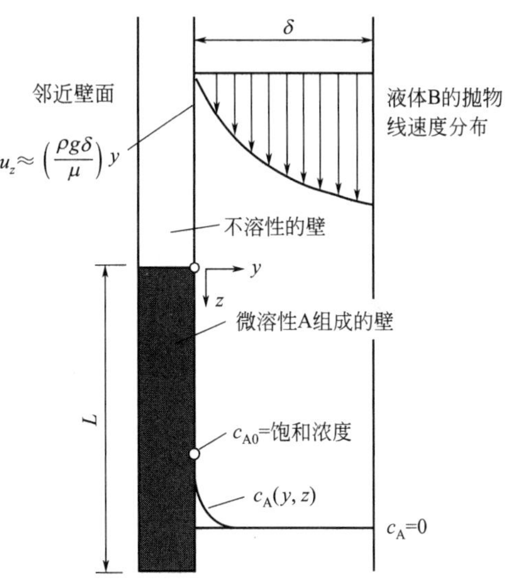

图 8-5　固体 A 溶解于下降液膜 B

对于短程下降流体而言，组分 A 不会由于扩散而深入到下降膜很远处，即组分 A 只存在于邻近固体表面很薄的边界层中。所以，组分 A 的分子在扩散过程中存在一个速度分布，这是壁面 $y=0$ 处附近下降液膜的特征。在这种情况下，$\cos\theta=1$ 和 $x=\delta-y$，速度分布可由动量衡算得到，如式(8-54)

$$u_z=\frac{\rho g\delta^2}{2\mu}\left[1-\left(1-\frac{y}{\delta}\right)^2\right]=\frac{\rho g\delta^2}{2\mu}\left[2\left(\frac{y}{\delta}\right)-\left(\frac{y}{\delta}\right)^2\right] \tag{8-54}$$

在邻近壁面处，$(y/\delta)^2\ll(y/\delta)$，速度 $u_z=(\rho g\delta/\mu)y=ay$。

对于短程下降流而言，式(8-47) 可改写为

$$ay\frac{\partial c_A}{\partial z}=D_{AB}\frac{\partial^2 c_A}{\partial y^2} \tag{8-55}$$

式中，$a=\rho g\delta/\mu$。

利用下述边界条件可求解方程(8-55)

B. C. 1　　　在 $z=0$，$c_A=0$

B. C. 2　　　在 $y=0$，$c_A=c_{A0}$

B. C. 3　　　在 $y=\infty$，$c_A=0$

在第 2 个边界条件中，c_{A0}是组分 A 在液膜 B 中的溶解度。对于较短的接触时间来说，可以用第 3 个边界条件来代替在 $y=\delta$ 处，$\partial c_A/\partial y=0$ 这个边界条件，这是因为组分 A 的分子仅微渗透到液膜 B 中，不可能进入很深，以致不能“看见”液膜的外边界，因此不可能区分出真实的边界条件，可以认为二者几乎没有差别。

同样地，采用复合变量法进行微分方程的求解。令 $f(\eta)=c_A/c_{A0}$，其中，$\eta=y[a/(9D_{AB}z)]^{1/3}$，可以证明这个独立变量是一个无量纲变量。

经过变量变换，偏微分方程式(8-55) 就可以变为了一个常微分方程，

$$\frac{\mathrm{d}^2 f}{\mathrm{d}\eta^2}+3\eta^2\frac{\mathrm{d}f}{\mathrm{d}\eta}=0 \tag{8-56}$$

其边界条件相应地变为 $f(0)=1$ 和 $f(\infty)=0$。

进行二阶微分方程求解得到式(8-57)

$$f=C_1\int_0^{\eta}\exp(-\overline{\eta}^3)\mathrm{d}\overline{\eta}+C_2 \tag{8-57}$$

用积分常数边界条件进行计算，最后得出组分 A 的浓度分布如式(8-58)

$$\frac{c_A}{c_{A0}}=\frac{\int_{\eta}^{\infty}\exp(-\overline{\eta}^3)\mathrm{d}\overline{\eta}}{\int_0^{\infty}\exp(-\overline{\eta}^3)\mathrm{d}\eta}=\frac{\int_{\eta}^{\infty}\exp(-\overline{\eta}^3)\mathrm{d}\eta}{\Gamma\left(\frac{4}{3}\right)} \tag{8-58}$$

式中，$\Gamma\left(\frac{4}{3}\right)=0.8930\cdots$，是 4/3 的伽马函数（gamma function）。

其次，可得出组分 A 在壁面处的局部质量通量 N_{Ay} 为

$$N_{Ay}|_{y=0}=-D_{AB}\frac{\partial c_A}{\partial y}|_{y=0}=-D_{AB}c_{A0}\left[\frac{\mathrm{d}}{\mathrm{d}\eta}\left(\frac{c_A}{c_{A0}}\right)\frac{\partial\eta}{\partial y}\right]|_{y=0}$$

$$=-D_{AB}c_{A0}\left[-\frac{\exp(-\overline{\eta}^3)}{\Gamma\frac{4}{3}}\left(\frac{a}{9D_{AB}z}\right)^{1/3}\right]|_{y=0}$$

$$=\frac{D_{AB}c_{A0}}{\Gamma\frac{4}{3}}\left(\frac{a}{9D_{AB}z}\right)^{1/3} \tag{8-59}$$

于是，在 $y=0$ 处，通过整个质量传递面积上的摩尔流量为

$$W_A=\int_0^W\int_0^L N_{Ay}|_{y=0}\mathrm{d}z\mathrm{d}x=\frac{2D_{AB}c_{A0}WL}{\Gamma\frac{7}{3}}\left(\frac{a}{9D_{AB}L}\right)^{1/3} \tag{8-60}$$

式中，$\Gamma\left(\frac{7}{3}\right)=\frac{4}{3}\Gamma\left(\frac{4}{3}\right)=1.1907\cdots$。

8.5 多孔催化剂内的扩散

在前面，我们已经讨论了平壁面上简单几何形状的系统内的气体扩散、液体扩散和固体溶解扩散过程。在这一节中将讨论多孔介质中的分子扩散问题，这是另一种扩散类型，常见于非均相催化、吸附等工业过程中，常常是决定过程速率的控制性因素，具有十分重要的应用。这里我们将要用微分质量衡算法和菲克第一定律来描述多孔催化剂颗粒内部的分子扩散现象，不具体描述介质中弯曲空隙通道内的扩散过程，而采用有效扩散系数来说明反应物的平均扩散情况。

图 8-6(a) 是一个球形多孔催化剂颗粒，其半径为 R。该颗粒放在催化反应器内，浸没于含有反应物 A 和产物 B 的气流中。假定在该催化剂颗粒外表面附近，反应物 A 的浓度为 c_{A0}。如图 8-6(b) 所示，反应物 A 沿着催化剂内曲折的毛细孔道扩散，并在催化剂的内表面上活性中心位置处转化为产物 B。

对单一球形催化剂颗粒选厚度为 Δr 的球壳为微元体积，对该微元体积内反应物 A 进行物料衡算，

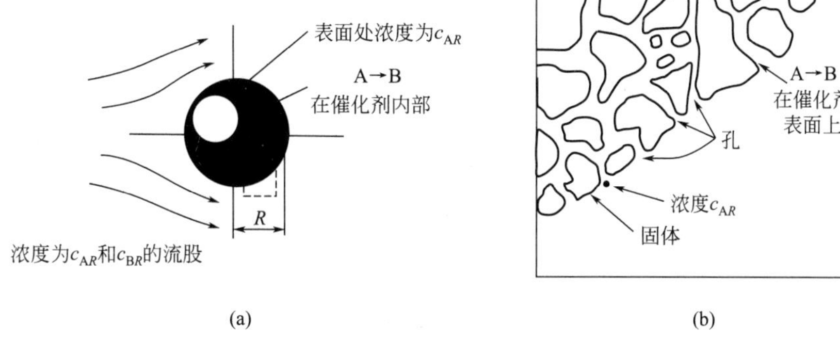

(a)　　　　(b)

图 8-6　球形多孔催化剂内的分子扩散

$$N_{Ar}|_r 4\pi r^2 - N_{Ar}|_{r+\Delta r} 4\pi (r+\Delta r)^2 + R_A 4\pi r^2 \Delta r = 0 \tag{8-61}$$

式中，$N_{Ar}|_r$ 是反应物 A 沿 r 方向通过一个假想球面的摩尔质量；r 是球面与球心的距离；源项 $R_A 4\pi r^2 \Delta r$ 是厚度为 Δr 的球壳中，由于化学反应，反应物 A 的消耗量。式(8-61) 除以 $4\pi\Delta r$，并令 $\Delta r \to 0$，可得

$$\lim_{\Delta r \to 0} \frac{(r^2 N_{Ar})|_{r+\Delta r} - (r^2 N_{Ar})|_r}{\Delta r} = r^2 R_A \tag{8-62}$$

或改写为一阶导数的形式如式(8-63)

$$\frac{d}{dr}(r^2 N_{Ar}) = r^2 R_A \tag{8-63}$$

显然，这一极限过程与真实情况并不相符，事实上催化剂呈粒状结构，并不是连续的。所以，式(8-63) 中的符号 N_{Ar} 和 R_A 均不能理解为在一个点上有意义的量。而应该把它们看作是在该点周围邻域内的平均值——这个邻域对于 R 的尺度来说，应该足够地小，而对于多孔催化剂颗粒内的通道的尺寸来说，却又是足够地大。

这里定义，多孔催化剂颗粒中组分 A 的有效扩散系数为

$$N_{Ar} = -D_A \frac{dc_A}{dr} \tag{8-64}$$

式中，c_A 为多孔催化剂颗粒小孔内反应物 A 的摩尔浓度；D_A 为组分 A 的有效扩散系数，其值必须由实验进行测定。D_A 一般与压强和温度有关，也与催化剂的内孔结构有关。孔内扩散的实际机理相当复杂，因为小孔的尺寸可能小于分子扩散的平均自由程。在这里我们不做深入探讨，而仅用式(8-64) 表达这一扩散过程。

将式(8-64) 代入式(8-63)，假如扩散系数 D_A 为常数时，可得

$$D_A \frac{1}{r^2} \times \frac{d}{dr}\left(r^2 \frac{dc_A}{dr}\right) = -R_A \tag{8-65}$$

假定反应物 A 在催化剂表面（弯曲孔道的全部或部分的壁面）发生一级不可逆化学反应而消失；令 a 是每单位体积（固体+空隙）中有效的催化面积。于是，将 $R_A = -k_1'' a c_A$，而式(8-65) 变为

$$D_A \frac{1}{r^2} \times \frac{d}{dr}\left(r^2 \frac{dc_A}{dr}\right) = k_1'' a c_A \tag{8-66}$$

利用边界条件，在 $r=R$，$c_A = c_{AR}$ 和在 $r=0$，c_A 为一有限值，求解这一方程。

对于含有算子 $(1/r^2)(d/dr)[r^2(d/dr)]$ 的方程，这里仍然使用前面所使用的变量变换法来进行求解，这里令 $c_A/c_{AR} = (1/r)f(r)$。于是，方程(8-66) 可以用 $f(r)$ 改写为

$$\frac{d^2 f}{dr^2}=\frac{k_1'' a}{D_A}f \tag{8-67}$$

这是一个标准的二阶微分方程，它可以由指数函数或双曲函数（见附录E双曲函数表）求解。用双曲函数求解这个方程，并以 r 除所得的结果，即可得出式(8-66) 的解为

$$\frac{c_A}{c_{AR}}=\frac{C_1}{r}\mathrm{ch}\sqrt{\frac{k_1'' a}{D_A}}r+\frac{C_2}{r}\mathrm{sh}\sqrt{\frac{k_1'' a}{D_A}}r \tag{8-68}$$

利用边界条件求解，最后得

$$\frac{c_A}{c_{AR}}=\frac{R}{r}\frac{\mathrm{sh}\sqrt{k_1'' a/D_A}r}{\mathrm{sh}\sqrt{k_1'' a/D_A}R} \tag{8-69}$$

在化学反应动力学和催化研究中，通常感兴趣的是在 $r=R$ 的表面上的摩尔通量 N_{AR} 或摩尔流量 W_{AR}

$$N_{Ar}=-D_A\frac{dc_A}{dr}\Big|_{r=R}=D_A c_{AR}\left(1-\sqrt{\frac{k_1'' a}{D_A}}R\coth\sqrt{\frac{k_1'' a}{D_A}}R\right) \tag{8-70}$$

$$W_{AR}=4\pi R^2 N_{AR}=-4\pi R^2 D_A\frac{dc_A}{dr}\Big|_{r=R} \tag{8-71}$$

利用式(8-70)，可得

$$W_{AR}=4\pi R^2 D_A c_{AR}\left(1-\sqrt{\frac{k_1'' a}{D_A}}R\coth\sqrt{\frac{k_1'' a}{D_A}}R\right) \tag{8-72}$$

式(8-72) 给出了半径为 R 的单个球形催化剂颗粒中，反应物A转化为产物B的反应速率（以mol/s为单位)，这里涉及描述扩散过程和化学反应过程的各特征参数。

如果催化剂的全部活性表面暴露在浓度为 c_{AR} 的气流中，那么反应物A就不必一定要扩散通过小孔到达反应中心。这样，反应的转化速率应当是可供利用的表面和表面反应速率的乘积，即

$$W_{AR,0}=\frac{4}{3}\pi R^3 a(-k_1'' c_{AR}) \tag{8-73}$$

取式(8-72) 和式(8-73) 的比值，可得反应物A在该催化剂中的内扩散有效因子 η，

$$\eta_A=\frac{W_{AR}}{W_{AR,0}}=\frac{3}{\phi^2}(\phi\coth\phi-1) \tag{8-74}$$

式中，$\phi=\sqrt{k_1'' a/D_A}R$，为蒂勒（Thiele）模数；η 称为内扩散有效因子，表明催化剂颗粒内的扩散阻力对总转化速率的影响。

对于非球形的催化剂颗粒，上述结果也可近似地使用，但需要对 R 进行重新定义。对于半径为 R 的球，其体积与面积之比为 $R/3$。对于非球形颗粒，式(8-74) 中的 R 重新定义为

$$R_{monsph}=3\frac{V_P}{S_P} \tag{8-75}$$

式中，V_P 和 S_P 分别表示为单一催化剂颗粒的体积和外表面积。

8.6 伴有化学反应的分子扩散

工业中伴有化学反应的分子扩散过程如化学吸收、反应精馏等，要比一般的物理传质过程复杂得多。虽然传质推动力仍然为扩散组分的浓度梯度，但是由于扩散组分参与了化学反

应，在这过程中组分的浓度分布变化很大。这里主要对伴有均相化学反应和伴有多相化学反应的分子扩散的两类传质问题进行讨论。

8.6.1　伴有均相化学反应的分子扩散

浓 NaOH 水溶液吸收 CO_2 气体的过程就是典型的均相化学反应的分子扩散过程。假定气体 A（CO_2）溶解于盛在烧杯中的液体 B（NaOH），气体 A 通过等温扩散进入液相 B 中，如图 8-7 所示。同时，气体 A 在扩散过程中还进行着一级不可逆均相反应，即：A＋B→AB。

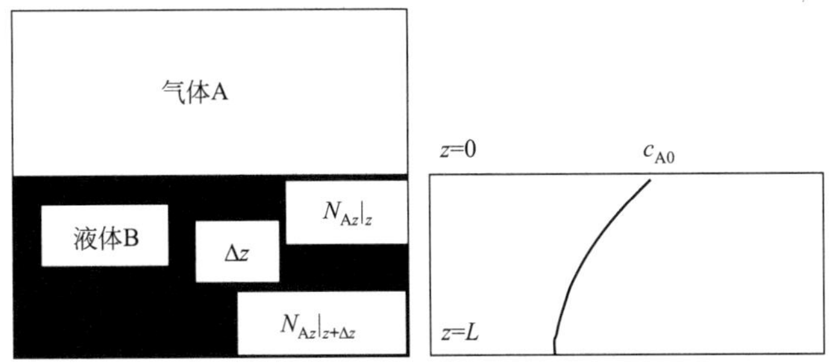

图 8-7　伴有液相均相反应的系统（B 吸收 A）

若忽略少量生成产物 AB，组分 A 和组分 B 的化学吸收过程可看作二元系统。于是，对于厚度为 Δz 的液体，气体组分 A 的物料衡算为

$$N_{Az}|_z S - N_{Az}|_{z+\Delta z} S - k'''_1 c_A S \Delta z = 0 \tag{8-76}$$

式中，k'''_1 为组分 A 的一级化学反应速率常数；S 为液体的横截面积；乘积 $k'''_1 c_A$ 表示单位时间、单位面积内组分 A 消耗的物质的量，mol。式(8-76) 除以 $S\Delta z$，并取 $\Delta z \to 0$ 时的极限，可得

$$\frac{\mathrm{d}N_{Az}}{\mathrm{d}z} + k'''_1 c_A = 0 \tag{8-77}$$

如果组分 A 的浓度很低，组分 A 沿 z 方向上的扩散通量可近似化简为

$$N_{Az} = -D_{AB}\frac{\mathrm{d}c_A}{\mathrm{d}z} \tag{8-78}$$

联立方程式(8-77) 和式(8-78)，可得

$$D_{AB}\frac{\mathrm{d}^2 c_A}{\mathrm{d}z^2} - k'''_1 c_A = 0 \tag{8-79}$$

利用以下两个边界条件求解。

B. C. 1　　　　在 $z=0$，$c_A = c_{A0}$

B. C. 2　　　　在 $z=L$，$N_{Az}=0$（或 $\mathrm{d}c_A/\mathrm{d}z=0$）

第一个边界条件要求在液面处，A 的浓度保持一定值 c_{A0}，第二个边界条件则是说明 A 不能扩散通过容器的底部（$z=L$）。

如果将式(8-79) 乘以 $L^2/(c_{A0}D_{AB})$，就可以将其写成无量纲变量表示的形式

$$\frac{\mathrm{d}^2\Gamma}{\mathrm{d}\xi^2} - \phi^2\Gamma = 0 \tag{8-80}$$

式中，$\Gamma = c_A/c_{A0}$ 为无量纲浓度；$\xi = z/L$ 为无量纲长度；$\phi = \sqrt{k'''_1 L^2/D_{AB}}$，为无量纲特征数，即蒂勒模数。这个特征数表示化学反应 $k'''_1 c_{A0}$ 和扩散 $c_{A0}D_{AB}/L^2$ 的相对影响程度

的大小。

利用在 $\xi=0$，$\Gamma=1$ 和 $\xi=1$，$\dfrac{\mathrm{d}\Gamma}{\mathrm{d}\xi}=0$ 这两个无量纲边界条件，可求解式(8-80)。其一般解为

$$\Gamma=C_1\mathrm{ch}(\phi\xi)+C_2\mathrm{sh}(\phi\xi) \tag{8-81}$$

求出积分常数后，可得

$$\Gamma=\frac{\mathrm{ch}\phi\,\mathrm{ch}(\phi\xi)-\mathrm{sh}\phi\,\mathrm{sh}(\phi\xi)}{\mathrm{ch}\phi}=\frac{\mathrm{ch}[\phi(1-\xi)]}{\mathrm{ch}\phi} \tag{8-82}$$

然后，把它变换为原来的符号，则

$$\frac{c_{\mathrm{A}}}{c_{\mathrm{A0}}}=\frac{\mathrm{ch}\left\{\sqrt{\dfrac{k'''_1L^2}{D_{\mathrm{AB}}}}[1-(z/L)]\right\}}{\mathrm{ch}\sqrt{\dfrac{k'''_1L^2}{D_{\mathrm{AB}}}}} \tag{8-83}$$

由此可以得出气体组分 A 的浓度分布，如图 8-7 所示。

一旦有了气体组分 A 完整的浓度分布后，就可以计算其它物理量，如气体组分 A 在液相中的平均浓度 $c_{\mathrm{A,avg}}$，

$$\frac{c_{\mathrm{A,avg}}}{c_{\mathrm{A0}}}=\frac{\int_0^L(c_{\mathrm{A}}/c_{\mathrm{A0}})\mathrm{d}z}{\int_0^L\mathrm{d}z}=\frac{\mathrm{th}\phi}{\phi} \tag{8-84}$$

以及在 $z=0$ 处，气体组分 A 的摩尔通量 $N_{\mathrm{A}z}$ 为

$$N_{\mathrm{A}z}|_{z=0}=-D_{\mathrm{AB}}\frac{\mathrm{d}c_{\mathrm{A}}}{\mathrm{d}z}|_{z=0}=\frac{c_{\mathrm{A0}}D_{\mathrm{AB}}}{L}\phi\,\mathrm{th}\phi \tag{8-85}$$

这些物理量的变化可反映化学反应影响液体组分 B 吸收气体组分 A 的全过程。

对于伴有均相化学反应的分子扩散过程，也可以在搅拌容器中通过实验来测定气体溶质 A 的溶解度 c_{A0} 和扩散系数 D_{AB}。理论上，可以在不同液层 L 下，通过测定吸收速率，求取 c_{A0} 和 D_{AB}。

8.6.2 伴有多相化学反应的分子扩散

在前面我们已经介绍了多孔催化剂颗粒中的气体扩散问题，现在来讨论的是催化反应器中的伴有多相化学反应的分子扩散问题。该多相催化反应过程的简化模型如图 8-8(a) 所示。在化工生产中的丙烯 $CH_3CH=CH_2$ 二聚反应就属于这类问题，其反应方程式可简化为：$2A\rightarrow B$。

假设每一颗催化剂粒子为一层静止的气膜所包围，反应物 A 必须扩散通过它才能到达催化剂颗粒表面，如图 8-8(b) 所示。假定在催化剂表面上的反应 $2A\rightarrow B$ 是瞬时完成的，产物 B 扩散通过气膜返回到由反应物 A 和产物 B 组成的湍流主体中去。

要求分析得到，当气膜厚度和湍流主体中反应物 A 和产物 B 的浓度 x_{A0} 和 x_{B0} 已知时，反应物 A 转变为产物 B 的局部转化率的表达式。尽管对于许多催化反应系统来说，反应热本是不可忽略的，这里为了简化问题，假定气膜的温度恒定不变。

对于如图 8-8(b) 所示的情况，从化学计量式可知，每当有 2mol 的反应物 A 沿 z 正方向流入，就将有 1mol 的产物 B 沿 z 负方向流出。在稳态条件下任意位置 z 处，均有

$$N_{Bz}=-\frac{1}{2}N_{Az} \tag{8-86}$$

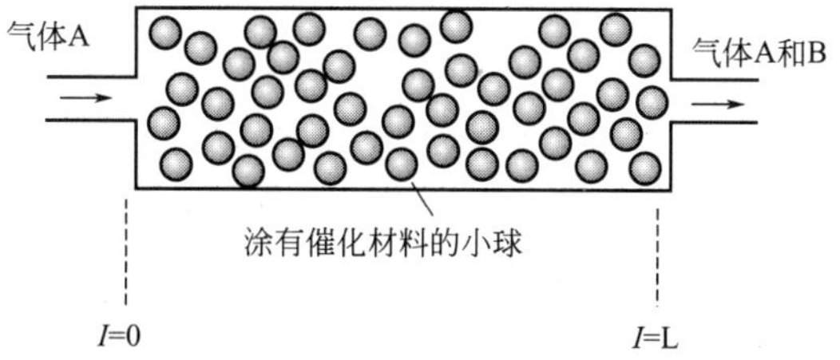

(a) 催化反应器

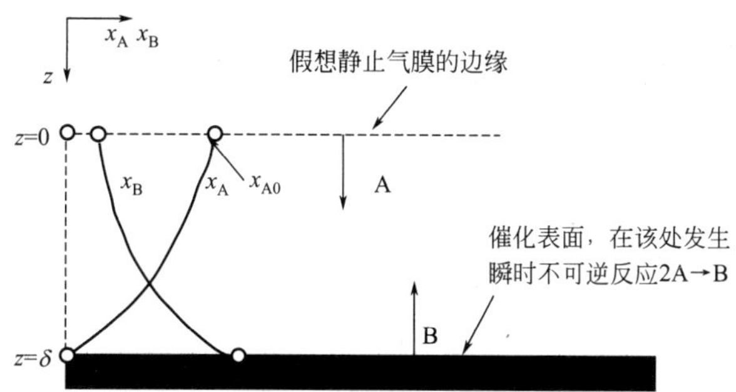

(b) 邻近催化剂颗粒的扩散问题的理想化图(或模型)

图 8-8 伴有多相反应的扩散

将式(8-86) 代入通过静止液膜的摩尔通量式(8-31) 等式中，得 N_A，

$$N_{Az}=\frac{cD_{AB}}{1-\frac{1}{2}x_A}\times\frac{dx_A}{dz} \tag{8-87}$$

这样，由式(8-31) 和化学计量方程这两个关系，即可推导得出以浓度梯度表示的关于组分 A 的摩尔通量 N_{Az} 表达式。

现取一厚度为 Δz 的薄层气膜，对组分 A 作质量衡算，可得

$$\frac{dN_{Az}}{dz}=0 \tag{8-88}$$

当 D_{AB} 为常数时，把 N_{Az} 的表达式(8-87) 代入方程(8-88)，得

$$\frac{d}{dz}\left(\frac{1}{1-\frac{1}{2}x_A}\times\frac{dx_A}{dz}\right)=0 \tag{8-89}$$

对 z 积分两次，可得

$$-2\ln\left(1-\frac{1}{2}x_A\right)=C_1z+C_2=-(2\ln K_1)z-2\ln K_2 \tag{8-90}$$

根据边界条件求取积分常数 K_1 和 K_2，边界条件为

B.C.1　　在 $z=0$，$x_A=x_{A0}$

B.C.2　　在 $z=\delta$，$x_A=0$

最后得出气膜中反应物 A 的浓度分布为：

$$1-\frac{1}{2}x_A=\left(1-\frac{1}{2}x_{A0}\right)^{1-z/\delta} \tag{8-91}$$

因此，可通过式(8-87) 求得反应物 A 通过气膜的摩尔通量 N_{Az}，

$$N_{Az}=\frac{2cD_{AB}}{\delta}\ln\frac{1}{1-\frac{1}{2}x_{A0}} \tag{8-92}$$

N_{Az}也可理解为单位催化剂表面上的局部反应速率。由这一关联式(8-92) 同如图 8-8 (a) 所示该催化反应器的其它相关数据，即可得出整个反应器内的总转化率。

有一点需要强调，虽然化学反应在催化剂表面上是瞬时发生的，但反应物 A 转换为产物 B 却是以有限速率进行的，这是因为存在着扩散过程，其扩散过程是与化学反应以“串联”形式进行的。因此，反应物 A 转换为产物 B 过程是扩散控制的。

8.7 本章小结与应用

8.7.1 本章小结

本章中主要介绍了气体、液体和固体分子扩散的机理，并通过分子扩散菲克定律定义了组分 A-B 的扩散系数 D_{AB}，探讨了分子扩散系数的测定和预测方法，给出了部分气体、液体、金属及聚合物的分子扩散系数。与此同时，重点讨论了微分质量衡算方法在常见稳态扩散问题中的应用，如通过静止气膜的扩散、下降液膜中的扩散和伴有化学反应的扩散等。

8.7.2 应用举例

【例 8-1】 氦气通过 Pyrex 玻璃的扩散过程。计算图 8-1 所示的系统氦气在 500℃稳态条件下的质量通量 j_{Ay}。在 $y=0$ 处，氦的分压为 1atm，在平板顶部处为零。Pyrex 板的厚度为 10^{-2}mm，其密度ρ_B 为 2.6g/cm³。据报道氦气在 Pyrex 中的溶解度为每单位体积玻璃中溶解 0.0084 体积氦气，$D_{AB}=0.2\times10^{-7}\text{cm}^2/\text{s}$。证明：将隐含在式(8-3) 中的质量平均速度忽略不计是合理的。

解 由溶解度数据和理想气体定律可得出在板的底面处玻璃中氦的质量浓度为

$$\rho=0.0084\frac{p_{A0}M_A}{RT}=0.0084\frac{1.0\text{atm}\times4.00\text{g/mol}}{82.05\text{cm}^3\cdot\text{atm/(mol}\cdot\text{K)}\times773\text{K}}=5.3\times10^{-7}\text{g/cm}^3$$

于是，在底面处固相中氦气的质量分数为

$$w_A=\frac{\rho_{A0}}{\rho_{A0}+\rho_{B0}}=\frac{5.3\times10^{-7}}{5.3\times10^{-7}+2.6}=2.04\times10^{-7}$$

氦的质量通量

$$j_{Ay}=\rho D_{AB}\frac{w_{A0}-0}{y}=(2.6\text{g/cm}^3)\times(2.0\times10^{-8}\text{cm}^2/\text{s})\frac{2.04\times10^{-7}}{10^{-3}\text{cm}}=1.05\times10^{-11}\text{g/(cm}^2\cdot\text{s)}$$

氦气的速度为

$$u_{Ay}=\frac{j_{Ay}}{\rho_A}+u_y$$

在平板的底面处（$y=0$），这个速度为

$$u_{Ay}\big|_{y=0}=\frac{1.05\times10^{-11}\text{g/(cm}^2\cdot\text{s)}}{5.3\times10^{-7}\text{g/cm}^3}+u_{y0}=1.98\times10^{-5}\text{cm/s}+u_{y0}$$

玻璃-氦气系统在 $y=0$ 处相应的质量平均速度 u_{y0}

$$u_{y0}=\frac{(2.04\times10^{-7})(1.98\times10^{-5}\text{cm/s})}{1-(2.04\times10^{-7})}=4.04\times10^{-12}\text{cm/s}$$

由此可见，可以忽略掉 u_{y0}，对图 8-1 所示的稳态下实验的分析是正确的。

【例 8-2】 扩散系数的测定。如图 8-3 所示，通过观察四氯化碳（A）稳态蒸发逸入一个充满 O_2(B) 的管子，测定气体对 O_2-CCl_4 的扩散系数。CCl_4 液面到管顶的距离为 $z_2-z_1=17.1$cm。系统的总压 755mmHg，温度为 0℃。在此温度下，CCl_4 的蒸气压为 33.0mmHg，密度为 1.59g/cm^3。扩散管的横截面积为 0.82cm^2。当达到定常态后，在 10h 内有 0.0208cm^3 的 CCl_4 被蒸发掉。问气体对 O_2-CCl_4 的扩散系数为多少？

解　令 A 为 CCl_4，B 为 O_2。于是 A 的摩尔通量为

$$N_A=\frac{0.0208\times1.59}{154\times0.82\times3.6\times10^4}=7.26\times10^{-9}[\text{mol/(cm}^2\cdot\text{s)}]$$

$$D_{AB}=\frac{(N_A|_{z=z_1})(z_2-z_1)}{c\ln(x_{B2}/x_{B1})}=\frac{(N_A|_{z=z_1})(z_2-z_1)RT}{p\ln(p_{B2}/p_{B1})}$$

$$=\frac{(7.26\times10^{-9})\times17.1\times82.06\times273}{(755/760)[2.303\lg(755/722)]}$$

$$=0.0636\ (\text{cm}^2/\text{s})$$

这种测定气相扩散系数的方法就是蒸发管法，简单易操作。

【例 8-3】 上升气泡的气体吸收。估算当组分 A 的气泡以其终端速度 u_t，上升穿过干净静止的液体时的吸收速率。

解　如图 8-9 所示，中等大小的气泡在不含表面活性剂的液体中上升时，气泡内部的气体会产生一种环状循环运动（Hadamard-Rybczynski 循环）。相对于每一个上升气泡，液体向下运动，如图 8-4 所示的下降液膜那样，在界面附近富集了物料 A。溶解的气体渗入液体的深度，就气泡的主体来说，是不大的，因为液体对气泡做相对运动，而且液相的扩散系数 D_{AB} 很小。据此，作为一个粗略的近似，可估算气体的吸收速率，并且对于气泡来说，可以用 D/u_t 替代下降液膜的暴露时间 $t_{exp}=L/u_{max}$，其中，D 为气泡的瞬时直径。这样就可给出摩尔吸收速率的一个近似的估计，它是在气泡表面上取平均而得出的，即为

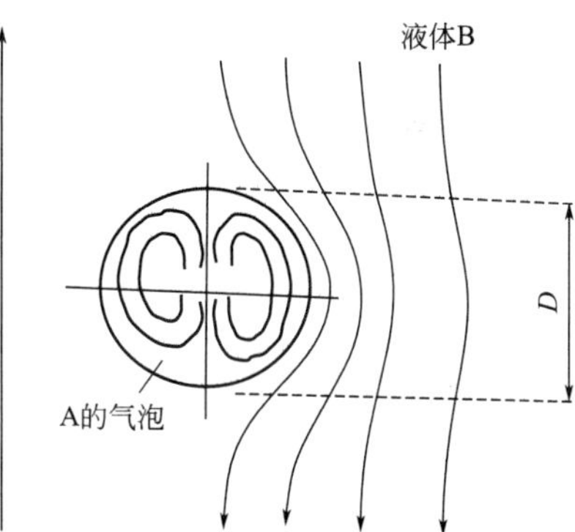

图 8-9　液体 B 吸收气体 A

$$(N_A)_{avg}=\sqrt{\frac{4D_{AB}u_t}{\pi D}}c_{A0}$$

式中，c_{A0} 是在界面温度和气体 A 的蒸气压下，气体 A 在 B 中的溶解度。该结果证明了液体围绕气泡的势流是正确的。该方程已近似地为实验所证实，条件是直径范围在 0.3～0.5cm 之间的气泡上升通过高度净化的水。

这一系统也曾用来分析爬流运动，其结果为：

$$(N_A)_{avg}=\sqrt{\frac{4D_{AB}u_t}{3\pi D}}c_{A0}$$

痕迹量的表面活性剂会引起小气泡的吸收速率大为降低，因为此时，在气泡周围会形成

一层“皮”，从而强有力地妨碍了泡内的循环运动。于是在扩散系数低限情况下，摩尔吸收速率与扩散系数的 1/3 次方成正比，这与固体球形物的情况相同。

类似的方法也已成功地用来预测毛细管端部形成液滴时的质量传递速率。

【例 8-4】 搅拌釜中伴有化学反应的气体吸收。如图 8-10 的气体吸收搅拌反应釜，试估算化学反应速率对搅拌釜中气体吸收速率的影响。假定所溶解的气体 A 与液体 B 进行一级不可逆化学反应，即液相中 A 的消失速率正比于 A 的局部浓度。

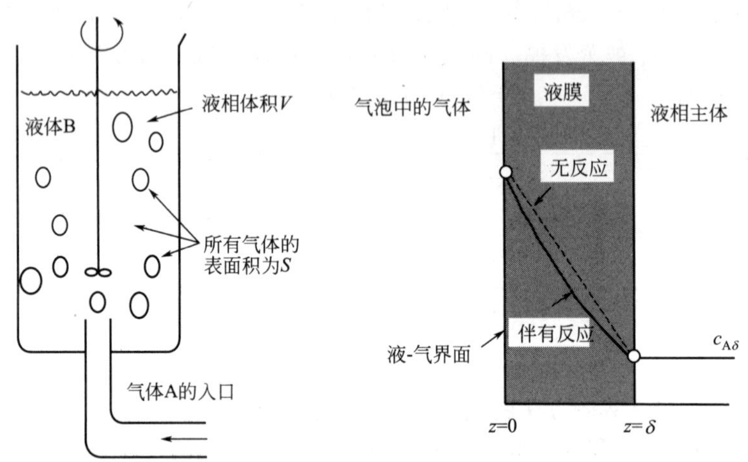

图 8-10 气体吸收设备

解 NaOH 水溶液吸收 SO_2 和 H_2S 就是这类吸收的例子。由于气体吸收过程的复杂性，现在还不能对这一过程做出精确的分析。不过可以通过一个相对简单的模型来分析，以取得半定量的了解。该模型有以下的几个假定条件：

① 每个气泡外包有一层静止的液膜，其厚度为 δ，它远小于气泡的直径。

② 当气泡形成以后，液膜内很快地建立起拟定稳态的浓度分布。

③ 气体 A 仅微溶于液体 B，故可以忽略主流体流动引起的传质。

④ 静止液膜外液相的主体浓度为 c_{A0}，其随时间变化很慢，可以认为是常数。

描述伴有化学反应的扩散过程的微分方程仍是式(8-76)，但是现在的边界条件为

B. C. 1 在 $z=0$，$c_A=c_{A0}$

B. C. 2 在 $z=\delta$，$c_A=c_{A\delta}$

浓度 c_{A0} 是液相中 A 的界面浓度，假定它与界面处的气相处于平衡。在这些边界条件下，式(8-76) 的解为

$$\frac{c_A}{c_{A0}}=\frac{\text{sh}\phi\,\text{ch}(\phi\xi)+[(B-\text{ch}\phi\,\text{sh}(\phi\xi)]}{\text{sh}\phi}$$

式中，$\xi=z/\delta$；$B=c_{A\delta}/c_{A0}$；$\phi=\sqrt{k'''_1\delta^2/D_{AB}}$。

其后，利用上述给出的假定④，同时令 A 在 $z=\delta$ 处通过釜内总气泡面积而进入主体液相的量等于 A 在主体液相中由于化学反应所消耗的量，则

$$-SD_{AB}\frac{\mathrm{d}c_A}{\mathrm{d}z}|_{z=\delta}=Vk'''_1c_{AB}$$

将 c_A 的表达式代入，即可得出 B 的表达式

$$c_B=\frac{1}{\text{ch}\phi+[V/(S\delta)]\phi\,\text{sh}\phi}$$

将这一结果代入，得出以 δ 和 $V/(S\delta)$ 表示的 c/c_{A0} 表达式。

于是，根据浓度分布的表达式，计算在 $z=0$ 处的 $N_{Az}=-D_{AB}dc_A/dz$，就可以得出伴有化学反应的总的吸收速率，即

$$\breve{N}=\frac{N_{Az}\mid_{z=0}\delta}{c_{A0}D_{AB}}=\frac{\phi}{\mathrm{sh}\phi}\left\{\mathrm{ch}\phi-\frac{1}{\mathrm{ch}\phi+[V/(S\delta)]\phi\,\mathrm{sh}\phi}\right\}$$

8.7.3 课堂/课外讨论

8-1 通过非等温球状膜的扩散过程。

8-2 多元组分系统内的扩散问题。查阅资料讨论菲克定律和 M-S 模型各自的特点。

8-3 比较气体和液体的扩散系数与黏度之间的关系，并指出它们的差异。

8-4 菲克定律存在哪些缺陷？

8.7.4 思考题

8-1 对流质量通量、分子质量通量与总的质量通量的定义及异同点是什么？

8-2 怎样定义二元扩散系数？怎样定义自扩散？请给出气体、液体和固体二元扩散系数的典型数量级。

8-3 二元系统菲克定律的各种表达形式。

习　题

8-1 试写出菲克第一定律的 4 种表达式，并证明对同一系统 4 种表达式中的扩散系数 D_{AB} 为同一数值。

8-2 试证明组分 A、B 组成的双组分系统中，在一般情况（有主体流动，$N_A\neq N_B$）下进行分子扩散时，在总浓度 c 恒定条件下，$D_{AB}=D_{BA}$。

8-3 试证明由组分 A、B 组成的双组分混合物中进行分子扩散时，通过固定平面的总摩尔通量 N 不等于总质量通量 n 除以平均摩尔质量，即 $N\neq\frac{n}{\overline{M}}$，式中 $\overline{M}=x_AM_A+x_BM_B$。

8-4 试应用摩尔平均速率 u_m 推导出组分 A、B 组成的双组分混合物的传质微分方程式。

8-5 在一根管子中有由 CH_4（组分 A）和 He（组分 B）组成的气体混合物，压力为 1.013×10^5Pa，温度为 298K。已知管内的 CH_4 通过停滞的 He 进行稳态一维扩散，在相距 0.02m 的两端 CH_4 的分压分别为 $p_{A1}=6.08\times10^4$Pa 及 $p_{A2}=2.03\times10^4$Pa，管内的总压维持恒定。试求：(1) CH_4 相对于摩尔平均速率 u_m 的扩散通量 J_A；(2) CH_4 相对于静止坐标的通量 N_A。已知 CH_4-He 系统在 1.013×10^5Pa 和 298K 时的扩散系数 $D_{AB}=0.675\times10^{-4}\mathrm{m^2/s}$。

8-6 将温度为 298K、压力为 1atm 的 He 和 N_2 的混合气体，装在一直径为 5mm、长度为 0.1m 的管中进行等分子反方向扩散，已知管子两端 He 的压力分别为 0.06atm 和 0.02atm，在上述条件下扩散系数 $D_{He\text{-}N_2}=0.687\times10^{-4}\mathrm{m^2/s}$，试求：(1) He 的扩散通量；(2) N_2 的扩散通量；(3) 在管的中点截面上的 He 和 N_2 分压。

8-7 在一直立玻璃管的底部装有温度为 298K 的水，水面与管顶之间的垂直距离为 200mm，在管顶之上有 298K、1atm 的绝干空气缓慢吹过，试求水面下降 5mm 时所需的时

间。已知 298K、1atm 下水-空气的扩散系数 $D_{AB}=0.260\times10^{-4}\,m^2/s$。

8-8 测定 293K 时丙酮在空气中的扩散系数。已知经历 5h 后，液面由距离顶部 1.10cm 处下降至距顶部 2.05cm 处，总压为 750mmHg。293K 下丙酮的饱和蒸气压为 180mmHg，密度为 $0.79g/cm^3$。试求丙酮在空气中的扩散系数。

8-9 试计算乙醇（组分 A）与甲烷（组分 B）气体混合物在 1atm 和 298K 下的扩散系数 D_{AB}。

8-10 在温度为 278K 的条件下，令 NH_3（组分 A）-水（组分 B）溶液同一种与水不互溶的有机液体接触，两相均不流动。NH_3 自水相向有机相扩散。在两相界面处，水相中的 NH_3 维持平衡，其质量分数为 2%，该处溶液的密度 $\rho_1=0.9917g/cm^3$。在离界面 4mm 的水相中，NH_3 的质量分数为 10%，溶液密度 $\rho_2=0.9617g/cm^3$。278K 时 NH_3 在水中的扩散系数 $D_{AB}=1.24\times10^{-9}\,m^2/s$，设扩散为稳态扩散，试求：(1) NH_3 的扩散通量；(2) 水的扩散通量，并对求算结果做出说明。

8-11 在外径为 30mm、厚度为 5mm、长度为 5m 的硫化氯丁橡胶管中，有压力为 2atm、温度为 290K 的纯氢气流动，试求氢气通过橡胶管壁扩散而漏失的速率。已知在 STP（273K 和 1atm）下氢在硫化氯丁橡胶管中的溶解度 $S=0.051cm^3/(cm^3\ 橡胶\cdot atm)$。设胶管外表面氢气分压为零，并忽略胶管外部的传质阻力。

8-12 在一松散的沙粒填充床空隙中充满空气和 NH_3 的气体混合物，气相总压为 1.013×10^5Pa，温度为 300K。NH_3 在沙床顶部的分压为 1.58×10^3Pa，在沙床底部的分压为零。试求 NH_3 在沙床中的扩散通量。已知沙床高度为 2.2m，空隙率为 0.3，曲折因数为 1.87。

第 9 章 对流传质

在上一章中重点讨论了由于浓度梯度引起的分子扩散质量传递问题。但在化工过程中，流体大多处于运动状态，本章所讲的对流传质问题主要就是运动着的流体之间或流体与界面之间的质量传递问题，它既可以在单一相中发生也可以在不同相之间发生。所以这里定义运动流体与固体壁面之间，互不相溶的两种运动流体之间发生的质量传递为对流传质。对流传质现象与对流传热现象非常类似，因此进行对流传质过程讨论分析的时候可采用与对流传热问题类似的分析方法和手段。

9.1 对流传质机理与对流传质系数

由于对流传质速率不仅与流体自身的传递性质如：扩散系数有关，而且还与流体流动的动力学特性如：流速有关，所以对流传质的机理，除了分子扩散传递外，还受到流体流动的影响。与前面研究对流传热问题相似，对流传质系数是求解对流传质速率的关键。

9.1.1 对流传质机理

研究对流传质问题需首先弄清对流传质的机理。在实际工程中，湍流传质最为常见。下面以流体强制湍流流过固体壁面时的传质过程为例，探讨对流传质的机理。对于有固定相界面的相际间的传质问题，其传质机理与之相似。

在动量传递篇章中已讨论过湍流问题。当流体湍流流过壁面时，速度边界层最终会发展成为湍流边界层。湍流边界层由 3 部分组成：靠近壁面处为层流内层，离开壁面稍远处为缓冲层，最外层为湍流主体，如图 9-1。在湍流边界层中，物质在垂直于壁面的方向上与流体主体之间发生质量传递，且通过上述三层流体的传质机理差别很大。

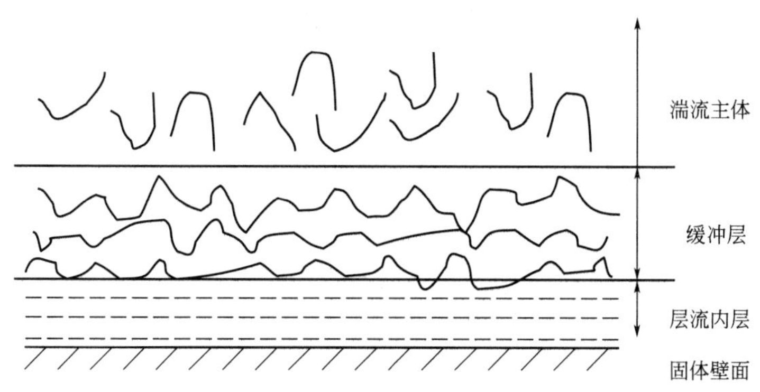

图 9-1 湍流边界层

在层流内层中，流体沿壁面平行流动，在与流体流动方向垂直的方向只有分子无规则的微观运动，故壁面与流体之间的质量传递是通过分子扩散进行的，此情况下的传质速率可用菲克第一定律进行描述。在缓冲层中，流体一方面沿壁面方向做层流流动，另一方面又出现一些流体的涡流运动，故该层内的质量传递既有分子扩散存在也有湍流扩散存在。在接近层流内层的边缘处主要发生分子扩散，在接近湍流主体的边缘处主要发生湍流扩散。在湍流主体中有大量漩涡存在，这些大大小小的涡流运动十分激烈，湍流主体中的漩涡发生强烈混合，故其中的浓度梯度必然很小。因此，在该处主要发生涡流传质，而分子扩散的影响可忽略不计。在湍流边界层中，层流内层一般很薄，大部分区域为湍流主体。且在层流内层中，由于无涡流存在，仅依靠分子扩散进行传质，其中的浓度梯度很大。

当流体强制湍流流过固体壁面进行质量传递时，由于溶质组分 A 在流体主体中与壁面处的浓度不同，壁面附近的流体将建立组分 A 的浓度梯度，离开壁面一定距离的流体中组分 A 的浓度是均匀的。因此，可认为质量传递的全部阻力集中于固体表面上一层具有浓度梯度的流体层中，该流体层即为浓度边界层（或传质边界层）。由此可见，流体流过壁面进行传质时，在壁面上会形成速度边界层与浓度边界层。图 9-2 是流体在平板壁面上和圆管内壁面上流过时形成的速度边界层和浓度边界层的情况。

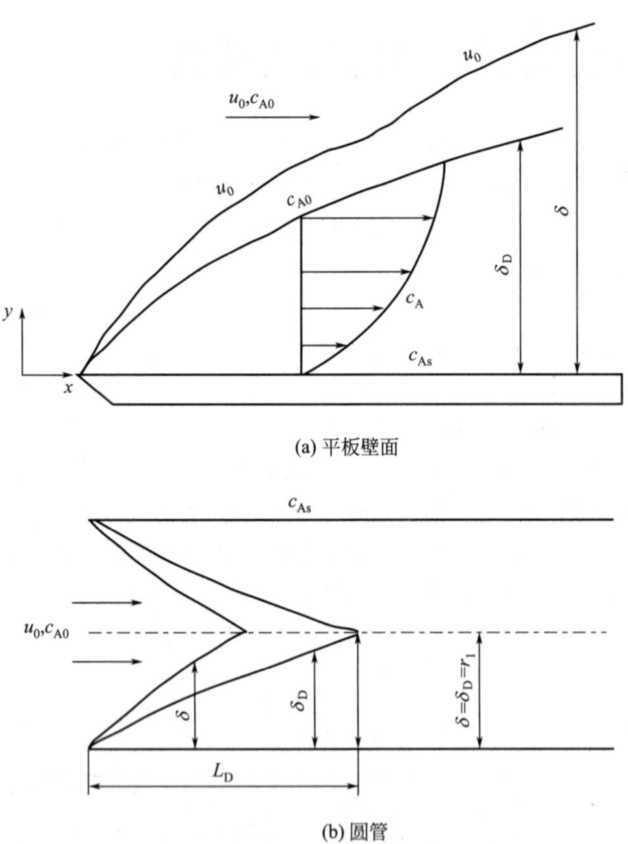

图 9-2　平板壁面和圆管内的速度边界层与浓度边界层

在平板壁面上的浓度边界层中，设 c_{As} 为组分 A 在固体壁面处的浓度，c_{A0} 为边界层外流体主体的均匀浓度，c_A 为边界层内垂直壁面方向任一处的浓度。这里定义浓度边界层厚度为 δ_D，通常规定为 $[(c_A-c_{As})/(c_{A0}-c_{As})]=0.99$ 时与壁面的垂直距离，即

$$\delta_D = y \Big|_{\frac{c_A-c_{As}}{c_{A0}-c_{As}}=99\%} \tag{9-1}$$

显然，浓度边界层、温度边界层和速度边界层三者的定义是类似的，它们均为流动方向

距离 x 的函数。当流体流过圆管进行质量传递时，管内浓度边界层的形成与发展过程亦同管内温度边界层的形成与发展过程类似，如图 9-2(b) 所示。流体最初以均匀浓度 c_{A0} 和速度 u_0 进入管内，由于流体中组分 A 的浓度与其在管壁处的浓度不同而发生质量传递，浓度边界层的厚度由管前缘处开始逐渐增厚，经过一段距离后在管中心处汇合，此后浓度边界层的厚度即等于管的半径并维持不变，x 方向上由管进口前缘至汇合点之间的距离称为传质进口段长度 L_D。

9.1.2　对流传质系数

根据对流传质机理，固体壁面与流体之间的对流传质速率基本方程可采用式(9-2) 表示

$$N_A = k_c(c_{As} - c_{A0}) \tag{9-2}$$

式中，N_A 为对流传质的摩尔通量，kmol/s；$(c_{As} - c_{A0})$ 为传质推动力，即组分 A 在界面处的浓度 c_{As} 与流体主体平均浓度 c_{A0} 之差，kmol/m^3；k_c 为对流传质系数，m/s。由于组分的浓度可以用多种方式表示，除了用摩尔浓度外，还可用分压、密度等，因此传质系数相应地也有多种表达形式。

由于对流传质过程与对流传热过程相似，可采用对流传热系数求解的方法进行对流传质系数的求解。因此，稳态条件下，组分 A 通过静止流层的传质通量还可用式(9-3) 表示

$$N_A = -D_{AB}\frac{dc_A}{dy}\Big|_{y=0} \tag{9-3}$$

联立式(9-2) 和式(9-3)，可以得到对流传质系数 k_c 的表达式(9-4)：

$$k_c = \frac{D_{AB}}{c_{As} - c_{A0}}\frac{dc_A}{dy}\Big|_{y=0} \tag{9-4}$$

(1) 等分子反方向扩散时的传质系数　双组分体系中，组分 A 和 B 作等分子反方向扩散时，$N_A = -N_B$。此时在气相、液相中传质系数的定义分别如下：

① 气相　采用分压来表示对流传质基本方程时，由式(9-2)，可表示为

$$N_A = k_p^{G0}(p_{A0} - p_{AL}) \tag{9-5}$$

按理想气体处理 $c = \dfrac{p}{RT}$ 时，用压力表示的相应的传质通量方程式为

$$N_A = \frac{D_{AB}}{RTL}(p_{A0} - p_{AL}) \tag{9-6}$$

式中“L”表示在上述推动力下某组分扩散传递的距离。在这个距离内质量作稳定分子扩散传递，同传热一样，可以把这一距离，设想成厚度为 L 的传质“间壁”。因此，对于流动体系的对流传质问题，也可按同样的考虑，设想与其推动力和阻力相应的传质“间壁”厚度 L，从而来定义其传质系数。

联立式(9-5) 和式(9-6) 可得气相传质系数 k_p^{G0} 为

$$k_p^{G0} = \frac{D_{AB}}{RTL} \tag{9-7}$$

用同样的方式推导可得到：

若采用摩尔浓度表示对流传质基本方程时，

$$N_A = k_c^{G0}(c_{A0} - c_{AL}) \tag{9-8}$$

相应的传质通量方程可表示为

$$N_A = \frac{D_{AB}}{L}(c_{A0} - c_{AL}) \tag{9-9}$$

气相传质系数 k_c^{G0} 可表示为

$$k_c^{G0}=\frac{D_{AB}}{L} \tag{9-10}$$

若采用摩尔分数表示对流传质基本方程时，

$$N_A=k_y^{G0}(y_{A0}-y_{AL}) \tag{9-11}$$

用总摩尔浓度 c 表示的相应的传质通量方程为

$$N_A=\frac{D_{AB}c}{L}\left(\frac{c_{A0}}{c}-\frac{c_{AL}}{c}\right) \tag{9-12}$$

可推出气相传质系数 k_y^{G0} 为

$$k_y^{G0}=\frac{cD_{AB}}{L} \tag{9-13}$$

因此，根据式(9-7)、式(9-10) 和式(9-13) 可得不同形式气相传质系数间的换算关系为

$$k_c^{G0}=k_p^{G0}RT=k_y^{G0}/c \tag{9-14}$$

② 液相　若采用摩尔浓度表示液相对流传质基本方程时，式(9-2) 可表示为

$$N_A=k_c^{L0}(c_{A0}-c_{AL}) \tag{9-15}$$

则以摩尔浓度表示的相应的扩散通量方程可表示为

$$N_A=\frac{D_{AB}}{L}(c_{A0}-c_{AL}) \tag{9-16}$$

联立式(9-15) 和式(9-16) 可得到采用摩尔浓度表示的液相传质系数 k_c^{L0} 为

$$k_c^{L0}=\frac{D_{AB}}{L} \tag{9-17}$$

若采用摩尔分数表示液相对流传质基本方程时，式(9-2) 可表示为

$$N_A=k_x^{L0}(x_{A0}-x_{AL}) \tag{9-18}$$

以摩尔分数表示的相应的扩散通量方程可表示为

$$N_A=\frac{D_{AB}c_{avg}}{L}(x_{A0}-x_{AL}) \tag{9-19}$$

联立式(9-18) 和式(9-19) 可得到采用摩尔分数表示的液相传质系数 k_x^{L0} 为

$$k_x^{L0}=\frac{D_{AB}c_{avg}}{L} \tag{9-20}$$

因此，根据式(9-17) 和式(9-20) 可得不同形式表示的液相传质系数间的换算关系为

$$k_c^{L0}=\frac{k_x^{L0}}{c_{avg}} \tag{9-21}$$

(2) 组分 A 通过静止组分 B 扩散时的传质系数　双组分体系中，组分 A 通过静止组分 B 扩散时，B 组分的扩散传质通量 $N_B=0$，$N_B=$常数。若按理想气体处理，组分 A 的扩散通量则可以表示为

$$N_A=\frac{D_{AB}p}{LRT}\ln\frac{1-\dfrac{p_{A2}}{p}}{1-\dfrac{p_{A1}}{p}}=\frac{D_{AB}p}{LRTp_{BM}}(p_{A1}-p_{A2}) \tag{9-22}$$

$$p_{BM}=\frac{p_{B2}-p_{B1}}{\ln(p_{B2}/p_{B1})}$$

式中，p_{BM} 为组分 B 的对数平均分压；$p_{A1}-p_{A2}$ 为组分 A 的扩散传质推动力。

此时在气相和液相中传质系数的定义分别为：

① 气相　若采用分压来表示对流传质基本方程时，式(9-2) 可表达为

$$N_A = k_p^G (p_{A0} - p_{AL}) \tag{9-23}$$

相应的以压力表示的扩散通量方程为

$$N_A = \frac{D_{AB} p}{RTL p_{BM}} (p_{A0} - p_{AL}) \tag{9-24}$$

于是得

$$k_p^G = \frac{D_{AB} p}{RTL p_{BM}} \tag{9-25}$$

比较式(9-25) 和式(9-7)，可得 k_p^G 与 k_p^{G0} 的关系

$$k_p^G = k_p^{G0} \frac{p}{p_{BM}} \tag{9-26}$$

和等分子反方向扩散一样，这里的传质基本方程还可以写成以摩尔浓度或摩尔分数表达的形式

$$N_A = k_c^G (c_{A0} - c_{AL}) \tag{9-27}$$

$$N_A = k_y^G (y_{A0} - y_{AL}) \tag{9-28}$$

在气相中，组分 A 通过静止组分 B 扩散时，各种形式的传质系数之间的关系为

$$k_p^G = k_c^G \frac{p_{BM}}{RT} = k_y^G \frac{p_{BM}}{p} \tag{9-29}$$

② 液相　若采用摩尔浓度表达对流传质基本方程时，式(9-2) 可表达为

$$N_A = k_c^L (c_{A0} - c_{AL}) \tag{9-30}$$

相应的以摩尔浓度表示的扩散通量方程为

$$N_A = \frac{D_{AB}}{L} (c_{A0} - c_{AL}) \tag{9-31}$$

采用摩尔分数表达对流传质基本方程时，式(9-2) 可表达为

$$N_A = k_x^L (x_{A0} - x_{AL}) \tag{9-32}$$

相应的以摩尔分数表达的扩散通量方程为

$$N_A = \frac{D_{AB} c_{avg}}{x_{BM} L} (x_{A0} - x_{AL}) \tag{9-33}$$

于是得

$$k_x^L = \frac{D_{AB} c_{avg}}{x_{BM} L} \tag{9-34}$$

比较式(9-20) 和式(9-34)，可知 k_x^L 与 k_x^{L0} 的关系为

$$k_x^L = \frac{k_x^{L0}}{x_{BM}} \tag{9-35}$$

在液相中，组分 A 通过静止组分 B 进行扩散时，各传质系数之间的关系为

$$k_c^L c_{avg} L = k_x^L x_{BM} \tag{9-36}$$

上述各式中，传质系数 k 的上角标“0”，表示系统内净质量传递量为零（即等分子反方向扩散）这一特殊情况下的传质系数；上角标“G”表示气相，“L”表示液相。k 的下标 p、c、y 和 c、x 分别表示气相分压、摩尔浓度、摩尔分数和液相摩尔浓度、摩尔分数。

9.2 稳态层流传质

从上一节关于对流传质系数的讨论中，我们可以看出要进行对流传质系数的求解，关键在于要先计算壁面的浓度梯度。要获得浓度梯度必须先求解传质微分方程式，但是在传质微分方程中又包含了速度分布，这还是要回归到运动方程和连续性方程的求解问题上。因此，求解对流传质系数的步骤主要包括以下四步：

① 通过求解运动方程和连续性方程，得出速度分布；

② 通过求解传质微分方程，得出浓度分布；

③ 由浓度分布得出浓度梯度；

④ 由壁面处的浓度梯度求得对流传质系数。

这只是求解对流传质系数的一个原则。事实上，由于运动方程、连续性方程、传质微分方程的非线性特点及边界条件的复杂性，利用该方法仅能求解一些较为简单的问题，如层流传质问题，而对实际工程中常见的湍流传质问题尚不能用此方法进行求解。本节将主要针对平板壁面上和圆管中的层流传质问题进行讨论。

9.2.1 平板壁面上的层流传质

在平板边界层内进行二维质量传递时，不可压缩流体的连续性方程及运动方程与平板壁面对流传热类似，平板壁面对流传质也是所有几何形状壁面对流传质中最简单的情形。本节参照平板壁面对流传热的研究方法，对平板壁面对流传质问题进行讨论。

平板壁面上层流传质时的传质系数可由式(9-4）导出。设为等分子反方向扩散，当流体的均匀浓度 c_{A0} 及壁面浓度 c_{As} 均保持恒定时，由于对流传质系数是随流动距离 x 而改变，式(9-4）可化为

$$k_c=\frac{D_{AB}}{c_{As}-c_{A0}}\frac{dc_A}{dy}\bigg|_{y=0}=-D_{AB}\frac{d\left(\dfrac{c_A-c_{As}}{c_{A0}-c_{As}}\right)}{dy}\bigg|_{y=0} \tag{9-37}$$

由式(9-37）可以看出，采用该式求解对流传质系数时，关键在于求出壁面浓度梯度，而浓度梯度需根据浓度分布来确定，而浓度分布又需要运用纳维-斯托克斯方程和连续性方程求解速度分布，与前面所述的对流传热系数求解思路是一致的。

因此，欲计算平板壁面上层流传质的传质系数，需同时求解连续性方程、运动方程和对流扩散方程，其求解过程复杂，难度较大。但是由于质量传递与热量传递具有类似性，在整个求解过程中，可以引用能量方程的求解过程进行对比。

(1）边界层对流扩散方程 在前面求解层流过程热量传递时，已经讨论了平板壁面层流传热的精确解，导出了边界层的能量方程为

$$u_x\frac{\partial T}{\partial x}+u_y\frac{\partial T}{\partial y}=\alpha\frac{\partial^2 T}{\partial y^2} \tag{9-38}$$

类似地，在平板边界层内无化学反应进行稳态二维流动、二维传质时的边界层对流扩散方程式可由对流传质微分方程简化得到，即

$$u_x\frac{\partial c_A}{\partial x}+u_y\frac{\partial c_A}{\partial y}=D_{AB}\frac{\partial^2 c_A}{\partial y^2} \tag{9-39}$$

在平板边界层内进行二维动量传递时，不可压缩流体的连续性方程及 x 方向的运动方

程分别为

$$\frac{\partial u_x}{\partial x}+\frac{\partial u_y}{\partial y}=0 \tag{9-40}$$

$$u_x\frac{\partial u_x}{\partial x}+u_y\frac{\partial u_x}{\partial y}=\frac{\mu}{\rho}\frac{\partial^2 u_x}{\partial y^2} \tag{9-41}$$

式(9-38)、式(9-39) 和式(9-41) 可以描述不可压缩流体在平板边界层内进行稳态无化学反应的二维流动、二维传质时的普遍规律。求解以上各式，即可得出平板壁面上的对流传质系数。

(2) 边界层对流扩散方程的精确解 可参照前面求解边界层能量方程使用的无量纲化方法，对流传质微分方程式(9-39) 变成了无量纲的形式，即

$$\frac{d^2 c_A^*}{d\eta^2}+\frac{Sc}{2}f\frac{dc_A^*}{d\eta}=0 \tag{9-42}$$

式中，

$$c_A^*=\frac{c_{As}-c_A}{c_{As}-c_{A0}} \tag{9-43}$$

$$Sc=\frac{\mu}{\rho D_{AB}} \tag{9-44}$$

要进行上述微分方程的求解，就必须要找到边界条件。在平板壁面层流传热时，其壁面处的速度 $u_{xs}=0$，$u_{ys}=0$，这使得求解过程变得相对简单；但是在平板壁面层流传质时，虽然 $u_{xs}=0$，但在某些情况下，$u_{ys}\neq 0$。例如当流体流过可溶性壁面时，若溶质 A 在流体中的溶解度较大，则溶质 A 在溶解过程中会带动壁面处的流体沿 y 方向上运动，形成了沿 y 方向上的速度 u_{ys}。又如，当暴露在流体中的平板壁表面温度很高，而需要将该表面的温度冷却到一个适当的数值时，将需要一个相当大的冷却量，在此情况下可采用使该表面喷出冷却介质的办法来达到表面冷却的目的，为此可将表面制成多孔平板的形状，令某种冷却流体以速度 u_{ys} 强制通过微孔喷注到表面上的边界层中。这就是“发汗冷却”技术，常广泛用于火箭燃烧室、喷射器等装置中。

这里为了方便与对流传热过程进行对比，简化对流传质问题方程的求解，假定溶质 A 在流体中的溶解度较小，可近似认为 $u_{ys}\approx 0$。此时，就可以用对流传热过程微分方程的求解方法进行对流传质过程微分方程问题的求解。

在此情况下，式(9-42) 的边界条件改写为

① $\eta=0$：$c_A^*=0$；

② $\eta\to\infty$：$c_A^*=1$。

无量纲边界层对流扩散方程式(9-42) 的解，可根据边界条件及方程的类似性与热量传递对比得出，组分 A 的浓度梯度为

$$\delta/\delta_D=Sc^{1/3} \tag{9-45}$$

$$\left.\frac{dc_A^*}{d\eta}\right|_{\eta=0}=0.332Sc^{1/3} \tag{9-46}$$

$$\left.\frac{dc_A^*}{dy}\right|_{y=0}=0.332\frac{1}{x}Re^{1/2}Sc^{1/3} \tag{9-47}$$

将传质界面浓度梯度 $\left.\frac{dc_A^*}{dy}\right|_{y=0}$ 的表达式代入式(9-37)，即得

$$k_{cx}^{0}=0.332\frac{D_{AB}}{x}Re_{x}^{1/2}Sc^{1/3} \tag{9-48}$$

或
$$Sh_{x}=\frac{k_{cx}^{0}x}{D_{AB}}=0.332Re_{x}^{1/2}Sc^{1/3} \tag{9-49}$$

显然，式(9-48) 和式(9-49) 与对流传热的传热系数和准数类似。

当 $u_{ys}=0$ 时，等分子反方向扩散（$N_A=-N_B$）时的对流传质系数 k_c^0 与组分 A 通过停滞组分 B 进行扩散（$N_B=0$）时的对流传质系数 k_c 的关系可推导如下：

$$N_A=k_{cx}^{0}(c_{As}-c_{A0})=-D_{AB}\frac{dc_A}{dy}\bigg|_{y=0} \tag{9-50}$$

当 $N_B=0$ 时，

$$\begin{aligned}N_A&=k_{cx}(c_{As}-c_{A0})\\&=-D_{AB}\frac{dc_A}{dy}\bigg|_{y=0}+x_A(N_A+N_B)|_{y=0}\\&=-D_{AB}\frac{dc_A}{dy}\bigg|_{y=0}+c_Au_y\ |_{y=0}\\&=-D_{AB}\frac{dc_A}{dy}\bigg|_{y=0}+c_{As}u_{ys}=-D_{AB}\frac{dc_A}{dy}\bigg|_{y=0}\end{aligned} \tag{9-51}$$

由此可得
$$k_{cx}=k_{cx}^{0}$$

式(9-50) 中的 k_{cx}^0 为局部传质系数，其值随 x 而变，在实际中常使用的是平均传质系数 k_{cm}^0，长度为 L 的整个平板面的平均传质系数 k_{cm}^0 可由式(9-52) 求得，

$$k_{cm}^{0}=\frac{1}{L}\int_{0}^{L}k_{cx}^{0}\,dx \tag{9-52}$$

将式(9-48) 代入式(9-52)，并积分，得

$$k_{cm}^{0}=0.664\frac{D_{AB}}{L}Re_{L}^{1/2}Sc^{1/3} \tag{9-53}$$

或
$$Sh_{x}=\frac{k_{cm}^{0}L}{D_{AB}}=0.664Re_{L}^{1/2}Sc^{1/3} \tag{9-54}$$

式中，Sc 为施密特数，$Sc=\frac{\mu}{\rho D_{AB}}$。

式(9-53) 和式(9-54) 适用于求解施密特数 $Sc>0.6$，平板壁面上传质速率很低、层流边界层部分的对流传质系数。

9.2.2 圆管中的层流传质

管内流动的流体与管壁之间的传质问题在工程技术领域是经常遇到的。若流体的流速较慢、黏性较大或管道直径较小时，流动呈层流状态，若流体与管壁面间发生传质，则称为管内对流传质问题。管内对流传质与管内对流传热十分类似。本节将参照管内对流传热的求解方法，对管内对流传质问题进行讨论。

管内稳态层流传质 流体与管壁之间进行对流传质时，可能有以下两种情况：

① 流体进入管中后，先不进行传质，待速度分布充分发展后才进行传质，如图 9-3(a) 所示；其中，δ 为速度边界层的厚度，δ_D 为浓度边界层的厚度；

② 流体一进入管中便立即进行传质，在管进口段距离内速度分布和浓度分布都在发展，

如图 9-3(b) 所示。

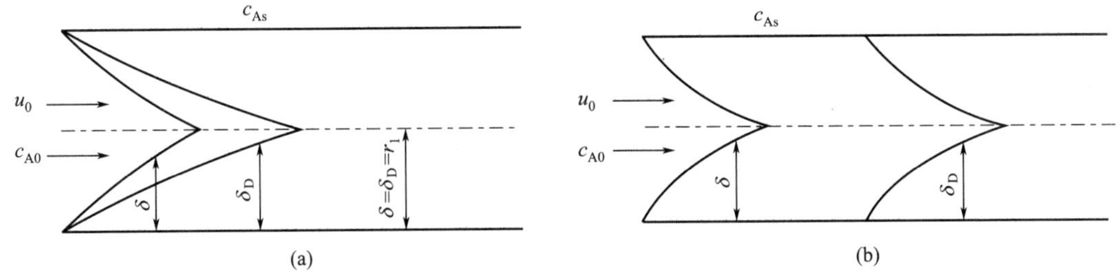

图 9-3　圆管内的稳态传质

第一种情况则较为简单，研究也比较充分。对于第二种情况，进口段的动量传递和质量传递规律都比较复杂，问题的求解较为困难。下面主要讨论第一种情况的求解。

对于管内层流传质，可用柱坐标系的对流扩散方程来进行描述。设流体在管内沿轴向做一维稳态层流流动，且组分 A 沿径向进行轴对称的稳态传质，忽略组分 A 的轴向扩散，在所研究的范畴内速度边界层和浓度边界层均达到充分发展。由柱坐标体系下的对流扩散微分方程可得

$$\frac{\partial c_A}{\partial \theta'}+u_r\frac{\partial c_A}{\partial r}+\frac{u_\theta}{r}\frac{\partial c_A}{\partial \theta}+u_z\frac{\partial c_A}{\partial z}=D_{AB}\left[\frac{1}{r}\frac{\partial}{\partial r}\left(r\frac{\partial c_A}{\partial r}\right)+\frac{1}{r^2}\frac{\partial^2 c_A}{\partial \theta^2}+\frac{\partial^2 c_A}{\partial z^2}\right] \tag{9-55}$$

简化可得
$$u_z\frac{\partial c_A}{\partial z}=D_{AB}\left[\frac{1}{r}\frac{\partial}{\partial r}\left(r\frac{\partial c_A}{\partial r}\right)\right] \tag{9-56}$$

由于速度分布已充分发展，u_r 和 r 的关系在前面动量传递章节已经导出，沿轴向方向的速度 u_z 可用平均速度 u_b 计算，如下：

$$u_z=2u_b\left[1-\left(\frac{r}{r_i}\right)^2\right] \tag{9-57}$$

将速度分布方程导入前面的对流扩散方程中，即可得到速度分布已充分发展后的层流传质方程如下：

$$\frac{\partial c_A}{\partial z}=\frac{D_{AB}}{2u_b[1-(r/r_i)^2]}\left[\frac{1}{r}\frac{\partial}{\partial r}\left(r\frac{\partial c_A}{\partial r}\right)\right] \tag{9-58}$$

式(9-58) 的边界条件可分为两类：

① 组分 A 在管壁面处的浓度 c_{As} 维持恒定，例如管壁覆盖着某种可溶性物质的情况；

② 组分 A 在管壁面处的传质通量 N_{As} 维持恒定，如多孔性管壁，组分 A 以恒定传质速率通过整个管壁进入流体。

求解式(9-58) 所获得的结果与管内层流传热情况相同。当速度分布与浓度分布均已充分发展且传质速率较低时，舍伍德数 Sh 可表示如下：

① 组分 A 在管壁面处的浓度 c_{As} 维持恒定时，与管内恒壁温层流传热类似，为

$$Sh=\frac{k_c^0 d}{D_{AB}}=3.66 \tag{9-59}$$

② 组分 A 在管壁处的传质通量 N_{As} 保持恒定时，与管内恒壁面热通量层流传热的方程式类似，为

$$Sh=\frac{k_c^0 d}{D_{AB}}=4.36 \tag{9-60}$$

由此可见，在速度分布和浓度分布均充分发展的条件下，管内层流传质时，对流传质系

数或舍伍德数 Sh 为常数。

应予指出，上述结果均是在速度边界层和浓度边界层已充分发展的情况下求出的。事实上，流体进口段的局部舍伍德数 Sh 并非常数。工程计算中，为了计算管道进口段对传质的影响，对 Sh 公式进行了修正，如式(9-61)

$$Sh=Sh_{\infty}+\frac{k_1\left(\dfrac{d}{x}ReSc\right)}{1+k_2\left(\dfrac{d}{x}ReSc\right)^n} \tag{9-61}$$

式中　Sh——不同条件下的平均或局部舍伍德数；

Sh_{∞}——浓度边界层已充分发展后的舍伍德数；

Sc——流体的施密特数，$Sc=\dfrac{\mu}{\rho D_{AB}}$；

d——管道内径，m；

x——传质段长度，m；

k_1，k_2，n——常数，可查表 9-1。

表 9-1　式(9-61) 中有关参数的数值

管壁条件	速度分布	Sc	Sh	Sh_{∞}	k_1	k_2	n
c_{As}为常数	抛物线	任意	平均	3.66	0.0668	0.04	2/3
c_{As}为常数	正在发展	0.7	平均	3.66	0.104	0.016	0.8
N_{As}为常数	抛物线	任意	局部	4.36	0.023	0.0012	1.0
N_{As}为常数	正在发展	0.7	局部	4.36	0.036	0.0011	1.0

使用式(9-61) 计算舍伍德数 Sh 时，需先判断速度边界层和浓度边界层是否已充分发展，故需估算流动进口段长度 L_e 和传质进口段长度 L_D，其估算公式为

$$\frac{L_e}{d}=0.05Re \tag{9-62}$$

$$\frac{L_D}{d}=0.05ReSc \tag{9-63}$$

在进行管内层流传质的计算过程中，所用公式中各物理量的定性温度和定性浓度采用流体的主体温度和主体浓度（进、出口值的算术平均值），即

$$t_m=\frac{t_1+t_2}{2} \tag{9-64}$$

$$c_{A,m}=\frac{c_{A1}+c_{A2}}{2} \tag{9-65}$$

式中，下标 1、2 分别表示进、出口状态。

9.3　湍流传质

在前一节，已经讨论了稳态层流条件下平板壁面和圆管内的对流传质问题的求解，但是这些仅局限于层流流动中的传质问题，在工程实际中，特别是伴有流动的传质过程多以湍流流动居多，因此研究湍流流动中的传质问题具有更为普遍和更重要的意义。

9.3.1 时均浓度和脉动浓度

从微观上讲所有的湍流流动均属于非稳态过程，其流场中的各物理量，包含浓度 c_A 均随时间而变化。在动量传递篇章已用时均化方法进行了湍流动量传递中关于组分 A 的速度脉动及对其时均化的讨论，这里同样可以来对湍流中组分 A 的瞬时摩尔浓度 c_A 做类比。在湍流流动中，瞬时浓度 c_A 是一个快速振荡函数，可以将其表示为时均浓度 $\bar{c}_\mathrm{A}$（按时间平均得到的恒定值）和脉动浓度 c'_A（因脉动而高于或低于时均浓度的部分）之和，即

$$c_\mathrm{A}=\bar{c}_\mathrm{A}+c'_\mathrm{A} \tag{9-66}$$

由脉动浓度 c'_A 的定义可知，尽管 $\overline{c'_\mathrm{A}}=0$，但是 $\overline{u'_x c'_\mathrm{A}}$，$\overline{u'_y c'_\mathrm{A}}$ 和 $\overline{u'_z c'_\mathrm{A}}$ 等参量却不为零，因为局部浓度和速度的涨落是有关系的。

时均浓度 $\bar{c}_\mathrm{A}(x,y,z,t)$ 是一些测定值，是在不同的点和不同的时间下从流股取样而得。如果管内湍流流动中，在管壁处伴有质量传递，则可以设想，在湍流核心处的时均浓度 $\bar{c}_\mathrm{A}$ 会随位置稍有变化，因为在该处涡流传递占主要地位。另外，在靠近边界表面做缓慢运动的流体中，也可以想象到浓度 $\bar{c}_\mathrm{A}$ 在很短的距离内就会由湍流核心值变到壁面值。急陡的浓度梯度是由于黏性层流底层中分子扩散很慢所致，这与湍流核心处急剧的涡流传递截然相反。

根据时均浓度和脉动浓度的定义，可以进行湍流条件下，连续性方程的变换。假定组分 A 发生的是一级不可逆化学反应，在直角坐标系中，其连续性方程可表示为：

$$\frac{\partial c_\mathrm{A}}{\partial t}=-\left(\frac{\partial}{\partial x}u_x c_\mathrm{A}+\frac{\partial}{\partial y}u_y c_\mathrm{A}+\frac{\partial}{\partial z}u_z c_\mathrm{A}\right)+D_\mathrm{AB}\left(\frac{\partial^2 c_\mathrm{A}}{\partial x^2}+\frac{\partial^2 c_\mathrm{A}}{\partial y^2}+\frac{\partial^2 c_\mathrm{A}}{\partial z^2}\right)-k'''_1 c_\mathrm{A} \tag{9-67}$$

式中，k'''_1 是一级不可逆化学反应的反应速率常数，假定其与位置无关。

将 c_A 以 $(\bar{c}_\mathrm{A}+c'_\mathrm{A})$ 替代，u_i 以 $\bar{u}_i+u'_i$ 替代，并做时均化变换后，得

$$\begin{aligned}\frac{\partial \bar{c}_\mathrm{A}}{\partial t}=&-\left(\frac{\partial}{\partial x}\bar{u}_x \bar{c}_\mathrm{A}+\frac{\partial}{\partial y}\bar{u}_y \bar{c}_\mathrm{A}+\frac{\partial}{\partial z}\bar{u}_z \bar{c}_\mathrm{A}\right)-\left(\frac{\partial}{\partial x}\overline{u'_x c'_\mathrm{A}}+\frac{\partial}{\partial y}\overline{u'_y c'_\mathrm{A}}+\frac{\partial}{\partial z}\overline{u'_z c'_\mathrm{A}}\right)\\&+D_\mathrm{AB}\left(\frac{\partial^2 \bar{c}_\mathrm{A}}{\partial x^2}+\frac{\partial^2 \bar{c}_\mathrm{A}}{\partial y^2}+\frac{\partial^2 \bar{c}_\mathrm{A}}{\partial z^2}\right)-k'''_1 \bar{c}_\mathrm{A}\end{aligned} \tag{9-68}$$

从式(9-68) 可见时均化方程的区别是增多了脉动浓度的附加项。用包含 $\overline{u'_i c'_i}$ 的项来描述湍流的质量传递，将它们标记为 $\bar{J}^{(\mathrm{t})}_{\mathrm{A}i}$，即为湍流摩尔通量矢量在 i 方向上的分量，即

$$\bar{J}^{(\mathrm{t})}_{\mathrm{A}i}=\overline{u'_i c'_i} \tag{9-69}$$

当组分 A 发生的是 n 级不可逆化学反应时，其连续性方程的最后一项变为 $k'''_n c^n_\mathrm{A}$。相应地，进行湍流连续性方程时均变换时，也要进行变换。

9.3.2 湍流质量通量的半经验式

在上一节中，通过组分 A 连续性方程的时均化导出了湍流的摩尔通量的分量为 $\bar{J}^{(\mathrm{t})}_{\mathrm{A}i}=\overline{u'_i c'_i}$。为了求解湍流的质量传递问题，我们先假定 $\bar{J}^{(\mathrm{t})}_{\mathrm{A}i}$ 与时均化浓度梯度之间存在一个关联式，文献中可以查找到不少有关的经验表达式，在这里只提出最为通用的两个关联式。

(1) 湍流扩散系数 与菲克扩散定律相类似，湍流扩散系数可类似写为

$$\bar{J}^{(\mathrm{t})}_{\mathrm{A}y}=-D^{(\mathrm{t})}_\mathrm{AB}\frac{\mathrm{d}\bar{c}_\mathrm{A}}{\mathrm{d}y} \tag{9-70}$$

式(9-70)即为湍流扩散系数 $D_{AB}^{(t)}$的定义式。正如湍流黏度和湍流热导率，湍流扩散系数不是流体的物理特征性质，而是依从于流场中的位置、方向，边壁粗糙度以及流场的性质等因素。因此，湍流扩散系数较难确定。

湍流扩散系数 $D_{AB}^{(t)}$和湍流运动黏度 $\nu^{(t)}=\mu^{(t)}/\rho$ 具有相同的量纲，m^2/s。而湍流扩散系数 $D_{AB}^{(t)}$和湍流运动黏度 $\nu^{(t)}$ 的比值为施密特数，即

$$Sc^{(t)}=\frac{\nu^{(t)}}{D_{AB}^{(t)}} \tag{9-71}$$

湍流流动的施密特数是一个无量纲特征数。正如湍流中的普朗特数那样，湍流施密特数的数量级为 1。因此，湍流扩散系数可以用湍流运动黏度进行估计。

(2) Prandtl 混合长度的表达式 按照 Prandtl 的混合长度理论，动量、能量和质量都是按相同的机理进行传递的。这里，假定在湍流运动中，流体微团的脉动与分子的随机运动相似，即在一定距离 l 内脉动的流体微团将不与其它流体微团相碰，因而可以保持自己的浓度不变。只有在运动了 l 距离后才和那里的流体微团掺混，改变自身浓度。因此，通过类比可写出湍流质量通量的另一种表达形式，

$$\bar{J}_{Ay}^{(t)}=-l^2\left|\frac{d\bar{u}_x}{dy}\right|\frac{d\bar{c}_A}{dy} \tag{9-72}$$

式中，l 为 Prandtl 混合长度；参量 $l^2\left|\frac{d\bar{u}_x}{dy}\right|$是与式(9-71)中 $D_{AB}^{(t)}$相对应的量。于是，混合长度理论满足 Reynolds 类比，即 $\nu^{(t)}=\alpha^{(t)}=D_{AB}^{(t)}$，或 $Pr^{(t)}=Sc^{(t)}=1$。这时可把湍流区延伸至壁面，并用简化的单一模型来描述整个边界层。

9.3.3 平壁上的湍流传质

在上节中曾经导出了一个浓度边界层积分传质方程式(9-50)，该式亦可写为下述形式

$$\frac{d}{dx}\int_0^{\delta_D}(c_A-c_{A0})u_x dy=-D_{AB}\left.\frac{dc_A}{dy}\right|_{y=0} \tag{9-73}$$

如前所述，上式既适用于层流边界层的计算，也适用于湍流边界层的计算。下面针对湍流边界层求解，以便得到对流传质系数的计算式。

结合对流传质系数的定义和菲克分子扩散定律，式(9-73)可进一步写成

$$k_{cx}^0=\frac{d}{dx}\int_0^{\delta_D}\frac{c_A-c_{A0}}{c_{As}-c_{A0}}u_x dy \tag{9-74}$$

该式与对流传热相似，其解法与平板壁面上湍流边界层传热的解法类似。

通常，速度边界层的厚度 δ 与浓度边界层的厚度 δ_D 是不等的，因此，设二者之比为

$$\frac{\delta}{\delta_D}=Sc^n \tag{9-75}$$

假定速度分布与浓度分布均遵循 1/7 次方定律：

$$\frac{u}{u_0}=\left(\frac{y}{\delta}\right)^{1/7} \tag{9-76}$$

及

$$\frac{c_{As}-c_A}{c_{As}-c_{A0}}=\left(\frac{y}{\delta_D}\right)^{1/7} \tag{9-77}$$

或

$$\frac{c_A-c_{A0}}{c_{As}-c_{A0}}=1-\frac{c_{As}-c_A}{c_{As}-c_{A0}}=1-\left(\frac{y}{\delta_D}\right)^{1/7} \tag{9-78}$$

将上述关系代入式(9-74)，可求得与平板壁面上湍流边界层传热类似的结果，即

$$k_{cx}^{0}=0.0292\frac{D_{AB}}{x}Re_{x}^{0.8}Sc^{1/3} \tag{9-79}$$

$$k_{cm}^{0}=0.0365\frac{D_{AB}}{L}Re_{x}^{0.8}Sc^{1/3} \tag{9-80}$$

$$Sh_{m}=\frac{k_{cm}^{0}L}{D_{AB}}=0.0365Re_{L}^{0.8}Sc^{1/3} \tag{9-81}$$

上面各式中，在导出 k_{cm}^{0} 或 Sh_{m} 时，是假定湍流边界层自平板前缘（即 $x=0$ 处）开始，这一点是与实际不符的。在求解平均传质系数时，必须考虑临界距离 x_c 以前的这一段层流边界层的影响，在此情况下可用式(9-82) 予以校正，即

$$k_{cm}^{0}=\frac{1}{L}\left[\int_{0}^{x_c}k_{cx(层流)}^{0}\mathrm{d}x+\int_{x_c}^{L}k_{cx(湍流)}^{0}\mathrm{d}x\right] \tag{9-82}$$

将式(9-80) 和式(9-81) 代入式(9-82)，经积分后，得

$$k_{cm}^{0}=0.0365\frac{D_{AB}}{L}(Re_{L}^{0.8}-A)Sc^{1/3} \tag{9-83}$$

式中，A 为 x_c 之前一段层流边界层对 k_{cm}^{0} 影响的校正系数，其值为

$$A=Re_{x_c}^{0.8}-18.19Re_{x_c}^{1/2} \tag{9-84}$$

如将式(9-83) 应用于平板壁面上时，在传质速率很低的情况下，局部对流传质系数与平均对流传质系数相等，即

$$k_{cm}^{0}=k_{cm} \tag{9-85}$$

9.4　本章小结与应用

9.4.1　本章小结

流体主要有层流和湍流两种流动状态，由于流体主体存在宏观流动，必然会导致对流传质问题的存在。由于流体在平板壁、圆管中的流动问题在物理学、化学、生物学和工程学科中经常遇到，本章对平壁面和圆管中的层流对流传质和湍流对流传质过程机理和简单求解方法进行了详细讨论。由于湍流传质问题，其机理比较复杂，尚不能用分析法进行求解，而对流传质与对流传热现象又非常相似，在进行对流传质问题求解时，采用了与传热过程类比的方法处理。

9.4.2　应用举例

【例 9-1】 有一块厚度为 10mm、长度为 200mm 的萘板。在萘板的一个面上有 0℃的常压空气吹过，气速为 10m/s。试求经过 10h 以后萘板厚度减薄的百分数。已知在 0℃下空气-萘板系统的扩散系数为 $5.14\times10^{-6}\,\mathrm{m^2/s}$，萘的蒸气压为 0.0059mmHg，固体萘的密度为 $1152\mathrm{kg/m^3}$。临界雷诺数 $Re_{x_c}=3\times10^5$。由于萘在空气中的扩散速率很低，可认为 $u_{ys}=0$。

解　查常压和 0℃下空气的物性参数为：

$$\rho=1.293\mathrm{kg/m^3},\ \mu=1.75\times10^{-5}\mathrm{N\cdot s/m^2}$$

$$Sc=\frac{\mu}{\rho D_{AB}}=\frac{1.75\times10^{-5}}{1.293\times(5.14\times10^{-6})}=2.63$$

计算雷诺数：

$$Re_L=\frac{Lu_0\rho}{\mu}=\frac{0.2\times10\times1.293}{1.75\times10^{-5}}=1.478\times10^5<Re_{x_c}$$

由式(9-53) 计算平均传质系数：

$$k_{cm}^0=0.664\frac{D_{AB}}{L}Re_L^{1/2}Sc^{1/3}$$

$$=0.664\times\frac{5.14\times10^{-6}}{0.2}\times(1.478\times10^5)^{1/2}\times2.63^{1/3}=0.00906\ (m/s)$$

可采用下式计算萘的传质通量：

$$N_A=k_c(c_{As}-c_{A0})$$

式中，c_{A0}为边界层外萘的浓度，由于该处流动的为纯空气，故$c_{A0}=0$；c_{As}为萘板表面处气相中萘的饱和浓度，可通过萘的蒸气压p_{As}计算：

$$y_{As}=\frac{c_{As}}{c}=\frac{p_{As}}{p}$$

上式中的c为萘板表面处气相中萘和空气的总浓度：

$$c=c_{As}+c_{Bs}$$

由于c_{As}很小，可近似地认为$c=c_{Bs}$，于是

$$\frac{p_{As}}{p}=\frac{c_{As}}{c_{Bs}}=\frac{\rho_{As}}{M_A}\frac{M_B}{\rho}$$

$$\rho_{As}=\frac{p_{As}}{p}\frac{M_A}{M_B}\rho=\frac{0.0059}{760}\times\frac{128}{29}\times1.293=4.43\times10^{-5}\ (kg/m^3)$$

$$c_{As}=\frac{\rho_{As}}{M_A}=\frac{4.43\times10^{-5}}{128}=3.46\times10^{-7}\ (kmol/m^3)$$

故 $N_A=0.00906\times(3.46\times10^{-7}-0)=3.13\times10^{-9}\ [kmol/(m^2\cdot s)]$

设萘板表面积为A，且由于扩散所减薄的厚度为b，则有

$$Ab\rho_s=N_AM_AA\theta$$

故得 $b=\frac{N_AM_A\theta}{\rho_s}=\frac{(3.13\times10^{-9})\times128\times(10\times3600)}{1152}=1.25\times10^{-5}\ (m)$

萘板由于向空气中传质而厚度减薄的百分数为

$$\frac{0.0125}{10}\times100\%=0.125\%$$

【例 9-2】 如图 9-4 所示。常压下 45℃的空气以 1m/s 的速度预先通过直径为 25mm、长度为 2m 的金属管道，然后进入与该管道连接的具有相同直径的萘管，于是萘由管壁向空气中传质。如萘管长度为 0.6m，试求出口气体中萘的浓度以及针对全萘管的传质速率。已知 45℃及 1atm 下萘在空气中的扩散系数为 $6.87\times10^{-6}m^2/s$，萘的饱和浓度为 $2.80\times10^{-5}kmol/m^3$。

解 1atm 及 45℃下空气的物性参数如下：

$$\rho=1.111kg/m^3,\ \mu=1.89\times10^{-5}N\cdot s/m^2$$

由于萘的浓度很低，计算 Sc 值时可采用空气物性参数为：

$$Sc=\frac{\mu}{\rho D_{AB}}=\frac{1.89\times10^{-5}}{1.111\times(6.87\times10^{-6})}=2.48$$

计算雷诺数：

$$Re_d=\frac{du_b\rho}{\mu}=\frac{0.025\times1\times1.111}{1.89\times10^{-5}}=1470$$

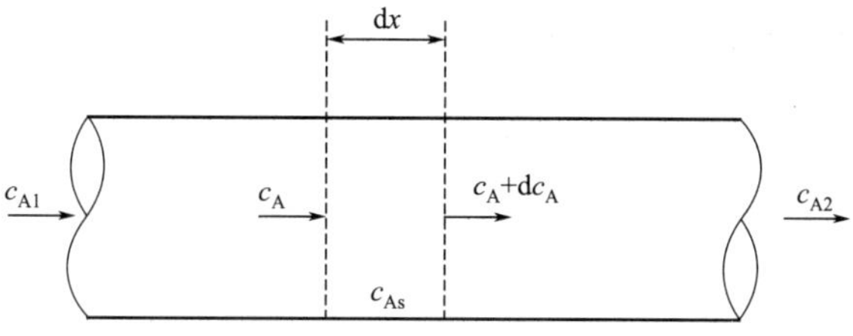

图 9-4　例 9-2 附图

故管内空气的流型为层流，流动进口段长度为

$$L_e=0.05Re_d d=0.05\times1470\times0.025=1.84\ (\mathrm{m})$$

空气进入萘管前已经流过 2m 长的金属管，故可认为流动已充分发展，并认为管表面处萘的蒸气压维持恒定，并等于其饱和蒸气压，得

$$Sh_m=3.66+\frac{0.0668\times\left(\frac{0.025}{0.6}\times1470\times2.48\right)}{1+0.04\times\left(\frac{0.025}{0.6}\times1470\times2.48\right)^{2/3}}=8.40$$

故得　　$$k_{cm}^0=\frac{Sh_m D_{AB}}{d}=\frac{8.40\times(6.87\times10^{-6})}{0.025}=2.31\times10^{-3}\ (\mathrm{m/s})$$

萘向空气中的扩散为组分 A 通过停滞组分 B 的扩散（$N_B=0$），但由于萘的浓度很低，可写成

$$k_{cm}=k_{cm}^0=2.31\times10^{-3}\ (\mathrm{m/s})$$

萘的出口浓度 c_{A2}，通过下述步骤求出。

在萘管长度的 $\mathrm{d}x$ 范围内的传质速率可写成

$$\mathrm{d}G_A=\pi d(\mathrm{d}x)k_{cm}(c_{As}-c_A)$$

由组分 A 的质量衡算得

$$\mathrm{d}G_A=\frac{\pi}{4}d^2u_b\mathrm{d}c_A$$

令上述两式相等，得

$$\pi d(\mathrm{d}x)k_{cm}(c_{As}-c_A)=\frac{\pi}{4}d^2u_b\mathrm{d}c_A$$

分离变量积分

$$\frac{4k_{cm}}{du_b}\int_0^L\mathrm{d}x=\int_{c_{A1}}^{c_{A2}}\frac{\mathrm{d}c_A}{c_{As}-c_A}$$

得

$$\frac{4k_{cm}}{du_b}L=\ln(c_{As}-c_{A1})-\ln(c_{As}-c_{A2})$$

即　　$$\ln(c_{As}-c_{A2})=\ln(c_{As}-c_{A1})-\frac{4k_{cm}L}{du_b}$$

代入给定值，写成

$$\ln(2.80\times10^{-5}-c_{A2})=\ln(2.80\times10^{-5}-0)-\frac{4\times(2.31\times10^{-3})\times0.6}{0.025\times1}=-10.705$$

因此求得出口气体中萘的浓度为

$$c_{A2}=0.557\times10^{-5}\text{kmol/m}^3$$

全萘管的传质速率可根据对全管长度做物料衡算而得

$$G_A=\frac{\pi}{4}d^2u_b(c_{A2}-c_{A1})=\frac{3.14}{4}\times0.025^2\times1\times(0.557\times10^{-5}-0)$$

$$=2.73\times10^{-9}\ (\text{kmol/s})$$

9.4.3 课堂/课外讨论

9-1 在一管式催化反应器中，溶剂 S 中含有溶质 A 的稀溶液，以层流形式流过，在 $z<0$的管道，已达到充分发展。当其在 $0\leqslant z\leqslant L$ 管道中与催化剂接触时，溶质 A 发生一级不可逆快反应生成产物 B。试写出适合该问题的扩散方程，并就反应器内段求解该方程。假定等温操作，且产物 B 的含量可忽略不计。

9-2 空气除湿过程中，为什么会产生雾？请解释。

9.4.4 思考题

9-1 热量传递和质量传递之间的相似性和差异有哪些？

9-2 请证明当所有的质量扩散通量为零时，混合物的热导率定义为热通量对负温度梯度的比值。

习 题

9-1 试利用以通量表示的传质速率方程和扩散速率方程，对下列各传质系数进行转换：（1）将 k_p^{G0} 转化成 k_c^{G0} 和 k_y^{G0}；（2）将 k_x^{L0} 转化成 k_c^{L0}。

9-2 在总压为 2.026×10^5Pa、温度为 298K 的条件下，组分 A 和 B 进行等分子反方向扩散。当组分 A 在某两点处的分压分别为 $p_{A1}=0.40$atm 和 $p_{A2}=0.1$atm 时，由实验测得 $k^{G0}=1.26\times10^{-8}$kmol/(m^2·s·Pa)。试估算在同样的条件下组分 A 通过停滞组分 B 的传质系数 k^G 以及传质通量 N_A。

9-3 试用有关的微分方程说明“精确解”方法求解平板层流边界层中稳态二维流动和二维传质时传质系数 k_c^0 的步骤，并与求解对流传热系数 h 的步骤进行对比，指出各方程和边界条件的相似之处和不同之处。

9-4 常压和 288.5K 的空气以 10m/s 的流速流过一光滑的萘平板。已知萘在空气中的扩散系数 $D_{AB}=0.01582\times10^{-4}$m^2/s，临界雷诺数 $Re_{x_c}=3\times10^5$。试求距萘平板前缘 0.3m 处传质边界层的厚度。

9-5 平板壁面上的层流边界层中发生传质时，组分 A 的浓度分布方程可采用下式表示：$c_A=a+by+cy^2+dy^3$，试应用适当的边界条件求出 a、b、c、d 各值。

9-6 常压和 45℃的空气以 3m/s 的流速在萘板的一个面上流过，萘板的宽度为 0.1m、长度为 1m，试求萘板厚度减薄 0.1mm 时所需的时间。已知 45℃和 1atm 下萘在空气中的扩散系数为 6.92×10^{-6}m^2/s，萘的饱和蒸气压为 0.555mmHg，固体萘密度为 1152kg/m^3，摩尔质量为 128kg/kmol。

9-7　温度为 26℃的水以 0.1m/s 的流速流过长度为 1m 的固体苯甲酸平板，试求距平板前缘 0.3m 以及 0.6m 两处的浓度边界层厚度 δ_D、局部传质系数 k_{cx} 及整块平板的传质通量 N_A。已知 26℃时苯甲酸在水中的扩散系数为 1.24×10^{-9} m²/s，饱和溶解度为 0.0295kmol/m³。

第 10 章 相际传质

当物质在两相中的化学位不同时，引起该物质由一相向另一相的质量传递，如在精馏、吸收和萃取过程中，物质在气相与液相之间传递，这是化工过程中最常见的相际传质方式。通过物质在相际间的传递，可以将混合物分离、提纯、精制成产品。在上一章对流传质问题中，由于热量和质量传递之间的许多相似性，可采用相似法则进行对流传质问题的求解。而本章将重点讨论相际传质问题。因为许多质量传递过程都含有液-液、气-液、气-固、液-固界面，这就要求必须处理好由于温度和组成的不均匀性而导致的黏性曳力和表面张力梯度，从而引起的相界面的变形。

在本章中，首先讨论相际对流传质的停滞膜、溶质渗透和表面更新这几种基本的相际传质模型。重点讨论在质量传递系统中特有的某些效应：伴有化学反应的质量传递；在自然对流中热量和质量传递过程的相互作用、界面张力和 Marangoni 效应的复杂因素；在较大的净质量传递速率通过界面的系统中，发生的温度和浓度分布的变化和三传之间的一些不能类比的行为。

10.1 相际平衡和平衡浓度

通常两相如气-液相、液-固相相互接触时，在一相中的某个组分可能越过两相的界面传递到另一相中去的这个过程，称为相际传质。

当两相传质达到相际平衡时，其在两相中的浓度有一定的差值，该差值的大小通常取决于系统的温度和压强的大小，因此相际平衡可表示为：

$$c_{\mathrm{II}}=kc_{\mathrm{I}}^{n} \tag{10-1}$$

式中，c_{I}、c_{II} 分别为组分在Ⅰ相和Ⅱ相中的摩尔浓度；k 为相平衡常数，主要取决于平衡时的温度、压力；n 为指数，它取决于平衡反应级数。

若Ⅰ相为气相，Ⅱ相为液相，在气相中某组分的浓度 c_{I} 高于该组分气相的平衡浓度 c_{I}^{*}，即 $c_{\mathrm{I}}>c_{\mathrm{I}}^{*}$ 时，则该组分将由气相转入液相；反之，如果 $c_{\mathrm{I}}<c_{\mathrm{I}}^{*}$，则该组分将由液相转入气相，直到该组分在气、液两相中的浓度达到相平衡状态。从热力学看，是整个物系的自由能处于最小的状态；从动力学看，相间表观传递速率为零。

10.2 相际对流传质模型

典型的气液相际传质广泛存在于化工、炼油、环保等多个领域，吸收、精馏、解吸均为经典的气-液相际传质过程。单从质量传递来说，不同相界面本身不含有质量，这样就可以假定，对于任何被传递的物质而言，它们在界面处总的质量通量是连续的。在此假定基础上为了说明相际传质过程机理，已提出了几种不同的相际传质模型。

10.2.1　停滞膜模型

停滞膜模型又称为双膜模型，是惠特曼（Whiteman）最早提出来的对流传质模型。该模型假定：当流体流过物体表面时，相互接触的两相流体间存在着稳定的相界面，界面两侧都各有一个很薄的停滞膜，相界面两侧的传质阻力全部集中于这两个停滞膜内。在这一薄层中，流体与表面之间的传质过程是依靠分子扩散进行的，在相界面处，组分在两相瞬间即可达到相平衡，界面上没有传质阻力。而在两个停滞膜以外的两相主体中，由于流体充分湍动，不存在浓度梯度，物质组成均匀。溶质在每一相中的传质阻力都集中在虚拟的停滞膜内。若用气、液两相为例，可以用图 10-1 来表示气-液相的停滞膜模型。

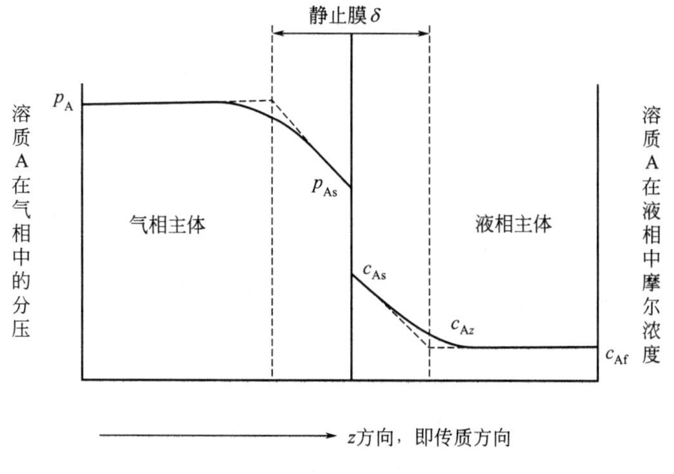

图 10-1　停滞膜模型示意图

在图 10-1 中液相侧界面处组分 A 的摩尔浓度为 c_{As}，流体主体内组分 A 的摩尔浓度为 c_{Af}，且 $c_{As}>c_{Af}$，边界层中实际的浓度变化如曲线 c_{Az}。将浓度的变化假定集中在薄膜内，且其变化具有线性规律，而在薄膜以外则没有浓度变化，这一薄膜称为“有效浓度边界层”，用 δ 表示。这时相间的传质通量可按式(10-2) 计算

$$N_A=D_{AB}/\delta(c_{As}-c_{Af}) \tag{10-2}$$

在式(10-2) 中，传质系数（薄膜传质系数 k_{cm}）即为：

$$k_{cm}=D_{AB}/\delta \tag{10-3}$$

流体通过表面流动时，在靠近表面的地方总是存在着一层特别薄的薄层，流体在该薄层内的流动为层流，如在湍流边界层中的层流内层，且紧挨着静止表面的流体是静止的。因此，在停滞膜内是通过静止层和层流内层的分子扩散，对流传质阻力通常是由该“薄膜”引起的。

事实上，有效浓度边界层内仍有液体流动，传质过程不单是分子扩散，而只是将边界层中的流体传质和分子扩散等效地处理为厚度为 δ 的边界层中的分子扩散。因此，该模型对传质机理的解释过于简化，对许多传质设备，特别是不存在固定相界面的传质设备，该模型很难真实地反映相际传质的机理。

10.2.2　溶质渗透模型

虽然停滞膜理论为相际传质理论奠定了基础，但是研究者发现对于复杂边界层内的传质过程，该模型与实验结果相差较大。比如鼓泡塔、喷淋塔内该模型认为薄膜传质系数 k_{cm} 为

一常数，但实验结果表明该分子扩散系数并非常数，且有效浓度边界层的厚度也受主流核心区运动的影响。因此，后来有学者提出了溶质渗透模型描述对流传质过程。

溶质渗透理论认为：相际传质过程是不稳定的扩散过程，流体核心区的微团穿过薄层，不断地向物体表面迁移，并与之接触，然后又回到流体核心区。在接触过程中，由于流体的浓度与物体表面的浓度不同，从而使微团的浓度发生变化，而在表面不断更新情况下，产生质量的传递，如图 10-2 所示。

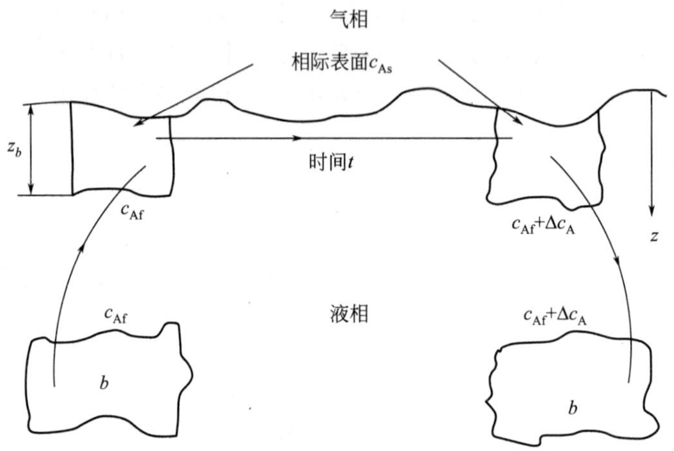

图 10-2　溶质渗透模型示意图

组分 A 表面的浓度为 c_{As}，流体核心区组分 A 的浓度为 c_{Af}，且 $c_{Af}<c_{As}$，流体微团原来的浓度为流体核心区的浓度 c_{Af}，在与物体表面接触过程中产生质量的传递，使其浓度升高到 $c_{Af}+\Delta c_A$。在回到流体核心区中时，又将质量带回到流体核心，其浓度为 $c_{Af}+\Delta c_A$。从统计学的观点，可将无数微团与表面之间的质量转移，看作是流体穿过边界层对表面薄层内的非稳态扩散过程。

假设无化学反应，溶质是一维非稳态扩散方式进入流体边界层中，其质量传递过程可用分子扩散传质微分方程表示，即

$$\frac{\partial c_A}{\partial t}=D_{AB}\frac{\partial^2 c_A}{\partial z^2} \tag{10-4}$$

其边界条件为：

① 当 $t\leqslant 0$ 时，在 $z\geqslant 0$ 处，$c=c_{Af}$。

② 当 $t>0$ 时，在 $z=0$ 处，$c=c_{As}$；在 $z=\infty$处，$c=c_{Af}$。

其通解为

$$\frac{c_{As}-c_A}{c_{As}-c_{Af}}=\mathrm{erf}\left(2-\frac{z}{\sqrt{Dt}}\right) \tag{10-5}$$

通过界面的传质通量为

$$N_{At}\big|_{z=0}=-D_{AB}\left(\frac{\mathrm{d}c_A}{\mathrm{d}z}\right)_{z=0} \tag{10-6}$$

对式(10-5) 求导，确定出 z 方向上在 $z=0$ 处的浓度梯度，并代入式(10-6)，得

$$\left(\frac{\mathrm{d}c_A}{\mathrm{d}z}\right)_{z=0}=\frac{1}{\sqrt{\pi D_{AB}t}}(c_{Af}-c_{As}) \tag{10-7}$$

$$N_{At}\big|_{z=0}=\sqrt{\frac{D_{AB}}{\pi t}}(c_{As}-c_{Af}) \tag{10-8}$$

式(10-8) 表示任一瞬间组分 A 通过界面的扩散通量。

则，任一瞬时的传质系数可定义为

$$k_{ct}=\sqrt{\frac{D_{AB}}{\pi t}} \tag{10-9}$$

如果接触时间为 t，即有效渗透时间，其单位时间内的平均传质通量为

$$N_{Am}\big|_{z=0}=\frac{1}{t}\int_0^t\sqrt{\frac{D_{AB}}{\pi t}}(c_{As}-c_{Af})\mathrm{d}t=2\sqrt{\frac{D_{AB}}{\pi t}}(c_{As}-c_{Af}) \tag{10-10}$$

由此得到，平均传质系数为

$$k_{cm}=2\sqrt{\frac{D_{AB}}{\pi t}} \tag{10-11}$$

式(10-11) 即为溶质渗透模型导出的对流传质系数计算式。由该式可以看出，对流传质系数 k_{cm} 可通过分子扩散系数 D_{AB} 和接触时间 t 计算。这里，传质系数与扩散系数的关系不是像停滞膜理论中的线性 1 次方关系，而是 0.5 次方非线性关系。该结论也已在填料塔、湿壁塔的实验中得到了证实。

应注意的是，溶质渗透模型比停滞膜模型能更为准确地描述相间的对流传质过程，但是该模型中的模型参数接触时间 t 较难获得，因此，其应用受到了一定的限制。

10.2.3　表面更新模型

由于在溶质渗透理论模型中接触时间 t 不易确定，丹克维尔茨对溶质渗透模型进行了完善和修正，提出了表面更新模型，也称为渗透-表面更新模型。以吸收为例，该模型认为：流体在流过相界面处的过程中表面不断更新，即不断有液体从主体转向界面而暴露于气相中，这种界面的不断更新大大强化了传质过程。原来需要通过缓慢的分子扩散过程才能将溶质传至液体深处，现在通过表面更新，流体主体深处的液体就有机会直接与气体接触，气体很容易溶解于液相中。在该模型中用表面更新率作为模型参数代替了溶质渗透模型中的有效渗透时间，来对模型做出数学描述。

表面更新模型同样认为溶质气体向液相内部的传质为非稳态分子扩散过程，但它否定流体单元有相同的暴露时间，而认为液体表面是由具有不同暴露时间（或称“年龄”）的液面单元构成。为此，丹克维尔茨提出了年龄分布的概念，即界面上各种不同年龄的液面单元都存在，只是年龄越大者占据的比例越小。针对液面单元的年龄分布，丹克维尔茨假定了一个表面年龄分布函数 $\phi(t)$，其定义为：年龄由 t 至 $t+\mathrm{d}t$ 这段时间的液面单元覆盖的界面面积占液面总面积的分数为 $\phi(t)\mathrm{d}t$，若液面总面积以 1 单位面积为基准，则年龄由 t 至 $t+\mathrm{d}t$ 液面单元占的表面积即为 $\phi(t)\mathrm{d}t$，对所有年龄的液面单元加和可得

$$\int_0^{\infty}\phi(t)\mathrm{d}t=1 \tag{10-12}$$

同时，假定不论界面上液面单元暴露时间多长，被置换的概率是均等的，即更新频率与年龄无关。单位时间内表面被置换的分数称为表面更新率，用符号 s 表示，则任何年龄的液面单元在 $\mathrm{d}t$ 时间内被置换的分数均为 $s\mathrm{d}t$。

根据年龄分布函数的定义，若总的表面积为 1 时，年龄在 t 至 $t+\mathrm{d}t$ 间的液面单元的表面积为 $\phi(t)\mathrm{d}t$，再经过 $\mathrm{d}t$ 时间，被更新的表面为 $\phi(t)\mathrm{d}t\cdot s\mathrm{d}t$，而未被更新的表面积为

$\phi(t)\mathrm{d}t(1-s\mathrm{d}t)$，在此时刻，液面的表面亦可用 $\phi(t+\mathrm{d}t)\mathrm{d}t$ 表示，故得

$$\phi(t+\mathrm{d}t)\mathrm{d}t=\phi(t)\mathrm{d}t(1-s\mathrm{d}t) \tag{10-13}$$

或

$$\frac{\phi(t+\mathrm{d}t)-\phi(t)}{\mathrm{d}t}=-s\mathrm{d}t \tag{10-14}$$

上式可近似写成

$$\frac{\mathrm{d}\phi(t)}{\mathrm{d}t}=-s\phi(t) \tag{10-15}$$

积分得

$$\phi(t)=C\mathrm{e}^{-st} \tag{10-16}$$

式中，C 为积分常数，通过式(10-15) 确定：

$$1=\int_0^\infty \phi(t)\mathrm{d}t=C\int_0^\infty \mathrm{e}^{-st}\mathrm{d}t=\frac{c}{s} \tag{10-17}$$

由此得年龄分布函数 $\phi(t)$ 与表面更新率 s 之间的关系为

$$\phi(t)=s\mathrm{e}^{-st} \tag{10-18}$$

设在某瞬时 t，具有年龄 t 的那一部分表面积的瞬间传质通量为 N_{At}，则单元液体表面上的平均传质通量 N_{Am} 为

$$N_{Am}=\int_0^\infty N_{At}\phi(t)\mathrm{d}t=\int_0^\infty (c_{Ai}-c_{A0})\sqrt{\frac{D_{AB}}{\pi t}}\phi(t)\mathrm{d}t \tag{10-19}$$

将式(10-18) 代入上式，得

$$N_{Am}=(c_{Ai}-c_{A0})\sqrt{\frac{D_{AB}}{\pi}}\int_0^\infty s\mathrm{e}^{-st}\frac{1}{\sqrt{t}}\mathrm{d}t \tag{10-20}$$

积分得

$$N_{Am}=(c_{Ai}-c_{A0})\sqrt{D_{AB}s} \tag{10-21}$$

则平均传质系数为

$$k_{cm}=\sqrt{D_{AB}s} \tag{10-22}$$

式(10-22) 即为用表面更新模型导出的对流传质系数计算式。由该式可见，对流传质系数 k_{cm} 可通过分子扩散系数 D_{AB} 和表面更新率 s 计算，表面更新率 s 定义为单位时间内表面被更新的百分率，与流体动力条件及系统的几何形状有关，是由实验确定的常数。当湍流强烈时，表面更新率必然增大。由此可见，传质系数 k 与表面更新率 s 的平方根成正比。

表面更新模型首先没有规定固定不变的停留时间，认为更新是随时间进行的过程；其次，模型参数 s 是可以通过一定的实验手段测定的，而溶质渗透模型的模型参数接触时间 t 是难以测定的。因此表面更新模型被广泛使用，最初用于吸收过程中液相内的传质，后来又用于伴有化学反应的吸收过程，现已用于液-固和液-液界面的传质过程。

从上述三种传质模型理论可以看出，平均传质系数与扩散系数之间表现出相似的系数关系，即 k_{cm}正比于 D_{AB}^n。

当流体微元在界面上停留的时间足够长，或者当溶质在微元中的扩散系数很大时，可以按停滞膜理论处理，传质系数计算式中的指数 $n=1$；当微元在界面上寿命很短，即表面更新很快时，则可按溶质渗透理论或表面更新理论处理，此时指数 $n=0.5$。

在不同的流体性质和流动情况下，传质系数与扩散系数间的指数关系为 0.5～1.0 次方关系，其特征为：流体与物体表面间的传质阻力全部集中于薄膜内，薄膜的厚度随流体流动情况而变。

当 $\pi\leqslant\frac{\delta^2}{D_{AB}t}<\infty$ 时

$$N_A=\sqrt{\frac{D_{AB}}{\pi t}}(c_{As}-c_{Af}) \tag{10-23}$$

当 $0<\frac{\delta^2}{D_{AB}t}\leqslant\pi$ 时

$$N_A=\frac{D_{AB}}{\delta}(c_{As}-c_{Af}) \tag{10-24}$$

若接触时间很短，传质过程不可能达到稳定，例如固定床内流体与小颗粒物料表面间的传质，符合式(10-23) 的条件。

若接触时间很长，传质过程趋于稳定，例如固定床内流体与大颗粒物料表面间的传质，符合式(10-24) 的条件。

尽管这三种经典的相际传质模型直观简单，但是它们均属于经验模型，忽略了系统的流体力学特性，但工程实际中流体力学特性与传质特性密切相关，不可忽略。它不仅包括宏观的主体流速，还包含微观的湍流结构。而这些性质都无法在这三个模型中得到体现，所以后来有不少学者针对湍流的特点及内部特性进行了湍流传质的研究，提出了漩涡扩散和漩涡池等模型。

10.3 伴有化学反应的相际传质过程

化工过程中的许多质量传递操作往往伴随有化学反应，而化学动力学对传递速率有极大的影响，如有化学反应的气体吸收过程。

含有第二种高浓度反应物 B 的液相吸收少量的微溶性物质 A。如：NaOH 或氨溶液吸收二氧化碳。在这里，由于反应物 B（NaOH）是大大过量，该反应可被认为是拟一级不可逆反应，其动力学方程可近似表示为

$$r_A = -(k'''_2 c_B) c_A = -k'''_1 c_A \tag{10-25}$$

这里，作为近似理想简化，可假定这两种反应物反应得很快，以致两者不可能共存，即在 B 溶液中快速吸收反应溶质 A。

在本节中，我们将要特别关注的是液相边界层和反应热效应较小的情况下，伴有化学反应的吸收模型来预测各种操作设备里的运行情况。

10.3.1 体积传质系数的估算

在溶质渗透模型中，有效接触面积往往很难通过实验进行测定，通常将有效接触面积和传质系数合并在一起。这里定义以单位接触面积为基准表示的传质系数为体积传质系数。

(1) 填料塔中相际面积的估算　伴有一级不可逆反应的质量传递的测定，一直被用来估算复杂的传质设备中的相界面面积。CO_2 在碱性 NaOH 溶液中的吸收，受溶解的 CO_2 的水合反应限制，反应方程式为：

$$CO_2(aq) + H_2O \rightleftharpoons H_2CO_3$$

于是碳酸（H_2CO_3）和 NaOH 以正比于二氧化碳的浓度的速率进行反应。对于 CO_2 的长时间吸收过程来说，由于 NaOH 溶液浓度很高，且 H_2CO_3 与 NaOH 的反应速率很快，该过程可近似作为拟一级不可逆反应处理，这样就可以认为 CO_2 气体的传质速率与其反应速率近似相等。这一过程可简化为：

一个具有半无限宽界面的溶液 B（NaOH 溶液），由平面状的界面 $x=0$ 延伸到 $x=\infty$。在时间 $t=0$，物质 A（CO_2 气体）被携带到平面 $x=0$ 处与该介质接触，表面的浓度为 c_{A0}。A（CO_2 气体）和 B（NaOH 溶液）进行不可逆一级反应而生成 C（$NaHCO_3$），其反应式为 A+B→C。假定 A 以很低的浓度存在，描述该具有化学反应的扩散过程方程可表示为

$$\frac{\partial c_A}{\partial t} = D_{AB} \frac{\partial^2 c_A}{\partial x^2} - k'''_1 c_A \tag{10-26}$$

式中，k'''_1 为拟一级不可逆反应的反应速率常数。

初始条件 I. C.：在 $t=0$ 时，$c_A=0$。

边界条件 B. C. 1：在 $x=0$ 处，$c_A=c_{A0}$；

B. C. 2：在 $x=\infty$ 处，$c_A=0$。

$$\frac{c_A}{c_{A0}}=\frac{1}{2}\exp\left(-\sqrt{\frac{k'''_1x^2}{D_{AB}}}\right)\text{erfc}\left(\frac{x}{\sqrt{4\pi D_{AB}t}}-\sqrt{tk'''_1}\right)+\frac{1}{2}\exp\left(\sqrt{\frac{k'''_1x^2}{D_{AB}}}\right)\text{erfc}\left(\frac{x}{\sqrt{4\pi D_{AB}}}+\sqrt{tk'''_1}\right) \tag{10-27}$$

当 tk'''_1 很大时，到时间 t 为止，通过面积 A' 的物质 A 的质量通量为：

$$M_A=A'c_{A0}\sqrt{D_{AB}tk'''_1}\left(t+\frac{1}{2k'''_1}\right) \tag{10-28}$$

在讨论平板表面上的下降膜中的质量传递时，对于稍微可溶的溶质气体 A 为纯液体 B 的下降吸收时，其单位时间内的传质通量可以表示为：

$$W_{A0}=\sqrt{\frac{4D_{AB}u_{max}}{\pi L}}WL(c_{A0}-0)=k^0_{cm}A'\Delta c_A \tag{10-29}$$

因此，单位时间内 CO_2 气体的传质通量为

$$W_{A0}=A'c_{A0}\sqrt{D_{AB}k'''_1} \tag{10-30}$$

由此可见，总的表面积由式(10-31) 给出：

$$A'=\frac{1}{c_{A0}\sqrt{D_{AB}k'''_1}}\times\frac{dM_{A,tot}}{dt} \tag{10-31}$$

式中，$M_{A,tot}$ 是时间为 t 时，吸收的 CO_2 气体的摩尔质量。

通常在填料塔中，液相犹如下降液膜一样悬挂在固体的表面上，因此，这一推导结果可进一步推广用来估算填料塔中的相界面积。

(2) 体积传质系数的估算 考虑在一个搅拌釜中进行浓 NaOH 水溶液吸收 CO_2 气体的过程。这里以该反应为例，利用停滞膜模型作为传质过程模型，计算搅拌釜反应器内的体积传质系数。

停滞膜模型并不是一个真实的传质模型，但通过 10. 2. 1 节的推导可以得到搅拌釜中的对流传质系数为式(10-3)，

$$k_{cm}=\frac{D_{AB}}{\delta} \tag{10-3}$$

浓 NaOH 水溶液吸收 CO_2 过程是典型的均相化学反应过程。气体 A（CO_2 气体）溶解于盛在烧杯中的液体 B（NaOH 溶液），气体 A 通过等温扩散进入液相 B 中。同时，气体 A 在扩散过程中还进行着一级不可逆均相化学反应，即：A+B→AB，如图 8-7 所示。

若忽略少量生成产物 AB，A 和 B 的化学吸收过程可看作二元系统。于是，对于厚度为 Δz 的液体，气体组分 A 的物料衡算为

$$N_{Az}|_zS-N_{Az}|_{z+\Delta z}S-k'''_1c_AS\Delta z=0 \tag{10-32}$$

式中，k'''_1 为组分 A 的一级化学反应速率常数；S 为液体的横截面积；乘积 k'''_1c_A 表示单位时间、单位面积内组分 A 消耗的物质的量。上式除以 $S\Delta z$，并取 $\Delta z\to0$ 时的极限，可得

$$\frac{dN_{Az}}{dz}+k'''_1c_A=0 \tag{10-33}$$

如果 A 的浓度很低，A 组分沿 z 方向上的扩散通量可近似化简为

$$N_{Az}=-D_{AB}\frac{dc_A}{dz} \tag{10-34}$$

联立以上两式，可得

$$D_{AB}\frac{d^2c_A}{dz^2}-k'''_1c_A=0 \tag{10-35}$$

利用以下两个边界条件求解

B. C. 1：在 $z=0$，$c_A=c_{A0}$；

B. C. 2：在 $z=\delta$，$N_{Az}=0$（或 $dc_A/dz=0$）。

第一个边界条件要求在液面处，A 的浓度保持一定值 c_{A0}，第二个边界条件则是说明 A 不能扩散通过液膜厚度（$z=\delta$）处。

如果将上式乘以 $\delta^2/(c_{A0}D_{AB})$，就可以将其写成无量纲变量表示的形式

$$\frac{d^2\Gamma}{d\xi^2}-\phi^2\Gamma=0 \tag{10-36}$$

式中，$\Gamma=c_A/c_{A0}$ 为无量纲浓度；$\xi=z/\delta$ 为无量纲长度；$\phi=\sqrt{k'''_1\delta^2/D_{AB}}$，无量纲特征数，即西勒模数。这个特征数表示化学反应 k'''_1c_{A0} 和扩散 $c_{A0}D_{AB}/\delta^2$ 的相对影响程度大小。

而在伴有均相化学反应的扩散问题时，已得到无量纲特征数，即西勒模数为：

$$\phi=\sqrt{k'''_1\delta^2/D_{AB}} \tag{10-37}$$

将式(10-3) 代入式(10-37) 可得出

$$\phi=\sqrt{\frac{k'''_1\delta^2}{D_{AB}}}=\sqrt{\frac{k'''_1D_{AB}}{k^2_{cm}}} \tag{10-38}$$

通过式(10-3) 计算 δ 代入可得，$$\frac{V}{A\delta}=\frac{Vk_{cm}}{AD_{AB}} \tag{10-39}$$

现在，可以通过停滞膜模型和溶质渗透模型检验系统的敏感性，结果如图 10-3 所示，由图可见，两者没有多大的差别。而且存在一个较大的参数空间，在该区间，预测的化学吸收速率与物理吸收的速率是一致的。因此，停滞膜模型是用来估算体积质量传递系数的最为

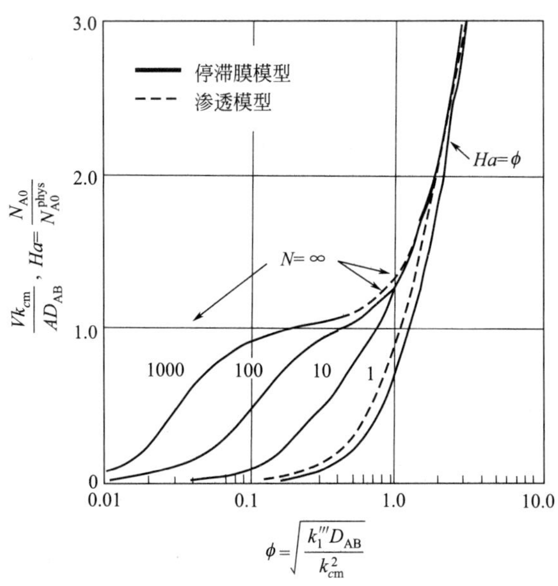

图 10-3 搅拌釜中发生稳态拟一级不可逆化学吸收过程体积传质系数的估算（停滞膜模型与渗透模型比较）

常用的方法。

10.3.2 伴有快速反应的吸收

气体 A 为一静止的液体溶剂 S 所吸收，后者含有溶质 B。物质 A 与 B 发生瞬时不可逆化学反应，其反应方程式为：$a\mathrm{A}+b\mathrm{B}\rightarrow$产物。假设菲克扩散传质方程能用来描述这一扩散过程，A、B 和反应产物均以很低的浓度存在于 S 中。试推导 A、B 的浓度分布。

因为 A 和 B 之间的反应是瞬间完成的，所以必定有一个与液-气界面平行的平面（与之距离为 z_{R}），将不含有 A 的区域和不含有 B 的区域分隔开来。距离 z_{R} 是时间 t 的函数，因为 B 随着反应而消耗，A 和 B 之间的分界线将会不断地后退。

因此，关于组分 A 和 B 的扩散传质微分方程为

$$\frac{\partial c_{\mathrm{A}}}{\partial t}=D_{\mathrm{AS}}\frac{\partial^2 c_{\mathrm{A}}}{\partial z^2}\qquad 0\leqslant z\leqslant z_{\mathrm{R}}(t)\tag{10-40}$$

$$\frac{\partial c_{\mathrm{B}}}{\partial t}=D_{\mathrm{BS}}\frac{\partial^2 c_{\mathrm{B}}}{\partial z^2}\qquad z_{\mathrm{R}}(t)\leqslant z<\infty\tag{10-41}$$

用下述初始和边界条件，求解微分方程。

初始条件：

I. C.　在 $t=0$，$c_{\mathrm{B}}=c_{\mathrm{B}\infty}$　$z>0$

边界条件：

B. C. 1　在 $z=0$，$c_{\mathrm{A}}=c_{\mathrm{A0}}$

B. C. 2　在 $z=z_{\mathrm{R}}(t)$，$c_{\mathrm{A}}=0$

B. C. 3　在 $z=z_{\mathrm{R}}(t)$，$c_{\mathrm{B}}=0$

B. C. 4　在 $z=z_{\mathrm{R}}(t)$，$-\dfrac{1}{a}D_{\mathrm{AS}}\dfrac{\partial c_{\mathrm{A}}}{\partial z}=+\dfrac{1}{b}D_{\mathrm{BS}}\dfrac{\partial c_{\mathrm{B}}}{\partial z}$

B. C. 5　在 $z=\infty$，$c_{\mathrm{A}}=c_{\mathrm{B}\infty}$

c_{A0}是气液界面上组分 A 的摩尔浓度，而 c_{B0} 是组分 B 的初始摩尔浓度。边界条件 B. C. 4 是化学计量所要求的，即每 a 摩尔物质 A 反应需要消耗掉 b 摩尔的物质 B。

用复合变量的方法进行二阶微分方程求解，可得

$$\frac{c_{\mathrm{A}}}{c_{\mathrm{A0}}}=C_1+C_2\operatorname{erf}\frac{z}{\sqrt{4D_{\mathrm{AS}}t}}\qquad 0\leqslant z\leqslant z_{\mathrm{R}}(t)\tag{10-42}$$

$$\frac{c_{\mathrm{B}}}{c_{\mathrm{B0}}}=C_3+C_4\operatorname{erf}\frac{z}{\sqrt{4D_{\mathrm{BS}}t}}\qquad z_{\mathrm{R}}(t)\leqslant z\leqslant\infty\tag{10-43}$$

以上函数满足微分方程，若积分常数 $C_1\sim C_4$ 的选取满足初始条件和边界条件，则就能解出 A、B 组分的浓度分布，也就能得到界面处的传质速率。

利用初始条件和前三个边界条件，即可计算得出以 $z_{\mathrm{R}}(t)$ 表示的积分常数，由此可得，

$$\frac{c_{\mathrm{A}}}{c_{\mathrm{A0}}}=1-\frac{\operatorname{erf}(z/\sqrt{4D_{\mathrm{AS}}t})}{\operatorname{erf}(z_{\mathrm{R}}/\sqrt{4D_{\mathrm{AS}}t})}\qquad 0\leqslant z\leqslant z_{\mathrm{R}}(t)\tag{10-44}$$

$$\frac{c_{\mathrm{A}}}{c_{\mathrm{A}\infty}}=1-\frac{\operatorname{erf}(z/\sqrt{4D_{\mathrm{BS}}t})}{\operatorname{erf}(z_{\mathrm{R}}/\sqrt{4D_{\mathrm{BS}}t})}\qquad z_{\mathrm{R}}(t)\leqslant z\leqslant\infty\tag{10-45}$$

边界条件 B. C. 5 能自动满足。最后将这些解代入 B. C. 4，得出，

$$1-\operatorname{erf}\sqrt{\frac{\gamma}{D_{\mathrm{BS}}}}=\frac{ac_{\mathrm{B}\infty}}{bc_{\mathrm{A0}}}\sqrt{\frac{D_{\mathrm{BS}}}{D_{\mathrm{AS}}}}\operatorname{erf}\sqrt{\frac{\gamma}{D_{\mathrm{AS}}}}\exp\left(\frac{\gamma}{D_{\mathrm{AS}}}-\frac{\gamma}{D_{\mathrm{BS}}}\right)\tag{10-46}$$

式中，γ 是一个常数，$\gamma=z_R^2/(4t)$，因此 z_R 是随$\sqrt{t}$而增大。

这样就可以用浓度分布计算界面处组分 A 的瞬时传质通量为

$$N_{A0}=-D_{AS}\frac{\partial c_A}{\partial z}\bigg|_{z=0}=\frac{c_{A0}}{\operatorname{erf}\sqrt{\gamma/D_{AS}}}\sqrt{\frac{D_{AS}}{\pi t}} \tag{10-47}$$

则，平均吸收速率为

$$\overline{N}_{A0}=\frac{1}{t}\int_0^t N_A\mid_{z=0}\mathrm{d}t=2\frac{c_{A0}}{\operatorname{erf}\sqrt{\gamma/D_{AS}}}\sqrt{\frac{D_{AS}}{\pi t}} \tag{10-48}$$

对该问题进行进一步的简化，即可利用化学吸收的 Hatta 数（八田数）处理，Hatta 数定义为

$$Ha=\frac{N_{A0}}{N_{A0}^{\text{phys}}} \tag{10-49}$$

式中，上标“phys”表示没有化学反应存在下，在同一系统中溶质 A 的吸收。这是无量纲特征数，为测定化学反应增强吸收速率的影响。

在不存在溶质 B 的情况下，组分 A 只进行物理吸收，即被溶剂 S 所吸收（即为无化学反应的纯物理吸收），其瞬时传质通量为

$$N_{A0}^{\text{phys}}=c_{A0}\sqrt{\frac{D_{AB}}{\pi t}} \tag{10-50}$$

因为 erf $\sqrt{\gamma/D_{AB}}$ 随 $c_{B\infty}/c_{A0}$ 的减小而趋近于 1。现将式(10-47) 所给的结果除以式(10-50)，得

$$Ha=\frac{1}{\operatorname{erf}\sqrt{\gamma/D_{AS}}} \tag{10-51}$$

在下述情况下，Hatta 数可做进一步简化：

① 对于小的 $c_{B\infty}/c_{A0}$ 值，或等扩散系数的情况，Hatta 数可简化为

$$Ha=1+\frac{ac_{B\infty}}{bc_{A0}} \tag{10-52}$$

② 对于大的 $c_{B\infty}/c_{A0}$ 值的情况，Hatta 数可简化为

$$Ha=\left(1+\frac{ac_{B\infty}D_{BS}}{bc_{A0}D_{AS}}\right)\sqrt{\frac{D_{AS}}{D_{BS}}} \tag{10-53}$$

③ 对于所有的 $c_{B\infty}/c_{A0}$ 值的情况，Hatta 数可简化为

$$Ha=1+\frac{ac_{B\infty}}{bc_{A0}}\sqrt{\frac{D_{BS}}{D_{AS}}} \tag{10-54}$$

式(10-52) 特别有用，因为在通常的情况下，扩散系数几乎相等，且 $c_{B\infty}/c_{A0}$ 的值很小，所以该关联式是精确的。因为无论 $ac_{B\infty}D_{BS}/(bc_{A0}D_{AS})$ 的值是大还是小，式(10-54) 都很适用。

10.4 界面力对质量传递的影响

舍伍德（Sherwood）将引起质量传递的原因归纳为四种，即浓度梯度、温度梯度、压力梯度和电动势。这里表面张力的传质现象，不仅存在浓度梯度作用下的浓度扩散传质，还存在着压力梯度作用下的压力扩散传质。液体表面张力的形式是因为液体的每个分子都受其

它分子的吸引力，液体内部的分子受其周围液体分子的吸引力而相互平衡。处于表面层的液体分子在液面以上部分受气体作用，液面以下受液体作用，引力不能平衡。这种引力不平衡使得表面层液体分子受到一个指向液体内部的拉力作用，因此表面层的液体分子力图向液体内部收缩，于是在收缩的反方向必存在一个拉力，即表面张力。表面张力的作用使得弯曲气-液相界面两侧的压力存在一个飞跃。表面张力对气-液相间传质的影响正是通过这一压力扩散来实现的。实质上压力扩散是压力梯度引起的一种扩散现象。

在气-液界面上，若不存在表面张力的影响，那么两相间的传质是满足相际传质规律的，即气-液相间传质的驱动力来源于任一相中主体浓度和它与另一相主体浓度平衡时的浓度之差。但是存在表面张力影响条件下，还必须得考虑压力扩散的影响。

在本节中，主要考虑动量、热量和质量传递过程中相互之间的一些重要作用，在气-液接触系统中，表面张力梯度对所进行的热量和质量传递所起的作用和使之发生畸变的效应，都可以通过对边界条件的描述来阐明。另外，表面张力诱导的应力和由水力学引起的应力具有相同的数量级，由它们导致的流动现象统称为 Marangoni 效应。由于在传递系统中，像萃取这样的液-液直接接触的操作很多，界面张力效应就显得尤为重要。本节着重讨论可变的界面张力效应（即 Marangoni 效应）。如在扩散过程中，时常会使液体在靠近固体表面处以推进的弯月形流过，从而破坏了不滑移的条件。

Marangoni 效应的存在，质量传递速率将会增大，直至 3 倍，但是在其它一些情况下亦可能会减小。Marangoni 效应的性质及其作用的程度，强烈地依从于系统的几何形状和传递性质，为方便起见，主要考虑以下四种特殊情况：

① 为液体连续相所围的液滴和气泡；

② 在气体连续相中的液滴喷淋；

③ 在气体或液体连续相中有支撑的液膜；

④ 在液体连续相中的气泡雾沫。

每一种系统都很重要，它们彼此之间有很大的差别。对于液滴和气泡运动通过液体连续相的情况，其主要的问题是存在表面活性剂和微小的颗粒，它们可以减小或消除气泡内部的气体产生的一种环状循环运动，即 Hadamard-Rybczynski 循环，亦可以阻止伴有振荡的大的液滴或气泡周期性的混合。这些情况在气体吸收和液-液萃取中很为重要。但是对于大的精馏塔中液滴在气体中的喷淋，Marangoni 效应起不了多大作用。

泡沫塔（在小的精馏塔中很为重要）和有支撑的液膜（在各种填料塔中很为重要），两者都强烈地受着表面张力梯度的影响，后者是由于邻近流股的组成变化引起表面张力的变化导致的。当主流液体的表面张力较与主流气体相平衡时液体的表面张力低时，泡沫塔是稳定的，称为正系统。在此种情况，气泡彼此接近的区域，其界面张力较气泡彼此远离的区域高得多，而且高界面张力区域的收缩易使气泡分开，如此将使泡沫稳定。在表面张力只有很小的差异或方向相反的场合，称为负系统，系统没有稳定的效能，而且发泡很差。例如：该理论用于研究乙醇水溶液的浓缩很有意义。因为在相对挥发度很高时，它具有强的正的表面张力梯度，但是趋近共沸点时，它几近为中性。据此，对于泡罩塔来说，板效率是很高的，需要的塔板数极少，而当其组成趋近共沸组成时，板效率降低。

在填料塔中，下降的液体以薄的液膜形式为固体表面所支撑。对于正系统，下降液体的表面张力向下而减小，而且受水力学的不稳定性作用而形成狭窄的小河状。这些作用显著地使其表面积减小且降低质量传递的效率。对于负系统，液膜更为稳定，质量传递较中性系统更为有效。

10.4.1 上升气泡中循环的消除

研究浓度变化产生的 Marangoni 效应的一种有效方法是在降膜液体中添加适量的表面活性剂，改变液膜的界面张力（见图 10-4）。表面活性剂的存在会使上升气泡中的 Hadamard-Rybczynski 循环停止。

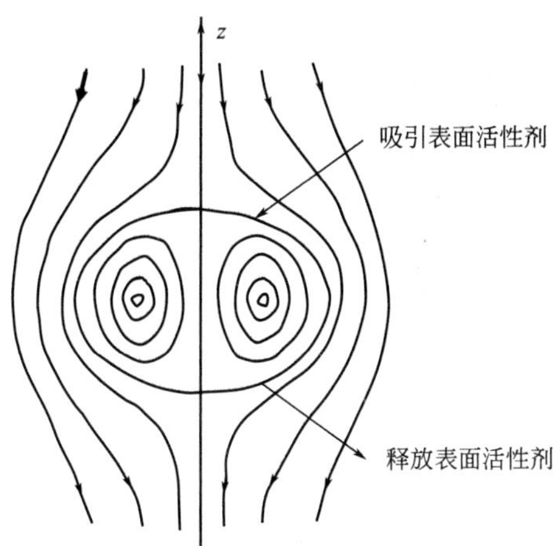

图 10-4 Hadamard-Rybczynski 循环下表面活性剂的传递

循环将会导致上升气泡的顶部发生伸展，而使其底部收缩。其结果，表面活性剂将富集于气泡的底部，从而使底部的浓度高于平均浓度，使其顶部的浓度低于平均浓度。因为表面活性剂会降低表面张力，这样就产生了表面张力诱导应力，在球坐标体系下可表示为

$$\tau_{r\theta,s}\mid_{r=R}=\frac{1}{R}\times\frac{\partial\sigma}{\partial\theta} \tag{10-55}$$

它将阻止界面发生形变。如果这一应力的大小达到作用于上升球形固体颗粒上的应力同样的值时循环将会停止，此时其球坐标体系下的表面张力诱导应力为

$$\tau_{r\theta,s}\mid_{r=R}=\frac{3}{2}\times\frac{\mu u_{\infty}}{R}\sin\theta \tag{10-56}$$

实际情况确是如此，即使含有少量的表面活性剂，亦会阻碍循环。浓度甚小的微小的悬浮粒子亦会产生同样的效应，它将吹扫掠过气泡的后部，形成一层坚固的表面。

10.4.2 降膜的 Marangoni 不稳定性

流体降膜作为传热传质过程的主要方式之一，具有动力消耗小、表面更新快、热流密度高等优点，在化工、制冷、冶金等领域广泛使用。在降膜过程中，因局部温度或浓度改变引起流体表面张力发生变化，导致流体由低表面张力处向高表面张力处流动，形成了 Marangoni 效应。层流流动状态下由液体表面张力引起的应力及压力扩散传质导致的 Marangoni 流动大多呈与流动方向平行的滚筒状流动结构，如图 10-5。

考察界面溶质浓度的不均匀，即界面浓度沿界面切向方向有梯度分布，就会导致 Marangoni 的不稳定性。最常见的为大而薄的区域包围的较为粗大的小河状的流动。这些薄层区占据着大部分表面积，两者缓慢地流动而又很快地被饱和。因此，对于质量传递来说，效率很低。只有这些呈小河状的流动才是有效的，而它们的总表面积很小。至于组成在垂直方向上发生变化而引起表面张力梯度的情况，亦能观察到相似的行为。在降膜加热流动过程中，Marangoni 效应使液膜产生较大的收缩，膜厚增加，表面波动加强。放热反应对自由界

面具有稳定作用。

伴有高溶解热的蒸气对流吸收导致的下降膜的不稳定性问题，就是最典型、最简单的由质量传递诱导成为Marangoni效应的例子。这里以HCl在水中的对流吸收过程为例，让水膜向下流过一平板，板的顶部较其底部冷，假定该过程可以获得一膜厚成正弦变化的液膜，如图10-5(a)、(b)所示。图中每一条波浪形曲线表示一条等厚线，它有别于邻近水中的光的半波线。

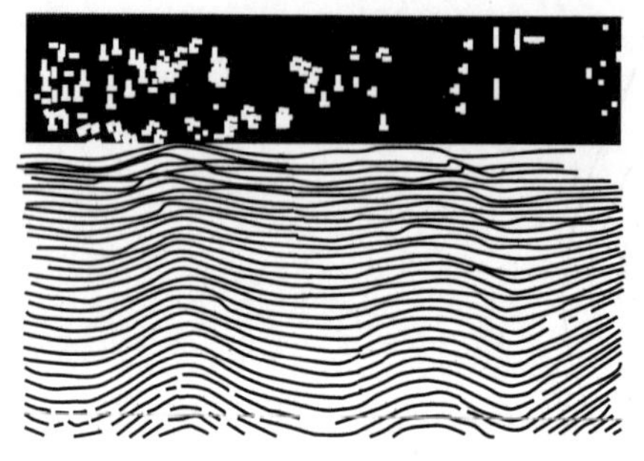

(a) 下降液膜中Marangoni不稳定性的初始态

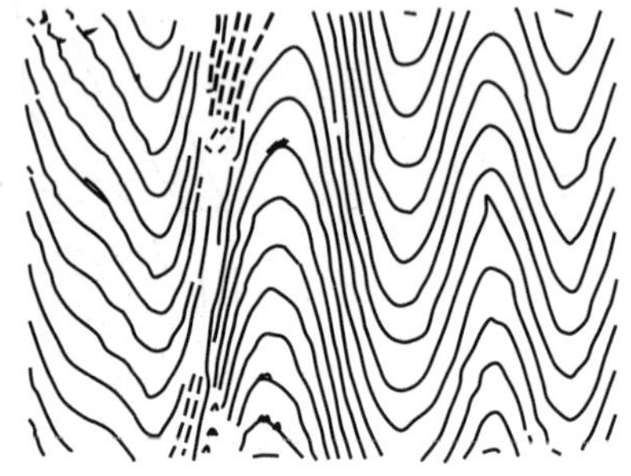

(b) 充分发展的Marangoni不稳定状态

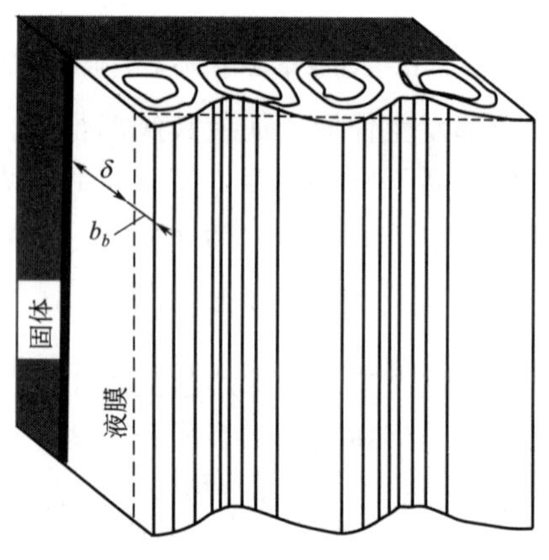

(c) 垂直旋转池分布示意

图 10-5　下降膜中的 Marangoni 稳定性

该情况与一系列平行的旋转单元相对应，如图10-5(c)所示，它们由横向表面张力梯度驱动，而这些梯度是由不可避免的表面速度在空间上微小的变化引起膜厚的变化造成的。膜较厚的区域运动得较快，于是在该区域膜较薄的地方温度较低。若给予一个简单的扰动分析，会发现某些宽度上的扰动较另外一些增长得快些，而且这些增长较快的扰动容易占据主要地位。图10-5(a)所示的正弦曲线的周期就与这些增长最快的扰动相对应。显然Marangoni效应对降膜流动有着很大的影响。在流体降膜过程中，Marangoni效应与流体动力学作用相互影响，造成液膜界面失稳变形，甚至导致局部液膜破裂形成干区。

随着红外热成像、高速摄像、彩色共焦成像等微观测量技术的发展，使得降膜的实验观察获得了较大突破，利用这些新技术可以准确获得液膜的温度场、膜厚分布、表面波型变化等重要图像和数据，并能观察到特殊的流动现象，如溪流、指状流等。而随着计算机的进一步发展，借助复杂数学方程处理手段，也可进行降膜过程的计算机仿真模拟。Marangoni效应作为一种普遍的物理现象，已得到了很多学者的关注。研究降膜传递过程中的Marangoni

效应的产生及作用机理，对于指导降膜过程特别是相关设备的开发设计，改善流体流型，提高传递效率具有重要的理论价值和实际意义。

10.5　本章小结与应用

10.5.1　本章小结

首先介绍了相际对流传质的基本模型，稳态条件下的薄膜理论的实质是将边界层中对流传质和分子扩散等效地处理为厚度为 δ 的有效浓度边界层中的分子扩散。非稳态条件下的渗透理论，认为传质过程是不稳定的扩散过程，流体核心区的微团穿过薄层，不断地向物体表面迁移，并与之接触，然后又回到流体核心区。用表面更新率代替渗透模型中的有效渗透时间，由渗透理论进一步改进为表面更新理论。

接着本章重点讨论了伴有化学反应的吸收过程相际传质面积和传质系数的估算，以及表面张力对相际传质过程的影响，特别是 Marangoni 效应。

10.5.2　应用举例

【例 10-1】 在钢水底部鼓入氮气，设气泡为球冠形，其曲率半径 r 为 0.025cm。氮在钢水中的扩散系数 $D_{AB}=5\times10^{-4}\,cm^2/s$，若气-液界面氮的浓度为 0.011%，钢水内部氮的浓度为 0.001%。试根据溶质渗透理论计算氮在钢水中的传质通量。设钢水密度为 7.1g/cm³。

解　根据溶质渗透理论，传质系数可由式(10-11) 求出

$$k_{cm}=2\sqrt{\frac{D_{AB}}{\pi t}}=2\sqrt{\frac{D_{AB}u}{\pi d}}=2\sqrt{\frac{5\times10^{-4}\times3.3}{3.14\times0.05}}=0.205(cm/s)$$

式中，t 为气泡与钢液的平均接触时间，$t=\dfrac{d}{u}$；对于球冠形气泡，其上浮速度为：

$$u=\frac{2}{3}\sqrt{gr}=\frac{2}{3}\times\sqrt{980\times0.025}=3.3\ (cm/s)$$

传质通量为：

$$\begin{aligned}N&=k_{cm}\rho(w_s-w_0)=0.205\times7.1\times(0.00011-0.00001)\\&=1.456\times10^{-4}\ [g/(cm^2\cdot s)]\end{aligned}$$

【例 10-2】 流体自平表面的快速蒸发。溶剂 A 从一块表面涂有一薄层漆的平板蒸发，平板暴露于切向流过平板的不溶性的气体 B 中。在表面上某一给定的点，在常用方法计算的流体平均性质下，气相传质系数为 0.1mmol/(cm² · s)，$Sc=2.0$。界面的气相组成 $x_{A0}=0.8$。要求用静止膜模型，试估算局部的蒸发速率。

解　因为 B 为不可冷凝的，可以认为气体 B 的净质量传递很小，属于极限条件下的传递过程，即 $N_{B0}\approx0$，此时低质量传递速率条件下的传质系数可表示为：

$$1+\frac{(N_{A0}+N_{B0})(x_{A0}-x_{A\infty})}{N_{A0}-x_{A0}(N_{A0}+N_{B0})}=\exp\frac{N_{A0}+N_{B0}}{k_x}$$

将 $k_x=0.1$，$N_{B0}\approx0$，$x_{A0}=0.8$，代入上式可得

$$1+\frac{(N_{A0}+0)(0.8-0)}{N_{A0}-0.8(N_{A0}+0)}=\exp\frac{N_{A0}+0}{0.1}$$

化简后可得，$N_{A0}=0.1\ln(1+4.0)=0.161\ [mmol/(cm^2\cdot s)]$

10.5.3 课堂/课外讨论

10-1 在气-液和液-液两种接触体系中，经常会遇到液滴的弥散和气泡的云雾。比较它们的质量传递行为和在固相中发生的行为的异同。

10-2 用案例阐明如何由热量传递的关联式转换为质量传递的关联式。

10-3 长管中非稳态蒸发膜模型与溶质渗透模型的比较。

10.5.4 思考题

10-1 何为相际平衡与平衡浓度，它们对研究两相传质有何意义？

10-2 两相反应中的分子扩散有何共同特点，气固两相反应与气液两相反应的综合传质阻力有何不同？

10-3 双膜理论和溶质渗透模型的要点是什么？各模型求得的传质系数与扩散系数有何关系，其模型参数是什么？

10-4 表面更新模型如何统一各种对流传质模型？该理论提出的判据是什么？

习 题

10-1 试推导自由下降液滴蒸发过程的蒸发速率。

10-2 在小型搅拌器中用25℃水吸收纯氧，搅拌器转速为300r/min时，传质系数为$k_{cm}=1.47\times10^{-4}$ cm/s；转速为100r/min时，$k_{cm}=3.03\times10^{-5}$ cm/s。已知有效扩散系数$D_{AB}=6.3\times10^{-4}$ cm^2/s，求两种情况下的表面更新率。

10-3 将溴粒加入水中溶解，迅速搅拌，任一瞬间溴水溶液的浓度可视为均匀。经5min后，溶液浓度达到85%饱和浓度。试求此系统的体积传质系数k_ca。其中a为单位体积溶液中溴粒的表面积。

10-4 试证明从一球体向周围静止的无限大介质中进行等分子反方向一维稳态扩散时，舍伍德数$Sh=2.0$。

10-5 温度为298K的水以0.1m/s的流速流过内径为10mm、长度为2m的苯甲酸圆管。已知苯甲酸在水中的扩散系数为1.24×10^{-9} m^2/s，在水中的饱和溶解度为0.028kmol/m^2。试求平均传质系数k_{cm}、出口浓度及全管的传质速率。

10-6 在直径为50mm、长度为2m的圆管内壁面上有一薄层水膜，常压和25℃的绝干空气以0.5m/s的流速吹入管内，试求平均传质系数k_{cm}、出口浓度和传质速率。由于在空气中水分的分压很低，气体的物性参数可近似地采用空气的物性参数代替。

第5篇

传递现象相似

第 11 章 传递现象类似律

11.1 动量、热量和质量传递类比概述

动量、热量和质量传递，在传递的机理、过程、模型、边界条件、求解方法和求解结果等方面十分相似。一种机理为微观分子运动引起的分子传递，另一种机理为微观的分子运动和宏观的流体质点湍动相结合的湍流传递。在一定的条件下，三种传递还存在定量关系，即具有类似性。根据类似性，对三种传递过程进行类比和分析，建立物理量间的定量关系，该过程即为类比。将与三传类比有关的某些基本公式对照列于表 11-1。

表 11-1 三传类比有关公式

基本公式	动量传递	热量传递	质量传递
分子传递	$\tau_{yx}=-\nu\dfrac{\mathrm{d}(\rho u_x)}{\mathrm{d}y}$	$q_y=-\alpha\dfrac{\mathrm{d}(\rho C_p t)}{\mathrm{d}y}$	$J_{\mathrm{A},y}=-D_{\mathrm{AB}}\dfrac{\mathrm{d}c_\mathrm{A}}{\mathrm{d}y}$
湍流传递	$\bar{\tau}'_{yx}=\bar{\tau}_{yx}+\bar{\tau}_{yx,\mathrm{e}}=-(\nu+\nu_\mathrm{e})\dfrac{\mathrm{d}(\rho u_x)}{\mathrm{d}y}$	$\bar{q}'_y=\bar{q}+\bar{q}_\mathrm{e}=-(\alpha+\alpha_\mathrm{e})\dfrac{\mathrm{d}(\rho C_p\bar{t})}{\mathrm{d}y}$	$\overline{J'_{\mathrm{A}y}}=\overline{J_{\mathrm{A}y}}+\overline{J_{\mathrm{A}y,\mathrm{e}}}=-(D_{\mathrm{AB,e}})\dfrac{\mathrm{d}\bar{c}_\mathrm{A}}{\mathrm{d}y}$
传递变量梯度	$\dfrac{\mathrm{d}(\rho u_x)}{\mathrm{d}y}$	$\dfrac{\mathrm{d}(\rho C_p t)}{\mathrm{d}y}$	$\dfrac{\mathrm{d}c_\mathrm{A}}{\mathrm{d}y}$
分子扩散系数	$\nu=\dfrac{1}{3}v\lambda$	$\alpha=\dfrac{1}{3}v\lambda_H$	$D_{\mathrm{AB}}=\dfrac{1}{3}v\lambda_M$
涡流扩散系数	$\nu_\mathrm{e}=u'_y l$	$\alpha_\mathrm{e}=u'_y l_H$	$D_{\mathrm{AB,e}}=u'_y l_M$
通过壁面（或者相界面）的速率方程	$\tau_\mathrm{w}=-\nu\left.\dfrac{\partial(\rho u_x)}{\partial y}\right\|_{y=0}=\dfrac{f}{2}u_\infty(\rho u_\infty-\rho u_\mathrm{w})$	$q_\mathrm{w}=-\alpha\left.\dfrac{\partial(\rho C_p t)}{\partial y}\right\|_{y=0}=\dfrac{h}{\rho C_p}(\rho C_p t_\infty-\rho C_p t_\mathrm{w})$	$J_{\mathrm{Aw}}=-D_{\mathrm{AB}}\left.\dfrac{\partial c_\mathrm{A}}{\partial y}\right\|_{y=0}=k_c(c_{\mathrm{A}\infty}-c_{\mathrm{Aw}})$
边界层方程	$u_x\dfrac{\partial u_x}{\partial x}+u_y\dfrac{\partial u_x}{\partial y}=\nu\dfrac{\partial^2 u_x}{\partial y^2}$	$u_x\dfrac{\partial t}{\partial x}+u_y\dfrac{\partial t}{\partial y}=\alpha\dfrac{\partial^2 t}{\partial y^2}$	$u_x\dfrac{\partial c_\mathrm{A}}{\partial x}+u_y\dfrac{\partial c_\mathrm{A}}{\partial y}=D_{\mathrm{AB}}\dfrac{\partial^2 c_\mathrm{A}}{\partial y^2}$
一维非稳态传递微分方程	$\dfrac{\partial u_x}{\partial\theta}=\nu\dfrac{\partial^2 u_x}{\partial y^2}$	$\dfrac{\partial t}{\partial\theta}=\alpha\dfrac{\partial^2 t}{\partial y^2}$	$\dfrac{\partial c_\mathrm{A}}{\partial\theta}=D_{\mathrm{AB}}\dfrac{\partial^2 c_\mathrm{A}}{\partial y^2}$

探讨动量、热量和质量传递现象相互关系，不仅在理论上有意义，而且具有一定的实用价值。它一方面有利于进一步了解三传的机理，另一方面利用相似和类比，可以使某些极其复杂的湍流问题得以解决，如用范宁摩擦因子求解湍流场的传热系数和传质系数、把传质的研究成果应用于传热等。

当然，由于动量、热量以及质量传递尚存在其各自的特性，所以类比的方法具有局限性，各种类比需满足以下条件才能成立。

① 无内热源，无化学反应；

② 无辐射传热的影响；

③ 由表面传递的质量速率足够低，对速度分布、温度分布和浓度分布的影响可以忽略不计。可以作为无整体流动的情况处理；

④ 无边界层分离，无形体阻力。

许多学者从理论上和实验上对三传类比进行了研究。雷诺通过理论分析，首先提出了类比的概念，并得出了简单的关联式，即单层模型。普朗特和泰勒在雷诺类比的基础上，提出了两层模型，其关联式称普朗特-泰勒类似律。冯·卡门在雷诺类似律和普朗特-泰勒类似律的基础上，提出三层模型，其关联式称卡门类似律。契尔顿-柯尔邦在实验的基础上，将大量数据关联，提出了经验关联式（j 因子类似律）。其后，许多著名的学者进行了进一步研究，得出了各种类似律。

本章根据动量传递、热量传递和质量传递的相似性，在介绍类比特征数的基础上，讨论稳态和非稳态条件下的三传类比。前者主要讨论雷诺类似律、普朗特-泰勒类似律、冯·卡门类似律、契尔顿-柯尔邦类似律，后者讨论半无限厚介质的类似律。讨论顺序均为：先进行动量传递与热量传递的类比，然后讨论动量传递与质量传递的类比。

11.2　类比的特征数

（1）普朗特数

$$Pr=\frac{\nu}{\alpha}$$

表述动量传递与热量传递的类比，其值由物体的物性决定，即由动量扩散系数与热量扩散系数之比决定。

（2）施密特数

$$Sc=\frac{\nu}{D}$$

表述动量传递与质量传递的类比，其值由物体的物性决定，即由动量扩散系数与质量扩散系数之比决定。

（3）刘易斯数

$$Le=\frac{\alpha}{D}$$

表述热量传递与质量传递的类比，其值由物体的物性决定，即由热量扩散系数与质量扩散系数之比决定。

（4）传热斯坦顿数

$$St=\frac{Nu}{RePr}$$

表述动量传递过程与热量传递过程的类比。

（5）努塞特数

$$Nu=\frac{hl}{k}=\frac{h\,\Delta t}{\frac{k}{l}\Delta t}$$

它说明对流给热时，在热量边界层中的导热过程与由流体对表面的对流给热的关系。由对流给热系数 h 与热导率 λ 以及特性尺寸 l 组成。

(6) 传质斯坦顿数

$$St_{\mathrm{m}}=\frac{Sh}{ReSc}$$

表述动量传递过程与质量传递过程的类比。

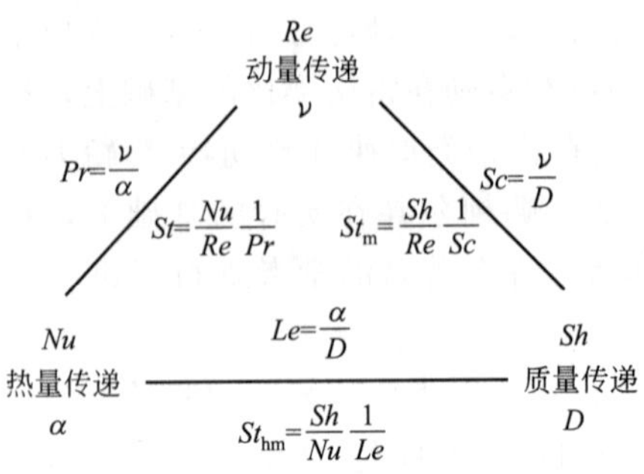

图 11-1 各特征数之间的关系

(7) 舍伍德数

$$Sh=\frac{kl}{D}=\frac{k\Delta c}{\dfrac{D}{l}\Delta c}$$

它说明对流传质时，在浓度边界层中的分子扩散过程与流体表面的对流传质的关系。它由对流传质系数 k 与分子扩散系数 D 以及特性尺寸 l 组成。

(8) 热质斯坦顿数

$$St_{\mathrm{hm}}=\frac{Sh}{NuLe}$$

表述热量传递过程与质量传递过程的类比。

各特征数之间的关系可用图 11-1 的关系表示。

11.3 雷诺类似律

雷诺类比首先假定层流区或湍流区一直延伸到壁面，然后利用动量、热量和质量传递的相似性，导出了范宁摩擦因子与对流传热系数、对流传质系数之间的关系式，即雷诺类似律。它既适用于层流，又适用于湍流。

11.3.1 层流雷诺类似律

稳态二维层流情况下的动量、热量和质量传递的边界层方程分别为

$$u_x\frac{\partial u_x}{\partial x}+u_y\frac{\partial u_x}{\partial y}=\nu\frac{\partial^2 u_x}{\partial y^2}$$

$$u_x\frac{\partial t}{\partial x}+u_y\frac{\partial t}{\partial y}=\alpha\frac{\partial^2 t}{\partial y^2}$$

$$u_x\frac{\partial c_{\mathrm{A}}}{\partial x}+u_y\frac{\partial c_{\mathrm{A}}}{\partial y}=D_{\mathrm{AB}}\frac{\partial^2 c_{\mathrm{A}}}{\partial y^2}$$

若 $\nu=\alpha=D_{\mathrm{AB}}$，且具有相同的边界条件，则以上三个方程具有相同的解，即

$$\frac{u_x}{u_\infty}=\frac{t-t_{\mathrm{w}}}{t_\infty-t_{\mathrm{w}}}=\frac{c_{\mathrm{A}}-c_{\mathrm{Aw}}}{c_{\mathrm{A}\infty}-c_{\mathrm{Aw}}} \tag{11-1}$$

由式(11-1) 可见，系统内任一点的无量纲速度、无量纲温度和无量纲浓度在数值上相等。

根据以上结论，首先来推导动量和热量传递的雷诺类比。取式(11-1) 中前两项，在 $y=0$处分别对 y 求导

$$\frac{\mathrm{d}}{\mathrm{d}y}\left(\frac{u_x}{u_\infty}\right)\bigg|_{y=0}=\frac{\mathrm{d}}{\mathrm{d}y}\left(\frac{t-t_{\mathrm{w}}}{t_\infty-t_{\mathrm{w}}}\right)\bigg|_{y=0} \tag{11-2}$$

若 $\nu=\alpha$，即 $Pr=1$，上式可改为

$$\frac{\mu}{\rho}\frac{1}{u_\infty}\frac{\mathrm{d}u_x}{\mathrm{d}y}\bigg|_{y=0}=\frac{k}{\rho C_p}\frac{1}{t_\infty-t_\mathrm{w}}\frac{\mathrm{d}t}{\mathrm{d}y}\bigg|_{y=0} \tag{11-3}$$

式左侧可引入摩擦因子

$$\mu\frac{\mathrm{d}u_x}{\mathrm{d}y}\bigg|_{y=0}=\tau_\mathrm{w}\ \frac{f}{2}\rho u_\infty^2 \tag{11-4}$$

式右侧可引入传热系数

$$h=\frac{k}{t_\infty-t_\mathrm{w}}\frac{\mathrm{d}t}{\mathrm{d}y}\bigg|_{y=0} \tag{11-5}$$

将式(11-4)、式(11-5) 代入式(11-3) 并整理得

$$\frac{h}{\rho u_\infty C_p}=\frac{f}{2} \tag{11-6}$$

式左侧可表示为

$$\frac{h}{\rho u_\infty C_p}=\frac{hL/k}{(\rho u_\infty L/\mu)(C_p\mu/k)}=\frac{Nu}{RePr}=St \tag{11-7}$$

代入式(11-6)，得

$$St=\frac{f}{2} \tag{11-8a}$$

或

$$Nu=\frac{f}{2}RePr \tag{11-8b}$$

式(11-7)、式(11-8) 均为动量传递和热量传递的雷诺类比式。由此根据流体力学中的摩擦因子 f 即可求得对流传热系数 h。

对于动量传递和质量传递的类比，用类似的方法，取式(11-1) 中

$$\frac{u_x}{u_\infty}=\frac{c_\mathrm{A}-c_\mathrm{Aw}}{c_\mathrm{A\infty}-c_\mathrm{Aw}}$$

在 $y=0$ 处对 y 求导，并假定 $\nu=D_\mathrm{AB}$、即 $Sc=1$，将 ν 和 D_AB 分别代入式两侧，得

$$\frac{\mu}{\rho u_\infty}\frac{\mathrm{d}u_x}{\mathrm{d}y}\bigg|_{y=0}=\frac{D_\mathrm{AB}}{c_\mathrm{A\infty}-c_\mathrm{Aw}}\frac{\mathrm{d}c_\mathrm{A}}{\mathrm{d}y}\bigg|_{y=0} \tag{11-9}$$

将式(11-9) 及传递系数的定义式，即 $k_c^0=\dfrac{D_\mathrm{AB}}{c_\mathrm{A\infty}-c_\mathrm{Aw}}\dfrac{\mathrm{d}c_\mathrm{A}}{\mathrm{d}y}\bigg|_{y=0}$ 代入上式，即动量传递和质量传递的类比式

$$\frac{k_c^0}{u_\infty}=\frac{f}{2} \tag{11-10}$$

式左侧可整理为

$$\frac{k_c^0}{u_\infty}=\frac{k_c^0 LSt/D_\mathrm{AB}}{(u_\infty L/\nu)(\nu/D_\mathrm{AB})}=\frac{Sh}{ReSc}=St_\mathrm{m} \tag{11-11}$$

代入式(11-10) 得

$$St_\mathrm{m}=\frac{f}{2} \tag{11-12a}$$

或

$$Sh=\frac{f}{2}ReSc \tag{11-12b}$$

比较式(11-8a) 和式(11-12a) 或式(11-8b) 和式(11-12b) 可见，只要把 St 换成 St_{m}，或把 Nu 换成 Sh、Pr 换成 Sc，传热的类比式就成了传质的类比式。

由式(11-8) 和式(11-12) 可以得出联系动量、热量和质量传递的广义雷诺类比式，即：

$$\frac{h}{\rho u_{\infty} C_p}=\frac{k_c}{u_{\infty}}=\frac{f}{2} \tag{11-13}$$

或

$$St=St_{\mathrm{m}}=\frac{f}{2} \tag{11-14}$$

由式(11-14) 还可以从传热系数简便地估算传质系数。

雷诺类比式除了必须满足前一节中提出的 4 个条件外，尚需在 $\nu=\alpha=D_{\mathrm{AB}}$，即 $Pr=1$、$Sc=1$ 以及 $Le=1$ 时才能成立。

11.3.2 湍流雷诺类似律

雷诺湍流简化模型，假定湍流区一直延伸到壁面，即假定整个边界层都是湍流区，如图 11-2 所示，设流体微团在由湍流中心到壁面或壁面到湍流中心连续不断地湍流的过程中，单位时间、单位面积上所交换的总的质量为 M。若湍流中心的速度为 u_{∞}、温度为 t_{∞}、浓度为 $c_{\mathrm{A}\infty}$，壁面上的速度 $u_{\mathrm{w}}=0$、温度为 t_{w}、浓度为 c_{Aw}，则单位时间、单位面积上交换的动量为

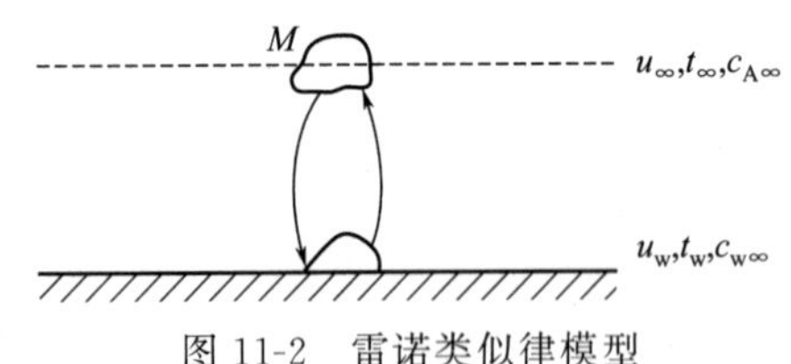

图 11-2 雷诺类似律模型

$$\tau_{\mathrm{w}}=M(u_{\infty}-0)=\frac{f}{2}\rho u_{\infty}^2 \tag{11-15}$$

交换的热量为

$$q_{\mathrm{w}}=MC_p(t_{\infty}-t_{\mathrm{w}})=h(t_{\infty}-t_{\mathrm{w}}) \tag{11-16}$$

交换的组分 A 的质量为

$$J_{\mathrm{Aw}}=\frac{M}{\rho}(c_{\mathrm{A}\infty}-c_{\mathrm{Aw}})=k_c^0(c_{\mathrm{A}\infty}-c_{\mathrm{Aw}}) \tag{11-17}$$

将以上三式分别整理得

$$M=\frac{f}{2}\rho u_{\infty} \tag{11-18}$$

$$M=\frac{h}{C_p} \tag{11-19}$$

$$M=\rho k_c^0 \tag{11-20}$$

由于单位时间、单位面积上交换的总的质量相同，联立式(11-18)、式(11-19) 和式(11-20) 可得

$$\frac{f}{2}\rho u_{\infty}=\frac{h}{C_p}=\rho k_c^0 \tag{11-21}$$

上式可改写为

$$\frac{h}{\rho u_{\infty} C_p}=\frac{k_c^0}{u_{\infty}}=\frac{f}{2} \tag{11-22}$$

下面对湍流雷诺类似律的适用范围分析。雷诺的简化模型，是把整个边界层作为湍流区处理。按边界层理论，在湍流边界层中，紧贴壁面总有一层流内层存在。因此壁面和流体之

间进行动量、热量或质量传递时，将以分子传递的方式穿过层流内层，然后才进行湍流传递。现以动量传递和热量传递的类比为例进行分析，在层流内层中：

$$q_y = -k\frac{\mathrm{d}t}{\mathrm{d}y}$$

$$\tau_{yx} = -\mu\frac{\mathrm{d}u_x}{\mathrm{d}y}$$

将两式相除，得

$$\frac{q_y}{\tau_{yx}} = \frac{k}{\mu}\frac{\mathrm{d}t}{\mathrm{d}u_x} \tag{11-23}$$

在湍流中心任取两层流体，如图 11-3 所示，则

$$q_y^{\mathrm{t}} = MC_p(t_2 - t_1)$$

$$\tau_{yx}^{\mathrm{t}} = M(u_2 - u_1)$$

两式相除得

$$\frac{q_y^{\mathrm{t}}}{\tau_{yx}^{\mathrm{t}}} = C_p\frac{t_2 - t_1}{u_2 - u_1} = C_p\frac{\mathrm{d}t}{\mathrm{d}u_x} \tag{11-24}$$

比较式(11-23) 和式(11-24) 可见，只有当 $k/\mu = C_p$，亦即 $C_p\mu/k = \nu/\alpha = Pr = 1$ 时，才可以用同样的规律去描述层流内层和湍流中心动量传递及热量传递之间的关系，即只有当 $Pr = 1$（一般气体）时，才可把湍流区一直延伸到壁面，用简化的单层模型来描述整个边界层。同理，对于动量传递和质量传递的雷诺类比，亦必在 $Sc = 1$ 的前提下才能成立。

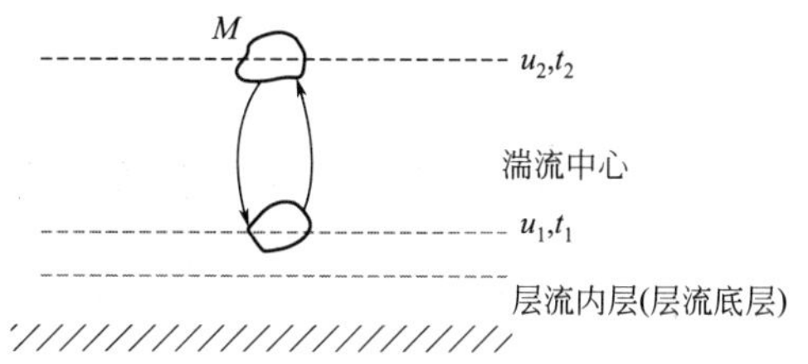

图 11-3　层流内层湍流中心示意图

由上可见，层流和湍流条件下的雷诺类似律公式完全一致，将层流或湍流时的摩擦因子代入，可得相应的层流或湍流时的传热系数和传质系数，反之亦然。

11.3.3　雷诺类似律的实质及准数的物理意义

层流和湍流传递都是在杂乱无章的运动过程（分子运动或涡流运动）中，交换物质的同时所引起的动量、热量或质量交换。由于同一过程中交换的物质的总量 M 是相等的，由其所传递的动量、热量或其中某一组分（或某几种组分）的质量之间必定具有某种定量的关系，这种定量的关系就是雷诺类似律的依据。

现讨论其物理意义，由前已得

$$\frac{f}{2} = \frac{h}{\rho u_\infty C_p} = \frac{k_c^0}{u_\infty}$$

或

$$\frac{f}{2} = St = St_{\mathrm{m}}$$

将其改写为

$$\frac{\frac{f}{2}\rho u_\infty^2}{\rho u_\infty \times (u_\infty - u_{\mathrm{w}})} = \frac{h(t_\infty - t_{\mathrm{w}})}{\rho u_\infty \times C_p(t_\infty - t_{\mathrm{w}})} = \frac{k_c^0(c_{\mathrm{A}\infty} - c_{\mathrm{Aw}})}{u_\infty \times (c_{\mathrm{A}\infty} - c_{\mathrm{Aw}})} \tag{11-25}$$

式中，为了对比，引入壁面处的流速 u_w，其值为零。

将上式用文字表达，即为

$$\frac{\text{流体与壁面间交换的动量}}{\text{流体所具有的总动量（以壁面速度为基准）}}=\frac{\text{流体与壁面间交换的热量}}{\text{流体所具有的总热量（以壁温为基准）}}$$

$$=\frac{\text{流体与壁面间交换的某组分的质量}}{\text{流体所具有的该组分的总质量（以壁面浓度为基准）}}$$

可以根据这种定量关系的比值来理解准数的物理意义，即

$\frac{f}{2}$——单位时间内单位壁面面积与流体交换的动量和单位时间、单位流动截面上流过的流体所具有的总的动量（以壁面速度为基准）之比；

St——单位时间内单位壁面面积与流体交换的热量和单位时间、单位流动截面上流过的流体所具有的总的热量（以壁温为基准）之比；

St_m——单位时间内单位壁面面积与流体交换的组分 A 的质量和单位时间、单位流动截面上流过的流体所具有的总的组分 A 的质量（以壁面浓度为基准）之比。

由此可见，$\frac{f}{2}$、St、St_m 均表示传递的量和总量之比，这个比值相等，正好表明了雷诺类似律的实质。

11.4 普朗特-泰勒类似律

由于雷诺类似律，未考虑湍流边界层中层流内层和缓冲层对动量、热量和质量传递的影响，因此，雷诺类似律应用于一般流体的湍流传热和传质计算中，误差很大。普朗特和泰勒提出两层模型，即湍流边界层由湍流中心和层流内层组成。普朗特和泰勒认为湍流的流体微团只能达到层流内层的边缘，而层流内层中仅靠分子传递，且层流内层很薄，在此基础上，对雷诺类似律进行了修正。

如图 11-4 所示，壁面上流体的流动分为层流内层和湍流中心两部分。交界处的速度为 u_i，边界层外缘的速度为 u_∞；交界处的相对温度即交界处的温度和壁温之差 $\theta_i=t_i-t_w$，边界层外缘处的相对温度即边界层外缘温度和壁温之差为 $\theta_\infty=t_\infty-t_w$。令

$$\frac{u_i}{u_\infty}=a \text{ 或 } u_i=au_\infty \tag{11-26}$$

$$\frac{\theta_i}{\theta_\infty}=\frac{t_i-t_w}{t_\infty-t_w}=b \text{ 或 } \theta_i=b\theta_\infty \tag{11-27}$$

式中，a、b 均为小于 1 的数值。

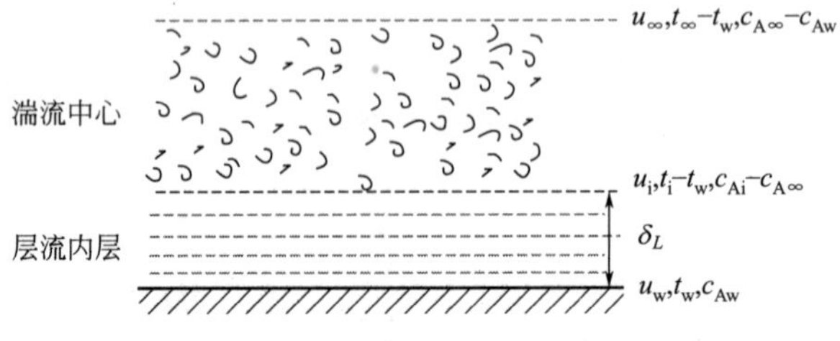

图 11-4 普朗特-泰勒类似律模型

层流内层中进行分子传递，且层流内层很薄，故可假定温度分布和速度分布均呈直线分布。

$$q_y=-k\frac{\mathrm{d}t}{\mathrm{d}y}=-k\frac{t_\mathrm{i}-t_\mathrm{w}}{\delta_\mathrm{L}}=-k\frac{b\theta_\infty}{\delta_\mathrm{L}} \tag{11-28}$$

$$\tau_{yx}=-\mu\frac{\mathrm{d}u}{\mathrm{d}y}=-\mu\frac{u_\mathrm{i}-0}{\delta_\mathrm{L}}=-\mu\frac{au_\infty}{\delta_\mathrm{L}} \tag{11-29}$$

式中，δ_L 为层流内层厚度。由于层流内层极薄，故 $q\approx q_\mathrm{w}$，$\tau\approx\tau_\mathrm{w}$。将以上两式相比，可得

$$\frac{q_y}{\tau_{yx}}=\frac{kb\theta_\infty}{\mu au_\infty}\approx\frac{q_\mathrm{w}}{\tau_\mathrm{w}} \tag{11-30}$$

湍流中心，由边界层外缘到层流内层外缘止，为湍流传递，若单位时间、单位面积上所交换的总质量为 M，则交换的热量和动量分别为

$$q'_y=MC_p(t_\infty-t_\mathrm{i})=MC_p(\theta_\infty-\theta_\mathrm{i})=MC_p(1-b)\theta_\infty \tag{11-31}$$

$$\tau'_{yx}=M(u_\infty-u_\mathrm{i})=M(1-a)u_\infty \tag{11-32}$$

两式相比，得

$$\frac{q'_y}{\tau'_{yx}}=\frac{C_p(1-b)\theta_\infty}{(1-a)u_\infty} \tag{11-33}$$

在湍流中心和层流内层的交界处热量通量和动量通量的比值显然是相同的，即：

$$\frac{q'_y}{\tau'_{yx}}=\frac{q_y}{\tau_{yx}}\approx\frac{q_\mathrm{w}}{\tau_\mathrm{w}} \tag{11-34}$$

将式(11-30)、式(11-33) 及 $q_\mathrm{w}=h(t_\infty-t_\mathrm{w})=h\theta_\infty$ 和 $\tau_\mathrm{w}=\frac{f}{2}\rho u_\infty^2$ 代入式(11-34) 并整理得

$$\frac{C_p(1-b)\theta_\infty}{(1-a)u_\infty}=\frac{kb\theta_\infty}{\mu au_\infty}=\frac{h\theta_\infty}{\frac{f}{2}\rho u_\infty^2} \tag{11-35}$$

移项得

$$\frac{h}{\rho u_\infty C_p}=\frac{1-b}{1-a}\frac{f}{2} \tag{11-36}$$

由式(11-35) 前两项，整理得

$$\frac{b}{a}=\frac{C_p\mu(1-b)}{k(1-a)}=Pr\frac{1-b}{1-a} \tag{11-37}$$

$$b=\frac{aPr}{1+a(Pr-1)}$$

代入式(11-36) 得

$$\frac{h}{\rho u_\infty C_p}=\frac{b}{aPr}\frac{f}{2}=\frac{1}{1+a(Pr-1)}\frac{f}{2} \tag{11-38}$$

或

$$St=\frac{1}{1+a(Pr-1)}\frac{f}{2} \tag{11-39}$$

$$Nu=\frac{1}{1+a(Pr-1)}\frac{f}{2}RePr \tag{11-40}$$

同理可以导出传质的普朗特-泰勒类似律。和雷诺类比一样，只要把 St 换成 St_m，或把 Nu 换成 Sh、把 Pr 换成 Sc，传热的普朗特-泰勒类似律就成了传质的类似律。即

$$St_m=\frac{1}{1+a(Sc-1)}\frac{f}{2} \tag{11-41}$$

或

$$Sh=\frac{1}{1+a(Sc-1)}\frac{f}{2}ReSc \tag{11-42}$$

普朗特-泰勒类似律在平壁上、圆管内均可应用，如何应用于实际，就在于如何确定 a 值，a 值为层流内层外缘处的速度和边界层外缘速度之比。平壁和圆管内 a 的取值不同，下面就普朗特-泰勒类似律在平壁上和圆管内的应用分别讨论。

（1）平板壁面 对于平板壁面

$$a=2.12\,Re_x^{-0.1} \tag{11-43}$$

$$\frac{f}{2}=0.0294Re_x^{-0.2} \tag{11-44}$$

由此可得：

$$St_x=\frac{h_x}{\rho u_\infty C_p}=\frac{0.0294Re_x^{-0.2}}{1+2.12Re_x^{-0.1}(Pr-1)} \tag{11-45}$$

$$St_{mx}=\frac{k_{cx}^0}{u_\infty}=\frac{0.0294\,Re_x^{-0.2}}{1+2.12Re_x^{-0.1}(Sc-1)} \tag{11-46}$$

式(11-45)和式(11-46)所给出的是平板长度为 x 处的局部 St_x、St_{mx}、h_x、k_{cx}^0，u_∞ 为流体的平均速度，定性温度可采用流体平均温度与壁面温度的平均值。

（2）圆管 对于圆管，层流内层外缘处 $u^+=5$，而：

$$u^+=\frac{u_i}{u^*}=\frac{u_i}{\sqrt{\frac{\tau_w}{\rho}}}=\frac{u_i}{\sqrt{\frac{f}{2}u_{av}^2}}=\frac{u_i}{u_{av}\sqrt{\frac{f}{2}}}=\frac{a}{\sqrt{\frac{f}{2}}}=5$$

故

$$a=5\sqrt{\frac{f}{2}} \tag{11-47}$$

将其代入式(11-39)～式(11-42)，即可分别导出湍流时传热及传质的普朗特-泰勒类似律：

$$Nu=\frac{1}{1+5\sqrt{\frac{f}{2}}(Pr-1)}\frac{f}{2}RePr \tag{11-48}$$

$$St=\frac{1}{1+5\sqrt{\frac{f}{2}}(Pr-1)}\frac{f}{2} \tag{11-49}$$

及

$$Sh=\frac{1}{1+5\sqrt{\frac{f}{2}}(Sc-1)}\frac{f}{2}ReSc \tag{11-50}$$

$$St_m=\frac{1}{1+5\sqrt{\frac{f}{2}}(Sc-1)}\frac{f}{2} \tag{11-51}$$

由以上公式可见，当 $Pr=1$ 及 $Sc=1$ 时，其结果和雷诺类似律完全相同，普朗特-泰勒类似律是在雷诺类似律的基础上发展起来的，可以应用于 Pr 和 Sc 不等于 1 的场合。但由于两层模型仍然是一个简化的模型，既忽略了湍流中心的分子传递，又忽略了层流内层中湍流传递的因素，根据湍流传热的通用表达式

$$q'_y=(\alpha+\alpha_e)\frac{d(\rho C_p t)}{dy}=\left(\frac{\nu}{Pr}+\alpha_e\right)\frac{d(\rho C_p t)}{dy}$$

可以看出，当普朗特数很小时，湍流中心的热传导不能忽略，而当普朗特数很大时，忽略层流内层中湍流传递的作用亦将带来误差，因此普朗特-泰勒类似律的适用范围是 Pr 从 0.7 到 10～20。

同理，根据湍流传质的通用表达式分析，Sc 亦不能过小或过大。当用于传质时，普朗特-泰勒类比的适用范围为 Sc 从 0.7 到 10～20。

普朗特-泰勒提出的两层模型实质上是将湍流中心和过渡层合并为一层，层流底层为一层，在两层交界处，用 $u^+=y^+=5$，从而导得 a 值为

$$a=5\sqrt{\frac{f}{2}}$$

若将湍流中心和层流内层的速度分布曲线延伸，式 $u^+=2.5\ln y^++5.5$ 和式 $u^+=y^+$ 相交，在相交点处可得 $u^+=11.6$。由此交点将边界层分成两层，则

$$u^+=\frac{u_i}{u^*}=\frac{u_i}{\sqrt{\frac{\tau_w}{\rho}}}=\frac{u_i}{\sqrt{\frac{f}{2}u_{av}^2}}=\frac{u_i}{u_{av}\sqrt{\frac{f}{2}}}=\frac{a}{\sqrt{\frac{f}{2}}}=11.6$$

可得

$$a=11.6\sqrt{\frac{f}{2}} \tag{11-52}$$

将上式分别代入式(11-39) 和式(11-41)，即可分别得出修正的普朗特-泰勒类似律：

$$St=\frac{1}{1+11.6\sqrt{\frac{f}{2}}(Pr-1)}\frac{f}{2} \tag{11-53}$$

和

$$St_m=\frac{1}{1+11.6\sqrt{\frac{f}{2}}(Sc-1)}\frac{f}{2} \tag{11-54}$$

11.5　卡门类似律

雷诺类似律和普朗特-泰勒类似律均未考虑湍流边界层中过渡层对动量、热量和质量传递的影响，与实际结果不吻合。冯·卡门认为湍流边界层由湍流主体、过渡层、层流内层组成，提出了三层模型，如图 11-5 所示，并引入了通用速度分布方程，从而使湍流传热理论和传质理论更接近实际情况。

在层流内层，仅考虑分子传递，即

$$q_{L,y}=-\rho C_p\alpha\frac{dt}{dy}=-\frac{\nu}{Pr}\rho C_p\frac{dt}{dy} \tag{11-55}$$

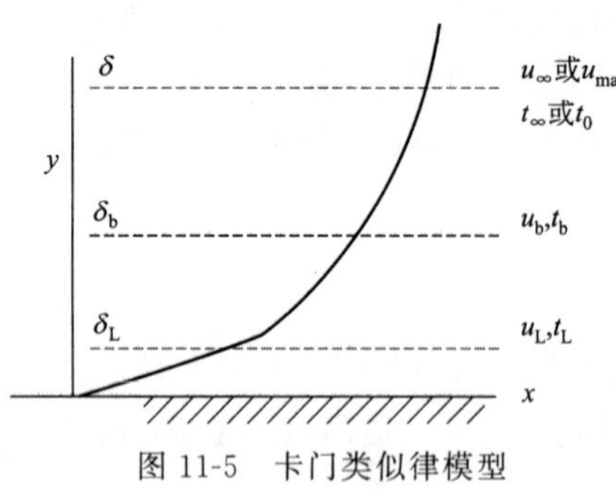

图 11-5 卡门类似律模型

在湍流中心，忽略分子传递，仅考虑涡流传递，即

$$q_{t,y}=-\alpha_e \rho C_p \frac{dt}{dy} \tag{11-56}$$

在过渡层中，既考虑分子传递又考虑涡流传递，即

$$q_{b,y}=-(\alpha+\alpha_e)\rho C_p \frac{dt}{dy} \tag{11-57}$$

由于层流内层厚度 δ_L 和过渡层厚度 δ_b 远小于管子内半径 r_i，故层流内层外缘和缓冲层外缘处的动量通量均可近似用壁面处的剪应力 τ_w 表示；稳态传热下，通过层流底层、缓冲层和湍流中心的热量通量均可近似用壁面处的热量通量表示，即

$$q_{L,y}=q_{b,y}=q_{t,y}=q_w$$

并假定涡流动量扩散系数和涡流热量扩散系数相等，即

$$\nu_e=\alpha_e$$

在上述前提下，分别求得层流内层、缓冲层和湍流中心的温度差，再将各层的温度差相加，得出湍流中心至管内壁面的总的温度差，最终根据总的温度差导得卡门类似律的表达式。

(1) 层流底层的温度差 Δt_L 对式(11-55) 积分可得

$$\Delta t_L=t_w-t_b=\frac{q_w}{\rho C_p}\frac{Pr}{\nu}\delta_L \tag{11-58}$$

其中层流内层厚度

$$\delta_L=5\frac{\nu}{u^*}=5\nu\sqrt{\frac{\rho}{\tau_w}}$$

于是

$$\Delta t_L=\frac{q_w}{\rho C_p}5Pr\sqrt{\frac{\rho}{\tau_w}} \tag{11-59}$$

(2) 缓冲层的温度差 Δt_b 对式(11-57) 积分可得

$$\Delta t_b=t_L-t_b=\frac{q_w}{\rho C_p}\int_{\delta_L}^{\delta_b}\frac{dy}{\frac{\nu}{Pr}+\nu_e} \tag{11-60}$$

由 $\tau_w=(\nu+\nu_e)\rho\frac{du}{dy}$ 得

$$\nu_e=\frac{\tau_w}{\rho}\frac{dy}{du}-\nu \tag{11-61}$$

由 $u^+=\frac{u_z}{u^*}=u_z\Big/\sqrt{\frac{\tau_w}{\rho}}$ 和 $y^+=\frac{u^*y}{\nu}=\frac{y}{\nu}\sqrt{\frac{\tau_w}{\rho}}$ 导得 $\frac{du_z}{dy}=\frac{du^+}{dy^+}\frac{\tau_w}{\rho\nu}$，以及缓冲层中的通用速度分布式 $u^+=5\ln y^+-3.05$，得到

$$\frac{du^+}{dy^+}=\frac{5}{y^+}$$

从而得

$$\frac{\mathrm{d}y}{\mathrm{d}u}=\frac{y^+}{5}\frac{\rho\nu}{\tau_w}$$

带入式(11-61) 中得

$$\nu_e=\nu\left(\frac{y^+}{5}-1\right)$$

故

$$\Delta t_b=\frac{q_w}{\rho C_p\nu}\int_{\delta_L}^{\delta_b}\frac{\mathrm{d}y}{\dfrac{1}{Pr}+\dfrac{y^+}{5}-1}=\frac{q_w}{\rho C_p}\sqrt{\frac{\rho}{\tau_w}}\int_5^{30}\frac{\mathrm{d}y^+}{\dfrac{1}{Pr}+\dfrac{y^+}{5}-1}=5\frac{q_w}{\rho C_p}\sqrt{\frac{\rho}{\tau_w}}\ln(5Pr+1)$$

(11-62)

(3) 湍流中心的温度差 Δt_t 湍流中心的温度差与前述 Prandtl 两层模型一样，可表示为

$$\Delta t_t=t_b-t_0=\frac{q_w}{C_p\tau_w}(u_{max}-u_b) \tag{11-63}$$

式中，u_b 为湍流中心与过渡层交界处的流速，由

$$u_b^+=\frac{u_b}{u^*}=5\ln y^+-3.05|_{y^+=30}=5\ln30+5-5\ln5=5(1+\ln6) \tag{11-64}$$

可得

$$\Delta t_t=\frac{q_w}{\rho C_p}\sqrt{\frac{\rho}{\tau_w}}\left[\frac{u_{max}}{\sqrt{\tau_w/\rho}}-5(\ln6+1)\right] \tag{11-65}$$

(4) 总的温度差 总温差

$$\Delta t=(t_w-t_0)=\Delta t_L+\Delta t_b+\Delta t_t=\frac{q_w}{\rho C_p}\sqrt{\frac{\rho}{\tau_w}}\left[\frac{u_{max}}{\sqrt{\tau_w/\rho}}+5(Pr-1)+5\ln\frac{5Pr+1}{6}\right]$$

(11-66)

(5) 对流传热系数

$$h=\frac{q_w}{\Delta t}=\frac{\rho C_p}{\sqrt{\dfrac{\rho}{\tau_w}}\left[\dfrac{u_{max}}{\sqrt{\tau_w/\rho}}+5(Pr-1)+5\ln\dfrac{5Pr+1}{6}\right]} \tag{11-67}$$

将摩擦因子的定义式 $\tau_w=\frac{1}{2}\rho u_{av}^2$ 代入上式，并整理得

$$St=\frac{h}{\rho C_p u_{av}}=\frac{\dfrac{1}{2}fu_{av}/u_{max}}{1+\sqrt{\dfrac{f}{2}}\dfrac{u_{av}}{u_{max}}\left[5(Pr-1)+5\ln\dfrac{5Pr+1}{6}\right]} \tag{11-68}$$

或

$$Nu=\frac{\dfrac{1}{2}f\dfrac{u_{av}}{u_{max}}}{1+\sqrt{\dfrac{f}{2}}\dfrac{u_{av}}{u_{max}}\left[5(Pr-1)+5\ln\dfrac{5Pr+1}{6}\right]}RePr \tag{11-69}$$

式(11-68) 为传热的卡门类似律。对于传质过程，参照传热的卡门类似律的推导步骤，可以导出传质的卡门类似律，即

$$St_{\mathrm{m}}=\frac{k_c^0}{u_{\mathrm{av}}}\frac{\frac{1}{2}fu_{\mathrm{av}}/u_{\max}}{1+\sqrt{\frac{f}{2}}\frac{u_{\mathrm{av}}}{u_{\max}}\left[5(Sc-1)+5\ln\frac{5Sc+1}{6}\right]} \tag{11-70}$$

对于圆管内湍流，式(11-68)～式(11-70) 中的平均速度与最大速度的比值 $u_{\mathrm{av}}/u_{\max}$ 一般可取为 0.817，实际上其值随雷诺数略有变动。

卡门类似律既可用于圆管内，亦可用于平壁。当用于平板时，将管中心的速度、温度和浓度分别改用边界层外的速度、温度和浓度；故平板上的传热和传质的卡门类似律分别为

$$St=\frac{h}{\rho C_p u_{\infty}}=\frac{\frac{f}{2}}{1+\sqrt{\frac{f}{2}}\left[5(Pr-1)+5\ln\frac{5Pr+1}{6}\right]} \tag{11-71}$$

$$St_{\mathrm{m}}=\frac{k_c^0}{u_{\infty}}\frac{\frac{f}{2}}{1+\sqrt{\frac{f}{2}}\left[5(Sc-1)+5\ln\frac{5Sc+1}{6}\right]} \tag{11-72}$$

需要说明的是：由于式中引入的是平壁湍流的摩擦因子，故所得传热系数、传热斯坦顿数以及传质系数和传质斯坦顿数均为平均值；若式中引入局部摩擦因子 f_x，则式中的 h、St 以及 k_c^0 和 St_{m} 均需分别用离平壁前缘 x 处的局部值 h_x、St_x 以及 k_{cx}^0 和 $St_{\mathrm{m}x}$ 代替。

在推导卡门类似律时，曾假定通过层流底层、缓冲层和湍流中心的动量通量、热量通量均等于壁面处的动量通量、热量通量，对于动量通量、热量通量和质量通量沿径向改变的圆管内的流动、传热和传质过程，显然具有一定的误差。又和普朗特-泰勒类似律一样，一方面由于忽略了层流底层中涡流传递作用，在 Pr/Sc 很大时就会带来很大的误差；另一方面，由于忽略了湍流中心分子传递的作用，对于 Pr/Sc 小的流体也是不适用的。在 $Pr=0.46$～324 范围内，卡门类似律的计算结果与实验数据比较，误差为±20%。当 $Pr=1$ 和 $Sc=1$ 时，卡门类似律的结果和雷诺类似律完全相同。

11.6 *j* 因子类似律

契尔顿和柯尔本采用实验方法，研究了大量的对流传热、对流传质及压力降数据，关联了对流传热系数、对流传质系数和摩擦因子的关系式，对雷诺类似律进行了修正，得到了以实验为基础的类似律，称为 j 因子类似律。

对于管内湍流时的摩擦因子，柯尔本提出

$$f=0.046Re^{-0.2} \tag{11-73}$$

对于管内湍流传热，柯尔本提出

$$Nu=0.023Re^{0.8}Pr^{1/3} \tag{11-74}$$

将上式两侧各除以 $RePr^{1/3}$，并将式(11-73) 代入，得

$$\frac{Nu}{RePr^{1/3}}=0.023Re^{-0.2}=\frac{f}{2} \tag{11-75}$$

式左侧可改写为

$$\frac{Nu}{RePr^{1/3}}=\frac{Nu}{RePr}Pr^{2/3}=StPr^{2/3}=j_{\mathrm{H}} \tag{11-76}$$

代入式(11-75)，即得

$$j_{\mathrm{H}}=\frac{f}{2} \tag{11-77}$$

式中，j_{H} 称为传热的 j 因子。

传质系数和摩擦因子亦可整理为类似的关联式，即

$$\frac{Sh}{ReSc^{1/3}}=0.023\,Re^{-0.2}=\frac{f}{2} \tag{11-78}$$

或

$$\frac{Sh}{ReSc^{1/3}}=\frac{Sh}{ReSc}Sc^{2/3}=St_{\mathrm{m}}Sc^{2/3}=j_{\mathrm{M}}=\frac{f}{2} \tag{11-79}$$

式中，j_{M} 称为传质的 j 因子。

由式(11-77) 或式(11-79)，可得动量、热量和质量传递的广义的 j 因子类似律。

$$\frac{f}{2}=j_{\mathrm{H}}=j_{\mathrm{M}} \tag{11-80}$$

j 因子类似律的适用范围是 $0.6<Pr<100$ 和 $0.6<Sc<2500$。需要提出的是，如果系统中有形体阻力存在，这时的摩擦因子 f 不仅受到摩擦阻力还受到形体阻力的影响。由于这部分形体阻力既不是分子传递又不是涡流传递所产生，而是由压力差引起的，所以在此情况下，动量传递就不能和传热、传质进行类比。但传热和传质仍然是分子传递和涡流传递的结果，因此有 $j_{\mathrm{H}}\approx j_{\mathrm{M}}$，只是不再等于$\frac{f}{2}$。

此外，当 $Pr=1$ 和 $Sc=1$ 时，j 因子类似律和雷诺类似律完全一致。

11.7　速度、温度和浓度边界层的类似

当流体流过固体表面时，有速度边界层、温度边界层或浓度边界层，它们有类似的性质和分布。流体流过平板时的边界层如图 11-6 所示，图中 δ、δ_t、δ_c 分别为速度边界层、温度边界层和浓度边界层的厚度。在动量传递与热量传递并存的传递过程中，边界层厚度 δ 与 δ_t 的比值取决于 Pr 的数值：当 $Pr<1$ 时，$\delta<\delta_t$；当 $Pr=1$ 时，$\delta=\delta_t$；当 $Pr>1$ 时，$\delta>\delta_t$。在动量传递与质量传递并存的传递过程中，边界层厚度 δ 与 δ_c 的比取决于 Sc 的数值：当 $Sc<1$ 时，$\delta<\delta_c$；当 $Sc=1$ 时，$\delta=\delta_c$；$Sc>1$ 时，$\delta>\delta_c$。

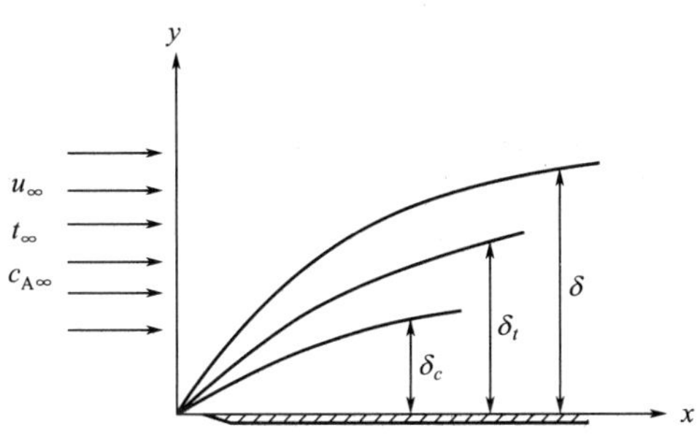

图 11-6　流体流过平板时的边界层

流体的 Pr 和 Sc 数值取决于其物性，它由流体的动量扩散系数 ν、热量扩散系数 α 和质量扩散系数 D 而定。对气体、液体及金属液体，它们的数值范围如表 11-2 所示。

表 11-2　气体、液体及金属液体的 *Pr* 和 *Sc*

特征数	气体	液体	金属液体
Pr	0.6～1.0	1～50	0.001～0.02
Sc	1.0～2.0	100～1000	1000

在表 11-2 中，各种流体的 Sc 值均在 1.0 以上，也就是说，速度边界层的厚度 δ 均较浓度边界层的厚度 δ_c 大。

对气体来说，因为 $Pr\approx Sc\approx 1$，$\delta\approx\delta_t\approx\delta_c$，三者几乎可以重合，如图 11-7 所示。

对于液体来说，因为 $Pr>1$，所以 $\delta>\delta_t$，而 $Sc\gg 1$　所以 $\delta\gg\delta_c$，由此得到 $\delta>\delta_t>\delta_c$，其变化如图 11-8 所示。对金属液体来说，因为 $Pr\ll 1$，所以 $\delta\ll\delta_t$，而 $Sc\gg 1$ 所以 $\delta\gg\delta_c$ 由此得到 $\delta_t\gg\delta\gg\delta_c$，其变化如图 11-9 所示。

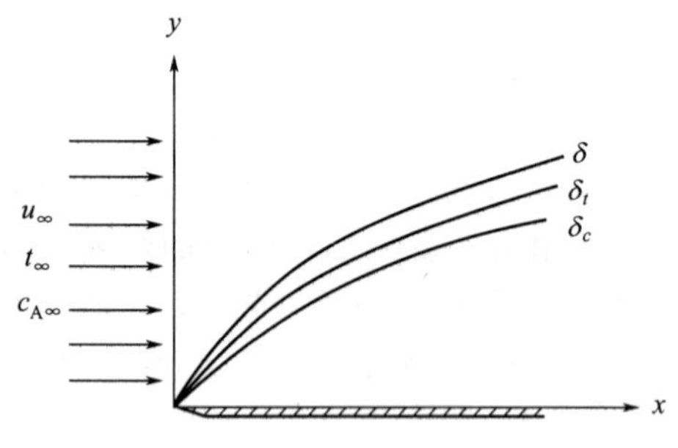

图 11-7　$Pr\approx Sc\approx 1$ 时的边界层厚度

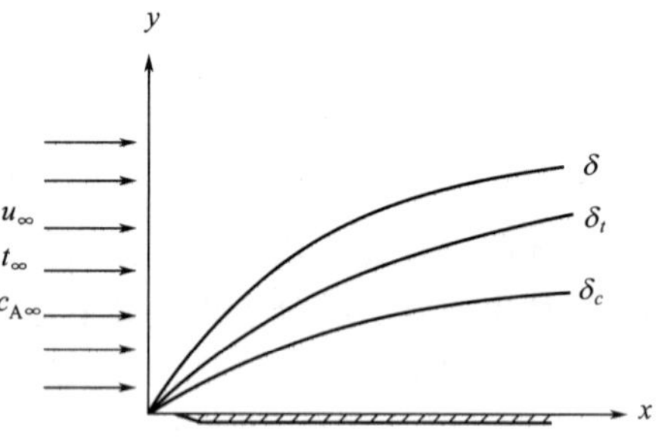

图 11-8　$Pr>1$，$Sc\gg 1$ 时的边界层厚度

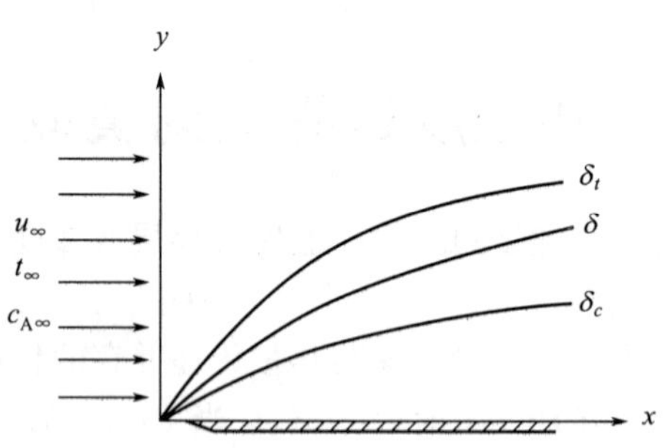

图 11-9　$Pr\ll 1$，$Sc\gg 1$ 时的边界层厚度

对于平板壁上方层流/湍流边界层的流动、传热和传质，其求解结果是类似的，汇总结果见表 11-3。

表 11-3　平板壁面层流/湍流边界层的流动、传热和传质

内容	动量传递	热量传递	质量传递
卡门边界层方程	$\frac{d}{dx}\int_0^{\delta}(u_\infty-u_x)u_x dy=\nu\left.\frac{\partial u_x}{\partial y}\right\|_{y=0}$	$\frac{d}{dx}\int_0^{\delta_t}(t_\infty-t)u_x dy=\alpha\left.\frac{\partial t}{\partial y}\right\|_{y=0}$	$\frac{d}{dx}\int_0^{\delta_c}(c_{A\infty}-c_A)u_x dy=D_{AB}\left.\frac{\partial c_A}{\partial y}\right\|_{y=0}$

续表

内容	动量传递	热量传递	质量传递
层流			
边界条件	$y=0, u_x=0$ $y=0, \frac{d^2 u_x}{dy^2}=0$ $y=\delta, u_x=u_\infty$ $y=\delta, \frac{du_x}{dy}=0$	$y=0, t=t_w$ $y=0, \frac{d^2 t}{dy^2}=0$ $y=\delta_t, t=t_\infty$ $y=\delta_t, \frac{dt}{dy}=0$	$y=0, c_A=c_{Aw}$ $y=0, \frac{d^2 c_A}{dy^2}=0$ $y=\delta_c, c_A=c_{A\infty}$ $y=\delta_c, \frac{dc_A}{dy}=0$
速度/温度/浓度分布	$\frac{u_x}{u_\infty}=\frac{3}{2}\frac{y}{\delta}-\frac{1}{2}\left(\frac{y}{\delta}\right)^3$	$\frac{t-t_w}{t_\infty-t_w}=\frac{3}{2}\frac{y}{\delta_t}-\frac{1}{2}\left(\frac{y}{\delta_t}\right)^3$	$\frac{c_A-c_{Aw}}{c_{A\infty}-c_{Aw}}=\frac{3}{2}\left(\frac{y}{\delta_c}\right)-\frac{1}{2}\left(\frac{y}{\delta_c}\right)^3$
边界层厚度	$\delta=4.64xRe_x^{-1/2}$	$\delta_t=4.54xRe_x^{-1/2}Pr^{-1/3}$	$\delta_c=4.54xRe_x^{-1/2}Sc^{-1/3}$
局部摩擦/对流传热/对流传质系数	$C_{Dx}=0.646Re_x^{-1/2}$	$h_x=0.332\frac{k}{x}Re_x^{1/2}Pr^{1/3}$ $Nu_x=0.332Re_x^{1/2}Pr^{1/3}$	$k_{cx}^0=0.332\frac{D_{AB}}{x}Re_x^{1/2}Sc^{1/3}$ $Sh_x=0.332Re_x^{1/2}Sc^{1/3}$
平均摩擦/对流传热/对流传质系数	$C_D=1.292Re_L^{-1/2}$	$h=0.664\frac{k}{L}Re_L^{1/2}Pr^{1/3}$ $Nu=0.664Re_L^{1/2}Pr^{1/3}$	$k_{cx}^0=0.664\frac{D_{AB}}{L}Re_L^{1/2}Sc^{1/3}$ $Sh=0.664Re_L^{1/2}Sc^{1/3}$
湍流			
速度/温度/浓度分布	$\frac{u_x}{u_\infty}=\left(\frac{y}{\delta}\right)^{1/7}$	$\frac{t-t_w}{t_\infty-t_w}=\left(\frac{y}{\delta_t}\right)^{1/7}$	$\frac{c_A-c_{Aw}}{c_{A\infty}-c_{Aw}}=\left(\frac{y}{\delta_c}\right)^{1/7}$
边界层厚度	$\delta=0.376xRe_x^{-1/5}$	$\delta_t=0.376xRe_x^{-1/5}$	$\delta_c=0.376xRe_x^{-1/5}$
局部摩擦/对流传热/对流传质系数	$C_{Dx}=0.0575Re_x^{-1/5}$	$Pr=1$ $h_x=0.0292\frac{k}{x}Re_x^{4/5}$ $Nu_x=0.0292Re_x^{4/5}$ $Pr\neq1$ $h_x=0.0292\frac{k}{x}Re_x^{4/5}Pr^{1/3}$ $Nu_x=0.0292\,Re_x^{4/5}\,Pr^{1/3}$	$Sc=1$ $k_{cx}^0=0.0292\frac{D_{AB}}{x}Re_x^{4/5}$ $Sh_x=0.0292Re_x^{4/5}$ $Sc\neq1$ $k_{cx}^0=0.0292\frac{D_{AB}}{x}Re_x^{4/5}Sc^{1/3}$ $Sh_x=0.0292\,Re_x^{4/5}Sc^{1/3}$
平均摩擦/对流传热/对流传质系数	$C_D=0.072Re_L^{-1/5}$	$Pr=1$ $h=0.0365\frac{k}{L}Re_L^{4/5}$ $Nu=0.0365Re_L^{4/5}$ $Pr\neq1$ $h=0.0365\frac{k}{L}Re_L^{4/5}\,Pr^{1/3}$ $Nu=0.0365\,Re_L^{4/5}Pr^{1/3}$	$Sc=1$ $k_c^0=0.0365\frac{D_{AB}}{L}Re_L^{4/5}$ $Sh=0.0365\,Re_L^{4/5}$ $Sc\neq1$ $k_c^0=0.0365\frac{D_{AB}}{L}Re_L^{4/5}Pr^{1/3}$ $Sh=0.0365Re_L^{4/5}Pr^{1/3}$

11.8　非稳态下的三传类比

无论稳态或非稳态下的动量、热量和质量传递，实质上都是分子传递或湍流传递的结果。前面已讨论了稳态下的三传类比，其中雷诺类似律和 j 因子类似律既可用于层流，又可用湍流。和稳态下的动量、热量及质量传递一样，由于非稳态下的动量、热量及质量传递在导出概念上的一致性和所得公式的类似性，非稳态下的三传间亦必存在某种定量的关系，因此也可以用类比的方法处理。现以半无限厚介质的非稳态传递为例，导出其类比关系。

(1) 微分方程及其解 首先把半无限厚介质中进行非稳态动量传递、热量传递和质量传递时的微分方程及其各自的解对照列于表 11-4。

表 11-4 半无限厚介质中非稳态传递过程的微分方程及相应解

项目		动量传递(非稳态流动)	热量传递(非稳态导热)	质量传递(非稳态分子扩散)
方程		$\frac{\partial u_x}{\partial \theta}=\nu\frac{\partial^2 u_x}{\partial y^2}$	$\frac{\partial t}{\partial \theta}=\alpha\frac{\partial^2 t}{\partial y^2}$	$\frac{\partial c_A}{\partial \theta}=D_{AB}\frac{\partial^2 c_A}{\partial y^2}$
初始条件		$\theta=0$ 时,$u_x=0$ (对所有的 y 值)	$\theta=0$ 时,$t=t_i$ (对所有的 y 值)	$\theta=0$ 时,$c_A=c_{Ai}$ (对所有的 y 值)
边界条件		$\theta>0$ 时,$y=0$ 处,$u_x=u_w$	$\theta>0$ 时,$y=0$ 处,$t=t_w$	$\theta>0$ 时,$y=0$ 处,$c_A=c_{Aw}$
		$\theta>0$ 时,$y=\infty$ 处,$u_x=0$	$\theta>0$ 时,$y=\infty$ 处,$t=t_i$	$\theta>0$ 时,$y=\infty$ 处,$c_A=c_{Ai}$
方程的解		$\frac{u_w-u_x}{u_w}=\mathrm{erf}\frac{y}{\sqrt{4\nu\theta}}$	$\frac{t_w-t}{t_w-t_i}=\mathrm{erf}\frac{y}{\sqrt{4\alpha\theta}}$	$\frac{c_{Aw}-c_A}{c_{Aw}-c_{Ai}}=\mathrm{erf}\frac{y}{\sqrt{4D_{AB}\theta}}$
传递通量		$\tau_w=-\mu\frac{\partial u_x}{\partial y}\Big\vert_{y=0}=\frac{\mu u_w}{\sqrt{\pi\nu\theta}}$	$q_w=-k\frac{\partial t}{\partial y}\Big\vert_{y=0}=\frac{k(t_w-t_i)}{\sqrt{\pi\alpha\theta}}$	$N_{Aw}=-D_{AB}\frac{\partial c_A}{\partial y}\Big\vert_{y=0}=\frac{D_{AB}(c_{Aw}-c_{Ai})}{\sqrt{\pi D_{AB}\theta}}$

(2) 动量传递与热量传递的类比 摩擦阻力的定义式

$$\tau_w=-\mu\frac{\partial u_x}{\partial y}\bigg|_{y=0}=\frac{f}{2}\rho u_w^2 \tag{11-81}$$

对于半无限厚介质，将动量通量的求解结果代入得

$$\frac{\mu u_w}{\sqrt{\pi\nu\theta}}=\frac{f}{2}\rho u_w^2 \tag{11-82}$$

对流传热系数的定义式

$$q_w=-k\frac{\partial t}{\partial y}\bigg|_{y=0}=h(t_w-t_i)$$

对于半无限厚介质，将热量通量的求解结果代入，得

$$\frac{k(t_w-t_i)}{\sqrt{\pi\alpha\theta}}=h(t_w-t_i) \tag{11-83}$$

将式(11-82) 和式(11-83) 比较，得

$$\frac{h}{\frac{f}{2}\rho u_w}=\frac{k/\sqrt{\pi\alpha\theta}}{\mu/\sqrt{\pi\nu\theta}}$$

或

$$\frac{h}{\rho u_w C_p}=\frac{f}{2}\frac{k}{\mu C_p}\left(\frac{\nu}{\alpha}\right)^{1/2}=\frac{f}{2}Pr^{-1/2} \tag{11-84}$$

$$St=\frac{f}{2}Pr^{-1/2} \tag{11-85}$$

$$Nu=\frac{f}{2}RePr^{1/2} \tag{11-86}$$

(3) 动量与质量传递的类比 同理，根据

$$\frac{\mu u_w}{\sqrt{\pi\nu\theta}}=\frac{f}{2}\rho u_w^2$$

和

$$\frac{D_{AB}(c_{Aw}-c_{Ai})}{\sqrt{\pi D_{AB}\theta}}=k_c^0(c_{Aw}-c_{Ai}) \tag{11-87}$$

可以导得

$$\frac{k_c^0}{u_w}=\left(\frac{D_{AB}}{\nu}\right)^{1/2}\frac{f}{2} \tag{11-88}$$

或

$$St_m=\frac{f}{2}Sc^{-1/2} \tag{11-89}$$

$$Sh=\frac{f}{2}ReSc^{1/2} \tag{11-90}$$

(4) 半无限厚介质的广义类似律　比较式(11-86) 和式(11-90)，可以得到

$$\frac{Nu}{RePr^{1/2}}=\frac{Sh}{ReSc^{1/2}}=\frac{f}{2} \tag{11-91}$$

此即为半无限厚介质的广义的类似律。这是描述非稳态传递过程类比的一个实例。显然，若 $Pr=1$ 和 $Sc=1$，其结果和稳态传递时的雷诺类似律完全一致。

11.9 本章小结与应用

11.9.1 本章小结

本质上说，动量、热量和质量传递是一致的，但表现为三种不同的现象。动量、热量和质量传递的基本概念、基本定律、基本方程及解析方法均具有类似性。用类似方法可以将三种传递现象联系起来，具体操作是详尽研究某一种传递过程的规律，然后将结果推广到其它传递过程，这就是重视和发展类似原理的目的。

本章主要介绍了稳态情况下的雷诺类似律、普朗特-泰勒类似律、卡门类似律、j 因子类似律及非稳态类似律，结果汇总于表 11-5。在无总体流动以及表面传质速率足够低的条件下，对流传热和对流传质的机理相同，导出概念一致，所得的公式类似，用相同的方法求解，最终获得的关联式亦必具有类似的形式。因此只要把 k 换成 D_{AB}、Pr 换成 Sc、Nu 换成 Sh、St 换成 St_m、j_H 换成 j_M，由精确解、近似解或动量和热量类比所得的对流传热系数关联式就可用于相应的传质过程。

稳态情况下的三传类比中，雷诺类似律和 j 因子类似律既适用于层流，也适用于湍流；普朗特-泰勒类似律和卡门类似律仅适用于湍流，但不管怎样，其它类似律都是以雷诺类似律为基础，对其进行修正而得。普朗特-泰勒类似律对雷诺类似律的修正项为 $St=\dfrac{1}{1+5\sqrt{\dfrac{f}{2}}(Pr-1)}\dfrac{f}{2}$或 $St_m=\dfrac{1}{1+5\sqrt{\dfrac{f}{2}}(Sc-1)}\dfrac{f}{2}$，卡门类似律的修正项为 $St=\dfrac{h}{\rho C_p u_{av}}=\dfrac{\varphi\dfrac{f}{2}}{1+5\varphi\sqrt{\dfrac{f}{2}}\left[(Pr-1)+\ln\dfrac{5Pr+1}{6}\right]}$或 $St_m=\dfrac{k_c^0}{u_{av}}=\dfrac{\varphi\dfrac{f}{2}}{1+5\varphi\sqrt{\dfrac{f}{2}}\left[(Sc-1)+\ln\dfrac{5Sc+1}{6}\right]}$，$j$ 因子类似律的修正项为 $Pr^{2/3}$或 $Sc^{2/3}$，半无限厚介质的修正项为 $Pr^{-1/2}$或 $Sc^{-1/2}$。

动量、热量和质量传递的相似和类比，已被理论和实验所证实，它为传递这一学科领域

表 11-5 传递现象类似律（管流）

类似律	动量传递与热量传递	动量传递与质量传递	备注
雷诺类似律	$St=\dfrac{f}{2}$	$St_{\mathrm{m}}=\dfrac{f}{2}$	$Pr=Sc=1$；将整个边界层作为湍流主体处理，即单层模型
普朗特-泰勒类似律	$St=\dfrac{1}{1+5\sqrt{\dfrac{f}{2}}(Pr-1)}\dfrac{f}{2}$ $Nu=\dfrac{1}{1+5\sqrt{\dfrac{f}{2}}(Pr-1)}\dfrac{f}{2}RePr$	$St_{\mathrm{m}}=\dfrac{1}{1+5\sqrt{\dfrac{f}{2}}(Sc-1)}\dfrac{f}{2}$ $Sh=\dfrac{1}{1+5\sqrt{\dfrac{f}{2}}(Sc-1)}\dfrac{f}{2}ReSc$	将边界层分为层流底层和湍流主体（湍流主体包括过渡层和湍流主体）处理，即两层模型
修正的普朗特-泰勒类似律	$St=\dfrac{1}{1+11.6\sqrt{\dfrac{f}{2}}(Pr-1)}\dfrac{f}{2}$ $Nu=\dfrac{1}{1+11.6\sqrt{\dfrac{f}{2}}(Pr-1)}\dfrac{f}{2}RePr$	$St_{\mathrm{m}}=\dfrac{1}{1+11.6\sqrt{\dfrac{f}{2}}(Sc-1)}\dfrac{f}{2}$ $Sh=\dfrac{1}{1+11.6\sqrt{\dfrac{f}{2}}(Sc-1)}\dfrac{f}{2}ReSc$	
卡门类似律	$St=\dfrac{h}{\rho C_p u_{\mathrm{av}}}=\dfrac{\varphi\dfrac{f}{2}}{1+5\varphi\sqrt{\dfrac{f}{2}}\left[(Pr-1)+\ln\dfrac{5Pr+1}{6}\right]}$ $Nu=\dfrac{\varphi\dfrac{f}{2}}{1+5\varphi\sqrt{\dfrac{f}{2}}\left[(Pr-1)+\ln\dfrac{5Pr+1}{6}\right]}RePr$	$St_{\mathrm{m}}=\dfrac{k_c^0}{u_{\mathrm{av}}}=\dfrac{\varphi\dfrac{f}{2}}{1+5\varphi\sqrt{\dfrac{f}{2}}\left[(Sc-1)+\ln\dfrac{5Sc+1}{6}\right]}$ $Sh=\dfrac{\varphi\dfrac{f}{2}}{1+5\varphi\sqrt{\dfrac{f}{2}}\left[(Sc-1)+\ln\dfrac{5Sc+1}{6}\right]}ReSc$	将边界层按照层流底层、过渡层和湍流主体处理，即三层模型；$\varphi=\dfrac{u_{\mathrm{av}}}{u_{\max}}$
j 因子类似律	$j_{\mathrm{H}}=StPr^{2/3}=\dfrac{f}{2}$	$j_{\mathrm{M}}=St_{\mathrm{m}}Sc^{2/3}=\dfrac{f}{2}$	$0.6<Pr<100$ $0.6<Sc<2500$ 无形体阻力
非稳态类似	$St=\dfrac{f}{2}Pr^{-1/2}$	$St_{\mathrm{m}}=\dfrac{f}{2}Sc^{-1/2}$	—

的深入研究提供了重要依据。但是三传有明显的区别，如流体做绕流运动时，压力场改变所产生的阻力，即形体阻力，是动量传递中特有的问题；此外，热量和质量为标量，而动量为矢量，热通量、质量通量为矢量，而动量通量为张量。张量和矢量不同，除大小和方向外，还需要由相对于一个平面的方位才能完全描述。因此，微分热量和微分质量衡算方程各只有一个，而微分动量衡算方程却有三个（无论是直角坐标、柱坐标或球坐标），对于机理相同、现象类似、边界条件简单的一维动量、热量和质量传递问题，由于微分动量衡算方程最终可化为一个，因而它们可以用同一种方法进行处理，而多维传递则不同，在很多场合，不能用同一种模式去处理。

11.9.2 应用举例

【例 11-1】（1）已知平板上的摩擦因子可由式 $f=1.328Re_L^{-1/2}$ 计算，试由雷诺类比导出传热系数的表达式。（2）20℃的空气以均匀流速 $u_\infty=15\mathrm{m/s}$ 平行于温度为 100℃的壁面流动。已知临界 $Re_{x,\mathrm{c}}=5\times10^5$，试求平板上层流段的平均传热系数。

解　(1) $St=\frac{Nu}{RePr}=\frac{f}{2}=0.664Re^{-1/2}$

$$Nu=0.664Re_L^{1/2}Pr \tag{1}$$

或

$$h=0.664\frac{k}{L}Re_L^{1/2}Pr \tag{2}$$

(2) 在空气的平均温度 (100+20)/2=60 (℃) 下，查得：

$$k=0.0259\text{W}/(\text{m}\cdot℃)$$

$$Pr=0.696$$

$$\nu=18.97\times10^{-6}\text{m}^2/\text{s}$$

由于普朗特数和 1 比较接近，所以可用雷诺类比近似估算传热系数。

因为求层流段的传热系数，式(2) 中的 L 为临界长度 x_c，其值可由下式求得

$$Re_{x,c}=\frac{x_c u_\infty}{\nu}=5\times10^5$$

$$L(=x_c)=5\times10^5\frac{\nu}{u_\infty}=5\times10^5\times\frac{18.97\times10^{-6}}{15}=0.632\ (\text{m})$$

代入式(2)，即得层流段传热系数

$$h=0.664\times\frac{0.0259}{0.632}(5\times10^5)^{1/2}\times0.696=13.39\ [\text{W}/(\text{m}^2\cdot℃)]$$

【例 11-2】　已知圆管内湍流时的摩擦因子 $f=0.046Re^{-0.2}$，试求圆管内湍流时的传热系数和传质系数。

解　传热系数的表达式导出如下：

$$St=\frac{Nu}{RePr}=\frac{f}{2}=0.023Re^{-0.2}$$

$$Nu=0.023Re^{0.8}Pr$$

或

$$h=0.023\frac{k}{d}Re^{0.8}Pr$$

将上式和经验公式 $Nu=0.023Re^{0.8}Pr^{0.4}$ 相比较，在 $Pr=1$ 时，结果完全相同。这进一步从实际上证明雷诺类似律仅适用于 Pr 为 1 的场合。通常，气体的 Pr 比较接近于 1，而液体的 Pr 离 1 较远，所以雷诺类似律只能近似地用于气体。

同理，亦可导得传质系数的表达式，即

$$St_m=0.023Re^{-0.2}$$

或

$$Sh=0.023Re^{0.8}Sc$$

$$k_c^0=0.023\frac{D_{AB}}{d}Re^{0.8}Sc$$

同样，和经验式 $Sh=0.023Re^{0.8}Sc^{0.44}$ 比较，亦可从实践证明雷诺类似律仅适用于 $Sc=1$ 的场合。

【例 11-3】　水以 4m/s 的流速在内径 25mm、长 6m 的光滑圆管内流动。水的进口温度为 300K，管内壁温维持 330K 不变。试分别用雷诺类似律、普朗特-泰勒类似律、修正的普朗特-泰勒类似律、卡门类似律计算传热系数和水的出口温度，并对四种计算结果加以比较。

解　由于定性温度需根据流体的出口温度计算，首先假定水的出口温度为 320K。由此得定性温度为

$$t_m=\frac{t_i+t_0}{2}=\frac{320+300}{2}=310\ (K)$$

310K 下，水的物性为

$$\rho=993.3\text{kg/m}^3 \quad \mu=0.6974\times10^{-3}\text{N}\cdot\text{s/m}^2$$

$$C_p=4174\text{J/(kg}\cdot\text{K)} \quad k=0.6292\text{W/(m}\cdot\text{K)}$$

$$Pr=\frac{C_p\mu}{k}=\frac{4174\times0.6974\times10^{-3}}{0.6292}=4.626$$

各类比中均涉及的雷诺数和摩擦因子分别为

$$Re=\frac{du_{av}\rho}{\mu}=\frac{0.025\times4\times993.3}{0.6974\times10^{-3}}=1.424\times10^5$$

$$f=0.079Re^{-1/4}=0.079\times(1.424\times10^5)^{-1/4}=0.004067$$

(1) 求 h　由雷诺类似律求 h 得

$$h=\frac{f}{2}\rho u_{av}C_p=\frac{0.004067}{2}\times993.3\times4\times4174=3.372\times10^4\ [\text{W/(m}^2\cdot\text{K)}]$$

由普朗特-泰勒类似律求 h 得

$$h=\frac{1}{1+5\sqrt{\frac{f}{2}}(Pr-1)}\frac{f}{2}\rho u_{av}C_p=\frac{1}{1+5\sqrt{\frac{0.004067}{2}}(4.626-1)}\times3.372\times10^4$$

$$=1.855\times10^4\ [\text{W/(m}^2\cdot\text{K)}]$$

由修正的普朗特-泰勒类似律求 h 得

$$h=\frac{1}{1+11.6\sqrt{\frac{f}{2}}(Pr-1)}\frac{f}{2}\rho u_{av}C_p=\frac{1}{1+11.6\sqrt{\frac{0.004067}{2}}(4.626-1)}\times3.372\times10^4$$

$$=1.164\times10^4\ [\text{W/(m}^2\cdot\text{K)}]$$

由卡门类似律求 h 得

$$h=\frac{\frac{1}{2}f\frac{u_{av}}{u_{max}}}{1+\sqrt{\frac{f}{2}}\frac{u_{av}}{u_{max}}\left[5(Pr-1)+5\ln\frac{5Pr+1}{6}\right]}\rho u_{av}C_p$$

式中平均流速与最大流速之比随雷诺数而变，当 $Re=1.424\times10^5$ 时，$\frac{u_{av}}{u_{max}}=0.818$；和其它数据一并代入式中，得

$$h=\frac{\frac{1}{2}\times0.004067\times0.818\times993.3\times4\times4174}{1+\sqrt{\frac{0.004067}{2}}\times0.818\left[5(4.626-1)+5\ln\frac{5\times4.626+1}{6}\right]}=1.433\times10^4\ [\text{W/(m}^2\cdot\text{K)}]$$

由 j 因子类似律求 h 得

$$h=\frac{f}{2}\rho u_{av}C_pPr^{-2/3}=1.215\times10^4\ [\text{W/(m}^2\cdot\text{K)}]$$

(2) 不同类似律下水的出口温度　取微分管长 dL 进行热量衡算：

$$h(\pi d_i\text{d}L)(t_w-t)=\frac{\pi}{4}d_i^2u_{av}\rho C_p\text{d}t$$

分离变量，并积分

$$\int_{t_1}^{t_2} \frac{\mathrm{d}t}{t_\mathrm{w}-t} = \frac{4h}{d_\mathrm{i}\rho u_\mathrm{av} C_p} \int_0^L \mathrm{d}L$$

得

$$\begin{aligned} \ln(t_\mathrm{w}-t_2) &= \ln(t_\mathrm{w}-t_1) - \frac{4hL}{d_\mathrm{i}\rho u_\mathrm{av} C_p} \\ &= \ln(330-300) - \frac{4h\times 6}{0.025\times 993.3\times 4\times 4174} \\ &= 3.40 - 5.789\times 10^{-5} h \end{aligned}$$

将不同类似律所得传热系数代入上式，即可获得相应的出口水温，现列表于 11-6。

表 11-6　不同类似律下的传热系数和出口水温

类似律	$h/[\mathrm{W/(m^2 \cdot K)}]$	$3.40-5.789\times10^{-5}h$	$(t_\mathrm{w}-t_2)/\mathrm{K}$	t_2/K
雷诺类似律	3.372×10^4	1.448	4.255	325.745
普朗特-泰勒类似律	1.855×10^4	2.326	10.239	319.761
修正的普朗特-泰勒类似律	1.164×10^4	2.726	15.275	314.725
卡门类似律	1.433×10^4	2.570	13.072	316.928
j 因子类似律	1.215×10^4	2.697	14.830	315.170

按不同类似律出口水温计算定性温度与原假定出口水温所得定性温度 320K 相差较小，对物性的影响不大，故无需重算。

由表 11-6 可见，与实验所得的 j 因子类似律对照，雷诺类似律由于模型过于简化，且只适用于 $Pr\approx1$ 的流体。

11.9.3　课堂/课外讨论

11-1　动量、热量和质量类比具有哪些理论意义和实际意义？

11-2　试分析与讨论为何讨论三传类似性之前要做四点假设？

11-3　试从三个不同的角度说明动量、热量和质量传递之间具有类似性。

11-4　试就湍流传热和传质的异同进行讨论。

11-5　分析雷诺类似律、普朗特-泰勒类似律、卡门类似律和 j 因子类似律各自的特点。说明哪种类似律对层流和湍流都适用，哪种类似律仅适用于湍流。

11.9.4　思考题

11-1　动量传递、热量传递和质量传递在什么条件下存在类似性，在什么条件下不能进行类比？

11-2　列出雷诺类比的表达式，阐明雷诺类比中各准数的物理意义及雷诺类比的实质。在什么条件下才能应用雷诺类比，为什么？

11-3　下面哪些特征数是联系动量和热量的特征数，哪些特征数是联系动量和质量的特征数？

$$Sc=\frac{\nu}{D},Pr=\frac{\nu}{\alpha},Le=\frac{\alpha}{D},Nu=\frac{hl}{k},St_\mathrm{m}=\frac{Sh}{ReSc},Sh=\frac{kl}{D}$$

11-4　与传热中 Nu、Pr、Bi、Fo、Gr、St 特征数相当的传质中的特征数分别是什么？其定义式分别是什么？试对照分析各准数的物理意义。

习　题

11-1　水以 $4.32m^3/h$ 的流量流过一个内径为 27mm 的光滑铜管，其进口温度为 10℃，出口温度为 50℃，管外用蒸汽加热。假设管的内壁温度保持为 100℃，试分别用雷诺类似律、普朗特-泰勒类似律、修正的普朗特-泰勒类似律、卡门类似律和 j 因子类似律计算管内对流传热系数和所需管长，并将计算结果分别与实验所得的 j 因子类似律进行比较。

30℃水的物性：

$\rho=995.7kg/m^3$，$C_p=4174J/(kg \cdot K)$，$k=0.618W/(m \cdot K)$，$\mu=0.801\times10^{-3}Pa \cdot s$

11-2　20℃的水流经内径为 20mm 的萘管，平均流速为 1.2m/s。已知水的密度为 $998.2kg/m^3$、黏度为 $1.005\times10^5Pa \cdot s$，萘溶于水中的施密特数为 2330。试分别用雷诺类似律、普朗特-泰勒类似律、修正的普朗特-泰勒类似律、卡门类似律和 j 因子类似律计算传质系数，并将计算结果分别与实验所得的 j 因子类似律进行比较。

11-3　一台由光滑管组成、水平放置的换热器，用来冷却流经管内的流体，若为层流流动，管壁维持恒温，且进口段的影响可忽略不计，试求：

（1）单位管长的压降增加一倍，传热系数将增加多少？

（2）在原传热系数条件下要达到相同的冷却效果，管长需增加多少？

若流体在管内呈湍流流动，重新计算以上问题，并将所得结果和层流流动的结果做一比较。

附　　录

附录 A　误差函数表

$$\mathrm{erf}(x)=\frac{2}{\sqrt{\pi}}\int_0^x \exp(-y^2)\mathrm{d}y$$

x	erf(x)	x	erf(x)	x	erf(x)	x	erf(x)
0.00	0.00000	0.54	0.55494	1.08	0.87333	1.62	0.97804
0.02	0.02256	0.56	0.57162	1.10	0.88021	1.64	0.97962
0.04	0.04511	0.58	0.58792	1.12	0.88679	1.66	0.98110
0.06	0.06762	0.60	0.60386	1.14	0.89308	1.68	0.98249
0.08	0.09008	0.62	0.61941	1.16	0.89910	1.70	0.98379
0.10	0.11246	0.64	0.63459	1.18	0.90484	1.72	0.98500
0.12	0.13476	0.66	0.64938	1.20	0.91031	1.74	0.98613
0.14	0.15695	0.68	0.66378	1.22	0.91553	1.76	0.98719
0.16	0.17901	0.70	0.67780	1.24	0.92051	1.78	0.98817
0.18	0.20094	0.72	0.69143	1.26	0.92524	1.80	0.98909
0.20	0.22270	0.74	0.70468	1.28	0.92973	1.82	0.98994
0.22	0.24430	0.76	0.71754	1.30	0.93401	1.84	0.99074
0.24	0.26570	0.78	0.73001	1.32	0.93807	1.86	0.99147
0.26	0.28690	0.80	0.74210	1.34	0.94191	1.88	0.99216
0.28	0.30788	0.82	0.75381	1.36	0.94556	1.90	0.99279
0.30	0.32863	0.84	0.76514	1.38	0.94902	1.92	0.99338
0.32	0.34913	0.86	0.77610	1.40	0.95229	1.94	0.99392
0.34	0.36936	0.88	0.78669	1.42	0.95538	1.96	0.99443
0.36	0.38933	0.90	0.79691	1.44	0.95830	1.98	0.99489
0.38	0.40901	0.92	0.80677	1.46	0.96105	2.00	0.99532
0.40	0.42839	0.94	0.81627	1.48	0.96365	2.02	0.99572
0.42	0.44747	0.96	0.82542	1.50	0.96611	2.04	0.99609
0.44	0.46623	0.98	0.83423	1.52	0.96841	2.06	0.99642
0.46	0.48466	1.00	0.84270	1.54	0.97059	2.08	0.99673
0.48	0.50275	1.02	0.85084	1.56	0.97263	2.10	0.99702
0.50	0.52050	1.04	0.85865	1.58	0.97455	2.12	0.99728
0.52	0.53790	1.06	0.86614	1.60	0.97635	2.14	0.99753

续表

x	erf(x)	x	erf(x)	x	erf(x)	x	erf(x)
2.16	0.99775	2.64	0.99981	3.12	0.99999	3.60	1.00000
2.18	0.99795	2.66	0.99983	3.14	0.99999	3.62	1.00000
2.20	0.99814	2.68	0.99985	3.16	0.99999	3.64	1.00000
2.22	0.99831	2.70	0.99987	3.18	0.99999	3.66	1.00000
2.24	0.99846	2.72	0.99988	3.20	0.99999	3.68	1.00000
2.26	0.99861	2.74	0.99989	3.22	0.99999	3.70	1.00000
2.28	0.99874	2.76	0.99991	3.24	1.00000	3.72	1.00000
2.30	0.99886	2.78	0.99992	3.26	1.00000	3.74	1.00000
2.32	0.99897	2.80	0.99992	3.28	1.00000	3.76	1.00000
2.34	0.99906	2.82	0.99993	3.30	1.00000	3.78	1.00000
2.36	0.99915	2.84	0.99994	3.32	1.00000	3.80	1.00000
2.38	0.99924	2.86	0.99995	3.34	1.00000	3.82	1.00000
2.40	0.99931	2.88	0.99995	3.36	1.00000	3.84	1.00000
2.42	0.99938	2.90	0.99996	3.38	1.00000	3.86	1.00000
2.44	0.99944	2.92	0.99996	3.40	1.00000	3.88	1.00000
2.46	0.99950	2.94	0.99997	3.42	1.00000	3.90	1.00000
2.48	0.99955	2.96	0.99997	3.44	1.00000	3.92	1.00000
2.50	0.99959	2.98	0.99997	3.46	1.00000	3.94	1.00000
2.52	0.99963	3.00	0.99998	3.48	1.00000	3.96	1.00000
2.54	0.99967	3.02	0.99998	3.50	1.00000	3.98	1.00000
2.56	0.99971	3.04	0.99998	3.52	1.00000	4.00	1.00000
2.58	0.99974	3.06	0.99998	3.54	1.00000	4.02	1.00000
2.60	0.99976	3.08	0.99999	3.56	1.00000	4.04	1.00000
2.62	0.99979	3.10	0.99999	3.58	1.00000	4.06	1.00000

附录 B　非稳态传递问题解的图示

附表 B-1　图示中的符号

项目	参量符号	热传导	分子扩散
相对温度/浓度	Y	$\dfrac{t-t_\infty}{t_i-t_\infty}$	$\dfrac{c_A-c_{A\infty}}{c_{Ai}-c_{A\infty}}$
相对时间	X	$\dfrac{\alpha\theta}{x_1^2}$	$\dfrac{D_{AB}\theta}{x_1^2}$
相对阻力	m	$\dfrac{k}{hx_1}$	$\dfrac{D_{AB}}{k_c^0x_1}$
相对位置	n	$\dfrac{x}{x_1}$	$\dfrac{x}{x_1}$

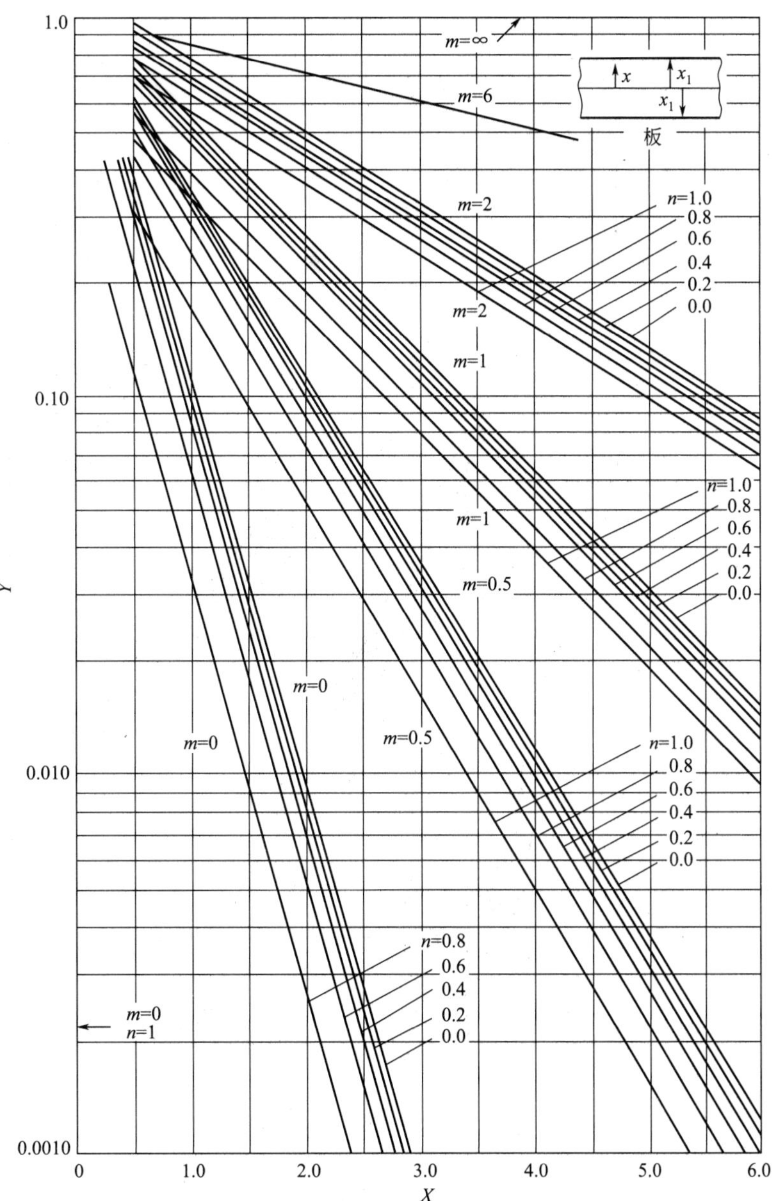

附图 B-1　无限大平板的非稳态传递过程

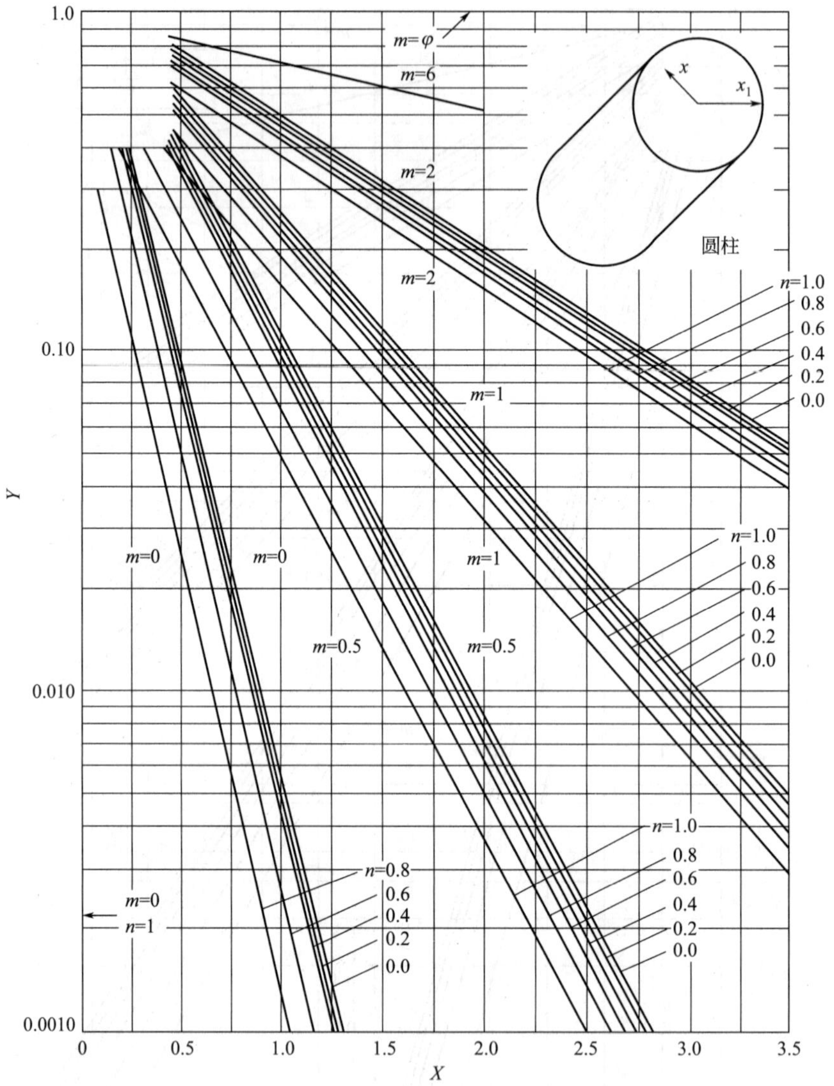

附图 B-2　无限长圆柱体的非稳态传递过程

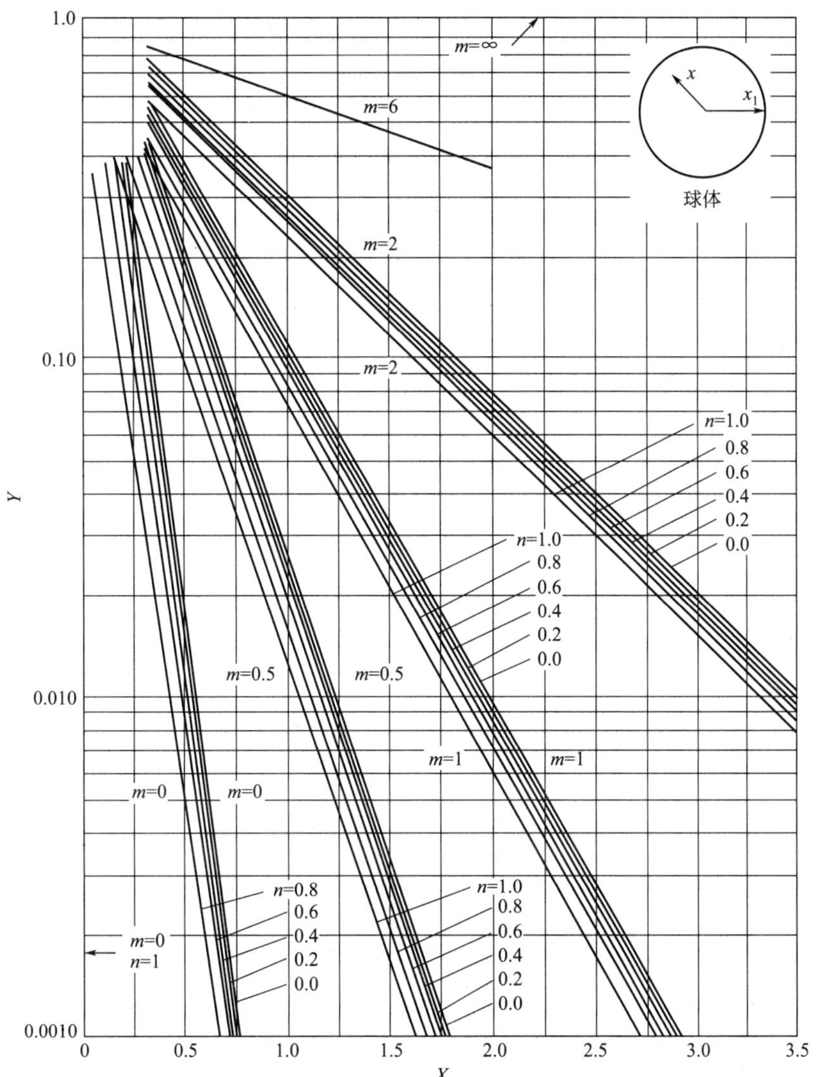

附图 B-3　球体的非稳态传递过程

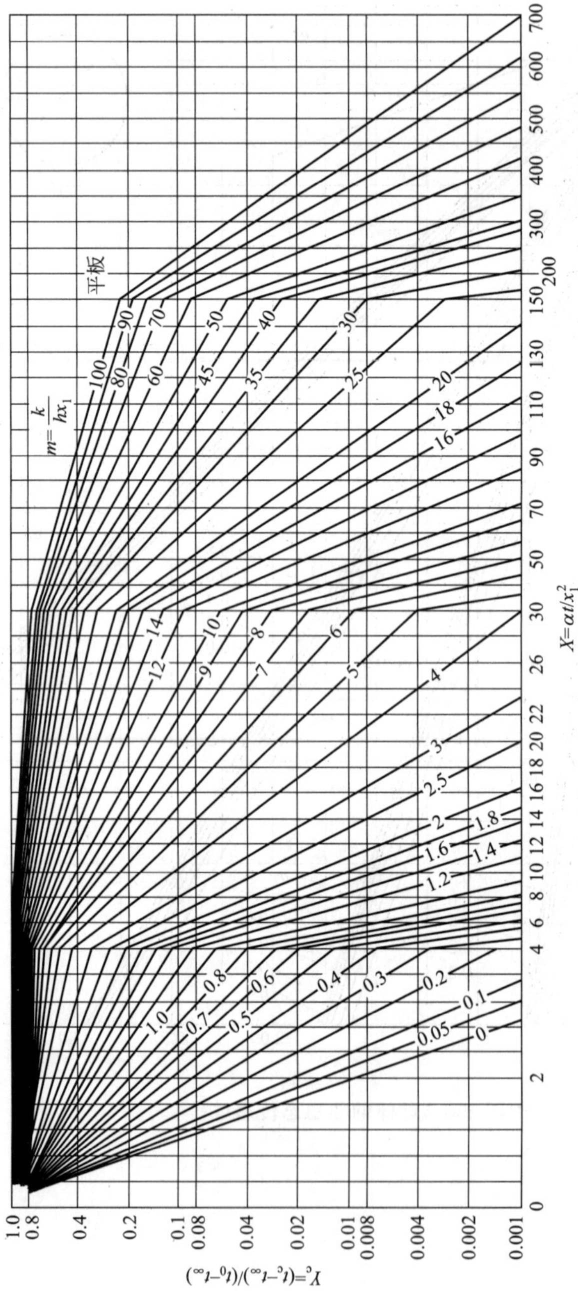

附图 B-4　无限大平板内中心温度变化历史曲线

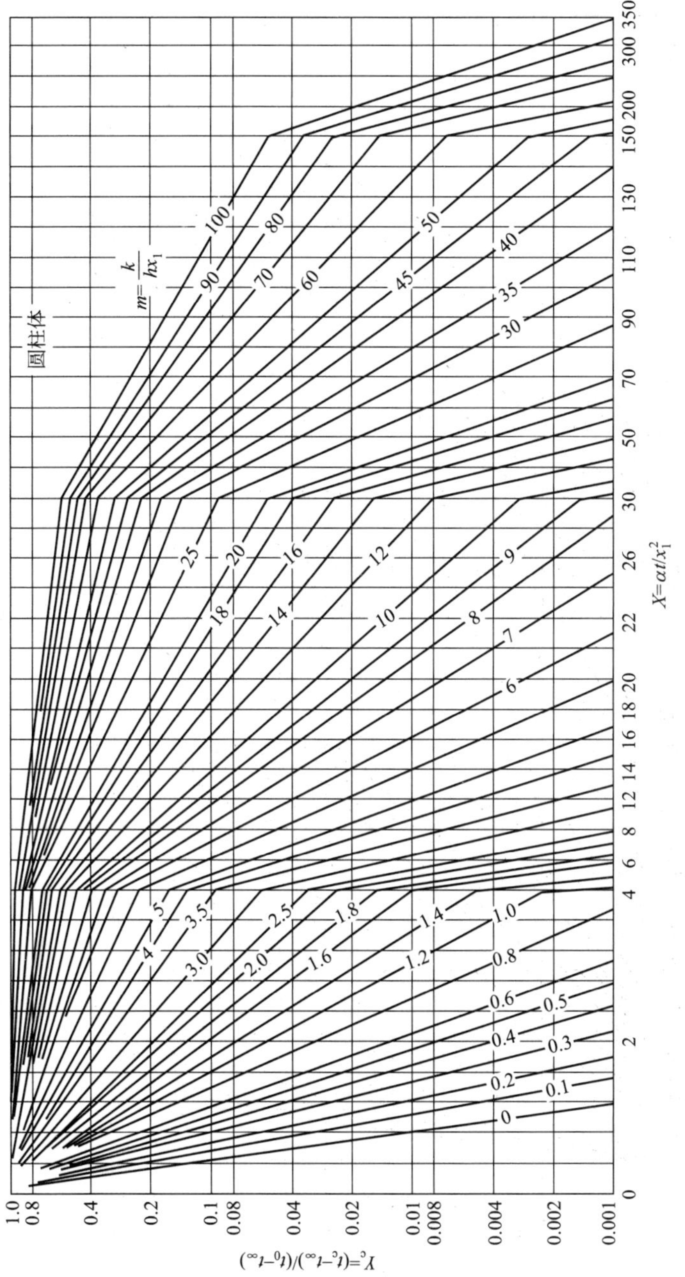

附图 B-5 无限长圆柱体内中心温度变化历史曲线

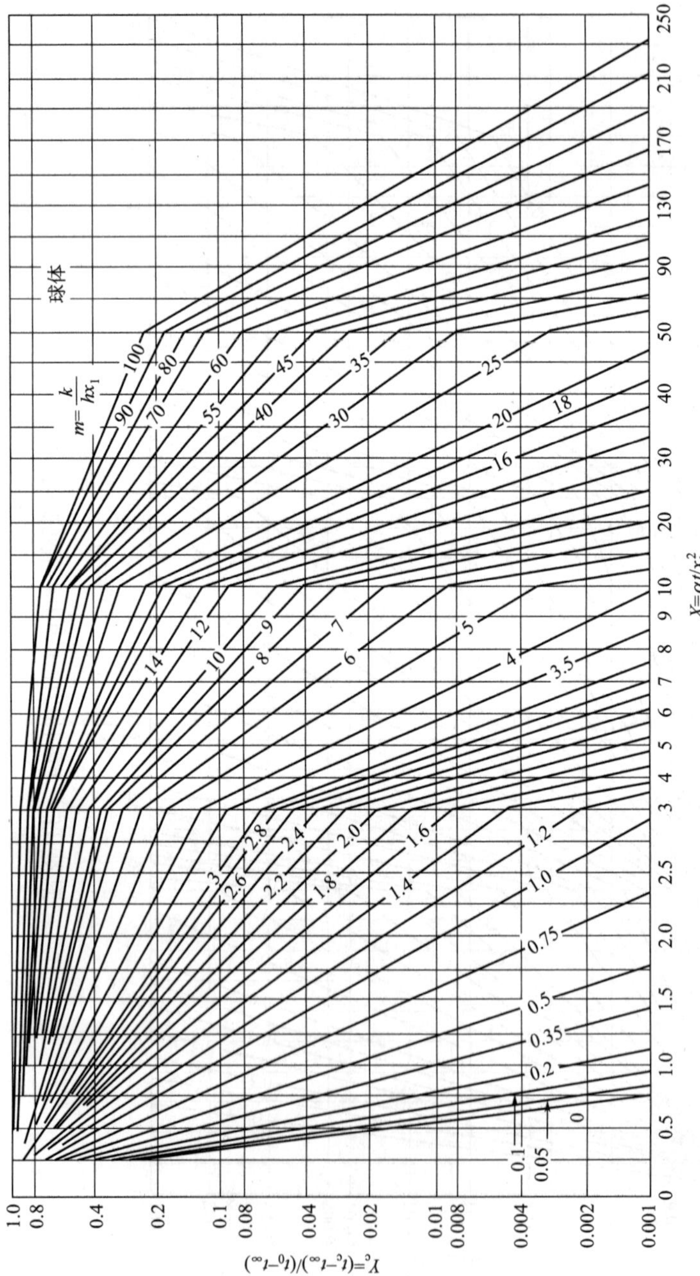

附图 B-6 球体内中心温度变化历史曲线

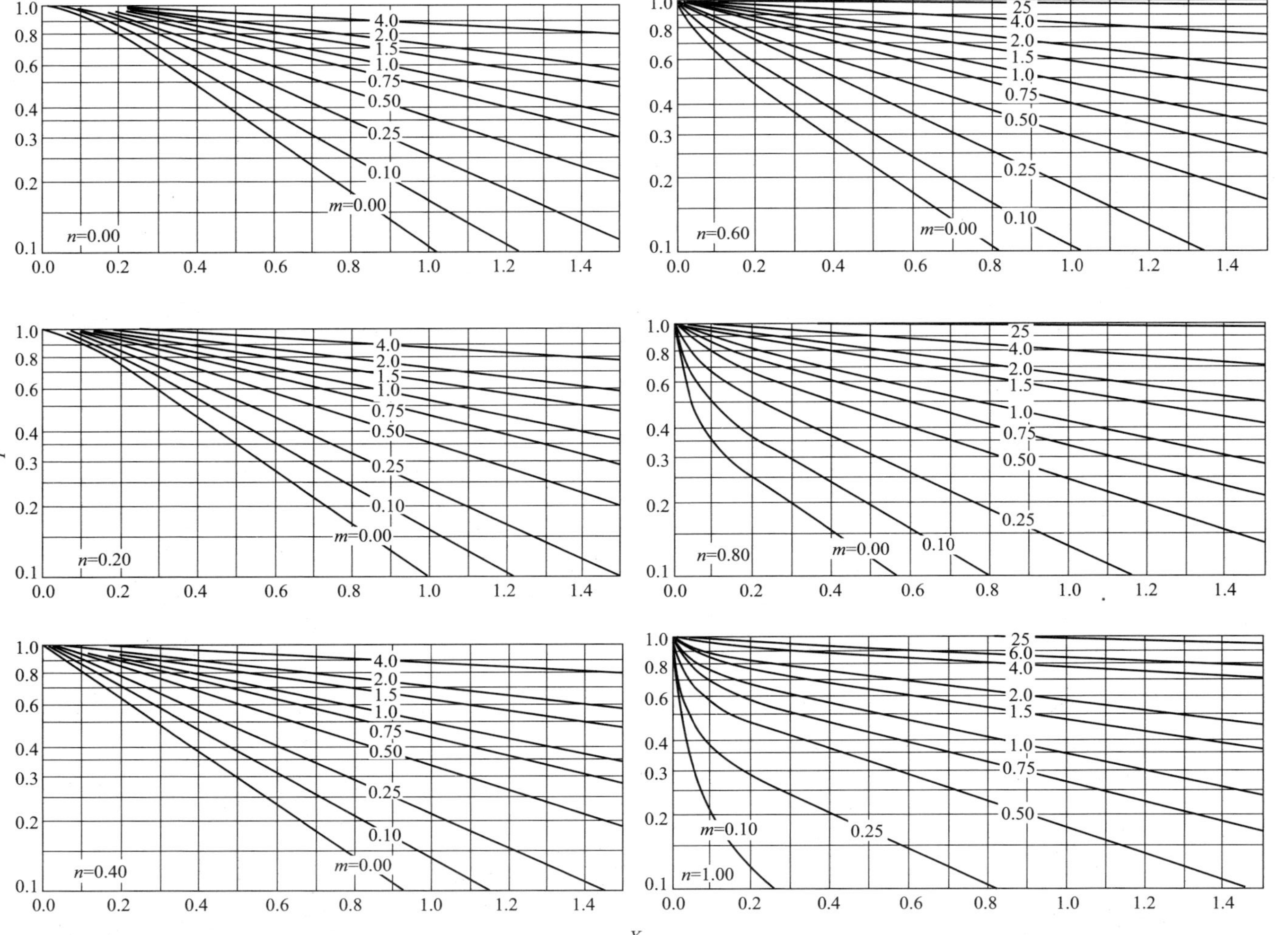

附图 B-7　无限大平板非稳态传递问题的图解曲线

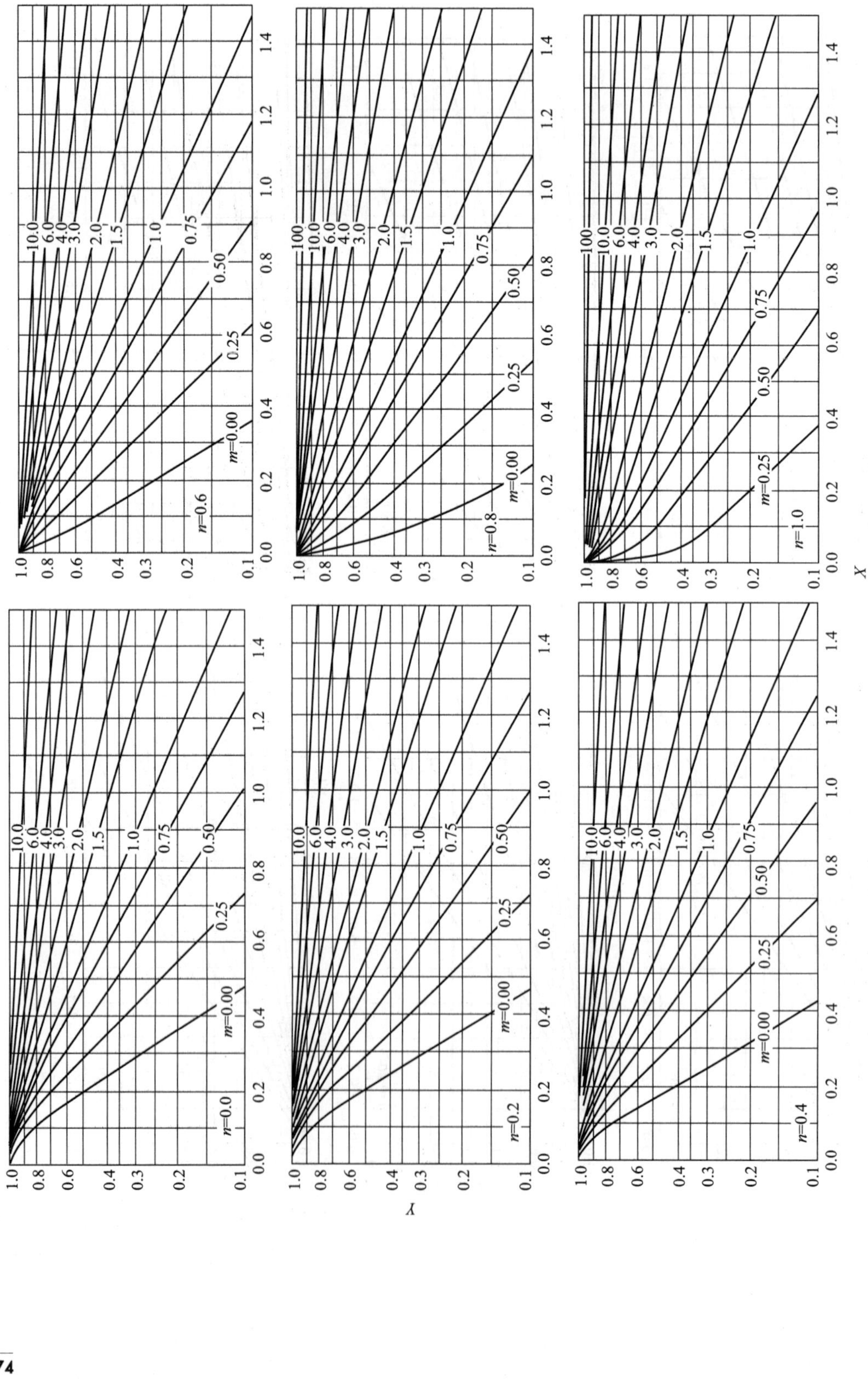

附图 B-8 圆柱体非稳态传递问题的图解曲线

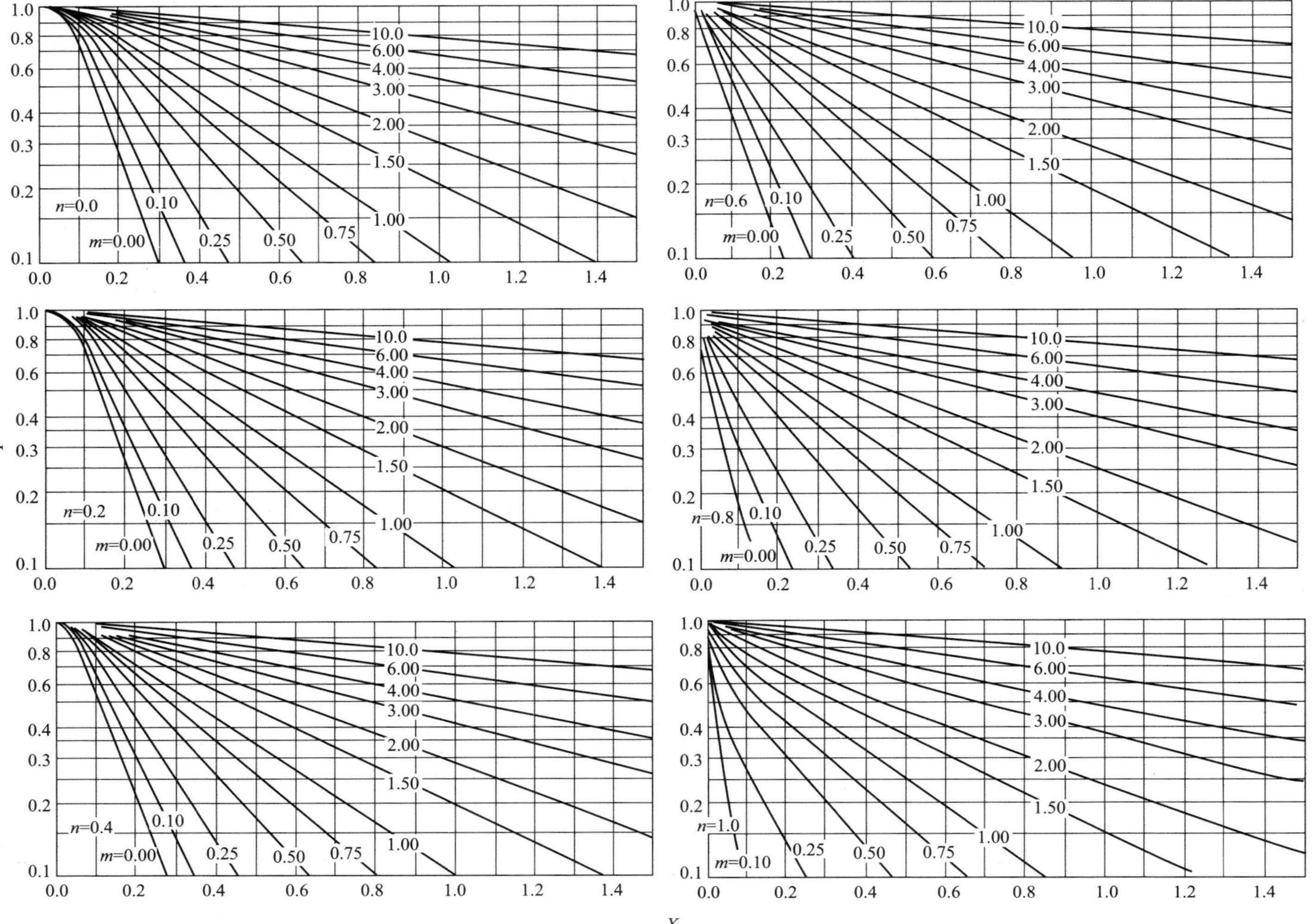

附图 B-9　球体内非稳态传递问题的图解曲线

附录C 贝塞尔函数表

m	J_0	J_1	J_2	J_3	J_4	J_5	J_6	J_7	J_8	J_9	J_{10}
0.2	0.990	0.100	0.005								
0.4	0.960	0.196	0.020	0.001							
0.6	0.912	0.287	0.044	0.004							
0.8	0.846	0.369	0.076	0.010	0.001						
1.0	0.765	0.440	0.115	0.020	0.002						
1.2	0.671	0.498	0.159	0.033	0.005	0.001					
1.4	0.567	0.542	0.207	0.050	0.009	0.001					
1.6	0.455	0.570	0.257	0.073	0.015	0.002					
1.8	0.340	0.582	0.306	0.099	0.023	0.004	0.001				
2.0	0.224	0.577	0.353	0.129	0.034	0.007	0.001				
2.2	0.110	0.556	0.395	0.162	0.048	0.011	0.002				
2.4	0.003	0.520	0.431	0.198	0.064	0.016	0.003	0.001			
2.6	−0.097	0.471	0.459	0.235	0.084	0.023	0.005	0.001			
2.8	−0.185	0.410	0.478	0.273	0.107	0.032	0.008	0.002			
3.0	−0.260	0.339	0.486	0.309	0.132	0.043	0.011	0.003			
3.2	−0.320	0.261	0.484	0.343	0.160	0.056	0.016	0.004	0.001		
3.4	−0.364	0.179	0.470	0.373	0.189	0.072	0.022	0.006	0.001		
3.6	−0.392	0.095	0.445	0.399	0.220	0.090	0.029	0.008	0.002		
3.8	−0.403	0.013	0.409	0.418	0.251	0.110	0.038	0.011	0.003	0.001	
4.0	−0.397	−0.066	0.364	0.430	0.281	0.132	0.049	0.015	0.004	0.001	
4.2	−0.377	−0.139	0.311	0.434	0.310	0.156	0.062	0.020	0.006	0.001	
4.4	−0.342	−0.203	0.250	0.430	0.336	0.182	0.076	0.026	0.008	0.002	
4.6	−0.296	−0.257	0.185	0.417	0.359	0.208	0.093	0.034	0.011	0.003	0.001
4.8	−0.240	−0.298	0.116	0.395	0.378	0.235	0.111	0.043	0.014	0.004	0.001
5.0	−0.178	−0.328	0.047	0.365	0.391	0.261	0.131	0.053	0.018	0.006	0.001
5.2	−0.110	−0.343	−0.022	0.327	0.398	0.287	0.153	0.065	0.024	0.007	0.002
5.4	−0.041	−0.345	−0.087	0.281	0.399	0.310	0.175	0.079	0.030	0.010	0.003
5.6	0.027	−0.334	−0.146	0.230	0.393	0.331	0.199	0.094	0.038	0.013	0.004
5.8	0.092	−0.311	−0.199	0.174	0.379	0.349	0.222	0.111	0.046	0.017	0.005
6.0	0.151	−0.277	−0.243	0.115	0.358	0.362	0.246	0.130	0.057	0.021	0.007
6.2	0.202	−0.233	−0.277	0.054	0.329	0.371	0.269	0.149	0.068	0.027	0.009
6.4	0.243	−0.182	−0.300	−0.006	0.295	0.374	0.290	0.170	0.081	0.033	0.012
6.6	0.274	−0.125	−0.312	−0.064	0.254	0.372	0.309	0.191	0.095	0.040	0.015
6.8	0.293	−0.065	−0.312	−0.118	0.208	0.363	0.326	0.212	0.111	0.049	0.019
7.0	0.300	−0.005	−0.301	−0.168	0.158	0.348	0.339	0.234	0.128	0.059	0.024
7.2	0.295	0.054	−0.280	−0.210	0.105	0.327	0.349	0.254	0.146	0.070	0.029
7.4	0.279	0.110	−0.249	−0.244	0.051	0.299	0.353	0.274	0.165	0.082	0.035
7.6	0.252	0.159	−0.210	−0.270	−0.003	0.266	0.354	0.292	0.184	0.096	0.043
7.8	0.215	0.201	−0.164	−0.285	−0.056	0.228	0.348	0.308	0.204	0.111	0.051
8.0	0.172	0.235	−0.113	−0.291	−0.105	0.186	0.338	0.321	0.223	0.126	0.061
8.2	0.122	0.258	−0.059	−0.287	−0.151	0.140	0.321	0.330	0.243	0.143	0.071
8.4	0.069	0.271	−0.005	−0.273	−0.190	0.092	0.300	0.336	0.261	0.160	0.083
8.6	0.015	0.273	0.049	−0.250	−0.223	0.042	0.273	0.338	0.278	0.178	0.096
8.8	−0.039	0.264	0.099	−0.219	−0.249	−0.007	0.241	0.335	0.292	0.197	0.110
9.0	−0.090	0.245	0.145	−0.181	−0.265	−0.055	0.204	0.327	0.305	0.215	0.125
9.2	−0.137	0.217	0.184	−0.137	−0.274	−0.101	0.164	0.315	0.315	0.233	0.140
9.4	−0.177	0.182	0.215	−0.090	−0.273	−0.142	0.122	0.297	0.321	0.250	0.157
9.6	−0.209	0.140	0.238	−0.040	−0.263	−0.179	0.077	0.275	0.324	0.265	0.173
9.8	−0.232	0.093	0.251	0.010	−0.245	−0.210	0.031	0.248	0.323	0.280	0.190
10.0	−0.246	0.043	0.255	0.058	−0.220	−0.234	−0.014	0.217	0.318	0.292	0.207

附录 D 二元体系的质量扩散系数

附表 D-1 二元气体混合物的扩散系数

组分 A-组分 B	温度/K	$D_{AB}/(cm^2/s)$
CO_2-N_2O	273.2	0.096
CO_2-CO	273.2	0.139
CO_2-N_2	273.2	0.144
	288.2	0.158
	298.2	0.165
N_2-C_2H_6	298.2	0.148
N_2-nC_4H_{10}	298.2	0.0960
N_2-O_2	273.2	0.181
H_2-SF_6	298.2	0.420
H_2-CH_4	298.2	0.726
H_2-N_2	273.2	0.674
NH_3-H_2	263	0.58
NH_3-H_2	298	0.233
H_2O-N_2	308	0.259
H_2O-O_2	352	0.357
C_3H_8-nC_4H_{10}	378.2	0.0768
	437.7	0.107
C_3H_8-iC_4H_{10}	298.0	0.0439
	378.2	0.0823
	437.8	0.112
C_3H_8-nC_5H_{12}	298.1	0.0431
	378.2	0.0703
	437.5	0.0945
nC_4H_{10}-nC_5H_{12}	298.0	0.0413
	378.2	0.0644
	437.75	0.0839
iC_4H_{10}-nC_5H_{12}	298.1	0.0362
	378.2	0.0580
	437.5	0.0786

附表 D-2 二元液体混合物的扩散系数

组分 A	组分 B	温度 T/℃	x_A	$D_{AB}\times10^5/(cm^2/s)$
氯苯	溴苯	10.10	0.03332	1.007
			0.2642	1.069
			0.5122	1.146

续表

组分 A	组分 B	温度 T/℃	x_A	$D_{AB}\times10^5$/(cm^2/s)
			0.7617	1.226
			0.9652	1.291
		39.92	0.0332	1.584
			0.2642	1.691
			0.5122	1.806
			0.7617	1.902
			0.9652	1.996
水	正丁醇	30	0.131	1.24
			0.222	0.920
			0.358	0.560
			0.454	0.437
			0.524	0.267
乙醇	水	25	0.026	1.076
			0.266	0.368
			0.408	0.405
			0.680	0.743
			0.880	1.047

附表 D-3　固体中的扩散系数

组分 A	组分 B	温度 T/℃	D_{AB}/(cm^2/s)
He	SiO_2	20	$(2.4\sim5.5)\times10^{-10}$
He	Pyrex 玻璃	20	4.5×10^{-11}
		500	2×10^{-8}
H_2	SiO_2	500	$(0.6\sim2.1)\times10^{-8}$
H_2	Ni	85	1.16×10^{-8}
		165	1.05×10^{-8}
H_2	Fe	20	2.59×10^{-9}
Bi	Pb	20	1.1×10^{-16}
Hg	Pb	20	2.5×10^{-15}
Sb	Ag	20	3.5×10^{-21}
Al	Cu	20	1.3×10^{-30}
Cd	Cu	20	2.7×10^{-15}

附表 D-4　聚合物中气体的扩散系数

聚合物(A)	$D_{AB}\times10^6$/(cm^2/s) (298.0K)		$D_{AB}\times10^6$/(cm^2/s) (198.0K)	
	n_2(B)	O_2(B)	CO_2(B)	H_2(B)
聚丁二烯	1.1	1.4	1.05	9.5
硫化橡胶	1.5	2.1	—	—
硅橡胶	15	25	15	75
反-1,4-聚异戊二烯	0.50	0.75	0.47	5.0
聚苯乙烯	0.06	0.11	0.06	4.4

附录 E　双曲函数表

$$\mathrm{sh}x=\frac{1}{2}(e^{x}-e^{-x})$$

$$\mathrm{ch}x=\frac{1}{2}(e^{x}+e^{-x})$$

$$\mathrm{th}x=\frac{\mathrm{sh}x}{\mathrm{ch}x}=\frac{e^{x}-e^{-x}}{e^{x}+e^{-x}}$$

x	sh$x$	ch$x$	th$x$
0	0.0000	1.0000	0.0000
0.1	0.1002	1.0050	0.0997
0.2	0.2013	1.0201	0.1974
0.3	0.3045	1.0453	0.2913
0.4	0.4108	1.0811	0.3799
0.5	0.5211	1.1276	0.4621
0.6	0.6367	1.1855	0.5370
0.7	0.7586	1.2552	0.6044
0.8	0.8881	1.3374	0.6640
0.9	1.0265	1.4331	0.7163
1	1.1752	1.5431	0.7616
1.1	1.3356	1.6685	0.8005
1.2	1.5095	1.8107	0.8337
1.3	1.6984	1.9709	0.8617
1.4	1.9043	2.1509	0.8854
1.5	2.1293	2.3524	0.9051
1.6	2.3756	2.5775	0.9217
1.7	2.6456	2.8283	0.9354
1.8	2.9422	3.1075	0.9468
1.9	3.2682	3.4177	0.9562
2	3.6269	3.7622	0.9640
2.1	4.0219	4.1443	0.9705
2.2	4.4571	4.5679	0.9757
2.3	4.9370	5.0372	0.9801
2.4	5.4662	5.5569	0.9837
2.5	6.0502	6.1323	0.9866
2.6	6.6947	6.7690	0.9890
2.7	7.4063	7.4735	0.9910
2.8	8.1919	8.2527	0.9926
2.9	9.0596	9.1146	0.9940

续表

x	sh$x$	ch$x$	th$x$
3	10.0179	10.0677	0.9951
3.1	11.0765	11.1215	0.9959
3.2	12.2459	12.2866	0.9967
3.3	13.5379	13.5748	0.9973
3.4	14.9654	14.9987	0.9978
3.5	16.5426	16.5728	0.9982
3.6	18.2855	18.3128	0.9985
3.7	20.2113	20.2360	0.9988
3.8	22.3394	22.3618	0.9990
3.9	24.6911	24.7113	0.9992
4	27.2899	27.3082	0.9993
4.1	30.1619	30.1784	0.9995
4.2	33.3357	33.3507	0.9996
4.3	36.8431	36.8567	0.9996
4.4	40.7193	40.7316	0.9997
4.5	45.0030	45.0141	0.9998
4.6	49.7371	49.7472	0.9998
4.7	54.9690	54.9781	0.9998
4.8	60.7511	60.7593	0.9999
4.9	67.1412	67.1486	0.9999
5	74.2032	74.2099	0.9999
5.1	82.0079	82.0140	0.9999
5.2	90.6334	90.6389	0.9999
5.3	100.1659	100.1709	1.0000
5.4	110.7009	110.7055	1.0000
5.5	122.3439	122.3480	1.0000
5.6	135.2114	135.2151	1.0000
5.7	149.4320	149.4354	1.0000
5.8	165.1483	165.1513	1.0000
5.9	182.5174	182.5201	1.0000
6	201.7132	201.7156	1.0000
6.1	222.9278	222.9300	1.0000
6.2	246.3735	246.3755	1.0000
6.3	272.2850	272.2869	1.0000
6.4	300.9217	300.9233	1.0000
6.5	332.5701	332.5716	1.0000
6.6	367.5469	367.5483	1.0000

续表

x	sh$x$	ch$x$	th$x$
6.7	406.2023	406.2035	1.0000
6.8	448.9231	448.9242	1.0000
6.9	496.1369	496.1379	1.0000
7	548.3161	548.3170	1.0000
7.1	605.9831	605.9839	1.0000
7.2	669.7150	669.7158	1.0000
7.3	740.1496	740.1503	1.0000
7.4	817.9919	817.9925	1.0000
7.5	904.0209	904.0215	1.0000
7.6	999.0977	999.0982	1.0000
7.7	1104.1738	1104.1742	1.0000
7.8	1220.3008	1220.3012	1.0000
7.9	1348.6410	1348.6413	1.0000
8	1490.4788	1490.4792	1.0000
8.1	1647.2339	1647.2342	1.0000
8.2	1820.4750	1820.4753	1.0000
8.3	2011.9361	2011.9363	1.0000
8.4	2223.5333	2223.5335	1.0000
8.5	2457.3843	2457.3845	1.0000
8.6	2715.8297	2715.8299	1.0000
8.7	3001.4560	3001.4562	1.0000
8.8	3317.1219	3317.1221	1.0000
8.9	3665.9867	3665.9868	1.0000
9	4051.5419	4051.5420	1.0000
9.1	4477.6463	4477.6464	1.0000
9.2	4948.5645	4948.5646	1.0000
9.3	5469.0096	5469.0096	1.0000
9.4	6044.1903	6044.1904	1.0000
9.5	6679.8634	6679.8635	1.0000
9.6	7382.3907	7382.3908	1.0000
9.7	8158.8036	8158.8036	1.0000
9.8	9016.8724	9016.8725	1.0000
9.9	9965.1852	9965.1852	1.0000
10	11013.2329	11013.2329	1.0000

参 考 文 献

[1] R Byron Bird, Warren E Stewart, Edwin N Lightfoot, Daniel J Klingenberg. Introductory Transport Phenomena. New York: John Wiley & Sons, 2015.

[2] James Welty, Gregory L Rorrer, David G Foster. Fundamentals of Momentum, Heat and Mass Transfer. 6th ed. New York: Wiley, 2014.

[3] Theodore L Bergman, Adrienne S Lavine, Frank P Incropera, David P DeWitt. Fundamentals of Heat and Mass Transfer. 7th ed. New York: John Wiley & Sons, 2011.

[4] William M Deen. Analysis of Transport Phenomena. New York: Oxford University Press, 1998.

[5] L Gary Leal. Advanced Transport Phenomena. London: Cambridge University Press, 2007.

[6] Hermann Schlichting, Klaus Gersten. Boundary-Layer Theory. 8th ed. Berlin: Springer, 2000.

[7] Taylor R, Krishna R. Multicomponent Mass Transfer. New York: John Wiley & Sons, 1993.

[8] Thomas K Sherwood, Robert L Pigford, Charles R Wilke. Mass Transfer. New York: McGraw-Hill, 1975.

[9] Holman J P. Heat Transfer. 10th ed. New York: McGraw-Hill, 2010.

[10] 阎建民，刘辉. 化工传递过程导论. 2 版. 北京：科学出版社，2019.

[11] 沙庆云. 传递原理. 大连：大连理工大学出版社，2003.

[12] 夏光榕，冯权莉. 传递现象相似. 北京：中国石化出版社，1997.

[13] 韩兆熊. 传递过程原理. 杭州：浙江大学出版社，1988.

[14] 王涛. 高等化工传递原理. 北京：科学出版社，2020.

[15] 戴干策，陈敏恒. 化工流体力学. 2 版. 北京：化学工业出版社，2005.

[16] 张艳，白羽，张敏. 复杂流体流动传热问题的解析方法. 北京：石油工业出版社，2015.

[17] 赵松年，于允贤. 湍流问题十讲——理解和研究湍流的基础. 北京：科学出版社，2016.

[18] 王洪伟. 解析流动：画说流体力学. 北京：人民邮电出版社，2020.

[19] 王洪伟. 我所理解的流体力学. 北京：国防工业出版社，2014.

[20] 徐佩立. 边界层及其在传递过程中的应用. 北京：高等教育出版社，1988.

[21] 陶文铨. 传热学. 5 版. 北京：高等教育出版社，2018.

[22] 杨强生. 对流传热与传质. 北京：高等教育出版社，1985.

[23] 赵镇南. 传热学. 3 版. 北京：高等教育出版社，2019.

[24] 王运东，骆广生，刘谦. 传递过程原理. 北京：清华大学出版社，2002.

[25] 陈涛，张国亮. 化工传递过程基础. 3 版. 北京：化学工业出版社，2009.

[26] 査金荣，陈家镛. 传递过程原理及应用. 北京：冶金工业出版社，1997.

[27] 李汝辉. 传质学基础. 北京：北京航空学院出版社，1987.

[28] 吴铿. 冶金传输原理. 2 版. 北京：冶金工业出版社，2016.

[29] 沙庆云. 传递原理教与学参考. 大连：大连理工大学出版社，2007.